中国科学技术大学物理学研究生教材

高能对撞物理

High Energy Collider Physics

张子平　著

科学出版社

北京

内 容 简 介

本书旨在通过介绍高能物理的基础知识和一些里程碑式的成果，将学生带到这一研究领域的最前沿，尽量避免烦琐的理论公式。本书开始的导论和对称性两章是基础，接着介绍部分子的分布函数和碎裂函数。第四章力求用最简洁的形式讲清标准模型理论。第五章介绍 QCD 的色代数、正规化和重整化及 DGLAP 方程，三喷注事例的发现也放在了该章的最后。第六章结合 B 介子工厂的实验介绍 *CP* 破坏物理和实验。第七章介绍粲物理中研究者最感兴趣的中性粲介子混合和类粲偶素态的研究现状。第八章主要是基于 LEP 实验的 Z 和 W 物理的一些重要物理课题和测量。第九章介绍希格斯粒子的产生和实验寻找，包括最小超对称理论模型 MSSM 中的希格斯物理。最后一章给出一些展望，其中超对称性粒子寻找的内容主要来自高能物理粒子数据组（PDG）的综述。

本书是针对高能物理实验专业的研究生编写的，前五章的基础性内容也适合本科高年级学生阅读学习。

图书在版编目(CIP)数据

高能对撞物理/张子平著. —北京: 科学出版社, 2022.3

(中国科学技术大学物理学研究生教材)

ISBN 978-7-03-071811-2

Ⅰ. ①高…　Ⅱ. ①张…　Ⅲ. ①高能物理学-高等学校-教材　Ⅳ. ①O572

中国版本图书馆 CIP 数据核字 (2021) 第 040207 号

责任编辑: 钱　俊　崔慧娴 / 责任校对: 彭珍珍
责任印制: 吴兆东 / 封面设计: 无极书装

科学出版社 出版
北京东黄城根北街 16 号
邮政编码: 100717
http://www.sciencep.com

北京建宏印刷有限公司印刷

科学出版社发行　各地新华书店经销

*

2022 年 3 月第　一　版　开本: 720×1000　B5
2024 年 4 月第二次印刷　印张: 30 1/2
字数: 593 000

定价: 168.00 元

“中国科学技术大学物理学研究生教材”编委会

丛 书 序

从 1958 年建校至今，中国科学技术大学（以下简称中国科大）一直非常重视基础学科，尤其是数学、物理的教学工作。中国科大创建初期的物理教学特点是大师授课，几乎所有主干课程都是由中国科学院各研究所物理专家担任，包括吴有训、严济慈、马大猷、张文裕、赵九章、钱临照、梅镇岳、郑林生、朱洪元等。这批老科学家有着不同的学习和科学研究经历，因此在教学中，每个物理学家有不同的风格和各自的独到之处，在中国科大的物理教学中，呈现了百花齐放、朝气蓬勃的局面。老一代科学家知识渊博，专业功底深厚，既了解物理学发展史，又了解科学发展前沿和科学研究方法，不仅使学生打下了深厚的物理基础，还掌握了科学思维和科研方法。老一代科学家治学的三严精神：严肃 (的态度)，严格 (的要求)，严密 (的方法)，也都深刻地影响了一代又一代青年学生，乃至青年教师的成长，对中国科大良好学风的形成，起了不可估量的作用。

中国科大也是国内最早开展物理学研究生学位教育的大学。1978 年中国首个研究生院——中国科大研究生院经国务院批准成立。为了提高研究生学术水平，1979 年，李政道先生应中国科大研究生院邀请，回国开设“统计力学”以及“粒子物理与场论”两门课程。在短短两个月内，李政道先生付出大量心血备课与授课，其“统计力学”讲稿后经整理成书出版（1984 年，北京师范大学出版社）。2006 年值李政道先生八十华诞之际，又由中国科学院研究生院重新整理出版（2006 年，上海科学技术出版社）。这本教材涵盖了截至当时平衡态统计力学所涉及的大多数内容，在今天看来也并未过时，而且无论从选材上还是讲述方式上都体现了李政道先生的个人特色。1981 年，中国科大物理学被国务院批准为首批博士、硕士学位授予点。1983 年，在人民大会堂举行的我国首批 18 名博士学位授予仪式中，其中有 6 名来自中国科大（数学和物理学博士）。至今为止，中国科大物理学领域已经培养了数千名物理学博士，他们大多数都成为国际和国内学术研究领域、科技创新领域的领军人物。2013 年中国科学院物理研究所赵忠贤院士（中国科大物理系 59 级校友）和中国科大陈仙辉教授的“40K 以上铁基高温超导体的发现及若干基本物理性质研究”荣获国家自然科学一等奖并列第一，2015 年中国科大潘建伟院士团队的“多光子纠缠及干涉度量”再获国家自然科学一等奖；在教育部第四轮学科评估中，中国科大的物理学和天文学都是 A+ 学科。

中国科大的物理学领域主要包含物理学、天文学、电子科学技术和光学工程等四个一级学科，涉及的二级学科有理论物理、天体物理、粒子物理与原子核物理、等离子体物理、原子分子物理、凝聚态物理、光学、微电子与固体电子学、物理电子学、生物物理、医学物理、量子信息与量子物理、光学工程等，目前正在建设精密测量物理、单分子物理、能源物理等交叉学科。中国科大物理学的研究生教学和培养是一个完整的大物理培养体系，研究生课程按一级学科基础课和一级学科专业课设置，打破了二级学科的壁垒，这更有利于学科交叉和创新人才的培养。

四十多年来，中国科大物理学研究生教学体系逐渐完整，也积累了不少的教学经验和一些优秀的讲义，但是一直缺乏一套完整的物理学研究生教材。从 2009 年至 2019 年，我担任中国科大物理学院院长，经常与一线教学科研老师交流，他们都建议编写一套物理学研究生教材。从 2016 年开始，学院每年组织一批从事研究生教学的一线老师召开一次研究生教材建设研讨会，最终确定了第一批 15 本教材撰写与出版计划。每一本教材的撰写提纲都由各学科仔细讨论和修改，教材的编写力争做到基本理论严谨、语言生动活泼，尽量把物理学各领域中最前沿的研究成果、最新的科学方法、最先进的科学技术体现在本教材中，使老师好教、学生好用。本套教材编写集中了中国科大物理学研究生教学的一线老、中、青骨干，每本教材成书都经过多次反复讨论和征求意见并反复修改，在此向所有参与本书编写的老师致以感谢！

希望中国科大的这套物理学研究生教材可以让更多的同学受益。

欧阳钟灿

2021 年 6 月

前　言

中国科学技术大学近代物理系自 1994 年起开设了“对撞物理”这门课，作为核与粒子物理专业研究生的基础课，并供对此感兴趣的学生选修。最初由陈宏芳教授、汪兆民教授和我在匆忙中各自准备了一个讲稿，陈宏芳教授写了导论，汪兆民教授写了 Z 和 W 物理。当时两个 B 介子工厂实验的项目正在建造中，我们已经决定参加日本 KEK 的 Belle 实验国际合作组，于是我就准备了标准模型理论和 $\mathcal{CP}$ 破坏两章的讲稿。本书的相关章节参考了这些讲稿。2002~2005 年，在陈宏芳和汪兆民教授退休后由伍健教授和我合作讲这门课，之后大部分时间由我一人主讲，近些年得到了彭海平教授和朱莹春教授的大力协助和支持。

早些年我曾和章乃森先生合作为 1977 届和 1978 届本科生开设过粒子物理学课程，并在此基础上成文《粒子物理学》，以章先生的名义出版。我为此书花费了大量的精力，并参与撰写了部分内容。现将以我为主撰写的对称性、运动学和群论简介几个章节以原来的内容为基础，经过修改补充后收集在本书内，作为比较基础性的教材，供学生选读和参考。

算来这门课已经有 20 多年的历史了。20 多年来高能对撞物理的理论和实验都已经有了巨大的突破性发展，特别是 B 介子 $\mathcal{CP}$ 破坏的精确测量和希格斯粒子在 LHC 对撞机上的发现，使小林诚 (Makoto Kobayashi)、益川敏英 (Toshihide Maskawa) 和南部阳一郎 (Yoichiro Nambu) 共同获得 2008 年诺贝尔物理学奖；弗朗索瓦 • 恩格勒 (François Englert) 和彼得 • 希格斯 (Peter W. Higgs) 获得 2013 年诺贝尔物理学奖。现在物理学家普遍相信，标准模型理论虽然取得了巨大的成功，但它只是一个更基本的理论在相对低能下的近似。我们期待着在 LHC 强子对撞机及预研中的正负电子国际直线对撞机 ILC 上有更加激动人心的发现，以促进这一领域的突破性发展。

本书试图在讲授基础理论的同时，结合历史上一些具有里程碑意义的重大实验发现，让学生熟悉和掌握本领域的一些研究方法和手段，并对当前的热门研究方向、未来的发展趋势和有待解决的课题有较全面的认识。

本书凝聚了许多同事的有益建议和修改意见。特别要感谢物理学院和赵政国院士的支持，以及我们专业多名教授的不吝赐教和研究生的校对。鄢文标教授帮助审核了部分章节，谨在此致以衷心的感谢。

目　录

第一章 导 论

1.1 相互作用和基本粒子

粒子物理学，或称为高能物理学，是探索物质的基本结构和相互作用的最前沿性科学。20 世纪初，卢瑟福 (Ernest Rutherford)、盖革 (Hans Wilhelm Geiger) 和马斯登 (Ernest Marsden) 于 1909~1911 年间在 α 粒子与靶原子的散射实验中观测到大角度散射现象[1, 2]，在物理学史上首次显示了核物理中散射技术的作用。卢瑟福根据散射粒子的角分布推知原子的中心有一个体积很小且质量很大的核 (1911 年)，盖革和马斯登 (1913 年) 通过实验又进一步验证了他的散射公式，确认原子内有一个半径小于 30fm 的带正电的核。在 1932 年查德威克 (J. Chadwick) 发现中子之后，海森伯 (Werner Heisenberg) 提出了原子核是由质子和中子构成的模型，于是那时就认为自然界中存在三种基本粒子：质子、中子、电子。原子由原子核和绕核运转的电子组成，自然界万物就是由这三种基本粒子构成的。几十年后，20GeV 高能电子的散射实验揭示了中子和质子本身含有较小的硬组分——后来被称为夸克。高能物理为我们开辟了更深入地了解物质结构的道路。

由量子力学的观点，在粒子散射实验中空间尺度的分辨率是由粒子间相对运动的波长 $\lambda = 2\pi/k$ 所限制的。k 是它们在质心系相对运动的波矢，它与动量成正比 ($p = \hbar k$)。为了探索小尺度的结构就要求更大的 k，即要求粒子在质心系中具有更高的能量。

另外新粒子的产生也要求高能量。由爱因斯坦的质能关系 $E = mc^2$ 可知，质量为 m 的重粒子只有在质心系中的能量足够大时才能产生。在 20 世纪 50 年代，当美国 Berkeley 实验室建造束流能量为 6GeV 的质子同步加速器 Bevatron 时，它的一个主要目标是发现反质子 $\bar{\mathrm{p}}$；这是狄拉克预言的反粒子，先前的加速器都还不能提供足够的能量在实验室产生这种粒子。到 20 世纪 60 年代初，从加速器实验中发现了 100 多种基本粒子，物质结构的研究也早已从先前的原子层次深入到夸克和轻子这一新层次。

对撞机在粒子物理的发展中起了关键性的作用，由正负电子对撞机、质子反质子对撞机、电子质子对撞机，直到现在的质子质子对撞机。和固定靶实验相比，同样的束流能量下对撞机能提供更高的质心系能量，观测粒子更深层的内部结构和作用机制，被应用于粒子物理和核物理实验。强子对撞机得益于它的高能量，在新物理的发现上有巨大的贡献。西欧核子研究中心 (CERN) 的质子反质子 ($p\bar{p}$) 对撞机 SPS(315×315GeV) 上发现了 Glashow、Salam 和 Weinberg 的电弱理论所预言的 W 和 Z 粒子，费米实验室的 Tevatron 发现了顶 (top) 夸克，近几年 CERN 的质子质子 (pp) 大型强子对撞机 (LHC) 更因发现了希格斯粒子而名声大噪，人们也期待在 LHC 上能揭示出超出于标准模型的新物理。第一代正负电子 (e^+e^-) 对撞机是意大利佛拉斯卡帝 (Frascati) 的 ADONE、美国斯坦福直线加速器中心 (SLAC) 的 SPEAR 及德国汉堡电子同步加速器研究所 (DESY) 的 DORIS 和 PETRA。在 SPEAR(SLAC) 和 PETRA(DESY) 上发现了粲素粒子和 τ 轻子，显示了正负电子对撞机在精细测量电弱相互作用物理方面不可限量的能力。1989 年后在 CERN 建成的大型正负电子对撞机 (LEP) 及斯坦福直线对撞机 (SLC) 上，更是对 Z 和 W 物理及希格斯物理等进行了多方面的细致测量和研究，对电弱相互作用中性弱流的检验精确到量子圈图的水平。和强子对撞机相比，正负电子对撞机由于是类点粒子的散射，理论上可以精确计算，尤其适用于高精度的测量。它的制约点是由于同步辐射很大，束流很难加速到更高的能量。

在宇宙射线的相互作用中会自然地发生很高能量的碰撞，按照大爆炸理论，在宇宙形成的早期也会有这种情形。这些都能为我们提供有用的信息，但很难像在加速器实验中那样利用它们进行系统的实验。

电磁相互作用和弱相互作用统一的理论是温伯格和萨拉姆 1967 年提出的，理论预言了弱中性流的存在，以及传递弱相互作用的中间玻色子的质量。1983 年 1 月和 6 月在 CERN 的 $p\bar{p}$ 对撞机 SPS 上发现的带电的和中性的中间玻色子 W/Z，其质量与理论预言惊人地一致，证实了弱电统一理论的成功，其意义可以与对麦克斯韦电学和磁学统一理论的验证相比拟。弱电统一理论与描述夸克之间强相互作用的量子色动力学 (QCD) 理论结合在一起统称为粒子物理学中的标准模型理论。在标准模型中传递相互作用的媒介子分别是光子 (传递电磁相互作用)、中间玻色子 (传递弱相互作用) 及胶子 (传递强相互作用)。夸克、轻子及传递相互作用的媒介子是构成物质世界的基本单元，它们遵从标准模型理论。标准模型理论是近半个世纪以来探索物质结构研究的结晶，是 20 世纪最重要的成就之一。很多人认为这一成就可以与 20 世纪初的玻尔原子模型相比，正是有了玻尔原子模型，20 世纪 20 年代末才有了量子力学理论的建立。

高能物理学是一门实验科学，只有经过实验检验的理论才是正确的。揭示时空、物质和能量本质的新理论都需要在新的实验结果推动下得以发展。目前的实验结果除了中微子质量之外，大都和标准模型理论符合得很好，表明了理论模型的成功，物理学家正期待着超高能加速器上的实验结果。目前科学家们正在策划的超高能对撞机有电子直线对撞机、μ 子对撞机及超高能的强子对撞机等。实验和理论相互促进，标准模型理论的发展一定会促使深层次动力学规律的发现和建立。同时粒子物理学家也正在与宇宙学家和天体物理学家联手从天文观测和宇宙演化中发展新观念和新理论。

近年来天文观测中给出了宇宙中的物质成分：普通重子物质只占 ~4%，而其余 ~23% 是非重子的暗物质和 ~73% 的暗能量。暗能量是近年宇宙学研究的一个里程碑性的重大成果。大爆炸理论认为，在大爆炸后的 10^{-36}s 到 $10^{-33} \sim 10^{-32}$s 时间间隔内宇宙的体积膨胀了至少 10^{78} 倍。导致大爆炸的能量来自何处？有可能来自普朗克能标的某个标量场吗？大爆炸之后宇宙继续膨胀，速率减缓，直至暗能量变得重要。目前理论还不能揭示暗能量的真实本质，科学家企图从真空结构的能量来解释，但目前的量子场论计算结果相差太大，受到了严重的挑战。正在运行的美国布鲁克海文国家实验室重离子对撞机 (RIHC) 有可能部分地揭示真空的性质。同时，科学家也在发展非加速器物理实验，并与天文观测相结合探讨自然界的奥秘。最新的发展使得粒子物理学、天文学和宇宙学交叉发展联手解决面临的难题，最终揭示超出于标准模型的新的物理规律。总之，我们需要更多的跟得上时代发展的高能物理实验 (包括加速器和非加速器) 装置和天文观测装置，而且这些大科学工程的建立和运行需要国际更多、更广泛的合作。

1.1.1 粒子的分类

20 世纪 60 年代之前人们就认识到基本粒子可以分为两类：一类是参与强相互作用的粒子，如质子、中子、π 介子、奇异粒子和共振态粒子等，统称为强子；另一类是不参与强相互作用，只参与电磁、弱相互作用的粒子，如电子、μ 子和中微子等，统称为轻子。高能物理实验又进一步揭示，上百种的强子其实并不“基本”，它们是有内部结构的。质子、中子、π 介子等强子是由更小的夸克组成的。夸克被看成是物质结构的新层次，并提出了夸克模型理论。这些强子是由三种更基本的夸克 (上夸克 u、下夸克 d 和奇异夸克 s) 组成的。60 年代大量的高能物理实验证实了夸克的存在。1974 年，丁肇中和里克特 (B. Richter) 发现了第四种夸克——粲夸克 c，1977 年莱德曼 (L. M. Lederman) 在费米国立加速器实验室 (FNAL) 固定靶实验中发现了底夸克 b，1995 年在费米实验室的 Tevatron 对撞机上发现了顶夸克 t。这 6 种夸克就是构成所有数百种强子的“基本”单元。同时轻子的发现也达到了 6 种 (电子、电子型中微子、μ 子、μ 型中微子、τ 轻子、τ 型中微子)。因此轻子和夸克就是目前阶段我们所认识的物质结构的新层次，它们可表示为两分量的旋量态 (spinor) 的形式，

$$\text{轻子：}\quad \begin{pmatrix} e^- \\ \nu_e \end{pmatrix} \qquad \begin{pmatrix} \mu^- \\ \nu_\mu \end{pmatrix} \qquad \begin{pmatrix} \tau^- \\ \nu_\tau \end{pmatrix}$$

$$
\text{夸克：}\quad \begin{pmatrix} \mathrm{u} \\ \mathrm{d} \end{pmatrix} \quad \begin{pmatrix} \mathrm{c} \\ \mathrm{s} \end{pmatrix} \quad \begin{pmatrix} \mathrm{t} \\ \mathrm{b} \end{pmatrix}
$$

此外还有传递相互作用的规范场粒子胶子 g、γ 光子、$\mathrm{W}^{\pm}$、Z^0，以及希格斯粒子 H。这就是我们现在了解的组成物质世界的最基本粒子，如图 1.1所示。

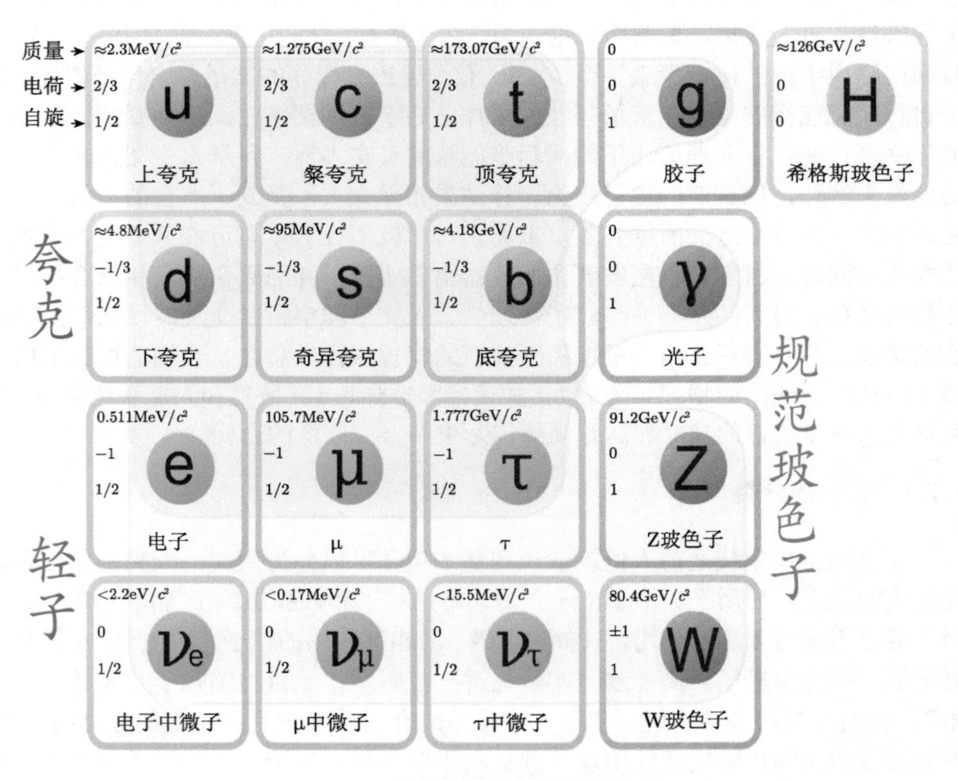

图 1.1　组成物质世界的基本粒子

强子又分为介子和重子，介子是由最基本的夸克和反夸克组成的，重子则由三个夸克组成。轻子和夸克都是同位旋 $\dfrac{1}{2}$ 的费米子，每一个费米子都有其对应的反粒子。夸克和轻子间的电磁相互作用、弱相互作用、强相互作用及引力相互作用等运动规律就构成了自然界万物奥妙无穷、千变万化的物理现象。引力的相互作用强度最弱，在微观世界可以忽略，而强相互作用最强，是理解微观世界基本组分及它们之间相互作用运动规律的关键。表 1.1 给出了四种相互作用力的基本特征。顺便提一下，近年来还发现了一些范外 (exotic) 的粒子态，它们很可能是四夸克态、五夸克态或夸克和胶子的混杂态 (hybrid)。

表 1.1 四种相互作用力

	强相互作用	电磁相互作用	弱相互作用	引力相互作用
作用源	色荷	电荷	弱荷	质量
耦合常数	$\frac{g^2}{\hbar c} \sim 1-10$	$\frac{e^2}{\hbar c} \simeq 1/137$	$G_{\mathrm{F}} \simeq 1.05 \times 10^{-5} m_{\mathrm{p}}^{-2}$	$\frac{Gm_{\mathrm{p}}^2}{\hbar c} \sim 10^{-38}$
传播子	g(胶子)	γ	$\mathrm{W}^{\pm}, \mathrm{Z}^0$	引力子
寿命	$\sim 10^{-23}$s	$\sim 10^{-18}$s	$\sim 10^{-8}$s	—
典型截面	毫巴 (mb)	微巴 (μb)	pb(μμb)	—
力程	$\sim 10^{-13}$cm	∞	$< 10^{-16}$cm	∞
理论	QCD	QED	标准模型 (SM)，V-A	广义相对论

1. 轻子

轻子的基本特征列于表 1.2中，在标准模型中，中微子质量取为零，而近些年的中微子实验表明中微子质量并不为零。

表 1.2 轻子的基本特征

代	味道	电荷	质量/MeV	寿命/s	主要衰变模式
第一代	e^-	−1	0.510999	∞	—
	ν_{e}	0	0	∞	—
第二代	μ^-	−1	105.659	2.19703×10^{-6}	$\mathrm{e}\nu_\mu\bar{\nu}_{\mathrm{e}}$
	ν_μ	0	0	∞	—
第三代	τ^-	−1	1776.99	2.91×10^{-13}	$\mathrm{e}\nu_\tau\bar{\nu}_{\mathrm{e}}$, $\mu\nu_\tau\bar{\nu}_\mu$, $\pi^-(\mathrm{K}^-)\nu_\tau$
	ν_τ	0	0	∞	—

这里我们回忆一下 τ 轻子的实验发现，因为它是 J/ψ 被发现以后的最重大发现。它是 1975 年在美国斯坦福直线加速器中心的 SPEAR 正负电子对撞机上 Mark–I 实验发现的[3]。该实验组的发言人 Martin L. Perl 教授为此获得了 1995 年的诺贝尔奖。SPEAR 正负电子对撞机 1973 年开始运行，最初几年的总能量为 4.8GeV，后期提高到 8GeV。τ 轻子可以通过轻子衰变道衰变到 e+ 中微子或 μ+ 中微子。在 $\mathrm{e}^+\mathrm{e}^-$ 对撞机上 τ 轻子总是成对产生的，因此实验上可以寻找末态为 $\mathrm{e}+\mu$ 的事例，

$$\mathrm{e}^+\mathrm{e}^- \longrightarrow \mathrm{e}^{\pm}\mu^{\mp} + \text{丢失能量} \tag{1.1}$$

图 1.2给出的是当时的截面测量。

其后 SPEAR 上的 DELCO 实验通过 $\mathrm{e}^+\mathrm{e}^- \to \mathrm{e}^{\pm}\mathrm{X}^{\mp}$ 两叉事例测量了[4]

$$R_{\mathrm{eX}}^{2\mathrm{p}} = \frac{\sigma(\mathrm{e}^+\mathrm{e}^- \to \mathrm{e}^{\pm}\mathrm{X}^{\mp})}{\sigma(\mathrm{e}^+\mathrm{e}^- \to \mu^+\mu^-)} \tag{1.2}$$

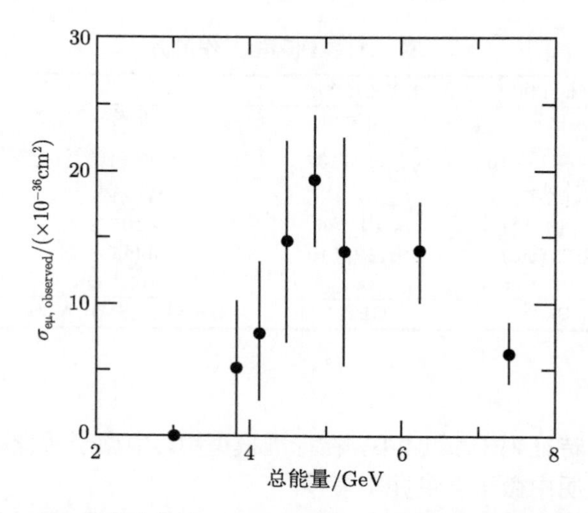

图 1.2　SPEAR 上 Mark-I 实验首次 (1975 年) 给出的 eμ 信号的截面。尚未对接受度修正，86 个事例，计算给出的本底数为 22 个 (来自 Martin Perl 的报告[3])

X 不能是电子。实验在质心系能量为 $3.1\text{GeV} < \sqrt{s} < 7.4\text{GeV}$ 区间测量到 692 个事例，其中在 $D^0\bar{D}^0$ 的产生阈值之下的数据可以排除其来自 D 介子衰变的可能性。如图 1.3所示，拟合与自旋 $J_\tau = \dfrac{1}{2}$(实线) 符合得很好。

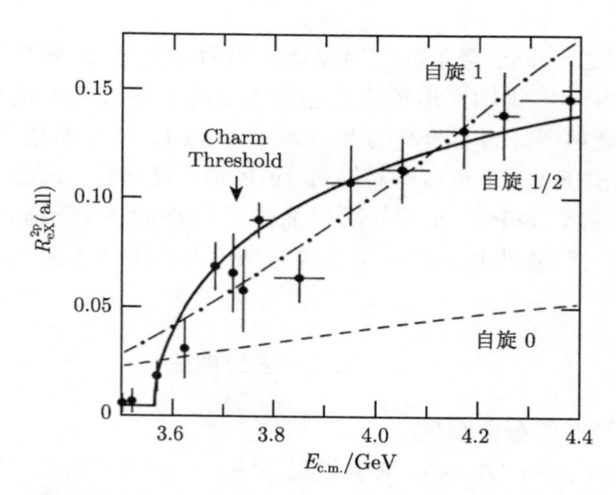

图 1.3　DELCO 实验测得的在 $3.5\text{GeV} < \sqrt{s} < 4.4\text{GeV}$ 区间的 R^{2p}_{eX} 结果，给出了三种不同自旋假设的阈行为

2. π 介子

下面介绍一些典型的强子的发现历史和基本特性。

1935 年汤川秀树 (Yukawa Hideki) 为解释核力，比照电磁相互作用引入了 π 介子。当时一个很大的困惑是质子和中子如何才能紧密结合在 10^{-13}cm 大小的原子核中，尝试利用当时已知的电磁相互作用和弱相互作用来解释都不能自圆其说。汤川秀树提出 π 媒介子传递的是强相互作用，其质量应介于质子和电子之间，为 100~200MeV，因而得名为介子。质子和中子通过交换 π 介子形成原子核内很强的束缚力。与交换无质量光子的电磁力不同，π 介子传递的强相互作用是短程力。一年后，1936 年安德森 (C. D. Anderson) 在宇宙线中发现了一种粒子，其质量为 105MeV，以为它就是 π 介子，但后来发现它没有传递强相互作用的性质，只能传递比核力小 10^{13} 倍的弱相互作用，这就是 μ 子。直到 1947 年鲍威尔 (C. Powell) 才发现了参与强相互作用的 π 介子。乳胶片实验在大气上层除记录到 μ 子外，同时记录到了 π 介子的径迹。后来在 1948 年通过用 380MeV 的 α 粒子打靶来人工产生 π 介子。1950 年发现 π^0 介子，$\pi^0 \to \gamma\gamma$。

现在我们知道 π 介子是赝标量粒子，其自旋 $J_\pi = 0$，可以证明如下：先看 $\pi^0 \to \gamma\gamma$，在质心系中两个 γ 光子的动量为 $\boldsymbol{p}$ 和 $-\boldsymbol{p}$，光子自旋为 1，记它们的极化矢量为 $\boldsymbol{\epsilon}_1$ 和 $\boldsymbol{\epsilon}_2$，除此之外不再有别的运动学变量。注意到末态光子是横向极化的，因而

$$\boldsymbol{\epsilon}_1 \cdot \boldsymbol{p} = \boldsymbol{\epsilon}_2 \cdot \boldsymbol{p} = 0$$

若 π^0 的自旋等于 1，则末态可能的矢量形式为

$$\boldsymbol{\epsilon}_1 \times \boldsymbol{\epsilon}_2, \qquad (\boldsymbol{\epsilon}_1 \cdot \boldsymbol{\epsilon}_2)\boldsymbol{p}, \qquad [(\boldsymbol{\epsilon}_1 \times \boldsymbol{\epsilon}_2) \cdot \boldsymbol{p}]\boldsymbol{p}$$

但这些形式对两光子的交换 $\boldsymbol{\epsilon}_1 \rightleftharpoons \boldsymbol{\epsilon}_2$，$\boldsymbol{p} \rightleftharpoons -\boldsymbol{p}$ 不能满足玻色-爱因斯坦统计。若 $J_{\pi^0} \geqslant 2$，则低能 π^- 的俘获反应 $\pi^- + \mathrm{p} \to \pi^0 + \mathrm{n}$ 应为 J 禁戒，但实际的截面却相当大，因而 π^0 的自旋只能为 0。

要证明带电 π 介子的自旋为 0，需要用到 2.3.2节式 (2.96) 的细致平衡定理，或称之为倒易定理。将此关系式用于反应 $\pi^+ + \mathrm{d} \to \mathrm{p} + \mathrm{p}$，有

$$\begin{aligned}
&\frac{1}{2}(2J_\mathrm{p}+1)^2 P_\mathrm{p}^2 \sigma(\mathrm{p}+\mathrm{p} \to \pi^+ + \mathrm{d}) \\
&= (2J_\mathrm{d}+1)(2J_\pi+1)P_\pi^2 \sigma(\pi^+ + \mathrm{d} \to \mathrm{p}+\mathrm{p})
\end{aligned} \tag{1.3}$$

式中的因子 $\frac{1}{2}$ 是因为两个 p 是全同粒子。已知 $J_\mathrm{p} = \frac{1}{2}$，$J_\mathrm{d} = 1$，因此有

$$2J_\pi + 1 = \frac{2}{3}\left(\frac{P_\mathrm{p}}{P_\pi}\right)^2 \frac{\sigma(\mathrm{p}+\mathrm{p} \to \pi^+ + \mathrm{d})}{\sigma(\pi^+ + \mathrm{d} \to \mathrm{p}+\mathrm{p})} \tag{1.4}$$

因此通过测量反应截面就可得到带电 π 介子的自旋，结果为 $J_{\pi^+}=0$。

再来看 π 介子的同位旋。因为核子间通过交换 π 介子进行强相互作用，$\mathrm{N}\to\mathrm{N}'+\pi$，同位旋守恒要求 π 介子的同位旋只能为 0 或 1，因有 π^+、π^-、π^0 三种 π 介子存在，所以 π 介子的同位旋 $I_\pi=1$。

3. K 介子

1947 年罗切斯特 (G. D. Rochester) 和巴特勒 (C. C. Batler) 在曼彻斯特大学用云室进行宇宙线实验研究时发现了所谓的 V 型事例，在云室中会同时从两个顶点上产生出两对两叉事例，研究表明它们应该是从两个中性粒子 V_1^0 和 V_2^0 衰变而来的，

$$\mathrm{V}_1^0\to\mathrm{p}+\pi^-,\quad \mathrm{V}_2^0\to\pi^++\pi^- \tag{1.5}$$

当时将 V_1^0 命名为重子 Λ^0，V_2^0 命名为介子 θ^0。θ^0 的寿命 $\tau\sim10^{-10}\mathrm{s}$。后来在宇宙线测量中又发现衰变到两个 π 的带电粒子，取名为 θ^+，$\theta^+\to\pi^++\pi^0$。如果自旋守恒，那么 θ 粒子的自旋宇称就应该为 $J^{\mathrm{P}}=0^+,2^+,4^+,\cdots$。后来又发现了另一种粒子，称为 τ^+，它的衰变方式为

$$\tau^+\to\pi^++\pi^-+\pi^0 \tag{1.6}$$

注意这是强子，不是我们今天知道的 τ 轻子。达里兹分析表明，这时它的自旋宇称为 $J^{\mathrm{P}}=0^-$。那么宇称不同的 τ^+ 和 θ^+ 是不是同一个强子，在很长的时间里困扰着人们，这就是历史上有名的 τ-θ 之谜。后来的研究才认识到，τ^+ 和 θ^+ 实际上是同一个粒子，它有两 π 和三 π 两种衰变模式，因为是弱衰变，所以宇称可以是不同的。θ^0 和 θ^+ 就是我们今天称为 K^0 和 K^+ 的介子，它们组成同位旋的二重态。它们的反粒子是 $\bar{\mathrm{K}}^0$ 和 K^-。

4. 奇异量子数 S 和超荷量子数 Y

1953 年在布鲁克海文国家实验室 (BNL)3GeV 同步质子加速器 Cosmotron 上发现了如下反应的协同产生过程：

$$\pi^-+\mathrm{p}\ \to\ \Lambda^0+\mathrm{K}^0,\qquad \Lambda^0\to\mathrm{p}\pi^-,\qquad \mathrm{K}^0\to\pi^+\pi^- \tag{1.7}$$

$$\pi^-+\mathrm{p}\ \to\ \Sigma^-+\mathrm{K}^+,\qquad \Sigma^-\to\mathrm{n}\pi^-,\qquad \mathrm{K}^+\to\pi^+\pi^0 \tag{1.8}$$

Λ^0 和 Σ^- 都是重子，被称为超子。超子和 K 介子总是成对产生，不能单独产生。之后又陆续发现了 $\Sigma^+\ \Sigma^0,\Sigma^-\ \Xi^0\ \Xi^-\ \Omega^-$ 等超子。图 1.4给出的是式 (1.7) 的反应图像。

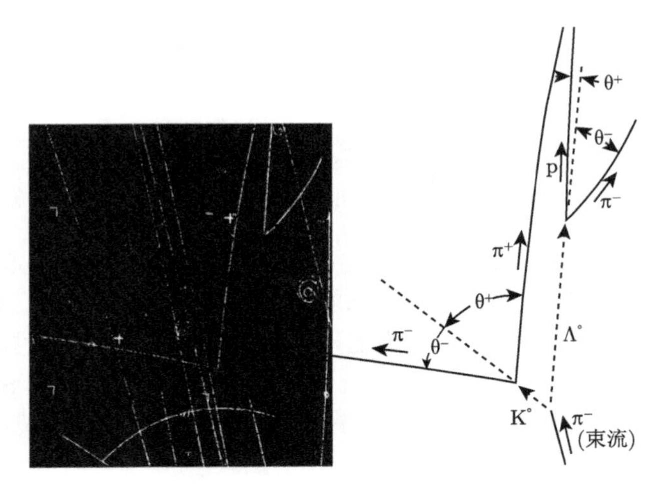

图 1.4 $\pi^- + \mathrm{p} \to \Lambda^0 + \mathrm{K}^0$ 协同产生

实际上 A. Pais 在 1952 年就提出了协同产生的设想。协同产生机制意味着在强相互作用中存在一个新的守恒量子数，被称为奇异量子数 S。在式 (1.7) 中定义 Λ^0 的奇异量子数 $S=-1$，K^0 的奇异量子数 $S=+1$，反应初末态奇异量子数守恒，都为 0。下面的反应要求 K^+ 的奇异量子数也为 $S=+1$，

$$\pi^+ + \mathrm{n} \to \quad \Lambda^0 + \mathrm{K}^+ \tag{1.9}$$

如下反应给出 Σ 超子的奇异量子数为 $S=-1$，

$$\pi^- + \mathrm{p} \to \Sigma^- + \mathrm{K}^+, \quad \pi^- + \mathrm{p} \to \Sigma^0 + \mathrm{K}^0, \quad \pi^+ + \mathrm{p} \to \Sigma^+ + \mathrm{K}^+ \tag{1.10}$$

下面的过程则要求 Ξ 超子的奇异量子数为 $S=-2$，

$$\mathrm{K}^- + \mathrm{p} \to \quad \Xi^0 + \mathrm{K}^0,\ \Xi^- + \mathrm{K}^+ \tag{1.11}$$

奇异数 S 和重子数 B 的和被定义为超荷量子数 Y，

$$Y = S + B \tag{1.12}$$

1.1.2 J/ψ 粒子的发现和 OZI 规则

在发现奇异夸克之后，人们知道的夸克有 (u,d,s) 三种，可以纳入 $SU(3)$ 味对称的理论框架中。弱相互作用的左手态可以写为

$$\begin{pmatrix} u \\ d' \end{pmatrix} \quad d' = d\cos\theta_\mathrm{c} + s\sin\theta_\mathrm{c} \tag{1.13}$$

弱作用的本征态 d' 由 d 和 s 混合而成。在弱中性流衰变中 $\mathrm{Z}^0 \to \mathrm{u\bar{u}}, \mathrm{d'\bar{d}'}$，末态为

$$\begin{aligned} u\bar{u} + d'\bar{d}' &= u\bar{u} + (d\cos\theta_\mathrm{c} + s\sin\theta_\mathrm{c})(\bar{d}\cos\theta_\mathrm{c} + \bar{s}\sin\theta_\mathrm{c}) \\ &= u\bar{u} + (d\bar{d}\cos^2\theta_\mathrm{c} + s\bar{s}\sin^2\theta_\mathrm{c}) + (d\bar{s} + s\bar{d})\sin\theta_\mathrm{c}\cos\theta_\mathrm{c} \end{aligned} \tag{1.14}$$

第一项和第二项为奇异数改变 $\Delta S = 0$ 的中性流，而第三项则为奇异数改变 $\Delta S = 1$ 的中性流。这就意味着如果 $SU(3)$ 味对称性是正确的理论，就会有奇异数改变的中性流衰变过程存在，但是在实验上只观测到奇异数不变的中性流，没有观测到奇异数改变的中性流。为解释 $\Delta S = 1$ 的中性流不存在，1970 年 S. L. Glashow，J. Iliopoulos 和 L. Maiani 三位科学家提出了一个存在第四种夸克的设想。将第四种夸克记为 c，则可写出两个弱相互作用的旋量态，

$$\begin{pmatrix} u \\ d' \end{pmatrix} \qquad \begin{pmatrix} c \\ s' \end{pmatrix} \tag{1.15}$$

$$\begin{pmatrix} d' \\ s' \end{pmatrix} = \begin{pmatrix} \cos\theta_\mathrm{c} & \sin\theta_\mathrm{c} \\ -\sin\theta_\mathrm{c} & \cos\theta_\mathrm{c} \end{pmatrix} \begin{pmatrix} d \\ s \end{pmatrix} \tag{1.16}$$

这时式 (1.14) 变为

$$\begin{aligned} u\bar{u} + d'\bar{d}' + c\bar{c} + s\bar{s}' &= u\bar{u} + c\bar{c} + (d\bar{d} + s\bar{s})\cos^2\theta_\mathrm{c} + (d\bar{d} + s\bar{s})\sin^2\theta_\mathrm{c} \\ &\quad + (d\bar{s} + s\bar{d} - d\bar{s} - s\bar{d})\sin\theta_\mathrm{c}\cos\theta_\mathrm{c} \\ &= u\bar{u} + c\bar{c} + d\bar{d} + s\bar{s} \end{aligned} \tag{1.17}$$

$\Delta S = 1$ 的奇异数改变的中性流项消失了。这就是所谓的 GIM 机制。

1974 年实验证实了 GIM 机制设想的正确性。丁肇中教授领导的实验组在布鲁克海文国家实验室 30GeV 质子交变梯度加速器 AGS 上的实验中发现了一个大质量长寿命的新粒子[5]，命名为 J。这是一个固定靶实验，

$$\mathrm{p} + \mathrm{Be} \to \mathrm{J} + \mathrm{X}, \qquad \mathrm{J} \to \mathrm{e}^+\mathrm{e}^-$$

J 由其衰变的 e^+、e^- 重建。探测器是一个双臂谱仪，图 1.5给出了谱仪一个臂的侧视图，每个臂相对于质子束流入射方向的夹角为 14.6°，M_1 和 M_2 是两个偏转磁铁，使得具有确定偏转角和动量的正负电子被谱仪探测到。图 1.6是实验测到的 $\mathrm{e}^+\mathrm{e}^-$ 不变质量谱，峰值在 3.1GeV，宽度很窄。即使将偏转磁铁的电流减少 10%，所测得的不变质量谱的峰位仍然不变，也被标示在图 1.6中。

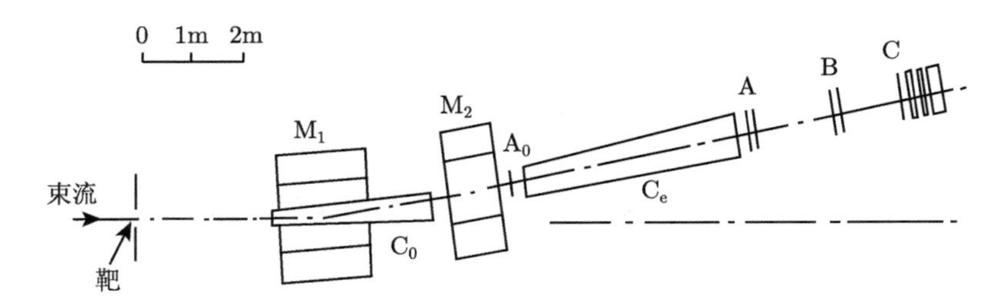

图 1.5 发现 J 粒子的双臂谱仪简化侧视图

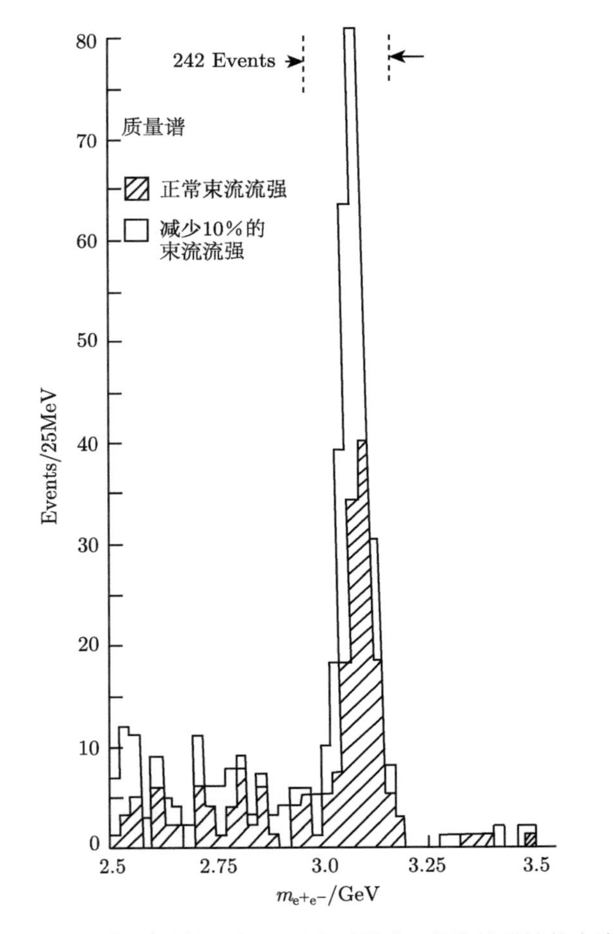

图 1.6 发现 J 粒子的双臂谱仪测得的 e^+e^- 不变质量谱，将偏转磁铁的电流减少 10%，不变质量谱的峰位不变

几乎在同一时间，B. Richter 领导的实验组在 SLAC 的 SPEAR 正负电子对

撞机上也发现了该粒子[6]，命名为 ψ，他们给出了该共振态的参数，

$$E = (3.105 \pm 0.003)\text{GeV}, \quad \Gamma \leqslant 1.3\text{MeV}$$

并给出了它的自旋、宇称和电荷共轭宇称值 $J^{PC} = 1^{--}$。图 1.7是他们发表的测量结果。

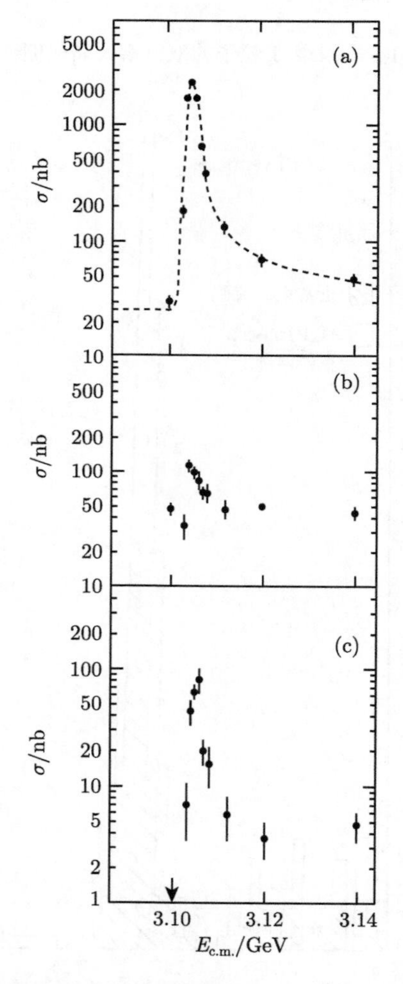

图 1.7 SPEAR 对撞机上测到的 ψ 粒子产生截面：(a)$e^+e^- \to$ 强子，(b)$e^+e^- \to e^+e^-$，(c)$e^+e^- \to \mu^+\mu^-, \pi^+\pi^-, K^+K^-$

意大利弗拉斯卡蒂实验室得知在 3.1GeV 发现新粒子的消息后，将他们的 ADONE 正负电子对撞机的能量提高到设计的最高能量 (2×1.5GeV) 以上，验证

了上述实验发现，赶在 1974 年 12 月同一期物理快报上发表[7]。丁肇中实验组的文章 11 月 12 日收到，B. Richter 实验组的文章 11 月 13 日收到，弗拉斯卡蒂 ADONE 的文章 11 月 18 日收到。在很短的时间内一个新的发现被其他实验确认在历史上是很少见的。丁肇中和 B. Richter 因为 J/ψ 粒子的发现荣获 1976 年诺贝尔物理学奖。

J/ψ 粒子如此重却很稳定，虽然没有引入新的量子数和选择规则，其衰变宽度却是如此之窄，可以用 OZI 规则来解释。OZI 规则是量子色动力学中的一条规则，在 20 世纪 60 年代由大久保进、乔治 • 茨威格和饭冢重五郎 (Okubo，Zweig，Iizuka) 独立提出。OZI 规则是说，如果一个强相互作用过程的费曼图可以通过切断胶子内线的方式将初态粒子和末态粒子的夸克线分开，那么该过程将受到压低，或者说费曼图中夸克线连通的图的截面大于非连通图的截面。例如 ϕ 介子的衰变，$\phi \to K^+K^-$ 的费曼图中夸克线是连通的，$\phi \to \pi^+\pi^-\pi^0$ 中初态和末态的夸克线却是非连通的，而 $\omega \to \pi^+\pi^-\pi^0$ 的初态和末态的夸克线却是连通的，如图 1.8所示。因此，$\phi \to K^+K^-$ 的衰变分支比大于 $\phi \to \pi^+\pi^-\pi^0$ 衰变。实际上前者的分支比为 85%，后者为 15%。$\omega \to \pi^+\pi^-\pi^0$ 的分支比为 90%。

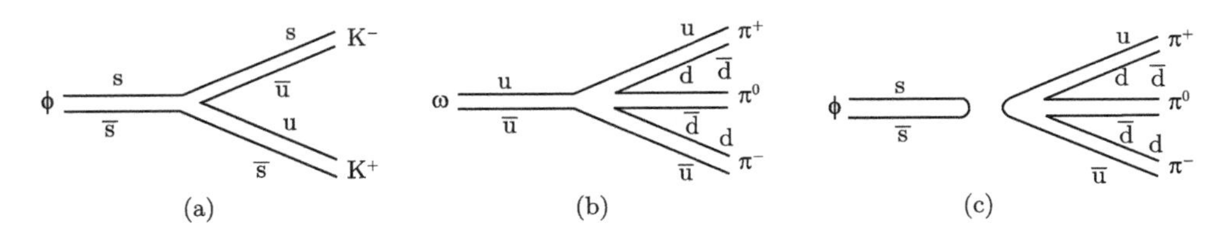

图 1.8 ϕ 和 ω 衰变的夸克流线图：(a)$\phi \to K^+K^-$，(b)$\omega \to \pi^+\pi^-\pi^0$, (c)$\phi \to \pi^+\pi^-\pi^0$

对 $c\bar{c}$ 组成的粲偶素共振态粒子也有如图 1.9所示的衰变模式，J/ψ 粒子由于其质量低于 $D\bar{D}$ 对的产生质量阈，所以只能以像图 1.9(a) 那样的非连通图方式衰变，因而受到 OZI 规则的压制，衰变宽度窄，成为相对比较稳定的粒子。

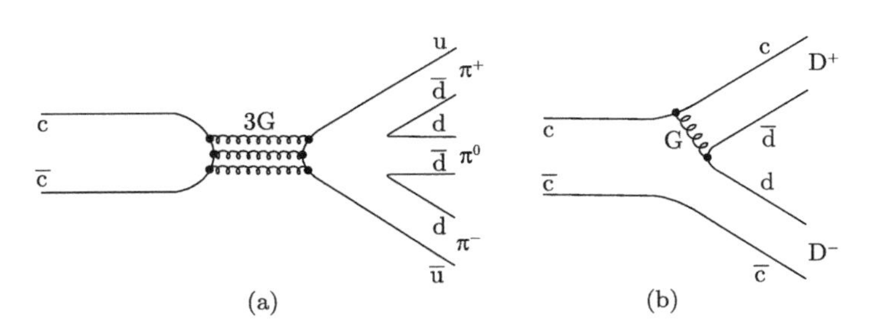

图 1.9 粲偶素衰变的夸克流线图：(a)$J/\phi \to 3\pi$，(b)$\Psi(3770) \to D\bar{D}$

自从发现 J/ψ 以后，一系列的粲偶素共振态陆续被找到。图 1.10给出了在开粲 (open charm) 粒子对产生阈，即 $\mathrm{D\bar{D}}$ 阈值以下的粲偶素谱。粲偶素的质量谱和电子偶素的质量谱非常相似，可以尝试用非相对论的位势模型计算出这些粲偶素态的质量和一些典型的特征，一个成功的模型是康奈尔 (Cornell) 势，

$$V(r) = -\frac{4}{3}\alpha_{\mathrm{s}}(r)/r + kr + C \tag{1.18}$$

这里 r 是夸克间的距离。第一项类似于库仑势，反映短程的渐近自由，$\frac{4}{3}$ 是一个色因子，强耦合常数 $\alpha_{\mathrm{s}}(r)$ 在短距离按 $\ln r$ 减小；第二项是长程项，或称为禁闭项，反映偶素的禁闭效应；C 是一个常数。该位势的图像示于图 1.11中。

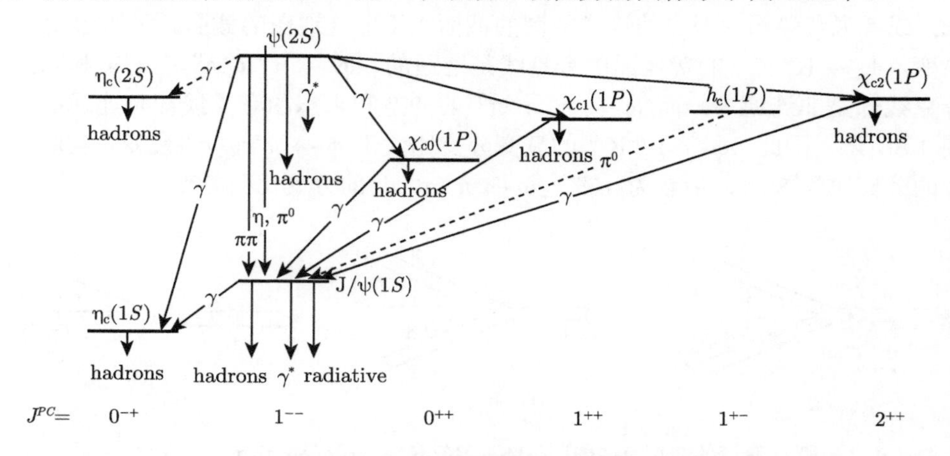

图 1.10　开粲产生阈以下的粲偶素谱，虚线是尚未确认的跃迁

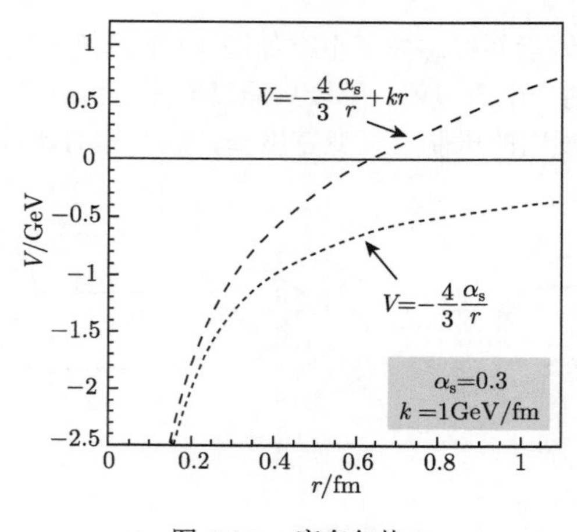

图 1.11　康奈尔势

1.1.3 b 和 t 夸克的寻找

b 夸克是在 1977 年发现的 [8]。莱德曼领导的费米实验室 E288 实验组在 400GeV 的质子和原子核 (Cu，Pt) 对撞的固定靶实验中，用双臂 μ 子谱仪获取了 9000 个 $\mu^+\mu^-$ 对事例，测量 μ 子对的不变质量 $m_{\mu^+\mu^-}$ 谱，在 9.5GeV 附近事例数在连续谱的背景上有很大的增强，研究表明这是一个 $b\bar{b}$ 的共振态粒子 Υ。反应过程为

$$\mathrm{p} + \text{靶核}(\mathrm{Cu}, \mathrm{Pt}) \to \Upsilon + X, \quad \Upsilon \to \mu^+\mu^- \tag{1.19}$$

实验所用的双臂 μ 子谱仪的平面图示于图 1.12中。

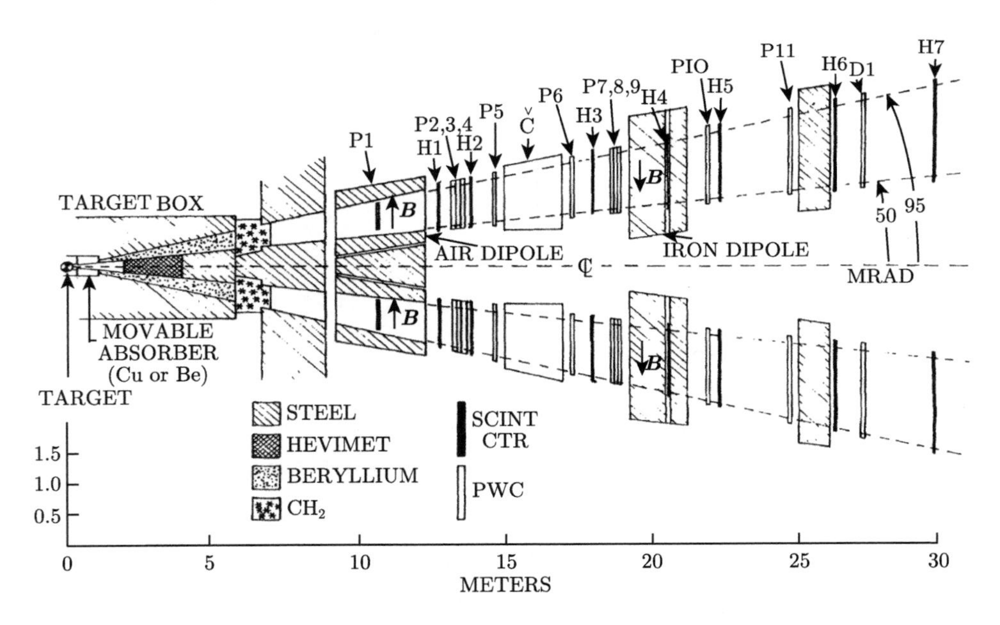

图 1.12 发现 b 夸克偶素 Υ 粒子的双臂 μ 子谱仪平面示意图

图 1.13是实验测量的 μ 子对不变质量 $m_{\mu^+\mu^-}$ 谱。实际上，早在 1973 年小林诚和益川敏英为从理论上解释 $\mathcal{CP}$ 破坏就描绘了底夸克的图像，底夸克的名字是 1975 年由哈伊姆 · 哈拉里 (Haim Harari) 引入的。由于 b 夸克的发现在 c 夸克之后被认为是很自然的，所以莱德曼没有因为该项发现获得诺贝尔物理学奖，但他后来因“中微子束方法及通过发现 μ 中微子验证轻子的二重态结构”而和梅尔文 · 施瓦茨 (Melvin Schwartz)、杰克 · 斯坦伯格 (Jack Steinberger) 分享了 1988 年的诺贝尔物理学奖。

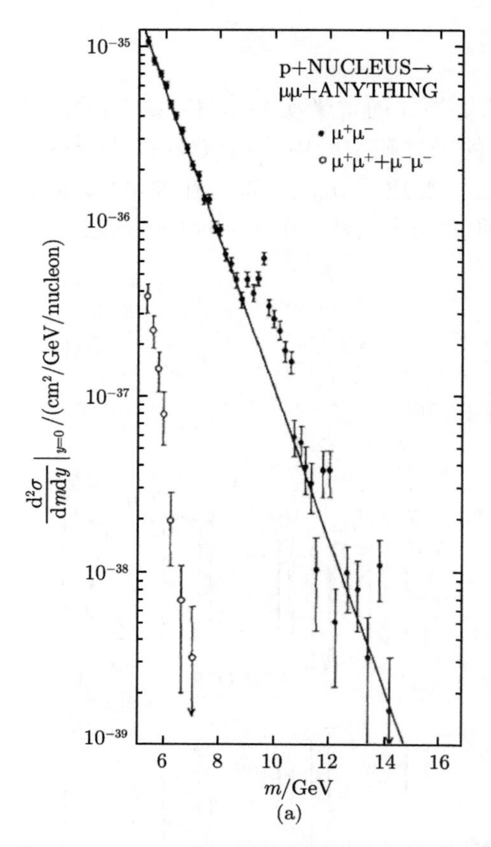

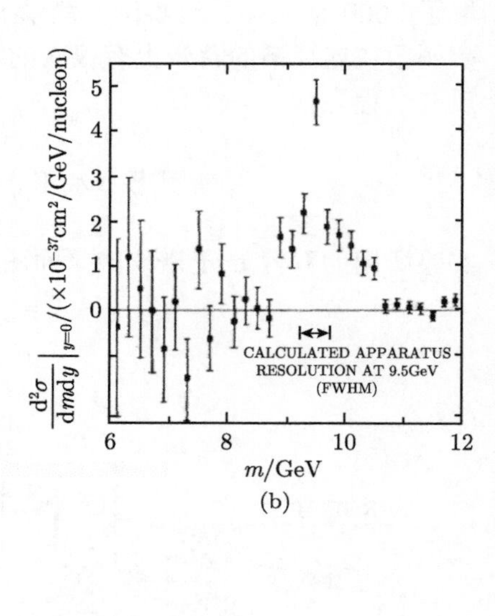

图 1.13　(a) 双臂 μ 子谱仪测得的双 μ 产生截面与不变质量 $m_{\mu^+\mu^-}$ 的函数关系。实线是连续谱拟合，同号 μ 对的截面也标示在图中。(b) 在 (a) 图中减除平滑的指数连续谱拟合后的结果

在 b 夸克被发现之后，按照标准模型理论，t 夸克的存在就是必然的，科学家在最后真正找到它之前花费了几十年的时间。1994 年 4 月 22 日美国费米实验室 Tevatron 对撞机上的 CDF 实验组发表报告，宣称测到了 t 夸克产生的迹象。Tevatron 是 $\mathrm{p\bar{p}}$ 对撞机，$\sqrt{s}=1.8\mathrm{TeV}$。D0 实验组随后也发表了测量结果。费米实验室正式宣布 t 夸克的发现是在一年以后。CDF 和 D0 组的合并结果为

$$M_{\mathrm{t}} \sim (176 \pm 18)\mathrm{GeV}/c^2 \tag{1.20}$$

在 $\mathrm{p\bar{p}}$ 对撞中 t 夸克对的产生过程如图 1.14 所示，

$$\mathrm{q}+\bar{\mathrm{q}} \to \mathrm{t}+\bar{\mathrm{t}}, \quad \mathrm{g}+\mathrm{g} \to \mathrm{t}+\bar{\mathrm{t}} \tag{1.21}$$

这是 QCD 强作用的产生过程，在 Tevatron 对撞机能量下计算到次领头阶的截面为 $\sigma_{\rm NLO}=6.7\text{pb}$。

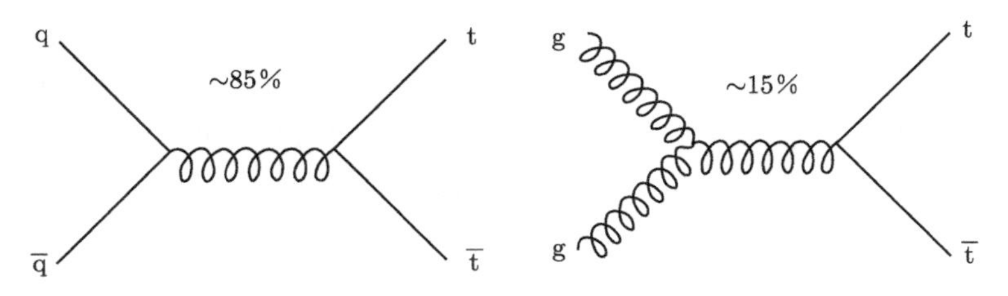

图 1.14 $\mathrm{p\bar{p}}$ 对撞中 t 夸克对产生的费曼图。图中标出了 Tevatron 对撞机能量下两个图贡献的相对大小

在 Tevatron 对撞机上还测到了通过弱电过程的单 t 夸克产生过程，如图 1.15所示。精确计算到次领头项的 s 道截面为 $\sigma_{\rm NLO}=0.9\text{pb}$，t 道截面为 $\sigma_{\rm NLO}=2.0\text{pb}$，比上述 QCD 强过程要小得多。

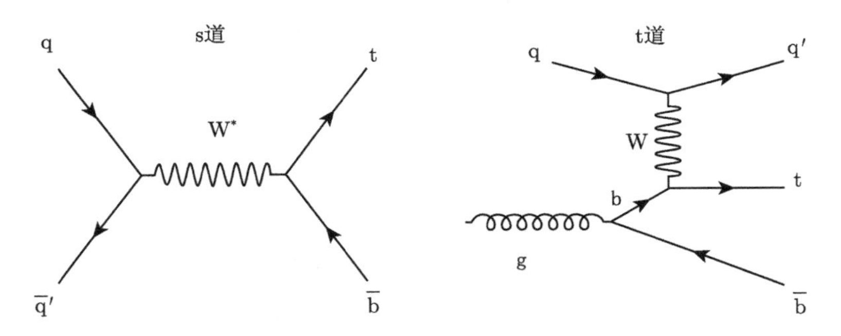

图 1.15 $\mathrm{p\bar{p}}$ 对撞中通过弱电过程的单 t 夸克产生费曼图

t 夸克的寿命极短，约为 10^{-24}s，所以它不可能和别的夸克结合形成介子或重子，而是立即衰变到 $\mathrm{W+b(t\to W^+b,\bar{t}\to W^-\bar{b})}$。b 主要是碎裂成喷注，W 通过轻子道或强子道衰变，如果由末态 $\mathrm{t\bar{t}}$ 衰变而来的两个 W 都由强子道 $\mathrm{W\to q\bar{q}'}$ 衰变，虽然产额很高，但它们会被掩埋在 $\mathrm{p\bar{p}}$ 对撞的强作用本底中难以分辨。另外，末态如果有 τ 轻子，也很难鉴别出来，因而在轻子道中 τ 被排除在外。这样在 $\mathrm{p\bar{p}}$ 对撞中产生的 $\mathrm{t\bar{t}}$ 对只能通过如下双轻子道和单轻子道来鉴别：

$$
\begin{aligned}
&\text{双轻子道}\quad \mathrm{t\bar{t}\to W^+bW^-\bar{b}\to l^+l^-\nu\bar{\nu}b\bar{b}}\\
&\text{单轻子道}\quad \mathrm{t\bar{t}\to W^+bW^-\bar{b}\to l^+\nu q\bar{q}'b\bar{b}}\quad \text{或}\quad \mathrm{l^-\bar{\nu}q\bar{q}'b\bar{b}}
\end{aligned}
\tag{1.22}
$$

这就是 CDF 和 D0 组选用的反应道，双轻子道虽然干净，本底小，但它在 $\mathrm{t\bar{t}}$ 对的总衰变中只有 5% 的份额。单轻子道的产额虽然高，占 30%，但有更强的来自 W 喷注的本底，需要设法予以压制。

1.1.4　强子结构

大量重要的实验发现促进了理论的发展，特别是对称性理论的发展。实际上早在 1949 年费米和杨振宁就曾尝试用一个简单的对称性模型来解释 π 介子的组成和特征量子数，诸如电荷、自旋宇称和同位旋等。他们将核子置于一个满足 $SU(2)$ 对称性的旋量基态中，

$$N = \begin{pmatrix} \mathrm{p} \\ \mathrm{n} \end{pmatrix}$$

假定 π 介子是由核子和反核子组成的。巨大的质量亏损可以用强作用中很大的结合能来解释。当时实验上还没有发现反核子，反质子是 1955 年发现的，第二年发现了反中子。这时人们发现 100 多种强子可以按 $SU(3)$ 对称性表示很好地进行分类，就像原子按门捷列夫周期表分类一样。实验还发现了质子不是一个点而是有一定大小和内部结构的粒子。1956 年坂田 (Sakata) 将费米-杨振宁模型推广到 $SU(3)$，提出了一个强子结构的模型，$\mathrm{p, n}, \Lambda$ 组成 $SU(3)$ 对称性的基态，

$$N = \begin{pmatrix} \mathrm{p} \\ \mathrm{n} \\ \Lambda \end{pmatrix}$$

该模型中 $\mathrm{p, n}, \Lambda$ 及其反粒子是最基本的粒子，介子被解释为由这些粒子和反粒子组成，取得了成功，但解释重子的组成时却遇到了困难。所有这些实验结果和理论探讨的进展都导致 1964 年盖尔曼 (M. Gell-Mann) 和茨维格 (Zweig) 提出所有强子都是由上夸克 u、下夸克 d 和奇异夸克 s 三种夸克组成的，这就是夸克模型。表 1.3列出了坂田模型和夸克模型量子数的差异。

表 1.3　坂田模型和夸克模型的量子数 (括号内为夸克模型)

	I	I_3	Q	S	B
p(u)	$\frac{1}{2}$	$+\frac{1}{2}$	$+1\left(+\frac{2}{3}\right)$	0	$+1\left(+\frac{1}{3}\right)$
n(d)	$\frac{1}{2}$	$-\frac{1}{2}$	$0\left(-\frac{1}{3}\right)$	0	$+1\left(+\frac{1}{3}\right)$
Λ(s)	0	0	$0\left(-\frac{1}{3}\right)$	-1	$+1\left(+\frac{1}{3}\right)$

此后不久就建立了描述强子内部结构的非相对论夸克模型、相对论性层子模型及相对论性夸克模型等理论。虽然所有这些模型都还没有涉及强相互作用动力学理论，然而人们已经在尝试以自由夸克量子场论去探讨强子唯象学的物理规律。

按照 $SU(3)$ 味对称的夸克模型，三维表示的基矢为

$$\begin{pmatrix} \mathrm{u} \\ \mathrm{d} \\ \mathrm{s} \end{pmatrix}$$

按照量子数 Y 和 I_3 可将它们用图 1.16(a) 表示，记为 $\underline{3}$，(b) 是反粒子态的共轭表示 $\underline{3}^*$。

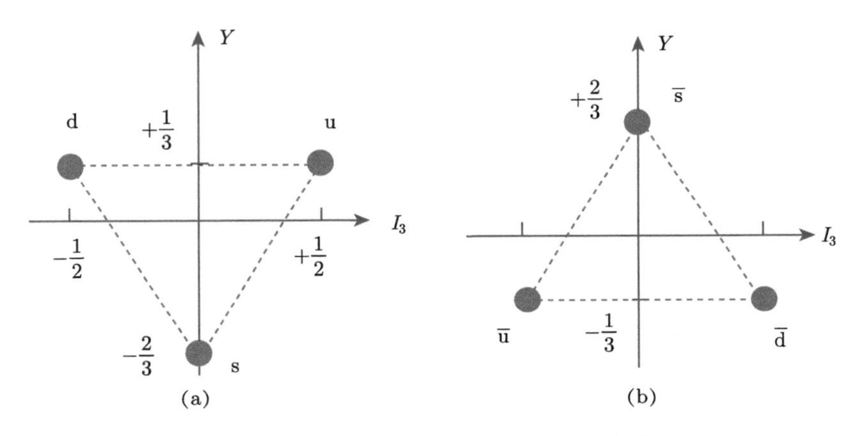

图 1.16　夸克 $SU(3)$ 味对称性的基态表示 $\underline{3}$(a) 和其共轭表示 $\underline{3}^*$(b)

此模型中的每个重子都由三个夸克组成，例如质子 p 含有 2 个 u 夸克和 1 个 d 夸克，中子 n 含有 2 个 d 夸克和 1 个 u 夸克，每个介子由 1 个夸克和 1 个反夸克组成。在强子构成中的夸克称为价夸克，它们决定了相应的重子和介子的电荷及其他量子数。因此所有的重子都是费米子，它们的自旋都是半整数，所有的介子都是整数自旋的玻色子。

按照幺正群的理论，$\underline{3}$ 表示和其共轭表示 $\underline{3}^*$ 的直乘积可约化为 $\underline{8}+\underline{1}$ 表示，见图 1.17。

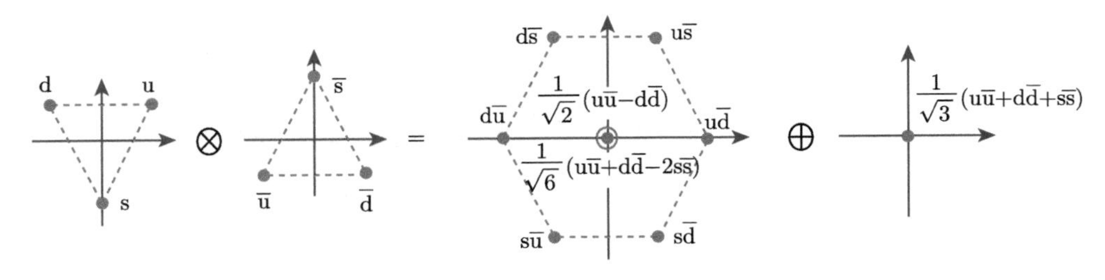

图 1.17　$\underline{3}\otimes\underline{3}^*=\underline{8}\oplus\underline{1}$

$J^P = 0^-$，1^- 的赝标量介子和矢量介子刚好能填充在图 1.18 的 $\underline{8} \oplus \underline{1}$ 表示中。$J^P = 0^-$ 的赝标量介子的夸克组分和基本特征列于表 1.4中，η 和 η' 分别属于 $\underline{8}$ 和 $\underline{1}$ 表示的单态，见图 1.18(a)。

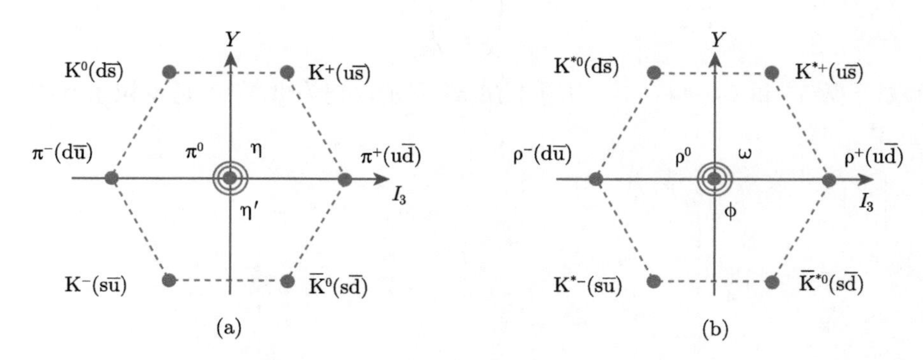

图 1.18　$J^P = 0^-$ 赝标量介子 (a) 和 $J^P = 1^-$ 矢量介子 (b) 的 $\underline{8} + \underline{1}$ 维表示

表 1.4　$J^P = 0^-$ 的赝标量介子的夸克组分和基本特征

	I	I_3	S	名称	夸克组分	主要衰变道	质量/MeV
八重态	1	1	0	π^+	$u\bar{d}$	$\pi^\pm \to \mu\nu$	140
	1	-1	0	π^-	$d\bar{u}$		140
	1	0	0	π^0	$\frac{1}{\sqrt{2}}(d\bar{d} - u\bar{u})$	$\pi^0 \to 2\gamma$	135
	$\frac{1}{2}$	$\frac{1}{2}$	$+1$	K^+	$u\bar{s}$	$K^+ \to \mu\nu$	494
	$\frac{1}{2}$	$-\frac{1}{2}$	$+1$	K^0	$d\bar{s}$	$K^0 \to \pi^+\pi^-$	498
	$\frac{1}{2}$	$-\frac{1}{2}$	-1	K^-	$\bar{u}s$	$K^- \to \mu\nu$	494
	$\frac{1}{2}$	$\frac{1}{2}$	-1	$\bar{K}^0$	$\bar{d}s$	$\bar{K}^0 \to \pi^+\pi^-$	498
	0	0	0	η_8	$\frac{1}{\sqrt{6}}(u\bar{u} + d\bar{d} - 2s\bar{s})$	$\eta \to 2\gamma$	549
单态	0	0	0	η_0	$\frac{1}{\sqrt{3}}(u\bar{u} + d\bar{d} + s\bar{s})$	$\eta' \to \eta\pi\pi$ $\to 2\gamma$	958

和 $J^P = 0^-$ 的赝标量介子不同，在图 1.18(b)$J^P = 1^-$ 矢量介子的 $\underline{8} + \underline{1}$ 维表示中，ϕ 和 ω 是八维表示的单态 ϕ_8 和一维表示的单态 ϕ_0 的混合，

$$\begin{pmatrix} \phi \\ \omega \end{pmatrix} = \begin{pmatrix} \sin\theta & -\cos\theta \\ \cos\theta & \sin\theta \end{pmatrix} \begin{pmatrix} \phi_0 \\ \phi_8 \end{pmatrix} \tag{1.23}$$

如果假定态之间的能量算符矩阵元给出相应的质量的平方，由式 (1.23) 可以写出

$$\begin{cases} M_{\phi}^2 = M_0^2 \sin^2\theta + M_8^2 \cos^2\theta - 2M_{08}^2 \sin\theta\cos\theta \\ M_{\omega}^2 = M_8^2 \sin^2\theta + M_0^2 \cos^2\theta + 2M_{08}^2 \sin\theta\cos\theta \end{cases} \tag{1.24}$$

另外因为 ϕ 和 ω 的正交性，有

$$M_{\phi\omega}^2 = 0 = (M_0^2 - M_8^2)\sin\theta\cos\theta + M_{08}^2(\sin^2\theta - \cos^2\theta) \tag{1.25}$$

从式 (1.24) 和式 (1.25) 中消除 M_{08} 和 M_0，得到

$$\tan\theta = \frac{M_{\phi}^2 - M_8^2}{M_8^2 - M_{\omega}^2} \tag{1.26}$$

由 K^* 和 ρ 的八维表示可以类似地导出

$$M_8^2 = \frac{1}{3}(4M_{K^*}^2 - M_{\rho}^2) \tag{1.27}$$

因而由粒子的观测质量给出 $\theta \simeq 40°$。如果选取 $\sin\theta = \dfrac{1}{\sqrt{3}}$，$\theta \simeq 35°$，则式 (1.23) 可写为

$$\begin{cases} \phi \simeq \dfrac{1}{\sqrt{3}}(\phi_0 - \sqrt{2}\phi_8) \\ \omega \simeq \dfrac{1}{\sqrt{3}}(\phi_8 + \sqrt{2}\phi_0) \end{cases} \tag{1.28}$$

由表 1.4 可得

$$\begin{cases} \phi_0 = \dfrac{1}{\sqrt{3}}(u\bar{u} + d\bar{d} + s\bar{s}) \\ \phi_8 = \dfrac{1}{\sqrt{6}}(u\bar{u} + d\bar{d} - 2s\bar{s}) \end{cases} \tag{1.29}$$

于是得到

$$\begin{cases} \phi \simeq s\bar{s} \\ \omega \simeq \dfrac{1}{\sqrt{2}}(u\bar{u} + d\bar{d}) \end{cases} \tag{1.30}$$

重子由三个夸克组成，同样以幺正群表示的理论应为三个基础表示的直乘积，分解为不可约的表示有

$$\underline{3} \otimes \underline{3} \otimes \underline{3} = \underline{3} \otimes (\underline{6} + \underline{3}^*) = \underline{10} \oplus \underline{8} \oplus \underline{8} \oplus \underline{1}$$

$J^P = \dfrac{1}{2}^+$ 的重子标在图 1.19的 $SU(3)$ 八维表示中，右边给出的质量显示了味

$SU(3)$ 破缺的对称性，因为如果味 $SU(3)$ 是严格的对称性，所有的质量应该是相同的。$J^P=\frac{3}{2}^+$ 的重子激发态可以填在 $\underline{10}$ 表示图 1.20中。

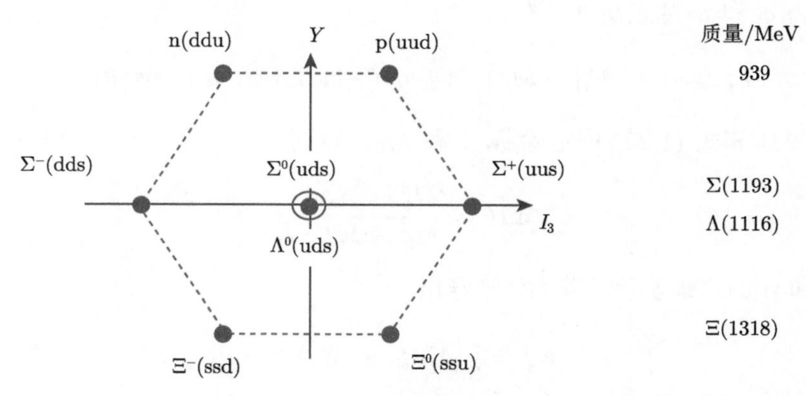

图 1.19　$J^P=\frac{1}{2}^+$ 重子的八维表示。右边给出了相应同位旋态的质量

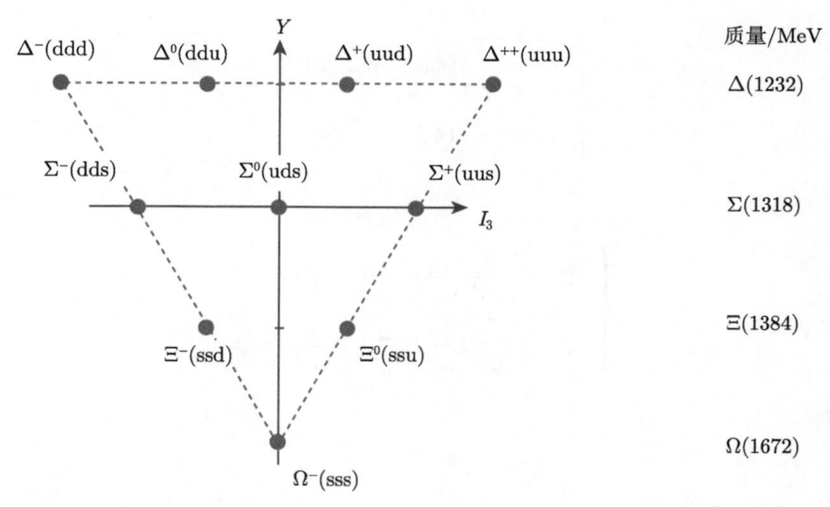

图 1.20　$J^P=\frac{3}{2}^+$ 重子的十维表示。右边给出了相应同位旋态的质量

通过对强子的量子数分析归纳，盖尔曼和西岛 (Nishijima) 在奇异量子数 S 提出不久，奇异粒子还没有完全发现之前，于 1955 年就总结出了有名的盖尔曼-西岛关系式：

$$Q=I_3+\frac{Y}{2} \tag{1.31}$$

按照盖尔曼-西岛关系可以总结推导出以下结论.

(1) 强子的 Y 若为偶数，它的 I_3 量子数一定是整数；强子的 Y 若为奇数，它的 I_3 量子数一定是半整数。

(2) 任何一组同位旋多重态的平均电荷均为 $\frac{Y}{2}$，即 $\bar{Q}=\frac{Y}{2}$。例如，核子的 $Y=1$，质子和中子的平均电荷为 1/2。Ξ 超子的 $Y=-1$，Ξ^- 和 Ξ^0 的平均电荷为 $-1/2$。这两组同位旋二重态电荷分布的差异，在这里可以得到一些解释。

(3) 在强相互作用中，除电荷 Q 和重子数 B 肯定守恒外，同位旋 I 和奇异数 S 也是守恒的，因而总有 $\Delta I_3=-\Delta\left(\frac{S}{2}\right)=0$。

(4) 在弱相互作用中，电荷 Q 及重子数 B 守恒，在非轻子弱过程中，初末态虽然都有确定的 I_3 和 S 值，但不守恒，即 $\Delta I_3=-\Delta\left(\frac{S}{2}\right)\neq 0$。可以说在弱作用中，$S$ 不守恒导致 I_3 及 I 均不守恒。

(5) 在强子参与的电磁相互作用中，由于 B、S、Q 等都守恒，I_3 也守恒，因此在电磁相互作用过程中 I 的改变只能是整数，不可能是半整数。

总结起来，在强子参与的三种相互作用过程中，强子的量子数守恒规则如表 1.5所示。

表 1.5 强子在三种相互作用过程中的量子数守恒规则

	I	I_3	S	B	Q
强相互作用	守恒	守恒	守恒	守恒	守恒
电磁相互作用	不守恒	守恒	守恒	守恒	守恒
弱相互作用	不守恒	不守恒	不守恒	守恒	守恒

1.2 加速器简介

在核物理和粒子物理的研究中加速器是最重要的工具。在 1932 年加速器发明之前，人们只知道可以用从诸如镭发射的 α 粒子进行核反应实验，产生质子。今天我们用加速器不仅可以产生高能高强度的 α 粒子，还可以产生从氢到铀几乎所有元素的高能高强度离子。

1.2.1 历史上的加速器

1932 年 J. D. Cockcroft 和 E. T. S. Walton 利用静电的位势差建立了第一个 Cockcroft-Walton 直流加速器，如图 1.21所示。电荷 q 获得能量 qV，利用多级电压倍加电路最高可使质子获得 200kV 的能量。

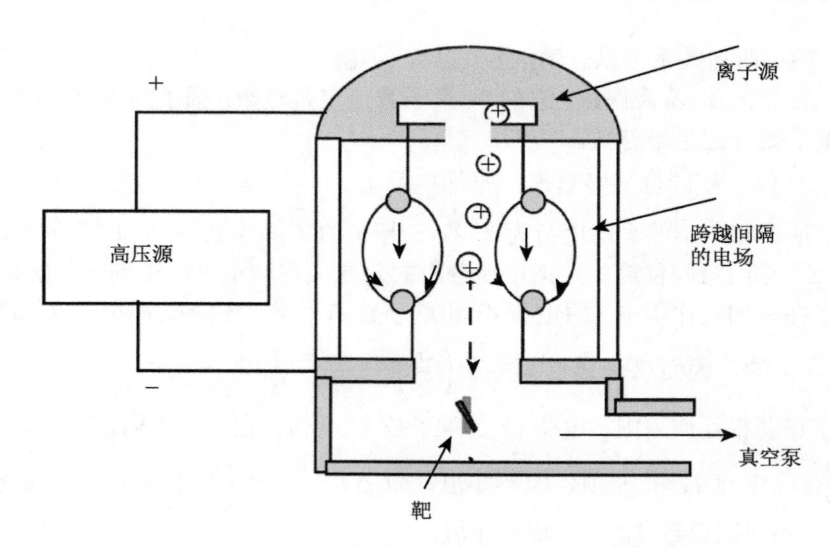

图 1.21　Cockcroft-Walton 直流加速器示意图

早在 1929 年范德格拉夫 (R. J. Van de Graaff) 就在研制加速器，如图 1.22

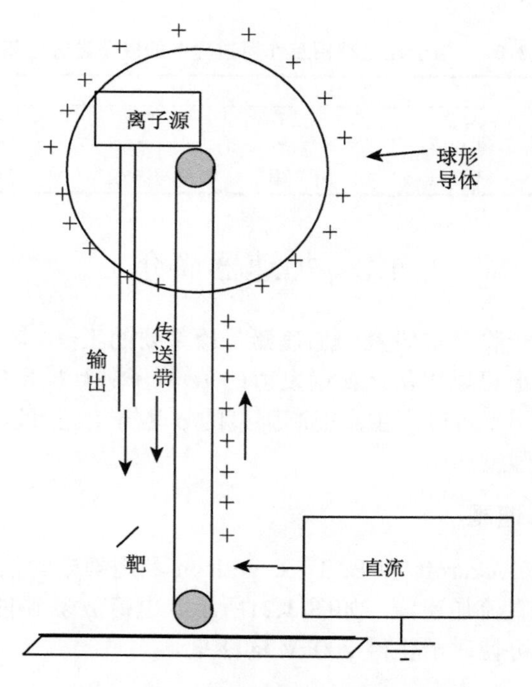

图 1.22　范德格拉夫加速器示意图

所示，正的静电通过皮带不断向一个圆球形的中空导体球输运，维持导体球对地的高电势，在其内部安装离子源，离子被高压球和地之间的高电势差加速打到靶上。范德格拉夫这类静电加速器的能量可以应用“串列”的理念得到极大的提升。串列范德格拉夫加速器 1950 年首次建成后，负离子才首次得到加速，飞向安放在一个高压力桶中心的高压正电极。这时电极内部的负离子能量可达 MeV 量级，它等于兆伏级的电势差乘以离子的电荷。它们可以通过薄膜或气体“剥离器”剥离掉核外的电子，生成带正电的离子束，正电离子束被二次加速离开正高压极。

这些类型的加速器在应用上的限制在于，在带电体的表面维持高电势不是一件容易的事。串列加速器需要从负离子开始，对有些元素获得负离子还是比较困难甚至是不可能的。绝大多数元素都比较容易获得正离子，电荷大于 1 的正离子也能比较容易地产生。

另一类早期的加速器是回旋加速器 (cyclotron)，如图 1.23所示。它是 E. O. Lawrence 在 1929 年发明的，1930 年第一次将质子加速到 80keV。它的原理就是用射频电场对粒子进行多次加速，就像我们下面将要讲到的直线加速器一样。在回旋加速器中，离子在磁场的约束下做螺旋运动。离子从磁场中心输入，在向外做螺旋运动每次通过两个半圆电极的缝隙时获得加速。离子飞行一圈的时间是恒定不变的，因为随着飞行速度的增加，飞行距离相应增加，与射频协调一致。当离子达到相对论能量时，这种状态将会破坏，因而限制了回旋加速器可以达到的能量。

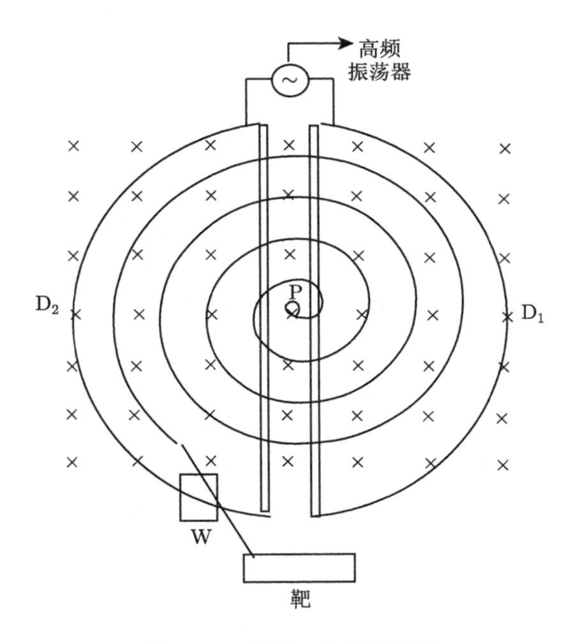

图 1.23 回旋加速器示意图

由洛伦兹力的公式 $\boldsymbol{F}=q(\boldsymbol{v}\times\boldsymbol{B})$，这时有 $\boldsymbol{F}=qv\boldsymbol{B}$，它为离子半径为 r 的圆周运动提供向心力

$$qvB=\frac{mv^2}{r} \tag{1.32}$$

$$r=\frac{mv}{qB} \tag{1.33}$$

离子旋转一周的时间，即周期 T 为

$$T=\frac{2\pi r}{v}=\frac{2\pi}{v}\left(\frac{mv}{qB}\right)=\frac{2\pi m}{qB} \tag{1.34}$$

可以求得它的回转圆频率为

$$\omega=\frac{2\pi}{T}=\frac{qB}{m} \tag{1.35}$$

当离子的运动速度提高到相对论速度时，离子的质量为 $m=\gamma m_0$，m_0 是静止质量，γ 是洛伦兹因子。这时离子的回转圆频率变为

$$\omega=\frac{qB}{m_0}\left(1-\frac{v^2}{c^2}\right)^{1/2} \tag{1.36}$$

因此随着 v 的提高，回转圆频率减小，离子将用更多的时间穿过半圆轨道，到达间隙时就会比较晚，得不到有效的加速。由此可见，为保持有效的加速，必须使因子 $B(1-v^2/c^2)^{1/2}$ 保持为常数，即磁场应该相应地增加才行。对电子而言，由于其质量太小，在很短的时间就达到很大的能量，很难实现这种协调一致的加速机制，限制了将电子加速到更高的能量。

后来 D. W. Kerst 在 1940 年建了一个电磁感应加速器，称为 Betatron，用于加速电子。范德格拉夫加速器只能将电子加速到几 MeV，而回旋加速器的主要问题是上面讨论的相对论效应。Betatron 的原理是用电磁感应作为加速力。随时间变化的磁场产生感应力，作用在沿圆形轨道运动的电子上。它可以将电子加速到 250MeV。磁通量 ϕ 的变化率相比于电子的回旋频率低得多。

它由一个圆环状的真空室构成，放置在电磁铁的两极间，具有一定动能的电子由电子枪射入到圆形轨道，电磁铁由交变电流提供能量。圆环室的内壁喷涂一薄层的银以避免表面的电荷聚集，该涂层的导电性能要尽可能低，以避免比较大的涡流产生，因为涡流会对磁场造成干扰，从而破坏该加速器的运行条件。图 1.24是 Betatron 加速器的示意图。电子在第一个 1/4 圆环射入真空室，这时和电子相关的磁场正在增大。设电子的回转半径为 r，轨道处的磁场为 B，穿过轨道平面的平均磁场为 B_0，相应的磁通量为 $\phi=\pi r^2B_0$。60～100Hz 的交流电向电磁铁提供

能量，在半径固定的电子运动轨道上产生缓慢变化的场。根据法拉第定律，穿过轨道平面的磁通量的变化产生感应电场，对电子旋转一周所做的功为

$$W = e\frac{\mathrm{d}\phi}{\mathrm{d}t} \tag{1.37}$$

e 是电子的电荷，作用在电子上的力则为

$$F = \frac{e\frac{\mathrm{d}\phi}{\mathrm{d}t}}{2\pi r} \tag{1.38}$$

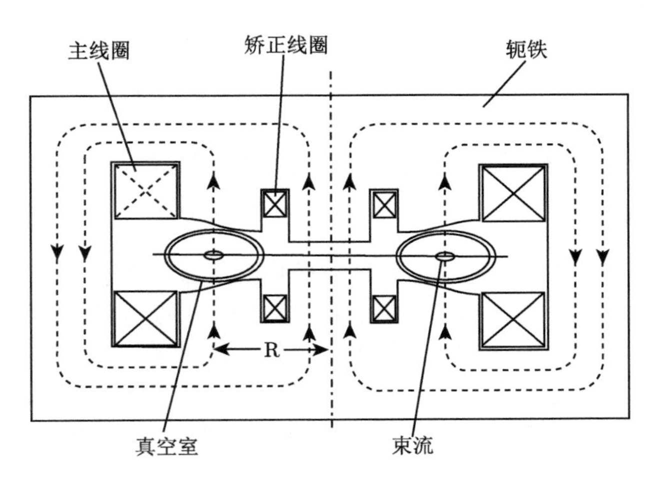

图 1.24 Betatron 加速器的示意图

我们也知道,磁场会对垂直运动速度为 v 的带电粒子施以洛伦兹力,$F = evB$,提供电子圆周运动的向心力

$$evB = \frac{mv^2}{r} \tag{1.39}$$

$$p = mv = eBr \tag{1.40}$$

$$F = \frac{\mathrm{d}p}{\mathrm{d}t} = \frac{\mathrm{d}}{\mathrm{d}t}(eBr) = er\frac{\mathrm{d}B}{\mathrm{d}t} \tag{1.41}$$

因此由式 (1.41) 和式 (1.38) 有

$$er\frac{\mathrm{d}B}{\mathrm{d}t} = \frac{e\frac{\mathrm{d}\phi}{\mathrm{d}t}}{2\pi r} \tag{1.42}$$

$$\frac{\mathrm{d}\phi}{\mathrm{d}t} = 2\pi r^2\frac{\mathrm{d}B}{\mathrm{d}t} = 2\frac{\mathrm{d}}{\mathrm{d}t}(\pi r^2 B) \tag{1.43}$$

称为通量条件。它说的是，在一定的时间间隔内，和电流线圈相联系的磁通量的改变速率必须是轨道处磁通量改变速率的 2 倍，该条件对相对论和非相对论都成立。对式 (1.43) 积分则有

$$\phi = 2\pi r^2 B \tag{1.44}$$

称为 Betatron 条件。它表明，为保证电子在半径固定的圆形轨道上运动，轨道内的磁通量是假设轨道上的磁场处处均匀时求得的磁通量的 2 倍。磁铁必须做成这样的形状，使得穿过整个轨道空间的平均磁场等于圆形轨道处磁场的 2 倍。由式 (1.40)，电子获得的能量为 $E = pc = eBrc$。

可以看出，电磁感应加速器和回旋加速器的显著不同在于：电磁感应加速器的电子轨道半径 r 是固定的，磁场 B 是随时间变化的 $B(t)$；回旋加速器的电子轨道半径 r 是随时间变化的 $r(t)$，而磁场 B 则是固定不变的。当电子的回旋达到相对论速度时，电磁感应加速器同样有辐射能损的问题。

1.2.2　直线加速器

直线加速器 (LINAC) 的雏形概念最早是由英国科学家 G. Ising 在 1924 年提出。根据 G. Ising 的文章，直线加速器由一个直的真空管道和一系列的带孔的金属漂移管组成。粒子的加速是通过相邻的漂移管之间的脉冲电场完成的，电场和粒子的同步是由电压源和相应的漂移管之间的传输线长度的时间延迟来实现的。到了 1928 年，直线加速器的概念正式被德国科学家 R.Wideroe 提出，并建成了世界上第一台直线加速器。R.Wideroe 在“产生高电压的新原理”一文中描述了这台加速器的原理，同 G. Ising 的理念不同，加速器的漂移管交替地连接高频电源和接地。漂移管的长度随着粒子速度的增加而变长，保证粒子每次可以在正确的时间到达间隙从而被加速。在该加速器中，束流首先形成束团，然后进行高效率的加速。束流在加速时间内处于加速间隙感受加速电场，当电场反向的时候，束团处于漂移管中，这时漂移管屏蔽了减速电场，从而使整个过程是一个加速过程。1946 年后开始利用射频微波来加速带电粒子。在柱形金属真空管 (波导) 内输入微波，可以激励各种模式的电磁波，其中一种模式沿轴线方向的电场有较大分量，可用来加速带电粒子。为了使沿轴线运行的带电粒子始终处于加速状态，要求电磁波在波导中的相速降低到与被加速粒子的运动同步，这可以通过在波导中按一定间隔安置带圆孔的膜片或漂移管来实现。

图 1.25是 LINAC 示意图。假设要加速的粒子是质子 p，真空管内串联了一列漂移管，漂移管外连接交变的射频电压。质子源是连续的，但只有在一定时间区间内的质子束团将被加速。当质子将要穿过两个相接漂移管的间隔空间时，电场必须是从左到右的，使质子得到电场力的加速。进入没有场强的漂移管后，电压

改变符号以保证在下一个间隔处能使质子再次得到加速。随着质子能量和速度的增大，漂移管的长度也应相应地增加。漂移管长度的增加需要调整，使得束团中的粒子能连续地获得加速。典型的场强为每米几 MeV。当质子的能量达到 50MeV 以后，就可以引出作为环形加速器的注入。

对电子而言，几 MeV 的能量后它的传播速度就差不多达到光速了，所以在最初的 1m 左右后，LINAC 的漂移管长度都是相等的。这时必须使用微波频率的电压，管子是几厘米长度的真空腔，由调速管 (klystron) 振荡提供电压，时间上必须同步，使电子能连续不断地获得加速。可以形象地说电子是骑在电磁波的浪尖上的。SLAC 有最大的电子 LINAC，它有 3km 长，用了几百个调速管，可将电子能量加速到 50GeV。

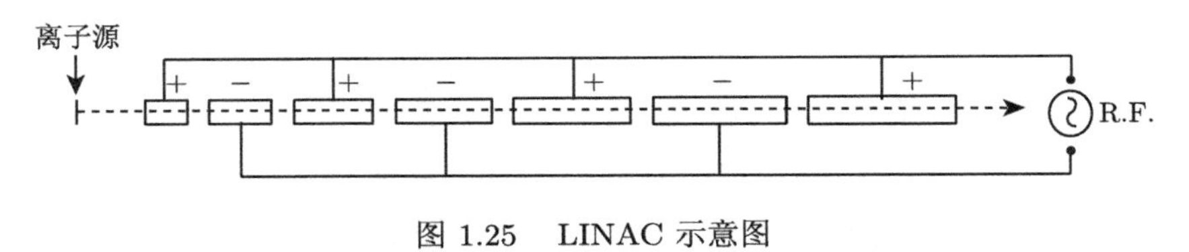

图 1.25 LINAC 示意图

1.2.3 同步回旋加速器

现代的电子和质子加速器大多是圆环形的。粒子在一个环形的真空管道内，沿着管道安装了许多电磁铁，提供垂直于轨道平面的磁场，如图 1.26(a) 所示。

由经典电磁学我们就知道，一个电荷为 q 的粒子在与磁场垂直的平面内做圆周运动，动量 p 和回旋半径 ρ 及磁场 B 有如下关系:

$$\rho = \frac{p}{qB}$$

若动量 p 的单位取为 GeV/c，磁场 B 的单位取为 T(特斯拉)，回旋半径 ρ 的单位取为 m，对单位电荷的粒子则有

$$p = 0.3B\rho \tag{1.45}$$

粒子由射频腔提供每一圈一次或多次的加速。为维持粒子在确定的轨道内飞行，磁场和射频频率必须随粒子速度的增加同步增加，这就是“同步”这个名字的来源。质子一般来自能量较低的 LINAC，初始磁场也比较低，加速到加速环容许的最大能量后，可以持续若干秒，然后开始一个新的加速循环。因此，束流是分离的脉冲状的。

对于 LINAC，束流的最终能量依赖于每个真空腔的电压和总长度，而同步加速器则是由环的半径和磁场的最大值决定的。传统的用铜线圈的电磁铁 B 的

最大值在 1.4 T 左右，用超导线圈的电磁铁可达到 9T。例如，费米实验室的同步质子反质子对撞机 Tevatron，半径是 1km，用传统的电磁铁可将质子束加速到 400GeV，而用超导磁铁则可将质子加速到 1TeV。近些年超导射频腔已得到广泛应用，它可以达到每米 7MeV 的加速梯度。

圆形加速器质子在被加速到最高能量之前可以飞行 10^5 圈，束流的稳定和聚焦是非常重要的，否则粒子就会很快地发散丢失，因而需要强大的聚焦系统。磁铁有两类：一类是二极偏转磁铁，用来产生一个均匀的二极磁场，使得束流沿圆形轨道飞行，如图 1.26(a) 所示；另一类是四极聚焦磁铁，用来产生四极磁场，如图 1.26(b) 所示。图的中心磁场为 0，从中心向外场强迅速增加。图中的黑箭头表

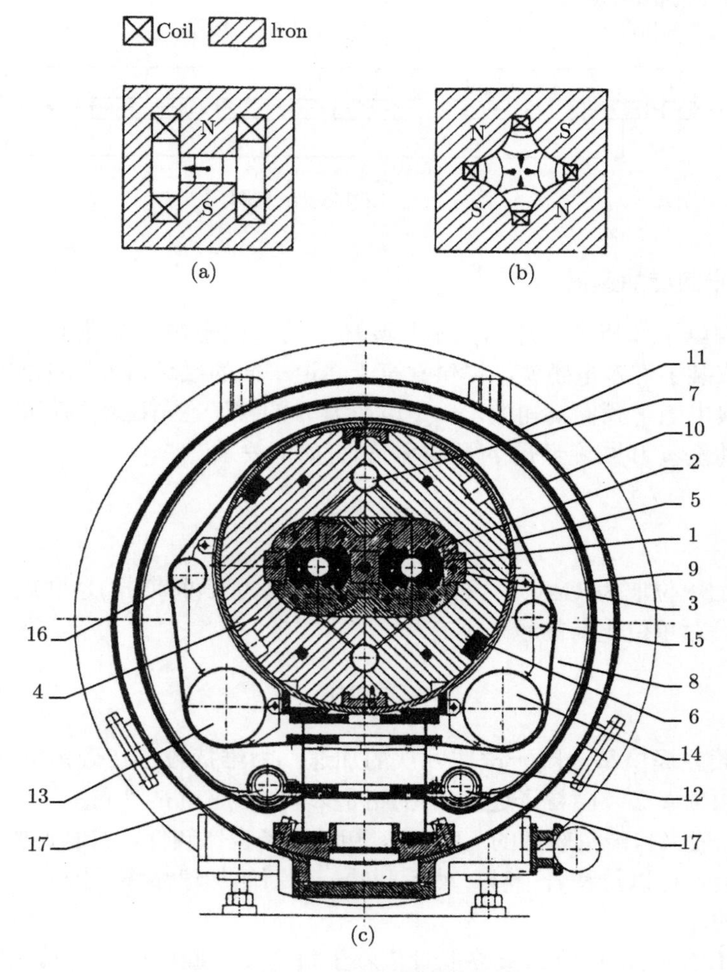

图 1.26 同步回旋加速器示意图

示质子受到的磁场力，在垂直方向束流聚焦，在水平方向散焦；另一个四极磁铁的极性反转，使得在水平方向聚焦，在垂直方向散焦。这就好像光学透镜接连的散焦和聚焦，最后的效应是在两个方向都达到聚焦的效果。

图 1.26(c) 是 CERN 现在正在运行的 pp 对撞机 LHC 的横截面图。它的两条方向相反的质子回路的二极偏转磁铁是做在一块的。主要组成部分为：(1) 方向相反的质子回转真空管道，(2) 包在真空管道外面的超导线圈，它们固定在 (3) 环形铝架上，再外面是 (4) 不锈钢轭铁。低温系统可以达到 2K，通过在 (13) 和 (14) 管道中流动的气体氦实现，(13) 和 (14) 管道中的温度分别可达 $5\sim10$K 和 1.8K，与 (15) 中的超流液氦平衡。(10) 是超高性能绝缘层，(11) 是外面的真空管道。磁场可达到 9T，在左边质子真空管道处垂直向上，右边垂直向下。

1.2.4 束流的聚焦和稳定性

粒子在同步加速器中并不会沿着理想的圆形轨道回转，它会不时地发生偏离，在垂直或水平平面产生振荡，可以叫做自由振荡 (free oscillation)，与初始入射束不可避免的发散性及磁场的不对称性和偏离等因素有关。这种振荡的波长和四极聚焦磁铁的焦距有关，和总的回转长度相比是比较小的。除了这种横向振荡外，还有一种沿回转方向的纵向振荡，称之为同步振荡 [14](synchrotron oscillation)，来自于粒子偏离理想的同步相位。所谓理想的同步相位是指粒子每一周由射频获得的动量增加和磁场的增大精确地匹配。如图 1.27所示，粒子 F 落后于精确同步的粒子 E，因此由射频获得的推力就小，回转轨道也就比较小，回来得就会早一些。相反，D 粒子就会获得较大的推力，运行到较大的轨道，回来就晚一些。于是束团中的粒子会在平衡位置附近进行同步振荡，但束团作为整体仍是稳定的。

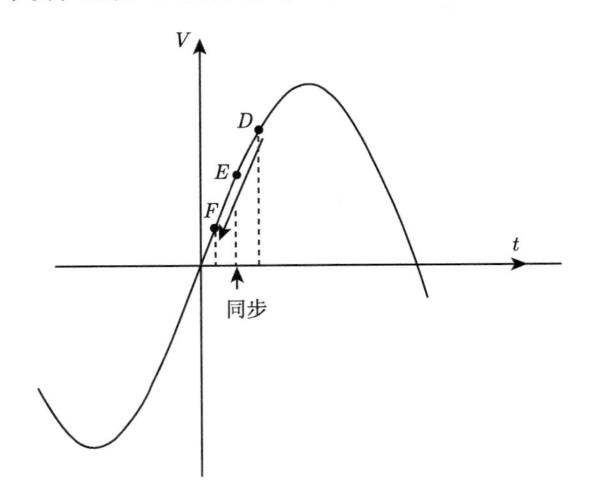

图 1.27　同步振荡的示意图

加速器束流的大小常用两个主要的运动学参数来表征。

(1) 横向发射度 (transverse emittance)ϵ：表征了束流的品质。它是与横向位移的自由度 x,y 相关的相空间面积的度量，等于束流在横截面的空间分布乘以角散度。x,y 表示粒子位置与理想轨迹的位移，设 x 是水平 (同步加速器的偏转平面) 位移，y 是垂直位移。它们的共轭变量是横动量，在恒定能量下这是和粒子运动方向与设计轨迹的角度 $x'=\dfrac{\mathrm{d}x}{\mathrm{d}s}$，$y'=\dfrac{\mathrm{d}y}{\mathrm{d}s}$($s$ 是弧长) 成正比的。若认为束流形状可用高斯分布来描述，用高斯分布的标准偏差来表征束流在两个横向自由度上的形状。在某一位置上，束流的相空间边界是一个以 x 和 x' 为坐标轴的椭圆，设 σ 和 σ' 是椭圆在 x 和 x' 方向上的椭圆半轴，发射度定义为

$$\epsilon=\pi\sigma\sigma' \tag{1.46}$$

横发射度一般以 mm·mrad 为单位。

(2) 振幅函数 (amplitude function)β ，它的定义为

$$\beta=\frac{\sigma}{\sigma'} \tag{1.47}$$

β 的值与在聚焦系统结构中的位置有关。将 σ' 代入式 (1.46)，可将横向发射度用 σ 和 β 表示之，

$$\epsilon=\pi\frac{\sigma^2}{\beta} \tag{1.48}$$

在对撞点处的幅度函数值 β^*，对高能物理实验具有特别重要的意义。为了达到高亮度，希望 β^* 尽可能小，能达到多小取决于硬件在对撞点附近的聚焦能力。例如 HERA 在一个对撞点处的 β^* 为 1m，而在同步加速器其他点处的 β^* 值在 30～100m 的范围内。

1.2.5　对撞机的亮度和质心系能量

实验中反应事例率 R 与反应截面 σ 和对撞机微分亮度 $\mathcal{L}$ 之间的关系为

$$R=\sigma\mathcal{L} \tag{1.49}$$

微分亮度 $\mathcal{L}$ 的量纲为 (面积)$^{-2}$(时间)$^{-1}$。对撞机的微分亮度 $\mathcal{L}$ 定义为

$$\mathcal{L}=\frac{N_1N_2}{A}fn \tag{1.50}$$

其中，n 是束流中的束团数，设两个束流中的束团数相同；N_1,N_2 是两个束流的束团内的粒子数；A 是束流的横截面积，假定两个束流的横截面完全重合；f 是回转频率。

若被加速粒子的空间分布是高斯型的，在 x 和 y 方向的标准偏差为 σ_x 和 σ_y，则束流的面积为 $A=4\pi\sigma_x\sigma_y$，代入式 (1.50)，可得

$$\mathcal{L}=\frac{N_1N_2}{4\pi\sigma_x\sigma_y}fn=\frac{1}{4\pi\sigma_x\sigma_y e^2}\frac{i_1i_2}{fn} \tag{1.51}$$

这里 $i_{1,2}$ 是束流的总电流强度，

$$i_{1,2}=eN_{1,2}fn \tag{1.52}$$

利用对撞点处的横向发射度和振幅函数，$\mathcal{L}$ 也可写为

$$\mathcal{L}=\frac{N_1N_2}{4\sqrt{\epsilon_x\beta_x^*\epsilon_y\beta_y^*}}fn \tag{1.53}$$

微分亮度 $\mathcal{L}$ 对时间的积分称为积分亮度，记为

$$L=\int\mathcal{L}\mathrm{d}t \tag{1.54}$$

一般地，$\mathrm{e^+e^-}$ 对撞机的微分亮度可达 $10^{31}\sim10^{34}\mathrm{cm^{-2}\cdot s^{-1}}$，$\mathrm{p\bar{p}}$ 对撞机为 $10^{30}\mathrm{cm^{-2}\cdot s^{-1}}$，pp 对撞机为 $10^{33}\sim10^{34}\mathrm{cm^{-2}\cdot s^{-1}}$。日本 B 介子工厂 KEKB 的峰值微分亮度达到 $2.11\times10^{34}\mathrm{cm^{-2}\cdot s^{-1}}$，目前是世界最高的。Super KEKB 是对 KEKB 的更新，已投入试运行，其设计亮度是 $8\times10^{35}\mathrm{cm^{-2}\cdot s^{-1}}$。

对撞机相对于固定靶实验的优势在于，对撞机可以更有效地提供更高的质心系能量。若记相互碰撞的两个粒子的四动量为

$$p_1=(E_1,\boldsymbol{p}_1),\quad p_2=(E_2,\boldsymbol{p}_2)$$

则碰撞的质心系能量平方为

$$s=(p_1+p_2)^2=(E_1+E_2)^2-(\boldsymbol{p}_1+\boldsymbol{p}_2)^2=m_1^2+m_2^2+2(E_1E_2-\boldsymbol{p}_1\cdot\boldsymbol{p}_2) \tag{1.55}$$

对固定靶实验

$$p_1=(E_1,\boldsymbol{p}_1),\quad p_1=(m_2,0)$$

则有

$$s=m_1^2+m_2^2+2m_2E_1 \tag{1.56}$$

若忽略粒子的质量，则

$$\sqrt{s}=E_{\mathrm{CM}}\simeq\sqrt{2m_2E_1} \tag{1.57}$$

对对撞机忽略粒子的质量，由式 (1.55) 有

$$\sqrt{s}=E_{\mathrm{CM}}\simeq\sqrt{2(E_1E_2-\boldsymbol{p}_1\cdot\boldsymbol{p}_2)}\simeq\sqrt{4E_1E_2} \tag{1.58}$$

比固定靶的质心系能量要大得多。特别地，当 $E_1=E_2=E$ 时，$\sqrt{s}=2E$。

1.3　粒子的探测和鉴别

束流粒子在真空管道中通过聚焦和偏转，在探测器安装的对撞点处发生碰撞，产生各种末态粒子。这些末态粒子穿过对撞机的探测器谱仪，就会被识别和记录。通常被谱仪识别的都是相对稳定的粒子，例如探测器的电磁量能器设计用来识别和测量电子和光子；μ 子由谱仪中专用的 μ 子系统来识别；强子中的 $\pi^{\pm}$、$K^{\pm}$、p、$\bar{p}$ 都属于稳定的粒子，由强子谱仪系统测量。谱仪的设计应能精确地测量这些粒子的各种运动学参数，如动量、能量、产生顶点等。在现代加速器如此高的质心系能量下，再也不可能只用一个探测系统就能完成对各种粒子的鉴别和有关物理量的测量。因此，现在的高能物理实验装置都是从里到外由许多子探测器系统组成的。谱仪的结构一般分如下几个部分。

(1) 从相互作用顶点出发，带电粒子的动量由内径迹室测定。径迹室通常是处在一个轴线和束流方向平行的螺旋管磁场内。内径迹室和对撞点要尽可能地靠近，有时和对撞点处的加速储存环的真空管道连在一起，真空管壁的材料通常选用原子序数低的材料铍，以减少出射粒子和管壁的作用。高空间分辨的内径迹室如硅像素 (pixel) 或微条 (microstrip) 探测器用来测量出射粒子的动量、碰撞参数、顶点位置等，以满足粒子和喷注的鉴别要求。也有的用中心漂移室 (CDC)。

(2) 量能器: 径迹室外面是电磁量能器和强子量能器，测量能量及识别电子、光子、单个强子和强子喷注。根据实验的具体物理目标也可能缺少其中之一。一般只有 μ 子和中微子 ν 能穿过量能器。现在的电磁量能器大多用晶体材料，如碘化铯 (CSI)、BGO(Bismuth Germanate，$Bi_4Ge_3O_{12}$)、钨酸铅 ($PbWO_4$) 和氟化钡 (BaF_2) 等。强子量能器的材料有铁 (可以共用螺旋管磁场的轭铁)、铅、铀等，一般做成夹层结构。量能器有全吸收型和取样型两类，下面将讨论之。

(3) μ 子是由最外层的 μ 子探测器来识别和测量的，μ 探测系统一般在螺旋管磁场以外，也有的是在磁场中，以精确测量它的动量。中微子和探测器的物质几乎不发生任何作用，它的存在一般由横向能量及动量测量值的不平衡来判选。

谱仪的设计主要由实验的物理目标和实验的条件来决定。如果研究的物理课题着重于带电轻子和光子末态，如 J/ψ 粒子、τ 轻子和 b 夸克的发现，则要求谱仪有高精度的电磁量能器和 μ 子系统，对电子和 μ 子的识别及其能量、动量的精密测量将是优先的考虑。

若对撞机的两个束流是动量大小相同、方向相反的粒子和反粒子，运行的质心系和实验室系是一致的。当两束流的粒子不同，如 ep 对撞，或束流能量不相同时，质心系和实验室系不一致，在许多物理分析中需要将实验室系变换到质心系。末态的次级粒子可以分布在整个 4π 立体角内，而且终态粒子数随质心系能

量 $\sqrt{s}$ 的增加而增多。若终态带电粒子数为 n，探测器的立体角为 Ω，则探测到所有终态带电粒子的概率为 $\eta_n = \left(\dfrac{\Omega}{4\pi}\right)^n$。因此，要尽可能多记录下待研究事例的终态粒子，要求谱仪探测器有足够大的立体角。

另外，物理实验时谱仪的工作条件 (如辐射环境等) 也是谱仪各子探测器设计时要考虑的重要因素。以 LHC 实验的谱仪为例，LHC 的质心能量为 14TeV，设计亮度为 $\mathcal{L} = 10^{34}\text{cm}^{-2}\cdot\text{s}^{-1}$，束团碰撞的时间间隔为 25ns。而质子-质子非弹性过程的截面很大，

$$\sigma_{\text{tot}} = 27.70\text{s}^{0.0808} + 56.08\text{s}^{-0.4525} \sim 70\text{mb} \tag{1.59}$$

相当于 10^9 相互作用/s。这些参数对谱仪设计提出很苛刻的要求，是严峻的挑战。在设计亮度下，差不多每 25ns 就有 1000 个带电粒子径迹从相互作用区射出。束团对撞时将会有 20 个背景 (minimum bias) 事例叠加在物理上有兴趣的事例上，这些背景粒子会混在待研究的过程中，这就是所谓的堆积效应 (pile-up)。显然，如果探测器的分辨时间比 25ns 大，该问题就会更严重。为减小堆积效应，要求探测器的单元分得很细，即所谓的高颗粒度 (high granularity)，且有好的时间分辨，这样可得到低的“占有率”(occupancy)，即带有信息的探测单元的占有比较小，当然代价就是探测器硬件和电子系统单元的增加，需要投入更多的经费。高亮度加速器运行时，在对撞区有很高剂量的辐射，因此要求探测器和前端电子学都有强抗辐射能力，即它们的性能不会因辐照而变坏。

1.3.1 粒子和物质的相互作用

高速带电粒子穿过物质时，可以通过库仑作用引起原子中电子的激发。如果电子被激发到连续能级的区域，就会发生分子或原子的电离，引起带电粒子的能量损失，称作电离损失。若入射带电粒子 (电子除外) 的电荷数为 z，介质的原子序数为 Z，原子量为 A，则相对论重带电粒子在单位质量厚度 x(以 g/cm^2 为单位) 上的能损，或称为“阻止本领”(stopping power)，可由贝蒂-布洛赫 (Bethe-Bloch) 公式表示

$$-\left(\frac{\mathrm{d}E}{\mathrm{d}x}\right) = N_{\text{A}}\frac{Z}{A}\frac{4\pi\alpha^2(\hbar c)^2}{m_{\text{e}}c^2}\frac{z^2}{\beta^2}\left(\ln\frac{2m_{\text{e}}c^2\beta^2\gamma^2}{I} - \beta^2 - \frac{\delta}{2}\right) \tag{1.60}$$

或写成

$$-\left(\frac{\mathrm{d}E}{\mathrm{d}x}\right) = K\frac{Z}{A}\frac{z^2}{\beta^2}\left(\frac{1}{2}\ln\frac{2m_{\text{e}}c^2\beta^2\gamma^2W_{\max}}{I^2} - \beta^2 - \frac{\delta(\beta\gamma)}{2}\right) \tag{1.61}$$

其中，$K = 4\pi N_{\text{A}}r_{\text{e}}^2m_{\text{e}}c^2 = 0.307\text{MeV}\cdot\text{cm}^2/\text{mol}$，$N_{\text{A}}$ 是阿伏伽德罗常数，r_{e} 是经典电子半径，$r_{\text{e}} = \dfrac{e^2}{4\pi\epsilon_0m_{\text{e}}c^2}$；$I$ 是平均电离能 (单位为 eV)，对质量大于硫的

元素 $I \sim 10Z\text{eV}$；δ 是物质密度效应的修正；对质量为 M(动量 $M\beta\gamma c$) 的入射粒子，$W_{\max}$ 是在单次碰撞中转移的最大能量，

$$W_{\max} = \frac{2m_{\mathrm{e}}c^2\beta^2\gamma^2}{1+2\gamma m_{\mathrm{e}}/M+(m_{\mathrm{e}}/M)^2} \tag{1.62}$$

在 $2\gamma m_{\mathrm{e}}/M \ll 1$ 的低能近似下，$W_{\max} \simeq 2m_{\mathrm{e}}c^2\beta^2\gamma^2$。对于 100GeV 的 π 介子在铜介质中的飞行，该近似对 $\mathrm{d}E/\mathrm{d}x$ 引入的误差将大于 6%。而当 $2\gamma m_{\mathrm{e}}/M \gg 1$ 时，$W_{\max} \simeq Mc^2\beta^2\gamma$。

图 1.28给出了 μ^+ 在铜介质中的能损，对动量在 40MeV ~ 6GeV 的 μ 子公式给出的精度好于 1%。

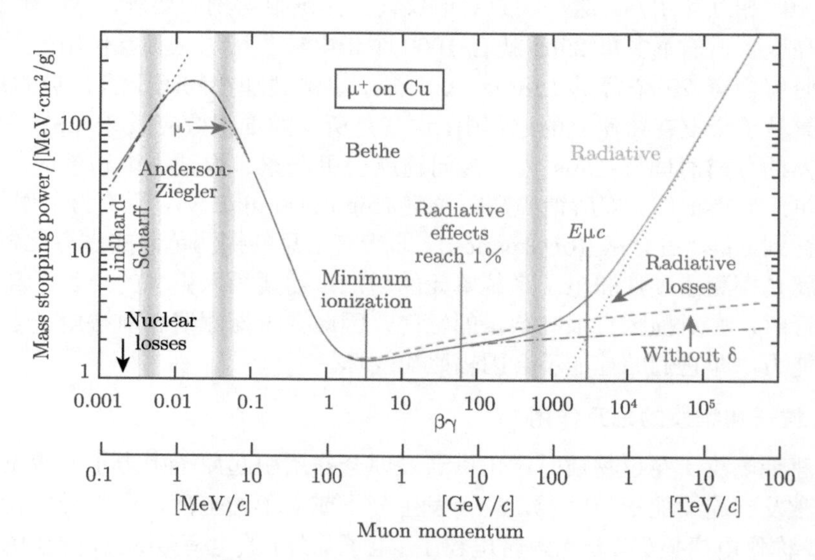

图 1.28　μ^+ 介子在铜介质中的能损。详细说明可见 M. Tanabashi et al. (Particle Data Group), Phys. Rev. D 98, 030001 (2018)

由贝蒂-布洛赫公式可以看出电离损失的几个特点。

(1) 和 $1/m_{\mathrm{e}}$ 成正比，能量损失基本上是转移给原子中的电子。

(2) 和 $1/\beta^2$ 成正比，能量低的粒子能损大，这是因为速度慢的粒子在原子附近和原子作用的时间长。但是在 $\beta \to 0$ 时，电子可获得的最大能量为 $2m_e v^2$，如果这不足以将电子激发到更高的能态，粒子就不能损失能量，能损为零。

(3) 和 z^2 成正比。

(4) 当 $\beta\gamma$ 为 $3.5 \sim 4$ 时，能损有最小值，这称作最小电离粒子，以“mips”表示。

(5) 相对论上升。电场的相对论扩展使相对论粒子可以和离它更远的电子有相互作用，从而使能损增加。但并不能一直增加，因为介质的极化也会增大，屏蔽远处的电子，所以最后能损趋于饱和。

一些粒子在其他的一些介质中的能损曲线如图 1.29所示。图 1.30是 LHC 上重离子对撞实验 ALICE 探测器的时间膨胀室 (TPC) 测得的以刚度 (rigidity)p/z 为横坐标的正负电粒子和原子核能损曲线，用于对粒子的鉴别[11]。值得注意的是单电荷的相对论粒子在单位面密度 (g/cm^2) 介质中的能量损失大致是相近的，$-\dfrac{\mathrm{d}E}{\mathrm{d}x}$ 为 $1.5\sim2.0\mathrm{MeV/gcm^{-2}}$。在气体中，由于密度效应比其他物质小，所以带电粒子在气体中能损的饱和值 (坪值) 较其他密介质的大。

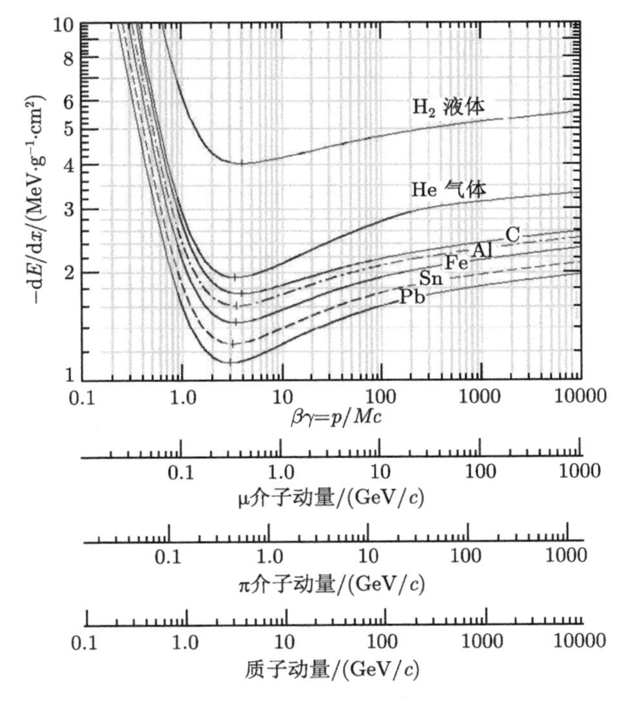

图 1.29 一些介质的能损曲线及和入射粒子动量的关系

混合物中的电离损失可写成

$$\frac{\mathrm{d}E}{\mathrm{d}x}=\sum_i w_i\left.\frac{\mathrm{d}E}{\mathrm{d}x}\right|_i,\quad w_i\text{是该元素占的比例}$$

带电粒子在介质中的能量损失过程是一个随机统计的过程。在介质中的能量损失是许多次碰撞的结果，损失 1MeV 的能量经过 $10^5\sim10^6$ 次碰撞。多次测量得到的能量损失在平均值附近是有涨落起伏的，可用高斯分布来描述。带电粒子在薄吸收体的能量损失的分布会偏向较大的值，这是由于碰撞过程中有可能发生大的能量转移。在薄介质中能损的不对称分布服从朗道 (Landau) 分布，如图 1.31所示。

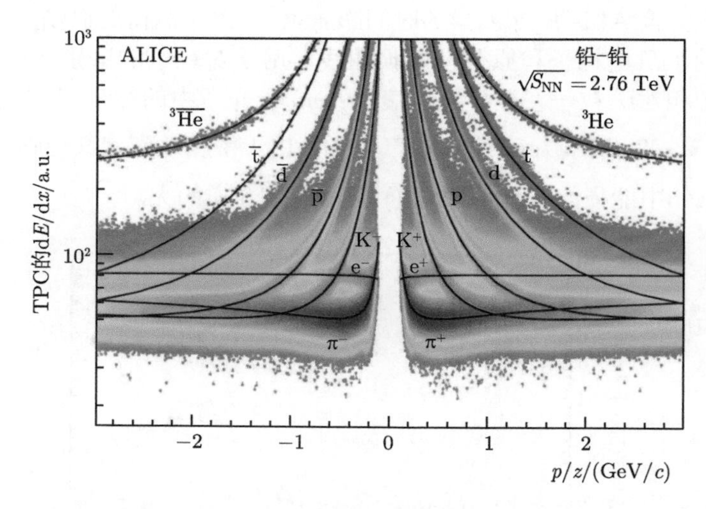

图 1.30 ALICE 探测器时间膨胀室 (TPC) 测得的正负电粒子和原子核能损曲线

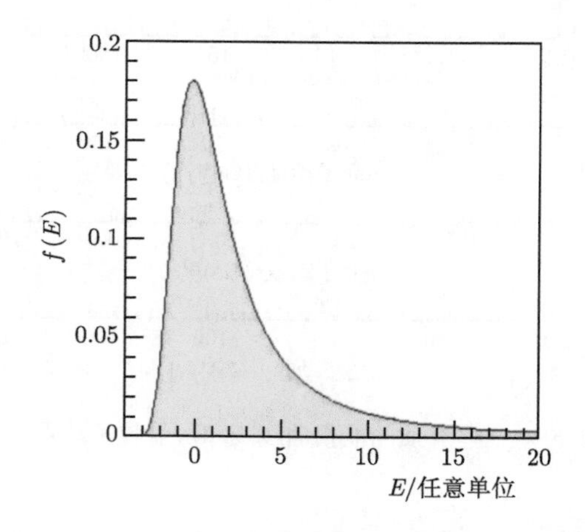

图 1.31 朗道分布的示意图

1.3.2 电子和光子在介质中的能量损失

相对论电子在原子核电场中运动会发射光子，即轫致辐射现象，而光子又能转换为电子对。能量在 1GeV 以上的电子和光子在介质中损失能量的主要机制是韧致辐射。在处理高能电子和光子与块状物质 (如量能器) 作用时，通常是测量它形成的级联 (cascade) 簇射在纵向和横向扩展的范围，一般以辐射长度 X_0 和莫利 (Moliere) 半径 R_{M} 为单位来描述。带电粒子在加速或减速运动时会发生韧致辐射，截面可由它相应的费曼图作定性估计。电子的能损和其能量成正比，因此电子的能量服从指数衰减规律，$E=E_{\mathrm{e}}\mathrm{e}^{-Bx}$，$B$ 是常数。电子的能量由 E_{e} 降到 $\frac{1}{e}E_{\mathrm{e}}$ 所经过的距离 x 定义为辐射长度 X_0，即有 $X_0=1/B$。

Y. S. Tsai 计算了不同介质中的辐射长度[9]，

$$X_0^{-1}=4\alpha r_{\mathrm{e}}^2\frac{N_{\mathrm{A}}}{A}\{Z^2[L_{\mathrm{rad}}-f(Z)]+ZL'_{\mathrm{rad}}\} \tag{1.63}$$

其中

$$\begin{aligned}f(Z)=&(\alpha Z)^2\{[1+(\alpha Z)^2]^{-1}+0.20206-0.0369(\alpha Z)^2\\&+0.0083(\alpha Z)^4-0.0020(\alpha Z)^6\}\end{aligned} \tag{1.64}$$

取原子量 $A=1\mathrm{g/mol}$，则有

$$4\alpha r_{\mathrm{e}}^2N_{\mathrm{A}}/A=(716.408\mathrm{g/cm^2})^{-1} \tag{1.65}$$

Tsai 计算了 L_{rad} 和 L'_{rad}，列于表 1.6 中。

表 1.6 Tsai 计算给出的 L_{rad} 和 L'_{rad}

	Z	L_{rad}	L'_{rad}
H	1	5.31	6.144
He	2	4.79	5.621
Li	3	4.74	5.805
Be	4	4.71	5.924
其他	>4	$\ln(184.5\cdot Z^{-1/3})$	$\ln(1194\cdot Z^{-2/3})$

Dahl 也通过对实验数据的拟合给出了一个经验公式

$$X_0=\frac{716.4\mathrm{g}\cdot\mathrm{cm}^{-2}\cdot\mathrm{A}}{Z(Z+1)\ln(287\cdot Z^{-1/2})} \tag{1.66}$$

除了氦元素以外，该经验公式和 Tsai 的计算结果相比较，符合程度好于 2.5%；对氦元素，该经验公式给出的数值比 Tsai 的计算结果小 5%。

EGS4 是现在比较好的用以模拟电子和光子在介质中电磁簇射的程序包[10]，图 1.32是 30GeV 电子在铁介质中电磁簇射纵向发展的模拟结果。图中直方图是模拟结果，拟合曲线是 Γ 函数；黑色圆点所示的穿过 $X_0/2$ 平面，总能量大于

1.5MeV 的电子数标识在右侧的纵坐标，空心的方格是穿过平面，能量大于 1.5MeV 的光子数，做了归一化处理。

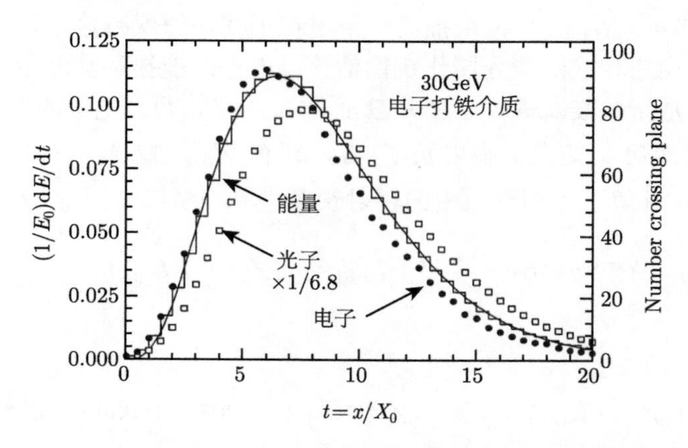

图 1.32 EGS4 对 30GeV 电子在铁介质中电磁簇射纵向发展的模拟结果。横坐标是 $t = x/X_0$，纵坐标是归一化的每单位 t 的能量沉积

在混合物中，若 i 元素的成分占比为 w_i，其辐射长度为 X_i，则有

$$X_0^{-1} = \sum_i w_i/X_i \tag{1.67}$$

能量为 E 的电子通过韧致辐射将部分能量转移给韧致的光子，若记光子的能量为 k，可将电子能损截面写为

$$\begin{aligned}\frac{\mathrm{d}\sigma}{\mathrm{d}k} = \frac{1}{k}4\alpha r_{\mathrm{e}}^2 \left\{ \left(\frac{4}{3} - \frac{4}{3}y + y^2\right) [Z^2(L_{\mathrm{rad}} - f(Z)) + ZL'_{\mathrm{rad}}] \right. \\ \left. + \frac{1}{9}(1-y)(Z^2+Z) \right\}\end{aligned} \tag{1.68}$$

其中，$y = k/E$ 是电子转移给光子的能量份额。当 y 比较小时，第二项的贡献占比在从低 Z 时的 1.7% 到高 Z 时的 2.5% 区间。如果忽略该项的贡献，利用辐射长度 X_0 的定义式 (1.63)，可将电子的能损截面近似写为

$$\frac{\mathrm{d}\sigma}{\mathrm{d}k} = \frac{A}{X_0 N_{\mathrm{A}} k}\left(\frac{4}{3} - \frac{4}{3}y + y^2\right) \tag{1.69}$$

如果能量为 k 的光子通过电子对产生转移的能量为 E，记 $x = E/k$ 为光子转移给电子对的能量份额，则可写出光子的能损公式

$$\frac{\mathrm{d}\sigma}{\mathrm{d}x} = \frac{A}{X_0 N_{\mathrm{A}}}\left[1 - \frac{4}{3}x(1-x)\right] \tag{1.70}$$

积分给出

$$\sigma = \frac{7}{9} \frac{A}{X_0 N_A} \tag{1.71}$$

对电磁簇射通常定义一个临界能量 E_c，即当电子的电离能损等于韧致辐射能损时电子的能量。如果电子的能量 $E > E_c$，将通过韧致辐射产生电磁簇射；而当 $E < E_c$ 时，主要是通过电离碰撞损失能量。图 1.33是利用 Rossi 的定义[12] 给出的一些化学元素的电子临界能量。E_c 一般在几十 MeV 的量级。

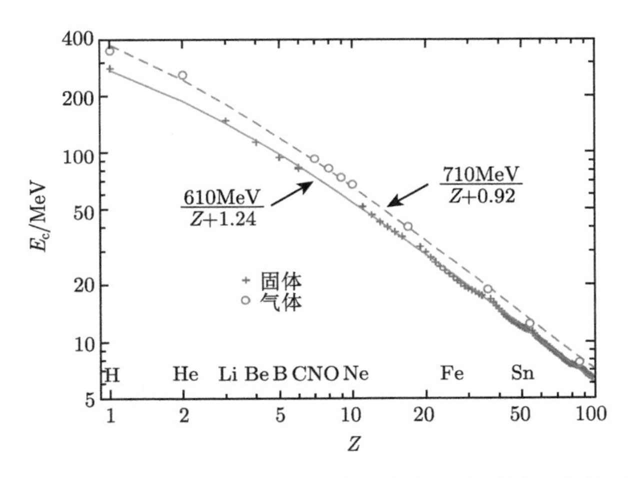

图 1.33 Rossi 定义给出的一些化学元素的电子临界能量。实的拟合线是对固体和液体元素，虚的拟合线是气体元素

在穿越 1 个辐射长度 X_0 后电子能量的损失大约为 2/3，一个高能光子转化为 e^+e^- 对的概率约为 7/9，所以可以简单地将 $1X_0$ 看作 1 个生成代，经过每一代，粒子的数目增加 2 倍。这样 t 代后粒子的数目和能量相应是

$$n(t) = 2^t, \quad e(t) = \frac{E}{2^t}$$

在簇射发展到最大处，即 $e \approx E_c$ 时，

$$n(t_{\max}) \approx \frac{E}{E_c} \equiv y, \quad t_{\max} = \ln\left(\frac{E}{E_c}\right) / \ln 2 = \ln y / \ln 2 \tag{1.72}$$

临界能量的电子走不远，小于 $1X_0$。在簇射最大处以后簇射的能量主要是由光子进行下去，按光子的能量衰减指数下降。簇射最大处的位置主要由 y 定，重元素的 Z 大且 E_c 小，因此倍增过程可以持续到更低的能量，且由于电子在更低的能量

下仍能辐射，所以在密介质中簇射发展得深一些。电磁簇射的示意图如图 1.34所示。在电磁簇射中能量沉积的平均纵向发展可由 Γ 分布很好地描写：

$$\frac{\mathrm{d}E}{\mathrm{d}t} = E_0 b \frac{(bt)^{a-1}\mathrm{e}^{-bt}}{\Gamma(a)} \tag{1.73}$$

其中，$t = x/X_0$ 是以辐射长度为单位的纵向发展长度。当簇射发展到最大处，即 $E = E_\mathrm{c}$ 时的 t 为

$$t_{\max} = \frac{a-1}{b} = 1.0(\ln y + c_i) \tag{1.74}$$

这里 $i = \mathrm{e}, \gamma$，$c_\mathrm{e} = -0.5$，$c_\gamma = +0.5$。

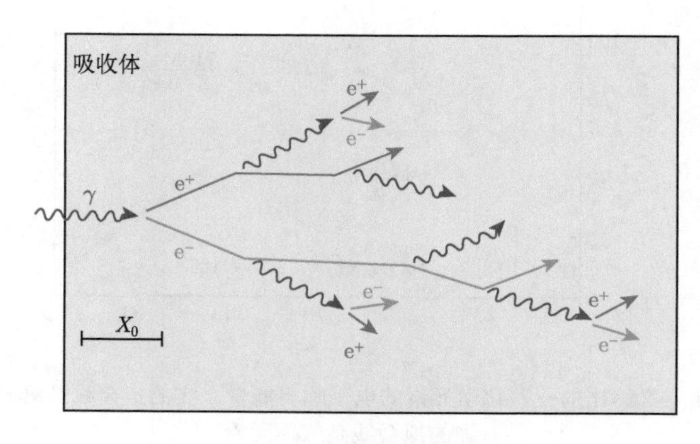

图 1.34 电磁簇射的示意图

下面来讨论电磁簇射的横向发展。电磁簇射的横向展开主要是由电子的多次散射而造成偏离簇射轴的。低能量光子要穿越较长距离后才能沉积能量，而发射光子的电子本身可能就是在偏离轴上的。当簇射在很窄的中心区开始形成和发展时，在它的周围会有一圈能量较低的软粒子，它们的散射随深度的增加而增加。在各种介质中电磁簇射的横向分布范围可相当精确地用莫利半径 R_M 来描述，它的定义为

$$R_\mathrm{M} = X_0 E_\mathrm{s}/E_\mathrm{c} \tag{1.75}$$

这里 E_s 是标度能量 (scale energy)，

$$E_\mathrm{s} = \sqrt{\frac{4\pi}{\alpha}} m_\mathrm{e} c^2 \simeq 21.2052\mathrm{MeV}$$

对于混合物，记组分元素的辐射长度 X_j，临界能量 E_{cj}，份额 w_j，则有

$$\frac{1}{R_{\mathrm{M}}}=\frac{1}{E_{\mathrm{s}}}\sum_j\frac{w_jE_{cj}}{X_j} \tag{1.76}$$

在以 R_{M} 为半径的圆柱内包含约 90% 的簇射能量，以 $3.5R_{\mathrm{M}}$ 为半径的圆柱内包含约 99% 的簇射能量。电磁簇射在起始部分非常窄的特点还可用来区别光子和 π^0。

现代粒子物理实验中的电磁量能器基本上都采用无机闪烁体，且大多是全吸收型的。我们希望理想的闪烁体具有这样一些优越性质：

(1) 沉积能量与闪烁光的转换效率高。

(2) 光的转换与能量沉积有线性关系。

(3) 光输出量高。

(4) 它对所发射的光透明。

(5) 荧光的衰减时间短。

(6) 抗辐射能力强。

实际上没有一种材料能同时满足这些要求。CMS 实验用的是钨酸铅 ($PbWO_4$) 晶体, 电磁量能器的内径是 1.3m，8 万多根，总体积约为 11m^3 。设计预期达到的能量分辨为 $\sigma/E\approx 5\%/\sqrt{E}$。表 1.7给出了常用的几种无机闪烁体的性能。

表 1.7 几种无机闪烁体的性能

晶体	NaI	CsI(TI)	CsI	BaF_2	BGO	CeF_3	$PbWO_4$
密度/($g\cdot cm^{-3}$)	3.67	4.51	4.51	4.89	7.13	6.16	8.28
辐射长度/cm	2.59	1.85	1.85	2.06	1.12	1.68	0.89
莫利半径/cm	4.5	3.8	3.8	3.4	2.4	2.6	2.2
作用长度/cm	41.4	36.5	36.5	29.9	22.0	25.9	22.4
衰减时间/ns	250	1000	35	630	300	10~30	< 20 >
(快成分)			6	0.9			
发射峰/nm	410	565	420	300	480	310~340	425
(快成分)			310	220			
相对光产额/%	100	45	5.6	21	9	10	0.7
(快成分)			2.3	2.7			
$d(LY)/dT/(\%/°C)$	0	0.3	−0.6	−2	−1.6	0.15	−1.9
(快成分)				0			
折射率	1.85	1.80	1.80	1.56	2.20	1.68	2.16

1.3.3 强子簇射

强子簇射是强子 π、K、N 等和吸收体的原子核发生强相互作用产生许多次级粒子，次级粒子进一步和核作用引起级联粒子数的增加。原子核也可能会被打碎而溅射出碎片。级联簇射中包含两种成分的粒子，也就是电磁粒子 (π^0 等) 和

强子 ($\pi^{\pm}$、N 等)。在级联发展中的相互作用主要是强相互作用而不是电磁作用。粒子倍增过程在次级粒子能量低于 π 介子的产生阈 $E_{\rm th} \approx 2m_{\pi} = 0.28\text{GeV}$ 以后就不再继续。

在强子和原子核的碰撞相互作用中，若将原子量为 A 的原子核看作是半径为 R 的黑盘，则有

$$\sigma_{\rm int} = \pi R^2 \propto A^{2/3} \tag{1.77}$$

因此 $R \propto A^{1/3}$，一般有 $R \simeq 1.2A^{1/3}\text{fm}$。非弹性强作用截面可以表示为

$$\sigma_{\rm inel} = \sigma_0 A^{2/3}, \quad \sigma_0 \sim 35\text{mb} \tag{1.78}$$

为描写强子簇射的相互作用强度，定义了核相互作用长度，用来表示强子簇射每一代 (generation) 的长度。

$$\lambda_{\rm int} = \frac{A}{N_{\rm A}\sigma_{\rm int}} \simeq 35A^{1/3}\text{g/cm}^2 \tag{1.79}$$

其中，$N_{\rm A}$ 是阿伏伽德罗常数。在核作用中次级强子的平均数目 $n \propto \ln E$。所产生的次级粒子的横动量限在 300MeV 左右。一般常用变量 $\nu = x/\lambda_{\rm int}$ 来描述强子簇射的发展。若设每一代的平均粒子产额和初级粒子数之比为 $<n>$，且级联的发展一直继续到不再产生介子为止，那么第 ν 代时粒子的平均能量 $e(\nu)$ 为

$$e(\nu) = \frac{E}{<n>^{\nu}}, \quad e(\nu_{\max}) = E_{\rm th} \tag{1.80}$$

即有

$$E_{\rm th} = \frac{E}{<n>^{\nu_{\max}}} \tag{1.81}$$

可得到强子簇射的最大代数为

$$\nu_{\max} = \frac{\ln(E/E_{\rm th})}{\ln <n>} \tag{1.82}$$

由此讨论可看到，在强子级联中的粒子数要比电磁簇射少 $E_{\rm th}/E_{\rm c}$ 倍，所以固有分辨率也要至少差一个因子 $\sqrt{E_{\rm th}/E_{\rm c}} \simeq 6$。纵向能量沉积的形状在 1λ 附近有一个峰，然后以指数下降。对不同能量 π 介子簇射能量沉积的纵向分布进行模拟，得到最大值发生在

$$\nu_{\max} \simeq 0.2\ln E + 0.7 \tag{1.83}$$

这里 E 以 GeV 为单位。包含 95% 能量的级联簇射代数为

$$L_{0.95}(\lambda) \simeq \nu_{\max} + 2\lambda_{\text{att}}, \quad \lambda_{\text{att}} = \lambda E^{0.13} \tag{1.84}$$

大约要 9λ 以上才可以包含全部高能强子的能量。

至于强子簇射的横向发展，前面已经提到，强作用次级粒子横向动量的典型值为 $300 \sim 400$MeV，这和在大多数物质中 1λ 处的能量损失值相近。

1.3.4 能量分辨

量能器的分辨率一般表示为三项之和：

$$\frac{\sigma}{E} = \frac{a}{\sqrt{E}} \oplus \frac{b}{E} \oplus C \tag{1.85}$$

这里 $\oplus$ 表示三项的平方和的开方。第一项的系数 a 表示随机过程的影响，是由信号的产生过程或其他因素引起的统计涨落；第二项系数 b 是噪声项的影响，包括电子学噪声相应的能量当量和进入量能器的其他混入事件引起的能量涨落，即所谓的堆积效应等；第三项系数 C 是常数项，包括由量能器的结构不完善、信号收集或产生的不均匀性，各单元间刻度的误差，泄漏出有效体积的能量的涨落等。

1. 固有的电磁能量器分辨

全部能量都沉积在活性探测介质中的电磁能量器称作均质量能器。固有分辨率取决于产生的离子或光子数目 n 的涨落。如果 W 是产生一个电子-离子对 (或光子) 所要求的平均能量，于是 $n = E/W$，

$$\frac{\sigma}{E} = \frac{\sqrt{n}}{n} = \sqrt{\frac{W}{E}} \tag{1.86}$$

若全部能量都沉积在探测介质中，这涨落一般很小。分辨率的改善用法诺 (Fano) 因子来表示，

$$\frac{\sigma}{E} = \sqrt{F} \cdot \sqrt{\frac{W}{E}} \tag{1.87}$$

F 取决于探测器能量转换过程的特性，包括那些并不引起电离的过程，如光子激发。

对低能 γ 射线谱仪所用的量能器，常用的有无机闪烁体 (如 NaI) 和半导体探测器 (如 Ge 探测器) 两种。Ge 探测器的分辨率是非常好的，对 100keV 的光子，$\sigma \sim 180$eV，$W = 2.96$eV，由式 (1.87) 可知，$\sqrt{EW} = 540$eV，得到 $F_{\text{Ge}} \sim 0.11$。

而铅玻璃量能器，只有当电子、正电子的动能大于 0.7MeV 时才能测到切伦科夫光。能量分辨主要由光子数的涨落引起，所以

$$\frac{\sigma}{E} \geqslant \frac{1}{\sqrt{E}}\sqrt{\frac{0.7}{1000}} \approx 2.69\%/\sqrt{E} \tag{1.88}$$

如果进一步考虑光电子数目的限制，光电倍增器的光电子产额一般为 1000 光电子/GeV，所以考虑光电产生效率后的分辨率为 $(\sigma/E)_{\mathrm{pe}} \approx 3\%/\sqrt{E}$。

2. 取样电磁量能器的分辨率

当并不要求很好地分辨时，常采用取样量能器。在高 Z 材料的吸收体中间夹以低 Z 活性材料，只有一部分能量是沉积在活性层中，所以分辨率主要是由这部分的涨落引起的。若在活性层中的能量损失比在吸收层中小得多，那么穿过活性层的带电粒子数目 $n = E/\Delta E_{\mathrm{abs}}$，其中 ΔE_{abs} 是最小电离粒子在吸收层中的能损，

$$\Delta E_{\mathrm{abs}} = t_{\mathrm{abs}} \cdot \frac{\mathrm{d}E}{\mathrm{d}x} \tag{1.89}$$

其中 t_{abs} 以 X_0 为单位。因此

$$\frac{\sigma}{E} = \frac{\sqrt{n}}{n} \propto \sqrt{\frac{t_{\mathrm{abs}}}{E}} \tag{1.90}$$

对活性层厚度固定时，能量分辨率随吸收体厚度减小而改善。上式是在相邻的活性层间没有关联，即 t_{abs} 不很小时才有效。一个普遍的表示式为

$$\frac{\sigma_{\mathrm{s}}}{E} = \frac{5\%}{\sqrt{E}}(1 - f_{\mathrm{samp}})\Delta E_{\mathrm{cell}}^{0.5(1-f_{\mathrm{samp}})} \tag{1.91}$$

其中，ΔE_{cell} 是在 1 个单元，即 1 个活化层 +1 个吸收层中的能量；f_{samp} 是取样因子，是沉积在活性层中的能量和总能量的比值。取样因子可用下式计算：

$$f_{\mathrm{samp}} = 0.6 f_{\mathrm{mip}} = 0.6 \frac{l \cdot \left(\frac{\mathrm{d}E}{\mathrm{d}x}\right)_{\mathrm{act}}}{\left[l\left(\frac{\mathrm{d}E}{\mathrm{d}x}\right)_{\mathrm{act}} + l_{\mathrm{abs}}\left(\frac{\mathrm{d}E}{\mathrm{d}x}\right)_{\mathrm{abs}}\right]} \tag{1.92}$$

式中，l 是活性层的厚度。一个 1cm 厚的铅与 1cm 闪烁板组成的量能器，它的 $f_{\mathrm{mip}} = 2/(12.75 + 2) \approx 13.5\%$ 。用气体探测器作取样量能器的分辨会较差。

取样电磁量能器的能量响应可表示为

$$E_{\mathrm{vis}} = eE \tag{1.93}$$

其中，E 和 E_{vis} 是入射能量和观测到的能量，$e = f_{\mathrm{samp}}$。

3. 强子量能器的能量分辨

强子量能器一般要求很大的深度，大约为 10λ(铅和铁的 λ 分别为 7.17cm 和 16.7cm)，所以一般采用取样量能器。和式 (1.93) 类似，强子取样量能器的能量响应可表示为

$$E_{\text{vis}} = eE_{\text{em}} + \pi E_{\text{ch}} + nE_{\text{n}} + NE_{\text{nucl}} \tag{1.94}$$

这里，E_{em}、E_{ch}、E_{n} 和 E_{nucl} 分别代表电磁成分、带电强子、低能中子的能量沉积和核碎裂时的能量损失，每种成分前面是其取样系数。一般 N 很小但 E_{nucl} 可以很大, 在 Pb 量能器中约为 40%。强子簇射的图像示于图 1.35中，强子量能器中可见能量的涨落主要有两个原因：一个是取样涨落，和电磁量能器类似，若取样较细则可减小；另一个是簇射中各成分的固有涨落，如 E_{em}、E_{ch} 的涨落等。所以分辨率中的随机项可表示为取样分辨和固有分辨之和，

$$\frac{\sigma}{E} = \left(\frac{\sigma}{E}\right)_{\text{samp}} \oplus \left(\frac{\sigma}{E}\right)_{\text{intr}} \tag{1.95}$$

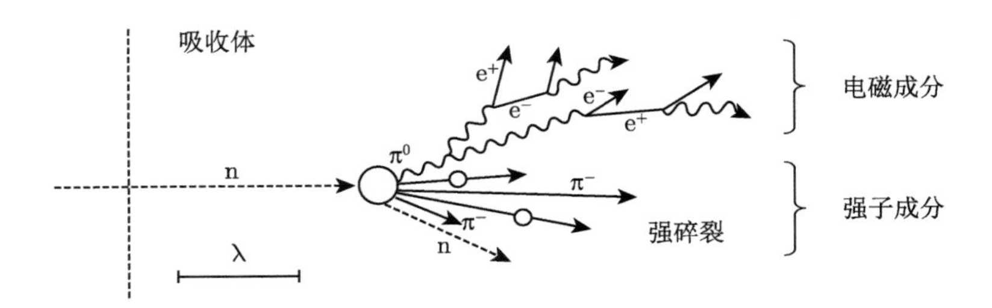

图 1.35　强子簇射的示意图

先来看其中的固有分辨部分。在强子簇射中电磁成分的比例随事件的涨落是相当大的。虽然在能量较低时大多数电磁成分在最初相互作用时就产生，但当强子的能量较高时，级联簇射中的强子仍可能有足够高的能量产生中性 π 介子。量能器对电磁成分 (记作 e) 和带电强子 (记作 h) 的响应是不同的。假设 E 是入射粒子的能量，入射粒子是电子或带电 π 介子时的响应可分别表示为

$$E_{\text{e}} = eE, \quad E_{\pi} = [eF_0 + h(1 - F_0)]E \tag{1.96}$$

F_0 是强子簇射中电磁分量。于是可得

$$\frac{E_{\text{e}}}{E_{\pi}} = \frac{e/h}{(e/h)F_0 + (1 - F_0)} = \frac{e/h}{1 + (e/h - 1)F_0} \tag{1.97}$$

电磁与强子簇射响应的比通常大于 1，即 $e/h > 1$，这种强子量能器称作不补偿的量能器。若 $e/h = 1$ 则称量能器是有补偿的 (compensating)。由 $\mathrm{d}E_\pi = [(e-h)\mathrm{d}F_0]E$ 可得

$$\frac{\mathrm{d}E_\pi}{E_\pi} = \frac{\mathrm{d}F_0(e/h-1)}{(e/h)F_0+(1-F_0)} \tag{1.98}$$

因此相对误差和 e/h、F_0、dF_0 有关。若 $e/h=1$，则 $\mathrm{d}F_0$ 没有贡献。但 e/h 不易测定，一般以 e/π 的信号比来推出。对 F_0 有两种不同的模型给出：

$$F_0 = \begin{cases} 1-(E/0.76)^{-0.13}, & \text{D.Groom} \\ \text{或}\quad 0.11\ln E, & \text{R.Wigmans} \end{cases} \tag{1.99}$$

以强子在铅吸收体中的能量损耗为例：

(1) 42% 能量损耗在核碎裂过程中，而这部分能量是测不到的 (invisible)。

(2) 43% 为带电粒子的能量。

(3) 12% 是动能约为 1MeV 的低能中子。

(4) 3% 是光子 (能量约为 1MeV)。

这里相当大的一部分能量损失是测不到的，因此这属于 $e/h > 1$ 的情形。补偿的方法一般有三种：

(1) 将非电磁部分的响应增大，如用稀铀作吸收体。

(2) 抑制对电磁部分的响应。

(3) 增大对低能中子的响应。

ZEUS 的实验发现用 1:1 厚度的铀和闪烁体或 4:1 厚度的铅和闪烁体就能达到补偿的目的。这样可得到的分辨率为

$$\begin{array}{lll} \text{强子：} & \text{铅吸收体，} & \sigma_{\text{samp}} = (41.2\pm0.9)\%/\sqrt{E},\quad \sigma_{\text{intr}} = (13.4\pm4.7)\%/\sqrt{E} \\ & \text{铀吸收体，} & \sigma_{\text{samp}} = (31.1\pm0.9)\%/\sqrt{E},\quad \sigma_{\text{intr}} = (20.4\pm2.4)\%/\sqrt{E} \\ \text{电子：} & \text{铅吸收体，} & \sigma_{\text{samp}} = (23.5\pm0.5)\%/\sqrt{E},\quad \sigma_{\text{intr}} = (0.3\pm5.1)\%/\sqrt{E} \\ & \text{铀吸收体，} & \sigma_{\text{samp}} = (16.5\pm0.5)\%/\sqrt{E},\quad \sigma_{\text{intr}} = (2.2\pm4.8)\%/\sqrt{E} \end{array}$$

能量分辨主要是由取样的涨落引起的，可写作

$$\sigma_{\text{samp}} = \frac{11.5\%\sqrt{\Delta E_{\text{cell}}(\text{MeV})}}{\sqrt{E(\text{GeV})}} \tag{1.100}$$

1.3.5　粒子动量的测量

前面已经讲到，单电荷粒子在垂直于磁场横平面中受到洛伦磁力的作用做圆周运动，其曲率半径为 $\rho = p_{\mathrm{T}}/(0.3B)$，$\rho$、$p_{\mathrm{T}}$ 和 B 的单位分别为 m、(GeV/c)

和 T。图 1.36是粒子在磁场中运动轨迹的示意图。从 A 点到离开磁场的 C 点的弦长为 L，θ 是圆弧 $\widehat{ABC}$ 的圆心角，s 是拱高。θ 由下式给出：

$$\sin\frac{\theta}{2}=\frac{L}{2\rho} \tag{1.101}$$

若 $\rho\gg L$，则有

$$\frac{\theta}{2}=\frac{L}{2\rho},\quad \theta=\frac{0.3BL}{p_{\mathrm{T}}} \tag{1.102}$$

圆弧的拱高 s 为

$$s=\rho\left(1-\cos\frac{\theta}{2}\right)=\rho\left[1-\left(1-\frac{1}{2}\frac{\theta^2}{4}+\cdots\right)\right]\simeq\frac{\rho\theta^2}{8}\simeq\frac{0.3BL^2}{8p_{\mathrm{T}}} \tag{1.103}$$

所以

$$p_{\mathrm{T}}=\frac{0.3BL^2}{8s} \tag{1.104}$$

当粒子的 p_{T} 为 1GeV/c，$B=1\mathrm{T}$，$L=1\mathrm{m}$ 时，$s\approx3.75\mathrm{cm}$。

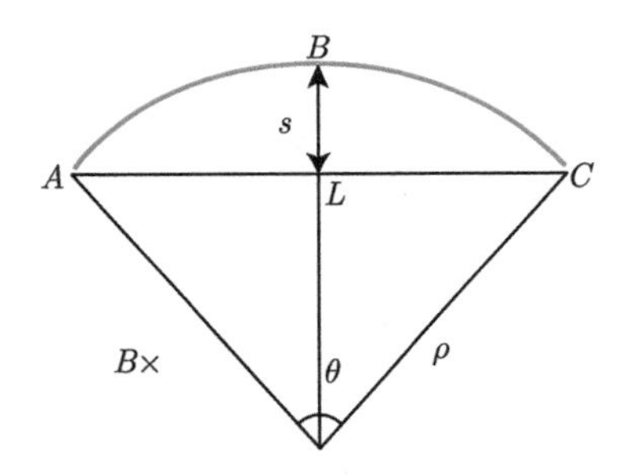

图 1.36 粒子在磁场中运动轨迹的示意图

现在来讨论动量的分辨率。s 由测量 A、B、C 三点的位置来确定，

$$s=x_B-\frac{x_A+x_C}{2} \tag{1.105}$$

设各点的位置误差相同，$\mathrm{d}x_i\approx\sigma_x$，则

$$\sigma_s^2\equiv(\mathrm{d}s)^2=\frac{3}{2}\sigma_x^2 \tag{1.106}$$

动量的分辨率为

$$\frac{\mathrm{d}p_{\mathrm{T}}}{p_{\mathrm{T}}}=\frac{\mathrm{d}s}{s}=\frac{\sqrt{\frac{3}{2}}\,\sigma_x}{s}=\sqrt{\frac{3}{2}}\frac{8p_{\mathrm{T}}}{0.3BL^2}\sigma_x \tag{1.107}$$

可见动量分辨率随 p_{T} 的增加而变差，随 BL^2 的增加而改善。对 $N \geqslant 10$ 个均匀间隔的径迹位置测量点，动量分辨可写成

$$\left(\frac{\mathrm{d}p_{\mathrm{T}}}{p_{\mathrm{T}}}\right)_{\mathrm{res}} = \frac{p_{\mathrm{T}}}{0.3BL^2}\sigma_x\sqrt{\frac{720}{N+4}} \tag{1.108}$$

影响动量分辨的一个重要因素是多次散射。带电粒子经过原子核附近时，在介质原子核电场作用下受到卢瑟福散射，运动方向会发生改变，设散射角为 α，

$$\frac{\mathrm{d}\sigma}{\mathrm{d}\Omega} \propto \frac{1}{\sin^4\dfrac{\alpha}{2}} \tag{1.109}$$

当碰撞参数小时，可能发生单次的大角度散射；当碰撞参数大时，原子核的电场受到原子中电子的屏蔽，带电粒子的散射角会较小，发生小角度散射的概率更大。当带电粒子穿过较厚的介质时，发生大量随机小角度偏转，即多次库仑散射。如果定义散射角的均方根值为

$$\alpha_0 = \alpha_{\mathrm{plane}}^{\mathrm{rms}} = \frac{1}{\sqrt{2}}\alpha_{\mathrm{space}}^{\mathrm{rms}}$$

则有

$$\alpha_0 \approx \frac{13.6(\mathrm{MeV})}{\beta pc}z\sqrt{\frac{x}{X_0}} \tag{1.110}$$

其中，x 是物质的厚度；X_0 是物质的辐射长度；z 是入射粒子的电荷。由于多次散射引起拱高值的偏差

$$(\mathrm{d}s)_{\mathrm{ms}} = \frac{L\alpha_0}{4\sqrt{3}} \tag{1.111}$$

从一个测量面的位置推到下一个测量面的位置，如果由多次散射引起的偏差比该位置的测量误差大，即 $\alpha_0\Delta r > \sigma_x$，则会使动量分辨变差。多次散射引起的相对动量分辨可以表示为

$$\left(\frac{\mathrm{d}p_{\mathrm{T}}}{p_{\mathrm{T}}}\right)_{\mathrm{ms}} = \frac{(\mathrm{d}s)_{\mathrm{ms}}}{s} \approx 0.05\frac{1}{B\sqrt{LX_0}} \tag{1.112}$$

由此可看到，它引起的分辨率和动量 p 无关，正比于 $1/B$。例如，1m 的氩气，$B=1\mathrm{T}$，给出 $(\mathrm{d}p_{\mathrm{T}}/p_{\mathrm{T}})_{\mathrm{ms}} \approx 0.5\%$。总的动量分辨包含位置测量误差和多次散射两部分，为

$$\left(\frac{\mathrm{d}p_{\mathrm{T}}}{p_{\mathrm{T}}}\right)^2 = \left(\frac{\mathrm{d}p_{\mathrm{T}}}{p_{\mathrm{T}}}\right)_{\mathrm{res}}^2 + \left(\frac{\mathrm{d}p_{\mathrm{T}}}{p_{\mathrm{T}}}\right)_{\mathrm{ms}}^2 \tag{1.113}$$

动量测量的主要装置是径迹室。诸如早期的泡室、LEP 上的 ALEPH 和 DELPHI 实验及 RHIC 重离子对撞机上 STAR 实验等使用的时间膨胀室 (TPC)，LEP 上 L3 实验使用的时间扩展室 (TEC)，北京对撞机 BES 实验使用的中心漂移室 (CDC)，以及硅像素 (Si pixel) 和硅微条 (Si microstrip) 等。它们同时还可以给出能损 $\mathrm{d}E/\mathrm{d}x$ 的测量。

1.3.6 粒子的鉴别

不同粒子的鉴别通常需要集合各个子探测器的信息，根据实验的物理要求，从探测器的设计开始就要结合蒙特卡罗模拟进行仔细的研究。粒子的鉴别是针对各种稳定粒子的，即 p、n、$\mathrm{K}^{\pm}$、K_L^0、$\pi^{\pm}$、$\mathrm{e}^{\pm}$、$\mu^{\pm}$、γ。光子 γ 由电磁量能器中的电磁簇射沉积的能量、簇射的形状及中性信息 (譬如说没有带电径迹) 来判选。中子 n 一般由量能器或闪烁体内的能量沉积，以及没有带电径迹的中性信息来鉴别。一些短寿命的粒子或共振态粒子则由其衰变末态的不变质量来重建。而中微子则需要认定是在带电流或中性流反应过程中产生的，可否由丢失的能量和动量来重建。从原则上讲，带电粒子的动量由其在磁场中的偏转来测定，而飞行时间谱仪、比电离 $\mathrm{d}E/\mathrm{d}x$、切伦科夫和穿越辐射探测器都是用来测量这些粒子的飞行速度的，只是它们适用的速度区间 (即动量区间) 不同，结合粒子的动量测量就可以得到质量值，对粒子进行有效的鉴别。图 1.37是 Belle 实验联合使用几个子探测系统对粒子在广域动量空间进行有效鉴别的示意图。穿越辐射探测器是用来鉴别极端相对论粒子的，譬如在 LHC 上的 ATLAS 实验中的应用。这里从物理分析的角度对现在比较通用的几种子探测器的性能和适用范围作一个简略的介绍。

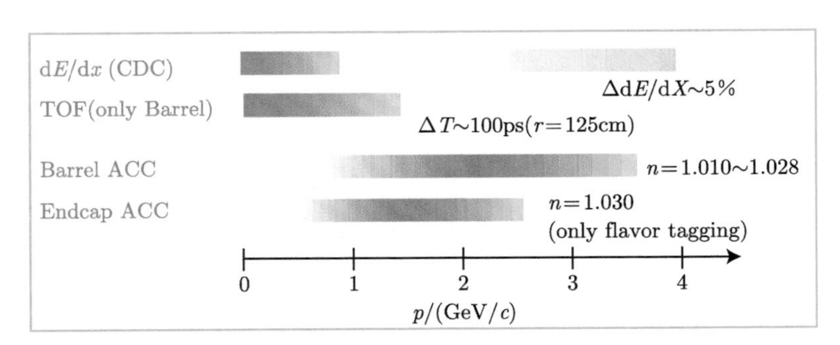

图 1.37 Belle 实验的 $\mathrm{d}E/\mathrm{d}x$、TOF 和气凝硅胶切伦科夫探测系统的有效动量区间

1. 飞行时间探测器

飞行时间探测器简称为 TOF (time of flight)。在低动量区间，利用不同粒子飞行一定距离的时间差异，对不同质量的粒子进行识别。动量为 p，质量为 m 的

粒子穿过距离 L 的时间为 $t=\dfrac{L}{\beta c}$，由此可求得两个动量为 p 的粒子 m_1 和 m_2 的飞行时间差为

$$\begin{aligned}\Delta t &= \frac{L}{c}\left(\frac{1}{\beta_1}-\frac{1}{\beta_2}\right)=\frac{L}{c}\left(\sqrt{1+m_1^2c^2/p^2}-\sqrt{1+m_2^2c^2/p^2}\right)\\ &\approx \frac{Lc}{2p^2}(m_1^2-m_2^2)\end{aligned} \tag{1.114}$$

图 1.38 给出了 2m 路程，不同分辨率的 TOF 系统对 e/π、π/K 和 K/p 粒子对的分辨能力和动量的关系。塑料闪烁体通常被用作 TOF，它的时间精度可达分辨时间 200~300ps，可以实现动量小于 1GeV/c 以下的 π/K 分辨。现在的一些实验使用电阻板室，它的分辨可以达到 ~100ps，甚至更小。LHC 上的重离子对撞 ALICE 实验采用这种平板室，~100ps 的时间分辨能够分辨 π/K 到 2GeV/c。

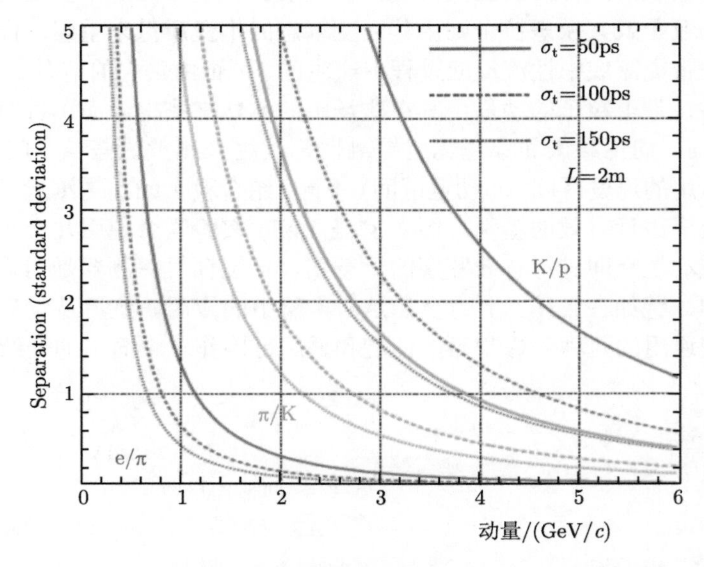

图 1.38　不同分辨率的 TOF 对 e/π,π/K 和 K/p 的分辨本领

2. 比电离

比电离 (specific energy loss) 指的是电离能损 $\mathrm{d}E/\mathrm{d}x$，由动量的测量和贝蒂-布洛赫公式

$$p=m\beta\gamma,\quad \frac{\mathrm{d}E}{\mathrm{d}x}\propto\frac{1}{\beta^2}\ln(\beta^2\gamma^2) \tag{1.115}$$

如果同时测定了粒子的动量 p 和 $\mathrm{d}E/\mathrm{d}x$，就可定出粒子质量 m。图 1.39 给出的是 PEP4/9 时间投影室中测得的能量损失和各类粒子动量之间的函数关系，其气

体介质为 80% 氩气 +20% 甲烷 (CH_4)，该函数关系与图 1.30类似。这部分内容在前文中已作了详细的讨论，这里就不再赘述。

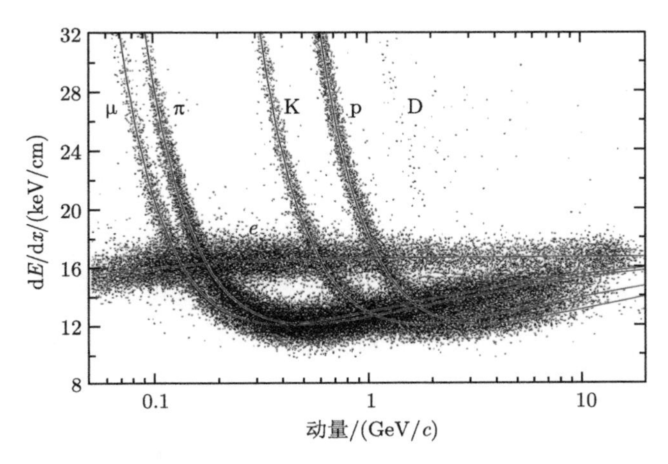

图 1.39 PEP4/9 – TPC 的能损测量 (185 个样本，8.5 atm，Ar – CH_4 为 80%~20%)，不同粒子的 dE/dx 和动量的关系

3. 切伦科夫探测器

当粒子穿过介电常数为 n 的介质时，如果粒子的速度大于介质中的光速，$v > \frac{c}{n}$，即 $\beta > \beta_{\mathrm{thr}} = \frac{1}{n}$ 时，会发射出切伦科夫辐射光。波前可用一个半角为 θ_{c} 的锥面来描述，如图 1.40所示。

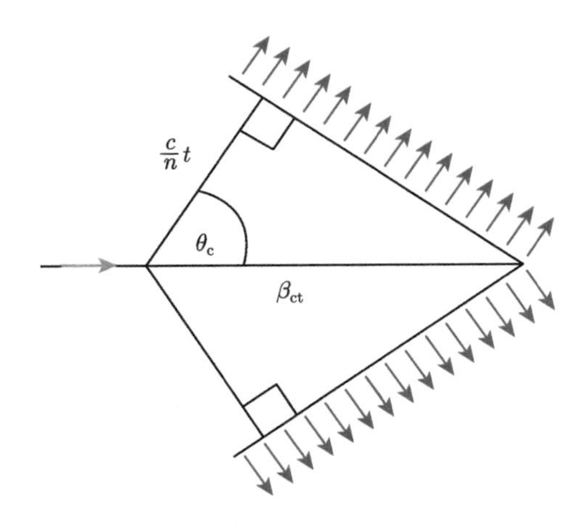

图 1.40 切伦科夫辐射的示意图

$$\cos\theta_{\mathrm{c}}=\frac{1}{\beta n},\qquad n=n(\lambda),\quad\Longrightarrow\quad\theta_{\max}=\arccos\left(\frac{1}{n}\right)\tag{1.116}$$

在辐射体单位长度单位波长间隔发射的光子数为

$$\frac{\mathrm{d}^2N}{\mathrm{d}x\mathrm{d}\lambda}=2\pi z^2\alpha\lambda^{-2}\sin^2\theta_{\mathrm{c}}\tag{1.117}$$

或

$$\frac{\mathrm{d}^2N}{\mathrm{d}x\mathrm{d}E}=\frac{\alpha z^2}{\hbar c}\sin^2\theta_{\mathrm{c}}\simeq 370z^2\sin^2\theta_{\mathrm{c}}\,\mathrm{eV}^{-1}\cdot\mathrm{cm}^{-1}\tag{1.118}$$

注意到光子数随 $1/\lambda^2$ 变化。由切伦科夫辐射引起的能量损失比电离损失小得多，约为 1%。对单电荷粒子，由光敏探测器测到的光子数 N_{pe} 为

$$N_{\mathrm{pe}}=370L\int\epsilon_{\mathrm{col}}\epsilon_{\mathrm{det}}\sin^2\theta_{\mathrm{c}}(E)\mathrm{d}E\tag{1.119}$$

其中，L 是在辐射体中的路径长度；ϵ_{col} 是光的收集效率；ϵ_{det} 是光电装置的光转换效率。对波长灵敏区在 350~550nm 区间的光电倍增器，$N_\gamma=450\sin^2\theta_{\mathrm{c}}\mathrm{cm}^{-1}$。几种切伦科夫辐射体的参数列于表 1.8中。

表 1.8　几种切伦科夫辐射体的参数

介质	n	$\theta_{\max}$	动量阈 $\pi_{\mathrm{thr}}/(\mathrm{GeV}/c)$	$N_\gamma/(\mathrm{eV}^{-1}\cdot\mathrm{cm}^{-1})$
空气	1.000283	1.26°	5.9	0.21
异丁烷	1.00217	3.77°	2.12	0.94
气凝硅胶	1.0065	6.51°	1.23	4.7
气凝硅胶	1.055	18.6°	0.42	37.1
水	1.33	41.2°	0.16	160.8
石英	1.46	46.7°	0.13	196.4

1) 阈切伦科夫探测器

由前面的讨论，切伦科夫光子数和速度的关系可以写为

$$N_\gamma\propto\sin^2\theta_{\mathrm{c}}=1-\frac{1}{\beta^2n^2}=1-\frac{1}{n^2}\left(1+\frac{m^2}{p^2}\right)\tag{1.120}$$

以 SLAC 的 PEP2 对撞机上的 BABAR 实验为例，它使用的就是阈式切伦科夫探测器，由两种气凝硅胶组成：

$$A_1:n=1.055,\quad A_2:n=1.0065$$

可以计算出它们分别对 π 粒子和 K 粒子的动量阈，由 $p=\beta\gamma mc$ 给出，

$$p_{\text{thr}}=\frac{\beta_{\text{thr}}}{\sqrt{1-\beta_{\text{thr}}^2}}mc=\frac{mc}{\sqrt{n^2-1}} \tag{1.121}$$

于是有

(1) $p>0.4\text{GeV}/c$ 时，π 介子通过 A_1 时发光。

(2) $p>1.2\text{GeV}/c$ 时，π 介子通过 A_1,A_2 时都发光。

(3) $p>1.4\text{GeV}/c$ 时，K 介子通过 A_1 时发光。

(4) $p>4.2\text{GeV}/c$ 时，K 介子通过 A_1,A_2 时都发光。

因此，在 $0.4<p<4.2\text{GeV}/c$ 动量区间可以分辨 π 和 K 介子，如图 1.41 所示，符合实验的物理要求。

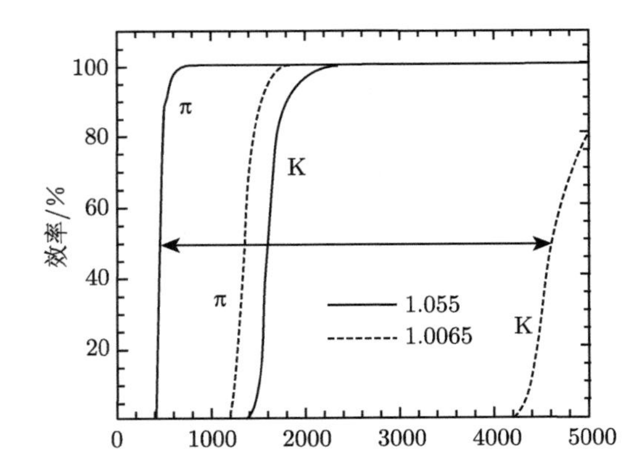

图 1.41 BABAR 实验两种气凝硅胶对 π 和 K 介子的切伦科夫发光阈值

2) 切伦科夫成像探测器 (ring image cherenkov (RICH) detector)

如果粒子动量已经确定，那么 RICH 通过测量切伦科夫角 θ_{C} 即可鉴别粒子。如图 1.42所示，最外面是半径为 R_{M} 的球面反射镜，半径 $R_{\text{D}}=\dfrac{1}{2}R_{\text{M}}$ 处是球面探测器。以相同角度发射的光子经球面反射镜聚焦反射后被球面探测器接收。因此，光子在探测面上形成一个半径为 r 的环形像，粒子的径迹从环的中心通过

$$\theta_{\text{C}}=\arccos\left(\frac{1}{\beta n}\right) \tag{1.122}$$

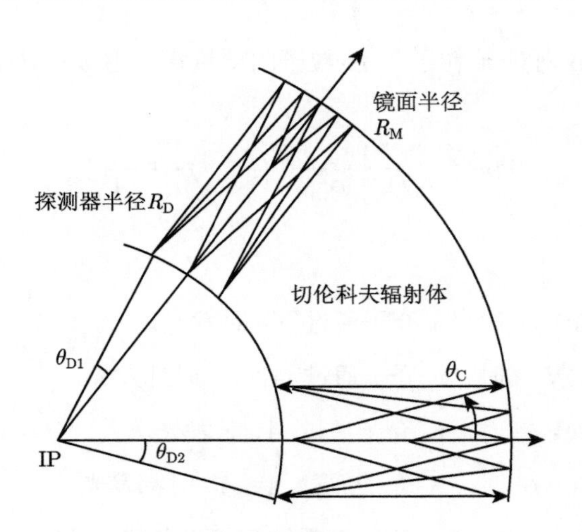

图 1.42　切伦科夫成像探测器的示意图

取一级近似，$\theta_C \simeq \theta_D$，

$$\tan\theta_D = \tan\theta_C \simeq \frac{r}{R_D} = \frac{2r}{R_M} \tag{1.123}$$

因此由测量到的 r 就可以定出 θ_C，得到粒子的速度 β。可以求得其分辨率

$$\frac{\Delta\beta}{\beta} = \sqrt{\tan^2\theta_C(\Delta\theta_C)^2 + \left(\frac{\Delta n}{n}\right)^2} \tag{1.124}$$

若忽略 Δn，则有

$$\frac{\Delta\beta}{\beta} = \tan\theta_C\Delta\theta_C \tag{1.125}$$

图 1.43是 LHC 上 LHCb 探测器的 RICH 系统结构示意图。

4. 穿越辐射探测器 (transition radiation detector)

当高速带电粒子穿越两种不同介电常数的介质交界面时，介质瞬时极化，介质两边的场是不同的，来不及调整，使部分能量以电磁辐射的形式发射出来，如图 1.44所示。也可以看作入射粒子和它的镜像组成了一个振荡的偶极子，从而辐射出光子，称为穿越辐射效应。金兹堡和弗兰克早在 1945 年就给出了理论预言[13]。

穿越辐射形成区的厚度一般为几微米量级，辐射方向基本上朝向带电粒子的飞行方向。穿越辐射能谱是连续谱，辐射主要集中在 X 射线能区。辐射总能量正比于入射带电粒子的能量，强度很微弱。通常采用轻物质的多界面交叠结构来有效地增强穿越辐射效应。这些轻物质有锂箔、镀铝的聚酯薄膜与铍片等。为有效产生穿越辐射，粒子穿过的介质厚度要大于一个最小值，即形成厚度，如对聚乙酯为 $\sim 20\mu\text{m}$。探测器的多薄膜叠层结构通常和高 Z 探测气体相连接，在增加辐射光子数的同时，以高 Z 探测气体提高 X 射线的转换效率。

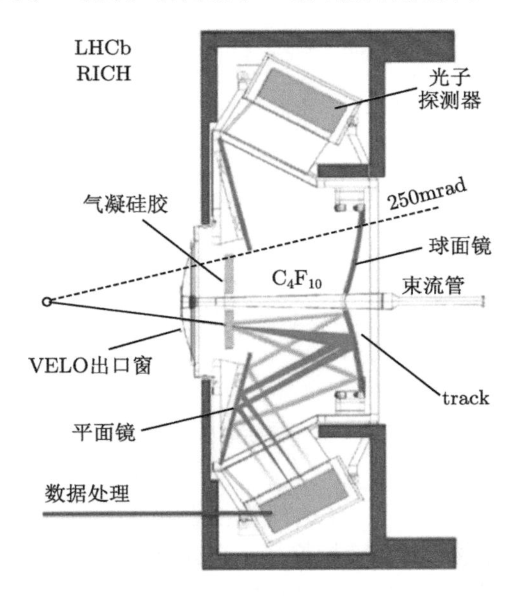

图 1.43 LHC 上 LHCb 探测器的 RICH 系统结构示意图

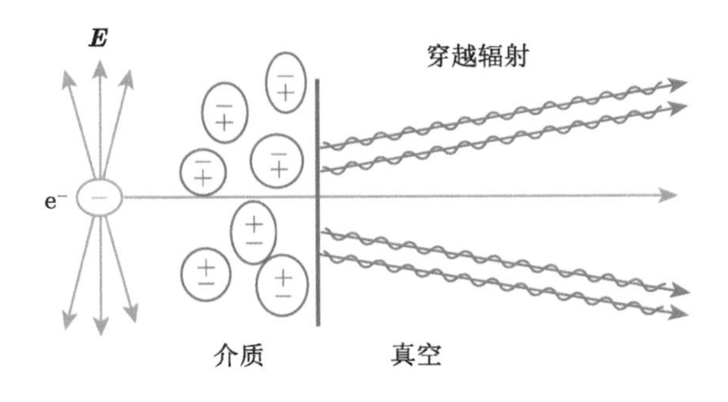

图 1.44 穿越辐射的物理示意图

由 $m=\dfrac{p}{\beta c\gamma}$ 可写出质量分辨

$$\left(\frac{\Delta m}{m}\right)^2=\frac{1}{\beta^2c^2}\left[\left(\frac{\Delta\gamma}{\gamma}\right)^2+\left(\frac{\Delta p}{p}\right)^2\right] \tag{1.126}$$

如果动量已精确测量，即 $\Delta p/p$ 很小时，质量分辨就取决于 γ 值的分辨。通过对洛伦兹因子 γ 的测量就可以实现对粒子的鉴别，它适用于 $\gamma > 1000$ 的极端相对论粒子。图 1.45为在空气中粒子穿越单片穿越辐射体的示意图。在边界穿越辐射产生的 X 射线和带电粒子径迹的夹角为

$$\theta \simeq \frac{1}{\gamma} \tag{1.127}$$

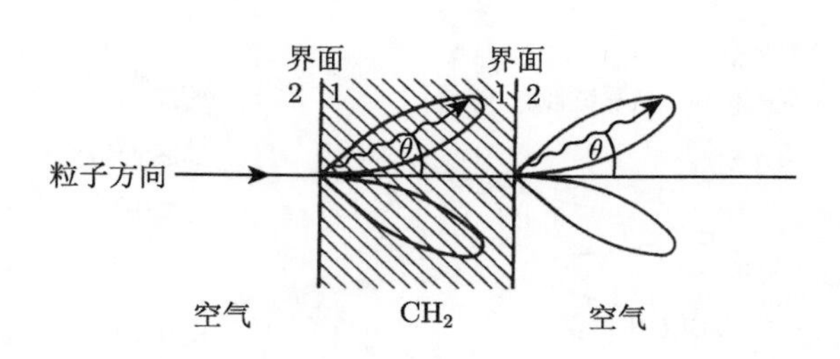

图 1.45　在空气中粒子穿越单片穿越辐射体的示意图*

穿越辐射探测器的缺点是：穿越辐射在辐射体中会产生自吸收，入射带电粒子在 X 射线探测器中穿过时会直接产生电离本底。有人设计了超导型的穿越辐射探测器，这时辐射体与辐射探测器合并为一体，能克服自吸收的问题，提高探测穿越辐射的灵敏度。

穿越辐射探测器同磁谱仪配合，能够分辨不同种类的高能粒子；对于已知质量的高能粒子，它能定出粒子的能量，可用来分辨电子与强子。

1.4　习　题

1. 对 $J = 1$ 的矢量介子 ρ 的衰变，试证明 $\rho^{\pm} \to \pi^0\pi^{\pm}$ 和 $\rho^0 \to \pi^{\mp}\pi^{\pm}$ 是允许的，而 $\rho^0 \to \pi^0\pi^0$ 则是禁戒的。

2. 假设同位旋 $I = 1$ 的粒子 A 是 ρ 和 π 介子的共振态，衰变 $\mathrm{A} \to \rho + \pi$ 占优，试求 $\Gamma(\mathrm{A} \to \pi^0\pi^0\pi^+)/\Gamma(\mathrm{A} \to \pi^+\pi^-\pi^+)$。

3. 试证明 $J = 1$ 的粒子态不能衰变到 2γ。

4. K^0 粒子能衰变到 2γ 吗？为什么？

5. 按照守恒定律，下列过程哪些是允许的，哪些是禁戒的，说明理由：

$$\pi^0 \longrightarrow \mathrm{e}^+ + \mathrm{e}^-$$

$$\mathrm{e}^- + \mathrm{p} \longrightarrow \mathrm{n} + \nu_\mathrm{e}$$

* 详见谢一冈等，粒子探测器与数据获取。北京：科学出版社。

$$\mu^+ \longrightarrow e^+ + e^- + e^+$$
$$K^0 + n \longrightarrow \Lambda + \pi^0$$
$$\Xi^0 \longrightarrow \Lambda + \pi^0$$

6. 画出下列弱衰变过程的费曼图，对强子到夸克跃迁层次：

$$\pi^+ \longrightarrow \mu^+ + \nu_\mu$$
$$\Lambda \longrightarrow p + e^- + \bar{\nu}_e$$
$$K^0 \longrightarrow \pi^+ + \pi^-$$
$$\pi^+ \longrightarrow \pi^0 + e^+ + \nu_e$$

画出下列强衰变过程的衰变图：

$$\omega^0 \longrightarrow \pi^+ + \pi^- + \pi^0$$
$$\rho^0 \longrightarrow \pi^+ + \pi^-$$
$$\Delta^{++} \longrightarrow p + \pi^+$$

7. 画出下列衰变过程到夸克层次的费曼图，并说明是由哪种力导致的：

$$D^{*+} \longrightarrow D^0\pi^+, \quad \Sigma^0 \longrightarrow \Lambda\gamma, \quad D^+ \longrightarrow \bar{K}^0\pi^+$$
$$\tau^- \longrightarrow \rho^-\nu_\tau, \quad K^{*0} \longrightarrow K^+\pi^-, \quad \pi^0 \longrightarrow \gamma\gamma$$

8. 一个能量为 15GeV，强度为 10^{14} 粒子 /s 的电子束注入 1m 长，截面足够大的液氢靶，设质子为无自旋的类点粒子，计算每秒钟弹性散射到 $\theta = 0.1\text{rad}\times10^{-4}\text{sr}$ 立体角内的电子数(氢密度为 0.16g/cm^3)。

9. HERA 是 ep 对撞机，$E_e = 30\text{GeV}$, $E_p = 820\text{GeV}$, $m_p = 938.272\text{MeV}$, 试计算该对撞机的质心系能量。若假定 HERA 是一个固定靶的机器，要达到如此大的质心系能量，入射电子的能量应为多大？

10. 赝标介子 η 的 $J^{PC} = 0^{-+}$，是在衰变过程 $\eta \to \gamma\gamma$ 中发现的。证明它的电荷共轭本征值为 $C_\eta = 1$，并说明为何在强作用和电磁作用衰变中 $\eta \to \pi^+\pi^-$ 和 $\eta \to \pi^0\pi^0$ 都是禁戒的。

11. 推导下列反应可通过哪些同位旋道进行：

(a) $K + p \to \Sigma^0 + \pi^0$;

(b) $K + p \to \Sigma^+ + \pi^-$。

参 考 文 献

[1] Rutherford E. The scattering of α and β rays by matter and the structure of the atom. Philosophical Magazine,1911, 6: 21.

[2] Geiger H, Marsden E. On a diffuse reflection of the α-particles. Proceedings of the Royal Society A: Mathematical, Physical and Engineering Sciences, 1909, 82 (A): 495-500.

[3] Perl M L. The discovery of the tau lepton. SLAC-PUB-5937, Sep. 1992, Presented at the Third International Symposium on the History of Particle Physics: The Rise of the Standard Model,Stanford, CA,June 24-27,1992

[4] Bacino W, Ferguson T, et al. Measurement of the threshold behavior of $\tau^+\tau^-$ production in e^+e^- annihilation. Phys. Rev. Lett., 1978, 41(1): 13.

[5] Aubert J J, et al. Experimental observation of a heavy particle J. Phys. Rev. Lett., 1974, 33(23):1404.

[6] Augustin J E, et al. Discovery of a narrow resonance in e^+e^- annihilation. Phys. Rev. Lett., 1974, 33(23):1406.

[7] Bacci C, et al. Preliminary result of frascati (ADONE) on the nature of a new 3.1 GeV particle produced in e^+e^- annihilation. Phys. Rev. Lett., 1974, 33(23):1408.

[8] Herb S W, et al. Observation of a dimuon resonance at 9.5 GeV in 400 GeV proton-nucleus collisions. Phys. Rev. Lett., 1977, 39(5): 252.

[9] Tsai Y S. Pair production and bremsstrahlung of charged leptons. Rev. Mod. Phys., 1974, 46: 815.

[10] Nelson W R，Hirayama H, Rogers D W O. The EGS4 Code System，SLAC-265. Stanford Linear Accelerator Center, 1985.

[11] Adam J, et al(ALICE collaboration). Production of light nuclei and anti-nuclei in pp and Pb-Pb collisions at energies available at the CERN large hadron collider. Phys. Rev. C, 2016, 93: 024917.

[12] Rossi B. High Energy Particles. Prentice-Hall, Inc., Englewood Cliffs, NJ, 1952.

[13] Ginzburg V L, Frank I M. Radiation of a uniformly moving electron due to its transition from one medium into another. JETP (USSR), 1946, 16: 15-28; Journ. Phys. USSR, 1945, 9: 353-362.

[14] Perkins D H. Introduction to High Energy Physics, 4th edition. Cambridge: Cambridge University Press, 2000.

第二章　对　称　性

对称性在粒子物理学研究中之所以占有非常重要的地位，原因之一是，正如维格纳 (E. P. Wigner) 所指出的，我们还没有满意的理论来描写粒子间的相互作用。在对相互作用动力学机制缺乏了解的情况下，通过对称性的研究也能够获得很多有关相互作用的重要认识。例如，我们还不清楚强相互作用哈密顿量的确切形式，没有成功的理论定量地计算强相互作用过程中的一些量，但根据实验事实，我们知道强相互作用遵守多种守恒定律，诸如能量、动量、角动量、电荷、重子数、轻子数、奇异量子数、宇称、同位旋、G 宇称、电荷共轭、时间反演等守恒定律。从理论上说，这些守恒定律都是相互作用哈密顿量具有相应对称性的表现，或者说这些守恒定律的存在对选择强相互作用哈密顿量的具体形式给以各种相应的限制，就使我们对强相互作用哈密顿量有了某种程度的了解。根据这些了解我们就可以对强相互作用过程的一些量，诸如截面关系、分支比等，作出某种预言或结论，然后与实验结果进行比较。在有些情况下，虽然已经有了很好的动力学理论，但用其计算一些具体问题却很复杂，而利用对称性理论则可以很简洁地给出同样结果。例如，对电子-电子散射可用量子电动力学精确处理，但要了解两个电子极化方向相同或相反时的微分截面是否相等，就需要比较复杂的计算。如果我们注意到该理论在空间旋转和两个电子交换下具有不变性，则可立即得出上述两微分截面相等的结论。对于强子系统内部存在的一些对称性，例如强作用的电荷无关性和 $SU(2)$ 理论及超多重态 $SU(3)$ 对称性的研究，使我们对强子分类和强子结构有所认识，这样才能更深层次地揭露物质内部结构的奥秘。

在粒子物理学中有些对称性是很完善的，与之对应的守恒定律在各种相互作用中都严格成立，而另一些对称性是不完善的，或称之为破缺的。和它们对应的守恒定律在一些相互作用中并不守恒，例如在弱作用中宇称不守恒。检验一个对称性完善或破缺的标准只能是实验事实，任何主观的想象和直观感觉都是靠不住的。

2.1　对称性和守恒定律

我们已经知道了很多守恒定律，这些守恒定律是根据经典物理和量子物理中大量实验事实总结出来的经验规律，在粒子物理领域内这些守恒定律大部分仍然是正确的，但也有一部分并不总是正确。有些守恒定律在强作用中虽然正确，但在弱作用，甚至电磁作用中就受到了破坏。人们一直在探索为什么自然界中存在着这些守恒定律，为什么在一些作用中它们又不一定正确。为了解决这些问题，人们必须对自然界运动规律的本质有进一步的理解。经过长期的研究，人们认识到守恒定律和对称性之间具有密切关系，守恒定律是自然界存在某种对称性的表现。从理论上讲，如果系统的哈密顿量具有某种对称性，或运动方程具有某种变换下的不变性，则将导致某种守恒定律。实际上所谓的不变性或对称性的根源在于自然界中存在着的某些不可测量性，或不可分辨性。例如，空间没有绝对原点，我们可以选空间的任何点作为原点，对此物理定律的形式都是一样的，换句话说，空间的绝对位置是不可测量的，空间的这种对称性导致动量守恒定律。再如，在强作用中，质子和中子的不可分辨性导致同位旋守恒定律。

表 2.1给出了各种不可测量性或不可分辨性所引起的对称性，以及由此导致的各种守恒定律及其所适用的范围。对称性和守恒定律之间的关系在经典力学中就曾进行过普遍的讨论，得出诺特 (Noether) 定理：如果运动规律在某种变换下具有不变性，则必然存在着一种对应的守恒定律。这一定理对于量子理论同样是适用的。下面我们从经典力学和量子力学两个方面讨论这个问题。

表 2.1 自然界存在的一些对称性

不可测量性	不变性	守恒量	适用范围
空间绝对位置	空间平移	动量 ($\boldsymbol{p}$)	完全
绝对时间	时间平移	能量 (E)	完全
空间绝对方向	空间转动	角动量 (J)	完全
带电和中性粒子间的相对相角	电荷规范变换	电荷 (Q)	完全
重子和其他粒子间的相对相角	重子数规范变换	重子数 (B)	完全
轻子 l 及 ν_l 和其他粒子间的相对相角	轻子数规范变换	相应的轻子数 (L_l)	完全
左右的不可分辨性	空间反射 (P)	空间宇称 (P)	弱作用中被破坏
同位旋多重态在强作用中不可分辨性	同位旋空间旋转	同位旋 (I, I_3)	强作用中适用，I_3 电磁作用也适用
$\pi^{\pm}, \pi^0$ 等在强作用中的不可分辨性	G 共轭宇称	G 宇称 (G)	强作用中适用
时间流动方向的不可区分性	时间反演 (T)		弱作用中部分破坏
正反粒子不可区分性	电荷共轭 (C)	C 宇称	弱作用中部分破坏

2.1.1 经典力学中的对称性

空间的均匀性，即空间没有绝对原点，我们可以选任一点为坐标系原点，而运动方程的形式不变，这叫空间的平移不变性。那么怎样由空间平移不变性导出动量守恒定律呢？为此，我们考虑由两个粒子组成的孤立系统。两个粒子的坐标

分别是 $\boldsymbol{r}_1$ 和 $\boldsymbol{r}_2$，它们的相互作用势能是两粒子坐标的函数 $V(\boldsymbol{r}_1, \boldsymbol{r}_2)$。

空间平移不变性要求势能仅为两粒子坐标之差的函数，即

$$V(\boldsymbol{r}_1, \boldsymbol{r}_2) = V(\boldsymbol{r}_1 - \boldsymbol{r}_2) \tag{2.1}$$

只有这样才能保持对坐标平移变换，

$$\boldsymbol{r}' = \boldsymbol{r} - \boldsymbol{a} \tag{2.2}$$

势能函数的形式不变。

如果势能的形式具有式 (2.1) 形式的空间平移不变性，就可以自然地导出动量守恒定律。因为这时作用在两个粒子上的力分别为

$$\boldsymbol{F}_1 = -\nabla_{\boldsymbol{r}_1} V, \quad \boldsymbol{F}_2 = -\nabla_{\boldsymbol{r}_2} V \tag{2.3}$$

由式 (2.1) 容易证明

$$\boldsymbol{F}_2 = -\boldsymbol{F}_1 \tag{2.4}$$

所以作用到两粒子系统上的合力为 0。令 $\boldsymbol{p}$ 为两粒子系统的总动量，由牛顿第二定律得到，对孤立的两粒子体系有

$$\frac{\mathrm{d}\boldsymbol{p}}{\mathrm{d}t} = \boldsymbol{F} = 0 \tag{2.5}$$

即系统的总动量守恒，

$$\boldsymbol{p} = \text{常量}. \tag{2.6}$$

由此可以看到，根据空间绝对位置的不可测量性，引起位置坐标系统移动时位能的不变性, 最后导致动量守恒定律。这种联系是有一般性的，对孤立的多粒子体系，可得同样的结果。对其他不可测量量也有类似的情况。

用体系的广义坐标 q 和拉氏量 $L = L(q_i, \dot{q}_i, t)$ 描写一个体系时，可以更方便地说明对称性和守恒定律之间的普遍联系。拉氏量中的 $q_i, \dot{q}_i$ 为体系第 i 个自由度的广义坐标和广义速度，t 为时间。系统的拉氏方程为

$$\frac{\mathrm{d}}{\mathrm{d}t}\left(\frac{\partial L}{\partial \dot{q}_j}\right) - \frac{\partial L}{\partial q_j} = 0 \tag{2.7}$$

如果空间是均匀的，则 L 不依赖于空间位置坐标 q_j，因此

$$\frac{\partial L}{\partial q_j} = 0 \tag{2.8}$$

拉氏方程 (2.7) 变为

$$\frac{\partial L}{\partial \dot{q}_j} = \text{常数} \tag{2.9}$$

体系第 j 个自由度的广义动量 $p_j = \frac{\partial L}{\partial \dot{q}_j} =$ 常数，即广义动量守恒。若选广义坐标 q_j 为角度，广义动量 $\frac{\partial L}{\partial \dot{q}_j}$ 就相当于体系的角动量。因此，空间的各向同性，即空间绝对方向的不可测量性，导致空间转动不变性，从而得到角动量守恒定律。

如果进一步考虑到时间没有绝对的原点，即时间也具有均匀性时，则拉氏量与时间无关 $\frac{\partial L}{\partial t} = 0$，由

$$\frac{\partial L}{\partial t} = -\frac{\partial H}{\partial t} \tag{2.10}$$

即此时哈密顿量 H 不随时间变化，因而由时间的均匀性可以导致系统的总能量守恒。

2.1.2 量子力学中的对称性

量子力学中体系的状态波函数 $\psi(\boldsymbol{r}, t)$ 满足薛定谔方程

$$\hat{H}\psi = \mathrm{i}\frac{\partial}{\partial t}\psi \tag{2.11}$$

$\hat{H}$ 为哈密顿算符，其复数共轭方程为

$$\hat{H}\psi^* = -\mathrm{i}\frac{\partial}{\partial t}\psi^* \tag{2.12}$$

量子力学中的任何力学量的平均值 $\bar{F}(t)$ 是由 t 时刻算符 $\hat{F}$ 在状态 $\psi(\boldsymbol{r}, t)$ 中的期待值给出的，即

$$\bar{F}(t) = \int \psi^*(\boldsymbol{r}, t)\hat{F}(t)\psi(\boldsymbol{r}, t)\mathrm{d}^3x \tag{2.13}$$

对式 (2.13) 进行时间微分，并利用式 (2.11) 和式 (2.12)，有

$$\begin{aligned}\mathrm{i}\frac{\mathrm{d}}{\mathrm{d}t}\bar{F}(t) &= \int \psi^*(\boldsymbol{r}, t)(\hat{F}\hat{H} - \hat{H}\hat{F})\psi(\boldsymbol{r}, t)\mathrm{d}^3x + \mathrm{i}\int \psi^*(\boldsymbol{r}, t)\frac{\partial \hat{F}}{\partial t}\psi(\boldsymbol{r}, t)\mathrm{d}^3x \\ &= \int \psi^*(\boldsymbol{r}, t)[\hat{F}, \hat{H}]\psi(\boldsymbol{r}, t)\mathrm{d}^3x + \mathrm{i}\int \psi^*(\boldsymbol{r}, t)\frac{\partial \hat{F}}{\partial t}\psi(\boldsymbol{r}, t)\mathrm{d}^3x\end{aligned} \tag{2.14}$$

这里，

$$[\hat{F}, \hat{H}] = \hat{F}\hat{H} - \hat{H}\hat{F} \tag{2.15}$$

是 $\hat{F}$ 和 $\hat{H}$ 的对易子。如果算符 $\hat{F}$ 不显含时间 t，即 $\dfrac{\partial \hat{F}}{\partial t}=0$，则有

$$\mathrm{i}\frac{\mathrm{d}}{\mathrm{d}t}\bar{F}=\int \psi^*(\boldsymbol{r},t)[\hat{F},\hat{H}]\psi(\boldsymbol{r},t)\mathrm{d}^3x \tag{2.16}$$

这就是说，只有当算符 $\hat{F}$ 和 $\hat{H}$ 可对易，即 $[\hat{F},\hat{H}]=0$ 时，不显含 t 的算符 $\hat{F}$ 所对应的力学量才是运动积分，$\hat{F}$ 的平均值才是守恒量。可以证明，此时力学量 $\hat{F}$ 观测值的概率分布也不随时间改变。

从另一方面看，对称不变量也可以这样描写：如果对量子系统的波函数进行一个变换，以算符 $\hat{U}$ 表示，

$$\psi'(\boldsymbol{r},t)=\hat{U}\psi(\boldsymbol{r},t) \tag{2.17}$$

如果量子系统的运动规律不改变，即 $\hat{U}\psi(\boldsymbol{r},t)$ 仍满足薛定谔方程 (2.11)，

$$\hat{H}[\hat{U}\psi(\boldsymbol{r},t)]=\mathrm{i}\frac{\partial}{\partial t}[\hat{U}\psi(\boldsymbol{r},t)] \tag{2.18}$$

容易证明，如果要求

$$\psi'^*(\boldsymbol{r},t)\psi'(\boldsymbol{r},t)=\psi^*(\boldsymbol{r},t)\psi(\boldsymbol{r},t) \tag{2.19}$$

则变换矩阵 $\hat{U}$ 必须是幺正的，

$$\hat{U}^\dagger\hat{U}=\hat{U}\hat{U}^\dagger=1,\quad \hat{U}^\dagger=\hat{U}^{-1} \tag{2.20}$$

在式 (2.18) 两边乘以 $\hat{U}^{-1}$，并和式 (2.11) 比较，容易证明

$$[\hat{U},\hat{H}]=0 \tag{2.21}$$

即变换算符 $\hat{U}$ 和系统的哈密顿算符可对易，$\hat{U}$ 变换具有不变性。

式 (2.21) 和式 (2.16) 同样很好地描写了量子系统的不变性。需要注意的是，算符 $\hat{F}$ 代表一个可观测的物理量，它的期待值 (因而它的本征值) 必须是实的，所以算符 $\hat{F}$ 应是厄米的，即

$$\hat{F}^\dagger=\hat{F} \tag{2.22}$$

而变换算符 $\hat{U}$ 是幺正的，一般情况下并不是厄米的，并且没有可观测量与之相对应。但是对于某些不连续的变换 (或称为分立变换，例如空间反射等)，变换算符 $\hat{U}$ 可以同时满足幺正和厄米条件。这是因为分立变换通常满足下面的关系：

$$\hat{U}^2=1 \tag{2.23}$$

由式 (2.20) 和式 (2.22) 可以看出，这时 $\hat{U}$ 既是幺正的，又是厄米的。所以在分立变换下 $\hat{U}$ 就代表一个可观测的物理量。

除了不连续变换外，自然界中还有另一类连续变换。这时 $\hat{U}$ 虽然一般不是厄米的，不能代表一个可观测量，但是可以证明一定存在一个和 $\hat{U}$ 相应的并且满足对易关系的厄米算符 $\hat{F}$，$\hat{F}$ 算符代表可观测的物理量。这是因为连续变换的 $\hat{U}$ 算符通常可以写成

$$\hat{U} = \mathrm{e}^{\mathrm{i}\epsilon\hat{F}} \tag{2.24}$$

这里，ϵ 是实数，$\hat{F}$ 称为 $\hat{U}$ 的生成元。该指数变换算符对波函数的作用由下式定义：

$$\hat{U}\psi = \mathrm{e}^{\mathrm{i}\epsilon\hat{F}}\psi = \left[1 + \mathrm{i}\epsilon\hat{F} + \frac{(\mathrm{i}\epsilon\hat{F})^2}{2!} + \cdots\right]\psi \tag{2.25}$$

由幺正性条件式 (2.20) 可以证明算符 $\hat{F}$ 是厄米的，即

$$\hat{F}^{\dagger} = \hat{F} \tag{2.26}$$

一个有限的连续变换可以看成是无穷多个无穷小变换的乘积，因此无穷小变换可以给出与原来连续变换同样的物理特征。在无穷小变换下，$\epsilon \ll 1$，$\hat{U} = 1 + \mathrm{i}\epsilon\hat{F}$，代入式 (2.21) 即有

$$[\hat{F}, \hat{H}] = 0 \tag{2.27}$$

该式和式 (2.21) 相同，这样就证明了 $\hat{U}$ 的生成元 $\hat{F}$ 是一个守恒的厄米算符，所代表的可观测物理量是一个守恒量。

2.1.3 对称性和群

群论是 19 世纪初首先由数学家发展起来的．开始它在物理学中没有什么重要应用。1925 年以后，随着近代量子力学的产生和发展，人们逐渐认识到群论在物理学中的重要意义。现在群论已经成为很多学科中必不可少的理论工具。人们在对物质结构的研究中，很早就注意到了对称性研究的重要性。这种对称性通常表现为物质体系在某些对称操作下的不变性，这些对称操作的集合就形成了群。因此，只有对群论有深刻了解，才能真正领会对称性的实质和一些物理现象之间的内在联系。

群论的研究和应用对粒子物理学的发展已经起到了并且继续起着重要的作用。例如，李群 $SU(2)$ 理论很好地描写了角动量守恒和同位旋守恒所反映的对称性。$U(1)$ 群很好地描写了电荷、轻子数、重子数、奇异数等相加性量子数的守

恒定律和它们所反映的规范变换不变性。由此我们也可以看到，对称性质类同而物理内涵完全不同的概念，可以利用群论进行统一的数学描写，给理解和处理这些问题带来了方便。1962 年盖尔曼等把描写同位旋守恒的 $SU(2)$ 群和描写奇异数守恒的 $U(1)$ 群扩充为 $SU(3)$ 群，用来描写强相互作用的对称性，给出了强子结构的夸克模型，所预言的强相互作用和强子结构的很多性质都和实验事实相符合，取得了很大的成功。1974 年以后，随着 J/ψ 粒子、Υ 粒子的发现，还有人尝试用更大的对称群 $SU(4)$ 、$SU(5)$ 等来讨论强相互作用。用 $SU(2)\otimes U(1)$ 群来描写弱电统一的格拉肖-温伯格-萨拉姆 (Glashow-Weinberg-Salam) 理论的成功，为对各种相互作用进行统一的描写开辟了一条可依循的途径。还有一些理论物理学家试图用更大的群对强相互作用、电磁相互作用和弱相互作用进行统一描写，称为大统一理论 (GUT)。早些年人们在这方面用 $SU(5)$ 和 $SO(10)$ 群进行了很多探索性的研究工作，但似乎都有一些不可克服的问题，这些年逐渐衰落，代之而起的是诸如超对称性等多种理论模型的讨论，也都还没有在实验上得到有力的证据和支持。

有关群论系统的讲解可在一些专门著作中找到，也可参阅本书附录 B 中的群论简介。

前面讲过，所谓对称性是指系统在某种变换下具有不变性的性质。我们知道对称变换具有一个特点，对一定方式的连续两次变换可以和同样方式的另一次变换相当。例如，在对称空间中，连续作两次空间平移变换

$$x'=x+a,\qquad x''=x'+b \tag{2.28}$$

和一次空间平移变换

$$x''=x+(a+b) \tag{2.29}$$

的效果一样。相似地，绕一定轴 (例如 z 轴) 分别转 θ_1 和 θ_2 角度的连续两次变换，相当于一次转 $\theta_1+\theta_2$ 角度的转动。对三维空间中的平移和转动变换，也都有同样的特点。绕 x 轴转一角度 θ_1 后，再绕 y 轴转一角度 θ_2，其结果和绕另一适当的轴转动某一角度 θ(不等于 $\theta_1+\theta_2$) 相同。因此，三维空间的转动变换也属于对称变换。对称变换的这种特点符合群的定义。

量子力学中角动量是用算符表示的，

$$\hat{L}_x=-\mathrm{i}\left(y\frac{\partial}{\partial z}-z\frac{\partial}{\partial y}\right)$$

$$\hat{L}_y=-\mathrm{i}\left(z\frac{\partial}{\partial x}-x\frac{\partial}{\partial z}\right)$$

$$\hat{L}_z = -\mathrm{i}\left(x\frac{\partial}{\partial y} - y\frac{\partial}{\partial x}\right) \tag{2.30}$$

$\hat{L}_i$ 就是三维空间转动群的生成元。三维空间转动群是非阿贝尔的，即其生成元不可对易。它们满足的对易关系由 2.2.2节的式 (2.63) 给出。对易关系决定了群的结构。

量子系统哈密顿量对称变换的集合称为该系统的对称群，它决定了系统的能级和多重态结构，这涉及群的表示理论。

粒子物理标准模型理论的数学基础是 $SU(3)\otimes SU(2)\otimes U(1)$。$SU(3)$ 和 $SU(2)$ 是三维和二维的特殊幺正群，所谓特殊 (special) 是指变换矩阵 $\boldsymbol{U}$ 是幺模的，即行列式的值等于 1，

$$\det\boldsymbol{U} = I \tag{2.31}$$

一般地讲，$SU(N)$ 群的两个不可约表示的直乘又称为克罗内克积。给出该群的一个更高维的表示，这个更高维表示一般不再是不可约的，通过约化程序可以给出它包含的所有不可约表示。具体的计算方法有几种，一种用杨图进行直乘约化的图形方法比较直观，使用起来也比较方便。这部分内容请参阅附录 B 中的群论简介。

2.2 连续时空对称性

2.2.1 空间平移不变性和动量守恒定律

和经典力学一样，量子力学中空间平移不变性要求：如果两个参考系只相差一个平移变换，

$$\boldsymbol{r} \to \boldsymbol{r}' = \boldsymbol{r} + \boldsymbol{a} \tag{2.32}$$

那么这两个参考系在物理上应该是等价的，即有

$$\psi(\boldsymbol{r}) \to \psi'(\boldsymbol{r}') = \psi(\boldsymbol{r}) = \psi(\boldsymbol{r}' - \boldsymbol{a}) \tag{2.33}$$

等价于在空间平移变换下体系的波函数将作如下变换：

$$\psi'(\boldsymbol{r}) = \hat{U}(\boldsymbol{a})\psi(\boldsymbol{r}) = \psi(\boldsymbol{r} - \boldsymbol{a}) \tag{2.34}$$

这里 $\hat{U}(\boldsymbol{a})$ 是作用于波函数上的平移对称变换算符。所有变换 $\hat{U}(\boldsymbol{a})$ 的全体构成了空间平移变换群。

为了给出 $\hat{U}(\boldsymbol{a})$ 的明显形式，先考虑沿 z 方向的一个无穷小变换，

$$\begin{aligned} x &\to x \\ y &\to y \\ z &\to z+\delta a \end{aligned} \tag{2.35}$$

这时有

$$\hat{U}(0,0,\delta a)\psi(\boldsymbol{r})=\psi(x,y,z-\delta a)\simeq\psi(\boldsymbol{r})-\delta a\frac{\partial}{\partial z}\psi(\boldsymbol{r}) \tag{2.36}$$

于是得到

$$\hat{U}(0,0,\delta a)=1-\mathrm{i}\delta a\hat{p}_z \quad \left(\text{因为 } \hat{p}_z=-\mathrm{i}\frac{\partial}{\partial z}\right) \tag{2.37}$$

同样的推导有

$$\hat{U}(\delta a,0,0)=1-\mathrm{i}\delta a\hat{p}_x \tag{2.38}$$

$$\hat{U}(0,\delta a,0)=1-\mathrm{i}\delta a\hat{p}_y \tag{2.39}$$

因此，对于沿任一方向的一个无穷小平移变换，

$$\boldsymbol{r}\to\boldsymbol{r}'=\boldsymbol{r}+\delta\boldsymbol{a} \tag{2.40}$$

有平移变换算符，

$$\hat{U}(\delta\boldsymbol{a})=1-\mathrm{i}\delta\boldsymbol{a}\cdot\hat{\boldsymbol{p}} \tag{2.41}$$

$$\hat{\boldsymbol{p}}=-\mathrm{i}\boldsymbol{\nabla} \tag{2.42}$$

动量算符 $\hat{\boldsymbol{p}}$ 称为该平移变换群的生成元，是一个可观测的力学量。$\hat{\boldsymbol{p}}$ 的各分量之间可以互相对易，

$$[\hat{p}_i,\hat{p}_j]=0, \quad i,j=x,y,z \tag{2.43}$$

有限变换可以看成是无穷多个无穷小变换的累积，所以对有限平移式 (2.32)，可得

$$\hat{U}(\boldsymbol{a})\psi(\boldsymbol{r})=\lim_{N\to\infty}\left(1-\mathrm{i}\frac{\boldsymbol{a}}{N}\cdot\hat{\boldsymbol{p}}\right)^N\psi(\boldsymbol{r})=\mathrm{e}^{-\mathrm{i}\boldsymbol{a}\cdot\hat{\boldsymbol{p}}}\psi(\boldsymbol{r}) \tag{2.44}$$

即有

$$\hat{U}(\boldsymbol{a})=\mathrm{e}^{-\mathrm{i}\boldsymbol{a}\cdot\hat{\boldsymbol{p}}} \tag{2.45}$$

如果在希尔伯特空间取动量的本征矢作为基矢，则得

$$\psi_{\mathrm{p}}(\boldsymbol{r}-\boldsymbol{a})=U(\boldsymbol{a})\psi_{\mathrm{p}}(\boldsymbol{r})=\mathrm{e}^{-\mathrm{i}\boldsymbol{a}\cdot\boldsymbol{p}_{\mathrm{E}}}\psi_{\mathrm{p}}(\boldsymbol{r}) \tag{2.46}$$

这里以 $\boldsymbol{p}_{\mathrm{E}}$ 代表动量算符的本征值。

根据式 (2.21)，空间平移变换不变性要求算符 $\hat{U}(\boldsymbol{a})$ 和哈密顿算符 $\hat{H}$ 对易，

$$[\hat{U}(\boldsymbol{a}),\hat{\boldsymbol{H}}]=0 \tag{2.47}$$

即有

$$[\hat{\boldsymbol{p}},\hat{\boldsymbol{H}}]=0 \tag{2.48}$$

即动量 $\boldsymbol{p}$ 是守恒力学量。这样我们就从量子体系在空间平移变换下的不变性导出了动量守恒定律。

2.2.2　空间转动不变性和角动量守恒定律

前面已经说过，三维空间的纯转动构成 $SO(3)$ 群。若空间坐标系受到一个转动 g，其坐标变换为

$$\boldsymbol{r}\to\boldsymbol{r}'=g\boldsymbol{r} \tag{2.49}$$

则波函数 $\psi(\boldsymbol{r})$ 将变为 $\psi'(\boldsymbol{r}')$，对于表征粒子客观状态的波函数显然应有

$$\psi'(\boldsymbol{r}')=\psi(\boldsymbol{r})=\psi(g^{-1}\boldsymbol{r}') \tag{2.50}$$

即

$$\psi'(\boldsymbol{r})=\psi(g^{-1}\boldsymbol{r}) \tag{2.51}$$

该式表达了转动态和原始态之间的相互关系。我们可以用一个转动算符 $\hat{R}(\boldsymbol{r},\theta)$ 来描述状态之间的这种变换性质：

$$\psi'(\boldsymbol{r})=\hat{R}(\boldsymbol{r},\theta)\psi(\boldsymbol{r}) \tag{2.52}$$

或更一般的，

$$|\psi'\rangle=\hat{R}(\boldsymbol{r},\theta)|\psi\rangle \tag{2.53}$$

若仅考虑绕 z 轴的转动，则有

$$g=g(\hat{z},\theta)=\begin{pmatrix}\cos\theta & -\sin\theta & 0\\ \sin\theta & \cos\theta & 0\\ 0 & 0 & 1\end{pmatrix} \tag{2.54}$$

而

$$g^{-1} \equiv \tilde{g}(\hat{z},\theta) = \begin{pmatrix} \cos\theta & \sin\theta & 0 \\ -\sin\theta & \cos\theta & 0 \\ 0 & 0 & 1 \end{pmatrix} \tag{2.55}$$

更简单地，可以考虑绕 z 轴的一个无穷小转动 $\delta\theta$，这时

$$g = g(\hat{z},\delta\theta) = \begin{pmatrix} 1 & -\delta\theta & 0 \\ \delta\theta & 1 & 0 \\ 0 & 0 & 1 \end{pmatrix} \tag{2.56}$$

$$g^{-1} = \tilde{g}(\hat{z},\delta\theta) = \begin{pmatrix} 1 & \delta\theta & 0 \\ -\delta\theta & 1 & 0 \\ 0 & 0 & 1 \end{pmatrix} \tag{2.57}$$

因此有

$$\begin{aligned} \psi'(\boldsymbol{r}) &= \hat{R}(\hat{z},\delta\theta)\psi(\boldsymbol{r}) = \psi(g^{-1}\boldsymbol{r}) = \psi(x+y\delta\theta, y-x\delta\theta, z) \\ &= \left[1+\delta\theta\left(y\frac{\partial}{\partial x}-x\frac{\partial}{\partial y}\right)\right]\psi(\boldsymbol{r}) = \left[1-\mathrm{i}\delta\theta\left(-\mathrm{i}x\frac{\partial}{\partial y}+\mathrm{i}y\frac{\partial}{\partial x}\right)\right]\psi(\boldsymbol{r}) \\ &= (1-\mathrm{i}\delta\theta\hat{L}_z)\psi(\boldsymbol{r}) \end{aligned} \tag{2.58}$$

即有

$$\hat{R}(\hat{z},\delta\theta) = 1-\mathrm{i}\delta\theta\hat{L}_z \tag{2.59}$$

同样可得

$$\hat{R}(\hat{x},\delta\theta) = 1-\mathrm{i}\delta\theta\hat{L}_x, \quad \hat{R}(\hat{y},\delta\theta) = 1-\mathrm{i}\delta\theta\hat{L}_y \tag{2.60}$$

因此，对绕任意方向 $\boldsymbol{n}$ 的无穷小转动 $\delta\theta$ 有

$$\hat{R}(\boldsymbol{n},\theta) = 1-\mathrm{i}\delta\theta\boldsymbol{n}\cdot\hat{\boldsymbol{L}} \tag{2.61}$$

$\boldsymbol{n}$ 代表一个单位矢量。$\hat{R}(\boldsymbol{n},\delta\theta)$ 是群元素 $g(\boldsymbol{n},\delta\theta)$ 的表示。$\hat{\boldsymbol{L}}$ 是 $SO(3)$ 群的生成元，它满足如下的对易关系：

$$\left[\hat{L}_x,\hat{L}_y\right] = \mathrm{i}\hat{L}_z$$
$$\left[\hat{L}_y,\hat{L}_z\right] = \mathrm{i}\hat{L}_x$$

$$\left[\hat{L}_z, \hat{L}_x\right] = \mathrm{i}\hat{L}_y \tag{2.62}$$

或统一地写为

$$\left[\hat{L}_i, \hat{L}_j\right] = \mathrm{i}\epsilon_{ijk}\hat{L}_k \tag{2.63}$$

其中，ϵ_{ijk} 是全反对称张量，定义为

$$\epsilon_{ijk} = \begin{cases} 0, & \text{当任意两个指标相同时} \\ +1, & \text{当指标为 } x, y, z \text{ 的偶置换时} \\ -1, & \text{当指标为 } x, y, z \text{ 的奇置换时} \end{cases} \tag{2.64}$$

有限转动可以看作是无穷多个无穷小转动相继作用的累积结果，因此可以证明，对有限的转动，

$$\hat{R}(\boldsymbol{n}, \theta) = \exp\{-\mathrm{i}\theta \boldsymbol{n} \cdot \hat{\boldsymbol{L}}\} \tag{2.65}$$

如果存在自旋和轨道角动量的耦合，

$$\boldsymbol{J} = \boldsymbol{L} + \boldsymbol{S} \tag{2.66}$$

则

$$\hat{R}(\boldsymbol{n}, \theta) = \exp\{-\mathrm{i}\theta \boldsymbol{n} \cdot \hat{\boldsymbol{J}}\} \tag{2.67}$$

哈密顿量 $\hat{H}$ 在转动变换下的不变性，意味着对任何群元应有

$$[\hat{H}, \hat{R}] = 0 \tag{2.68}$$

或

$$[\hat{H}, \hat{\boldsymbol{J}}] = 0 \tag{2.69}$$

所以总角动量守恒。$H, \boldsymbol{J}^2, J_z$ 组成一组互相对易的力学量完备集合，即 $H, \boldsymbol{J}^2, J_z$ 可同时对角化，其本征值为 $E, j(j+1), m$，用量子数 n, j, m 标记的量子态波函数就是这三个算符的共同本征矢。

2.2.3　时间平移不变性和能量守恒定律

考虑量子系统波函数 $\psi(t)$ 在时间平移变换下的变换性质：

$$t \to t' = t + \tau \tag{2.70}$$

这时 $\psi(t)$ 变为 $\psi(t')$, 时间平移不变性要求

$$\psi'(t') = \psi(t) = \psi(t' - \tau) \tag{2.71}$$

即有

$$\psi'(t) = \hat{U}(\tau)\psi(t) = \psi(t - \tau) \tag{2.72}$$

仍然先考虑无穷小变换 $t' = t + \delta t$，这时

$$\hat{U}(\delta t)\psi(t) = \psi(t - \delta t) = \left(1 - \delta t\frac{\partial}{\partial t}\right)\psi(t) = (1 + \mathrm{i}\delta t\hat{H})\psi(t) \tag{2.73}$$

所以有

$$\hat{U}(\delta t) = 1 + \mathrm{i}\delta t\hat{H} \tag{2.74}$$

其中哈密顿算符

$$\hat{H} = \mathrm{i}\frac{\partial}{\partial t} \tag{2.75}$$

是时间平移变换的生成元，是守恒的力学量，即总能量守恒。

同样可以证明，对有限的时间平移，变换式 (2.74) 变成为

$$\hat{U}(\tau) = \exp\{\mathrm{i}\tau\hat{H}\} \tag{2.76}$$

时间平移群的最小不可约表示也组成一维幺正群 $U(1)$。

前面对经典力学和量子力学中有关的连续时空对称性理论作了简单介绍。根据这些对称性导出总动量、总角动量和总能量守恒定律是物理学中三个基本的守恒定律。这些定律表明，所有物理规律在任何地方、任何时间都是一样的，而且和空间取向无关。如果不存在这些守恒定律，那么自然界的规律将随时随地而异，实验事实不能重复，科学本身也就不存在了。可以说，人们在对称性研究中了解了自然界中的一些不变性，正因为存在这些不变性，人们才能掌握自然规律，并利用自然规律来改造自然界。

2.3 不连续时空对称性

2.3.1 空间反射和宇称守恒

物理规律在空间反射下的不变性导致宇称守恒，这时要求哈密顿量和空间反射算符 $\hat{P}$ 对易，即

$$[\hat{H}, \hat{P}] = 0 \tag{2.77}$$

2.3.2　时间反演不变性

我们首先来看时间反演 T 的定义。在经典物理中，对时间反演守恒及不守恒问题是熟悉的。牛顿定律 $\boldsymbol{F}=m\dfrac{\mathrm{d}^2\boldsymbol{r}}{\mathrm{d}t^2}$ 在时间反演下不变。在地球重力场中，一个抛物体的路径影片正放和倒过来放都和现实符合。但热传导和热扩散的情况则完全不同，因为这些过程和时间的一次微商有关。在微观世界里，原子或分子间的个别碰撞过程是时间反演不变的。而在宏观范围内，由于系统包括了大量的粒子，过程将遵守统计定律，总是从有序过渡到无序，例如气体经过小孔的膨胀过程，在现实世界中不能逆向进行，因此在宏观过程中，时间的方向是可以测量的，系统永远向着更混乱的方向发展——热力学中的熵恒增原理。1964 年人们通过 K_L^0 介子衰变成两个 π 介子现象发现，即使在微观世界里，时间反演不变性也不是完全成立的。在弱作用中，和宇称守恒定律被破坏相似，时间反演不变性也受到一定程度的破坏。

在量子力学中，时间反演的定义是

$$\psi(\boldsymbol{r},t)\xrightarrow{T}\psi(\boldsymbol{r},-t) \tag{2.78}$$

以哈密顿量 $\hat{H}$ 标志的量子力学体系遵守薛定谔方程，

$$\hat{H}\psi(\boldsymbol{r},t)=\mathrm{i}\frac{\partial\psi(\boldsymbol{r},t)}{\partial t} \tag{2.79}$$

如果哈密顿量 $\hat{H}$ 具有时间反演不变性，对上式进行时间反演后，得到

$$\hat{H}\psi(\boldsymbol{r},-t)=-\mathrm{i}\frac{\partial\psi(\boldsymbol{r},-t)}{\partial t} \tag{2.80}$$

两式并不相同，即 $\psi(\boldsymbol{r},t)$ 和 $\psi(\boldsymbol{r},-t)$ 遵守不同的运动方程。如果我们再对上式的两边取复数共轭，则得

$$\hat{H}^*\psi^*(\boldsymbol{r},-t)=\mathrm{i}\frac{\partial\psi^*(\boldsymbol{r},-t)}{\partial t} \tag{2.81}$$

上式和式 (2.79) 对比可见，当

$$\hat{H}^*=\hat{H} \tag{2.82}$$

时，$\psi(\boldsymbol{r},t)$ 和 $\psi^*(\boldsymbol{r},-t)$ 遵守相同的方程。因此，可以把 $\psi^*(\boldsymbol{r},-t)$ 定义为 $\psi(\boldsymbol{r},t)$ 的时间反演态。式 (2.82) 是时间反演不变性成立的条件。

如果引进时间反演算符 $\hat{T}$，可以把时间反演态的定义形式地写为

$$\hat{T}\psi(\boldsymbol{r},t)=\psi^*(\boldsymbol{r},-t) \tag{2.83}$$

显然有

$$\hat{T}^2 = 1, \quad \hat{T} = \hat{T}^{-1} \tag{2.84}$$

$\hat{T}$ 是一个反线性算符，因为若有

$$\psi = c_1\psi_1 + c_2\psi_2 \tag{2.85}$$

其中 c_1, c_2 为复数，那么

$$\hat{T}\psi = c_1^*(\hat{T}\psi_1) + c_2^*(\hat{T}\psi_2) \tag{2.86}$$

这与线性算符 $\hat{R}$ 的性质

$$\hat{R}\psi = c_1(\hat{R}\psi_1) + c_2(\hat{R}\psi_2) \tag{2.87}$$

是不同的。通常又把 $\hat{T}$ 称为反幺正算符。$\hat{T}$ 对算符 $\hat{Q}$ 的作用定义为

$$\hat{T}\hat{Q}\hat{T}^{-1} = \hat{Q}^* \tag{2.88}$$

在此定义下，可以验证 $\hat{T}$ 算符对一些常用算符的作用为

$$\begin{cases} \hat{T}\hat{r}\hat{T}^{-1} = \hat{r}^* = \hat{r} & (\because \hat{r}\text{的本征值为实数}) \\ \hat{T}\hat{p}\hat{T}^{-1} = \hat{p}^* = -\hat{p} & (\because \hat{\boldsymbol{p}} = -\mathrm{i}\boldsymbol{\nabla}) \\ \hat{T}\hat{J}\hat{T}^{-1} = \hat{J}^* = -\hat{J} & (\because \hat{\boldsymbol{J}} = \hat{\boldsymbol{r}} \times \hat{\boldsymbol{p}}) \\ \hat{T}\hat{H}\hat{T}^{-1} = \hat{H}^* = \hat{H} & (\because \text{时间反演不变的定义}) \end{cases} \tag{2.89}$$

由此推出

$$\hat{T}|\boldsymbol{p}\rangle = |-\boldsymbol{p}\rangle \tag{2.90}$$

$$\hat{T}|\boldsymbol{J}, M\rangle = |-\boldsymbol{J}, M\rangle \tag{2.91}$$

下面就来讨论时间反演不变性。设核或粒子的反应过程可以从正、逆两个方向进行，正向进行初态 (波函数 ψ_α) 和末态 (波函数 ψ_β) 之间的跃迁矩阵元为 $\psi_\alpha^*\hat{H}\psi_\beta$。根据式 (2.83)，$\hat{T}$ 算符作用到此矩阵元上时，将它变成 $\psi_\beta^*\hat{H}\psi_\alpha$ ，即变成逆向过程的矩阵元。也就是说时间反演不变性要求一个反应的正、逆向 ($\alpha \to \beta$ 或 $\beta \to \alpha$) 进行时的跃迁振幅相等，这称为细致平衡原理 (或称倒易定理)。因此，实验上如能证实细致平衡原理，也就检验了量子力学中的时间反演不变性。量子力学微扰论计算表明，单位时间内状态的跃迁概率为

$$W_{\alpha\to\beta} = 2\pi|M_{\alpha\beta}|^2\frac{\mathrm{d}N}{\mathrm{d}E} \tag{2.92}$$

其中

$$M_{\alpha\beta} = \psi_\beta^* \hat{H} \psi_\alpha = \langle \beta | \hat{H} | \alpha \rangle \tag{2.93}$$

为跃迁矩阵元，另一项

$$\frac{\mathrm{d}N}{\mathrm{d}E} = \rho_\beta \tag{2.94}$$

为末态相空间单位能量的能级密度。

时间反演不变性要求正、逆反应过程的跃迁振幅相等，因此正、逆过程的反应截面应分别与其末态能级密度成正比。例如，考虑可逆两体散射过程，

$$A + B \rightleftharpoons C + D \tag{2.95}$$

细致平衡原理要求两散射截面在相同质心系能量下有以下关系：

$$\begin{aligned} &(2J_A+1)(2J_B+1)p_A^2 \mathrm{d}\sigma(A+B \to C+D) \\ =& (2J_C+1)(2J_D+1)p_C^2 \mathrm{d}\sigma(C+D \to A+B) \end{aligned} \tag{2.96}$$

其中，J_i 为相应粒子的自旋；p_A 和 p_C 是 (A,B) 和 (C,D) 质心系中的动量。这里假定了初态粒子没有极化，末态对所有自旋态都进行了测量，因而计算中要对初态自旋求平均，对末态自旋求和。要注意这里两个反应截面是对相同的质心系总能量和相同的质心系散射角而言的。

在强相互作用中细致平衡原理得到了实验上的支持，误差在 1% 之内。现有实验结果表明，细致平衡原理在电磁作用中也是正确的，但实验的精确度不高，误差约为 20%。

2.4 内部对称性

和前面讲的时空对称性不同，有些对称性属于系统的内部性质，不直接属于时空变换。

2.4.1 电荷共轭变换 C 和 $\mathcal{CPT}$ 定理

1. C 变换

电荷共轭变换，或更确切地称为正、反粒子变换，是指在一个系统中将一切粒子换为与它们相应的反粒子。这种变换通常用算符 C 表示。在 C 变换下，所有的相加性量子数 (Q、L、B、S 等) 都要变号，电磁场强度 $\boldsymbol{E}$、$\boldsymbol{H}$ 也要变号。时间、空间、动量、角动量等物理量在 C 变换下则保持不变。例如，某粒子态

$\psi_A = \psi_A(B,Q,S)$，经 C 变换后，变成它的反粒子态 $\psi_{\bar{A}} = \psi_{\bar{A}}(-B,-Q,-S)$ 。ψ_A 和 $\psi_{\bar{A}}$ 之间允许相差一个因子，即

$$\hat{C}\psi_A = \eta_A\psi_{\bar{A}} \tag{2.97}$$

由归一化条件有

$$|\eta_A| = 1 \tag{2.98}$$

也就是说 η_A 是模为 1 的复因子，即

$$\eta_A\eta_A^* = 1 \tag{2.99}$$

另外，如果对某一粒子态作两次 C 变换，则应回到原来的粒子态，

$$\hat{C}^2\psi_A = \hat{C}\eta_A\psi_{\bar{A}} = \eta_A\eta_{\bar{A}}\psi_A = \psi_A \tag{2.100}$$

所以应有

$$\eta_A\eta_{\bar{A}} = 1 \tag{2.101}$$

比较 (2.99) 和 (2.101) 两式可见，

$$\eta_{\bar{A}} = \eta_A^* \tag{2.102}$$

即反粒子 C 变换的相因子 $\eta_{\bar{A}}$ 是正粒子 C 变换相因子 η_A 的复数共轭 η_A^*。

对于多粒子 $A,B,C,\cdots$ 组成的态 $\psi_{ABC\cdots}$，C 变换也是同样的，

$$\hat{C}\psi_{ABC\cdots} = \eta_A\eta_B\eta_C\cdots\psi_{\bar{A}\bar{B}\bar{C}\cdots} \tag{2.103}$$

根据 C 变换的定义式 (2.97)，C 算符的本征态一定是纯中性粒子或纯中性系统，即其电荷 Q、重粒子数 B、奇异数 S 等相加性量子数都为零的粒子，或粒子系统。纯中性粒子的反粒子即粒子本身，例如 γ 和 π^0，以及共振态 η、ρ^0、ω、ϕ 等都属于纯中性粒子；e^+e^- 系统，以及质子反质子偶素等则属于纯中性系统。对于这些纯中性态 ψ_n，有

$$\hat{C}\psi_n = \eta_n\psi_n \tag{2.104}$$

η_n 可取 ±1，这是一个确定的量子数。

我们称 $\eta_n = +1$ 的态为正 C 宇称态，$\eta_n = -1$ 的态为负 C 宇称态。对于光子，由于 C 变换时电荷 (及电流) 变号，相应的电场和磁场也变号，即

$$\boldsymbol{E} \xrightarrow{C} -\boldsymbol{E}, \qquad \boldsymbol{B} \xrightarrow{C} -\boldsymbol{B} \tag{2.105}$$

因而，

$$A_\mu = (\phi, \boldsymbol{A}) \xrightarrow{C} (-\phi, -\boldsymbol{A}) = -A_\mu \tag{2.106}$$

可见光子具有负的 C 字称，$\eta_C(\gamma) = -1$。由于 C 字称是相乘性量子数，所以 n 个光子系统的 C 宇称为

$$\eta_C(n\gamma) = (-1)^n \tag{2.107}$$

$\boldsymbol{\pi}^0$ 介子可以通过电磁作用衰变成两个光子，所以它的 C 宇称是正的。

具有确定轨道角动量 L 和总自旋 s 的正、反费米子，或正、反玻色子构成的纯中性系统也具有确定的 C 宇称，

$$\eta_C = (-1)^{L+s} \tag{2.108}$$

这是因为由正、反粒子构成的系统，其总波函数可以写成

$$\psi(1,2) = \varPhi(\boldsymbol{r}_1, \boldsymbol{r}_2) X(\boldsymbol{s}_1, \boldsymbol{s}_2) \alpha(Q_1, Q_2) \tag{2.109}$$

其中，$\varPhi(\boldsymbol{r}_1, \boldsymbol{r}_2)$ 为空间波函数；$X(\boldsymbol{s}_1, \boldsymbol{s}_2)$ 为自旋波函数；$\alpha(Q_1, Q_2)$ 为所有相加性量子数 (Q, B, S 等) 的波函数。若我们把正、反粒子看成是不同电荷 Q(及 B, S 等) 状态的全同粒子，并遵守广义的泡利原理，则正、反费米子或玻色子系统的总波函数将为反对称的或对称的。这时，当正、反粒子变换时，总波函数的变化为

$$\psi(1,2) = (-1)^l (-1)^{s-s_1-s_2} \eta_C \bar{\psi}(2,1) = \pm\bar{\psi}(2,1) \tag{2.110}$$

所以有

$$(-1)^l (-1)^{s-s_1-s_2} \eta_C = \pm 1 \tag{2.111}$$

对于费米子，$s_1 = s_2$ 是半整数，相加为奇数；对于玻色子，$s_1 = s_2$ 是整数，相加为偶数，由此即可推证出式 (2.108) 的结果，即纯中性系统的 C 宇称，由其轨道角动量及总自旋量子数确定。

2. C 宇称守恒

按照现有实验和理论，在强相互作用和电磁相互作用中 C 宇称是守恒的。在弱相互作用中，实验发现 C 宇称并不守恒。在 C 宇称守恒条件下：

(1) 如果把反应过程初态和末态粒子全部换成相应的反粒子，则反应概率 (表现在反应截面上)、角分布、动量、自旋和轨道角动量等都是相同的。

(2) 如果反应过程的初态是 C 算符的本征态，则末态也一定是 C 算符相同本征值的本征态。例如 $\mathrm{e}^+\mathrm{e}^-$ 组成的电子偶素衰变成 n 个光子的过程 $(\mathrm{e}^+ + \mathrm{e}^- \to n\gamma)$, C 宇称守恒给出 n 值的限定。由 (2.107) 和 (2.108) 两式和电磁衰变过程中 C 宇称守恒的要求，应有

$$(-1)^{L+s} = (-1)^n \tag{2.112}$$

因此，如果电子偶素的衰变是在基态 $(L=0)$ 进行的，则衰变过程有两个可能:

(a) 在 $L=s=0$ 的单态 ${}^1S_0$ 进行衰变时，n 应为偶数，即主要应衰变成两个 γ, 衰变成四个 γ 的概率要小 4 个数量级。

(b) 在 $L=0, s=1$ 的三重态 ${}^3S_1$ 进行衰变时，n 应为奇数，即主要应衰变为三个 γ(在这种情况下，总角动量守恒也限制了两个 γ 衰变)。从理论上算出，2γ 湮没的概率应为

$$\frac{1}{\tau(2\gamma)} = 4\pi r_{\mathrm{e}}^2 c|\psi(0)|^2 \tag{2.113}$$

其中，$r_{\mathrm{e}} = \dfrac{e^2}{m_{\mathrm{e}}c^2}$ 是电子的经典电磁半径，$\psi(0)$ 是电子-正电子径向波函数在原点处的振幅。由薛定谔方程的解，对基态氢原子有

$$|\psi(0)|^2 = \frac{1}{\pi a^3} \tag{2.114}$$

其中，a 为玻尔半径。具有角动量 l 的径向波函数中包含 r^l 因子，因此除了基态之外，在零点处其他态的波函数均为零。考虑到电子偶素折合质量效应引入的因子 2 时，电子偶素的玻尔半径为

$$a = \frac{2r_{\mathrm{e}}}{\alpha^2} \tag{2.115}$$

根据式 (2.113)、式 (2.114) 和式 (2.115)，取 $r_{\mathrm{e}} = 2.8 \times 10^{-13}\mathrm{cm}$，$\alpha^{-1} = 137$，我们得到平均寿命

$$\tau(2\gamma) = \frac{2r_{\mathrm{e}}}{c\alpha^6} = 1.25 \times 10^{-10}\mathrm{s} \tag{2.116}$$

对 3γ 衰变，计算给出

$$\tau(3\gamma) = \frac{9\pi}{4(\pi^2-9)}\frac{\tau(2\gamma)}{\alpha} = 1.4 \times 10^{-7}\mathrm{s} \tag{2.117}$$

多伊施 (Deutsch) 测量了正电子停止在气体中所产生的 2γ 和 3γ 湮没的概率. 所得 3γ 衰变寿命为 $(1.45 \pm 0.15) \times l0^{-7}\mathrm{s}$，和上式的计算结果相符。表 2.2 给出了在时间反演 (T)、空间反射 (P) 和电荷共轭 (C) 变换下，一些物理量的变换性质。

表 2.2　在 T、P、C 变换下各种物理量的变换

物理量	时间反演 T	空间反射 P	电荷共轭 C
$\boldsymbol{r}$(空间坐标)	$\boldsymbol{r}$	$-\boldsymbol{r}$	$\boldsymbol{r}$
t(时间坐标)	$-t$	t	t
$\boldsymbol{p}$(动量，矢量)	$-\boldsymbol{p}$	$-\boldsymbol{p}$	$\boldsymbol{p}$
$\boldsymbol{J}=\boldsymbol{r}\times\boldsymbol{p}$(角动量，轴矢量)	$-\boldsymbol{J}$	$\boldsymbol{J}$	$\boldsymbol{J}$
$\boldsymbol{\sigma}$(自旋，轴矢量)	$-\boldsymbol{\sigma}$	$\boldsymbol{\sigma}$	$\boldsymbol{\sigma}$
$\boldsymbol{E}=-\nabla V$(电场)	$\boldsymbol{E}$	$-\boldsymbol{E}$	$-\boldsymbol{E}$
$\boldsymbol{B}$(磁场，考虑环电流)	$-\boldsymbol{B}$	$\boldsymbol{B}$	$-\boldsymbol{B}$
Q(电荷)	Q	Q	$-Q$
$\boldsymbol{\sigma}\cdot\boldsymbol{B}$	$\boldsymbol{\sigma}\cdot\boldsymbol{B}$	$\boldsymbol{\sigma}\cdot\boldsymbol{B}$	$-\boldsymbol{\sigma}\cdot\boldsymbol{B}$
$\boldsymbol{\sigma}\cdot\boldsymbol{E}$	$-\boldsymbol{\sigma}\cdot\boldsymbol{E}$	$-\boldsymbol{\sigma}\cdot\boldsymbol{E}$	$-\boldsymbol{\sigma}\cdot\boldsymbol{E}$
$\boldsymbol{\sigma}\cdot\boldsymbol{p}$ (纵向极化)	$\boldsymbol{\sigma}\cdot\boldsymbol{p}$	$-\boldsymbol{\sigma}\cdot\boldsymbol{p}$	$\boldsymbol{\sigma}\cdot\boldsymbol{p}$
$\boldsymbol{\sigma}\cdot(\boldsymbol{p}_1\times\boldsymbol{p}_2)$ (横向极化)	$-\boldsymbol{\sigma}\cdot(\boldsymbol{p}_1\times\boldsymbol{p}_2)$	$\boldsymbol{\sigma}\cdot(\boldsymbol{p}_1\times\boldsymbol{p}_2)$	$\boldsymbol{\sigma}\cdot(\boldsymbol{p}_1\times\boldsymbol{p}_2)$

3. $\mathcal{CP}$ 破坏和 $\mathcal{CPT}$ 定理

实验已经证明空间反射 P 和电荷共轭变换 C，以及 $\mathcal{CP}$ 联合变换在弱相互作用中都是不守恒的。$\mathcal{CP}$ 破坏是 1964 年克里斯坦森 (J . H. Christenson) 等首次在中性 K 介子的衰变实验中发现的，近些年 B 介子工厂的实验也精确地测定了在 B 介子衰变中的 $\mathcal{CP}$ 破坏。但是物理学家认为，$\mathcal{CP}$ 变换和时间反演 T 变换联合在一起在各种类型的相互作用中都是守恒的，这就是著名的 $\mathcal{CPT}$ 定理。$\mathcal{CPT}$ 定理是量子场论中的一个非常重要的定理，在量子场论中可以给出非常严格的证明。它告诉我们，任何一种定域相互作用的哈密顿量，如果满足正洛伦兹变换下的不变性，那么该相互作用在 $\mathcal{CPT}$ 联合作用下必定具有不变性。因此 $\mathcal{CP}$ 在弱相互作用中被破坏，就意味着时间反演 T 变换在弱作用中也是被破坏的。

实验上测量 $\mathcal{CP}$ 破坏或 T 变换破坏的一个精确的方法是测量中子或电子有没有电偶极矩。中子虽然是中性粒子但有磁矩，可能在中子内部存在正、负电荷的分布，如果正、负电荷的“重心”相距为 $\boldsymbol{r}$，不在同一地点，则中子应具有电偶极矩。因为中子只有一个特殊方向，就是它的自旋 $\boldsymbol{\sigma}$ 的方向，如果存在中子的电偶极矩 $\boldsymbol{d}$，则也应平行于这个方向，即 $\boldsymbol{d}\propto\boldsymbol{\sigma}$。可以证明，如果时间反演不变性成立，则中子不应具有电偶极矩；反之，如果中子存在电偶极矩，则说明不仅 T 不变性受到破坏，而且宇称守恒定律也将受到破坏。以下给出简单的推证：电偶极矩算符 $\boldsymbol{d}=q\boldsymbol{r}$，在时空变换中的变换性质和空间矢量相同。在时间反演 T 和空间反射 P 下有

$$\boldsymbol{d}\xrightarrow{T}\boldsymbol{d},\quad \boldsymbol{d}\xrightarrow{P}-\boldsymbol{d} \tag{2.118}$$

而另一方面，因为 $\boldsymbol{d}$ 的方向和自旋 $\boldsymbol{\sigma}$ 的方向平行，$\boldsymbol{d}$ 应和 $\boldsymbol{\sigma}$ 有相同的变换性质，

由表 2.2可知 $\boldsymbol{\sigma}$ 具有和角动量相同的变换性质，即有

$$\boldsymbol{d} \xrightarrow{T} -\boldsymbol{d}, \quad \boldsymbol{d} \xrightarrow{P} \boldsymbol{d} \tag{2.119}$$

这和式 (2.118) 相矛盾，因而时间反演的不变性要求 $\boldsymbol{d}=0$。相似的讨论也适用于电子电偶极矩。如果实验上能测到中子或电子的电偶极矩，则是时间反演不变性和宇称守恒定律破坏的有力证据。

中子电偶极矩[4] 和电子电偶极矩[5] 现有测量的上限为

$$\text{中子：} \ d_{\mathrm{n}} < 6\times10^{-26}\mathrm{cm}\cdot e, \quad \text{电子：} \ d_{\mathrm{e}} < 6\times10^{-27}\mathrm{cm}\cdot e \tag{2.120}$$

e 是质子的电荷。

理论上的讨论给出，标准模型下在 K^0 衰变中 $\mathcal{CP}$ 破坏的测量结果导出电偶极矩的量级应在 $10^{-32}\mathrm{cm}\cdot e$，这个量级是如此之小，不能用来解释宇宙中的物质和反物质非对称性，它要求电偶极矩必须大于 $3\times10^{-28}\mathrm{cm}\cdot e$。超对称性或左右对称模型等对标准模型的扩展可以给出一阶的 $\mathcal{CP}$ 破坏效应，预言电偶极矩可以高到 $10^{-26}\mathrm{cm}\cdot e$，因此对中子或电子电偶极矩的测量具有重要意义，是对超出标准模型新物理的精确检验。

根据 $\mathcal{CPT}$ 不变性还可以得到下面一些结论：粒子和反粒子应具有相同的质量和寿命，它们的磁矩大小相等而符号相反。当然如果 C 不变性准确成立，同样可以得到这些结论，但实际上 C 变换在弱作用中是不守恒的，不过由于 $\mathcal{CPT}$ 不变性的成立，保证了这些量不因 C 不变性的破坏而破坏，因此这些量是否守恒为 $\mathcal{CPT}$ 定理提供了最好的实验检验。$\mathcal{CPT}$ 定理得到了实验的有力支持，到目前为止还没有发现任何 $\mathcal{CPT}$ 不变性可能被破坏的迹象。

2.4.2 G 变换和 G 宇称守恒

如前所述，只有纯中性粒子才是算符 $\hat{C}$ 的本征态，才有确定的 C 宇称值；非纯中性粒子不是算符 $\hat{C}$ 的本征态，也就没有确定的 C 宇称值。例如，对 π^+ 介子有

$$\hat{C}\psi_{\pi^+} = \eta_{\pi}\psi_{\pi^-} \tag{2.121}$$

π^+ 和 π^- 都不是算符 $\hat{C}$ 的本征态，也就谈不到算符 $\hat{C}$ 的本征值。但对一些普通介子，如 $\pi^{\pm,0}$，可以引入另一种强作用中守恒的量子数——G 宇称，它是讨论强子性质中的另一个重要量子数。

$\hat{G}$ 变换的定义是：一个系统首先绕同位旋空间的第二坐标轴 I_2 转动 180° 后，再作电荷共轭变换，可以写为

$$\hat{G} = \hat{C}\hat{R}_2 = \hat{C}\mathrm{e}^{\mathrm{i}\pi\hat{I}_2} \tag{2.122}$$

为了解 $\hat{G}$ 变换的性质，先考虑 $\hat{R}_2 = \mathrm{e}^{\mathrm{i}\pi\hat{I}_2}$ 算符的作用行为。对同位旋量子数为 $I, I_3 = 0$ 的中性普通介子，其同位旋波函数可写为 $X(I, I_3 = 0)$。在同位旋空间中绕 I_2 轴旋转 180° 的问题和角动量波函数 $Y_l^{m=0}(\theta,\phi)$ 在普通位置空间中绕 y 轴旋转 180° 的情况在形式上是相似的，若用相似的算符 $\hat{R}_2' = \mathrm{e}^{\mathrm{i}\pi\hat{L}_y}$ 表示对 $Y_l^{m=0}(\theta,\phi)$ 的转动，作用结果是将 θ 换成 $\pi-\theta$，则有

$$Y_l^0(\theta,\phi) \xrightarrow{\hat{R}_2'} (-1)^l Y_l^0(\theta,\phi) \tag{2.123}$$

因此，类似地 $\hat{R}_2$ 对 $X(I, I_3 = 0)$ 的变换为

$$X_l^0 \xrightarrow{\hat{R}_2} (-1)^I X_I^0 \tag{2.124}$$

这种讨论可以推广到 $I_3 = 0$ 的其他中性粒子系统。例如，对于一个总自旋为 $\boldsymbol{s}$, 角动量为 $\boldsymbol{L}$ 的核子-反核子系统，算符 $\hat{C}$ 的作用结果给出一个因子 $(-1)^{l+s}$。由式 (2.124)，这时算符 $\hat{G} = \hat{C}\hat{R}_2$ 的作用结果对中性 $(I_3 = 0)$ 核子-反核子系统将有

$$\hat{G}\psi = (-1)^{l+s+I}\psi \tag{2.125}$$

由于强作用具有电荷无关性，即同位旋空间旋转不变性，所以式 (2.125) 虽然是根据 $I_3 = 0$ 的特殊情况推导出来的，但对一般情况 $(I_3 \neq 0)$ 也应该能够适用。

令算符 $\hat{G}$ 作用于 π^+ 介子波函数上，算符 $\hat{R}_2$ 使 I_3 改变符号，即 $\pi^+ \xrightarrow{\hat{G}} \pi^-$，而电荷共轭算符 $\hat{C}$ 使它又变回来，即 $\pi^- \xrightarrow{\hat{C}} \pi^+$，因而 G 变换的结果一般有

$$\hat{G}\psi_{\pi^{\pm,0}} = \pm\psi_{\pi^{\pm,0}} \tag{2.126}$$

正负号如何选定呢？我们从 π^0 的 G 变换来看，以前讲过，π^0 介子衰变成两个光子，其算符 $\hat{C}$ 的本征值 $\eta_c = +1$，由式 (2.124) 可知，算符 $\hat{R}_2$ 作用到 π^0 介子波函数上，其本征值为 $(-1)^I = -1$，因此有

$$\hat{G}\psi_{\pi^0} = -\psi_{\pi^0} \tag{2.127}$$

算符 $\hat{G}$ 的本征值称为 G 宇称，π^0 的 G 宇称是确定的，为 -1。而 $\pi^\pm$ 的 G 宇称尚不明确，因为 $\pi^\pm$ 不是算符 C 的本征态，在电荷共轭变换中出现任意相角可以人为地选定。通常选择此任意相角的方法是使同位旋多重态具有相同的 G 宇称，即 $\pi^\pm$ 和 π^0 具有相同的 G 宇称 -1，即有

$$\hat{G}\psi_{\pi^{\pm,0}} = -\psi_{\pi^{\pm,0}} \tag{2.128}$$

因此 π^+、π^- 和 π^0 都是算符 $\hat{G}$ 本征值为 -1 的本征态。对于其他强子也都可以进行 G 变换，但不一定都是 $\hat{G}$ 算符的本征态，也不一定有 G 宇称。这和电荷共轭算符很相似，一切强子都有确定的 C 变换，但只有中性普通介子，例如 π^0, 才是 $\hat{C}$ 的本征态，才有确定的 C 宇称。同一组同位旋多重态的粒子具有相同的 G 宇称。

G 宇称是米歇尔 (Michel) 引入的，他称其为同位旋宇称。一个多强子系统，只要 $B=S=0$，又有确定的 I，而且其 $I_3=0$ 的态具有确定的 C 宇称 $\eta_{\rm c}$，则这个态就有确定的 G 宇称

$$G=(-1)^I\eta_{\rm c} \tag{2.129}$$

G 宇称是相乘性的。如果各部分都有确定的 G 宇称，则一个系统的 G 宇称是其各部分 G 宇称的乘积。n 个 π 介子组成的态，其 G 宇称为

$$\hat{G}\psi(n\pi)=(-1)^n\psi(n\pi) \tag{2.130}$$

由于算符 $\hat{G}$ 中包含的 $\hat{C}$ 及 $\hat{I}$ 在强作用中都是守恒的，因而在强作用中 G 宇称量子数也是守恒量。在研究普通介子产生等问题时，G 宇称守恒有很重要的应用。正如粒子的 C 宇称等于 $+1$ 或 -1 时，粒子只能衰变为偶数或奇数个光子一样，一个具有确定 G 宇称的态，按其 G 宇称的值为正或为负，衰变产物只能是偶数或奇数个 π 介子。G 宇称守恒意味着不存在 $\pi+\pi\to3\pi$ 反应，而 $\pi+\pi\to4\pi$ 反应则是允许的。

事实上 G 宇称的引入并未比电荷共轭及同位旋守恒这两个定律多给些东西，只是讨论介子的多 π 衰变，或强作用的多 π 产生时，G 宇称是较 C 和 I 更完美的量子数。利用 G 宇称守恒可以更为方便地导出一些选择定则来，因此 G 变换和 G 宇称在强作用分析中是很有用的。

2.5 幺 正 群

从前面介绍中可以看到，一些物理内容完全不同的对称性，由于形式上相似，可以使用同一种类型的群来描写。例如，几种相加性量子数的守恒定律 (Q、B、$L_{\rm e}$、L_μ、S 等守恒定律)，都可以使用 $U(1)$ 群描写。核子自旋、空间转动和同位旋对称性等都可以使用 $SU(2)$ 群描写，而 $SU(3)$ 群则可用来描写层子味道或颜色的幺正不变性等。下面简单介绍几种粒子物理中常用的幺正群。

2.5.1 $U(1)$ 规范不变性

前面讨论过的一些与时空无关的相加性量子数守恒定律，其实质在于物理规律在所谓第一类规范变换，即 $U(1)$ 规范变换下的不变性。例如，电荷守恒定律

反映了带电粒子和中性粒子波函数相对相位的不可测量性，这种规范不变性导致电荷守恒。下面进行简单的推证。

由于系统的相位不能绝对测定，因而对系统进行相位变换 (或称为第一类规范变换)，

$$\psi_q \to \psi'_q = \mathrm{e}^{\mathrm{i}\lambda\hat{Q}}\psi_q \tag{2.131}$$

应具有规范不变性。即如果 ψ_q 满足薛定谔方程，则 ψ'_q 也应该能满足薛定谔方程，

$$\mathrm{i}\frac{\mathrm{d}\psi_q}{\mathrm{d}t} = \hat{H}\psi_q \tag{2.132}$$

$$\mathrm{i}\frac{\mathrm{d}\psi'_q}{\mathrm{d}t} = \hat{H}\psi'_q \tag{2.133}$$

其中，ψ_q 为具有电荷 q 的系统状态波函数；λ 为与时空点无关的任意实参数；$\hat{Q}$ 为电荷算符，也是这种变换的生成元。将式 (2.131) 代入式 (2.133) 得

$$\mathrm{i}\frac{\mathrm{d}}{\mathrm{d}t}(\mathrm{e}^{\mathrm{i}\lambda\hat{Q}}\psi_q) = \hat{H}\mathrm{e}^{\mathrm{i}\lambda\hat{Q}}\psi_q \tag{2.134}$$

因为 $\hat{Q}$ 与时间无关，可以写成

$$\mathrm{i}\frac{\mathrm{d}}{\mathrm{d}t}\psi_q = \mathrm{e}^{-\mathrm{i}\lambda\hat{Q}}\hat{H}\mathrm{e}^{\mathrm{i}\lambda\hat{Q}}\psi_q \tag{2.135}$$

和式 (2.132) 对比，规范不变性要求

$$\mathrm{e}^{-\mathrm{i}\lambda\hat{Q}}\hat{H}\mathrm{e}^{\mathrm{i}\lambda\hat{Q}} = \hat{H} \tag{2.136}$$

由于 λ 为任意实参数，可以考虑无穷小变换，即取 $\lambda \ll 1$，将其指数展开

$$(1-\mathrm{i}\lambda\hat{Q})\hat{H}(1+\mathrm{i}\lambda\hat{Q}) = \hat{H} \tag{2.137}$$

即

$$\hat{Q}\hat{H} - \hat{H}\hat{Q} = [\hat{Q},\hat{H}] = 0 \tag{2.138}$$

可见系统的规范不变性要求电荷算符与系统的哈密顿量对易。事实上，因为在实验中已经知道电荷是守恒量，因而在理论上选择哈密顿量的具体形式时，就要求它具有 $U(1)$ 规范不变性。

这类规范变换是一种连续变换，变换元素的全体构成 $U(1)$ 群，其对应的量子数是相加性的，一个系统若包括 n 个粒子，分别具有电荷量子数 $Q_1, Q_2, \cdots, Q_n$，在波函数进行变换时，各粒子波函数分别进行变换，

$$\psi'_q = \mathrm{e}^{\mathrm{i}\lambda\hat{Q}_1}\mathrm{e}^{\mathrm{i}\lambda\hat{Q}_2}\cdots\mathrm{e}^{\mathrm{i}\lambda\hat{Q}_n}\psi_q = \mathrm{e}^{\mathrm{i}\lambda\sum\limits_i\hat{Q}_i}\psi_q \tag{2.139}$$

即

$$\hat{Q} = \hat{Q}_1 + \hat{Q}_2 + \cdots + \hat{Q}_n = \sum_i \hat{Q}_i \tag{2.140}$$

系统的总电荷是系统中各部分电荷之和。

若把式 (2.131) 中的电荷算符 $\hat{Q}$ 换成重子数算符 $\hat{B}$，轻子数算符 $\hat{L}_{\mathrm{e}}$、$\hat{L}_{\mu}$，或者换成奇异量子数算符 $\hat{S}$，用完全相似的办法可以证明，这些 $U(1)$ 规范变换分别导致相应的量子数守恒定律。一个量子力学系统的总重子数，总轻子数 (L_{e} 或 L_{μ})，总奇异数 S 同样是系统中各部分相应量子数的总和。

2.5.2 $SU(2)$ 群和同位旋

前面已经讲过，普通三维空间和同位旋空间的旋转不变性都可以用二维特殊幺正群 $SU(2)$ 描写。

1. $SU(2)$ 群的表示

$SU(2)$ 群的基础表示是二维的，两个正交的协变基底可记为

$$u = \begin{pmatrix} 1 \\ 0 \end{pmatrix}, \quad d = \begin{pmatrix} 0 \\ 1 \end{pmatrix} \tag{2.141}$$

任一状态旋量可以表示为

$$|X\rangle = X_1 u + X_2 d = \begin{pmatrix} X_1 \\ X_2 \end{pmatrix} \tag{2.142}$$

用以描写同位旋空间旋转不变性时，u 和 d 分别代表同位旋空间 I_3 轴上 $+\frac{1}{2}$ 和 $-\frac{1}{2}$ 的两个分量。对于核子系统，u 代表质子，d 代表中子。在绕某一轴 (例如 I_2 轴) 转动一个角度时，将使 X 态变换成 X' 态，

$$X' = \begin{pmatrix} X_1' \\ X_2' \end{pmatrix} = \begin{pmatrix} \cos\theta & \sin\theta \\ -\sin\theta & \cos\theta \end{pmatrix} \begin{pmatrix} X_1 \\ X_2 \end{pmatrix} = \hat{\boldsymbol{U}} \begin{pmatrix} X_1 \\ X_2 \end{pmatrix} \tag{2.143}$$

由于此 2×2 矩阵 $\hat{\boldsymbol{U}}$ 是幺正的，$\hat{\boldsymbol{U}}^{\dagger}\hat{\boldsymbol{U}} = 1$，因此有

$$X'^{\dagger} X' = X^{\dagger} \hat{\boldsymbol{U}}^{\dagger} \hat{\boldsymbol{U}} X = X^{\dagger} X \tag{2.144}$$

在一般情况下，变换

$$X' = \hat{\boldsymbol{U}} X \tag{2.145}$$

中的变换算符 $\hat{\boldsymbol{U}}$ 的一般形式可以写为

$$\hat{\boldsymbol{U}} = \exp\left\{\mathrm{i}\frac{1}{2}\theta\hat{\boldsymbol{n}}\cdot\hat{\boldsymbol{\sigma}}\right\} \tag{2.146}$$

其中，θ 代表绕 $\hat{\boldsymbol{n}}$ 轴的转动角。$\frac{1}{2}\hat{\boldsymbol{\sigma}}$ 是三个 2×2 矩阵，称为 $SU(2)$ 群无穷小变换的生成元。因为对于无穷小变换 $\delta\theta$，有

$$X' \to X + \delta X, \quad \delta X = \mathrm{i}\delta\theta\hat{\boldsymbol{n}}\cdot\left(\frac{1}{2}\hat{\boldsymbol{\sigma}}\right)X \tag{2.147}$$

前面已经提到 $SU(2)$ 群是幺正和幺模的，其行列式 $\det\hat{\boldsymbol{U}} = 1$。我们知道 $\det\mathrm{e}^A = \mathrm{e}^{\mathrm{trace\,A}}$，如果 $\det\mathrm{e}^A = 1$，则 $\mathrm{trace}\,A = 0$。因此，对于式 (2.146) 的变换矩阵 $\hat{\boldsymbol{U}}$，其幺模性要求

$$\mathrm{trace}\,\hat{\boldsymbol{\sigma}} = 0 \tag{2.148}$$

其幺正性要求

$$\hat{\boldsymbol{U}}^{-1} \equiv \mathrm{e}^{-\frac{1}{2}\mathrm{i}\theta\hat{\boldsymbol{n}}\cdot\hat{\boldsymbol{\sigma}}} = \hat{\boldsymbol{U}}^{\dagger} \equiv \mathrm{e}^{-\frac{1}{2}\mathrm{i}\theta\hat{\boldsymbol{n}}\cdot\hat{\boldsymbol{\sigma}}^{\dagger}} \tag{2.149}$$

即有

$$\hat{\boldsymbol{\sigma}}^{\dagger} = \hat{\boldsymbol{\sigma}} \tag{2.150}$$

由此可以知道 $\hat{\boldsymbol{\sigma}}$ 是一组 2×2 的无迹厄米矩阵，可表示为

$$\hat{\boldsymbol{\sigma}} = \begin{pmatrix} a & b \\ b^* & -a \end{pmatrix} \tag{2.151}$$

其中，a 为实数，由归一化要求有：$|a|^2 + |b|^2 = 1$。泡利矩阵

$$\hat{\sigma}_1 = \begin{pmatrix} 0 & 1 \\ 1 & 0 \end{pmatrix}, \quad \hat{\sigma}_2 = \begin{pmatrix} 0 & -\mathrm{i} \\ \mathrm{i} & -0 \end{pmatrix}, \quad \hat{\sigma}_3 = \begin{pmatrix} 1 & 0 \\ 0 & -1 \end{pmatrix} \tag{2.152}$$

满足这一要求。泡利矩阵的对易关系为

$$\left[\frac{1}{2}\hat{\sigma}_i,\ \frac{1}{2}\hat{\sigma}_j\right] = \mathrm{i}\epsilon_{ijk}\left(\frac{1}{2}\hat{\sigma}_k\right) \tag{2.153}$$

其中，$i, j, k = 1, 2, 3$；全反对称张量 ϵ_{ijk} 由式 (2.64) 定义，是 $SU(2)$ 群的结构常数；这种对易关系称为 $SU(2)$ 生成元的代数。

容易证明矩阵 $\frac{1}{2}\hat{\sigma}_3$ 作用到它的本征态 u, d 上时，分别得到本征值 $+\frac{1}{2}$ 和 $-\frac{1}{2}$。矩阵

$$\hat{\sigma}_{\pm} = \frac{1}{2}(\hat{\sigma}_1 \pm \mathrm{i}\hat{\sigma}_2) \tag{2.154}$$

被称为升、降算符，因为它作用到 u, d 上时将其改变到 $\frac{1}{2}\hat{\sigma}_3$ 算符本征值升、降一个单位的态，例如，

$$\begin{cases} \hat{\sigma}_+ u = \begin{pmatrix} 0 & 1 \\ 0 & 0 \end{pmatrix}\begin{pmatrix} 1 \\ 0 \end{pmatrix} = 0 \\ \hat{\sigma}_+ d = \begin{pmatrix} 0 & 1 \\ 0 & 0 \end{pmatrix}\begin{pmatrix} 0 \\ 1 \end{pmatrix} = \begin{pmatrix} 1 \\ 0 \end{pmatrix} = u \end{cases} \tag{2.155}$$

它们满足对易关系

$$\left[\frac{1}{2}\hat{\sigma}_3,\ \hat{\sigma}_{\pm}\right] = \pm\hat{\sigma}_{\pm} \tag{2.156}$$

$$[\hat{\sigma}_+,\ \hat{\sigma}_-] = 2\left(\frac{1}{2}\hat{\sigma}_3\right) \tag{2.157}$$

可以用这些生成元组成一个能和这个群中所有算符对易的算符，称为卡西米尔 (Casimir) 算符，

$$\hat{C} = \frac{1}{2}(\hat{\sigma}_+\hat{\sigma}_- + \hat{\sigma}_-\hat{\sigma}_+) + \frac{1}{4}\hat{\sigma}_3^2 = \frac{1}{4}(\hat{\sigma}_1^2 + \hat{\sigma}_2^2 + \hat{\sigma}_3^2) = \left(\frac{1}{2}\hat{\boldsymbol{\sigma}}\right)^2 \tag{2.158}$$

2. $SU(2)$ 群的 N 维表示

我们可以将二维的结果推广到 N 维情况，用 $\hat{S}_{1,2,3}$ 替换 $\hat{\sigma}_{1,2,3}$，用 $\hat{S}_{\pm}$ 替换 $\hat{\sigma}_{\pm}$。用 $\hat{S}_3$ 和卡西米尔算符 $\hat{\boldsymbol{S}}^2$ 的共同本征态来标志不同状态。由于 $\hat{\boldsymbol{S}}^2\hat{S}_{\pm} = \hat{S}_{\pm}\hat{\boldsymbol{S}}^2$，因此将上升、下降算符 $\hat{S}_{\pm}$ 作用到状态函数上时，将产生 $\hat{S}_3$ 本征值变化一个单位的状态，而 $\hat{\boldsymbol{S}}^2$ 的本征值则不变。对每一个不可约表示，$\hat{\boldsymbol{S}}^2$ 有一个固定值，因此不同的不可约表示可以用 $\hat{\boldsymbol{S}}^2$ 的本征值来标志。在此表示之内的多重态可以用 $\hat{S}_3$ 的本征值来区别。对于一个 $SU(2)$ 的 $N = 2S + 1$ 维表示 (S 为 $\hat{S}_3$ 的本征值中最大的一个)，$\hat{\boldsymbol{S}}^2$ 的本征值为 $S(S+1)$，此时卡西米尔算符 $\hat{C}$ 为

$$\hat{C} = \frac{1}{2}(\hat{S}_+\hat{S}_- + \hat{S}_-\hat{S}_+) + \hat{S}_3^2 = \hat{S}_1^2 + \hat{S}_2^2 + \hat{S}_3^2 = \hat{\boldsymbol{S}}^2 \tag{2.159}$$

$\hat{S}_+$ 作用到 S_3 值最大的状态 $\chi_{\max}$ 上时，有

$$\hat{S}_+\chi_{\max} = 0 \tag{2.160}$$

并有

$$\hat{C}\chi_{\max} = \hat{\boldsymbol{S}}^2\chi_{\max} = S(S+1)\chi_{\max} \tag{2.161}$$

如果我们能够找到一组 $N \times N$ 矩阵 $\hat{S}_1, \hat{S}_2, \hat{S}_3$ 满足对易关系

$$[\hat{S}_i,\ \hat{S}_j] = \mathrm{i}\epsilon_{ijk}\hat{S}_k \tag{2.162}$$

那么就说它们构成了 $SU(2)$ 代数的一个 N 维表示。这些表示对于描写同位旋大于 1/2 的系统是非常需要的。我们知道同位旋为 I 的多重态有 $(2I+1)$ 个成员，因此在该同位旋空间中，变换矩阵的维数为 $N=(2I+1)$ (核子的变换矩阵是二维的，π 介子的变换矩阵是三维的)。$SU(2)$ 的高维不可约表示都可由若干个基础表示的直乘约化而来。

3. $SU(2)$ 群基础表示和其共轭表示的等价性

式 (2.141) 中，我们用 u 和 d 来代表质子和中子分别处于同位旋向上、向下的两种核子状态 $\left(S_3=\pm\dfrac{1}{2}\right)$，对于反核子态，我们用 $\bar{u},\bar{d}$ 代表，状态 $(\bar{d},\bar{u})$ 同样具有 $S_3=\pm\dfrac{1}{2}$，这种表示称为共轭表示，常表示成如下形式：

$$\underline{2} = \begin{pmatrix} u \\ d \end{pmatrix},\quad \underline{2}^* = \begin{pmatrix} \bar{d} \\ -\bar{u} \end{pmatrix} \tag{2.163}$$

容易证明，将共轭态表示成上面的形式，是因为这种表示形式和基础表示在转动变换下具有完全相同的变换性质，即若基础表示的变换为

$$\varPhi' = \begin{pmatrix} u' \\ d' \end{pmatrix} = \hat{U}\varPhi = \hat{U}\begin{pmatrix} u \\ d \end{pmatrix} \tag{2.164}$$

$\hat{U}$ 如式 (2.146) 所示，则 $\begin{pmatrix} \bar{d} \\ -\bar{u} \end{pmatrix}$ 也服从完全相同的变换，因此 $SU(2)$ 群的共轭表示和基础表示是完全等价的。

一般地说，N 维特殊幺正群 $SU(N)(N=2,3,4,\cdots)$ 的基础表示为 $\underline{N}$，其共轭表示为 $\underline{N}^*$。在 $SU(2)$ 的情况下，$\underline{2}$ 和 $\underline{2}^*$ 是等价的，在转动中具有相同的变换方式。而对于 $N\geqslant 3$ 情况则不同。例如，$\underline{3}$ 和 $\underline{3}^*$ 在转动中并不具有相同的变换方式，或者说 $\underline{3}$ 和 $\underline{3}^*$ 表示并不等价。

4. $SU(2)$ 群的正则表示

我们再介绍一种群的表示，称为正则表示 (regular representation)。$SU(N)$ 群生成元的最简单表示是 N^2-1 个厄米无迹 $N\times N$ 矩阵。例如，$SU(2)$ 生成元

最简单的表示就是三个泡利矩阵。用这些矩阵我们可以定义 $SU(N)$ 群的 N^2-1 维表示，称为正则表示。在 $SU(2)$ 的情况下，正则表示就是三维矢量 (赝矢量) 表示 (例如 π 介子)。

为了理解正则表示，我们来看生成元代数式 (2.162)，如果选 $\hat{S}_3$ 为对角形式，则三维 $(2^2-1=3)$ 矩阵可表示为

$$\hat{S}_3=\begin{pmatrix}1&0&0\\0&0&0\\0&0&-1\end{pmatrix}$$
$$\hat{S}_1=\frac{1}{\sqrt{2}}\begin{pmatrix}0&-1&0\\-1&0&1\\0&1&0\end{pmatrix}$$
$$\hat{S}_2=\frac{\mathrm{i}}{\sqrt{2}}\begin{pmatrix}0&1&0\\-1&0&-1\\0&1&0\end{pmatrix} \tag{2.165}$$

它们符合 $SU(2)$ 代数。以本征态作为基矢，$\hat{S}_3$ 作用于其上时，得到本征值 $S_3=+1,0,-1$，因而可选 π 介子的三个荷电状态 π^+、π^0、π^- 作为一组同位旋基矢。

有时不以荷电状态为基矢，而另选基矢为

$$|\pi_1\rangle=\frac{1}{\sqrt{2}}(-|\pi^+\rangle+|\pi^-\rangle)$$
$$|\pi_2\rangle=\frac{\mathrm{i}}{\sqrt{2}}(|\pi^+\rangle+|\pi^-\rangle)$$
$$|\pi_3\rangle=|\pi^0\rangle \tag{2.166}$$

它们很像在同位旋空间旋转下的一个矢量的三个分量。在这些状态中 $\hat{S}_i$ 的矩阵元素变为

$$\langle\pi_j|\hat{S}_i|\pi_k\rangle=-\mathrm{i}\epsilon_{ijk} \tag{2.167}$$

例如,

$$\langle\pi_1|\hat{S}_3|\pi_2\rangle=-\frac{\mathrm{i}}{2}(\langle\pi^+|\hat{S}_3|\pi^+\rangle-\langle\pi^-|\hat{S}_3|\pi^-\rangle)=-\mathrm{i}=-\mathrm{i}\epsilon_{312} \tag{2.168}$$

以上特例的方法对任何 $SU(N)$ 群都是正确的。

2.5.3 $SU(3)$ 群

如果将基矢由 u、d 扩充到 u、d、s, 则可将 $SU(2)$ 群扩充成为 $SU(3)$ 群。

1. $SU(3)$ 群的变换和生成元

我们研究变换

$$\Phi' = \hat{U}\Phi \tag{2.169}$$

其中

$$\Phi = \begin{pmatrix} u \\ d \\ s \end{pmatrix} \tag{2.170}$$

$$u = \begin{pmatrix} 1 \\ 0 \\ 0 \end{pmatrix}, \quad d = \begin{pmatrix} 0 \\ 1 \\ 0 \end{pmatrix}, \quad s = \begin{pmatrix} 0 \\ 0 \\ 1 \end{pmatrix} \tag{2.171}$$

变换函数 $\hat{U}$ 为幺正矩阵，依照 $SU(2)$ 时的写法，此处可将其表示为

$$\hat{U} = \exp\left\{\mathrm{i}\frac{1}{2}\theta\hat{\boldsymbol{n}}\cdot\boldsymbol{\lambda}\right\} \tag{2.172}$$

和 $SU(2)$ 中的 $\boldsymbol{\sigma}$ 相似，此处的 8 个独立的厄米无迹 3×3 矩阵 $\boldsymbol{\lambda}$ 是 $SU(3)$ 群的生成元，1962 年盖尔曼将此矩阵的形式选为

$$\begin{cases} \lambda_1 = \begin{pmatrix} 0 & 1 & \cdot \\ 1 & 0 & \cdot \\ \cdot & \cdot & \cdot \end{pmatrix}, \quad \lambda_2 = \begin{pmatrix} 0 & -\mathrm{i} & \cdot \\ \mathrm{i} & 0 & \cdot \\ \cdot & \cdot & \cdot \end{pmatrix}, \quad \lambda_3 = \begin{pmatrix} 1 & 0 & \cdot \\ 0 & -1 & \cdot \\ \cdot & \cdot & \cdot \end{pmatrix} \\ \lambda_4 = \begin{pmatrix} 0 & \cdot & 1 \\ \cdot & \cdot & \cdot \\ 1 & \cdot & 0 \end{pmatrix}, \quad \lambda_5 = \begin{pmatrix} 0 & \cdot & -\mathrm{i} \\ \cdot & \cdot & \cdot \\ \mathrm{i} & \cdot & 0 \end{pmatrix}, \quad \lambda_6 = \begin{pmatrix} \cdot & \cdot & \cdot \\ \cdot & 0 & 1 \\ \cdot & 1 & 0 \end{pmatrix} \\ \lambda_7 = \begin{pmatrix} \cdot & \cdot & \cdot \\ \cdot & 0 & -\mathrm{i} \\ \cdot & \mathrm{i} & 0 \end{pmatrix}, \quad \lambda_8 = \frac{1}{\sqrt{3}}\begin{pmatrix} 1 & 0 & 0 \\ 0 & 1 & 0 \\ 0 & 0 & -2 \end{pmatrix} \end{cases} \tag{2.173}$$

一些地方我们以 · 代替 0，目的是能更清楚地看到 $SU(3)$ 中包括了 $SU(2)$ 子群的结构。容易看出，λ_1、λ_4、λ_6 和 σ_1 相似，只是多了一个元素为零的行和列。同样地，λ_2、λ_5、λ_7 和 σ_2 很像，λ_3 和 σ_3 相似，λ_8 在 $SU(2)$ 中没有相似的算符与之对应。它和 λ_3 对易，所以 $SU(3)$ 群是 2 秩的。为使用方便，可以定义

$$F_i = \frac{1}{2}\lambda_i, \quad i = 1, 2, \cdots, 8 \tag{2.174}$$

对于幺正群 $U(3)$ 的情况，还应加上一个无穷小算子 λ_0，

$$\lambda_0 = \begin{pmatrix} 1 & 0 & 0 \\ 0 & 1 & 0 \\ 0 & 0 & 1 \end{pmatrix} \tag{2.175}$$

λ_0 和 λ_3、λ_8 均互相对易，所以 $U(3)$ 群是 3 秩群，物理上可将 $\dfrac{1}{3}\lambda_0$ 解释为和重子数 B 相对应的算符。同样，可以把 F_3 解释为和同位旋 I_3 对应的算符，因为 F_3 作用到 u,d,s 上时，分别得到本征值 $\pm\dfrac{1}{2},0$。$\dfrac{2}{\sqrt{3}}F_8$ 则可以被解释为和超荷 Y 相对应的算符，即有

$$B = \frac{1}{3}\lambda_0, \qquad I_3 = F_3, \qquad Y = \frac{2}{\sqrt{3}}F_8 \tag{2.176}$$

通过计算可以得到矩阵 F_i 的对易关系

$$[F_i,\ F_j] = \mathrm{i}f_{ijk}F_k \tag{2.177}$$

表 2.3给出非零的结构常数 f_{ijk} 的值。对于任意两个指标的交换，它是全反对称的。这些矩阵也满足反对易关系

$$\{F_i,\ F_j\} = \frac{1}{3}\delta_{ij} + d_{ijk}F_k \tag{2.178}$$

其中，d_{ijk} 对交换任意两个指标是全对称的．它的非零独立元素值也在表 2.3 中给出。

表 2.3　$SU(3)$ 群的结构常数

$f_{123} = 1$
$f_{147} = f_{246} = f_{257} = f_{345} = f_{516} = f_{637} = \dfrac{1}{2}$
$f_{458} = f_{678} = \dfrac{\sqrt{3}}{2}$
......
$d_{118} = d_{228} = d_{338} = -d_{888} = \dfrac{1}{\sqrt{3}}$
$d_{146} = d_{157} = d_{256} = d_{344} = d_{355} = \dfrac{1}{2}$
$d_{247} = d_{366} = d_{377} = -\dfrac{1}{2}$
$d_{448} = d_{558} = d_{668} = d_{778} = -\dfrac{1}{2\sqrt{3}}$

2. $SU(3)$ 群的卡西米尔算符

在 $SU(2)$ 群中我们找到了由各生成元组成的卡西米尔算符 $\hat{C}$ 和群的所有生成元对易 (见式 (2.159))，它的本征值是 $S(S+1)$。在 $SU(3)$ 群中对应的卡西米

尔不变算符是

$$\hat{C}=\hat{\boldsymbol{F}}^2=\sum_{i=1}^{8}\hat{F}_i\hat{F}_i=\frac{1}{2}\{\hat{I}_+,\ \hat{I}_-\}+\hat{I}_3^2+\frac{1}{2}\{\hat{U}_+,\ \hat{U}_-\}+\frac{1}{2}\{\hat{V}_+,\ \hat{V}_-\}+\hat{F}_8^2 \tag{2.179}$$

其中

$$\begin{cases}\hat{I}_\pm=\hat{F}_1\pm \mathrm{i}\hat{F}_2, & \hat{I}_3=\hat{F}_3\\ \hat{U}_\pm=\hat{F}_6\pm \mathrm{i}\hat{F}_7 & Y=\dfrac{2}{\sqrt{3}}\hat{F}_8\\ \hat{V}_\pm=\hat{F}_4\pm \mathrm{i}\hat{F}_5 & \end{cases} \tag{2.180}$$

算符 $\hat{I}_+$, $\hat{V}_+$ 和 $\hat{U}_-$ 都能增加 I_3 的数值，因而我们可以定义 I_3 值最大的状态 $\phi_{\max}$, 有

$$\hat{I}_+\phi_{\max}=\hat{V}_+\phi_{\max}=\hat{U}_-\phi_{\max}=0 \tag{2.181}$$

我们将 $\hat{\boldsymbol{F}}^2$ 作用到某一表示的最大状态上，来计算对任一 $SU(3)$ 表示卡西米尔算符的本征值。

使用表 2.3中的 f_{ijk} 数值可以证明

$$\begin{cases}[\hat{I}_+,\ \hat{I}_-]=2\hat{I}_3\\ [\hat{U}_+,\ \hat{U}_-]=\dfrac{3}{2}Y-\hat{I}_3\equiv 2\hat{U}_3\\ [\hat{V}_+,\ \hat{V}_-]=\dfrac{3}{2}Y+\hat{I}_3\equiv 2\hat{V}_3\end{cases} \tag{2.182}$$

可以将上面的式子和 $SU(2)$ 群的式 (2.157) 相比较。

3. $SU(3)$ 群的基础表示和共轭表示

式 (2.170) 和式 (2.171) 给出了 $SU(3)$ 群的基础表示 $\underline{3}$，它的共轭表示 $\underline{3}^*$ 为

$$\varPhi^*=(\bar{u},\ \bar{d},\ \bar{s}) \tag{2.183}$$

共轭表示 $\underline{3}^*$ 的变换关系为

$$\varPhi^{*\prime}=\varPhi^*\hat{U}^\dagger \tag{2.184}$$

$SU(3)$ 的基础表示 $\underline{3}$ 及其共轭表示 $\underline{3}^*$ 不等价，不能够通过某种幺正变换将 $\underline{3}^*$ 变为 $\underline{3}$ 。$\underline{3}$ 和 $\underline{3}^*$ 两种态的超荷量子数 Y 不同，因此两者不相当。而在 $SU(2)$ 中，(u,d) 和 $(\bar{d},\bar{u})$ 两态中均无超荷 Y 值，故两者相当。

类似的讨论不难推广到更高阶的幺正幺模群。

这里介绍了和各种守恒定律相联系的对称性。有些守恒定律对各种相互作用都是普遍成立的，和它们对应的对称性是完全的。例如，反映时空的对称性：空间平移、转动、时间平移等不变性都是完全的、绝对的。但另一些内部对称性和分立对称性则是不完全的、破缺的、近似的。在某些情况下，例如在弱相互作用中，它们常被破坏。破坏的原因目前尚不太明确，有待深入地研究。

2.6 习　　题

1. 由核子和反核子组成的系统处在 ${}^1S_0$、${}^3S_1$、${}^1p_1$、${}^3P_{0,1,2}$ 态时，求它们所有可能的 P、I、C 和 G。

2. 证明 ω 粒子不能通过强作用或电磁作用衰变到 $\eta+\pi$。

3. 写出 3π 系统中所有可能的 2π 系统同位旋波函数和 3π 系统 $I=0$ 的同位旋波函数，并说明 $I=0$ 的 3π 系统空间波函数对两个 π 介子的交换是对称的还是反对称的。

4. 证明对于 2π 系统，如果其同位旋 $I=1$，则必须有奇的角动量和奇的宇称；如果 $I=0$，则必须有偶的角动量和偶的宇称。

5. 在同位旋 $I=3/2$ 占优和同位旋 $I=1/2$ 占优两种情形下，给出下列反应总截面之间的关系：

$$\pi^-\mathrm{p}\to\mathrm{K}^0\Sigma^0,\quad \pi^-\mathrm{p}\to\mathrm{K}^+\Sigma^-,\quad \pi^+\mathrm{p}\to\mathrm{K}^+\Sigma^+.$$

6. 狄拉克 γ 矩阵的厄米表示形式为 $\boldsymbol{\alpha}=\gamma^0\boldsymbol{\gamma},\beta=\gamma^0$。对其作相似变换 $U\alpha^kU^{-1}=\alpha^{k\prime}(k=1,2,3)$，$U\beta U^{-1}=\beta'$，这里 $U=\dfrac{1}{\sqrt{2}}(\alpha^2+\beta)=U^{-1}$，证明 $\alpha^{k\prime}$ 的所有元素都是实的，β' 的所有元素都是虚的。

参 考 文 献

[1] Ryder L. Elementary particle and Symmetry. New York: Gordon and Breach Science Publishers, 1975.

[2] Feynman R, et al. The Feynman Lecture on Physics, Vol. III, Addison Wesley, 1965, Copyright © 1963-1965, 2006, 2013 by the California Institute of Technology, Michael A. Gottlieb and Rudolf Pfeiffer.

[3] Wick G C. Group Theory, Invariance Principles, Symmetries in High Energy Physics. New York: Gordon and Breach, 1965.

[4] Harris P G, et al. New experimental limit on the electric dipole moment of the neutron. Phys. Rev. Lett., 1999, 82: 904; Ramsey N F. Electric-dipole moments of elementary particles. Reports of Prigress in Physics, 1982, 45: 95.

[5] Regan B, et al. New limit on the electron electric dipole moment. Phys. Rev. Lett., 2002, 88: 071805.

第三章 夸克的分布函数和碎裂函数

3.1 ep 深度非弹性散射

ep 深度非弹性散射是 20 世纪寻找强子内部结构的经典实验，如图 3.1所示，记初末态的电子四动量为 $k \equiv (E, \boldsymbol{k})$ 和 $k' \equiv (E', \boldsymbol{k}')$, 初态静止质子的四动量为 $P \equiv (M, \boldsymbol{0})$, 末态质子的四动量为 P', 则由虚光子传递的四动量转移可记为 $q = k - k' = P' - P$.

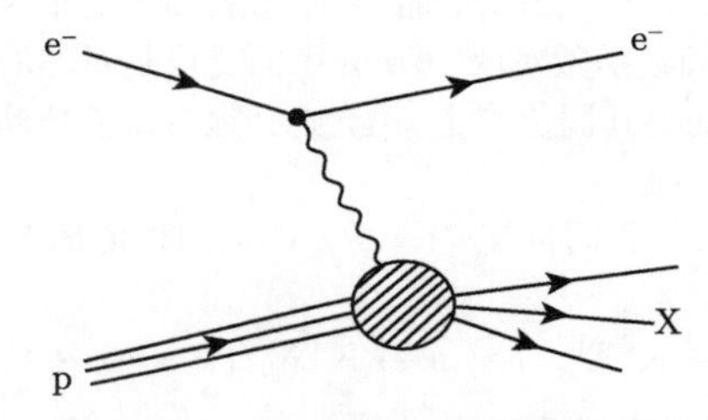

图 3.1 ep 深度非弹性散射费曼图

可以定义

$$M\nu = q\,P = (E - E')M \tag{3.1}$$

即有

$$\nu = E - E' \tag{3.2}$$

可以求得末态的不变质量为

$$M_{\mathrm{X}}^2 = P'^2 = (q + P)^2 = q^2 + P^2 + 2q\,P = M^2 + q^2 + 2M\nu \tag{3.3}$$

定义 $Q^2 = -q^2$ 为四动量转移的平方，则有

$$M_{\mathrm{X}}^2 = M^2 - Q^2 + 2M\nu \tag{3.4}$$

对于弹性散射过程，$M_{\mathrm{X}}^2 = M^2$, 得到四动量转移平方的表达式

$$Q_{\mathrm{el}}^2 \equiv -q_{\mathrm{el}}^2 = +2M\nu \tag{3.5}$$

在高能大动量转移下将发生深度非弹性散射，这时可以定义两个布约肯 (J. D. Bjorken) 变量，

$$x = \frac{-q^2}{2Pq} = \frac{Q^2}{2Pq}, \quad y = \frac{Pq}{Pk} \tag{3.6}$$

在下面的讨论中将清晰揭示布约肯变量的物理意义。实验室坐标系下有

$$x = \frac{-q^2}{2M\nu} = \frac{Q^2}{2M\nu}, \quad y = \frac{M\nu}{EM} = \frac{E-E'}{E} \tag{3.7}$$

y 反映了反应过程中电子转移的能量份额。若假定 ep 深度非弹性散射表现为 e 和质子内夸克部分子的弹性散射，记夸克部分子初末态的四动量为 p 和 p'，则有

$$p'^2 = (q+p)^2 = p^2,\ q^2 + 2pq = 0,\ q^2 = -2pq$$

即可得

$$x = \frac{2pq}{2Pq} = \frac{p}{P} \tag{3.8}$$

可见 x 反映的是夸克部分子携带质子四动量的份额。可证各物理量的取值区间为

$$0 \leqslant x \leqslant 1, \quad 0 \leqslant y \leqslant 1 \tag{3.9}$$

$$0 \leqslant Q^2 \leqslant 2M\nu, \qquad 0 \leqslant \nu \leqslant (s-M^2)/2M \tag{3.10}$$

其中，s 是曼德尔斯塔姆变量质心系能量的平方，

$$s = (k+P)^2 = \frac{Q^2}{xy} + M^2 + m_{\mathrm{e}}^2 \tag{3.11}$$

3.2 从形状因子到结构因子

首先来看从卢瑟福散射截面到莫特 (Mott) 截面的发展。经典的卢瑟福散射描写的是电子和原子核的散射，即 $\mathrm{e}^- + Z\mathrm{e}$ 散射，Z 是原子核的原子序数。二者都被看成自旋为 0 的点粒子，它们库仑相互作用的位势可记为

$$V(r) = -\frac{Ze^2}{r} \tag{3.12}$$

在经典物理里可以计算出过程的玻恩截面为

$$\left(\frac{\mathrm{d}\sigma}{\mathrm{d}\Omega}\right)_{\mathrm{Ruth}} = \left(\frac{Ze^2}{2mv^2}\right)^2 \frac{1}{\sin^4\theta/2} \tag{3.13}$$

顺便指出，当考虑核外电子云的屏蔽效应时，库仑相互作用位势可表示为

$$V(r) = -\frac{Ze^2}{r}\mathrm{e}^{r/a} \tag{3.14}$$

如果计及 e⁻ 的 1/2 自旋，则有莫特截面的表达式

$$\left(\frac{\mathrm{d}\sigma}{\mathrm{d}\Omega}\right)_{\mathrm{Mott}} = \left(\frac{\mathrm{d}\sigma}{\mathrm{d}\Omega}\right)_{\mathrm{Ruth}} \frac{\cos^2\theta/2}{1+\dfrac{2p_0}{M}\sin^2\theta/2} \tag{3.15}$$

这里 p_0 是入射 e^- 的初始动量。

进一步考虑原子核的体积大小，设其电荷分布密度函数为 $\rho(\boldsymbol{r})$, 则有

$$\frac{\mathrm{d}\sigma}{\mathrm{d}\Omega} = \left(\frac{\mathrm{d}\sigma}{\mathrm{d}\Omega}\right)_{\mathrm{Mott}} |F(q^2)|^2 \tag{3.16}$$

$$F(q^2) = \int \rho(\boldsymbol{r})\mathrm{e}^{\mathrm{i}\boldsymbol{q}\cdot\boldsymbol{r}}\mathrm{d}^3 r \tag{3.17}$$

被称为形状因子。

设原子核的形状具有球对称性，则可对角度进行积分，得到

$$F(q^2) = \int \rho(r)\frac{\sin qr}{qr}4\pi r^2\mathrm{d}r \tag{3.18}$$

若取 $\rho(r) = \rho_0\mathrm{e}^{-\alpha r}/r$, 则有

$$F(q^2) = 4\pi\rho_0\frac{1}{\alpha^2+q^2} \tag{3.19}$$

归一化条件要求，当 $q\to 0$ 时 $F(q^2)=1$，即有 $\alpha^2 = 4\pi\rho_0$, 因而有

$$F(q^2) = \frac{1}{1+q^2/\alpha^2} \tag{3.20}$$

若更进一步考虑靶的自旋，例如对 e + p 散射，计及电子和质子的自旋，暂不考虑质子的形状因子时，有狄拉克 (Dirac) 截面，

$$\left(\frac{\mathrm{d}\sigma}{\mathrm{d}\Omega}\right)_{\mathrm{Dirac}} = \left(\frac{\mathrm{d}\sigma}{\mathrm{d}\Omega}\right)_{\mathrm{Mott}} \left\{1+\frac{q^2}{2M^2}\tan^2(\theta/2)\right\} \tag{3.21}$$

其中大括号中的第二项反映了来自磁散射的贡献，当动量转移 q 和散射角 θ 比较大时，该项的贡献就变得比较重要。在此基础上洛森布鲁斯 (Rosenbluth) 考虑了核子的电形状因子和磁形状因子，给出了 e + p 弹性散射的截面表达式，

$$\frac{\mathrm{d}\sigma}{\mathrm{d}\Omega} = \left(\frac{\mathrm{d}\sigma}{\mathrm{d}\Omega}\right)_{\mathrm{Mott}} \left\{\frac{(G_{\mathrm{E}}^{p})^2+\dfrac{q^2}{4M^2}(G_{\mathrm{M}}^{\mathrm{p}})^2}{1+\dfrac{q^2}{4M^2}} + \frac{q^2}{2M^2}(G_{\mathrm{M}}^{\mathrm{p}})^2\tan^2(\theta/2)\right\} \tag{3.22}$$

归一化条件要求

$$\begin{cases} G_{\mathrm{E}}^{\mathrm{p}}(q^2=0)=1, & G_{\mathrm{M}}^{\mathrm{p}}(q^2=0)=2.79 \\ G_{\mathrm{E}}^{\mathrm{n}}(q^2=0)=0, & G_{\mathrm{M}}^{\mathrm{n}}(q^2=0)=-1.91 \end{cases} \tag{3.23}$$

上式可以写为

$$\frac{\mathrm{d}\sigma}{\mathrm{d}\Omega}\Big/\left(\frac{\mathrm{d}\sigma}{\mathrm{d}\Omega}\right)_{\mathrm{Mott}}=A(q^2)+B(q^2)\tan^2(\theta/2) \tag{3.24}$$

对于 e + p 非弹性散射，当四动量转移较小时，我们可以近似地忽略 Z 玻色子的贡献，只考虑 γ 光子的交换，这时需要增加一个运动学的自由度，如果两个独立变量取为 Q^2 和 ν，则可有如下的表达式

$$\frac{\mathrm{d}^2\sigma}{\mathrm{d}Q^2\mathrm{d}\nu}=\frac{4\pi\alpha^2}{Q^4}\frac{E'}{E}[2W_1(Q^2,\nu)\sin^2(\theta/2)+W_2(Q^2,\nu)\cos^2(\theta/2)] \tag{3.25}$$

E 和 E' 是散射初末态的电子能量。这里 W_1 和 W_2 称为结构函数，容易看出当 θ 角较小时，W_2 的贡献是主要的。

可以证明，对固定靶实验，Q^2 和 ν 与初末态电子能量 E 和 E' 及散射角 θ 之间有如下关系式：

$$Q^2=4EE'\sin^2(\theta/2),\quad \nu=E-E'$$

对 ep 对撞实验则有

$$\begin{aligned} &Q^2=4EE'\sin^2(\theta/2) \\ &M\nu=\frac{1}{2}(s-M^2)-E'(E_{\mathrm{p}}+p_{\mathrm{p}}\cos\theta)\simeq\frac{1}{2}s\left[1-(E'/E)\cos^2(\theta/2)\right] \end{aligned}$$

还可以证明不同微分截面表达式之间有如下关系式：

$$\begin{aligned} \frac{\mathrm{d}^2\sigma}{\mathrm{d}Q^2\mathrm{d}\nu}&=\frac{2M}{(s-M^2)^2y}\frac{\mathrm{d}^2\sigma}{\mathrm{d}x\mathrm{d}y}=\frac{\pi}{EE'}\frac{\mathrm{d}^2\sigma}{\mathrm{d}E'\mathrm{d}\Omega'}\quad(\text{对固定靶}) \\ &=\frac{2\pi M}{E'(s-M^2)}\frac{\mathrm{d}^2\sigma}{\mathrm{d}E'\mathrm{d}\Omega'}\quad(\text{对撞}) \end{aligned} \tag{3.26}$$

据此可将上面的 e + p 固定靶非弹性散射的公式改写为

$$\begin{aligned} \frac{\mathrm{d}^2\sigma}{\mathrm{d}E'\mathrm{d}\Omega'}&=\frac{4\alpha^2E'^2}{Q^4}[2W_1(Q^2,\nu)\sin^2(\theta/2)+W_2(Q^2,\nu)\cos^2(\theta/2)] \\ &=\frac{4\alpha^2E'^2}{Q^4}\left[\frac{2F_1(Q^2,\nu)}{M}\sin^2(\theta/2)+\frac{F_2(Q^2,\nu)}{\nu}\cos^2(\theta/2)\right] \end{aligned} \tag{3.27}$$

这里定义了两个无量纲的量 F_1 和 F_2，

$$F_1 = MW_1, \quad F_2 = \nu W_2 \tag{3.28}$$

实验表明在深度非弹散射中，当 $\nu > 4\text{GeV}$ 时，W_1 和 W_2 与四动量的转移 Q^2 无关，布约肯认为它们只是 (ν/Q^2) 的函数，或将它们记为

$$\omega = \frac{2M\nu}{Q^2} = \frac{1}{x}$$

的函数，称为布约肯的无标度性假设。上面的微分截面公式也可改写为

$$\frac{\mathrm{d}^2\sigma}{\mathrm{d}E'\mathrm{d}\Omega'} = \sigma_{\text{Mott}}\left[\frac{F_2(x)}{\nu} + \frac{2F_1(x)}{M}\tan^2(\theta/2)\right] \tag{3.29}$$

容易看出，当散射角 $\theta \to 0$ 时，第一项 F_2 的贡献是主要的。

我们也可以根据虚光子散射理论来审视强子的结构函数，以虚光子被核子吸收的总截面来表示 ep 深度非弹散射的截面。由于虚光子不在质壳上，四动量转移 $Q^2 \neq 0$，所以它包含横向极化和纵向极化两种状态，相应的与核子的散射截面就包含核子吸收横光子的总截面 σ_{t} 和核子吸收纵光子的总截面 σ_{s}。依据散射理论和光学定理，可以求得它们和结构函数的关系：

$$W_1 = \frac{K}{4\pi^2\alpha}\sigma_{\text{t}} \tag{3.30}$$

$$W_2 = \frac{K}{4\pi^2\alpha}\frac{Q^2}{Q^2+\nu^2}(\sigma_{\text{t}} + \sigma_{\text{s}}) \tag{3.31}$$

其中，K 是入射光子的通量。据此可以求得

$$\begin{aligned} R \equiv \frac{\sigma_{\text{s}}}{\sigma_{\text{t}}} = \frac{(1+\dfrac{\nu^2}{Q^2})W_2 - W_1}{W_1} &= \frac{\dfrac{\nu}{2M}(\dfrac{2M}{\nu} + \dfrac{1}{x})W_2 - W_1}{W_1} \\ &= \frac{\nu(\dfrac{2M}{\nu} + \dfrac{1}{x})W_2 - 2MW_1}{2MW_1} \end{aligned} \tag{3.32}$$

对深度非弹散射，$x \leqslant 1$，在布约肯条件下，$\nu > M$，$Q^2 \gg M^2$，因此 $\dfrac{2M}{\nu} \ll \dfrac{1}{x}$，

$$R \cong \frac{\dfrac{\nu W_2}{x} - 2MW_1}{2MW_1} \tag{3.33}$$

实验的测量结果给出 $R \cong 0.18 \pm 0.10 \sim 0$，所以由上式可以得到

$$\nu W_2 \cong 2MxW_1 \tag{3.34}$$

即有

$$F_2(x) = 2xF_1(x) \tag{3.35}$$

称之为卡兰-格罗斯 (Callan-Gross) 关系，它告诉我们 $F_1(x)$ 和 $F_2(x)$ 并不互相独立。

$R \sim 0$ 的实验结果还告诉我们，部分子是费米子而非玻色子。我们来看虚光子和部分子散射的一个极端情况，部分子和虚光子的散射角接近于如图 3.2所示的 180° 时，由于横光子的极化状态为 ±1, 若两个部分子自旋为 0，则不可能耦合成 ±1，即有 $\sigma_{\rm t} = 0$，

$$R \equiv \frac{\sigma_{\rm s}}{\sigma_{\rm t}} \to \infty \tag{3.36}$$

这显然是与实验结果相矛盾的。而如果部分子的自旋为 1/2，则不破坏横光子过程的自旋守恒，$R \to 0$, 与实验结果相符。

图 3.2 部分子和虚光子的散射角为 180° 的示意图

3.3 部分子假设和夸克部分子分布函数

如果假定强子是由部分子组成的，ep 深度非弹性散射表现为电子和部分子的弹性散射，如图 3.3所示，部分子携带母粒子四动量 P 的份额记为 x_i，

$$p_i = x_i P, \quad \sum_i x_i = 1 \tag{3.37}$$

部分子初末态质量守恒给出

$$\delta[(xP+q)^2 - (xP)^2] = \delta(2xPq + q^2) = \delta(2xM\nu + q^2) \tag{3.38}$$

最后一个等号使用了关系式 $Pq = M\nu$。因而只能当 $\nu = \dfrac{-q^2}{2Mx} = \dfrac{Q^2}{2Mx}$ 时碰撞才能够发生，才能对截面有贡献。假设核子中具有动量 xP 的部分子概率为 $f(x)$，而光子与每个部分子的作用贡献一个截面 $\sigma_{\rm Mott}$，则有

$$\begin{aligned}\frac{{\rm d}^2\sigma}{{\rm d}E'{\rm d}\Omega'} &= \sigma_{\rm Mott}\int_0^1 \delta\left(\nu - \frac{Q^2}{2Mx}\right) f(x){\rm d}x = \sigma_{\rm Mott}\int_0^1 \frac{\delta(x - \dfrac{Q^2}{2M\nu})}{\dfrac{\nu}{x}} f(x){\rm d}x \\ &= \sigma_{\rm Mott}\frac{x}{\nu} f(x)\Big|_{x=\frac{Q^2}{2M\nu}}\end{aligned} \tag{3.39}$$

与式 (3.29) 第一项对比得到

$$F_2(x) = xf(x) \tag{3.40}$$

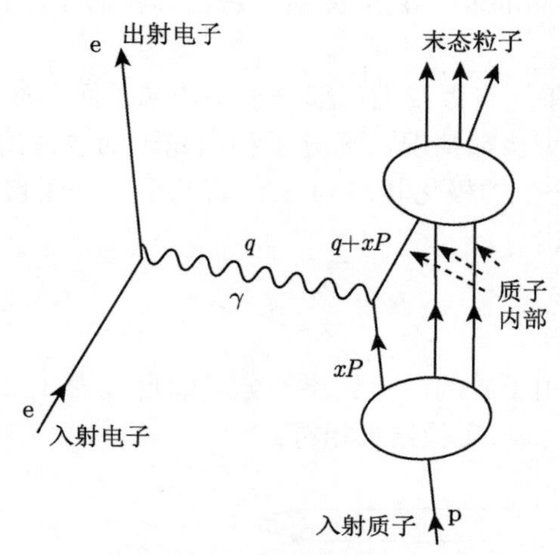

图 3.3　ep 深度非弹性散射示意图

如果认为电子和夸克部分子的相互作用由电磁过程主导，记每个夸克部分子的分布函数为 $q_i(x)$, 电荷为 Q_i, 则可以定义

$$f(x) = \sum_i Q_i^2 q_i(x) \tag{3.41}$$

对于质子，有关系式

$$f(x) = \frac{4}{9}[u(x) + \bar{u}(x)] + \frac{1}{9}[d(x) + \bar{d}(x) + s(x) + \bar{s}(x)] \tag{3.42}$$

式中，$u(x)(\bar{u}(x))$、$d(x)(\bar{d}(x))$ 和 $s(x)(\bar{s}(x))$ 分别为 u、d、s 夸克及其反夸克的分布函数。如果认为质子是由三个价夸克 u_v、u_v、d_v 及大量的海夸克对组成，区分价夸克和海夸克 $\xi(x)$ 的贡献，则有

$$\begin{cases} u(x) = u_v(x) + \xi_u(x), & \bar{u}(x) = \xi_{\bar{u}}(x) \\ d(x) = d_v(x) + \xi_d(x), & \bar{d}(x) = \xi_{\bar{d}}(x) \\ s(x) = \xi_s(x), & \bar{s}(x) = \xi_{\bar{s}}(x) \end{cases} \tag{3.43}$$

可以认为所有海夸克的贡献都是相同的，

$$\xi_u(x) = \xi_{\bar{u}}(x) = \xi_d(x) = \xi_{\bar{d}}(x) = \xi_s(x) = \xi_{\bar{s}}(x) \equiv \xi(x) \tag{3.44}$$

这些分布函数应满足如下归一化条件：

$$S=0=\int_0^1 \mathrm{d}x[s(x)-\bar{s}(x)] \tag{3.45}$$

$$I_3=+\frac{1}{2}=\int_0^1 \mathrm{d}x\left\{\frac{1}{2}[u(x)-\bar{u}(x)]-\frac{1}{2}[d(x)-\bar{d}(x)]\right\} \tag{3.46}$$

$$B=1=\int_0^1 \mathrm{d}x\frac{1}{3}[u(x)-\bar{u}(x)+d(x)-\bar{d}(x)+s(x)-\bar{s}(x)] \tag{3.47}$$

由这些归一化条件可以导出

$$\int_0^1 \mathrm{d}x[u(x)-\bar{u}(x)]=2,\quad \int_0^1 \mathrm{d}x[d(x)-\bar{d}(x)]=1 \tag{3.48}$$

或表示为

$$\int_0^1 u_v(x)\mathrm{d}x=2,\quad \int_0^1 d_v(x)\mathrm{d}x=1 \tag{3.49}$$

请注意中子和质子的归一化条件是不同的，中子中是一个 u 价夸克和两个 d 价夸克。若用价夸克和海夸克写出质子的分布函数，式 (3.42) 可以表示为

$$f_{\mathrm{p}}(x)=\frac{1}{9}[4u_v(x)+d_v(x)]+\frac{4}{3}\xi(x) \tag{3.50}$$

中子的分布函数则为

$$f_{\mathrm{n}}(x)=\frac{1}{9}[u_v(x)+4d_v(x)]+\frac{4}{3}\xi(x) \tag{3.51}$$

ep 和 en 深度非弹散射的截面可以分别表示为

$$\frac{\mathrm{d}\sigma}{\mathrm{d}x}(\mathrm{ep}\to\mathrm{e}x)=\frac{8\pi\alpha^2 s}{Q^4}x\cdot f_{\mathrm{p}}(x) \tag{3.52}$$

$$\frac{\mathrm{d}\sigma}{\mathrm{d}x}(\mathrm{en}\to\mathrm{e}x)=\frac{8\pi\alpha^2 s}{Q^4}x\cdot f_{\mathrm{n}}(x) \tag{3.53}$$

因为胶子在海中产生夸克对，可以预期 $\xi(x)$ 在小 x 区域会有类似于电磁相互作用的轫致辐射的谱，于是海夸克对的数目在 $x\to 0$ 时会以对数增长，$f_i(x)\xrightarrow{x\to 0}\frac{1}{x}$，因此核子内小动量的碎片 ($x\simeq 0$) 几乎都是海中的 $\mathrm{q\bar{q}}$ 对。由 (3.50) 和 (3.51) 两式给出

$$\frac{F_2^{\mathrm{en}}(x)}{F_2^{\mathrm{ep}}(x)}\xrightarrow{x\to 0}1 \tag{3.54}$$

而对于核子内 $x \simeq 1$ 的大动量部分，主要是快的价夸克，海夸克只占有很小的动量。在式 (3.50) 和式 (3.51) 中价夸克主导的极限情况下，

$$\frac{F_2^{\mathrm{en}}(x)}{F_2^{\mathrm{ep}}(x)} \xrightarrow{x\to 1} \frac{u_v + 4d_v}{4u_v + d_v} \tag{3.55}$$

对质子而言，在大 x 区 $u_v \gg d_v$，所以式 (3.55) 趋于 1/4。这一结论得到了深度非弹实验的证实。

最后简略讨论一下胶子携带的核子动量。对所有部分子的动量求和应该等于核子的动量，因此有如下动量关系：

$$\int_0^1 \mathrm{d}x(xp)[u(x) + \bar{u}(x) + d(x) + \bar{d}(x) + s(x) + \bar{s}(x)] = p - p_{\mathrm{g}} \tag{3.56}$$

p_{g} 是核子中胶子所携带的动量。或者两边除以 p 得

$$\int_0^1 \mathrm{d}xx[u(x) + \bar{u}(x) + d(x) + \bar{d}(x) + s(x) + \bar{s}(x)] = 1 - \epsilon_{\mathrm{g}} \tag{3.57}$$

因子 $\epsilon_{\mathrm{g}} = p_{\mathrm{g}}/p$ 是胶子携带的核子动量份额。如果认为奇异夸克所携带的核子动量份额很小可以忽略，则由 (3.40) 和 (3.42) 两式，汇总所有 $F_2^{\mathrm{eN}}(x)$ 的实验数据，得到如下信息：

$$\int F_2^{\mathrm{ep}}(x) = \frac{4}{9}\epsilon_{\mathrm{u}} + \frac{1}{9}\epsilon_{\mathrm{d}} = 0.18, \quad \int F_2^{\mathrm{en}}(x) = \frac{1}{9}\epsilon_{\mathrm{u}} + \frac{4}{9}\epsilon_{\mathrm{d}} = 0.12 \tag{3.58}$$

其中，$\epsilon_u \simeq \int_0^1 \mathrm{d}xx[u(x) + \bar{u}(x)]$ 是 u 夸克和 $\bar{u}$ 反夸克携带的动量份额，ϵ_d 是同样的意思，于是有

$$\epsilon_{\mathrm{g}} \simeq 1 - \epsilon_{\mathrm{u}} - \epsilon_{\mathrm{d}} \tag{3.59}$$

将式 (3.58) 的解代入上式得到

$$\epsilon_{\mathrm{u}} = 0.36,\ \epsilon_{\mathrm{d}} = 0.18,\ \epsilon_{\mathrm{g}} = 0.46 \tag{3.60}$$

因此胶子携带大约 50% 的动量。若在上面的讨论中不考虑海夸克，全部价夸克约有 50% 核子动量，其他部分都是胶子的。

由轻子和核子的深度非弹性散射的实验分析，布约肯标度揭示了强子内部的类点狄拉克粒子结构。对这些带电部分子量子数的研究，确认它们就是由强子谱的研究引入的夸克。而夸克动量谱的研究又迫使我们认识到核子动量的相当大一部分是由中性的胶子携带的。

还需要指出的是，在上面的讨论中我们假定了在深度非弹散射过程中夸克部分子是相互独立的，忽略了它们之间的相互作用。当 QCD 胶子的辐射效应被计及时，夸克的分布函数应是 (x, Q^2) 的函数，但对于固定的 Q^2, 上面的一些求和规则仍然成立。

3.4 弱相互作用的深度非弹散射

3.4.1 带电流深度非弹散射过程

让我们作为例子讨论如下的带电流过程：

$$\begin{cases} \mathrm{e^-p \to \nu_e X}, & \mathrm{\nu_e p \to e^- X} \\ \mathrm{e^+p \to \bar{\nu}_e X}, & \mathrm{\bar{\nu}_e p \to e^+ X} \end{cases} \tag{3.61}$$

它们在夸克部分子层次的子过程如图 3.4所示。

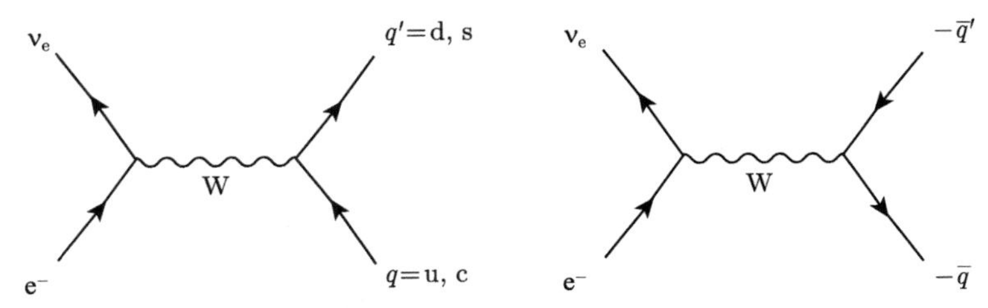

图 3.4 带电流深度非弹散射的夸克部分子层次的子过程

先来讨论 $\mathrm{e^-}$ 和 ν_e 散射的截面，由子过程的上述费曼图可计算得到

$$\frac{\mathrm{d}\hat{\sigma}}{\mathrm{d}y}(\mathrm{e}^-q \to \nu_\mathrm{e}q') = \frac{1}{2}\frac{\mathrm{d}\hat{\sigma}}{\mathrm{d}y}(\nu_\mathrm{e}q' \to \mathrm{e}^-q) = \frac{G_\mathrm{F}^2\hat{s}}{2\pi}|V_{qq'}|^2R^2(Q^2) \tag{3.62}$$

$$\frac{\mathrm{d}\hat{\sigma}}{\mathrm{d}y}(\mathrm{e}^-\bar{q} \to \nu_\mathrm{e}\bar{q}') = \frac{1}{2}\frac{\mathrm{d}\hat{\sigma}}{\mathrm{d}y}(\nu_\mathrm{e}\bar{q}' \to \mathrm{e}^-\bar{q}) = \frac{G_\mathrm{F}^2\hat{s}}{2\pi}|V_{qq'}|^2(1-y)^2R^2(Q^2) \tag{3.63}$$

其中，y 是布约肯变量，

$$R(Q^2) = \frac{M_\mathrm{W}^2}{M_\mathrm{W}^2 + Q^2} \tag{3.64}$$

对 $\mathrm{e^+}$ 和 $\bar{\nu}_\mathrm{e}$ 散射的截面，只需对上面的公式作如下替换：

$$\mathrm{e}^+ \leftrightarrow \mathrm{e}^-,\ \bar{\nu} \leftrightarrow \nu,\ \bar{q} \leftrightarrow q, \tag{3.65}$$

即可。最后得到深度非弹散射过程的带电流截面为

$$\frac{\mathrm{d}\sigma^{\mathrm{CC}}}{\mathrm{d}x\mathrm{d}y}(\mathrm{e^-p}) = \frac{G_\mathrm{F}^2 s}{2\pi}\sum_{q,q'}|V_{qq'}|^2x[q(x) + (1-y)^2\bar{q}'(x)]R^2(Q^2) \tag{3.66}$$

$$\frac{\mathrm{d}\sigma^{\mathrm{CC}}}{\mathrm{d}x\mathrm{d}y}(\mathrm{e^+p}) = \frac{G_\mathrm{F}^2 s}{2\pi}\sum_{q,q'}|V_{qq'}|^2x[\bar{q}(x) + (1-y)^2q'(x)]R^2(Q^2) \tag{3.67}$$

容易证明，在忽略粒子质量的近似下，ep 不变质量平方 s 和 eq 子过程不变质量平方 $\hat{s}$ 之间满足

$$\hat{s} \simeq xs \tag{3.68}$$

当 $Q^2 \ll M_{\mathrm{W}}^2$，即 $R \simeq 1$ 时，若夸克部分子的分布只是 x 的函数，则由上面的式子看出截面随 x 和 y 变化。总的截面和平均四动量转移的平方随 s 线性增长，即

$$\sigma_t \propto s, \quad < Q^2 > \propto s \tag{3.69}$$

在低 Q^2 的标度近似下，仅考虑价夸克的贡献，则有

$$\frac{\mathrm{d}\sigma^{CC}}{\mathrm{d}y}(\mathrm{e}^+\mathrm{p}) \sim \frac{\mathrm{d}\sigma^{CC}}{\mathrm{d}y}(\bar{\nu}_{\mathrm{e}}\mathrm{p}) \sim (1-y)^2 \tag{3.70}$$

$$\frac{\mathrm{d}\sigma^{CC}}{\mathrm{d}y}(\mathrm{e}^-\mathrm{p}) \sim \frac{\mathrm{d}\sigma^{CC}}{\mathrm{d}y}(\nu_{\mathrm{e}}\mathrm{p}) \sim \text{常数} \tag{3.71}$$

但是当 Q^2 大时，W 传播子变得重要，其效应会减弱截面随 s 的线性增长，而且部分子的分布函数也会和 Q^2 有关，$q(x) \to q(x, Q^2)$。

3.4.2 中微子中性流深度非弹散射过程

中微子中性流深度非弹散射的夸克部分子子过程如图 3.5所示。

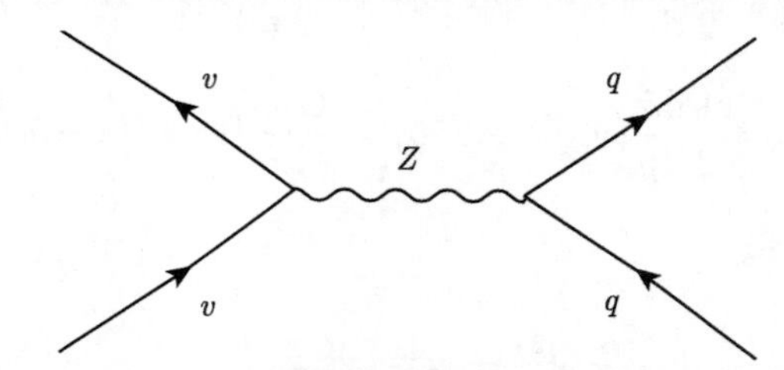

图 3.5　中微子中性流深度非弹散射的夸克部分子子过程

其截面计算得到

$$\frac{\mathrm{d}\hat{\sigma}}{\mathrm{d}y}(\nu q \to \nu q) = \frac{G_{\mathrm{F}}^2 \hat{s}}{4\pi}[(g_{\mathrm{L}}^q)^2 + (g_{\mathrm{R}}^q)^2(1-y)^2]R^2(Q^2) \tag{3.72}$$

$$\frac{\mathrm{d}\hat{\sigma}}{\mathrm{d}y}(\bar{\nu} q \to \bar{\nu} q) = \frac{G_{\mathrm{F}}^2 \hat{s}}{4\pi}[(g_{\mathrm{R}}^q)^2 + (g_{\mathrm{L}}^q)^2(1-y)^2]R^2(Q^2) \tag{3.73}$$

这里，

$$R(Q^2) = \frac{M_{\mathrm{Z}}^2}{M_{\mathrm{Z}}^2 + Q^2} \tag{3.74}$$

由此得到中微子和质子的深度非弹散射截面为

$$\frac{\mathrm{d}\sigma^{\mathrm{NC}}}{\mathrm{d}x\mathrm{d}y}(\nu p)=\frac{G_{\mathrm{F}}^2 s}{4\pi}x\sum_q q(x)[(g_{\mathrm{L}}^q)^2+(g_{\mathrm{R}}^q)^2(1-y)^2]R^2(Q^2) \tag{3.75}$$

$$\frac{\mathrm{d}\sigma^{\mathrm{NC}}}{\mathrm{d}x\mathrm{d}y}(\bar{\nu} p)=\frac{G_{\mathrm{F}}^2 s}{4\pi}x\sum_q q(x)[(g_{\mathrm{R}}^q)^2+(g_{\mathrm{L}}^q)^2(1-y)^2]R^2(Q^2) \tag{3.76}$$

请注意这里的求和应包括所有的夸克和反夸克，这时耦合常数 g_{L} 和 g_{R} 的交换规则为 $g_{\mathrm{L,R}}(\bar{q})=g_{\mathrm{R,L}}(q)$。

顺便指出，这里取中性流矢量偶合常数 $g_{\mathrm{V}}^{\mathrm{f}}$ 和轴矢量偶合常数 $g_{\mathrm{A}}^{\mathrm{f}}$ 的如下定义：

$$g_{\mathrm{V}}^{\mathrm{f}}=T_3^{\mathrm{f}}-2Q^{\mathrm{f}}\sin^2\theta_{\mathrm{W}},\quad g_{\mathrm{A}}^{\mathrm{f}}=T_3^{\mathrm{f}} \tag{3.77}$$

g_{L} 和 g_{R} 与 $g_{\mathrm{V}}^{\mathrm{f}}$ 和 $g_{\mathrm{A}}^{\mathrm{f}}$ 之间的变换关系为

$$g_{\mathrm{L}}=g_{\mathrm{V}}+g_{\mathrm{A}},\quad g_{\mathrm{R}}=g_{\mathrm{V}}-g_{\mathrm{A}} \tag{3.78}$$

3.5 部分子分布函数的参数化

夸克部分子的分布函数 $q(x)$ 当初是由电子和中微子低 Q^2 深度非弹性散射的实验数据确定的。它的参数化要求满足归一化条件$\int_0^1 u_v(x)\mathrm{d}x=2$，$\int_0^1 d_v(x)\mathrm{d}x=1$，同时要求当 $x\to 0$ 时重现所谓的 Regge 行为，而当 $x\to 1$ 时与弹性散射的行为一致。早期两个被广泛采用的代表性参数化方案为 DO (Duke 和 Owens) 和 EHLQ (Eichten 等)。不同的参数化方案给出的 $q(x)$ 值基本相同，一些微小的差别来自于在夸克部分子模型框架下中微子和电子深度非弹性散射实验数据的不一致。这里详细列出这两种参数化方案：

A：DO

$$x(u_v+d_v)=1.874x^{0.419}(1-x)^{3.46}(1+4.4x)$$
$$xd_v=2.775x^{0.763}(1-x)^4$$
$$x\bar{u}=x\bar{d}=x\bar{s}=0.2108(1-x)^{8.05}$$
$$xg(x)=1.56(1-x)^6(1+9x)$$

B: EHLQ

$$xu_v=1.78x^{0.5}(1-x^{1.51})^{3.5}$$
$$xd_v=0.67x^{0.4}(1-x^{1.51})^{4.5}$$
$$x\bar{u}=x\bar{d}=0.182(1-x)^{8.54}$$
$$x\bar{s}=0.081(1-x)^{8.54}$$
$$xg(x)=(2.62+9.17x)(1-x)^{5.90}$$

中微子散射实验中粲粒子产生的数据支持 $\bar{s}/\bar{u} \sim 1/2$，但在 DO 方案中并没有考虑，这一点在所有的应用中并不那么重要。图 3.6展示了两种参数化方案在实验数据拟合中的微小差别，(a) 是电磁结构函数之比 $F_2(\mathrm{en})/F_2(\mathrm{ep})$，DO 方案优于 EHLQ 方案，而在 (b) 所示的价夸克分布函数之比 $d_v(x)/u_v(x)$ 中 EHLQ 方案则优于 DO 方案。由精确的深度非弹散射给出的 MRST2001 部分子参数化分布函数示于图 3.7中。注意到 xu_v 和 xd_v 的峰值在 $x = 0.15 \sim 0.20$，当 $x \to 1$ 时，$d_v(x)/u_v(x)$ 按 $1 - x$ 减小。

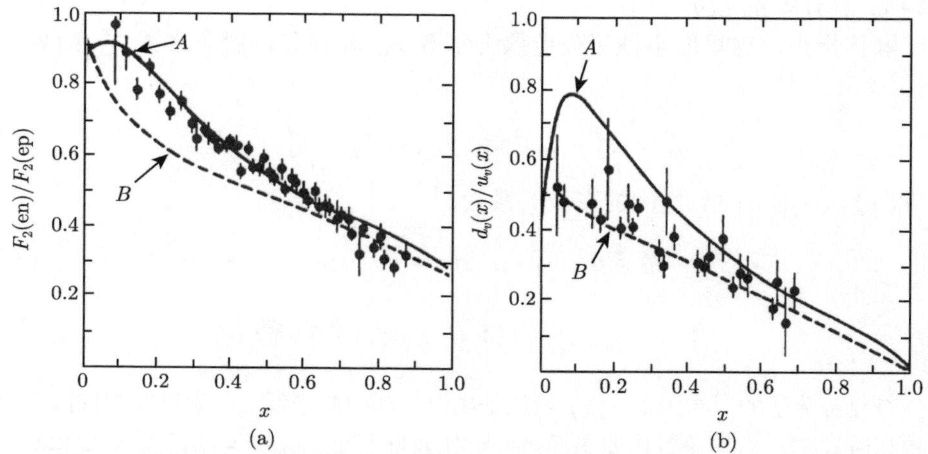

图 3.6　两种参数化方案在实验数据拟合中的微小差别。(a) $F_2(\mathrm{en})/F_2(\mathrm{ep})$ 数据 [Phys. Rev. D20,1471(1979)]；(b) 价夸克分布函数之比 $d_v(x)/u_v(x)$ 数据 [Proc. Neutrino Conference, Nordkirchen, p.422(1984)]

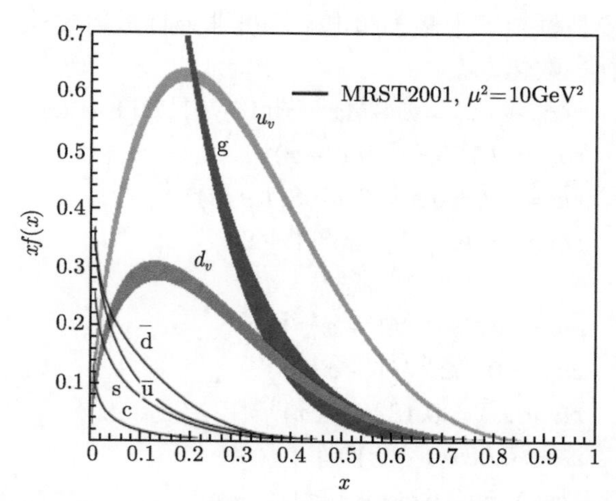

图 3.7　MRST2001 给出的价夸克和海夸克及胶子的分布函数 (引自 Franz Muheim 的讲稿)

依据拟合深度非弹散射的实验数据得到的夸克部分子分布函数，可以求出夸克和反夸克所携带的质子动量的份额，

$$\int_0^1 \mathrm{d}x x[u(x)+d(x)+s(x)+\bar{u}(x)+\bar{d}(x)+\bar{s}(x)] \simeq 0.54 \tag{3.79}$$

这说明夸克对质子动量求和规则的贡献只有约 54%，表明胶子具有动力学的贡献，即剩余的近一半动量应由胶子贡献，这和式 (3.56) 处的讨论是一致的。

按照现在的观点，上面的两种参数化方案还是基于几十年前能量相对较低的实验数据给出的。今天我们已经进入了 Tevetron 和 LHC 的高能对撞机时代，分布函数的参数化随着能量提高不断地改进，发展成了适应更高能量下的新的参数化方案，如 CTEQ6.6 和 CT09，而且分布函数已不再仅仅是 x 的函数，而是 x 和 Q^2 的函数。在软件方面，已经有专门的程序可以调用，给出部分子分布函数在不同的 (x, Q^2) 处的值。

3.6 强子对撞的部分子模型

3.6.1 两体单举过程

现在来讨论在强子对撞中如何计及部分子分布函数的贡献，作为一个例子，考虑如图 3.8所示的单举反应过程。设入射强子的四动量也由它的符号 A 和 B 表示，部分子 i 携带母强子的纵向动量份额为 x_i，忽略其横动量。记强子对撞的截面为 σ，部分子相互作用的子过程截面为 $\hat{\sigma}$，即

$$\sigma: \quad A+B \to C+X$$

$$\hat{\sigma}: \quad a+b \to C+X$$

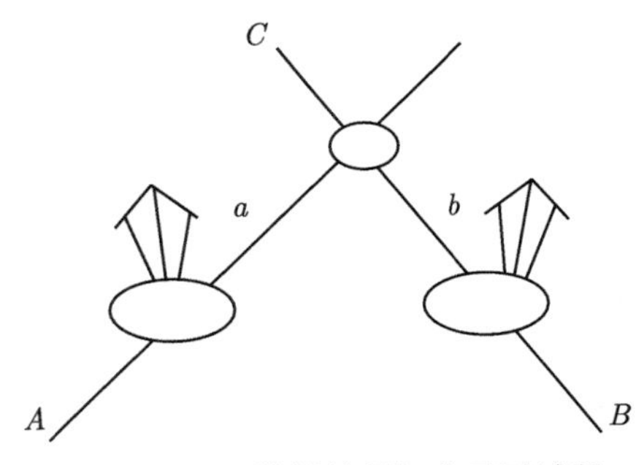

图 3.8 强子散射的硬部分子子过程

这里 C 可以是夸克或轻子。我们可以将总截面写为

$$\sigma(AB \to CX) = \sum_{a,b} C_{a,b} \int \mathrm{d}x_a \mathrm{d}x_b \left[f_{a/A}(x_a) f_{b/B}(x_b) + (A \leftrightarrow B, \text{若} a \neq b) \right] \cdot \hat{\sigma}(ab \to CX) \tag{3.80}$$

在截面计算中，我们需要对部分子初态色荷求平均，对末态色荷求和，$C_{a,b}$ 就是初态色荷的平均因子，对初末态色荷的求和包括在 $\hat{\sigma}$ 的计算中。

$$C_{qq'} = C_{q\bar{q}} = \frac{1}{9},\ C_{qg} = \frac{1}{24},\ C_{gg} = \frac{1}{64} \tag{3.81}$$

若在某一个洛伦兹坐标系中质量相对于空间动量可以忽略，则有如下四动量关系式：

$$a = x_a A, \quad b = x_b B$$

因而可以导得

$$\hat{s} = x_a x_b s = \tau s, \quad \tau = x_a x_b \tag{3.82}$$

若以 x_a 和 τ 为独立变量，则可将上面的截面表达式写为

$$\sigma = \sum_{a,b} C_{a,b} \int_0^1 \mathrm{d}\tau \int_\tau^1 \frac{\mathrm{d}x_a}{x_a} \left[f_{a/A}(x_a) f_{b/B}(x_a/\tau) + (A \leftrightarrow B, \text{若} a \neq b) \right] \cdot \hat{\sigma}(\hat{s} = \tau s) \tag{3.83}$$

形式上可以重新写为

$$\frac{\mathrm{d}\sigma}{\mathrm{d}\tau} = \sum_{a,b} \frac{\mathrm{d}\mathcal{L}_{a,b}}{\mathrm{d}\tau} \cdot \hat{\sigma}(\hat{s} = \tau s) \tag{3.84}$$

其中

$$\frac{\mathrm{d}\mathcal{L}_{a,b}}{\mathrm{d}\tau} = C_{a,b} \int_\tau^1 \frac{\mathrm{d}x_a}{x_a} \left[f_{a/A}(x_a) f_{b/B}(x_a/\tau) + (A \leftrightarrow B, \text{若} a \neq b) \right] \tag{3.85}$$

称之为部分子的亮度函数。

一般地，对高能硬散射过程，有

$$\hat{\sigma}(\hat{s}) = \frac{c}{\hat{s}} = \frac{c}{\tau s} \tag{3.86}$$

其中，c 是无量纲的常数。若部分子的分布函数具有标度性，即只是 x 的函数 $f(x)$，则 $s\frac{\mathrm{d}\sigma}{\mathrm{d}\tau}$ 具有随 τ 变化的标度性，即

$$s\frac{\mathrm{d}\sigma}{\mathrm{d}\tau}=G(\tau) \tag{3.87}$$

称之为标度函数，它依赖于部分子的分布函数 $f(x)$。

作为特例，讨论 $2\to 2$ 的子过程，如 $\mathrm{qq}\to\mu^+\mu^-$，$\mathrm{qq}\to\mathrm{qq}$ 等，在 $A+B$ 质心系中 $a+b$ 子系统的纵向动量，

$$p=a_3+b_3=(x_a-x_b)A_3\simeq(x_a-x_b)\frac{\sqrt{s}}{2}\equiv x\frac{\sqrt{s}}{2},\quad x\equiv x_a-x_b \tag{3.88}$$

容易求得

$$x_{a,b}=\frac{1}{2}[(x^2+4\tau)^{\frac{1}{2}}\pm x] \tag{3.89}$$

由雅可比 (Jacobi) 变换，可以证明

$$\frac{\mathrm{d}^2\sigma}{\mathrm{d}x\mathrm{d}\tau}=\frac{1}{\sqrt{x^2+4\tau}}\frac{\mathrm{d}^2\sigma}{\mathrm{d}x_a\mathrm{d}x_b} \tag{3.90}$$

变量 x 可以换成由 $A+B$ 系中 $a+b$ 系统的快度 y 表示之。根据快度的定义，

$$y=\frac{1}{2}\ln\frac{a_0+b_0+a_3+b_3}{a_0+b_0-a_3-b_3}=\frac{1}{2}\ln\frac{x_a}{x_b} \tag{3.91}$$

这里利用了关系式 $a_0=a_3=x_a$，$b_0=-b_3=x_b$，即有

$$x_{a,b}=\sqrt{\tau}\mathrm{e}^{\pm y} \tag{3.92}$$

因而有

$$\frac{\mathrm{d}^2\sigma}{\mathrm{d}y\mathrm{d}\tau}=\frac{\mathrm{d}^2\sigma}{\mathrm{d}x_a\mathrm{d}x_b}=\sum_{a,b}C_{a,b}\left[f_{a/A}(x_a)f_{b/B}(x_b)+(A\leftrightarrow B,\text{若}a\neq b)\right]\hat{\sigma} \tag{3.93}$$

当 $y=0$ 时，即在中心快度区域，$x_a=x_b=\sqrt{\tau}$，

$$\frac{\mathrm{d}^2\sigma}{\mathrm{d}y\mathrm{d}\tau}|_{y=0}=\sum_{a,b}C_{a,b}\left[f_{a/A}(\sqrt{\tau})f_{b/B}(\sqrt{\tau})+(A\leftrightarrow B,\text{若}a\neq b)\right]\hat{\sigma} \tag{3.94}$$

这个式子是我们下面讨论 Drell-Yan 过程的基础。注意到胶子和海夸克分布在非常小的 x 时变得很大，所以上面的公式在很高的能量下可能不可用。一般应有 $x>10^{-3}$，相当于子过程的能量大于若干 GeV，就应该是足够了，否则就应该考虑部分子之间的相互作用、多次散射及物质的影子效应 (shadowing) 等。

3.6.2 Drell-Yan 轻子对产生过程

Drell-Yan 轻子对产生过程可表示为

$$A + B \to \mathrm{e^+e^-}X, \quad \mathrm{\mu^+\mu^-X} \tag{3.95}$$

$A+B$ 的散射诸如 pp，p$\bar{\mathrm{p}}$，$\pi^{\pm}$p 和 $\mathrm{K}^{\pm}$p 等。反应的子过程费曼图如图 3.9所示，截面为

$$\hat{\sigma}(\bar{q}q') = 3\delta_{qq'}e_q^2\left(\frac{4\pi\alpha^2}{3\hat{s}}\right) \tag{3.96}$$

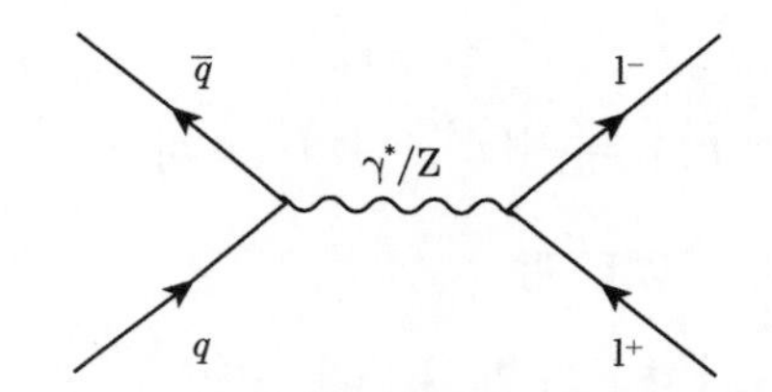

图 3.9　pp 对撞的 Drell-Yan 子过程

因子 3 是夸克的色因子，代入式 (3.93)，得到

$$\frac{\mathrm{d}^2\sigma}{\mathrm{d}y\mathrm{d}\tau} = \frac{1}{3}\left(\frac{4\pi\alpha^2}{3s}\right)\sum_{q=\mathrm{u,d,s}} x_q^{-1}x_{\bar{q}}^{-1}\left[e_q^2 f_{q/A}(x_q)f_{\bar{q}/B}(x_{\bar{q}}) + (A\leftrightarrow B)\right] \tag{3.97}$$

强子内部的夸克部分子分布函数以 p 和 $\bar{\mathrm{p}}$ 为例可以写为

$$\begin{aligned}
\mathrm{p}:\quad & f_{u/p}(x) = u(x), \qquad & f_{\bar{u}/p}(x) = \bar{u}(x)\\
& f_{d/p}(x) = d(x), \qquad & f_{\bar{d}/p}(x) = \bar{d}(x)\\
\bar{\mathrm{p}}:\quad & f_{\bar{u}/\bar{p}}(x) = u(x), \qquad & f_{u/\bar{p}}(x) = \bar{u}(x)\\
& f_{\bar{d}/\bar{p}}(x) = d(x), \qquad & f_{d/\bar{p}}(x) = \bar{d}(x)
\end{aligned}$$

如果是原子核，N 个中子和 Z 个质子，则有

$$\begin{aligned}
A = (N, Z):\quad & f_{u/A}(x) = Zu(x) + Nd(x)\\
& f_{\bar{u}/A}(x) = Z\bar{u}(x) + N\bar{d}(x)\\
& f_{d/A}(x) = Zd(x) + Nu(x)\\
& f_{\bar{d}/A}(x) = Z\bar{d}(x) + N\bar{u}(x)
\end{aligned}$$

类似地可以写下 s 和其他海夸克的分布函数。

下面给出对如下过程的讨论：

$$\mathrm{pp}, \mathrm{p\bar{p}} \rightarrow \mathrm{l^+l^-X} \tag{3.98}$$

(1) pp 散射, 在 $y=0$ 的中心快度区，$x_q = x_{\bar{q}} = \sqrt{\tau}$，按照式 (3.97)，方括号内的夸克分布函数的贡献为

$$\frac{8}{9}u(\sqrt{\tau})\bar{u}(\sqrt{\tau}) + \frac{2}{9}d(\sqrt{\tau})\bar{d}(\sqrt{\tau}) + \frac{2}{9}s(\sqrt{\tau})\bar{s}(\sqrt{\tau}) \tag{3.99}$$

$A \leftrightarrow B$ 交换贡献了因子 2。截面的 τ 分布严重依赖于反夸克的分布，在 τ 高时截面像夸克海一样下降。$s\dfrac{\mathrm{d}^2\sigma}{\mathrm{d}y\mathrm{d}\tau}$ 在 $y=0$ 处的标度行为在 ($\sqrt{s}=19 \sim 63\mathrm{GeV}$) 能区 pp 对撞实验中被观测到，和 Drell-Yan 的预言基本符合。

(2) $\mathrm{p\bar{p}}$ 散射, 在 $y=0$ 的中心快度区，式 (3.97) 方括号内的夸克分布函数因子为

$$\begin{aligned}&\frac{4}{9}\left[u(\sqrt{\tau})u(\sqrt{\tau}) + \bar{u}(\sqrt{\tau})\bar{u}(\sqrt{\tau})\right] + \frac{1}{9}\left[d(\sqrt{\tau})d(\sqrt{\tau}) + \bar{d}(\sqrt{\tau})\bar{d}(\sqrt{\tau})\right]\\&+\frac{1}{9}\left[s(\sqrt{\tau})s(\sqrt{\tau}) + \bar{s}(\sqrt{\tau})\bar{s}(\sqrt{\tau})\right]\end{aligned} \tag{3.100}$$

这时价夸克的分布函数在 $\sqrt{\tau} > 0.1$ 时占统治地位，所以其截面在 $x_q(=\sqrt{\tau})$ 高时比 pp 过程的压制要小，这就是早前 TeV 能量以下的强子对撞机都采用 $\mathrm{p\bar{p}}$ 对撞来产生和研究 W 和 Z 物理的原因。

图 3.10和 3.11显示的是 pp 和 πp 散射 Drell-Yan 过程标度效应的实验数据，其中 m 是末态 $\mu^+\mu^-$ 对的不变质量，$m^2 = \hat{s} = \tau s$。

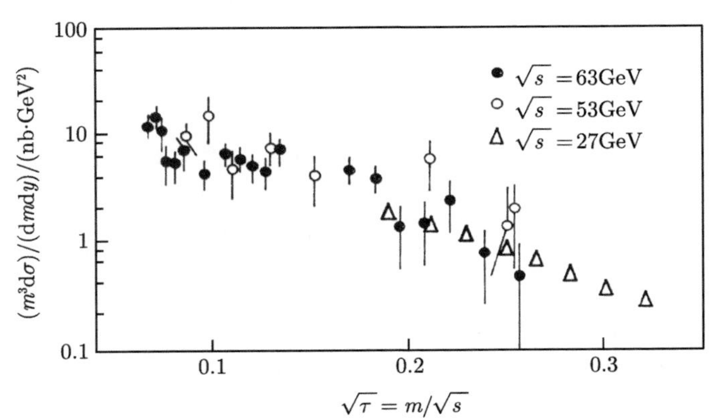

图 3.10 pp 散射中末态 μ 子对产生 Drell-Yan 截面 $(m^3\mathrm{d}\sigma)/(\mathrm{d}m\mathrm{d}y)(y=0)$ 的标度性 [Phys. Lett. 91B,475(1980)]

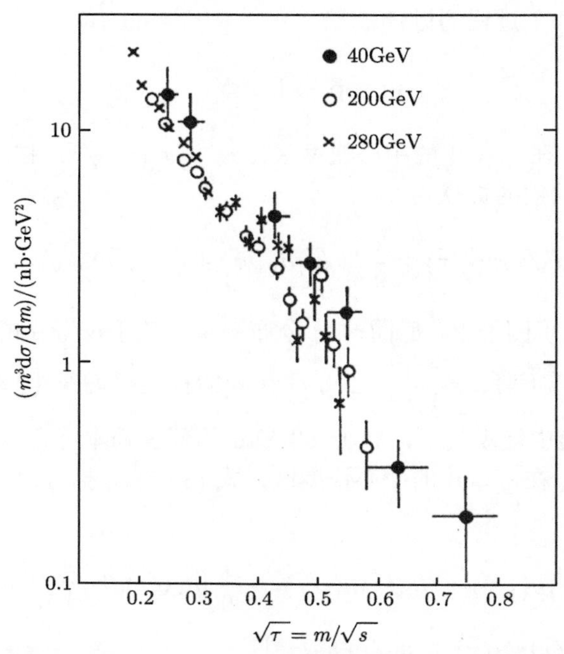

图 3.11　πp 散射中末态 Drell-Yan 的 μ 子对产生截面 $m^3\mathrm{d}\sigma/\mathrm{d}m$ 的标度性 [Phys. Lett. 96B,417(1980)]

3.7　胶子分布函数的确定

由于胶子没有电磁和弱相互作用，它的分布函数不可能进入电磁非弹散射或 Drell-Yan 截面中。它在核子内的分布一般只能从动量求和规则间接地确定，但是人们还是发现了一个过程可以实验测定胶子的分布函数，即

$$\gamma\mathrm{N}\longrightarrow\psi+\mathrm{X} \tag{3.101}$$

在光子和核子的散射中，胶子的分布函数进入最低阶子过程费曼图，从而被实验测量之。图 3.12是最低阶部分子子过程 $\gamma\mathrm{q}\to\mathrm{c\bar{c}}$ 的费曼图。末态 $\mathrm{c\bar{c}}$ 可以形成束缚态，也可能形成自由的粲强子对。$\mathrm{c\bar{c}}$ 束缚态的产生截面应在不变质量区间 $2m_\mathrm{c}<m(\mathrm{c\bar{c}})<2m_\mathrm{D}$ 内，m_c 和 m_D 是粲夸克和最轻粲介子的质量。记生成 ψ 束缚态的分数因子为 F。子过程 $\gamma\mathrm{g}\to\mathrm{c\bar{c}}$ 生成色八重态的 $\mathrm{c\bar{c}}$ 系统，可以假定在 $\mathrm{c\bar{c}}\to\psi$ 的强子化过程中包含了一个软胶子的辐射，从而生成色单态的 ψ 末态粒子。于是可以写下

$$\sigma(\gamma\mathrm{N}\to\psi+\mathrm{X})=\frac{F}{8}\int_{x_1}^{x_2}\mathrm{d}x g(x)\hat{\sigma}(\gamma\mathrm{g}\to\mathrm{c\bar{c}}) \tag{3.102}$$

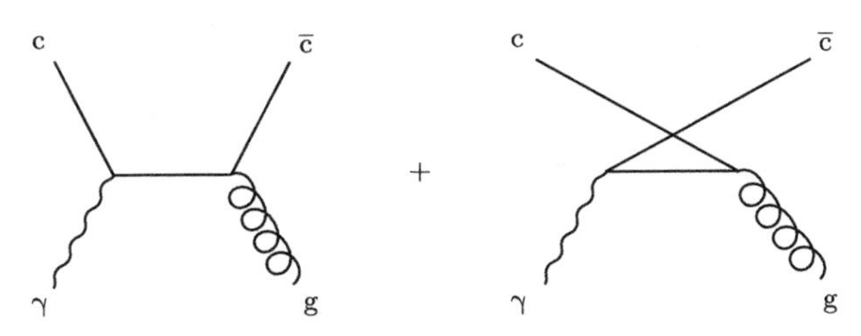

图 3.12 粲夸克对的 γg 凝聚产生过程

这里，$x = \hat{s}/s = 4m^2/s$，$\dfrac{1}{8}$ 是对初态胶子的色平均因子。积分的上下限分别为 $x_1 = 4m_{\rm c}^2/s$，$x_2 = 4m_{\rm D}^2/s$，在比较高的光子能量下 $s \simeq 2M_{\rm N}E_\gamma$。由于 x 的积分区间比较小，可以近似地将 $g(x)$ 取为在中间点 $\bar{x} = 2(m_{\rm c}^2 + m_{\rm D}^2)/s$ 处的值，于是得到

$$\begin{aligned}\sigma(\gamma{\rm N} \to \psi + {\rm X}) &\approx g(\bar{x})\frac{F}{8}\int_{x_1}^{x_2} {\rm d}x\hat{\sigma}(\gamma{\rm g} \to {\rm c}\bar{\rm c}) \\ &= \frac{2\bar{x}g(\bar{x})}{m_{\rm c}^2 + m_{\rm D}^2}\frac{F}{8}\int_{4m_{\rm c}^2}^{4m_{\rm D}^2} {\rm d}m^2\hat{\sigma}(\gamma{\rm g} \to {\rm c}\bar{\rm c}) = \bar{x}g(\bar{x}) \cdot 常数 \qquad (3.103)\end{aligned}$$

因而由 $\gamma{\rm N} \to \psi + {\rm X}$ 反应截面的测量可以直接得到胶子的分布函数 $xg(x)$，如图 3.13所示，A 和 B 表示的是前面讲的 DO 和 EHLQ 参数化方案。

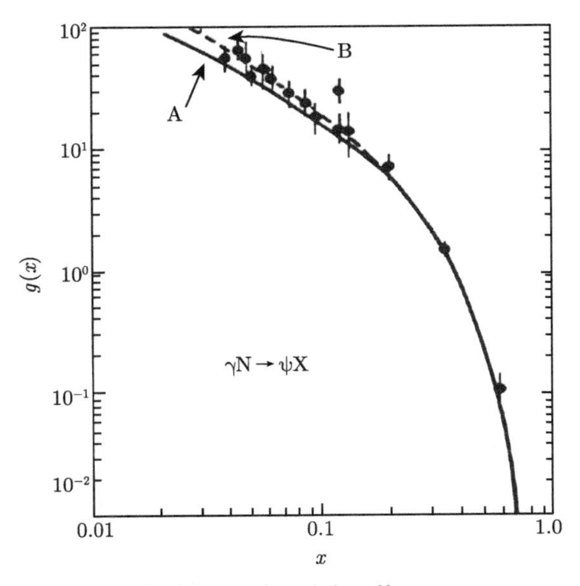

图 3.13 γN → ψX 实验截面确定的胶子分布函数 [Phys. Lett. 91B, 253(1980)]

还有其他与此相似的 ψ 强子化产生机制，如 $\mathrm{pp} \to \psi\mathrm{X}$，相应的部分子子过程为 $\mathrm{q}\bar{\mathrm{q}} \to \mathrm{c}\bar{\mathrm{c}}$ 和 $\mathrm{gg} \to \mathrm{c}\bar{\mathrm{c}}$，如图 3.14所示。在 ψ 的快度 $y=0$ 处 $\mathrm{pp} \to \psi\mathrm{X}$ 的截面为

$$\frac{\mathrm{d}\sigma}{\mathrm{d}y}(y=0) = F\int_{\tau_1}^{\tau_2} \mathrm{d}\tau \cdot \left\{\frac{2}{9}\sum q(\sqrt{\tau})\bar{q}(\sqrt{\tau})\hat{\sigma}(\mathrm{q}\bar{\mathrm{q}} \to \mathrm{c}\bar{\mathrm{c}}; \tau\mathrm{s}) + \frac{1}{64}[g(\sqrt{\tau})]^2\hat{\sigma}(\mathrm{gg} \to \mathrm{c}\bar{\mathrm{c}}; \tau\mathrm{s})\right\} \tag{3.104}$$

这里 $\tau = \hat{s}/s$，$\tau_1 = 4m_{\mathrm{c}}^2/s$，$\tau_2 = 4m_{\mathrm{D}}^2/s$，$y = \frac{1}{2}\ln[(E_\psi + p_{z\psi})/(E_\psi - p_{z\psi})]$，$\frac{1}{9}$ 和 $\frac{1}{64}$ 分别为夸克和胶子的色平均因子。如前讨论，在窄的质量窗口 $(2m_{\mathrm{c}}^2, 2m_{\mathrm{D}}^2)$ 内可取在平均点 $\bar{x} = \bar{\tau}^{1/2} = [(2m_{\mathrm{c}}^2 + 2m_{\mathrm{D}}^2)/s]^{1/2}$ 处的 $g(\bar{x})$ 作为胶子的分布函数，即有

$$\frac{\mathrm{d}\sigma}{\mathrm{d}y}(y=0) = \frac{F}{2m_{\mathrm{c}}^2 + 2m_{\mathrm{D}}^2} \cdot \left\{\sum_q \bar{x}^2 q(\bar{x})\bar{q}(\bar{x})\int \mathrm{d}m^2 \frac{2}{9}\hat{\sigma}(\mathrm{q}\bar{\mathrm{q}}) + [\bar{x}g(\bar{x})]^2\int \mathrm{d}m^2\frac{1}{64}\hat{\sigma}(\mathrm{gg})\right\} \tag{3.105}$$

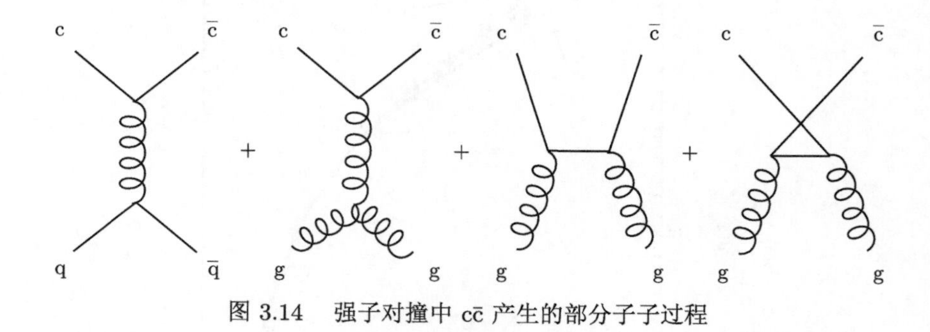

图 3.14　强子对撞中 $\mathrm{c}\bar{\mathrm{c}}$ 产生的部分子子过程

由于 $\mathrm{q}\bar{\mathrm{q}}$ 项的贡献很小，若忽略其贡献，认为主要是 $g(x)$ 的贡献，可以得到

$$[\bar{x}g(\bar{x})]^2 = \frac{\mathrm{d}\sigma}{\mathrm{d}y}(\mathrm{pp} \to \psi\mathrm{X}; y=0) \cdot (\text{常数}) \tag{3.106}$$

实验结果如图 3.15所示，和前述的参数化符合得很好。

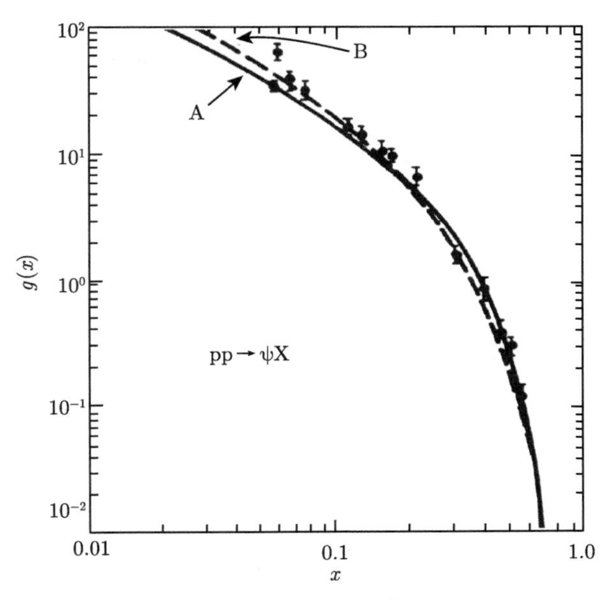

图 3.15 pp → ψX 实验截面确定的胶子分布函数 [Phys. Lett. 91B, 253(1980)]

类似地可以测得快度 $y \neq 0$ 时的胶子分布函数，也可以由 $\pi N \to \psi X$ 和 $KN \to \psi X$ 实验测得在 π 和 K 介子内的胶子分布函数。需要说明的是，对于 ψ 的不同产生道 $pp \to \psi + X$，$\pi N \to \psi X$ 等，实验数据拟合的经验分数因子 F 是不同的。因为在 $m(c\bar{c}) < 2m_D$ 阈值之下产生的 $c\bar{c}$ 对并不一定都形成束缚态，在其他作用顶点产生的夸克和胶子也可以提供能量用以形成粲强子，而且 ψ 和 χ 等束缚态的产额对不同的作用过程也是不同的，这也依赖于在不同的反应道中夸克碎裂函数的详细机制，所有这些因素都将影响到末态 $c\bar{c}$ 形成 ψ 束缚态的分数因子 F。还要指出的是，这里给出的胶子分布函数的标度形式没有考虑在 QCD 理论中预期的随 Q^2 的变化。

3.8 部分子的碎裂模型和碎裂函数

夸克胶子部分子都是带有色荷的，而所有实验上测定的强子都是无色的，或者说是色单态，所以自由的夸克不能独立存在，必须和其他的夸克部分子结合形成色单态的强子才能被探测到。这个过程被称为碎裂或强子化，是由软的非微扰过程支配的，QCD 不可计算，只能用唯象的部分子碎裂模型来处理。它的典型特征是一般要从真空中产生由色荷力场连接的夸克和反夸克对，如图 3.16 所示。图 3.17是 ep 深度非弹散射末态的部分子碎裂的示意图，设有原初的夸克部分子

q_0，它从真空中拉出一对 $\mathrm{q}_1\bar{\mathrm{q}}_1$，$(\mathrm{q}_0\bar{\mathrm{q}}_1)$ 组成强子，携带母夸克的部分动量，留下的 q_1 还可以从真空海中拉出一对 $\mathrm{q}_2\bar{\mathrm{q}}_2$，$(\mathrm{q}_1\bar{\mathrm{q}}_2)$ 组成强子，留下 q_2 继续如上的碎裂之旅。

反冲系统 $\bar{\mathrm{q}} \frown \mathrm{q}\bar{\mathrm{q}} \frown \mathrm{q}\bar{\mathrm{q}} \frown \cdots \frown \mathrm{q}\bar{\mathrm{q}} \frown \mathrm{q}$ 散射夸克

图 3.16　色流线断裂产生物质的 $\mathrm{q}\bar{\mathrm{q}}$ 对的示意图

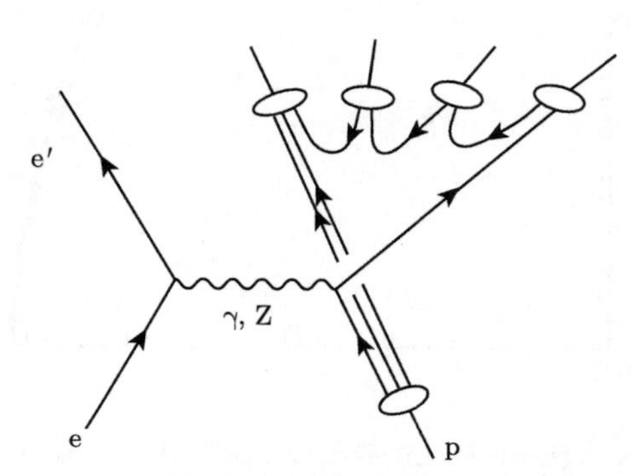

图 3.17　ep 深度非弹散射末态部分子碎裂的示意图

一般地，对反应末态完整信息的了解要求对部分子碎裂的完全描写，但有时对某些过程不完全的碎裂描写就足够好了。例如单举过程 $\mathrm{lp} \to \mathrm{lX}$，$\mathrm{p}\bar{\mathrm{p}} \to \mathrm{l}\bar{\mathrm{l}}\mathrm{X}$，我们关注的只是轻子，并不关心对末态所有强子的求和 X，所以在部分子模型中可以忽略部分子的碎裂。但是在半单举截面的测量中，如 $\mathrm{ep} \to \mathrm{ehX}$，$\mathrm{e^+e^-} \to \mathrm{hX}$，这时我们对某一个或几个强子 h 感兴趣，X 只是对部分强子的求和，这就要求对强子化的部分描写，即单粒子的碎裂函数。

3.8.1　洛伦兹不变的普适性碎裂函数

部分子 i 到强子 h 的碎裂可由洛伦兹不变的具有普适性的碎裂函数 $D_i^h(x,\mu^2)$ 描写，其中 x 是部分子传递给强子的四动量份额，μ 是因子化能量标度。这种对反应过程末态的描写方式可以和初态的分布函数相比。在 $\mathrm{e^+e^-}$ 对撞实验中，物理过程都是通过类时的中间规范玻色子实现的，所以碎裂函数有时也被称为类时的分布函数。半单举的正负电子湮灭过程 $\mathrm{e^+e^-} \to \gamma/\mathrm{Z} \to \mathrm{h}+\mathrm{X}$ 被认为是研究碎裂函数的最为干净的物理过程。设束流无极化，其半单举截面可表示为[1]

$$\frac{1}{\sigma_0}\frac{\mathrm{d}^2\sigma^{\mathrm{h}}}{\mathrm{d}x\mathrm{d}\cos\theta} = \frac{3}{8}(1+\cos^2\theta)F_{\mathrm{T}}^{\mathrm{h}}(x,q^2) + \frac{3}{4}\sin^2\theta F_{\mathrm{L}}^{\mathrm{h}}(x,q^2) + \frac{3}{4}\cos\theta F_{\mathrm{A}}^{\mathrm{h}}(x,q^2) \tag{3.107}$$

这里，θ 是 h 相对于电子束流方向的散射角；q 是规范玻色子的四动量，$q^2 > 0$；$x = 2P_{\rm h}\cdot q/q^2$，$P_{\rm h}$ 为强子的四动量。注意到这里 x 变量的定义类似于深度非弹散射的布约肯变量。在 $\rm e^+e^-$ 质心系中，记 $E_{\rm h}$ 为强子的能量，则 $x = 2E_{\rm h}/\sqrt{s} \leqslant 1$。$F_{\rm T,L,A}$ 称为碎裂结构函数，$F_{\rm T}$ 和 $F_{\rm L}$ 表示 $\gamma/\rm Z$ 相对于强子 h 产生方向的横向极化和纵向极化分量的贡献。$F_{\rm A}$ 是宇称破坏的反对称性结构函数，来自于矢量和轴矢量贡献的干涉效应。σ_0 是截面的归一化常数，可取为 $\rm e^+e^-$ 到强子过程的总截面 $\sigma_{\rm tot}$，包含所有的弱作用和 QCD，也可选为 $\rm e^+e^- \to \mu^+\mu^-$ 的玻恩截面乘以色因子 $N_{\rm c} = 3$，$\sigma_0 = 4\pi\alpha^2 N_{\rm c}/3s$。LEP1 实验测得的三个结构函数示于图 3.18中。

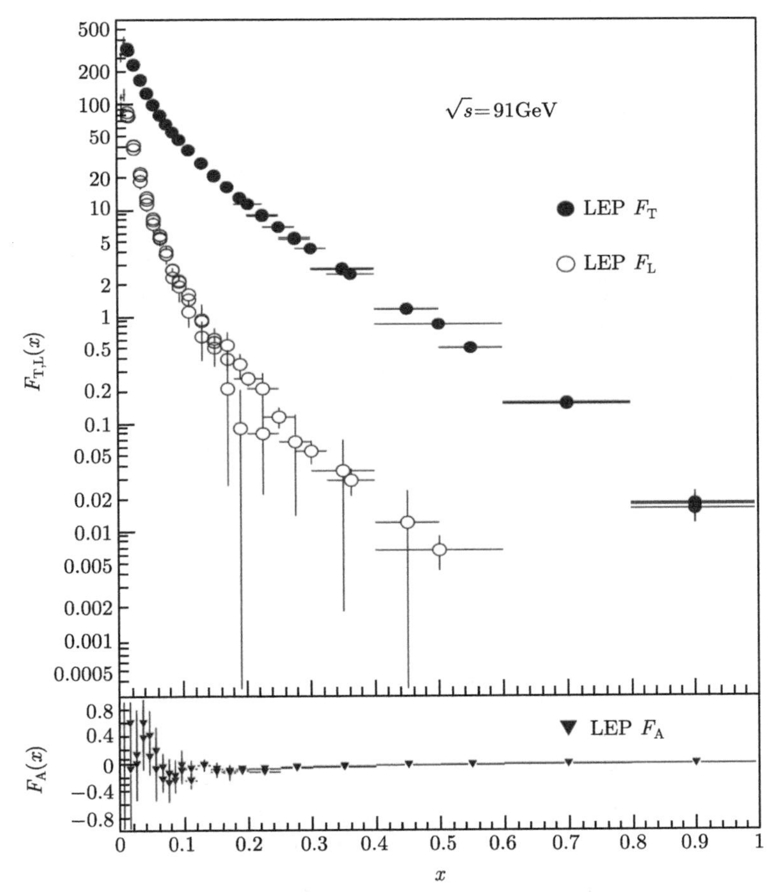

图 3.18 LEP1 实验测得的三个结构函数 $F_{\rm T}$、$F_{\rm L}$ 和 $F_{\rm A}$[2]

式 (3.107) 对 θ 角积分，可得横向和纵向碎裂结构函数之和 $F_{\rm h}(x,q^2) = F_{\rm T}^{\rm h}(x,q^2) + F_{\rm L}^{\rm h}(x,q^2)$，

$$\frac{1}{\sigma_0}\frac{\mathrm{d}\sigma^{\mathrm{h}}}{\mathrm{d}x}=F_{\mathrm{h}}(x,q^2)=\sum_i\int_x^1\frac{\mathrm{d}z}{z}\cdot C_i\left(z,\alpha_{\mathrm{s}}(\mu),\frac{q^2}{\mu^2}\right)D_i^{\mathrm{h}}\left(\frac{x}{z},\mu^2\right) \tag{3.108}$$

右边的因子化表达式中，微扰系数函数 C_i 卷积了所有部分子 $i=\mathrm{u},\bar{\mathrm{u}},\mathrm{d},\bar{\mathrm{d}},\ldots,\mathrm{g}$ 的结构函数 D_i^{h}，由微扰理论给出。因为光子和 Z 玻色子是不能区分夸克和反夸克的，$\mathrm{e^+e^-}$ 湮灭过程只能限定两者的结构函数之和 $D_{\mathrm{q}}^{\mathrm{h}}+D_{\bar{\mathrm{q}}}^{\mathrm{h}}$，胶子的碎裂贡献则仅出现在微扰论的高阶或标度破坏时，见下面的讨论。对式 (3.108) 因子化表达式的修正是 $1/q^2$ 压制的，它们来自于夸克和强子的质量项及非微扰效应。碎裂函数遵从动量求和规则：

$$\sum_h\int_0^1\mathrm{d}x\;x\;D_i^{\mathrm{h}}(x,\mu^2)=1 \tag{3.109}$$

这是对每一类部分子 i 分别成立的，注意求和是包含了所有可能的产生强子。

深度非弹的轻子-质子散射过程和强子-强子散射过程是对 $\mathrm{e^+e^-}$ 湮灭过程的补充。轻子-质子散射过程 $\mathrm{lp}\to\mathrm{l'}+\mathrm{h}+\mathrm{X}$ 是半单举的深度非弹散射 (SIDIS)，和式 (3.108) 类似，深度非弹散射过程中的光子是很虚的，允许将截面因子化为碎裂函数、入射质子的分布函数及微扰论的强子散射截面之积。同样，因子化也适用于强子散射过程 $\mathrm{pp}\to\mathrm{h}+\mathrm{X}$ 中产生的强子 h 具有大横动量时，以及 $\mathrm{pp}\to\mathrm{jet(h)}+\mathrm{X}$，这时 h 是重建喷注中的成员。碎裂函数对上述所有这些过程的贡献应该是普适的，即出现在这些过程中的碎裂函数的形式是相同的。QCD 在对碎裂函数的整体分析中涵盖了所有上述三类过程，以期获得最佳的碎裂函数。

相较于 $\mathrm{lp}\to\mathrm{l'}+\mathrm{h}+\mathrm{X}$ 和 $\mathrm{pp}\to\mathrm{h}+\mathrm{X}$ 过程，$\mathrm{e^+e^-}$ 湮灭过程的优势在于初态没有强子，因而没有束流残留物的污染，但是 $\mathrm{e^+e^-}\to\mathrm{h}+\mathrm{X}$ 过程对 $D_{\mathrm{g}}^{\mathrm{h}}$ 的灵敏度比较低，且对 $D_{\mathrm{q}}^{\mathrm{h}}-D_{\bar{\mathrm{q}}}^{\mathrm{h}}$ 的电荷不对称性不敏感。$\mathrm{p}-\mathrm{p}(\bar{\mathrm{p}})$ 和 ep 散射则可以对这些量给出限定，特别是 ep 散射提供了一个实验环境，可用于研究初态 QCD 辐射、靶强子的部分子和自旋结构，以及靶强子的残留系统对碎裂过程的影响。

在 $\mathrm{e^+e^-}$ 湮灭过程中，$q^2=s$，是由对撞能量限定的固定值，而在轻子-强子散射过程中则有两个独立的标度量，即 $Q^2=-q^2$ 和强子末态不变质量的平方 $W^2\approx Q^2(1-x)/x$，对给定的质心系能量，这两个量的大小都可以在若干个数量级范围内变化，因此在一个实验中可以研究不同环境下的碎裂函数。例如，在光生过程中交换的光子是准实的，$Q^2\approx 0$，因而类似于强子-强子散射。在深度非弹散射过程中，$Q^2\gg 1\mathrm{GeV}^2$，利用因子化，被轰击夸克的碎裂可以和在某一质心系能量下 $\mathrm{e^+e^-}$ 湮灭过程中的夸克碎裂相比较。

在轻子和强子对撞中，碎裂函数的研究通常在如下两个坐标系之一中进行，这时靶强子和交换强子是共线的。一个是强子质心系 (HCMS)，定义为交换玻色子和入射强子全体的静止系。定义 z^* 轴沿着交换玻色子方向，其正方向指向正在碎裂的区域。在 HCMS 系中进行碎裂的测量，通常会应用一个费曼 x 变量 $x_{\mathrm{F}} = 2p_z^*/W$，$p_z^*$ 是该坐标系中粒子的纵向动量，W 是强子末态的不变质量。x_{F} 的取值区间为从 -1 到 1。

另一个坐标系称为 Breit 系，这是相对于 HCMS 系有一个纵向的洛伦兹增长的坐标系，使得 q 的时间分量为零，即有 $q = (0, 0, 0, -Q)$。在夸克模型中，碰撞前纵向动量为 $Q/2$ 的部分子在碰撞之后变为 $-Q/2$。相较于 HCMS 系，Breit 系中的当前碎裂区和部分子的散射过程契合得更好，因此可以更方便地对深度非弹和 $\mathrm{e^+e^-}$ 湮灭过程的碎裂函数进行比较。在 DESY 的 HERA 实验中定义了变量 $x_{\mathrm{p}} = 2p^*/Q$，p^* 是 Breit 系中粒子在当前区域中的动量，可以方便地给出深度非弹和 $\mathrm{e^+e^-}$ 结果的直接比较。

下面讨论一下碎裂函数的标度破坏和 QCD 修正。以 $\mathrm{e^+e^-} \to \mathrm{h} + \mathrm{X}$ 散射过程为例，前面已提到式 (3.108) 的系数矩阵由 QCD 微扰论给出，对结构函数 $T_{\mathrm{T,L,A}}$ 中的每一个及 $F_{\mathrm{h}} = F_{\mathrm{T}}^{\mathrm{h}} + F_{\mathrm{L}}^{\mathrm{h}}$，系数函数都可以展开成如下形式：

$$C_{a,i}\left(z, \alpha_{\mathrm{s}}(\mu), \frac{q^2}{\mu^2}\right) = (1 - \delta_{a\mathrm{L}})\delta_{i\mathrm{q}}\delta(1-z) + \frac{\alpha_{\mathrm{s}}(\mu)}{2\pi} c_{a,i}^{(1)}\left(z, \frac{q^2}{\mu^2}\right) + \left(\frac{\alpha_{\mathrm{s}}(\mu)}{2\pi}\right)^2 c_{a,i}^{(2)}\left(z, \frac{q^2}{\mu^2}\right) + \cdots \tag{3.110}$$

这里，$a = \mathrm{T, L, A}$。由公式可见，在强耦合 α_{s} 的零阶项胶子的系数函数 C_{g} 消失，夸克和反夸克的系数函数 $C_i = g_i(s)\delta(1-z)$，除了 F_{L} 的零阶为零，领头阶贡献为 α_{s} 阶之外。这里 $g_i(s)$ 表示电弱耦合。特别是当 $s \ll M_{\mathrm{Z}}^2$，弱效应可以忽略时，$g_i(s)$ 正比于夸克电荷的平方。所有的电弱前置因子 $g_i(s)$ 可见于文献 [3]。第一阶和第二阶的 QCD 修正都已被计算出来，所以可以说除了 F_{L} 之外，所有的系数函数到 NNLO 阶都是清楚的。注意到，对于超出零阶的系数矩阵，因而碎裂函数，都是依赖于因子化重整方案的，现在一般选用 $\overline{\mathrm{MS}}$ 方案。

简单的夸克模型可以预言无标度的结构函数和碎裂函数，而微扰的 QCD 修正则可以通过演化方程导致对数式的标度破坏[4]，

$$\frac{\partial}{\partial \ln \mu^2} D_i^{\mathrm{h}}(x, \mu^2) = \sum_j \int_x^1 \frac{\mathrm{d}z}{z} P_{ji}(z, \alpha_{\mathrm{s}}(\mu^2)) D_j^{\mathrm{h}}\left(\frac{x}{z}, \mu^2\right) \tag{3.111}$$

这里函数 $P_{ji}(z, \alpha_{\mathrm{s}}(\mu^2))$ 描写 $i \to j + X$ 的劈裂，j 部分子携带了部分子 i 纵向动量的 z 份，同样可对其做微扰展开，

$$P_{ji}(z, \alpha_{\mathrm{s}}) = \frac{\alpha_{\mathrm{s}}}{2\pi} P_{ji}^{(0)}(z) + \left(\frac{\alpha_{\mathrm{s}}}{2\pi}\right)^2 P_{ji}^{(1)}(z) + \left(\frac{\alpha_{\mathrm{s}}}{2\pi}\right)^3 P_{ji}^{(2)}(z) + \cdots \tag{3.112}$$

这里领头阶 (LO) 函数 $P_{ji}^{(0)}$ 和初态部分子分布函数的形式是相同的。次领头阶 (NLO) 修正 $P_{ji}^{(1)}(z)$ 已有计算结果。类时的函数和相应的类空函数是不同的，但两者间是有关系的[5]。次次领头阶 (NNLO) 的 $P_{ji}^{(2)}(z)$ 也基本完成了计算。这些高阶计算都基于 $\overline{\mathrm{MS}}$ 重整化方案和固定的轻味数 n_f。如果在标度演化过程中超出了重夸克味的产生阈值，碎裂函数将会改变[6]。

类时和类空两种情况标度演化的唯象效应是相同的，当能标升高时可以观测到标度性的破坏，x 的分布向低端移动，如图 3.19(a) 所示，(b) 显示了对固定的 x 值截面随 $\sqrt{q^2}=\sqrt{s}$ 的变化。

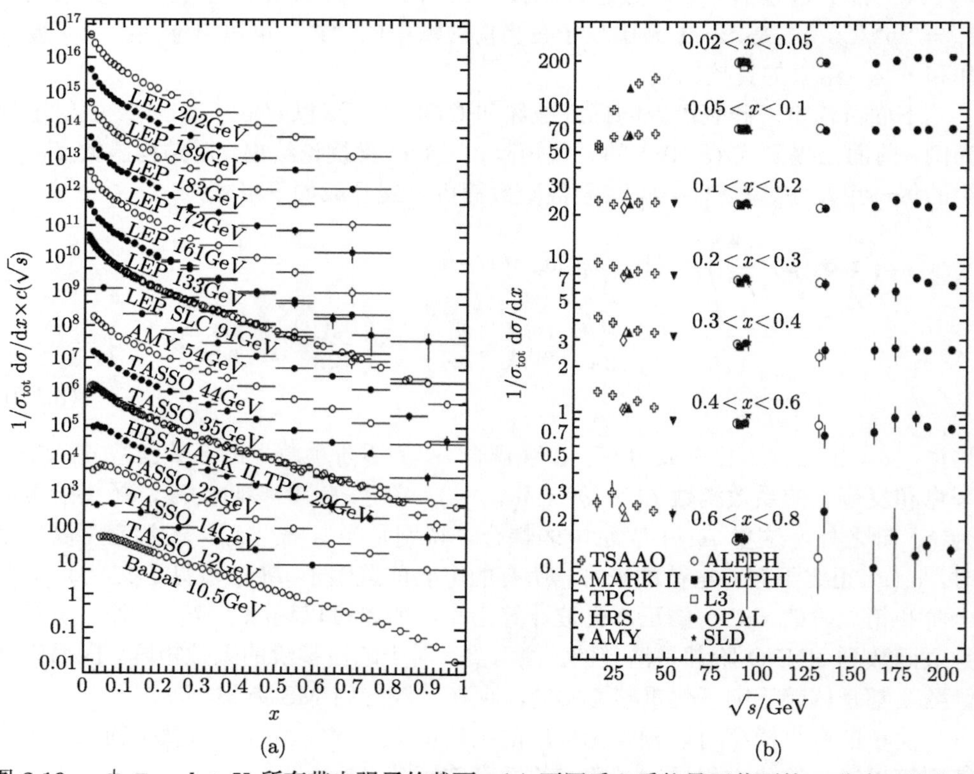

图 3.19 $\mathrm{e^+e^-}\to\mathrm{h}+\mathrm{X}$ 所有带电强子的截面：(a) 不同质心系能量下截面的 x 分布，纵坐标乘了一个刻度因子 $c(\sqrt{s})=10^i$，i 从 $0(\sqrt{s}=12\mathrm{GeV})$ 到 $13(\sqrt{s}=202\mathrm{GeV})$；(b) 对不同的标度量 x 截面的 $\sqrt{s}$ 分布

3.8.2 碎裂函数的唯象学

虽然前面讲到的标度破坏是可以微扰计算的，但部分子碎裂函数的实际形式却是非微扰的。微扰演化可给出部分子的簇射，对于多个部分子的末态，利用因

子化的描写，从领头阶到高阶矩阵元的计算都与这些部分子的簇射相连，因此也被称为匹配的方案。碎裂函数可以用参数化的模型来表示，这种唯象的处理方案可以将部分子的动量和夸克味传递给强子。通过蒙特卡罗模拟，利用实验数据对这些方案进行细致调整，就可以提供一套普适的碎裂函数。

碎裂函数是演化方程 (3.111) 的解，但需要给出它的初始标度 μ_0^2(对轻味夸克和胶子一般为 $1\mathrm{GeV}^2$，对重味夸克则取为 m_{Q}^2)。对轻强子典型的参数化形式为

$$D_i^{\mathrm{h}}(x,\mu_0^2)=N_i x^{\alpha_i}(1-x)^{\beta_i}\left[1+\gamma_i(1-x)^{\delta_i}\right] \tag{3.113}$$

这里，i 代表不同的碎裂部分子；N_i 是归一化因子；参数 α_i、β_i、γ_i 和 δ_i 的值依赖于不同的 i。

遵循碎裂函数的发展脉络，下面来讨论早期非微扰的碎裂函数模型和物理方面的考虑，并在此基础上介绍计算机的模拟。设部分子的四动量为 $\boldsymbol{k}$，能量为 E_{k}，强子 h 的能量为 E_{h}，其能量份数为 z(注意此后我们改用 z 表示碎裂参量)，

$$z=\frac{E_{\mathrm{h}}}{E_{\mathrm{k}}},\quad 0\leqslant z\leqslant 1 \tag{3.114}$$

定义 $D_{\mathrm{k}}^{\mathrm{h}}(z)\mathrm{d}z$ 为部分子 k 到强子 h 的碎裂函数，表示在 $z\to z+\mathrm{d}z$ 找到一个由部分子 k 碎裂的强子 h 的概率。这里我们假定它只是 z 的函数，称为费曼 (Feynman) 标度，忽略质量 m 和横动量。也可以定义 z 为强子和部分子纵向动量之比，

$$z=\frac{p_{\mathrm{hL}}}{p_{\mathrm{kL}}} \tag{3.115}$$

或光锥变量

$$z=\frac{E_{\mathrm{h}}+p_{\mathrm{hL}}}{E_{\mathrm{k}}+p_{\mathrm{kL}}} \tag{3.116}$$

它具有纵向洛伦兹变换下的不变性。

利用碎裂函数可以得出如下截面公式：

$$\frac{\mathrm{d}\sigma}{\mathrm{d}E_{\mathrm{h}}}(\mathrm{AB}\to\mathrm{hX})=\sum_k\int\frac{\mathrm{d}\sigma}{\mathrm{d}E_{\mathrm{k}}}(\mathrm{AB}\to k\mathrm{X})\cdot D_{\mathrm{k}}^{\mathrm{h}}\left(\frac{E_{\mathrm{h}}}{E_{\mathrm{k}}}\right)\cdot\frac{\mathrm{d}E_{\mathrm{h}}}{E_{\mathrm{k}}} \tag{3.117}$$

因为 $\mathrm{d}z=\mathrm{d}E_{\mathrm{h}}/E_{\mathrm{k}}$。举个例子，ep 深度非弹散射的主要子过程为 $\mathrm{eu}\to\nu_{\mathrm{e}}\mathrm{d}$，d 夸克会碎裂成反冲的喷注，

$$\frac{\mathrm{d}\sigma}{\mathrm{d}x\mathrm{d}y\mathrm{d}z}(\mathrm{ep}\to\nu_{\mathrm{e}}\mathrm{hX})=\frac{\mathrm{d}\sigma}{\mathrm{d}x\mathrm{d}y}(\mathrm{ep}\to\nu_{\mathrm{e}}\mathrm{X})D_{\mathrm{d}}^{\mathrm{h}}(z) \tag{3.118}$$

如果认为 d 夸克的碎裂是独立的，和其他的部分子没有关系，即在独立碎裂模型中 (下面将详述)，从不同反应过程中测得的碎裂函数 $D_{\mathrm{d}}^{\mathrm{h}}(z)$ 应是相同的。图 3.20 给出了 $z>0.2$ 的 $\bar{\nu}\mathrm{p}$、μp 和 $\mathrm{e}^+\mathrm{e}^-\to\pi\mathrm{X}$ 过程的实验测量结果，它们是相互一致的。

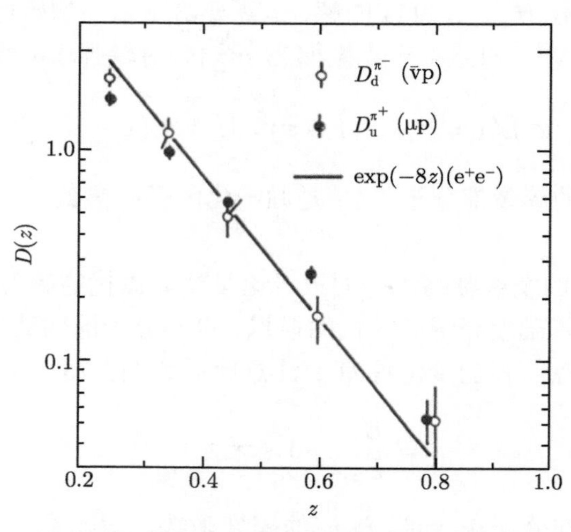

图 3.20　来自不同过程的碎裂函数的比较

从碎裂函数可以求出从 k 部分子碎裂的 h 强子的平均多重数，

$$\langle n_{\mathrm{k}}^{\mathrm{h}}\rangle=\int_{z_{\min}}^{1}\mathrm{d}zD_{\mathrm{k}}^{\mathrm{h}}(z),\quad z_{\min}=m_{\mathrm{h}}/E_{\mathrm{k}} \tag{3.119}$$

由此可以看出，如果我们相信独立碎裂模型在该能量区间的正确性，则强子多重数在高能区的行为由小 z 时的碎裂函数 $D(z)$ 的行为所决定。$D(z)$ 可以参数化为如下形式：

$$D(z)=f\cdot(1-z)^n/z \tag{3.120}$$

f 是一个常数，因子 $(1-z)^n$ 参数化了在大 z 时的行为，而因子 z^{-1} 则给出了在高能下由每个部分子 k 碎裂的强子多重数对数增加的实验事实，即

$$\langle n_{\mathrm{k}}^{\mathrm{h}}\rangle\simeq f\cdot\ln(E_{\mathrm{k}}/m_{\mathrm{h}}),\quad E_{\mathrm{k}}\to\infty \tag{3.121}$$

碎裂函数显然应该满足如下归一化：

$$\sum_h\int_0^1 D_{\mathrm{k}}^{\mathrm{h}}(z)\mathrm{d}z=1 \tag{3.122}$$

强相互作用的电荷共轭和同位旋对称性给出如下一些关系式：

$$D_{\mathrm{d}}^{\pi^-} = D_{\mathrm{u}}^{\pi^+} = D_{\bar{\mathrm{u}}}^{\pi^-} = D_{\bar{\mathrm{d}}}^{\pi^+}, \quad D_{\mathrm{c}}^{\mathrm{D}^+} = D_{\mathrm{c}}^{\mathrm{D}^0} = D_{\bar{\mathrm{c}}}^{\bar{\mathrm{D}}^0} = D_{\bar{\mathrm{c}}}^{\mathrm{D}^-}$$
$$D_{\mathrm{g}}^{\pi^+} = D_{\mathrm{g}}^{\pi^-} = D_{\mathrm{g}}^{\pi^0}$$

实际上在部分子碎裂函数 $D_{\mathrm{k}}^{\mathrm{h}}(z)$ 和分布函数 $f_{\mathrm{k/h}}$ 之间有紧密的相似性。如图 3.21所示，碎裂函数 $D_{\mathrm{k}}^{\mathrm{h}}(z)$ 是在部分子 k 的碎裂产物中发现强子 h 的概率密度，而分布函数 $f_{\mathrm{k/h}}$ 则是在一个强子中发现部分子 k 的概率密度；式 (3.119) 碎裂函数的平均多重数积分对应于强子中的部分子多重数；碎裂函数的能量守恒关系对应于强子中部分子的动量求和规则；电荷共轭和同位旋关系对两者是相同的。即使在考虑 QCD 辐射修正的情况下，这种相似性仍然存在。

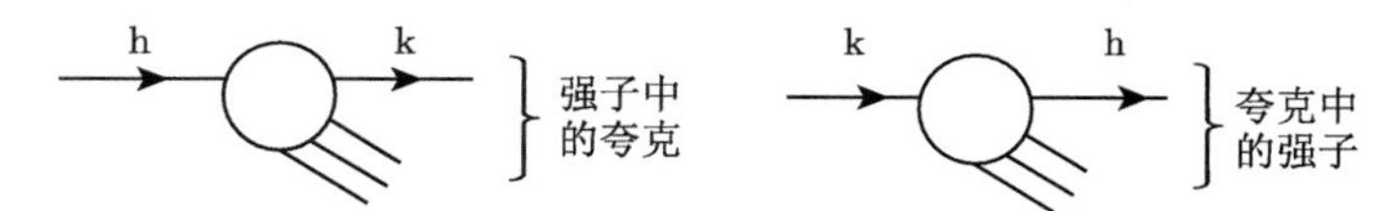

图 3.21 分布函数 $f_{\mathrm{k/h}}$ 和碎裂函数 $D_{\mathrm{k}}^{\mathrm{h}}(z)$ 的对比

3.8.3 重夸克的碎裂函数

重夸克 Q 由于质量很大，在碎裂过程中会失去一小部分能量来激发产生一些轻夸克对，Q 和轻夸克 $\bar{\mathrm{q}}$ 组成重味强子 $\mathrm{H_Q}$，$\mathrm{H_Q}$ 将携带原初重味夸克 Q 的大部分能量。由于剩余轻夸克的能量较低，所以不会再继续碎裂。一般认为重味夸克只碎裂一次。

$$z = E_{\mathrm{H}}/E_{\mathrm{Q}} \sim 1 \tag{3.123}$$

其碎裂函数为

$$D_{\mathrm{Q}}^{\mathrm{H}}(z) \sim \delta(1-z) \tag{3.124}$$

具有较硬的分布。Peterson 模型给出了一个对重味夸克碎裂函数的描述，如图 3.22所示。重味夸克 Q 通过碎裂丢失的能量为

$$\Delta E = E_{\mathrm{Q}} - E_{\mathrm{H}} - E_{\mathrm{q}} \simeq \frac{m_{\mathrm{Q}}^2}{2p} - \frac{m_{\mathrm{H}}^2}{2zp} - \frac{m_{\mathrm{q}}^2}{2(1-z)p} \propto 1 - \frac{1}{z} - \frac{m_{\mathrm{q}}^2/m_{\mathrm{Q}}^2}{1-z} \tag{3.125}$$

这里 p 是重味夸克 Q 的原初动量，p 较大时，近似有关系式 $E = \sqrt{p^2+m^2} \cong p + \dfrac{m^2}{2p}$，同时假定了 $m_{\mathrm{H}} = m_{\mathrm{Q}}$，忽略横动量的贡献。Peterson 假定 $\mathrm{Q} \to \mathrm{H}$ 的

碎裂由能量分母 $(\Delta E)^{-2}$ 和相空间决定，所有其他的因子近似为常数。相空间可写为

$$\frac{\mathrm{d}^3 p_{\mathrm{H}}}{E_{\mathrm{H}}} \simeq \pi \mathrm{d}p_{\mathrm{HT}}^2 \mathrm{d}p_{\mathrm{HL}}/p_{\mathrm{HL}} = \pi \mathrm{d}p_T^2 \mathrm{d}z/z \tag{3.126}$$

因此，相空间将贡献一个因子 z^{-1}。在 Peterson 模型下的重味夸克碎裂函数为[7]

$$D_{\mathrm{Q}}^{\mathrm{H}}(z) = 常数 \cdot z^{-1}\left(1-\frac{1}{z}-\frac{\epsilon_{\mathrm{Q}}}{1-z}\right)^{-2} \tag{3.127}$$

$$\epsilon_{\mathrm{Q}} = \frac{< m_{\mathrm{q}}^2 + p_{\mathrm{qT}}^2 >}{< m_{\mathrm{Q}}^2 + p_{\mathrm{QT}}^2 >} \tag{3.128}$$

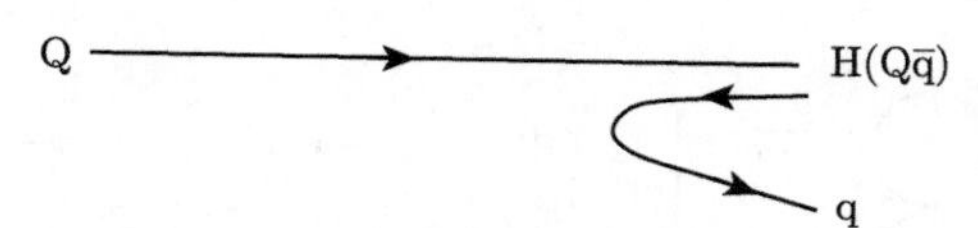

图 3.22　重味夸克部分子碎裂的示意图

图 3.23是 c → D* 和 b → B 的碎裂函数，c 和 b 碎裂的 ϵ_{Q} 参数分别取为 0.18 和 0.018，两者 10 倍的差别来自于 ϵ_{Q} 的 m_{Q}^{-2} 依赖性。注意，(a) 中用动量之比定义 z，而 (b) 用能量之比定义 z。文献中 ϵ_{Q} 参数对 c 夸克的碎裂一般为 $0.1 \sim 0.4$，对 b 夸克碎裂，为 $0.003 \sim 0.004$。ϵ_{Q} 经验值的选取依赖于具体的实验和所用的 z 的定义。在实验中往往需要仔细调整 ϵ_{Q} 的值，使蒙特卡罗模拟数据和实验很好地符合。

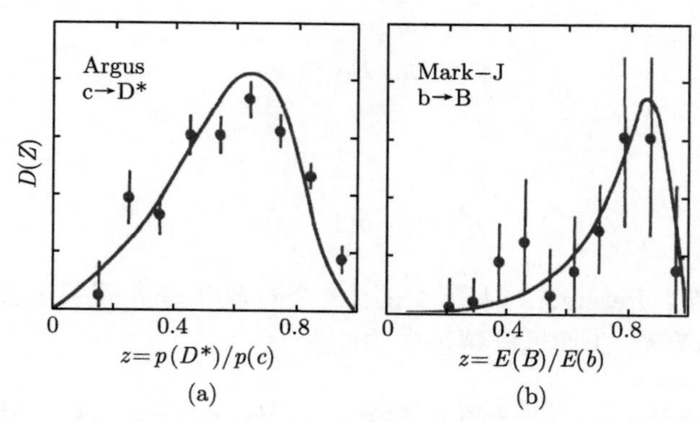

图 3.23　Argus 和 Mark-J 实验测得的 c → D* 和 b → B 的碎裂函数

图 3.24是 Peterson 模型预言的 c、b、t 夸克碎裂函数的比较。这里假定了 $\epsilon_{\mathrm{Q}} = 0.40\,\mathrm{GeV}^2/m_{\mathrm{Q}}^2$，$m_{\mathrm{b}} = 4.7\,\mathrm{GeV}$，$m_{\mathrm{t}} = 40\,\mathrm{GeV}$，因为那时还没有测到 t 夸克的质量。碎裂函数满足归一化 $\int D(z)\mathrm{d}z = 1$。

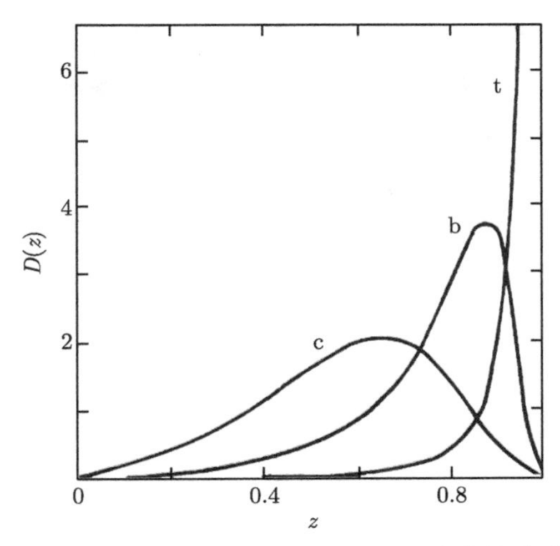

图 3.24 Peterson 模型给出的 Q=c,b,t 夸克的碎裂函数

此外还有其他的重味参数化方案，如 Kartvelishvili 等提出的方案[8]，

$$D_{\mathrm{Q}}^{\mathrm{H}}(z) \propto z^{\alpha}(1-z) \tag{3.129}$$

Collins 和 Spiller 提出的方案[9]

$$D_{\mathrm{Q}}^{\mathrm{H}}(z) \propto \left[\frac{1-z}{z}+\frac{(2-z)\epsilon_{\mathrm{C}}}{1-z}\right] \times (1+z^2) \times \left(1-\frac{1}{z}-\frac{\epsilon_{\mathrm{C}}}{1-z}\right) \tag{3.130}$$

$$\epsilon_{\mathrm{C}} \equiv \langle p_{\mathrm{T}}^2 \rangle / m_{\mathrm{Q}}^2 = (0.45/m_{\mathrm{Q}})^2$$

p_{T} 为强子相对于重味夸克运动方向的横动量，m_{Q} 的单位为 GeV。也还有其他的一些方案。

3.9 部分子碎裂的计算机模拟

3.9.1 夸克独立碎裂模型

独立碎裂模型最初是由 Feynman 和 Field 提出的，因而又被称为 FF 碎裂模型，用于在蒙特卡罗模拟中重建由部分子碎裂产生的强子喷注。如图 3.25所示，假定原初夸克 q_0 产生一个色场，在此色场中激发出一对轻夸克 $\mathrm{q}_1\bar{\mathrm{q}}_1$，$\mathrm{q}_0$ 和 $\bar{\mathrm{q}}_1$ 形成一个介子，它携带 q_0 动量的 z 份，留下的携带 $1-z$ 份，q_0 动量的 q_1 替代了 q_0 的角色。继续按此模式碎裂下去，直至最后的 q_n 动量小到某个阈值，不能再从色场中激发出一对夸克。如果暂时忽略横动量、味道和自旋指标，这样的一个碎裂过程就完全由一个任意的函数 $f(z)$ 所决定, 满足归一化条件 $\int f(z)\mathrm{d}z = 1$，因为总的概率为 1。

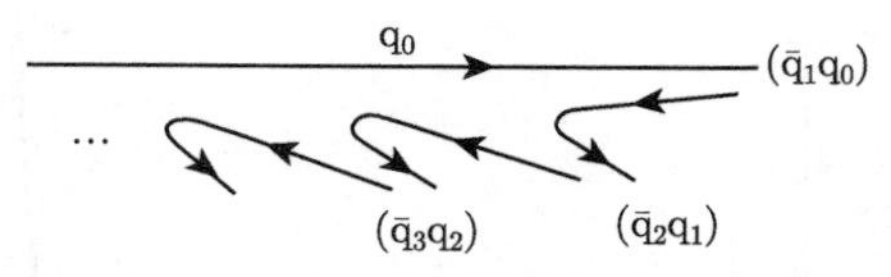

图 3.25　夸克部分子碎裂的示意图

此模型包含了单粒子的碎裂函数，可以描写一个完整的喷注。如果记 $D(z)$ 为产生动量分数为 z 的任一介子的概率密度函数，则有如下积分公式：

$$D(z) = f(z) + \int_z^1 f(1-z')D(z/z')\mathrm{d}z'/z' \tag{3.131}$$

这个公式给出了一个重复产生的过程，即某个介子可以是以概率 $f(z)$ 第一次由 q_0 产生，也可在随后的由 q_1 开始的链式中产生，它携带 q_0 动量 z' 份的概率为 $f(1-z')$。对于重味夸克碎裂到重味介子，在该近似下只有第一次碎裂有贡献，即 $D(z) = f(z)$。

独立碎裂模型使得对强子喷注可以进行直接方便的蒙特卡罗模拟。在模拟中加入对味道、自旋及横动量的考虑也是相当简单直接的，下面给出模拟的一般步骤，从一个具有确定味道和动量 p_0 的夸克 q_0 开始：

(1) 依据随机变量 z 的概率分布函数抽取一个值 z_1。

(2) 按照事先设定的 $\mathrm{u\bar{u}}$,$\mathrm{d\bar{d}}$,$\mathrm{s\bar{s}}$ 相对概率，如 $\mathrm{u\bar{u}}:\mathrm{d\bar{d}}:\mathrm{s\bar{s}} = a:a:b\ (b<a)$，抽取一个特定味道的夸克对 $\mathrm{q}_1\bar{\mathrm{q}}_1$，赋予介子 $(\mathrm{q}_0\bar{\mathrm{q}}_1)$ 纵向动量为 z_1p_0，夸克 q_1 的纵向动量则为 $p_1 = (1-z_1)p_0$。

(3) 按照事先设定的横动量概率分布函数赋予 q_1 一个小的横动量 p_T，则含 $\bar{\mathrm{q}}_1$ 的介子 $(\mathrm{q}_0\mathrm{q}_1)$ 横动量为 $-p_\mathrm{T}$。例如，假定横动量概率分布函数是高斯型的，$\dfrac{\mathrm{d}N}{\mathrm{d}p_\mathrm{T}^2} \sim \exp(\dfrac{-p_\mathrm{T}^2}{2\sigma^2})$。

(4) 按照设定的概率抽取介子 $(\mathrm{q}_0\bar{\mathrm{q}}_1)$ 的质量和自旋。自旋可以是 0 或 1，甚至更高，由具体的实验而定。

(5) 对夸克 q_1 重复上面的操作产生下一级的夸克对，直至 n 步之后的夸克 q_n 的动量 $p_n = (1-z_n)p_{n-1}$ 小于一个截断值为止。

这一过程产生一个介子链 $(\mathrm{q}_i\bar{\mathrm{q}}_{i+1})$，它们的纵向动量为 z_ip_{i-1}，横向动量为 $p_{iT} - p_{(i+1)T}$，并且给定它们的味道、质量和自旋。非 π 或 K 的介子按照粒子表衰变到比较轻的介子。经过 n 步重复碎裂后，最后会剩下一个没有归属于任何强子的慢夸克 q_n，这时各个喷注中剩下的没有配对的软夸克不再孤立地处理，而是把它们放在一起按照一定的设置组合成强子。实际上在实验室系中，这些强子对确定喷注的特性并不重要。需要指出的是，蒙特卡罗模拟链保证了每个喷注的动量守恒，而没有保证能量守恒，所以最后在每一个事例中需要对末态粒子的动量进行微小的重新标度，以保证最终能量的正确性。

这样的蒙特卡罗模拟包含了任意函数 $f(z)$，以及每一步对味道、自旋、质量等选择的输入参数，因此需要将模拟结果与实验数据比较来确定这些参数的值，之后才能将其作为预言未知物理的工具来使用。总结起来，独立碎裂模型具有如下物理假设：

(1) 独立性，每个喷注间是相互独立的。

(2) 局域性，链式中只有相邻的两个夸克才可以配对。

(3) 普适性，和具体的过程无关。

上面给出的只是一个粗略的介绍，细节并不是一成不变的。例如前面我们定义 z 为能量的份数，也有人将其定义为 $E+P_{\mathrm{L}}$ 的份数；$\mathrm{q}_i\bar{\mathrm{q}}_{i+1}$ 也可以被认定为低质量介子的束团，而不是单一的介子；还可以包含重子的产生，认为碎裂可以产生双夸克对，双夸克对和夸克对之比由重子数和介子数之比的实验数据来定。碎裂模型只是提供了一个实现参数化的框架，它并不是量子力学的，也不包含干涉效应和全同粒子的对称化效应，譬如 π 介子之间的玻色-爱因斯坦关联。

实际上，最初的 Feynman-Field 参数化使用的变量是 $E+P_{\mathrm{L}}$，定义

$$f(z)=1-a+3a(1-z)^2 \tag{3.132}$$

由于实验数据的比较取 $a=0.77$，夸克对 $\mathrm{u\bar{u}}$,$\mathrm{d\bar{d}}$,$\mathrm{s\bar{s}}$ 的产生概率比取为 0.4 : 0.4 : 0.2，低质量自旋为 0 和自旋为 1 的介子产生概率为 1 : 1，夸克的横动量满足高斯分布，$\sigma^2=(0.35\mathrm{GeV})^2$。当 $E+P_{\mathrm{L}}<\sqrt{m^2+p_{\mathrm{T}}^2}\equiv m_{\mathrm{T}}$，即最轻介子的横质量时，级联碎裂停止。能动量的守恒必须得到保证。

3.9.2 夸克弦碎裂模型

我们以简单的 1+1 维模型为例介绍弦碎裂模型的基本物理思想和参数化方法。在某一物理过程中，譬如 $\mathrm{e^+e^-}\to\mathrm{q\bar{q}}$，当一个色中性的 $\mathrm{q\bar{q}}$ 对产生之后，q 和 $\bar{\mathrm{q}}$ 之间会存在一个颜色的力场。一般相信，对于 QCD 的部分子色禁闭理论，连接 q 和 $\bar{\mathrm{q}}$ 的色力线主要集中在一个小半径的管道中，其效应看起来就像一根具有一定张力的弹簧，张力是常量，不依赖于 q 和 $\bar{\mathrm{q}}$ 之间的距离。这样一个图像和 Regge 唯象理论、重夸克偶素谱学及格点 QCD 相符，意味着弦张力的能量为

$$E\sim\kappa\cdot d \tag{3.133}$$

$$\kappa\simeq 1\mathrm{GeV/fm}\simeq 0.2\mathrm{GeV}^2 \tag{3.134}$$

当夸克对相互分开时张力增大，如果 $E > 2M_{\mathrm{q}}$，弦就有可能碎裂而产生一对 $\mathrm{q\bar{q}}$，如图 3.26所示；或者弦会由于张力增大而减速，停止，而后反向加速，再相互分离，如此形成周期性的振荡，称之为悠悠球 (yo-yo) 模式，如图 3.27所示。

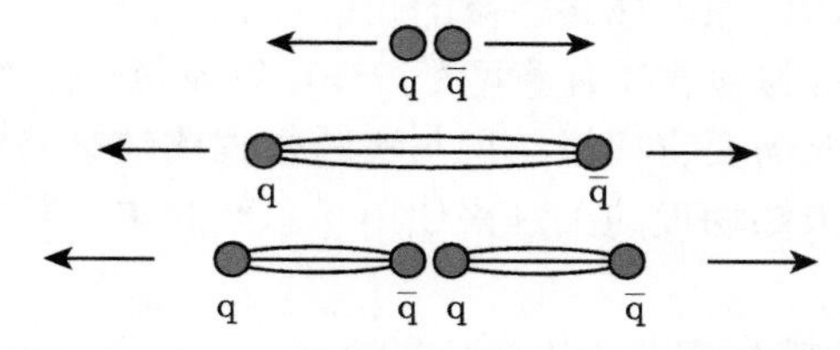

图 3.26　夸克对相互分开时，随着弦张力的增大，弦碎裂产生一对 $\mathrm{q\bar{q}}$ 的图像

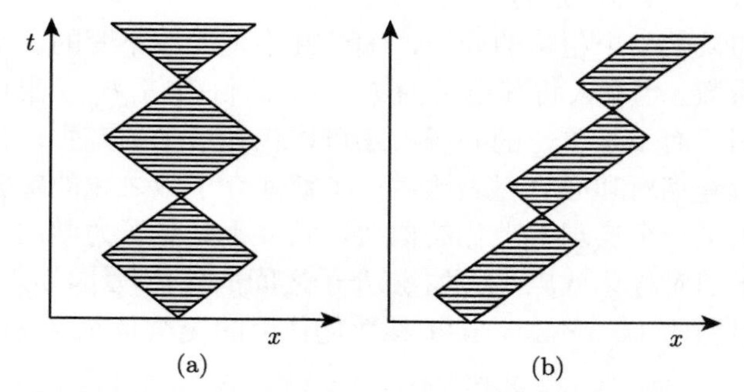

图 3.27　连接无质量夸克和反夸克的一维色弦 yo-yo 模式的时空图像：(a) 在 $\mathrm{q\bar{q}}$ 的静止坐标系；(b) 运动的 $\mathrm{q\bar{q}}$

在一维空间和一维时间的时空中，相对论弦的端点的运动方程可以写为

$$\mathrm{d}p/\mathrm{d}t = \pm\kappa \tag{3.135}$$

这里 p 是端点夸克的动量，正负号分别代表弦的左右端点。在这个模型图像中，每个夸克最初向外运动，持续稳定地失去动量，直至动量为零，这时它开始在相反方向稳步地获得动量而加速，直至弦的长度收缩为零，端点相互交换，再一次开始丢失动量的过程。在该模型下，弦携带它存储的能量 (式 (3.133))，而非动量。在两个夸克交换之前，一个端点夸克的运动和另一个端点的夸克无关。

现在可以引入弦碎裂的模式，即假定色力场可以在弦的某个位置断裂产生一对质量为零的 $\mathrm{q\bar{q}}$。譬如假定最初有一个红色的夸克在右端，反红色的反夸克在左端，如果色线在中间某个位置断裂产生一对新的红色和反红色的夸克反夸克对，则右端的红色夸克的力线将会终止在中间产生的反红色反夸克。同样，左端的反红色反夸克的力线将会终止在中间产生的红色夸克上。原来的弦分离成了两个独

立的色中性弦。类似于带电粒子耦合的均匀电场，假定弦在时空中劈裂的概率是均匀的，即

$$dP/(dxdt) = \text{常数} \cdot \exp(-\pi m^2/\kappa) \tag{3.136}$$

这里 m 是产生的夸克的质量。这类似于势垒的隧道概率。弦的运动变成了一个统计学的问题了。随着时间的推移，弦随机地碎裂成携带小部分原初能量的更小的弦。所有这些更小的弦都在裂变点之间进行如前所说的 yo-yo 模式的运动，如图 3.28所示。当弦碎片的不变质量足够小时，就被认定为一个强子或强子团，在该碎片内的裂变停止，最终整个系统演化为强子。这种处理方案是 Lund 组开创的。

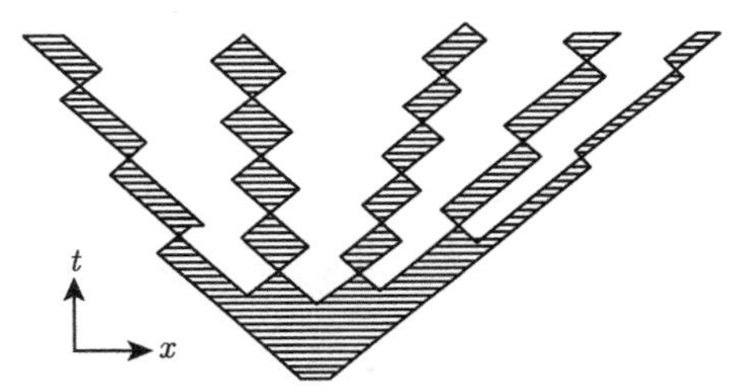

图 3.28　色弦碎裂的示意图

如果初始时刻 q_0 向右运动，$\bar{q}_0$ 向左运动，假定 n 个无质量的 $q\bar{q}$ 对产生的时空点从最右端开始依次为 (x_1,t_1)，(x_2,t_2)，$\cdots$，(x_n,t_n)，若假设所有的这些断裂都发生在 yo-yo 模式的第一次伸张阶段，那么所有的 q_i 向左运动，所有的 $\bar{q}_i$ 向右运动 $(i>0)$。于是在上述假设下，时空的演化就完全变成可操作的随机过程。可以证明这时第 i 个介子 $q_{i-1}\bar{q}_i$ 具有如下动量和能量：

$$p_i = \kappa(t_{i-1} - t_i), \quad E_i = \kappa(x_{i-1} - x_i) \tag{3.137}$$

也可以证明介子 $q_{i-1}\bar{q}_i$ 的不变质量平方等于 $2\kappa^2$ 乘以第 i 个 yo-yo 模式所包围的面积，如图 3.29所示。

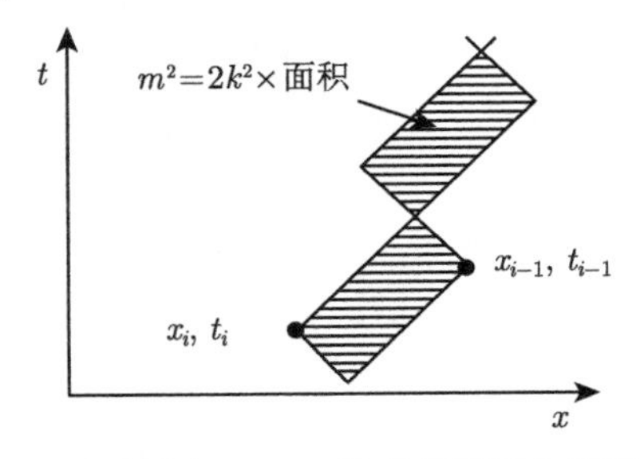

图 3.29　质量和 yo-yo 模式的面积之间的关系

由于假设断裂发生在 yo-yo 模式的第一次伸张阶段，且同一时刻只有一次断裂，因此有些断裂模式是不容许的，如图 3.30所示。

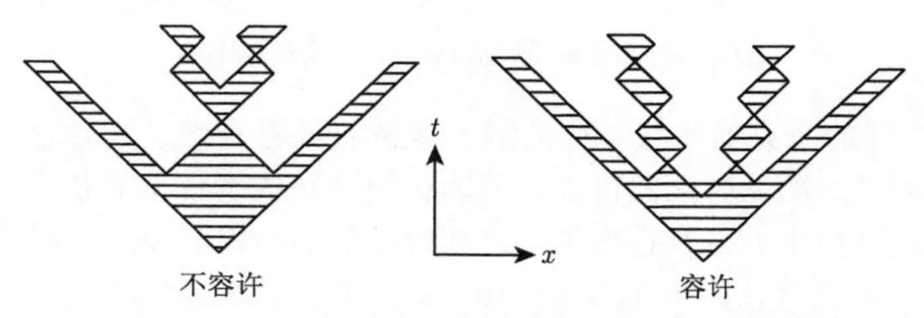

图 3.30　在弦碎裂的随机图像中容许和不容许的模式

弦碎裂的随机过程可以用光锥变量 $x^{\pm}=t\pm x$ 来描写。从 $(i-1)$ 个断裂点开始，在 x^{+} 方向的下一个断点由下式选择：

$$\Delta x^{+}\equiv(x_{i-1}^{+}-x_{i}^{+})=z_{i}x_{i-1}^{+},\quad 0\leqslant z_{i}\leqslant 1 \tag{3.138}$$

z_i 按照选取的概率分布函数 $f(z)$ 抽取。在 x^{-} 方向的步骤则由质量 m_i 固定，

$$\Delta x^{-}\equiv(x_{i-1}^{-}-x_{i}^{-})=-m_{i}^{2}/(\kappa^{2}\Delta x^{+}) \tag{3.139}$$

因为 yo-yo 矩形的面积是 $\dfrac{1}{2}\Delta x^{+}\Delta x^{-}$。初始和最后的边界条件是$x_{0}^{+}=2E_{0}/\kappa$，$x_{0}^{-}=0$ 和 $x_{n+1}^{+}=0$，$x_{n+1}^{-}=2\bar{E}_{0}/\kappa$，$E_0$ 和 $\bar{E}_0$ 是原初夸克对 q_0 和 $\bar{\mathrm{q}}_0$ 的初始能量。链式断点 $x_{i}^{\pm}$ 可以像前面讲的那样从右端开始产生，或者从左边开始，也可以从两端开始，每次随机地选择左或右。最后依据经验调整对边界条件的匹配。和 Feynman-Field 独立碎裂模型一样，$f(z)$ 同样扮演着重要的角色，而弦碎裂的图像则是新的。

Lund 组原来选取 $f(z)=1$，但后来选择一种对称的 Lund 形式：

$$f_{\alpha\beta}(z)=N_{\alpha\beta}z^{a_{\alpha}-a_{\beta}-1}(1-z)^{a_{\beta}} \tag{3.140}$$

这里，$N_{\alpha\beta}$，a_{α}，a_{β} 是参数，α 和 β 是夸克和反夸克的味道。这种形式的优点在于无论从哪一端开始都可以产生左右对称的喷注，这是令人期待的，因为一般认为夸克和反夸克的碎裂是相同的。对碎裂产生的介子需要赋以横动量，例如按照高斯概率分布函数 $\mathrm{d}\sigma/\mathrm{d}p_{\mathrm{T}}^{2}\sim\exp(-bp_{\mathrm{T}}^{2})$，还要赋以介子的自旋。前面用到的 m^2 现在就理解为 $m^{2}+p_{\mathrm{T}}^{2}$。作为一级近似，对所有的轻味取 $a=1$，$b=(1.5\mathrm{GeV})^{-2}$，就可以相当满意地拟合实验数据。当然，需要根据不同实验的具体情况对这些参数不断地进行优化。

对于重味夸克对，为保证能量守恒不能简单地沿用上面的在断裂点物质化的方法，它们在相距 $\Delta x=2m/\kappa$ 时产生，其静止能量由这个长度的弦的湮灭来提

供。遵照前述类比于均匀静电场的做法，质量为 m_{Q} 的重夸克对 $\mathrm{Q\bar{Q}}$ 的产生概率取为正比于 $\exp(-\pi m_{\mathrm{Q}}^2/\kappa)$。使用保守的质量选取 $m_{\mathrm{s}} \simeq 0.25\mathrm{GeV}$，$m_{\mathrm{c}} \simeq 1.2\mathrm{GeV}$，得到各种夸克对的相对产生概率为 $\mathrm{u\bar{u}}$：$\mathrm{d\bar{d}}$：$\mathrm{s\bar{s}}$：$\mathrm{c\bar{c}} = 1:1:0.37:10^{-10}$，因此在该模型中没有比奇异夸克对更重的夸克对沿着弦产生。重夸克到重味介子的碎裂仅发生在第一步，$D(z) = f(z)$。

3.9.3 胶子喷注

到目前为止我们处理的都是夸克喷注。由于胶子携带两个色因子 (色和反色)，一种简单的近似是将初始的胶子换成两个共线的无质量夸克和反夸克，夸克和反夸克携带胶子的色荷。胶子的动量按照 $\mathrm{g} \to \mathrm{q\bar{q}}$ 的劈裂函数分配给 q 和 $\mathrm{\bar{q}}$，例如劈裂函数取为

$$P_{\mathrm{qg}}(z) = \frac{1}{2}[z^2 + (1-z)^2] \tag{3.141}$$

参见第五章。该方法可以看成是夸克独立碎裂模型的推广。

另外一种方法是经典弦模型的推广，涉及如何设置色荷的力线。例如对于 $\mathrm{e^+e^-}$ 对撞产生的色中性的 $\mathrm{\bar{q}qg}$ 系统，简单的办法是用单一的弦 (色流管) 来连接它们之间的色力线，从 q 到 g 到 $\mathrm{\bar{q}}$。在此之前我们只对弦的端点赋以无质量的粒子，现在我们对中间点赋以一个无质量的胶子。取一个坐标系 (不一定是质心系) 使 q、g 和 $\mathrm{\bar{q}}$ 的动量共面，如图 3.31所示，假定它们从一个共同的顶点 O 以光速向外飞行。弦的长度随着时间变长，从 q、g 和 $\mathrm{\bar{q}}$ 吸收能量。当夸克 q 在 δt 时，弦的长度为 $\delta t\cos\theta$。如果这一段新的弦是静止的，它将具有能量 $\kappa\delta t\cos\theta$，但由于它是向侧面以速度 $\beta = \sin\theta$ 运动的，其总能量应为 $\gamma\kappa\delta t\cos\theta = \kappa\delta t$，$\gamma = 1/\sqrt{1-\beta^2} = 1/\cos\theta$ 是相应的洛伦兹因子。这个由 q 获得的能量来自以强度 κ 作用于运动方向的反向力，即沿着图 3.31的 AO 方向的力，该阻尼力可以理解为沿着 AB 的弦张力的减小，力 $\kappa\cos\theta$ 和垂直于 AB 的惯性力 $\kappa\sin\theta$ 的和。同样的 $\mathrm{\bar{q}}$ 受到一个沿 CO 方向的力 κ，g 受到一个沿 BO 方向的力 2κ。至此，A、B、C 三点的三个无质量粒子的运动被完全确定。

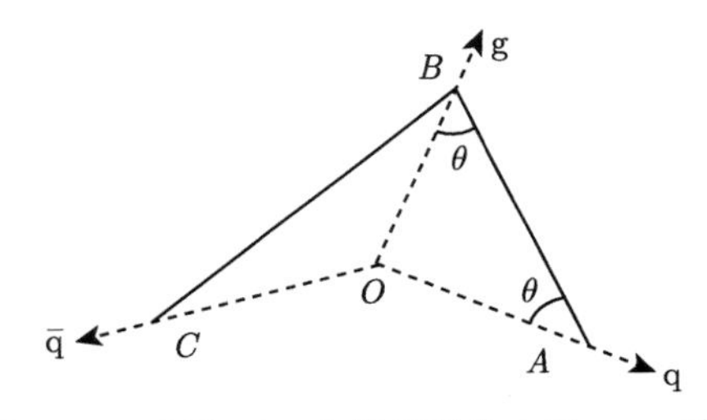

图 3.31 由弦 ABC 连接的色中性 $\mathrm{qg\bar{q}}$ 系统

现在沿 AB 和 BC 弦施加弦的碎裂机制，这将导致两个介子链的产生，就像从两个 $\mathrm{q\bar{q}}$ 弦的碎裂产生的那样，只不过这时必然有一个介子包含了来自这两个弦的碎片，即包含 B 点的两个弦的碎片。如果在某个坐标系中 O 点在 AB 上，AB 弦的碎裂将会产生背对背的强子喷注对，它们的横动量分布关于该轴是对称的。在某个坐标系中 O 点在 BC 上碎裂也是相似的。但是在质心系中，这些喷注会受到侧向的洛伦兹增强效应，强子的分布不再是关于部分子轴 OA、OB 和 OC 对称的。这是和独立碎裂模型不同的，在独立碎裂模型中强子的分布是关于 OA、OB 和 OC 对称的。这种来自弦碎裂模型的效应与独立碎裂模型的差异见图 3.32。

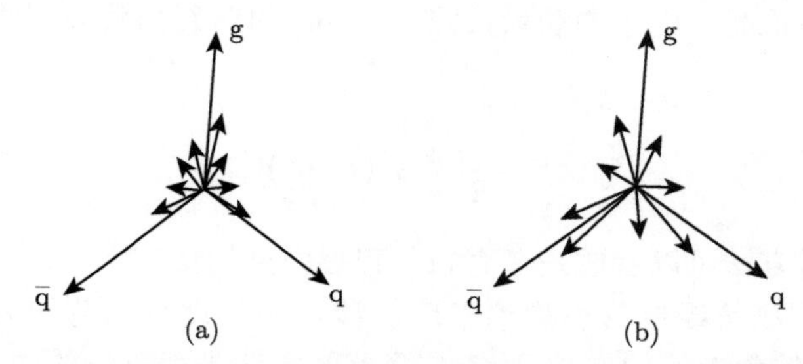

图 3.32　$\mathrm{q\bar{q}g}$ 系统的碎裂：(a) 弦碎裂模型；(b) 独立碎裂模型

弦碎裂与独立碎裂模型在模拟 $\mathrm{q\bar{q}g}$ 碎裂方面的差异得到了 $\mathrm{e^+e^-} \to 3$ 喷注实验的证实。根据 QCD 理论，三喷注事例来自于 $\mathrm{e^+e^-} \to \mathrm{q\bar{q}g}$ 过程，将三个喷注按能量的大小排序，g 喷注通常是能量最小的。弦碎裂模型预言在两能量最大的喷注之间的角域中产生的强子数比独立碎裂模型的预言要少得多。图 3.33给出了两者的比较，x 轴是事例平面上的角度，能量最大的喷注 1 固定在 $\phi = 0$ 位置，喷注 2 和 3 按角度惯例排序。喷注 1 和 2 之间强子数减少的现象在 $\mathrm{e^+e^-} \to \mathrm{q\bar{q}\gamma}$ 事例中并没有被观测到，所以它一定和 g 有关。弦效应说明弦碎裂图像反映了真

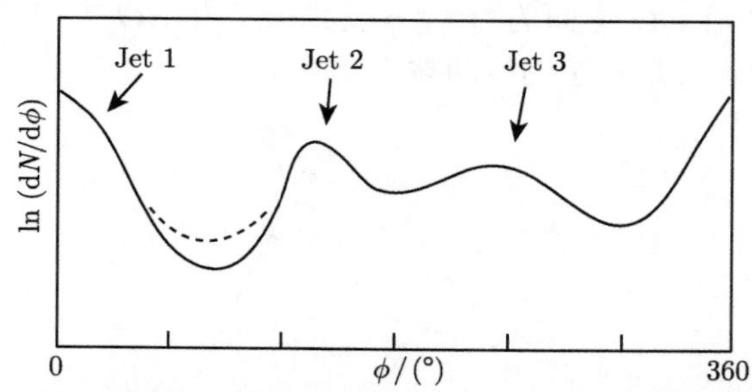

图 3.33　$\mathrm{e^+e^-} \to \mathrm{q\bar{q}g}$ 事例的粒子流角度分布，实线是弦碎裂，虚线是独立碎裂，实验数据和弦碎裂相符

实的动力学机制。关于三喷注事例的实验发现请见 5.9节。

一般地讲，在实施一个多部分子态碎裂之前，弦方法要求首先将所有的夸克和胶子集合成一个色中性的聚集，如前面讲到的 $q\bar{q}g$ 系统就是色中性聚集的一个例子。另一个有兴趣的例子是三胶子系统，它可以通过例如 $e^+e^- \to \Upsilon(b\bar{b}) \to ggg$ 过程产生。在独立碎裂模型中，三个胶子独立地碎裂成喷注，每个喷注和另外的两个喷注之间没有关联；而在弦碎裂模型中，三个胶子之间由弦连接，组成一个以三个胶子为顶点的连续三角形弦，碎裂发生在弦上，如图 3.34所示。

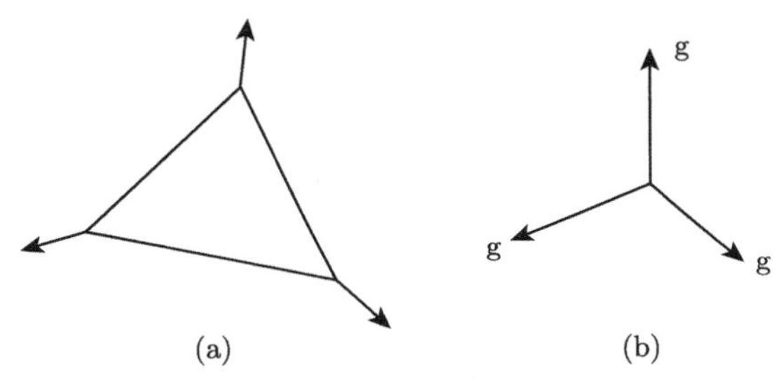

图 3.34 $\Upsilon(b\bar{b}) \to ggg$ 的不同碎裂图像: (a) 弦碎裂；(b) 独立碎裂

3.10 习 题

1. 假定半径为 R 的原子核内电荷均匀分布为

$$\rho(r) = \begin{cases} \rho_0, & r \leqslant R \\ 0, & r > R \end{cases}$$

计算原子核形状因子。

2. 试证明式 (3.68)。

3. 试说明为什么观测到 $\bar{\nu}_\mu + e^- \to e^- + \bar{\nu}_\mu$ 即证明了中性流的存在，而观测到 $\bar{\nu}_e + e^- \to e^- + \bar{\nu}_e$ 则不然。

4. 实验室系中动量为 10GeV 的 π 介子打击静止的质子，试计算在实验室系和质心系中 π 介子和质子的快度 Y 值。假定在实验室系中末态的 π 介子偏转 1°，π 介子和质子的快度 Y 值又为多少？

5. 在两体碰撞中，若 $\sqrt{s} \gg m_a, m_b$，试证明快度关系：$Y_a - Y_b = Y \approx \ln(\dfrac{s}{m_a m_b})$。同样条件下，在质心系 (*) 内有

$$Y^* \simeq \frac{1}{2}(Y - \Delta), \quad Y_a^* \simeq \frac{1}{2}(Y + \Delta), \quad -Y_b^* \simeq \frac{1}{2}(Y - \Delta)$$

参 考 文 献

[1] Tanabashi M, et al (particle data group). Fragmentation functions in e^+e^-, ep, and pp collisions. Phys. Rev. D, 2018, 98: 030001.

[2] Buskulic D, et al (ALEPH). Measurement of α_s from Sealing Violations in Fragmentation Functions in e^+e^- Annihilation. Phys. Lett. B, 1995, 357: 487; Erratum: Phys. Lett.B, 1995, 364: 247.

[3] Nason P, Webber B R. Scaling violation in e^+e^- fragmentation functions: QCD evolution, hadronization and heavy quark mass effects. Nucl. Phys. B, 1994, 421: 473; Erratum: Nucl. Phys.B, 1996, 480: 755.

[4] Gribov V N, Lipatov L N. Deep inelastic ep scattering in perturbation theory. Sov. J. Nucl. Phys., 1972, 15: 438: Yad. Fiz., 1972, 15: 781; Gribov V N, Lipatov L N. e^+e^- pair annihilation and deep inelastic ep scattering in perturbation theory. Sov. J. Nucl. Phys., 1972, 15: 675; Yad. Fiz., 1972, 15: 1218; Lipatov L N. The parton model and perturbation theory. Sov. J. Nucl. Phys., 1975, 20: 94; Dokshitzer Yu L. Calculation of the structure functions for deep inelastic scattering and e^+e^- annihilation by perturbation theory in quantum chromdynamics. Sov. Phys. JETP Lett., 1977, 46: 641; Altarelli G, Parisi G. Asymptotic freedom in parton language. Nucl. Phys. B, 1977 126: 298.

[5] Dokshitzer Yu L, Marchesini G, Salam G P. Revisiting parton evolution and the large-x limit. Phys. Lett. B, 2006, 634: 504.

[6] Cacciari M, Nason P, Oleari C. A study of heavy flavoured meson fragmentation funtions in e^+e^- annihilation. JHEP, 2006, 04: 006; Cacciari M, Nason P, Oleari C. Crossing heavy-flavour thresholds in fragmentation functions. JHEP, 2005, 10: 034.

[7] Peterson C, et al. Scaling violations in inclusive e^+e^- annihilation spectra. Phys. Rev. D, 1983, 27: 105.

[8] Kartvelishvili V G, Likhoded A K, Petrov V A. On the fragmentation functions of heavy quarks into hadrons. Phys. Lett. B, 1978, 78: 615.

[9] Collins P D B, Spiller T P. The fragmentation of heavy quarks. J. Phys. G, 1985, 11: 1289.

第四章　标 准 模 型

早在 20 世纪 30 年代 E. Fermi 研究 β 衰变 $n \to pe\bar{\nu}_e$ 的时候就注意到了弱相互作用和电磁相互作用的相似性。他成功地将 β 衰变过程描写成 4 费米子直接相互作用的形式：

$$L_{\text{int}} = \frac{G_{\text{F}}}{\sqrt{2}}(J^{\mu\,\text{N}} J_{\mu}^{\text{L}} + h.c.) \tag{4.1}$$

$h.c.$ 表示取前一项的厄米共轭，其中强子流 $J_{\mu}^{\text{N}} = \bar{\Psi}_{\text{n}}\gamma_{\mu}\Psi_{\text{p}}$，轻子流 $J_{\mu}^{\text{L}} = \bar{\Psi}_{\nu_{\text{e}}}\gamma_{\mu}\Psi_{\text{e}}$，这和电磁相互作用流的 $\bar{\Psi}Q\gamma_{\mu}\Psi$ 在形式上是相似的，说明那时他敏锐的直觉已经把弱相互作用的理论以接近于量子电动力学的形式表述了出来。

二十年后，随着人们对费米理论认识的深入，发现这并不是一个精确的理论，其中最重要的是 Feynman 和 Gell-Mann 的工作。当时所有的实验数据都说明弱相互作用拉氏量中的弱流应该表示成 V-A 的形式，即应包含矢量流 $V = \bar{\Psi}_1\gamma_{\mu}\Psi_2$ 和轴矢量流 $A = \bar{\Psi}_1\gamma_{\mu}\gamma_5\Psi_2$ 两部分的等量混合，并且对于各种粒子的弱作用过程是普适的。如果将旋量波函数分解成左手旋量和右手旋量的和：

$$\Psi = \Psi_{\text{L}} + \Psi_{\text{R}} = \frac{1-\gamma_5}{2}\Psi + \frac{1+\gamma_5}{2}\Psi \tag{4.2}$$

同时忽略掉质量项，那么不难证明这种形式的相互作用拉氏量中只有左手旋量的贡献。进一步的深入研究表明普适 V-A 理论的重大困难是它的不可重整化。“幺正限”限制了该理论只适用于较低的能区，而在高能区会产生较大的偏差。考虑两个粒子的碰撞过程，根据场论的知识，散射算符的幺正性要求散射矩阵元的绝对值不能大于 1，也即碰撞的总概率不能大于 1，因此作用截面随能量的增长要有个上限，这个上限就被称为幺正限。马塞尔 · 弗里萨特 (Marcel Froissart) 导出了当质心系总能量 $\sqrt{s} \to \infty$ 时，总截面幺正限的一般公式：

$$\sigma_{\text{tot}} < \sigma_0 \left[\ln\left(\frac{s}{s_0}\right)\right]^2 \tag{4.3}$$

其中，σ_0 和 s_0 是两个常数，这表明截面随质心系总能量 $\sqrt{s}$ 的增加而增加的趋势最大不能超过质心系总能量对数的平方。例如在 $\nu_{\text{e}}\text{e}^-$ 散射中，普适 V-A 弱作用理论的一级近似给出总截面为

$$\sigma = \frac{G_{\text{F}}^2}{\pi}s \tag{4.4}$$

随着 s 的增加而增加，就和幺正限相矛盾。在散射的低阶近似中只有 S 波和 P 波，量子力学给出第 l 分波对总截面的贡献为

$$\sigma_l = \frac{4\pi(2l+1)}{s} \tag{4.5}$$

比较 (4.4) 和 (4.5) 两式可以看出，从某一个能量标度 $\sqrt{s_0}$ 开始出现了矛盾。对 $l=1$，

$$s_0 = \frac{2\pi\sqrt{3}}{G_{\mathrm{F}}} = 0.94 \times 10^6 \mathrm{GeV}^2 \tag{4.6}$$

由此可见，普适费米弱作用理论虽然取得了很大的成功，但是它还不是一个基本的弱相互作用理论，只不过是一个正确理论在低能范围内很好的近似，因此需要进一步去探寻更基本的弱相互作用理论。这个基本的理论在高能时应不破坏幺正限，低能时能以足够好的近似回到普适费米弱作用理论，仍然保持其与电磁相互作用的密切相似性。这些考虑最终促进了标准模型弱电统一理论的建立 [1−4]。

标准模型是基于 Yang-Mills 场的 $SU_{\mathrm{C}}(3)\times SU_{\mathrm{L}}(2)\times U_{\mathrm{Y}}(1)$ 规范理论。对于满足 $U(1)$ 规范不变性的电磁相互作用，人们了解得最早也最清楚，知道电磁力是通过 γ 光子传递的。格拉肖 (Sheldon Lee Glashow) 在 1961 年提出了一个把弱相互作用和电磁相互作用统一描写的 $SU(2)\times U(1)$ 模型，温伯格 (Steven Weinberg) 和萨拉姆 (Abdus Salam) 则在 1967 年和 1968 年将这个理论建立在规范场理论的基础上，对称性自发破缺的希格斯 (Higgs) 机制的建立，使得该理论逐渐发展完善。1971 年和 1972 年杰拉德·特·胡夫特 (Gerard 't Hooft) 与韦尔特曼 (Martinus J.G. Veltman) 等证明了这个理论的可重整化。为解决如何保证在强子参加的过程中没有奇异数改变的中性弱流的问题，1970 年 Glashow、Iliopoulos、Maiani 等提出了夸克间混合的所谓 GIM 机制，并预言了粲夸克的存在。1974 年粲夸克被丁肇中和里克特分别在美国的布鲁海文国家实验室 (BNL) 和斯坦福直线加速器中心 (SLAC) 发现，其质量与 GIM 机制中的预言相符合。1973 年小林诚和益川敏英将这种混合机制进一步推广到 3 代夸克的情形，最终建立起了一个比较完善的 $SU_{\mathrm{L}}(2)\times U_{\mathrm{Y}}(1)$ 电弱相互作用理论。在这个理论中弱相互作用是通过自旋为 1 的中间玻色子 W^+、W_- 和 Z^0 来传递的。

标准模型的强相互作用理论是量子色动力学 (QCD)，它具有完整的 $SU_{\mathrm{C}}(3)$ 规范对称性，C 表示色荷。每种夸克具有三种色荷，传播子是 8 个携带色荷的无质量胶子。普通强子是没有颜色的，所以是色荷的单态。

4.1 $U(1)$ 定域规范不变性

以狄拉克场为例，自由拉氏量密度可以写为

$$\mathcal{L}_0 = \bar{\Psi}(\mathrm{i}\gamma^\mu \partial_\mu - m)\Psi \tag{4.7}$$

其中

$$\bar{\Psi} = \Psi^\dagger(x)\gamma^0 \tag{4.8}$$

很显然这一拉氏量密度对整体 (global)$U(1)$ 规范变换

$$\Psi(x) \to \Psi'(x) = \mathrm{e}^{-\mathrm{i}\alpha}\Psi(x), \quad \bar{\Psi}(x) \to \bar{\Psi}'(x) = \bar{\Psi}(x)\mathrm{e}^{\mathrm{i}\alpha} \tag{4.9}$$

是不变的。其中 α 是与空间 x 无关的实数。

现在让我们考虑定域的 (local)$U(1)$ 规范变换，即

$$\Psi(x) \to \Psi'(x) = \mathrm{e}^{-\mathrm{i}eQ\alpha(x)}\Psi(x), \quad \bar{\Psi}(x) \to \bar{\Psi}'(x) = \bar{\Psi}(x)\mathrm{e}^{\mathrm{i}eQ\alpha(x)} \tag{4.10}$$

这时变换相角是空间坐标点的函数。

对于无穷小变换，即 $\alpha(x) \ll 1$ 时，我们有

$$\begin{cases} \delta\Psi(x) & = -\mathrm{i}eQ\alpha(x)\Psi(x) \\ \delta(\partial_\mu\Psi(x)) & = \partial_\mu(\delta\Psi(x)) = -\mathrm{i}eQ\alpha(x)\partial_\mu\Psi(x) - \mathrm{i}eQ\partial_\mu(\alpha(x))\Psi(x) \\ \delta\bar{\Psi}(x) & = \bar{\Psi}(x)\mathrm{i}eQ\alpha(x) \end{cases} \tag{4.11}$$

所以

$$\delta\mathcal{L}_0 = \frac{\partial\mathcal{L}_0}{\partial\Psi}\delta\Psi + \frac{\partial\mathcal{L}_0}{\partial(\partial_\mu\Psi)}\delta(\partial_\mu\Psi) + \delta\bar{\Psi}\frac{\partial\mathcal{L}_0}{\partial\bar{\Psi}} = eQ\bar{\Psi}\gamma^\mu\Psi\partial_\mu\alpha(x) = eJ^\mu\partial_\mu\alpha(x)$$

这里 $J^\mu = \bar{\Psi}\gamma^\mu Q\Psi$ 是电磁流。很容易证明 J^μ 是规范不变的，即

$$\delta J^\mu = 0 \tag{4.12}$$

可见在定域规范变换下拉氏量密度不再是不变的。为了仍然保证拉氏量的不变性，可以引入一个新的四矢量规范场 $A_\mu(x)$，在原拉氏量上加上一个描写规范场和狄拉克费米子场相互作用的拉氏量，

$$\mathcal{L}_I = -eJ^\mu A_\mu \tag{4.13}$$

在 $\Psi(x)$ 的定域 $U(1)$ 规范变换下定义 A_μ 的变换为

$$\begin{cases} A_\mu(x) \to A'_\mu(x) = A_\mu(x) + \partial_\mu \alpha(x) \\ \delta A_\mu(x) = \partial_\mu \alpha(x) \end{cases} \tag{4.14}$$

于是有

$$\delta \mathcal{L}_I = -e(\delta J^\mu) A_\mu - e J^\mu \delta A_\mu = -e J^\mu \partial_\mu \alpha(x)$$

因而

$$\delta \mathcal{L}_0 + \delta \mathcal{L}_I = 0$$

$\mathcal{L}_0 + \mathcal{L}_I$ 是定域规范不变的。

引入规范场 A_μ 后，在总的拉氏量中还需要加入它的自由拉氏量。定义规范场张量为

$$F_{\mu\nu} = \partial_\mu A_\nu - \partial_\nu A_\mu \tag{4.15}$$

A_μ 规范不变的拉氏量可以记作

$$\mathcal{L}_g = -\frac{1}{4} F^{\mu\nu} F_{\mu\nu} \tag{4.16}$$

最后得到总的拉氏量密度为

$$\mathcal{L} = \mathcal{L}_0 + \mathcal{L}_g + \mathcal{L}_I = \bar{\Psi}(\mathrm{i}\gamma^\mu D_\mu - m)\Psi - \frac{1}{4} F^{\mu\nu} F_{\mu\nu} \tag{4.17}$$

这里定义了

$$D_\mu = \partial_\mu + \mathrm{i}eQA_\mu \tag{4.18}$$

称之为协变微分，即 $D_\mu \Psi$ 的变换和 Ψ 同。可以证明如下：

$$\begin{aligned} \delta(D_\mu \Psi) &= \delta(\partial_\mu \Psi) + \mathrm{i}eQ(\delta A_\mu)\Psi + \mathrm{i}eQA_\mu \delta\Psi \\ &= -\mathrm{i}eQ\alpha\partial_\mu\Psi - \mathrm{i}eQ(\partial_\mu\alpha)\Psi + \mathrm{i}eQ(\partial_\mu\alpha)\Psi + e^2Q^2A_\mu\alpha\Psi \\ &= -\mathrm{i}eQ\alpha(x)(\partial_\mu + \mathrm{i}eQA_\mu)\Psi \\ &= -\mathrm{i}eQ\alpha(x)D_\mu\Psi \end{aligned}$$

即

$$D_\mu\Psi(x) \to (D_\mu\Psi(x))' = \mathrm{e}^{-\mathrm{i}eQ\alpha(x)} D_\mu\Psi(x) \tag{4.19}$$

通过简单的计算也不难证明对易关系：

$$[D_\mu, D_\nu] = \mathrm{i}eQF_{\mu\nu} \tag{4.20}$$

我们还可以换一种方式来讨论规范不变性。在 $U(1)$ 定域规范变换 (4.10) 下，

$$\partial_\mu\Psi(x) \to (\partial_\mu\Psi(x))' = \mathrm{e}^{-\mathrm{i}eQ\alpha(x)}[\partial_\mu\Psi(x) - \mathrm{i}eQ\partial_\mu(\alpha(x))\Psi(x)]$$

多了一项和 $\partial_\mu\alpha$ 成正比的项，因此容易想到若选取 $D_\mu\Psi$ 替代 $\partial_\mu\Psi$，使 $D_\mu\Psi$ 具有和 $\Psi(x)$ 完全相同的变换关系，即满足变换关系式 (4.19)，则拉氏量

$$\bar{\Psi}(\mathrm{i}\gamma^\mu D_\mu - m)\Psi$$

就是 $U(1)$ 定域规范变换下的不变量。为此取式 (4.18) 形式的 D_μ，则有

$$\begin{aligned} D_\mu\Psi(x) \to (D_\mu\Psi(x))' &= (\partial_\mu\Psi)' + \mathrm{i}eQ(A_\mu\Psi)' \\ &= \mathrm{e}^{-\mathrm{i}eQ\alpha(x)}[\partial_\mu\Psi - \mathrm{i}eQ\partial_\mu(\alpha(x))\Psi + \mathrm{i}eQA'_\mu\Psi] \end{aligned}$$

为了得到式 (4.19)，就应该定义规范场 A_μ 的变换规则为

$$A_\mu(x) \to A'_\mu = A_\mu + \partial_\mu\alpha(x)$$

4.2 $SU(n)$ 定域规范不变性

上面的讨论可以推广到更高的对称群 $SU(n)$ 群。$U(1)$ 群是阿贝尔群，而 $SU(n)$ 群则是非阿贝尔的，它有 n^2-1 个生成元，将对应于 n^2-1 个规范场。现在给出详细的推导。把 n 维狄拉克场记为

$$\Psi = \begin{pmatrix} \psi_1 \\ \psi_2 \\ \vdots \\ \psi_n \end{pmatrix} \tag{4.21}$$

自由拉氏量密度为

$$\mathcal{L}_0 = \bar{\Psi}(\mathrm{i}\gamma^\mu\partial_\mu - M)\Psi \tag{4.22}$$

其中，M 是狄拉克场的质量矩阵，

$$M_{ij} = m_i\delta_{ij} \tag{4.23}$$

很容易证明 $\mathcal{L}_0$ 对整体 $SU(n)$ 规范变换

$$\begin{cases} \Psi(x) \to \Psi'(x) = U\Psi(x) \\ U = \exp(-\mathrm{i}T^a\theta^a), \quad a = 1, 2, \cdots, n^2 - 1 \end{cases} \tag{4.24}$$

是不变的。其中 θ^a 是和 x 无关的 $n^2 - 1$ 个实参数，T^a 是 $SU(n)$ 群的 $n^2 - 1$ 个生成元，满足对易关系：

$$[T^a,\ T^b] = \mathrm{i}f^{abc}T^c \tag{4.25}$$

f^{abc} 是群的结构常数。还有正交关系，

$$\mathrm{Tr}(T^aT^b) = \frac{1}{2}\delta^{ab} \tag{4.26}$$

当参数 θ^a 是空间坐标点的函数时，(4.24) 就变为定域的 $SU(n)$ 规范变换，

$$\begin{cases} \Psi(x) \to \Psi'(x) = U(x)\Psi(x) \\ U(x) = \exp(-\mathrm{i}T^a\theta^a(x)) \end{cases} \tag{4.27}$$

这时

$$\partial_\mu\Psi \to (\partial_\mu\Psi)' \equiv \partial_\mu\Psi' = (\partial_\mu U(x))\Psi(x) + U(x)\partial_\mu\Psi(x)$$

$\partial_\mu\Psi$ 是不协变的，因此需要找到一个协变的微分 D_μ，使得

$$(D_\mu\Psi)' = D'_\mu\Psi' = D'_\mu U(x)\Psi = U(x)D_\mu\Psi$$

所以应有

$$D'_\mu = U(x)D_\mu U^{-1}(x) \tag{4.28}$$

为此引入矢量规范场，

$$A_\mu(x) = A^a_\mu(x)T^a \tag{4.29}$$

记

$$D_\mu = \partial_\mu + \mathrm{i}gA_\mu \tag{4.30}$$

g 为常数。直接计算可得 D_μ 的变换，

$$\begin{aligned} D_\mu \to D'_\mu &= \partial_\mu + \mathrm{i}gA'_\mu \\ &= U(x)(\partial_\mu + \mathrm{i}gA_\mu)U^{-1}(x) \end{aligned}$$

$$= \partial_\mu + U(x)\partial_\mu(U^{-1}(x)) + \mathrm{i}gU(x)A_\mu U^{-1}(x)$$
$$= \partial_\mu - (\partial_\mu U(x))U^{-1}(x) + \mathrm{i}gU(x)A_\mu U^{-1}(x)$$

比较上式的第一个等式和最后一个等式，应有规范场 A_μ 的规范变换，

$$A_\mu \to A'_\mu = UA_\mu U^{-1} + \frac{\mathrm{i}}{g}(\partial_\mu U)U^{-1} \tag{4.31}$$

对无穷小规范变换，$\theta^a(x) << 1$，

$$U(x) = 1 - \mathrm{i}T^a\theta^a(x) \tag{4.32}$$

可求得

$$A^a_\mu \to A'^a_\mu = A^a_\mu + f^{abc}\theta^b(x)A^c_\mu + \frac{1}{g}\partial_\mu\theta^a(x) \tag{4.33}$$

现在对式 (4.22) 的 $\mathcal{L}_0$ 作代换 $(\partial_\mu \to D_\mu)$，即得到 $SU(n)$ 规范不变的拉氏量密度，

$$\mathcal{L} = \mathcal{L}_0 + \mathcal{L}_I = \bar{\Psi}(\mathrm{i}\gamma^\mu D_\mu - M)\Psi \tag{4.34}$$

如果把规范场看成动力学场，那么还需引入规范场的拉氏量。让我们首先定义规范场的张量，

$$\begin{aligned} F_{\mu\nu} \equiv F^a_{\mu\nu}T^a &= -\frac{\mathrm{i}}{g}[D_\mu,\ D_\nu] \\ &= \partial_\mu A_\nu - \partial_\nu A_\mu + \mathrm{i}g[A_\mu,\ A_\nu] \\ &= \partial_\mu A^a_\nu T^a - \partial_\nu A^a_\mu T^a - gf^{abc}A^b_\mu A^c_\nu T^a \end{aligned} \tag{4.35}$$

或将它的分量形式写为

$$F^a_{\mu\nu} = \partial_\mu A^a_\nu - \partial_\nu A^a_\mu - gf^{abc}A^b_\mu A^c_\nu \tag{4.36}$$

容易导得它的规范变换为

$$F_{\mu\nu} \to F'_{\mu\nu} = U(x)F_{\mu\nu}U^{-1}(x) \tag{4.37}$$

对于无穷小变换，$\theta(x) << 1$，可得

$$F^a_{\mu\nu} \to F'^a_{\mu\nu} = F^a_{\mu\nu} + f^{abc}\theta^b(x)F^c_{\mu\nu} \tag{4.38}$$

称 $F^a_{\mu\nu}$(或 $F_{\mu\nu}$) 按 $SU(n)$ 群的伴随表示 $(T^a)^{bc} = -\mathrm{i}f^{abc}$ 变换。

由式 (4.37) 还可以看出，$-\mathrm{Tr}(F_{\mu\nu}F^{\mu\nu})/2$ 是规范不变量，因而用来定义规范场的拉氏量，

$$\begin{aligned}\mathcal{L}_{\mathrm{g}} &= -\frac{1}{2}\mathrm{Tr}(F_{\mu\nu}F^{\mu\nu}) = -\frac{1}{2}F^{a}_{\mu\nu}F^{b\,\mu\nu}\mathrm{Tr}(T^{a}T^{b})\\ &= -\frac{1}{2}F^{a}_{\mu\nu}F^{b\,\mu\nu}(\frac{1}{2}\delta^{ab}) = -\frac{1}{4}F^{a}_{\mu\nu}F^{a\,\mu\nu}\end{aligned} \tag{4.39}$$

最后写出总的拉氏量为

$$\begin{aligned}\mathcal{L} &= \bar{\Psi}(\mathrm{i}\gamma^{\mu}D_{\mu} - M)\Psi - \frac{1}{4}F^{a}_{\mu\nu}F^{a\,\mu\nu}\\ &= \bar{\Psi}(\mathrm{i}\gamma^{\mu}\partial_{\mu} - M)\Psi - \frac{1}{4}F^{a}_{\mu\nu}F^{a\,\mu\nu} - g\bar{\Psi}\gamma^{\mu}A^{a}_{\mu}T^{a}\Psi\end{aligned} \tag{4.40}$$

其中，

$$\mathcal{L}_{g-\Psi} = -g\bar{\Psi}\gamma^{\mu}A^{a}_{\mu}T^{a}\Psi = -gJ^{a\,\mu}A^{a}_{\mu} \tag{4.41}$$

描写了物质场 Ψ 与规范场的相互作用。

$$J^{a\,\mu} = \bar{\Psi}\gamma^{\mu}T^{a}\Psi \tag{4.42}$$

是 $SU(n)$ 群的同位旋流，g 是耦合常数。

注意到在该理论中规范粒子是没有质量的，否则就会破坏规范不变性的要求。另外考查规范场的拉氏量会发现，由于在张量 $F^{a}_{\mu\nu}$ 中含有 A^{a}_{μ} 的乘积项，因而在拉氏量 $F^{a}_{\mu\nu}F^{a\,\mu\nu}$ 中就会出现 A^{a}_{μ} 的三次和四次乘积项，反映了规范场之间的自相互作用。

上面的讨论可以总结为这样几句话：为保证 n 维狄拉克场的多重态在 $SU(n)$ 定域规范变换下的不变性，必须引入 n^2-1 个没有质量的规范场。规范场与 n 维狄拉克场同位旋流的耦合确定了它们之间的相互作用。对于非阿贝尔规范群，除了描写规范场动量的散度项以外，还有反映规范场间自相互作用的规范场乘积项。

4.3 应用特例:$SU(2)$ 和 $SU(3)$ 定域规范理论

作为 4.2 节讨论的 $SU(n)$ 定域规范理论的特例，我们来讨论一下 $SU(2)$ 和 $SU(3)$ 群的情况。

4.3.1 $SU(2)$ 定域规范理论

$SU(2)$ 群的狄拉克场量基础矢量可以记为

$$\Psi = \begin{pmatrix}\psi_1\\ \psi_2\end{pmatrix} \tag{4.43}$$

自由拉氏量密度的形式如前，

$$\mathcal{L}_0 = \bar{\Psi}(\mathrm{i}\gamma^\mu \partial_\mu - M)\Psi$$

整体 $SU(2)$ 规范变换矩阵为

$$U = \exp(-\mathrm{i}T^k \alpha^k), \quad k = 1, 2, 3 \tag{4.44}$$

T^k 是 $SU(2)$ 群的生成元，可用泡利矩阵 τ^k 表示之：

$$T^k = \frac{1}{2}\tau^k \tag{4.45}$$

$$\mathrm{Tr}(\tau^k) = 0 \tag{4.46}$$

$$\mathrm{Tr}(\tau^i \tau^j) = \frac{1}{2}\delta^{ij} \tag{4.47}$$

对易关系为

$$[T^i,\ T^j] = \mathrm{i}\epsilon^{ijk} T^k \tag{4.48}$$

全反对称张量 ϵ^{ijk} 是 $SU(2)$ 群的结构常数。

定域规范变换

$$\Psi'(x) = \exp[-\mathrm{i}T^k \alpha^k(x)]\Psi(x) \tag{4.49}$$

的不变性要求引入规范场 W_μ^k，它的变换为

$$W_\mu^k \to W_\mu^{\prime\, k} = W_\mu^k + \frac{1}{g}\partial_\mu \alpha^k(x) + \epsilon^{ijk}\alpha^i(x) W_\mu^j \tag{4.50}$$

或写为矢量形式：

$$\boldsymbol{W}_\mu \to \boldsymbol{W}'_\mu = \boldsymbol{W}_\mu + \frac{1}{g}\partial_\mu \boldsymbol{\alpha}(x) + \boldsymbol{\alpha}(x) \times \boldsymbol{W}_\mu \tag{4.51}$$

协变导数

$$D_\mu = \partial_\mu + \mathrm{i}g\boldsymbol{T} \cdot \boldsymbol{W}_\mu = \partial_\mu + \mathrm{i}gT^k W_\mu^k \tag{4.52}$$

规范场张量为

$$W_{\mu\nu}^k = \partial_\mu W_\nu^k - \partial_\nu W_\mu^k - g\epsilon^{kij} W_\mu^i W_\nu^j \tag{4.53}$$

或写为

$$\boldsymbol{W}_{\mu\nu} = \partial_\mu \boldsymbol{W}_\nu - \partial_\nu \boldsymbol{W}_\mu - g\boldsymbol{W}_\mu \times \boldsymbol{W}_\nu \tag{4.54}$$

最后写出规范不变的总拉氏量：

$$\mathcal{L} = \bar{\Psi}(\mathrm{i}\gamma^\mu D_\mu - M)\Psi - \frac{1}{4} W_{\mu\nu}^k W^{k\,\mu\nu} \tag{4.55}$$

4.3.2　$SU(3)$ 规范理论和 QCD

$SU(3)$ 定域规范理论被成功地应用于强相互作用的量子色动力学 (QCD)。基于许多实验事实和费米统计上的要求 (例如 Ω^- 超子的情形)，每个夸克被认定具有三种颜色。若分别用 ψ_1、ψ_2、ψ_3 来表示红、绿、蓝色场，即有三维的色场矢量

$$\Psi=\begin{pmatrix}\psi_1(\text{红})\\ \psi_2(\text{绿})\\ \psi_3(\text{蓝})\end{pmatrix} \tag{4.56}$$

自由拉氏量密度为

$$\mathcal{L}_0=\bar{\Psi}(\mathrm{i}\gamma^\mu\partial_\mu-M)\Psi$$

$SU(3)$ 整体规范变换的矩阵为

$$U=\exp(-\mathrm{i}T^a\theta^a),\quad a=1,2,\cdots,8 \tag{4.57}$$

T^a 是 $SU(3)$ 群的 8 个生成元，记为

$$T^a=\frac{1}{2}\lambda^a \tag{4.58}$$

$$\begin{cases}\lambda^1=\begin{pmatrix}0&1&0\\1&0&0\\0&0&0\end{pmatrix},\quad \lambda^2=\begin{pmatrix}0&-\mathrm{i}&0\\ \mathrm{i}&0&0\\0&0&0\end{pmatrix},\quad \lambda^3=\begin{pmatrix}1&0&0\\0&-1&0\\0&0&0\end{pmatrix}\\ \lambda^4=\begin{pmatrix}0&0&1\\0&0&0\\1&0&0\end{pmatrix},\quad \lambda^5=\begin{pmatrix}0&0&-\mathrm{i}\\0&0&0\\ \mathrm{i}&0&0\end{pmatrix},\quad \lambda^6=\begin{pmatrix}0&0&0\\0&0&1\\0&1&0\end{pmatrix}\\ \lambda^7=\begin{pmatrix}0&0&0\\0&0&-\mathrm{i}\\0&\mathrm{i}&0\end{pmatrix},\quad \lambda^8=\frac{1}{\sqrt{3}}\begin{pmatrix}1&0&0\\0&1&0\\0&0&-2\end{pmatrix}\end{cases} \tag{4.59}$$

满足

$$\mathrm{Tr}(\lambda^a)=0 \tag{4.60}$$

$$\mathrm{Tr}(\lambda^a\lambda^b)=\frac{1}{2}\delta^{ab} \tag{4.61}$$

$$\left[\frac{\lambda_a}{2},\frac{\lambda_b}{2}\right]=\mathrm{i}f^{abc}\frac{\lambda_c}{2} \tag{4.62}$$

全反对称张量 f^{abc} 是 $SU(3)$ 群的结构常数，其非零值为

$$f^{147}=-f^{156}=f^{246}=f^{257}=f^{345}=-f^{367}=\frac{1}{2} \tag{4.63}$$

$$f^{123}=1,\quad f^{458}=f^{678}=\frac{\sqrt{3}}{2} \tag{4.64}$$

定域规范变换

$$\Psi'(x)=\exp\left[-\mathrm{i}T^a\theta^a(x)\right]\Psi(x) \tag{4.65}$$

的不变性要求引入规范场 G_μ^a，它的变换为

$$G_\mu^a\to G_\mu^{'a}=G_\mu^a+\frac{1}{g}\partial_\mu\theta^a(x)+f^{abc}\theta^b(x)G_\mu^c \tag{4.66}$$

协变导数为

$$D_\mu=\partial_\mu+\mathrm{i}gG_\mu,\quad G_\mu=G_\mu^aT^a \tag{4.67}$$

$$(D_\mu\psi)_\alpha=(\partial_\mu+\mathrm{i}gG_\mu)_{\alpha\beta}\psi_\beta=(\partial_\mu\delta_{\alpha\beta}+\mathrm{i}gT_{\alpha\beta}^aG_\mu^a)\psi_\beta \tag{4.68}$$

规范场张量为

$$G_{\mu\nu}^a=\partial_\mu G_\nu^a-\partial_\nu G_\mu^a-gf^{abc}G_\mu^bG_\nu^c \tag{4.69}$$

最后写出 $SU(3)$ 定域规范不变的总拉氏量：

$$\mathcal{L}=\bar{\Psi}(\mathrm{i}\gamma^\mu D_\mu-M)\Psi-\frac{1}{4}G_{\mu\nu}^aG^{a\,\mu\nu} \tag{4.70}$$

通过上面的讨论，我们可能已经有感于规范理论的干净和漂亮，它是 1954 年由杨振宁 (C. N. Yang) 和米尔斯 (R. L. Mills) 将 $U(1)$ 定域规范变换的思想引入同位旋空间的，所以通常称之为杨-米尔斯场。但在这之后的相当长一段时间内，由于规范场粒子没有质量，人为地加入质量项又会破坏规范对称性，而且理论不可重整化，因此未能得到重视和应用。若将定域规范理论用以描写自然界存在的物理规律，就必须：① 找出一种方法，或一种机制，给规范场粒子以质量，而又不破坏拉氏量的定域规范不变性；或者 ② 要能够用无质量的规范场粒子来解释为什么长程力不存在。前者是当我们将规范理论应用于电弱相互作用时所采用的办法。电磁相互作用是迄今人们了解得最清楚，也最正确的理论，它具有定域的 $U(1)$ 规范不变性，无质量的自旋为 1 的规范场粒子就是光子。但传递弱相互作用的中间玻色子 $\mathrm{W}^\pm$ 和 Z 却都具有很大的质量。下面几节将会讨论如何通过希格斯机制给规范场粒子以质量，而又同时保持理论的规范不变性。第二种情况则适用

于量子色动力学，这时的非阿贝尔规范群记作 $SU(3)_{\mathrm{C}}$，下标 C 代表颜色 (color)。8 个规范场粒子对应于胶子，传递强相互作用。

若用 g 表示强相互作用中夸克的耦合常数，Q^2 表示反应过程中的动量转移，则有

$$g(Q^2) \xrightarrow{Q^2\to\infty} 0 \tag{4.71}$$

而

$$g(Q^2) \xrightarrow{Q^2\to 0} \text{大} \tag{4.72}$$

式 (4.71) 就是所谓的渐近自由，表明在高能量下夸克是自由的，而且它的质量也会小于核子，那么为什么至今没有找到自由存在的夸克呢? 另一个问题是，胶子质量为 0，因此在强相互作用中会大量地产生，那么又为什么没有看到胶子传递的长程力呢? 为解决这一难题，提出了一个称为“禁闭”的原则。依据该原则，所有具有渐近自由特性的无破缺非阿贝尔规范理论都应该禁闭颜色的规范非单态，夸克和胶子都是携带色荷的非单态，所以不能自由存在。在希尔伯特 (Hilbert) 空间观测到的只能是该定域对称性下的单态。换句话说，所有物理的粒子都不带色量子数，是颜色的单态。我们称强相互作用是色禁闭的。

4.4　手征对称性和 V-A 理论

在进一步引入电弱统一的规范场理论之前，让我们先来讨论一下弱流的手征变换特性。在弱相互作用中宇称是破坏的，描写弱相互作用的带电流中只有左手费米子的贡献，为反映宇称最大限度的不守衡，应包含矢量流 $\bar{\Psi}_1\gamma^\mu\Psi_2$ 和轴矢量流 $\bar{\Psi}_1\gamma^\mu\gamma_5\Psi_2$ 两部分的对等混合。对于中性流，因为它是 $SU(2)_{\mathrm{L}}$ 和 $U(1)_{\mathrm{Y}}$ 生成元的线性组合，其矢量和轴矢量部分的相对贡献可以是不同的，通常以 $g_{\mathrm{V}}^{\mathrm{f}}$ 和 $g_{\mathrm{A}}^{\mathrm{f}}$ 来表示矢量和轴矢量的耦合常数。这里以 ν_{e} 到 e 的带电流为例，J_μ^e 可表示为

$$J_\mu^e = \bar{\Psi}_e\gamma^\mu\frac{1}{2}(1-\gamma_5)\Psi_\nu \tag{4.73}$$

容易证明这种形式的弱流在变换

$$\Psi \to \gamma_5\Psi, \quad \bar{\Psi} \to -\bar{\Psi}\gamma_5 \tag{4.74}$$

下是不变的。通常称式 (4.74) 为狄拉克场的手征变换，γ_5 则被称为手征算符。弱流式 (4.73) 具有手征不变性。

本征值为 $+1$ 和 -1 的手征本征态

$$\gamma_5 \Psi_{\pm} = \pm \Psi_{\pm} \tag{4.75}$$

分别称为手征右手态和手征左手态。定义投影算符：

$$\mathcal{P}_{\rm L} = \frac{1}{2}(1-\gamma_5), \quad \mathcal{P}_{\rm R} = \frac{1}{2}(1+\gamma_5) \tag{4.76}$$

则有

$$\begin{cases} \Psi_{\rm L} = \mathcal{P}_{\rm L}\Psi \\ \bar{\Psi}_{\rm L} = \bar{\Psi}\mathcal{P}_{\rm R} \end{cases}, \quad \begin{cases} \Psi_{\rm R} = \mathcal{P}_{\rm R}\Psi \\ \bar{\Psi}_{\rm R} = \bar{\Psi}\mathcal{P}_{\rm L} \end{cases} \tag{4.77}$$

$\Psi_{\rm L}$ 和 $\Psi_{\rm R}$ 分别为 γ_5 的本征值等于 -1 和 $+1$ 的左手态和右手态，而且有

$$\Psi = \Psi_{\rm L} + \Psi_{\rm R} \tag{4.78}$$

需要指出的是，在 γ_5 手征变换下，

$$m\bar{\Psi}\Psi \to -m\bar{\Psi}\Psi \tag{4.79}$$

即狄拉克场的质量项是破坏手征对称性的，因此在手征对称理论中所有狄拉克粒子的质量都取为零。

总结长期的实验结果，人们发现弱相互作用的 V-A 型流流相互作用理论可以很好地计算弱反应过程，即弱相互作用的拉氏量密度可表示为

$$\mathcal{L}_I = 2\sqrt{2}G_{\rm F}J_\mu^\dagger J^\mu \tag{4.80}$$

$G_{\rm F}$ 称为费米弱耦合常数。

$$G_{\rm F} = 1.01\times10^{-5}m_{\rm p}^{-2} = 1.166\times10^{-5}{\rm GeV}^{-2}$$

一般地，弱流 J_μ 可表示为轻子弱流和强子弱流部分，

$$J^\mu = J_{\rm l}^\mu + J_{\rm h}^\mu \tag{4.81}$$

$$J_{\rm l}^\mu = \frac{1}{2}\bar{e}\gamma^\mu(1-\gamma_5)\nu_{\rm e} + (e\to\mu) + (e\to\tau) \tag{4.82}$$

$$J_{\rm h}^\mu = \frac{1}{2}\bar{u}\gamma^\mu(1-\gamma_5)d' + \frac{1}{2}\bar{c}\gamma^\mu(1-\gamma_5)s' \tag{4.83}$$

其中弱作用本征态 d' 和 s' 是质量本征值 d 和 s 的卡比博 (Cabbibo) 混合。

$$\begin{pmatrix} d' \\ s' \end{pmatrix} = \begin{pmatrix} \cos\theta_{\rm c} & \sin\theta_{\rm c} \\ -\sin\theta_{\rm c} & \cos\theta_{\rm c} \end{pmatrix}\begin{pmatrix} d \\ s \end{pmatrix} \tag{4.84}$$

卡比博混合角的实验值约为 13.17°。

容易证明，弱流实际上是左手流，可以用左手态表示。例如，

$$\bar{e}\frac{1}{2}\gamma^\mu(1-\gamma_5)\nu_{\rm e} = [\bar{e}\frac{1}{2}(1+\gamma_5)]\gamma^\mu\nu_{\rm eL} = \bar{e}_{\rm L}\gamma^\mu\nu_{\rm eL} \tag{4.85}$$

这说明左手态和右手态分属于不同的群表示，具有不同的弱作用量子数。

本章一开始就已指出，V-A 理论只是一个正确理论的低能近似，当能量高过一定限度时 (几百 GeV) 幺正性会被破坏，因而和实验产生较大的偏差，同时理论本身也是不可重整的。

4.5　无破缺的 $SU(2)_{\rm L}\times U(1)_{\rm Y}$ 规范理论

前面讲到弱作用流是左手流，只有左手流才参加弱相互作用，而右手流则完全不参与。依据 (4.77) 和 (4.78) 两式，以第一代旋量粒子为例，可以记为

$$\begin{pmatrix}\nu_{\rm eL}\\ e_{\rm L}\end{pmatrix},\quad \begin{pmatrix}u_{\rm L}\\ d_{\rm L}\end{pmatrix},\quad e_{\rm R},\quad u_{\rm R},\quad d_{\rm R} \tag{4.86}$$

对左手态可以引人弱同位旋的 $SU(2)_{\rm L}$ 对称性，守恒的量子数是弱同位旋 $\boldsymbol{T}$。而且对左手态和右手态都引入一个 $U(1)_{\rm Y}$ 对称性，守恒的量子数是弱超荷 Y。它们和电荷 Q 之间满足类似于盖尔曼-西岛的关系：

$$Q = T_3 + \frac{Y}{2} \tag{4.87}$$

$U(1)_{\rm Y}$ 对称性的引入实质上是把电荷 Q 纳入，将弱相互作用和电磁相互作用统一在共同的规范结构内。表 4.1给出了它们的弱量子数。

表 4.1　轻子和夸克的弱相互作用量子数

	T	T_3	$Y/2$	Q
$\nu_{\rm eL}$	1/2	1/2	−1/2	0
$e_{\rm L}$	1/2	−1/2	−1/2	−1
$u_{\rm L}$	1/2	1/2	1/6	2/3
$d_{\rm L}$	1/2	−1/2	1/6	−1/3
$e_{\rm R}$	0	0	−1	−1
$u_{\rm R}$	0	0	2/3	2/3
$d_{\rm R}$	0	0	−1/3	−1/3

狄拉克粒子自由拉氏量中的质量项在 $SU(2)_{\rm L}$ 变换下不是不变的，因为

$$\bar{\Psi}\Psi = (\bar{\Psi}_{\rm L}+\bar{\Psi}_{\rm R})(\Psi_{\rm L}+\Psi_{\rm R}) = \bar{\Psi}_{\rm L}\Psi_{\rm R}+\bar{\Psi}_{\rm R}\Psi_{\rm L}$$

因而为了保证理论的 $SU(2)_{\rm L}$ 不变性，现阶段我们取狄拉克费米子的质量为零。

该模型中的规范场对应于 $SU(2)_{\mathrm{L}}$ 群的是三重态的 $\boldsymbol{W}_{\mu}$，对应于 $U(1)_{\mathrm{Y}}$ 群的是 B_{μ}。根据前面的讨论，写下定域规范不变的拉氏量为

$$\mathcal{L}=\mathrm{i}\bar{\Psi}\gamma^{\mu}D_{\mu}\Psi-\frac{1}{4}\boldsymbol{W}^{\mu\nu}\cdot\boldsymbol{W}_{\mu\nu}-\frac{1}{4}B^{\mu\nu}B_{\mu\nu} \tag{4.88}$$

$$B_{\mu\nu}=\partial_{\mu}B_{\nu}-\partial_{\nu}B_{\mu} \tag{4.89}$$

$$D_{\mu}=\partial_{\mu}+\mathrm{i}g\boldsymbol{W}_{\mu}\cdot\boldsymbol{T}+\mathrm{i}g'\frac{Y}{2}B_{\mu} \tag{4.90}$$

$$T^{i}=\frac{1}{2}\tau^{i},\quad i=1,2,3 \tag{4.91}$$

$\boldsymbol{W}_{\mu\nu}$ 由式 (4.54) 定义。

对于下面的无穷小规范变换拉氏量具有不变性，

$$\begin{array}{ll}
SU(2)_{\mathrm{L}} & U(1)_{\mathrm{Y}} \\[2ex]
\Psi_{\mathrm{L}}\rightarrow[1-\mathrm{i}g\boldsymbol{T}\cdot\boldsymbol{\alpha}(x)]\Psi_{\mathrm{L}}, & \Psi_{\mathrm{L}}\rightarrow[1-\mathrm{i}g'Y\beta(x)/2]\Psi_{\mathrm{L}} \\
\Psi_{\mathrm{R}}\rightarrow\Psi_{\mathrm{R}}, & \Psi_{\mathrm{R}}\rightarrow[1-\mathrm{i}g'Y\beta(x)/2]\Psi_{\mathrm{R}} \\
\boldsymbol{W}_{\mu}\rightarrow\boldsymbol{W}_{\mu}+\partial_{\mu}\boldsymbol{\alpha}(x)+g\boldsymbol{\alpha}(x)\times\boldsymbol{W}_{\mu}, & \boldsymbol{W}_{\mu}\rightarrow\boldsymbol{W}_{\mu} \\
B_{\mu}\rightarrow B_{\mu}, & B_{\mu}\rightarrow B_{\mu}+\partial_{\mu}\beta(x)
\end{array} \tag{4.92}$$

如果定义同位旋的上升和下降算法为

$$T^{\pm}=\frac{1}{\sqrt{2}}[T^{1}\pm\mathrm{i}T^{2}]=\frac{1}{\sqrt{2}}\tau^{\pm} \tag{4.93}$$

$$\tau^{+}=\begin{pmatrix}0&1\\0&0\end{pmatrix},\quad\tau^{-}=\begin{pmatrix}0&0\\1&0\end{pmatrix} \tag{4.94}$$

以及

$$W_{\mu}^{\pm}=\frac{1}{\sqrt{2}}[W_{\mu}^{1}\mp\mathrm{i}W_{\mu}^{2}] \tag{4.95}$$

则有

$$\boldsymbol{W}_{\mu}\cdot\boldsymbol{T}=W_{\mu}^{+}T^{+}+W_{\mu}^{-}T^{-}+W_{\mu}^{3}T^{3} \tag{4.96}$$

为了把电磁相互作用和弱相互作用统一起来，电磁相互作用项 $\mathrm{i}eQA_{\mu}$ 必须包含在协变微分 D_{μ} 的中性项 $\mathrm{i}(gW_{\mu}^{3}T^{3}+g'YB_{\mu}/2)$ 中，所以 B_{μ} 和 W_{μ}^{3} 应是 A_{μ} 和另一个中性场 Z_{μ} 的线性组合。

$$\begin{pmatrix}W_{\mu}^{3}\\B_{\mu}\end{pmatrix}=\begin{pmatrix}\cos\theta_{\mathrm{w}}&\sin\theta_{\mathrm{w}}\\-\sin\theta_{\mathrm{w}}&\cos\theta_{\mathrm{w}}\end{pmatrix}\begin{pmatrix}Z_{\mu}\\A_{\mu}\end{pmatrix} \tag{4.97}$$

θ_w 称为弱电混合角，或温伯格 (Winberg) 角。因此有

$$\mathrm{i}gW_\mu^3T^3+\mathrm{i}g'\frac{Y}{2}B_\mu=\mathrm{i}A_\mu(g\sin\theta_\mathrm{w}T^3+g'\cos\theta_\mathrm{w}\frac{Y}{2})$$
$$+\mathrm{i}Z_\mu(g\cos\theta_\mathrm{w}T^3-g'\sin\theta_\mathrm{w}\frac{Y}{2}) \tag{4.98}$$

比较等号右方的第一项和电磁相互作用项 $\mathrm{i}eQA_\mu=\mathrm{i}e(T^3+Y/2)A_\mu$，得到关系式

$$g=\frac{e}{\sin\theta_\mathrm{w}},\quad g'=\frac{e}{\cos\theta_\mathrm{w}} \tag{4.99}$$

$$\left(\frac{1}{g}\right)^2+\left(\frac{1}{g'}\right)^2=\left(\frac{1}{e}\right)^2 \tag{4.100}$$

D_μ 中含 Z_μ 的项就是式 (4.98) 中等号右方的第二项，可写为

$$D_\mu^Z=\mathrm{i}g_zZ_\mu(T^3-x_\mathrm{w}Q) \tag{4.101}$$

$$g_z=\frac{e}{\sin\theta_\mathrm{w}\cos\theta_\mathrm{w}}=\sqrt{g^2+g'^2},\quad x_\mathrm{w}=\sin^2\theta_\mathrm{w} \tag{4.102}$$

因而协变微分 D_μ 可改写为

$$D_\mu=\partial_\mu+\mathrm{i}eQA_\mu+\mathrm{i}g(T^+W_\mu^++T^-W_\mu^-)+\mathrm{i}g_z\left(T^3-x_wQ\right)Z_\mu \tag{4.103}$$

规范场和旋量场 $\varPsi$ 之间的相互作用由 $\mathcal{L}$ 中的 $\bar{\varPsi}\mathrm{i}\gamma^\mu D_\mu\varPsi$ 项产生，将其明显地写出来为

$$\mathcal{L}_I=-eJ_\mathrm{em}^\mu A_\mu-\frac{g}{\sqrt{2}}(J_\mathrm{L}^{+\,\mu}W_\mu^++J_\mathrm{L}^{-\,\mu}W_\mu^-)-g_zJ_\mathrm{Z}^\mu Z_\mu \tag{4.104}$$

其中

$$J_\mathrm{L}^{\pm\,\mu}=\sqrt{2}\bar{\varPsi}\gamma^\mu T^\pm\varPsi \tag{4.105}$$

$$J_\mathrm{Z}^\mu=\bar{\varPsi}\gamma^\mu(T^3-x_\mathrm{w}Q)\varPsi \tag{4.106}$$

$$J_\mathrm{em}^\mu=\bar{\varPsi}\gamma^\mu Q\varPsi \tag{4.107}$$

这里我们注意到同位旋算符 T^i 作用到 $\varPsi_\mathrm{R}$ 上等于零，而作用到 $\varPsi_\mathrm{L}$ 二重态上时 $T^i=\tau^i/2$。进一步的推导可将上面的带电流式 (4.105) 和中性流式 (4.106) 分别写为

$$J_\mathrm{L}^{\pm\,\mu}=\frac{1}{2}\bar{\varPsi}\gamma^\mu(1-\gamma^5)\tau^\pm\varPsi \tag{4.108}$$

$$J_{\rm Z}^{\mu}=\frac{1}{2}\bar{\Psi}\gamma^{\mu}(g_{\rm V}-g_{\rm A}\gamma^5)\Psi \tag{4.109}$$

耦合常数 $g_{\rm V}, g_{\rm A}$ 的定义为

$$g_{\rm V}=\frac{g_{\rm L}+g_{\rm R}}{2}=\frac{1}{2}\tau^3-2Q\sin^2\theta_{\rm w},\quad g_{\rm A}=\frac{g_{\rm L}-g_{\rm R}}{2}=\frac{1}{2}\tau^3 \tag{4.110}$$

这就证明了 4.6 节所讲的，带电流是矢量流和轴矢量流的对等混合，而中性流中矢量流和轴矢量流的贡献是不对等的。规范场之间的自相互作用如前面所论，由拉氏量中的自由规范场部分给出。

通过上面的讨论可以看出这个理论模型引入了光子场 A 和 $\mathrm{W}^{\pm}$、Z 中间玻色子规范场，描写了它们和物质场之间的相互作用及自相互作用，一切似乎都显得非常完美和漂亮，但是实际上却存在着一个严重的问题，那就是规范粒子 $\mathrm{W}^{\pm}$ 和 Z 及所有的费米子质量都为零，理论不可重整化。那么如何对理论进行修改，产生这些粒子的质量，而同时又能保证理论的可重整化呢? 对称性的自发破缺和希格斯机制将会非常巧妙地解决这一两难的问题。在该机制下，拉氏量的规范对称性仍然得到保持，只不过是被一个特别选取的弱同位旋方向的表观所隐含而已。理论变成可重整化的。

在我们所讨论的非破缺理论中，因为所有规范粒子都没有质量，所以 A_μ 和 Z_μ 作为 B_μ 和 W_μ^3 的线性组合也只是一种形式，没有任何理由选用其中的一对而不用另一对。而在破缺理论中，规范粒子获得了质量后，A_μ 和 Z_μ 就是质量的本征态。但是在很高的能区，当动量转移 $q^2\gg M_{\rm Z}^2, M_{\rm W}^2$ 时，费米子和规范粒子的质量都可以忽略，就又回到了非破缺理论的情况。

4.6 自发破缺的对称性和戈德斯通定理

一个理论可以是在连续对称性下精确不变的，而它的基态却不一定必须要具有这种对称性。一个对称性的理论给出非对称性的态是不奇怪的。一个典型的例子是铁磁体，这是一个具有转动不变性的系统，而它的基态却不具备这种对称性。非磁性材料的基态具有明显的旋转对称性，原子自旋的取向是任意的，因而总体上不呈现磁性。但对于铁磁体，由于自旋和自旋的相互作用，它的能量最低态的自旋是排列起来的，从而产生有限的磁性，破缺了它的明显的对称性，因此这时的转动对称性是以一种自发破缺的方式实现的。自发破缺对称性的一个重要特征是，它的基态必须是无穷简并的。对破缺的非对称基态施以对称性变换，可以构造出无穷多的态。由于理论的对称性，所有这些态都和原来的基态具有相同的能量。其哈密顿量 (Hamiltonian) 和所有的转动变换对易。确实，对于所有自旋都沿某一方向排列的铁磁体，我们可以转动磁铁而得到无穷多个基态。

4.6.1　$U(1)$ 整体规范变换的情形

现在让我们转而讨论无自旋复标量场的场论模型。拉氏量可写为

$$\mathcal{L} = |\partial_\mu \phi|^2 - V(|\phi|), \quad V(|\phi|) = \mu^2\phi^2 + \lambda\phi^4 \tag{4.111}$$

对 $U(1)$ 整体规范变换，

$$\phi \to \phi' = \mathrm{e}^{-\mathrm{i}\theta}\phi,$$

$\mathcal{L}$ 具有不变性。该 $U(1)$ 变换可以看成是 ϕ 的二维复平面上的转动，因而和 $O(2)$ 群是等价的。在式 (4.111) 这类理论中，通常可以把场量关于位势的极小常数值作展开。这个极小值常数就表征了系统的基态，如同铁磁体磁性的基态。ϕ 场围绕其典型值的涨落归于系统的动力学自由度，可以把这个动力学自由度和粒子联系在一起，而代表场的极小值结构的常数则称为真空期待值。场量关于真空期待值的涨落情况是由拉氏量决定的。

由 $V(|\phi|)$ 很容易看出，当 $\mu^2 > 0$ 时，ϕ 场的极小值基态是

$$\phi_0 = \langle 0|\phi|0\rangle = 0, \quad \mu^2 > 0 \tag{4.112}$$

这时 μ^2 项可以被认定为 ϕ 场的质量项，由 ϕ 场的实部和虚部所代表的两类场粒子都具有质量 μ，因为它们具有复平面上的转动对称性。真空态对称不变。这种对称性实现的理论称为维格纳-外尔 (Wigner-Weyl) 模式。

现在让我们来讨论场量具有非零的真空期待值的情况。如果认定式 (4.111) 中的 μ^2 只是一个常数，和质量无关，当 $\mu^2 < 0$ 时可以求得它的极小值是

$$\phi_0 = \langle 0|\phi|0\rangle = \sqrt{-\frac{\mu^2}{2\lambda}}, \quad \mu^2 < 0 \tag{4.113}$$

记

$$v = \sqrt{-\mu^2/\lambda}$$

则

$$\phi_0 = \frac{v}{\sqrt{2}} \tag{4.114}$$

这些极小值有无穷多个，处在 $\Re\phi$ 和 $\Im\phi$ 平面上的一个圆周上，如图 4.1所示。圆周上的每一点都可看成是真空，因此一般性地记为

$$\phi_0 = \mathrm{e}^{\mathrm{i}\theta}\frac{v}{\sqrt{2}} \tag{4.115}$$

在 $U(1)$ 整体规范变换下，圆周上的一个真空态变为另一个真空态，真空不再是不变的，故称模型具有自发破缺的对称性。

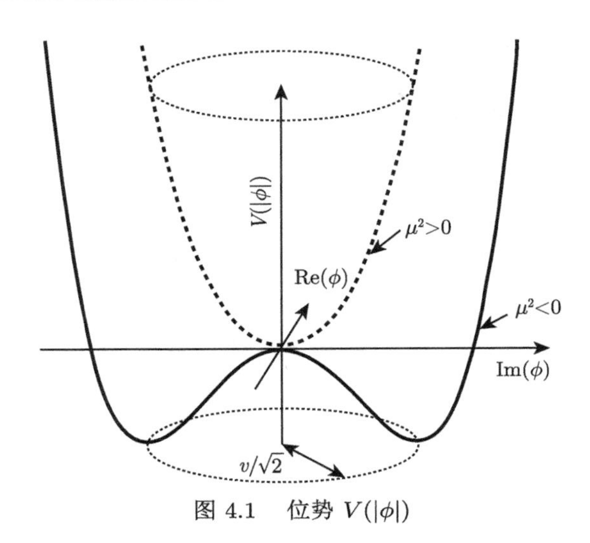

图 4.1 位势 $V(|\phi|)$

将 ϕ 场关于真空态展开为

$$\phi = \mathrm{e}^{\mathrm{i}\frac{\theta(x)}{v}}\frac{v+H(x)}{\sqrt{2}}, \quad \langle 0|H(x)|0\rangle = 0 \tag{4.116}$$

这里两个场量 $\theta(x)$ 和 $H(x)$ 等价于 ϕ 用它的实部和虚部来表示，都是两个实的场量。代入拉氏量式 (4.111)，忽略三阶以上小量得

$$\mathcal{L} = \frac{1}{2}\partial^\mu H\partial_\mu H + \frac{1}{2}\partial^\mu\theta\partial_\mu\theta - \frac{\mu^2}{2}(v+H)^2 - \frac{\lambda}{4}(v+H)^4$$

进一步可化简为

$$\mathcal{L} = \frac{1}{2}\partial^\mu H\partial_\mu H + \frac{1}{2}\partial^\mu\theta\partial_\mu\theta - \lambda v^2H^2 + \mathcal{O}(H^3) \tag{4.117}$$

由此可见，

$$m_{\mathrm{H}}^2 = 2\lambda v^2 = -2\mu^2, \quad m_\theta = 0 \tag{4.118}$$

理论中引入了一个有质量的标量场粒子 H。另一个标量场粒子 θ 有由偏微分表示的动量项，但质量为零，称之为戈德斯通 (Goldstone) 粒子。一般的戈德斯通定理表述为: 整体连续对称性的自发破缺，必然导致质量为零的标量粒子的存在，它的数目等于群的生成元的个数。

4.6.2　非阿贝尔群规范变换的情形

让我们再来进一步讨论非阿贝尔群的情形。在 $SU(2)$ 群下，可将复标量场表示为

$$\Phi = \begin{pmatrix} \phi^+ \\ \phi^0 \end{pmatrix} = \begin{pmatrix} \phi^+ = \phi_1^+ + \mathrm{i}\phi_2^+ \\ \phi^0 = \phi_1^0 + \mathrm{i}\phi_2^0 \end{pmatrix} \tag{4.119}$$

它的量子数列表如下：

	T	T_3	Y	Q
ϕ^+	1/2	1/2	1	1
ϕ^0	1/2	−1/2	1	0

拉氏量写为

$$\mathcal{L} = (\partial^\mu \Phi)^\dagger (\partial_\mu \Phi) - \mu^2 \Phi^\dagger \Phi - \lambda(\Phi^\dagger \Phi)^2 \tag{4.120}$$

对于 $SU(2)$ 整体规范变换的不变性是显然的。由于真空是无穷简并的，各个方向的真空等同，因而可以选定一个特殊方向的真空态

$$\Phi_0 = \begin{pmatrix} 0 \\ \dfrac{v}{\sqrt{2}} \end{pmatrix} \tag{4.121}$$

将 Φ 场展开为

$$\Phi = \mathrm{e}^{\frac{\mathrm{i}\boldsymbol{\xi}(x)\cdot\boldsymbol{\tau}}{2v}} \begin{pmatrix} 0 \\ \dfrac{v + H(x)}{\sqrt{2}} \end{pmatrix} \tag{4.122}$$

代入式 (4.120) 得

$$\begin{aligned} \mathcal{L} &= \frac{1}{2}\partial^\mu H \partial_\mu H + \frac{1}{8}\partial^\mu \boldsymbol{\xi} \cdot \partial_\mu \boldsymbol{\xi} - \frac{\mu^2}{2}(v+H)^2 - \lambda(v+H)^4 \\ &= \frac{1}{2}\partial^\mu H \partial_\mu H + \frac{1}{8}\partial^\mu \boldsymbol{\xi} \cdot \partial_\mu \boldsymbol{\xi} - \lambda v^2 H^2 + \mathcal{O}(H^3) \end{aligned} \tag{4.123}$$

因而有

$$m_{\mathrm{H}}^2 = 2\lambda v^2 = -2\mu^2, \quad m_{\xi_i} = 0 \tag{4.124}$$

在一个标量粒子获得质量的同时，对应于 $SU(2)$ 群的三个生成元存在三个无质量的戈德斯通玻色子 ξ_i $(i = 1, 2, 3)$。

4.7 定域规范对称性和希格斯机制

通过 4.6 节的讨论很自然地会想到，在定域的规范变换下又会发生什么现象呢？仍然先从阿贝尔的 $U(1)$ 群讨论起。和狄拉克场的情况类似，拉氏量式 (4.111) 在定域规范变换

$$\phi \to \phi' = \mathrm{e}^{-\mathrm{i}\alpha(x)}\phi \tag{4.125}$$

下的不变性，导致协变微分的引入，

$$D_\mu = \partial_\mu + \mathrm{i}B_\mu$$

其中 B_μ 是规范场。暂时忽略规范场的自由拉氏量，可以将协变的拉氏量写为

$$\mathcal{L} = (D^\mu\phi)^*(D_\mu\phi) - \mu^2\phi^*\phi - \lambda(\phi^*\phi)^2 \tag{4.126}$$

当 $\mu^2 < 0$ 时，真空仍由 (4.114) 和 (4.115) 两式给出。ϕ 场关于真空的展开式也仍由式 (4.116) 给出。如果选择适当的规范，称之为幺正规范，使得

$$\theta(x)/v = \alpha(x)$$

则有

$$\phi = \frac{v + H(x)}{\sqrt{2}}, \quad \langle 0|H(x)|0\rangle = 0 \tag{4.127}$$

代入上面的协变拉氏量得

$$\begin{aligned}
\mathcal{L} &= \left[(\partial^\mu - \mathrm{i}B^\mu)\frac{v+H}{\sqrt{2}}\right]\left[(\partial_\mu + \mathrm{i}B_\mu)\frac{v+H}{\sqrt{2}}\right] - \frac{\mu^2}{2}(v+H)^2 - \frac{\lambda}{4}(v+H)^4 \\
&= \frac{1}{2}\partial^\mu H\partial_\mu H + \frac{(v+H)^2}{2}B^\mu B_\mu - \frac{\mu^2}{2}(v+H)^2 - \frac{\lambda}{4}(v+H)^4 \\
&= \frac{1}{2}\partial^\mu H\partial_\mu H + \frac{v^2}{2}B^\mu B_\mu + \mu^2 H^2 + \cdots
\end{aligned} \tag{4.128}$$

因此有

$$m_B = \frac{v}{\sqrt{2}}, \quad m_H = \sqrt{-2\mu^2} \tag{4.129}$$

H 场没有变，但戈德斯通粒子消失了，规范场获得了质量。戈德斯通粒子到哪里去了呢？规范场又是如何获得质量的呢？实际上这是由于戈德斯通粒子变成了规范场的纵向分量，从而消失了自我而使得规范场获得了质量。因为我们知道没有质量的场粒子，如光子，只有两个横向分量，有质量的粒子场才具有包含纵向分量在内的三个分量。因此也可以形象地说，规范场吃掉了戈德斯通粒子而获得质量。

4.8　电弱统一模型

电弱统一模型又称为格拉肖-温伯格-萨拉姆模型，三人同时获得诺贝尔物理学奖。这是一个真空自发破缺的 $SU(2)_{\mathrm{L}} \times U(1)_{\mathrm{Y}}$ 模型。前面已经讨论了无破缺的 $SU(2)_{\mathrm{L}} \times U(1)_{\mathrm{Y}}$ 规范场理论，现在来看如何通过真空的自发破缺和希格斯机制使得规范场 $\mathrm{W}^{\pm}$、Z 和费米子场获得质量。

4.8.1　非阿贝尔规范群的希格斯机制和规范场粒子质量

为实现 $SU(2)_{\mathrm{L}} \times U(1)_{\mathrm{Y}}$ 对称性的自发破缺，如前面所述，必须引入一个二重态的复标量场 (希格斯场)，见式 (4.119)。要求复标量场具有和费米子场相同的定域 $SU(2)_{\mathrm{L}}$ 规范变换，

$$\varPhi \to \varPhi' = \mathrm{e}^{-\mathrm{i}\boldsymbol{T}\cdot\boldsymbol{\alpha}(x)}\varPhi \tag{4.130}$$

拉氏量式 (4.120) 在规范变换下的不变性要求引入协变的微分式 (4.103)，作代换 $(\partial_\mu \to D_\mu)$，从而使其变成协变的。

真空仍为式 (4.121)，物理态也仍为式 (4.122)。选择幺正规范使得

$$\boldsymbol{\alpha}(x) = \boldsymbol{\xi}(x)/v$$

则有

$$\varPhi \to \varPhi' = \begin{pmatrix} 0 \\ \dfrac{v + H(x)}{\sqrt{2}} \end{pmatrix} \tag{4.131}$$

戈德斯通场消失。把 $\varPhi'$ 重新记成 $\varPhi$，并注意到 $\varPhi$ 场的电荷为 0，可以写下

$$D_\mu\varPhi = \frac{1}{\sqrt{2}}\begin{pmatrix} \dfrac{1}{\sqrt{2}}\mathrm{i}gW_\mu^+(v+H) \\ \partial_\mu H - \dfrac{1}{2}\mathrm{i}g_z Z_\mu(v+H) \end{pmatrix} \tag{4.132}$$

代入协变的拉氏量得到

$$\begin{aligned}\mathcal{L} \;&= \frac{1}{2}\partial^\mu H\partial_\mu H + \frac{1}{4}g^2 W^{+\mu}W_\mu^-(v+H)^2 + \frac{1}{8}g_z^2 Z^\mu Z_\mu(v+H)^2 \\ &\quad - V\left[\frac{1}{2}(v+H)^2\right]\end{aligned} \tag{4.133}$$

其中含 v^2 的项给出了规范场粒子的质量项

$$M_{\mathrm{W}^\pm}^2 W^{+\mu}W_\mu^-，\quad \frac{1}{2}M_Z^2 Z^\mu Z_\mu，$$

因此，

$$M_{\mathrm{W}}=\frac{1}{2}gv,\quad M_{\mathrm{Z}}=\frac{1}{2}g_z v=\frac{M_{\mathrm{W}}}{\cos\theta_{\mathrm{w}}} \tag{4.134}$$

可以证明在 $\mathcal{L}$ 中含 H 的项有

$$\frac{1}{2}\partial^{\mu}H\partial_{\mu}H-\frac{1}{2}(-2\mu^2)H^2+\frac{1}{4}\mu^2v^2\left(-1+\frac{4H^3}{v^3}+\frac{H^4}{v^2}\right)$$

给出物理的希格斯粒子质量为

$$m_{\mathrm{H}}=\sqrt{-2\mu^2}$$

希格斯粒子的三次方和四次方项给出了它的自相互作用。在式 (4.133) 中希格斯粒子不和光子场 A_{μ} 耦合，因此它是不参加电磁相互作用的，只和中间玻色子有三次方和四次方的相互作用，

$$\left(\frac{1}{4}g^2W^{+\mu}W^{-}_{\mu}+\frac{1}{8}g_z^2Z^{\mu}Z_{\mu}\right)(H^2+2vH)$$

希格斯机制的物理意义在于它告诉我们，空间各点的真空都可以发射或吸收一个携带弱同位旋和弱超荷的希格斯场量子，使得与之耦合的中间玻色子和费米子获得质量。光子和胶子场不和它耦合，因而仍然是没有质量的。下面的两节将讨论轻子和夸克是如何通过希格斯机制获得质量的。

$SU(2)_{\mathrm{L}}\times U(1)_{\mathrm{Y}}$ 规范模型和真空自发破缺机制的结合就把由质量不为零的 $\mathrm{W}^{\pm}$ 和 Z 传递的弱相互作用和电磁相互作用结合了起来。由式 (4.104) 不难导出，在该模型中有效的四费米子相互作用形式可以写为

$$-\mathcal{L}_{\mathrm{eff}}=\frac{-\frac{1}{2}e^2(J^{\mu}_{\mathrm{em}})^2}{q^2}-\frac{\frac{1}{2}g^2J^{+\mu}_{\mathrm{L}}J^{-}_{L\mu}}{q^2-M^2_{\mathrm{W}}}-\frac{\frac{1}{2}g_z^2(J^{\mu}_{\mathrm{Z}})^2}{q^2-M^2_{\mathrm{Z}}} \tag{4.135}$$

q^2 是四动量转移。电磁流和中性弱流前面的因子 1/2 是因为这时费米子流的两种排序方式都有贡献，而带电弱流前面的因子 1/2 则是来自拉氏量中的因子 $g/\sqrt{2}$。在低能下，即 q^2 比 M^2_{W} 或 M^2_{Z} 小得多时，上式第二项就演变为 V-A 带电流的相互作用形式，将其和式 (4.80) 比较可得费米耦合常数 G_{F} 和 g、M_{W} 之间的关系：

$$\frac{G_{\mathrm{F}}}{\sqrt{2}}=\frac{g^2}{8M^2_{\mathrm{W}}} \tag{4.136}$$

由式 (4.135) 的第二和第三项可以定义一个参数 ρ 为

$$\rho\equiv\frac{G_{\mathrm{NC}}}{G_{\mathrm{CC}}}=\left(\frac{g^2_{\mathrm{Z}}}{M^2_{\mathrm{Z}}}\right)\Big/\left(\frac{g^2}{M^2_{\mathrm{W}}}\right) \tag{4.137}$$

描写中性流和带电流的强度比。在标准模型中 $\rho=1$。

4.8.2　轻子的质量

如何通过希格斯机制使无质量的轻子获得质量呢？方法是在拉氏量中加入轻子和复标量希格斯场的汤川 (汤川秀树，Yukawa Hideki) 相互作用项，它应该满足 $SU(2)_{\mathrm{L}} \times U(1)_{\mathrm{Y}}$ 规范不变和可重整化的要求。为简单记，暂只考虑第一代轻子，

$$\mathcal{L} = -G_{\mathrm{e}}[\bar{e}_{\mathrm{R}}\Phi^{\dagger}l_{\mathrm{L}} + (\bar{l}_{\mathrm{L}}\Phi)e_{\mathrm{R}}] \tag{4.138}$$

其中

$$l_{\mathrm{L}} = \begin{pmatrix} \nu_{\mathrm{e}} \\ e \end{pmatrix}_{\mathrm{L}} \tag{4.139}$$

Φ 场由式 (4.119) 给出，G_{e} 代表耦合常数。把 Φ 的幺正规范形式 (4.131) 代入上面的拉氏量得

$$\mathcal{L} = -(G_{\mathrm{e}}v/\sqrt{2})\bar{e}e - (G_{\mathrm{e}}/\sqrt{2})H\bar{e}e \tag{4.140}$$

因此电子获得质量

$$m_{\mathrm{e}} = G_{\mathrm{e}}v/\sqrt{2}$$

第二项给出电子场和 H 场的耦合，由上式反解出 $G_{\mathrm{e}} = \sqrt{2}m_{\mathrm{e}}/v$ 代入，得到该耦合项为

$$-\frac{G_{\mathrm{e}}}{\sqrt{2}}H\bar{e}e = -\frac{m_{\mathrm{e}}}{v}H\bar{e}e = -\sqrt[4]{2}\sqrt{G_{\mathrm{F}}}m_{\mathrm{e}}H\bar{e}e$$

该耦合很小，$G_{\mathrm{e}} = 2.9 \times 10^{-6}$。

对第二代和第三代进行完全相同的操作，引入耦合常数 G_{μ} 和 G_{τ}，使 μ 子和 τ 子获得质量，最后写下三代轻子和希格斯场的汤川耦合拉氏量部分为

$$\mathcal{L}_{\mathrm{y}} = -\sqrt[4]{2}\sqrt{G_{\mathrm{F}}}(m_{\mathrm{e}}H\bar{e}e + m_{\mu}H\bar{\mu}\mu + m_{\tau}H\bar{\tau}\tau) \tag{4.141}$$

需要指出的是希格斯机制在产生轻子质量的时候引入了三个任意的耦合常数，因此可以说标准模型还没有从根本上解释质量的来源。

在标准模型中中微子是没有质量的，因此不存在右手的中微子，各代之间的混合也是没有意义的。

4.8.3　夸克的质量和混合

夸克的质量同样可以由夸克和复标量希格斯场式 (4.119) 的汤川耦合产生。为同时产生 u 类和 d 类夸克的质量，除了 $Y = 1$ 的 Φ 场外，还需要引入它的共

轭二重态，

$$\Phi^c = \mathrm{i}\tau^2\Phi^* = \begin{pmatrix} 0 & 1 \\ -1 & 0 \end{pmatrix}\begin{pmatrix} \phi^{+*} \\ \phi^{0*} \end{pmatrix} = \begin{pmatrix} \phi^{0*} \\ -\phi^{+*} \end{pmatrix} = \begin{pmatrix} \phi^{0} \\ -\phi^{-} \end{pmatrix} \tag{4.142}$$

Φ^c 按照 $Y=-1$ 的二重态变换。

记夸克费米子无破缺规范理论的基础弱本征态为

$$Q_{i\mathrm{L}} = \begin{pmatrix} u_i \\ d_i \end{pmatrix}_{\mathrm{L}}, \qquad u_{i\mathrm{R}}, \qquad d_{i\mathrm{R}} \tag{4.143}$$

其中 $i=1,2,3$ 是三代的代指标。它们的量子数见表 4.1。$SU(2)_{\mathrm{L}}\times U(1)_{\mathrm{Y}}$ 规范不变的汤川相互作用拉氏量可写为

$$\mathcal{L} = -\sum_{i=1}^{3}\sum_{j=1}^{3}[\tilde{G}_{ij}\bar{u}_{i\mathrm{R}}(\Phi^{c\dagger}Q_{j\mathrm{L}}) + G_{ij}\bar{d}_{i\mathrm{R}}(\Phi^{\dagger}Q_{j\mathrm{L}})] + h.c. \tag{4.144}$$

这里各代之间的混合是允许的。$\tilde{G}_{ij}$ 和 G_{ij} 是 18 个耦合常数。依据和 4.7 节完全相同的讨论，可得到电荷为 2/3 和 $-1/3$ 的夸克质量项的如下形式：

$$\overline{(u_1,u_2,u_3)}_{\mathrm{R}}\mathcal{M}^u\begin{pmatrix} u_1 \\ u_2 \\ u_3 \end{pmatrix}_{\mathrm{L}} + h.c. \tag{4.145}$$

$$\overline{(d_1,d_2,d_3)}_{\mathrm{R}}\mathcal{M}^d\begin{pmatrix} d_1 \\ d_2 \\ d_3 \end{pmatrix}_{\mathrm{L}} + h.c. \tag{4.146}$$

其中 $\mathcal{M}^u_{ij}$ 和 $\mathcal{M}^d_{ij}$ 是 u 类夸克和 d 类夸克的质量矩阵，

$$\mathcal{M}^u_{ij} = \frac{v}{\sqrt{2}}\tilde{G}_{ij}, \quad \mathcal{M}^d_{ij} = \frac{v}{\sqrt{2}}G_{ij} \tag{4.147}$$

这些矩阵一般不是厄米的。

对夸克场的幺正变换将保持它们的反对易关系，而且任何一个复数矩阵都能够通过在它的左右两侧乘以适当的幺正矩阵而对角化，因此在无破缺的夸克基础态上施以幺正变换，

$$\begin{pmatrix} u_1 \\ u_2 \\ u_3 \end{pmatrix}_{\mathrm{L,R}} = U_{\mathrm{L,R}}\begin{pmatrix} u \\ c \\ t \end{pmatrix}_{\mathrm{L,R}}, \qquad \begin{pmatrix} d_1 \\ d_2 \\ d_3 \end{pmatrix}_{\mathrm{L,R}} = D_{\mathrm{L,R}}\begin{pmatrix} d \\ s \\ b \end{pmatrix}_{\mathrm{L,R}} \tag{4.148}$$

可以把质量矩阵 $\mathcal{M}^u$ 和 $\mathcal{M}^d$ 化成对角的形式，

$$U_{\mathrm{R}}^{-1}\mathcal{M}^u U_{\mathrm{L}} = \begin{pmatrix} m_u & 0 & 0 \\ 0 & m_c & 0 \\ 0 & 0 & m_t \end{pmatrix} \tag{4.149}$$

$$D_{\mathrm{R}}^{-1}\mathcal{M}^d D_{\mathrm{L}} = \begin{pmatrix} m_d & 0 & 0 \\ 0 & m_s & 0 \\ 0 & 0 & m_b \end{pmatrix} \tag{4.150}$$

由此可见弱相互作用的本征态 (u_1, u_2, u_3) 和 (d_1, d_2, d_3) 分别是质量本征态 (u, c, t) 和 (d, s, b) 的线性叠加。

实际上在前面讲过的带电流弱相互作用中就包含有如下形式的双线性项：

$$\bar{u}_{1\mathrm{L}}\gamma^\mu d_{1\mathrm{L}}, \qquad \bar{u}_{2\mathrm{L}}\gamma^\mu d_{2\mathrm{L}}, \qquad \bar{u}_{3\mathrm{L}}\gamma^\mu d_{3\mathrm{L}}$$

它们的和可以表示为两个矢量的内积，

$$\overline{(u_1, u_2, u_3)}_{\mathrm{L}}\gamma^\mu \begin{pmatrix} d_1 \\ d_2 \\ d_3 \end{pmatrix}_{\mathrm{L}} = \overline{(u, c, t)}_{\mathrm{L}} U_{\mathrm{L}}^\dagger D_{\mathrm{L}}\gamma^\mu \begin{pmatrix} d \\ s \\ b \end{pmatrix}_{\mathrm{L}} \tag{4.151}$$

因此一般地可以用矩阵

$$\boldsymbol{V} = U_{\mathrm{L}}^\dagger D_{\mathrm{L}} \tag{4.152}$$

来描写质量本征态之间的混合。

在中性流相互作用中遇到的则是如下的形式：

$$\overline{(u_1, u_2, u_3)}_{\mathrm{L}}\gamma^\mu \begin{pmatrix} u_1 \\ u_2 \\ u_3 \end{pmatrix}_{\mathrm{L}} = \overline{(u, c, t)}_{\mathrm{L}} U_{\mathrm{L}}^\dagger U_{\mathrm{L}}\gamma^\mu \begin{pmatrix} u \\ c \\ t \end{pmatrix}_{\mathrm{L}} \tag{4.153}$$

因为 $U_{\mathrm{L}}^\dagger U_{\mathrm{L}} = 1$，所以在这种情况下是没有代之间的混合的。同样的讨论也可以说明夸克的右手态各代之间没有混合。

需要指出的是，标准模型对带电流弱相互作用中夸克各代之间的混合还不能解释其根源。已经有一些扩展的模型试图从理论上给出混合角，例如超对称性模型。当然，如果夸克的质量为零或者都相等，也就不会有混合。

利用混合矩阵 $\boldsymbol{V}$ 可以将式 (4.151) 的带电流记为

$$J_{\mathrm{L}}^{+\mu} = \overline{(u, c, t)}_{\mathrm{L}}\gamma^\mu \boldsymbol{V} \begin{pmatrix} d \\ s \\ b \end{pmatrix}_{\mathrm{L}} \tag{4.154}$$

所以也可以把混合完全归于 $T_3 = -1/2$ 的态，即可定义

$$\begin{pmatrix} d' \\ s' \\ b' \end{pmatrix}_{\mathrm{L}} = \boldsymbol{V} \begin{pmatrix} d \\ s \\ b \end{pmatrix}_{\mathrm{L}} \tag{4.155}$$

于是夸克的弱相互作用本征态为

$$\begin{pmatrix} u \\ d' \end{pmatrix}_{\mathrm{L}}, \quad \begin{pmatrix} c \\ s' \end{pmatrix}_{\mathrm{L}}, \quad \begin{pmatrix} t \\ b' \end{pmatrix}_{\mathrm{L}}$$

$$u_{\mathrm{R}}, \quad c_{\mathrm{R}}, \quad t_{\mathrm{R}}; \quad d_{\mathrm{R}}, \quad s_{\mathrm{R}}, \quad b_{\mathrm{R}} \tag{4.156}$$

最后指出规范理论的重要预言是，所有的二重态，无论是轻子还是夸克，在弱相互作用中都具有相同的电弱耦合常数 g，同样所有的单态都具有相同的弱耦合常数 g'。

4.9 CKM 混合矩阵

4.8 节的式 (4.155) 可以重新写为

$$\begin{pmatrix} d' \\ s' \\ b' \end{pmatrix}_{\mathrm{L}} = \boldsymbol{V} \begin{pmatrix} d \\ s \\ b \end{pmatrix}_{\mathrm{L}} = \begin{pmatrix} V_{ud} & V_{us} & V_{ub} \\ V_{cd} & V_{cs} & V_{cb} \\ V_{td} & V_{ts} & V_{tb} \end{pmatrix} \begin{pmatrix} d \\ s \\ b \end{pmatrix}_{\mathrm{L}} \tag{4.157}$$

矩阵元都是复数的，所以是 18 个变量。1973 年小林诚和益川敏英首先完成了它的参数化。矩阵幺正性的要求给出 9 个约束条件：

$$V^{\dagger}_{\alpha\beta} V_{\beta\gamma} = \delta_{\alpha\gamma} \tag{4.158}$$

还可以将一个相角吸收到每一个左手态中，

$$q_{\mathrm{L}} = \mathrm{e}^{\mathrm{i}\alpha(q_L)} q_{\mathrm{L}} \tag{4.159}$$

这样就去除了各列和各行相角的任意性。但由于 $\boldsymbol{V}$ 在一个共同的相角变换下是不变的，所以可以去掉 $6-1$ 个相角自由度。这样在 CKM 矩阵中独立的物理参数就只剩下 4 个。实际上可以证明，对于 n 代的混合可以有 $n(n-1)/2$ 个转动角和 $(n-1)(n-2)/2$ 个独立的相角。在 CKM 矩阵中有三个转动角和一个相角参数。于是可将其参数化为

$$V = R_2(-\theta_2) R_1(-\theta_1) D(\delta - \pi) R_2(\theta_3) \tag{4.160}$$

其中

$$\begin{cases} R_1(\theta_i) = \begin{pmatrix} c_i & s_i & 0 \\ -s_i & c_i & 0 \\ 0 & 0 & 1 \end{pmatrix}, \quad R_2(\theta_i) = \begin{pmatrix} 1 & 0 & 0 \\ 0 & c_i & s_i \\ 0 & -s_i & c_i \end{pmatrix} \\ D(\delta) = \begin{pmatrix} 1 & 0 & 0 \\ 0 & 1 & 0 \\ 0 & 0 & e^{i\delta} \end{pmatrix}, \qquad c_i = \cos\theta_i, \qquad s_i = \sin\theta_i \end{cases} \tag{4.161}$$

求出 CKM 矩阵的形式如下：

$$\boldsymbol{V} = \begin{pmatrix} c_1 & -s_1c_3 & -s_1s_3 \\ s_1c_2 & c_1c_2c_3 - s_2s_3\mathrm{e}^{\mathrm{i}\delta} & c_1c_2s_3 + s_2c_3\mathrm{e}^{\mathrm{i}\delta} \\ s_1s_2 & c_1s_2c_3 + c_2s_3\mathrm{e}^{\mathrm{i}\delta} & c_1s_2s_3 - c_2c_3\mathrm{e}^{\mathrm{i}\delta} \end{pmatrix} \tag{4.162}$$

容易看出其中的 θ_1 就是卡比博混合角。适当选择夸克场的符号，可将系数限制在下面的范围内：

$$0 \leqslant \theta_i \leqslant \pi/2, \qquad 0 \leqslant \delta \leqslant 2\pi$$

另一种参数化方法相当于将这里的 δ 换成 $\delta+\pi$，将 θ_1 换成 $-\theta_1$。

相角 δ 将给出 $\mathcal{CP}$ 破坏的信息，因为非零的 δ 使得拉氏量不完全是实的，违反了时间反演不变性，导致 $\mathcal{CP}$ 的破坏。

还有一种构造混合矩阵的方法是定义

$$R_3(\theta_i, \delta) = \begin{pmatrix} c_i & 0 & s_i\mathrm{e}^{-\mathrm{i}\delta} \\ 0 & 1 & 0 \\ -s_i\mathrm{e}^{\mathrm{i}\delta} & 0 & c_i \end{pmatrix} \tag{4.163}$$

将 $\boldsymbol{V}$ 参数化为

$$\boldsymbol{V} = R_2(\theta_{23})R_3(\theta_{13},\delta)R_1(\theta_{12}) \tag{4.164}$$

其中 θ_{ij} 是 i 代和 j 代之间的混合角，显示地写出来为

$$\boldsymbol{V} = \begin{pmatrix} c_{12}c_{13} & s_{12}c_{13} & s_{13}\mathrm{e}^{-\mathrm{i}\delta} \\ -c_{23}s_{12} - c_{12}s_{23}s_{13}\mathrm{e}^{\mathrm{i}\delta} & c_{12}c_{23} - s_{12}s_{23}s_{13}e^{i\delta} & c_{13}s_{23} \\ s_{12}s_{23} - c_{12}c_{23}s_{13}\mathrm{e}^{\mathrm{i}\delta} & -c_{12}s_{23} - c_{23}s_{12}s_{13}e^{i\delta} & c_{13}c_{23} \end{pmatrix} \tag{4.165}$$

这就是粒子数据表上给出的形式，它具有可以和实验数据进行直接比较的优点。

实验上测得 CKM 矩阵对角矩阵元的数值都在 1 的量级，而非对角的矩阵元数值都比较小。现有的实验数据在 90% 的置信度下给出：

$$
\boldsymbol{V}=\begin{pmatrix} 0.9739-0.9751 & 0.221-0.227 & 0.0029-0.0045 \\ 0.221-0.227 & 0.9730-0.9744 & 0.039-0.044 \\ 0.0048-0.014 & 0.037-0.043 & 0.9990-0.9992 \end{pmatrix} \tag{4.166}
$$

混合角的区间为

$$
s_{12}=0.2243\pm0.0016,\quad s_{23}=0.0413\pm0.0015,\quad s_{13}=0.0037\pm0.0005 \tag{4.167}
$$

4.10 习　题

1. 试证明任何 3×3 厄米矩阵 $\boldsymbol{H}$ 可表示为单位矩阵和 8 个盖尔曼矩阵的线性组合，即 $\boldsymbol{H}=c\boldsymbol{I}+\boldsymbol{a}\cdot\boldsymbol{\lambda}$。

2. 证明由式 (4.76) 定义的左手和右手投影算符 $\mathcal{P}_{\rm L}=\dfrac{1}{2}(1-\gamma_5),\mathcal{P}_{\rm R}=\dfrac{1}{2}(1+\gamma_5)$ 具有如下关系：

$$
\mathcal{P}_{\rm L,R}^2=\mathcal{P}_{\rm L,R},\qquad \mathcal{P}_{\rm L}\mathcal{P}_{\rm R}=\mathcal{P}_{\rm R}\mathcal{P}_{\rm L}=0
$$

$\psi_{\rm L}=\mathcal{P}_{\rm L}\psi$，$\psi_{\rm R}=\mathcal{P}_{\rm R}\psi$，证明拉氏量中的质量项由下式给出：

$$
\bar{\psi}\psi=\bar{\psi}_{\rm L}\psi_{\rm R}+\bar{\psi}_{\rm R}\psi_{\rm L}
$$

3. 在上式的基础上，利用狄拉克方程进一步可证明，带电矢量流 $J^\mu=\bar{\psi}_1\gamma^\mu\psi_2$ 和轴矢量流 $J_5^\mu=\bar{\psi}_1\gamma^\mu\gamma_5\psi_2$ 满足如下关系：

$$
\partial J^\mu={\rm i}(m_1-m_2)\bar{\psi}_1\psi_2,\quad \partial J_5^\mu={\rm i}(m_1+m_2)\bar{\psi}_1\gamma_5\psi_2
$$

其中 m_1 和 m_2 是 ψ_1 和 ψ_2 的质量。因此，只有当 $m_1=m_2$ 时 J^μ 才是守恒的，而只有当 $m_1=m_2=0$ 时 J_5^μ 才是守恒的。

4. 标准模型中的轻子超荷流具有如下形式：

$$
J_{\rm Y}^\mu=\frac{1}{2}(\bar{l}_{\rm L}\gamma^\mu l_{\rm L}+\bar{\nu}_{l\rm L}\gamma^\mu\nu_{l\rm L})+\bar{l}_{\rm R}\gamma^\mu l_{\rm R}
$$

用矢量和轴矢量贡献的形式重新写下上式。

5. 试证明 (4.108) 和 (4.109) 两式。

6. 试证明式 (4.135)。

7. 证明：若将麦克斯韦方程 $\partial_\mu F^{\mu\nu}=0$ 用矢量位势的场方程写出，则为如下的形式

$$
\Box A^\nu(x)-\partial^\nu(\partial\mu A^\mu(x))=0
$$

同时证明由于 $\Box g^{\mu\nu}-\partial^\mu\partial^\nu$ 的逆不存在，该方程不能唯一确定 A^ν。提示：证明 $\phi_\mu=\partial_\mu\alpha(x)$，$\alpha(x)$ 是一个任意的可微分标量函数，是该方程的一个本征值为 0 的解。

参考文献

[1] Abers E S, Lee B W. Gauge theories. Physics Reports, 1973, 9: 1-141. https://doi.org/ 10.1016/037 0-1573(73)90027-6.

[2] Barger V D, Phillips R J N. Collider Physics. Addison-Wesley Publishing Company, Inc., 1987.

[3] Griffiths D. Introduction to Elementary Particles, Second, Revised Edition. WILEY-VCH Verlag GmbH & Co. KGaA., 2008.

[4] 章乃森. 粒子物理学. 北京: 科学出版社, 1987.

第五章 QCD 简介

5.1 QCD 的拉氏量

量子色动力学 (QCD) 具有 $SU(3)$ 规范对称性，是描写携带色荷量子数的夸克和胶子之间强相互作用的规范理论。它的拉氏量可以写为[1]

$$\mathcal{L} = \sum_q \bar{\psi}_{q,a}(\mathrm{i}\gamma^\mu D_\mu - m)_{ab}\psi_{q,b} - \frac{1}{4}F^A_{\mu\nu}F^{A\mu\nu} \tag{5.1}$$

其中，$\psi_{q,a}$ 是携带色荷 a，味量子数为 q 的夸克场旋量。色荷指标 a 从 1 到 $N_\mathrm{c}=3$，即夸克有三种颜色，是色 $SU(3)$ 群的基础表示。$\mathcal{A}^C_\mu$ 对应于胶子场，C 从 1 到 $N_\mathrm{c}^2-1=8$，表示有 8 种类型的胶子。作用在三重态和八重态场量上的协变微分算符分别取为如下的形式：

$$(D_\mu)_{ab} = \partial_\mu\delta_{ab} + \mathrm{i}g_s(t^C A^C_\mu)_{ab}, \quad (D_\mu)_{AB} = \partial_\mu\delta_{AB} + \mathrm{i}g_s(T^C A^C_\mu)_{AB} \tag{5.2}$$

矩阵 $\boldsymbol{t}$ 和 $\boldsymbol{T}$ 分别为 $SU(3)$ 群的基础表示和伴随 (adjoint) 表示，有如下关系式：

$$t^C_{ab} = \frac{1}{2}\lambda^C_{ab}, \quad [t^A, t^B] = \mathrm{i}f^{ABC}t^C \tag{5.3}$$

$$(T^A)_{BC} = -\mathrm{i}f^{ABC}, \quad [T^A, T^B] = \mathrm{i}f^{ABC}T^C \tag{5.4}$$

t^C_{ab} 是 $SU(3)$ 群的生成元，$(T^A)_{BC}$ 是生成元伴随表示的矩阵元，f_{ABC} 是 $SU(3)$ 群的结构常数。在此选择下，$SU(N)$ 群矩阵的归一化取为

$$\mathrm{Tr}(t^A t^B) = T_\mathrm{R}\delta^{AB}, \quad T_\mathrm{R} = \frac{1}{2} \tag{5.5}$$

T_R 被解释为和胶子劈裂为 $q\bar{q}$ 相联系的色因子。

当胶子和夸克相互作用时，将在 $SU(3)$ 空间旋转夸克的色荷。g_s 是 QCD 强相互作用的耦合常数，$\alpha_\mathrm{s}=g_\mathrm{s}^2/(4\pi)$。$g_\mathrm{s}$(或 α_s) 和夸克的质量 m_q 是 QCD 理论中最基本的物理参数。胶子规范场张量由下式给出：

$$F^A_{\mu\nu} = \partial_\mu\mathcal{A}^A_\nu - \partial_\nu\mathcal{A}^A_\mu - g_\mathrm{s}f_{ABC}\mathcal{A}^B_\mu\mathcal{A}^C_\nu \tag{5.6}$$

在 QCD 规范理论中包含了胶子和夸克-反夸克的相互作用顶点，类似于 QED 的光子和带电费米子-反费米子耦合。此外，在 QCD 中还有 3 胶子和 4 胶子的相互

作用顶点，这在阿贝尔规范理论 QED 中是没有可以类比的。QED 中的光子虽然和带电粒子相互作用，但光子本身是中性不带电的，而在 QCD 中胶子携带色荷，因而具有自相互作用。

QCD 最重要的特征是它的渐近自由和禁闭。顶点的有效耦合强度受到相互作用的修正，测得的作用力强度依赖于四动量转移的平方 Q^2，渐近自由意味着在物理过程中有效耦合常数变为 Q^2 的函数 $\alpha_{\mathrm{s}}(Q^2)$，随着 Q^2 的增大而减小，渐近地趋于零，因而 QCD 相互作用在大 Q^2 的反应过程中就变得非常弱，称之为强过程或深度非弹过程。实验上并没有观测到自由存在的夸克或胶子，所有的强子都是色荷的单态，即无色的，因此是夸克、反夸克及胶子的组合态，也就是说这些携带色荷的部分子都是禁闭在强子之内的。

按照式 (5.1) 尚不能导出微扰计算的理论，还必须加入一个规范固定项，因为如果不选定确定的规范就不可能定义胶子场的传播子。可以选取

$$\mathcal{L}_{\text{gauge-fixing}} = -\frac{1}{2\xi}(\partial^\mu \mathcal{A}_\mu^A)^2 \tag{5.7}$$

用以固定协变规范的类型，ξ 是规范参数。$\xi = 1$ 的协变规范称为费曼规范，$\xi = 0$ 称为朗道规范。在非阿贝尔规范理论中，譬如 QCD，规范固定拉氏量还必须辅之以一个鬼 (ghost) 项拉氏量，由下式给出：

$$\mathcal{L}_{\text{ghost}} = \partial_\mu \eta^{A\dagger}(D^\mu_{AB}\eta^B) \tag{5.8}$$

这里 η^A 是服从费米统计的复标量场。鬼拉氏量形式最早是由法捷耶夫 (L. Fadeev) 和波波夫 (V. N. Popov) 从路径积分导出的[2, 3]。鬼场的作用在于消除非物理的纵向自由度，避免它们在协变规范中传播[4]。

下面给出 QCD 中的费曼规则。夸克和胶子外线的费曼规则类似于量子电动力学，只是包含了色荷因子，如下所示。

动量为 $\boldsymbol{p}$，自旋为 s，颜色为 c 的夸克外线为

入射 　$u^{(s)}(p)c$

出射 　$\bar{u}^{(s)}(p)c^\dagger$

反夸克外线为

入射 　$\bar{v}^{(s)}(p)c^\dagger$

出射 　$v^{(s)}(p)c$

极化矢量为 $\boldsymbol{\epsilon}$，色荷为 A 的胶子外线为

$A\ \mu$

入射　$\boldsymbol{\epsilon}_\mu(p)a^A$

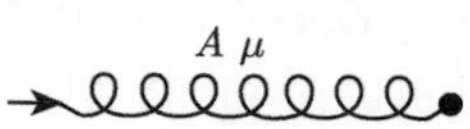

出射 $A\ \mu$ $\boldsymbol{\epsilon}^*_\mu(p)a^{A*}$

由式 (5.1)+ 式 (5.7)+ 式 (5.8) 的拉氏量就可以导出 QCD 中传播子和顶点的费曼规则，见图 5.1。

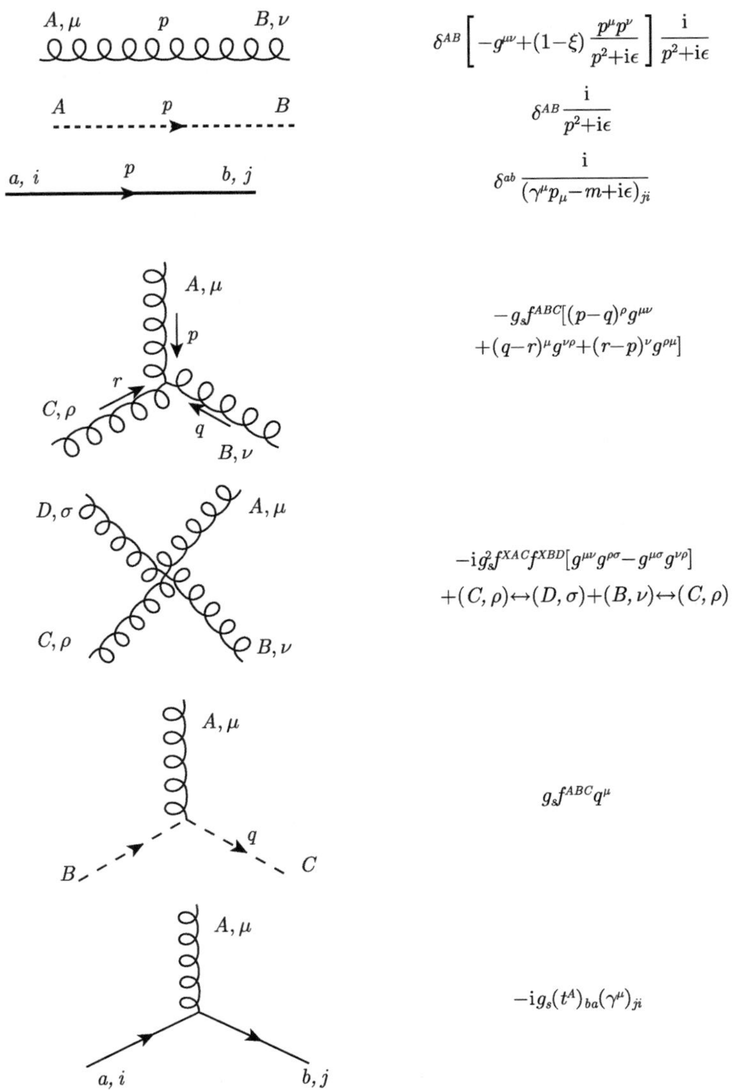

A,μ p B,ν
$\delta^{AB}\left[-g^{\mu\nu}+(1-\xi)\frac{p^\mu p^\nu}{p^2+\mathrm{i}\epsilon}\right]\frac{\mathrm{i}}{p^2+\mathrm{i}\epsilon}$
A p B
$\delta^{AB}\frac{\mathrm{i}}{p^2+\mathrm{i}\epsilon}$
$a,\ i$ p $b,\ j$
$\delta^{ab}\frac{\mathrm{i}}{(\gamma^\mu p_\mu-m+\mathrm{i}\epsilon)_{ji}}$
A,μ p r C,ρ q B,ν
$-g_s f^{ABC}[(p-q)^\rho g^{\mu\nu}$
$+(q-r)^\mu g^{\nu\rho}+(r-p)^\nu g^{\rho\mu}]$
D,σ A,μ C,ρ B,ν
$-\mathrm{i}g_s^2 f^{XAC}f^{XBD}[g^{\mu\nu}g^{\rho\sigma}-g^{\mu\sigma}g^{\nu\rho}]$
$+(C,\rho)\leftrightarrow(D,\sigma)+(B,\nu)\leftrightarrow(C,\rho)$
A,μ B q C
$g_s f^{ABC}q^\mu$
A,μ a,i b,j
$-\mathrm{i}g_s(t^A)_{ba}(\gamma^\mu)_{ji}$

图 5.1 协变规范中的 QCD 费曼图，螺旋线代表胶子线，虚线代表鬼粒子线，实线代表夸克和反夸克线

5.2 色因子和位势

我们已经知道，夸克携带三种色荷，是 $SU(3)_C$ 的基础表示 $\underline{3}$，而反夸克则是其共轭表示 $\underline{3}^*$，胶子的色荷来自于 $\underline{3}$ 和 $\underline{3}^*$ 的直乘，以 r, g, b 表示红、绿、蓝三种颜色，将其分量形式写出来则为：

八重态：$r\bar{g}$, $r\bar{b}$, $g\bar{b}$, $g\bar{r}$, $b\bar{r}$, $b\bar{g}$, $\frac{1}{\sqrt{2}}(r\bar{r}-g\bar{g})$, $\frac{1}{\sqrt{6}}(r\bar{r}+g\bar{g}-2b\bar{b})$;

对称单态：$\frac{1}{\sqrt{3}}(r\bar{r}+g\bar{g}+b\bar{b})$.

对称的单态就意味着是无色的，可以以自由态存在，但我们并没有观测到这种胶子，因此胶子一定是携带色荷的，以八重态的形式存在。

首先让我们来讨论两个夸克，或一对夸克反夸克之间的相互作用。由于我们看不到它们之间最低阶的 QCD 作用截面，因而往往用和库仑位势相类似的有效势来讨论它们之间的相互作用。在导论中式 (1.18) 的第一项给出了这一位势的形式，可以用来计算夸克偶素的能谱等。这是只有当 α_s 很小时才成立的微扰计算，所以不能期望由此给出禁闭项等所有的短程行为特征。然而，通过这一形式的讨论我们还是可以得到一个具有启发性的结论：当相互作用的夸克处在色单态时，它们之间的吸引力最强。

5.2.1 夸克-反夸克相互作用

先来看夸克和反夸克之间的相互作用，假定它们具有不同的味道，例如 $\mathrm{u}+\bar{\mathrm{d}}\to\mathrm{u}+\bar{\mathrm{d}}$，如图 5.2所示，其振幅为

$$\begin{aligned}\mathcal{M} &= \mathrm{i}[\bar{u}(3)c_3^\dagger]\left[-\mathrm{i}g_s t^A\gamma^\mu\right][u(1)c_1]\left[\frac{-\mathrm{i}g_{\mu\nu}\delta^{AB}}{q^2}\right]\cdot[\bar{v}(2)c_2^\dagger]\left[-\mathrm{i}g_s t^B\gamma^\nu\right][v(4)c_4]\\ &= -\frac{g_s^2}{q^2}[\bar{u}(3)\gamma^\mu u(1)][\bar{v}(2)\gamma_\mu v(4)](c_3^\dagger t^A c_1)(c_2^\dagger t^A c_4)\end{aligned} \tag{5.9}$$

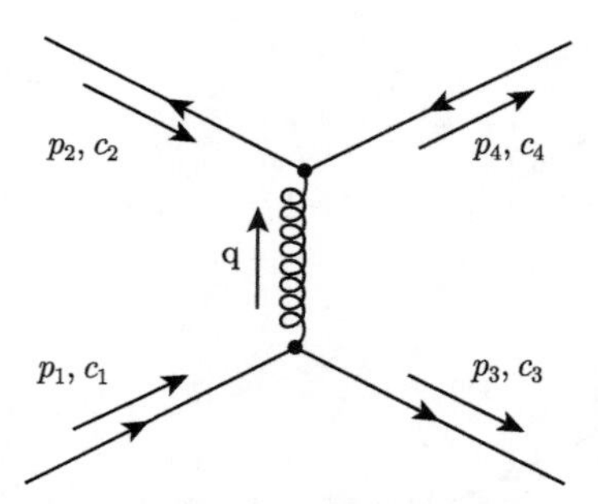

图 5.2 夸克-反夸克相互作用示意图

此式和正负电子散射的表达式比较，除了将电磁耦合常数 e 换成强耦合常数 g_s 以

外，还多出了一个“色因子”：

$$f = (c_3^\dagger t^A c_1)(c_2^\dagger t^A c_4) \tag{5.10}$$

因此描写 $\mathrm{q\bar{q}}$ 相互作用的势和两个电荷相反的库仑位势相比较，只是将 α 换成 α_s，并乘以色因子 f：

$$V_{\mathrm{q\bar{q}}}(r) = -f\frac{\alpha_\mathrm{s}}{r} \tag{5.11}$$

色因子依赖于相互作用的夸克所处的色荷状态。如前所说，一个夸克和一个反夸克可以组成颜色的八重态或单态，先来看色八重态的色因子。现以一个典型的八重态 $r\bar{g}$ 为例，任何其他的八重态做法也是相同的。入射夸克是红的，入射反夸克是绿的，由于颜色守恒，出射的夸克也是红的，反夸克也是绿的。因此有

$$c_1 = c_3 = \begin{pmatrix} 1 \\ 0 \\ 0 \end{pmatrix}, \quad c_2 = c_4 = \begin{pmatrix} 0 \\ 1 \\ 0 \end{pmatrix} \tag{5.12}$$

因此，

$$f = \left[(1\ 0\ 0)t^A \begin{pmatrix} 1 \\ 0 \\ 0 \end{pmatrix}\right] \left[(0\ 1\ 0)t^A \begin{pmatrix} 0 \\ 1 \\ 0 \end{pmatrix}\right] = t_{11}^A t_{22}^A = \frac{1}{4}\lambda_{11}^A \lambda_{22}^A \tag{5.13}$$

具有非零的 11 和 22 分量的 $\boldsymbol{\lambda}$ 矩阵只有 λ^3 和 λ^8，计算得到色因子为

$$f = \frac{1}{4}(\lambda_{11}^3\lambda_{22}^3 + \lambda_{11}^8\lambda_{22}^8) = \frac{1}{4}[(1)(-1) + (1/\sqrt{3})(1/\sqrt{3})] = -\frac{1}{6} \tag{5.14}$$

再来计算色单态 $\mathrm{q\bar{q}}$ 系统 $\frac{1}{\sqrt{3}}(r\bar{r} + g\bar{g} + b\bar{b})$ 的色因子。入射夸克是色单态，色因子应是三项的求和，

$$\begin{aligned} f \ &= \frac{1}{\sqrt{3}}\left\{\left[c_3^\dagger t^A \begin{pmatrix} 1 \\ 0 \\ 0 \end{pmatrix}\right][(1\ 0\ 0)t^A c_4] + \left[c_3^\dagger t^A \begin{pmatrix} 0 \\ 1 \\ 0 \end{pmatrix}\right][(0\ 1\ 0)t^A c_4]\right. \\ &\quad \left. + \left[c_3^\dagger t^A \begin{pmatrix} 0 \\ 0 \\ 1 \end{pmatrix}\right][(0\ 0\ 1)t^A c_4]\right\} \end{aligned} \tag{5.15}$$

出射的夸克也应该是色单态，同样的道理，它们的色因子也应该是三项之和，这样总共就有 9 项，将它们写在一起即为

$$f=\frac{1}{\sqrt{3}}\frac{1}{\sqrt{3}}(t^A_{ab}t^A_{ba})=\frac{1}{3}\mathrm{Tr}(t^At^A) \tag{5.16}$$

由式 (5.5)，结合对 A 从 1 到 8 的求和即有

$$\mathrm{Tr}(t^At^A)=4 \tag{5.17}$$

因此有

$$f=\frac{4}{3} \tag{5.18}$$

将式 (5.14) 和式 (5.18) 代入式 (5.11) 的位势表达式，即有

$$\text{色单态：}\quad V_{\mathrm{q\bar{q}}}(r)=-\frac{4}{3}\frac{\alpha_{\mathrm{s}}}{r} \tag{5.19}$$

$$\text{色八重态：}\quad V_{\mathrm{q\bar{q}}}(r)=\frac{1}{6}\frac{\alpha_{\mathrm{s}}}{r} \tag{5.20}$$

色单态的位势是负的，因此是吸引力；色八重态的位势是正的，因此是排斥力。这就解释了形成介子的正反夸克是颜色的单态，而不是八重态。色八重态的介子是带有颜色的。

5.2.2　夸克-夸克相互作用

图 5.3是两个夸克散射的示意图，例如 $\mathrm{u}+\mathrm{d}\to\mathrm{u}+\mathrm{d}$。按费曼规则得到其振幅为

$$\mathcal{M}=-\frac{g_{\mathrm{s}}^2}{q^2}[\bar{u}(3)\gamma^\mu u(1)][\bar{u}(4)\gamma_\mu u(2)](c_3^\dagger t^A c_1)(c_4^\dagger t^A c_2) \tag{5.21}$$

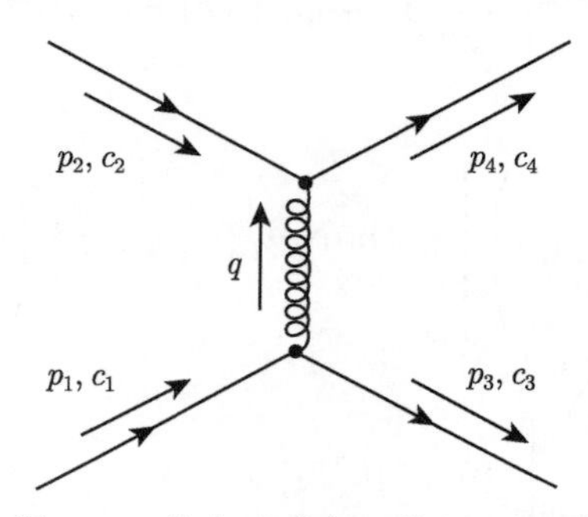

图 5.3　夸克-夸克相互作用示意图

相应的色因子为

$$f = (c_3^{\dagger} t^A c_1)(c_4^{\dagger} t^A c_2) \tag{5.22}$$

同样，色因子依赖于夸克的颜色位型。这时两个夸克不能形成单态和八重态，只可以约化为反对称的三重态和对称的六重态之和，即

$$\text{三重态：}\quad \begin{cases} (rg - gr)/\sqrt{2} \\ (gb - bg)/\sqrt{2} \\ (br - rb)/\sqrt{2} \end{cases} \tag{5.23}$$

$$\text{六重态：}\quad \begin{cases} rr, & gg, & bb \\ (rg + gr)/\sqrt{2}, & (gb + bg)/\sqrt{2}, & (br + rb)/\sqrt{2} \end{cases} \tag{5.24}$$

这和群论的语言是一致的，因为在群论中夸克属于 $SU(3)$ 群的三维基础表示 $\underline{3}$，反夸克属于三维共轭表示 $\underline{3}^*$，表示的直乘约化为

$$\underline{3} \otimes \underline{3}^* = \underline{8} \oplus \underline{1}, \quad \underline{3} \otimes \underline{3} = \underline{6} \oplus \underline{3}^* \tag{5.25}$$

六重态的色因子计算比较简单，可以以 rr 为例计算之；而在三重态的计算中，例如 $rg - gr \to rg - gr$，则要计及 $rg \to rg$，$rg \to -gr$，$-gr \to rg$ 和 $-gr \to -gr$ 四项。具体计算过程留作练习题。最后得到的色因子分别为

$$f_{\text{三重态}} = -\frac{2}{3}, \quad f_{\text{六重态}} = \frac{1}{3} \tag{5.26}$$

注意这时位势应取为和电磁学中同号电荷相互作用势相同的形式，即

$$V_{\mathrm{qq}}(r) = f\frac{\alpha_{\mathrm{s}}}{r} \tag{5.27}$$

代入上面色因子 f 的计算值得到

$$\text{三重态：}\quad V_{\mathrm{qq}}(r) = -\frac{2}{3}\frac{\alpha_{\mathrm{s}}}{r}, \quad \text{六重态：}\quad V_{\mathrm{qq}}(r) = \frac{1}{3}\frac{\alpha_{\mathrm{s}}}{r} \tag{5.28}$$

这里我们注意到反对称的三重态位势是吸引的，而对称的六重态位势则是排斥的。对两个夸克的系统，这可能并没有什么意义，因为自然界并不存在这样组合的粒子，然而在讨论三个夸克组成重子时却具有重要的物理意义。群论中给出了三个 $SU(3)$ 群基础表示 $\underline{3}$ 的直乘约化：

$$\underline{3} \otimes \underline{3} \otimes \underline{3} = \underline{10} \oplus \underline{8} \oplus \underline{8} \oplus \underline{1} \tag{5.29}$$

其中单态是完全反对称的，每个夸克对都处在反对称的三重态，它们之间都是互相吸引的，因此结合得最牢固。在十重态中，每个夸克对都处在对称的六重态，相互之间是排斥的。在两个八重态中，有些夸克对处在反对称的三重态，有些则处在对称的六重态，因此既有吸引又有排斥。一个重要的结论是：如同介子态一样，当重子处在色单态时是最稳定的。

5.3 色荷代数

为了对色荷量子数有一个直观的理解和认识，图 5.4是依据费曼规则给出的 $q\bar{q}g$ 顶点的色结构示意图。

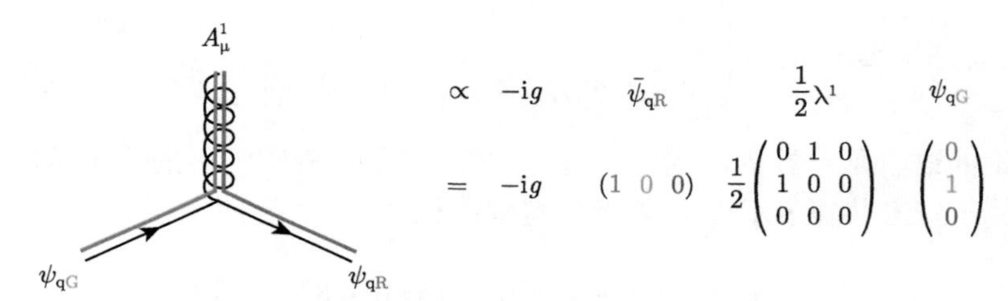

A^1_μ
ψ_{qG}
ψ_{qR}
$\propto \quad -ig \quad \bar{\psi}_{qR} \quad \frac{1}{2}\lambda^1 \quad \psi_{qG}$
$= \quad -ig \quad (1\ 0\ 0) \quad \frac{1}{2}\begin{pmatrix} 0 & 1 & 0 \\ 1 & 0 & 0 \\ 0 & 0 & 0 \end{pmatrix} \quad \begin{pmatrix} 0 \\ 1 \\ 0 \end{pmatrix}$

图 5.4　依据费曼规则给出的 $q\bar{q}g$ 顶点色结构示意图

费曼规则中色荷因子的存在要求有一套技巧计算出它们贡献的系数 [5, 6]。假定规范群是 $SU(N)$，基本的代数关系是式 (5.3)。在实际计算中需要将初末态和中间态的色荷求和，不可以有单独的 f^{ABC} 值，所有结果都应以群的不变量 (或称为卡斯米尔，Casimirs) 表示。

$SU(N)$ 色矩阵服从如下的关系式：

$$\begin{cases} \sum\limits_A (t^A t^A)_{ab} = \sum\limits_A t^A_{ac} t^A_{cb} = C_{\mathrm{F}} \delta_{ab}, \qquad C_{\mathrm{F}} \equiv \dfrac{N^2-1}{2N} \overset{N=3}{=\!=\!=} \dfrac{4}{3} \\ \mathrm{Tr}(T^C T^D) = \sum\limits_{A,B} f^{ABC} f^{ABD} = C_A \delta^{CD}, \quad C_A = N \end{cases} \tag{5.30}$$

C_{F} 是和从夸克发射出一个胶子相联系的色因子，见如下所示的夸克自能图：

$$a \xrightarrow{\ T^A \quad T^A\ } b \quad \sim \sum_A (T^A T^A)_{ab} \equiv C_F \delta_{ab}. \tag{5.31}$$

对上面的关系式求迹即可得到 C_{F} 的值，对 $SU(N)$ 群，

$$C_{\mathrm{F}} N = \mathrm{Tr}(\sum_A T^A T^A) = \delta^{AB} T_{\mathrm{R}} \delta_{AB} = \frac{N^2-1}{2} \tag{5.32}$$

这里利用了关系式 $\delta^{AB}\delta_{AB}=N^2-1$，即等于 $SU(N)$ 群的矩阵元个数，或者说是胶子的数目。

再看一个例子，

$$\sum_A (t^A)_{ab}(t^A)_{cd} = T_{\rm R}\left(\delta_{ad}\delta_{cb}-\frac{1}{N}\delta_{ab}\delta_{cd}\right)$$

$$= \quad = \frac{1}{2}\left(\quad -\frac{1}{N} \quad \right) \tag{5.33}$$

被称为菲尔兹 (M. Fierz) 等式，相当于 $\mathrm{q\bar{q}}\to\mathrm{q\bar{q}}$ 散射。

下面仍以 $SU(N)$ 群为例介绍一些计算复杂表达式的图形技巧。首先看夸克和胶子的传播子，以及 $\mathrm{q\bar{q}g}$ 和 ggg 作用顶点，

费米子 (5.34)

胶子 (5.35)

$$\frac{1}{\sqrt{2}}\left(\quad -\frac{1}{N} \quad \right)$$ 费米子胶子顶点(t^A) (5.36)

$$\frac{1}{\sqrt{2}}\left(\quad - \quad \right)$$ 三胶子顶点(f^{ABC}) (5.37)

图 5.5给出了式 (5.37) 中第一项的色荷相互作用流程示意图。

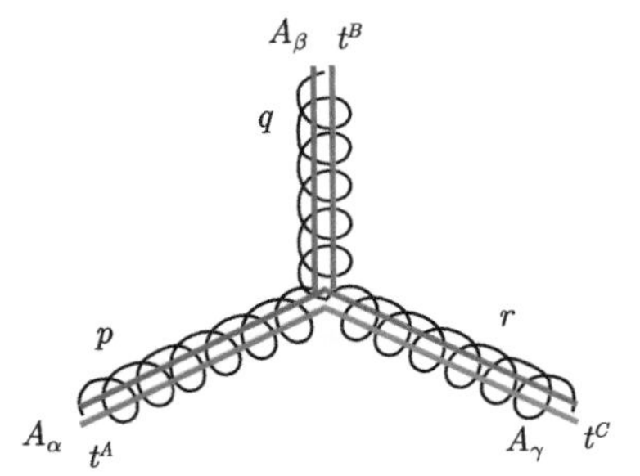

图 5.5 式 (5.37) 中第一项的色荷相互作用流程示意图，符号和费曼图中的三胶子顶点图相对应。处于色 t^A,t^B,t^C 态的相互作用由 f^{ABC} 表示

色指标的收缩由相应的颜色线的连接实现。一个封闭的色荷回路将贡献一个因子 N，因为一个封闭的回路等价于单位矩阵的迹。式 (5.36) $q\bar{q}g$ 顶点图中体现了色荷守恒的理念，$q\bar{q}$ 对携带的色荷-反色荷量子数传递给了胶子。$q\bar{q}g$ 顶点图中第二项的因子 $1/N$ 只有当夸克和反夸克的色荷相同时才会出现。t^A 的无迹性得到保证，最前面的因子 $1/\sqrt{2}$ 是归一化要求的。

作为一个例子，让我们重新计算 C_{F}，

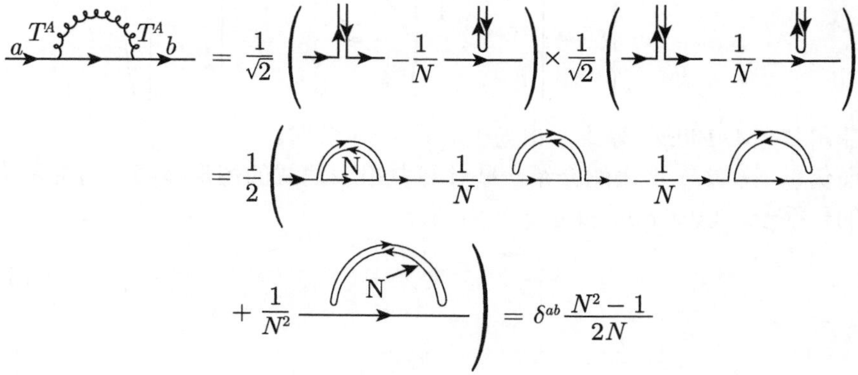

$$= \frac{1}{\sqrt{2}}\left(\quad - \frac{1}{N} \quad \right) \times \frac{1}{\sqrt{2}}\left(\quad - \frac{1}{N} \quad \right)$$

$$= \frac{1}{2}\left(\quad - \frac{1}{N} \quad - \frac{1}{N} \quad + \frac{1}{N^2} \quad \right) = \delta^{ab}\frac{N^2-1}{2N} \tag{5.38}$$

下面是一个色荷单圈和光子作用顶点的例子。利用式 (5.33) 的菲尔兹等式有

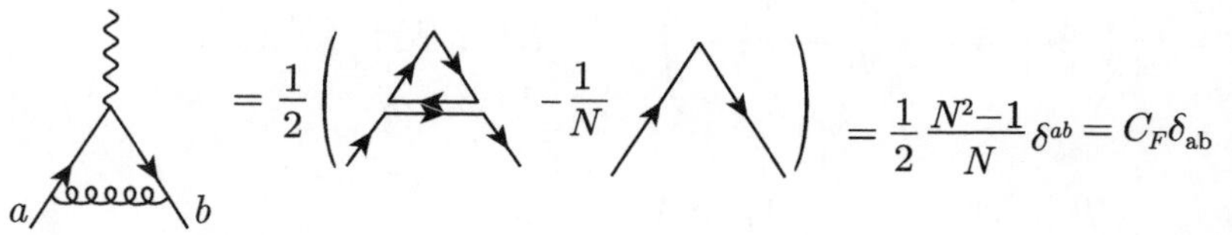

$$= \frac{1}{2}\left(\quad - \frac{1}{N} \quad \right) = \frac{1}{2}\frac{N^2-1}{N}\delta^{ab} = C_F\delta_{\mathrm{ab}} \tag{5.39}$$

将上式中的光子换成胶子则有

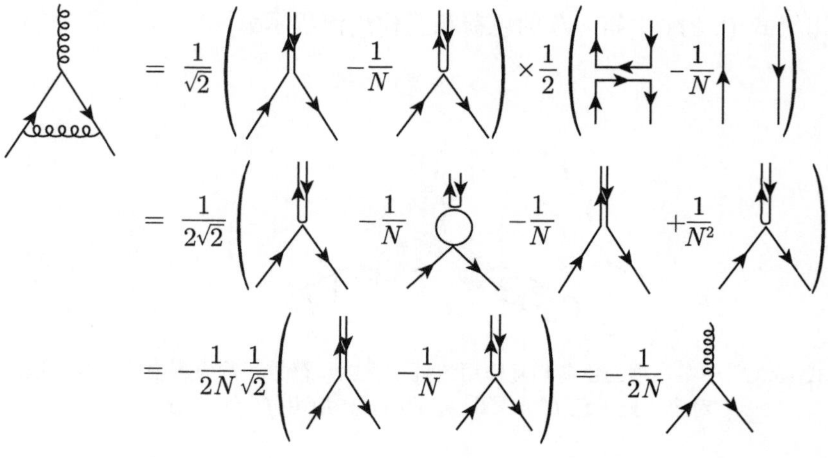

$$= \frac{1}{\sqrt{2}}\left(\quad -\frac{1}{N} \quad \right) \times \frac{1}{2}\left(\quad -\frac{1}{N} \quad \right)$$

$$= \frac{1}{2\sqrt{2}}\left(\quad -\frac{1}{N} \quad -\frac{1}{N} \quad +\frac{1}{N^2} \quad \right)$$

$$= -\frac{1}{2N}\frac{1}{\sqrt{2}}\left(\quad -\frac{1}{N} \quad \right) = -\frac{1}{2N} \tag{5.40}$$

这里需要说明的是，和光子耦合的 $q\bar{q}$ 对是色荷的单态，胶子交换效应的符号在此情况下是正的，即为吸引的。而对于胶子和 $q\bar{q}$ 对耦合的情况，$q\bar{q}$ 对处于色八重态，胶子交换的修正相对于玻恩阶作用是负的，也就是说当 $q\bar{q}$ 对处于色单态时，它和胶子的作用是吸引的，而 $q\bar{q}$ 对处于色八重态时，它和胶子的作用是排斥的。这就解释了为什么不存在色八重态的 $q\bar{q}$ 束缚态。

另一个重要的关系式是

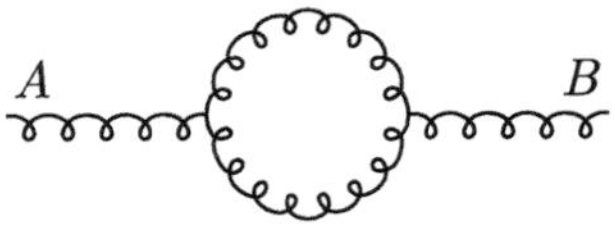

$$\sim \sum_{C,D} f^{ACD} f^{BCD} = C_A \delta^{AB}, \quad C_A = N \tag{5.41}$$

相当于由式 (5.37) 所表示的三胶子顶点 (或者说从胶子上辐射出一个胶子) 的平方，因此 C_A 是和从胶子发射出一个胶子相联系的色因子。上式也可由式 (5.33) 和公式 $f^{ABC} = -2\mathrm{i}\mathrm{Tr}(t^C[t^A, t^B])$ 证明之。

这里也顺便给出费米子圈图的表达式：

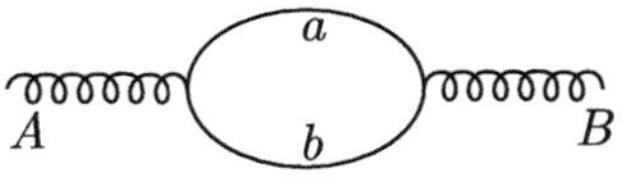

$$\sim \sum_{a,b=1}^{3} (t^A)_{ab} (t^B)_{ab} = \mathrm{Tr}(t^A t^B) = T_\mathrm{R} \delta^{AB} \tag{5.42}$$

T_R 的定义见式 (5.5)。

其他一些有用的关系式如下：

$$\begin{cases} \{t^A, t^B\} = d^{ABC} t^C + \dfrac{1}{3}\delta^{AB}, & (t^A t^A)_{ab} = t^A_{ac} t^A_{cb}, \quad f^{ABC} f^{ABC} = 24 \\ \mathrm{Tr}(t^A t^B t^C) = \dfrac{\mathrm{i}}{4} f^{ABC} + \dfrac{1}{4} d^{ABC}, & d^{ABC} d^{ABC} = \dfrac{40}{3} \end{cases} \tag{5.43}$$

其中的数字值是针对 $SU(3)$ 群给出的。

5.4 正规化和重整化

在计算包含有圈图的费曼图时，对圈图动量的积分会出现发散。为得到有意义的物理量，通常采用正规化 (regularization) 的方案，使得这些量看上去暂时是有限的，这就需要引入一些截断参数，诸如胶子质量、紫外动量截断，或者维数正规化，即将 4 维时空改记为 $D = 4 - 2\epsilon$ 维，ϵ 是小量。维数正规化法是由杰拉德・特・胡夫特和韦尔特曼引入的，出现较晚，比较先进，但也并非万能的。通过这种正规化处理，将无意义的发散积分看成是有限积分后取极限。正规化之后，这些微扰理论的发散部分可以被吸收到用重整化方法重新定义的物理量中，在取积分之前就把无穷大消除掉，这就是重整化。重整化可以有不同的方案，需要引入

一个新的量纲标度 μ。不同的重整化方案可以有不同的 μ，但得到的可观测振幅应该是相同的。当 μ 改变时，重整化操作变换的全体构成一个李群，斯塔克伯格 (Ernst C. G. Stueckelberg) 和彼得曼 (A. Peterman) 最早认识到这一点，并将其定义为重整化群。表示在 μ 变化下物理量不变性的方程称为重整化方程 (RGE)。RGE 在量子场论 (不管是标准模型还是超对称模型) 中有着重要的作用。例如，应用 RGE 可以自然地得到量子色动力学 (QCD) 的渐近自由性质，应用 RGE 可以得到超对称模型中各种规范耦合常数在高能标下的统一，利用 RGE 可以讨论超对称粒子的质量谱，等等。

5.4.1 维数正规化

对于 QCD 计算，即使在很高的动量转移 Q^2 下，耦合常数值微扰展开的收敛也是相当慢的，需要若干阶的微扰计算才能给出比较理想的精度。随着微扰阶数的增加，计算的复杂性急剧增大，而且在大多数的高阶计算中都会出现无穷大的发散问题。一个最典型的例子是计算夸克自能图修正时所谓的紫外发散。利用前面给出的费曼规则可以写出[5]

1

p p

p−1

$$= (-\mathrm{i}g)^2 C_{\mathrm{F}} \int \frac{\mathrm{d}^4 l}{(2\pi)^4} \gamma_\mu \frac{\mathrm{i}}{\not{p} - \not{l}} \gamma_\nu \left(-\frac{\mathrm{i}g^{\mu\nu}}{l^2} \right) \equiv \mathrm{i}\not{p}\Sigma(p) \tag{5.44}$$

其中 $\not{p} = \gamma^\lambda p_\lambda$，容易求得 $\Sigma(p)$ 的表达式：

$$\Sigma(p) = \mathrm{i}C_{\mathrm{F}} \int \frac{\mathrm{d}^4 l}{(2\pi)^4} \frac{1}{l^2 (p-l)^2} \tag{5.45}$$

当 $|l| \to \infty$ 时它是对数发散的。

现在来看如何用维数正规化的方法来处理这种发散的积分。这种表达式的典型形式可写为

$$I(M^2) = \int \frac{\mathrm{d}^4 l}{(2\pi)^4} \frac{1}{(l^2 + M^2)^2} \tag{5.46}$$

容易证明夸克自能图中的积分可化为

$$\frac{1}{l^2} \frac{1}{(l-p)^2} = \int_0^1 \mathrm{d}x \frac{1}{[L^2 + M^2]^2}, \quad L = l - xp, M^2 = x(1-x)p^2 \tag{5.47}$$

处理这个问题的最直接方法是利用动量截断来正规化积分，而后在重整化阶段将发散部分减除掉。现在大多采用时空维数正规化的方法，普遍认为这是一种较好

的正规化方法。注意到，若在 $D<4$ 维的时空中计算上面的积分就是有限的，可以记

$$I_D(M^2)=\int\frac{\mathrm{d}^D l}{(2\pi)^D}\frac{1}{(l^2+M^2)^2} \tag{5.48}$$

在 $D<4$ 的时空中进行所有的计算操作，正规化发散，然后重整化场量和耦合常数，最后取极限回到 $D=4$。

在欧几里得度规中，

$$\mathrm{d}^D l=\mathrm{d}\Omega_{D-1}l^{D-1}\mathrm{d}l \tag{5.49}$$

$\mathrm{d}\Omega_{D-1}$ 是 D 维时空的微分立体角，Ω_{D-1} 是 D 维球体的表面。计算给出

$$I_D(M^2)=\frac{1}{(4\pi)^{D/2}}\frac{\Gamma(2-D/2)}{\Gamma(2)}(M^2)^{D/2-2} \tag{5.50}$$

定义 $D=4-2\epsilon$，最终会取 $\epsilon\to 0$ 的极限回到 $D=4$。现在取 ϵ 为一个小量，则有

$$\Gamma(\epsilon)=\frac{1}{\epsilon}-\gamma_\epsilon+\mathcal{O}(\epsilon) \tag{5.51}$$

$\gamma_\epsilon=0.577215\cdots$ 是欧拉 (Euler) 常数。最后可得

$$(4\pi)^2 I_D(M^2)\to\frac{1}{\epsilon}-\ln 4\pi M^2-\gamma_\epsilon \tag{5.52}$$

积分的发散部分可以正规化为在 $D-4$ 处的极点，依赖于 M 的部分是对数形式的，正如我们所期待的那样，因为积分在 $D=4$ 时是 0 维的。现在可以采用不同的减除方案将 $1/\epsilon$ 极点消除掉。仅减除 $1/\epsilon$ 极点的方案称为最小减除 (minimal subtraction) 方案，通常记为 MS；将 $1/\epsilon-\gamma_\epsilon+\ln 4\pi$ 一同减除的方案称为改进的最小减除 (modified minimal subtraction) 方案，记为 $\overline{\mathrm{MS}}$，现在已被广泛采用。我们在此采用 MS 方案消除发散的 $1/\epsilon$ 极点，表达式可记为

$$I(M^2)=I(\mu^2)+(4\pi)^2\ln\left(\frac{\mu^2}{M^2}\right) \tag{5.53}$$

这里的减除能标 μ^2 通常称为重整化能标。可以证明在其他的圈图中的发散积分也可以用完全相似的方法处理正规化出现的 $1/\epsilon$ 极点。QCD 单圈图阶的重整化除了夸克自能图外，还有胶子自能图，夸克对和胶子的耦合，以及三胶子的耦合。所有这些修正计算中都会出现无穷大，需要用维数正规化处理。出于重整化的考虑，可以将 D 维的概念不仅仅是用于无穷大积分的处理，而是应用于完整的理论

本身。换句话说，我们应用 D 维空间中的拉氏量来描写场量的相互作用。除了场量和耦合的正则维数移动外，形式上没有别的变化。这是因为作用量 (即拉氏量的时空积分) 是一个维数为 0 的无量纲量。结果是所有的场量和耦合常数的正则量纲都依赖于 D：

$$\begin{cases} \left[\int d^D x\mathcal{L}(x)\right] = 0 \Rightarrow [\mathcal{L}] = D = 4-2\epsilon \\ [\partial_\mu\phi\partial^\mu\phi] = D \Rightarrow [\phi] = 1-\epsilon \\ \left[\bar{\psi}\partial\!\!\!/\psi\right] = D \Rightarrow [\psi] = 3/2-\epsilon \\ \left[F^{\mu\nu,A}F^A_{\mu\nu}\right] = D \Rightarrow [A] = 1-\epsilon \\ \left[\bar{\psi}A\!\!\!/\psi g\right] = D \Rightarrow [g] = \epsilon \end{cases} \tag{5.54}$$

规范耦合常数获得了量纲。

5.4.2　重整化

仍然以式 (5.44) 的夸克自能图为例，经过维数正规化对发散的处理后，可以在拉氏量中加入一个对应的抵消项将其消除：

$$\mathcal{L} \to \mathcal{L} + \Sigma(p)\bar{\psi}\mathrm{i}\partial\!\!\!/\psi = [1+\Sigma(p)]\bar{\psi}\mathrm{i}\partial\!\!\!/\psi + \cdots \tag{5.55}$$

使得对传播子的 $\mathcal{O}(g^2)$ 修正成为有限的，

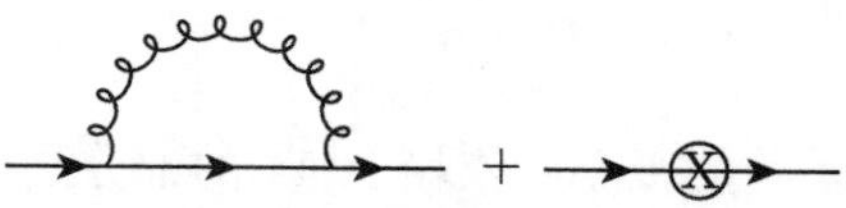

$$[\text{quark self-energy diagram}] + [\text{counterterm } \otimes] = -\mathrm{i}p\!\!\!/\Sigma(p) + \mathrm{i}p\!\!\!/\Sigma(p) = 0 \tag{5.56}$$

这种加入的抵消项可以解释为对夸克波函数的重整，可以定义

$$\psi_\mathrm{R} = \left[1+\Sigma(p^2)\right]^{1/2}\psi \tag{5.57}$$

用 ψ_R 写下的拉氏量运动学部分具有原来的正则形式。

从原则上讲，通过这种正规化和重整化步骤，用抵消项的方法可以将所有的无穷大消除，但也并不是对任意过程的高阶发散都是适用的，譬如不能用这种方法将电荷 e 重整化为 e_R，因为电荷守恒是最基本的物理规则，不能被破坏的。例如在讨论光子和夸克对相互作用顶点的 QCD 修正中，若将光子场和费米子流的相互作用拉氏量加上抵消项，

$$\begin{aligned} \mathcal{L}_\mathrm{int} &= -eA_\mu\bar{\psi}\gamma^\mu\psi \to -eA_\mu\bar{\psi}\gamma^\mu\psi - eV(q^2)A_\mu\bar{\psi}\gamma^\mu\psi \\ &= -[1+V(q^2)]eA_\mu\bar{\psi}\gamma^\mu\psi \end{aligned} \tag{5.58}$$

$V(q^2)$ 是类似于 $\Sigma(p^2)$ 的发散积分。注意到，夸克自能图中引入抵消项后，描写夸克和光子相互作用的拉氏量部分变为

$$\mathcal{L}_{q,\gamma} = [1+\Sigma(p^2)]\bar{\psi}\mathrm{i}\partial\!\!\!/\psi - [1+V(q^2)]eA_\mu\bar{\psi}\gamma^\mu\psi \tag{5.59}$$

若定义重整化的电荷为

$$e_{\mathrm{R}} = e\frac{1+V(q^2)}{1+\Sigma(p^2)} \tag{5.60}$$

重整化的拉氏量为

$$\mathcal{L}_{\mathrm{R}} = \bar{\psi}_{\mathrm{R}}\mathrm{i}\partial\!\!\!/\psi_{\mathrm{R}} + e_{\mathrm{R}}A_\mu\bar{\psi}_{\mathrm{R}}\gamma^\mu\psi_{\mathrm{R}} \tag{5.61}$$

重整化的 e_R 就有可能破坏电荷的守恒。为保证重整化步骤和电荷守恒一致，就必须要求

$$\frac{V(q^2)}{\Sigma(p^2)} \overset{q^2\to 0}{=} 1 \tag{5.62}$$

这一关系式在微扰理论的所有阶都是成立的。这说明无穷大的消除并不是一种平庸的技巧，必须遵从理论的基本限制和一致性。幸运的是，上面的等式可以被证明是成立的。可以在单圈图阶显式地计算出 $V(q^2)$ 和 $\Sigma(p^2)$ 的积分证明之。

现在我们可以将裸场量和耦合常数换成相应的重整化量：

$$\psi_{\mathrm{bare}} = \sqrt{Z_2}\psi_{\mathrm{R}}, \quad A^\mu_{\mathrm{bare}} = \sqrt{Z_3}A^\mu_{\mathrm{R}}, \quad g_{\mathrm{bare}} = Z_g\mu^\epsilon g_{\mathrm{R}} \tag{5.63}$$

这里引入了重整化的量纲参数 μ，即重整化的标度，给出了 g_{bare} 的显式表示，如此就使得重整化的耦合常数 g_{R} 是无量纲的量。实际上，当返回 4 维时，耦合常数应该是没有量纲的量。

现在将拉氏量用重整化量 (省略掉下角标 R) 写出为

$$\begin{aligned}\mathcal{L} = {} & Z_2\bar{\psi}\partial\!\!\!/\psi - \frac{1}{4}Z_3F^{\mathrm{A}}_{\mu\nu}F^{\mu\nu}_{\mathrm{A}} + Z_gZ_2\sqrt{Z_3}\mu^\epsilon g\bar{\psi}A\!\!\!/\psi \\ & + (\text{规范固定项，鬼项},\cdots)\end{aligned} \tag{5.64}$$

通常，为了方便，定义

$$Z_1 = Z_gZ_2\sqrt{Z_3} \tag{5.65}$$

如果进一步设定 $Z_i = 1+\delta_i$，可得到

$$\mathcal{L} \ = \ \bar{\psi}\mathrm{i}\partial\!\!\!/\psi - \frac{1}{4}F^{\mathrm{A}}_{\mu\nu}F^{\mu\nu}_{\mathrm{A}} + \mu^\epsilon g\bar{\psi}A\!\!\!/\psi + (\text{规范固定项，鬼项},\cdots)$$

$$+ \quad \delta_2\bar{\psi}\mathrm{i}\partial\!\!\!/\psi - \frac{1}{4}\delta_3 F^{\mathrm{A}}_{\mu\nu}F^{\mu\nu}_{\mathrm{A}} + \delta_1\mu^{\epsilon}g\bar{\psi}A\!\!\!/\psi \tag{5.66}$$

其中抵消项 δ_i 的值由要求单圈图格林函数有限而确定下来，可参见有关文献，如文献 [7, 8]。它们的值为

$$夸克自能图 \Rightarrow \delta_2 = -C_{\mathrm{F}}\left(\frac{\alpha_{\mathrm{s}}}{4\pi}\frac{1}{\epsilon}\right) \tag{5.67}$$

$$胶子自能图 \Rightarrow \delta_3 = \left(\frac{5}{3}C_{\mathrm{A}} - \frac{4}{3}n_{\mathrm{f}}T_{\mathrm{R}}\right)\frac{\alpha_{\mathrm{s}}}{4\pi}\frac{1}{\epsilon} \tag{5.68}$$

$$顶点修正 \Rightarrow \delta_1 = -(C_{\mathrm{A}} + C_{\mathrm{F}})\frac{\alpha_{\mathrm{s}}}{4\pi}\frac{1}{\epsilon} \tag{5.69}$$

这里按常规 $\alpha_{\mathrm{s}} = g^2/4\pi$。强耦合重整化常数 Z_{g} 的值利用这些关系式和式 (5.65) 可计算得到，

$$\begin{aligned} Z_{\mathrm{g}} &= \frac{Z_1}{Z_2 Z_3^{1/2}} = 1 + \delta_1 - \delta_2 - \frac{1}{2}\delta_3 = 1 + \frac{\alpha_{\mathrm{s}}}{4\pi}\frac{1}{\epsilon}\left(-\frac{11}{6}C_{\mathrm{A}} + \frac{2}{3}n_{\mathrm{f}}T_{\mathrm{R}}\right) \\ &\stackrel{\mathrm{def}}{\equiv} 1 - \frac{1}{\epsilon}\left(\frac{b_0}{2}\right)\alpha_{\mathrm{s}} \end{aligned} \tag{5.70}$$

注意到夸克自能图 (Z_2) 和顶点修正 (Z_1) 的阿贝尔部分的 C_{F} 互相抵消了，这和电耦合在 QCD 非重整化时的情形是相同的。反之，顶点修正 (Z_1) 的非阿贝尔部分对 QCD 耦合常数的重整化有贡献，这是规范不变性的结果。非阿贝尔部分对自能和顶点各自的贡献并不是规范不变的，对两者之和是规范不变的。重整化过程的一致性要求重整化的强耦合常数 g 对夸克胶子相互作用和胶子之间的相互作用是相同的，否则 $\mathrm{q}\bar{\mathrm{q}} \to \mathrm{gg}$ 过程的规范不变性在单圈图阶将不再成立。

重整化是作用在相连的费曼图顶点之和上的，不考虑这些图的外线及其自能部分。或者用更技术上的语言，它处理的是单粒子不可约 (one-particle-irreducible, 1PI) 格林函数 G，所谓不可约指的是这些图不可以通过切割一根内线而分开。可以引入一个截断能标 Λ 控制 G 在圈图动量积分中的紫外发散。图 5.6是对 1PI 三胶子顶点有贡献的所有单圈图示意图。于是非重整化的格林函数可记为 $G_U(p_i, \alpha_0, \Lambda^2)$，$p_i$ 是外线粒子的动量，α_0 是拉氏量中的理论顶点耦合常数。对一个可重整化的理论，例如 QED 或 QCD，可以定义重整化的格林函数为

$$G_U(p_i, \alpha_0, \Lambda^2) = Z_G G_{\mathrm{ren}}(p_i, \alpha, \mu^2) \tag{5.71}$$

这里以 α 代表 QED 或 QCD 的耦合常数。G_U 不依赖于 μ，因此有

$$\frac{\mathrm{d}G_U}{\mathrm{d}\ln\mu^2} = \frac{\mathrm{d}}{\mathrm{d}\ln\mu^2}(Z_G G_{\mathrm{ren}}) = 0 \tag{5.72}$$

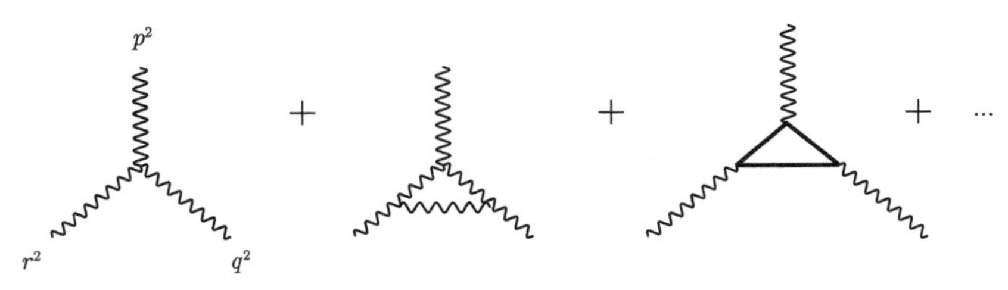

图 5.6 对 1PI 三胶子顶点有贡献的所有单圈图示意图

即为

$$Z_G\left(\frac{\partial}{\partial\ln\mu^2}+\frac{\partial\alpha}{\partial\ln\mu^2}\frac{\partial}{\partial\alpha}+\frac{1}{Z_G}\frac{\partial Z_G}{\partial\ln\mu^2}\right)G_{\text{ren}}=0 \tag{5.73}$$

因此，可将重整化方程写为

$$\left[\frac{\partial}{\partial\ln\mu^2}+\beta(\alpha)\frac{\partial}{\partial\alpha}+\gamma_G(\alpha)\right]G_{\text{ren}}=0 \tag{5.74}$$

这里，

$$\beta(\alpha)=\frac{\partial\alpha}{\partial\ln\mu^2},\quad \gamma_G(\alpha)=\frac{\partial\ln Z_G}{\partial\ln\mu^2} \tag{5.75}$$

$\beta(\alpha)$ 并不依赖于所讨论的是哪个格林函数，它只是理论和重整化方案的特征量，而 γ_G 是依赖于格林函数的。严格地讲，上面写出的重整化方程是针对朗道规范给出的 $(\xi=0)$，对其他的规范，应该包含一个有规范固定参数 ξ 或其变种的项。这里为简单省略了这一项，因为实际上它对单圈图阶是不相干的。

当我们将重整化方程应用于大能量标度 Q 的硬过程时，可以通过乘以适当的 Q 的阶数，将相应的格林函数变为无量纲量。因为这时对 Q 有兴趣的是它的对数依赖关系，我们可以引入变量 t 为

$$t=\ln\frac{Q^2}{\mu^2} \tag{5.76}$$

将 G_{ren} 写为 $G_{\text{ren}}\equiv F(x_i,\alpha,t)$。其中 x_i 是标度变量，在讨论中常常可以省去。在标度极限下 F 应该是和 t 无关的，直观也告诉我们质量为 0 的 QCD 是标度不变的。为得到对 t 的实际依赖关系，就应求解重整化方程

$$\left[-\frac{\partial}{\partial t}+\beta(\alpha)\frac{\partial}{\partial\alpha}+\gamma_G(\alpha)\right]G_{\text{ren}}=0 \tag{5.77}$$

边界条件为 $t=0$(或者 $Q^2=\mu^2$)，也即为 $F(\alpha,0)$。

5.5　跑动耦合常数 α_{s}

α_{s} 的跑动和重整化方案及过程无关，是重整化能标 μ 的函数。显然，裸的耦合常数 g_{bare} 是和 μ 的选取无关的。μ 只是重整化方案的一个人为选取参数，为了在 D 维时空中定义具有量纲维数的耦合而引入的，不应该进入可观测的物理量，即有

$$\mu^2 \frac{\mathrm{d}g_{\mathrm{bare}}}{\mathrm{d}\mu^2} = 0 \tag{5.78}$$

使用定义式：$g_{\mathrm{bare}} = \mu^{\epsilon} Z_g g$，并将 g 代之以 $\alpha_{\mathrm{s}} = g^2/4\pi$，则有

$$\epsilon \mu^{2\epsilon} Z_g^2 \alpha_{\mathrm{s}} + \mu^{2\epsilon} \alpha_{\mathrm{s}} 2 Z_g \frac{\partial Z_g}{\partial t} + \mu^{2\epsilon} Z_g^2 \frac{\partial \alpha_{\mathrm{s}}}{\partial t} = 0 \tag{5.79}$$

其中

$$\frac{\partial}{\partial t} = \mu^2 \frac{\partial}{\partial \mu^2} = \frac{\partial}{\partial \ln \mu^2} \tag{5.80}$$

Z_g 通过 α_{s} 依赖于 μ，是 μ 的隐函数。如果定义

$$\beta(\alpha_{\mathrm{s}}) = \frac{\partial \alpha_{\mathrm{s}}}{\partial t} \tag{5.81}$$

则得到

$$\beta(\alpha_{\mathrm{s}}) + 2 \frac{\alpha_{\mathrm{s}}}{Z_g} \frac{\partial Z_g}{\partial \alpha_{\mathrm{s}}} \beta(\alpha_{\mathrm{s}}) = -\epsilon \alpha_{\mathrm{s}} \tag{5.82}$$

利用式 (5.70) 并按 α_{s} 的级数展开可得

$$\beta(\alpha_{\mathrm{s}}) = \frac{-\epsilon \alpha_{\mathrm{s}}}{1 + 2 \dfrac{\alpha_{\mathrm{s}}}{Z_g} \dfrac{\mathrm{d}Z_g}{\mathrm{d}\alpha_{\mathrm{s}}}} = \frac{-\epsilon \alpha_{\mathrm{s}}}{1 - \dfrac{b_0 \alpha_{\mathrm{s}}}{\epsilon}} = -b_0 \alpha_{\mathrm{s}}^2 + \mathcal{O}(\alpha_{\mathrm{s}}^2, \epsilon) \tag{5.83}$$

最后可以写下

$$\begin{cases} \beta(\alpha_{\mathrm{s}}) = -b_0 \alpha_{\mathrm{s}}^2 \left[1 + b' \alpha_{\mathrm{s}} + \mathcal{O}(\alpha_{\mathrm{s}}^2)\right] \\ b_0 = \dfrac{1}{2\pi} \left(\dfrac{11}{6} C_{\mathrm{A}} - \dfrac{2}{3} n_{\mathrm{f}} T_{\mathrm{R}} \right) \overset{N=3}{=} \dfrac{1}{12\pi} (33 - 2n_{\mathrm{f}}) \\ b' = \dfrac{153 - 19 n_{\mathrm{f}}}{2\pi (33 - 2n_{\mathrm{f}})} \end{cases} \tag{5.84}$$

也可以用另一种方式来表示

$$\begin{cases} \beta(\alpha_{\mathrm{s}}) = -\alpha_{\mathrm{s}} \displaystyle\sum_{n=0}^{\infty} \beta_n \left(\frac{\alpha_{\mathrm{s}}}{4\pi} \right)^{n+1} \\ \beta_0 = 4\pi b_0 = 11 - \dfrac{2}{3} n_{\mathrm{f}}, \quad \beta_1 = 16\pi b_0 b' = 102 - \dfrac{38}{3} n_{\mathrm{f}}, \ \cdots \end{cases} \tag{5.85}$$

这些 β 函数的系数可以由对理论裸顶点的高阶 (圈图) 修正计算得到，如同在 QED 中所做的那样。这里我们是第一次看到 QCD 的非阿贝尔相互作用。而在 QED 中 (一种费米子味道)，β 函数为

$$\beta_{\mathrm{QED}}(\alpha)=\frac{1}{3\pi}\alpha^2+\cdots \tag{5.86}$$

在 QED 和 QCD 中的 b 系数是相反的。

现在来解式 (5.81)。设 $b_0>0$ (只要夸克味道数小于 16，这一设定就为真)，求得领头阶的跑动耦合常数 α_{s} 为

$$\alpha_{\mathrm{s}}(\mu^2)=\frac{1}{b_0\ln(\mu^2/\Lambda^2)} \tag{5.87}$$

参数 Λ 描写定义 α_{s} 跑动的一阶微分方程的边界条件，对应的是耦合变为无穷大的能标。如果积分中包括 b' 系数的贡献，就可以将 Λ 的定义扩展到次领头阶[1]，

$$\frac{1}{\alpha_{\mathrm{s}}(\mu^2)}+b'\ln\left[\frac{b'\alpha_{\mathrm{s}}(\mu^2)}{1+b'\alpha_{\mathrm{s}}(\mu^2)}\right]=b_0\ln\left(\frac{\mu^2}{\Lambda^2}\right) \tag{5.88}$$

根据这个式子，对给定的 Λ 能标可以得到 $\alpha_{\mathrm{s}}(\mu^2)$ 的数字值。式 (5.88) 也可以近似地以逆 $\ln(\mu^2/\Lambda^2)$ 级数表示，

$$\alpha_{\mathrm{s}}(\mu^2)=\frac{1}{b_0\ln(\mu^2/\Lambda^2)}\left[1-\frac{b'\ln\ln(\mu^2/\Lambda^2)}{b_0\ln(\mu^2/\Lambda^2)}+\cdots\right] \tag{5.89}$$

注意到这一表达式相当于对 Λ 的定义做了微小的移动。如果将式 (5.87) 和式 (5.89) 分别记为 Λ 的定义 1 和 2，那么对完全相同的 $\alpha_{\mathrm{s}}(\mu^2)$ 值，两个 Λ 的定义间有如下的关系：

$$\Lambda_1=\left(\frac{b_0}{b'}\right)^{\frac{b'}{2b_0}}\Lambda_2\overset{n_{\mathrm{f}}=5}{\equiv}1.148\Lambda_2 \tag{5.90}$$

很显然 Λ 作为 QCD 的基本参数可能会使人误入陷阱。首先 Λ 可以在领头阶或次领头阶定义，每种情况下 Λ 乘以一个常数也是一个可以接受的等价定义。现在几乎所有的精确 QCD 现象都要到次领头阶，因此式 (5.87) 或式 (5.89) 都可用以定义 Λ，被广泛应用于文献中。实践中 α_{s} 通常是由实验测量给出的，因此当比较 Λ 的值时，一定要首先确认从耦合常数得到 Λ 时是否采用了完全相同的公式。从不同的约定给出的误差虽然不大，但也往往能和现在的测量误差相比较。

上述定义的另一个困难是 Λ 依赖于活跃的味数目。不同味道数给出的 Λ 值应满足 α_{s} 在能标 $\mu=m$ 处的连续性，这里 m 是重夸克的质量。表 5.1给出了利用式 (5.87) 和式 (5.89) 计算得到的不同味道数领头阶 (LO) 和次领头阶 (NLO)

的耦合。正确的匹配方案应该是，对所有的动量值，耦合常数必须既是重整化群的解又是一个连续的函数。由式 (5.89)，当 $\mu > m_b$ 时，有

$$\alpha_{\mathrm{s}}(\mu^2, 5) = \frac{1}{b_0(5)\ln\left[\mu^2/\Lambda(5)^2\right]}\left[1 - \cdots\right] \tag{5.91}$$

表 5.1　当 $Q = 5\mathrm{GeV}$，$\Lambda = 200\mathrm{MeV}$ 时 $\alpha_{\mathrm{s}}(Q)$ 的值

	味道数 = 4	味道数 = 5
LO	0.234	0.255
NLO	0.184	0.206

对 $m_c < \mu < m_b$，耦合常数随 4 个活跃的味道演化，正确的形式为

$$\frac{1}{\alpha_{\mathrm{s}}(\mu^2, 4)} = \frac{b_0(4)\ln\left[\mu^2/\Lambda(5)^2\right]}{\left[1 - \cdots\right]} + \text{常数} \tag{5.92}$$

式 (5.92) 分母中的方括号和式 (5.91) 中的相同。常数项由连续性条件固定，

$$\alpha_{\mathrm{s}}(m_b, 4) = \alpha_{\mathrm{s}}(m_b, 5) \tag{5.93}$$

利用 NLO 阶的 $\alpha_{\mathrm{s}}(\mu^2)$ 表达式可以证明

$$\Lambda(4) \approx \Lambda(5)\left[\frac{m_b}{\Lambda(5)}\right]^{\frac{2}{25}}\left[\ln\left(\frac{m_b^2}{\Lambda(5)^2}\right)\right]^{\frac{963}{14375}} \tag{5.94}$$

图 5.7给出了 $\Lambda(4)$ 和 $\Lambda(5)$ 的比较。因此，在比较不同的 Λ 值时必须首先知道设定的夸克味道数，同时要清楚使用的是 LO 或 NLO 阶的表达式。

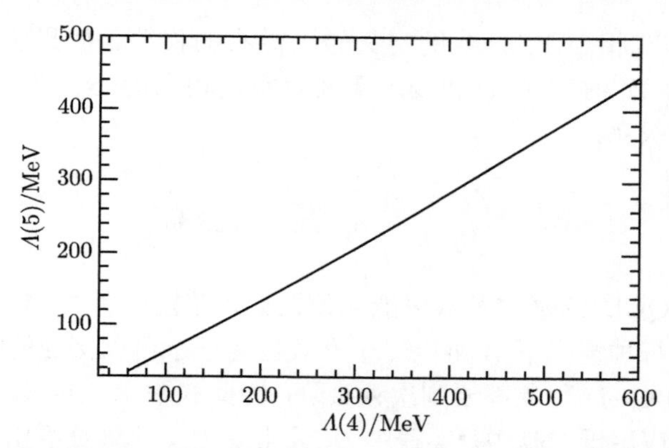

图 5.7　轻夸克味道数为 4 和 5 的 Λ 值比较，两者在 $m_b = 5\mathrm{GeV}$ 处匹配

Λ 的第三个麻烦特性是，它依赖于重整化的方案。假定两个重整化常数计算都起始于完全相同的裸参数 α_{s}^0，

$$\alpha_{\mathrm{s}}^A = Z^A\alpha_{\mathrm{s}}^0, \quad \alpha_{\mathrm{s}}^B = Z^B\alpha_{\mathrm{s}}^0 \tag{5.95}$$

重整化常数 Z^A 和 Z^B 中无穷大部分在微扰理论的所有阶都应该是相同的，因此两个重整化的耦合常数相互间只能相差一个有限的重整化因子，即

$$\alpha_s^B = \alpha_s^A(1 + c_1\alpha_s^A + \cdots) \tag{5.96}$$

注意到 β 函数的系数因子 b_0 和 b' 对此变换是不变的，它们独立于重整化方案。可以证明[1]，不同 Λ 定义之间的关系总是由单圈图计算给出的 c_1 值确定的，

$$\Lambda^B = \Lambda^A \exp\left(\frac{c_1}{2b_0}\right) \tag{5.97}$$

前面已经讲到，在最小减除重整化方案 MS 中仅减除 $\dfrac{1}{\epsilon}$ 的极点，而在改进的最小减除重整化方案 $\overline{\text{MS}}$ 中减除的是 $\dfrac{1}{\epsilon} + \ln(4\pi) - \gamma_\epsilon$，$\gamma_\epsilon$ 是欧拉常数。利用式 (5.96) 和式 (5.97) 可证

$$\Lambda_{\overline{\text{MS}}}^2 = \Lambda_{\text{MS}}^2 \exp\left[\ln(4\pi) - \gamma_\epsilon\right] \tag{5.98}$$

为方便，这里给出 $n_f = 6, 5, 4, 3$ 的 $\Lambda_{\overline{MS}}$ 最新世界平均值如下，见于文献 [9] 的量子色动力学部分 (9. quantum chromodynamics)：

$$\begin{cases} \Lambda_{\overline{\text{MS}}}^{(6)} = (89 \pm 6)\text{MeV} \\ \Lambda_{\overline{\text{MS}}}^{(5)} = (210 \pm 14)\text{MeV} \\ \Lambda_{\overline{\text{MS}}}^{(4)} = (292 \pm 16)\text{MeV} \\ \Lambda_{\overline{\text{MS}}}^{(3)} = (332 \pm 17)\text{MeV} \end{cases} \tag{5.99}$$

最后还需要指出的是，实验测量的耦合常数 α_s 作为 Λ 的函数将导致对数放大和非对称的误差。这在数学上是正确的，但却使实验物理学家感到沮丧。一部分实验结果编辑在图 5.8中。由于图中的误差太大，尚不足以给出 α_s 随 μ 对数下降的结论，不过 e^+e^- 湮灭实验中喷注数据的分析结果显示了 α_s 随重整化能标下降的趋势。

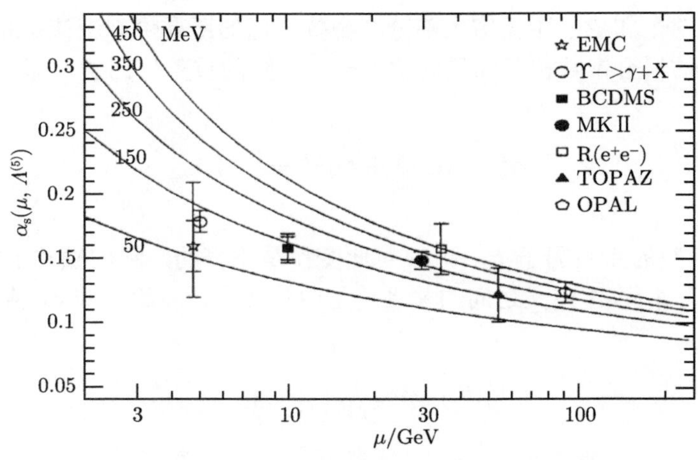

图 5.8　α_{s} 的测量结果和不同 $\Lambda(5)$ 期待值的比较

实际应用中强耦合常数的数值通常是在一个特定的参考能标点给出的，譬如说 $Q^2=M_Z^2$，求解式 (5.81) 就可以求出强耦合常数在任意别的能标点的值，

$$\alpha_{\mathrm{s}}(Q^2)=\frac{\alpha_{\mathrm{s}}(M_Z^2)}{1+b_0\alpha_{\mathrm{s}}(M_Z^2)\ln\frac{Q^2}{M_Z^2}+\mathcal{O}(\alpha_{\mathrm{s}}^2)} \tag{5.100}$$

包含高阶的 $\mathcal{O}(\alpha_{\mathrm{s}}^2)$ 项的表达式可见相关文献，如文献 [1]。图 5.9是目前我们了解的 α_{s} 跑动。由于 Tevatron 和 LHC 的实验结果，确定 α_{s} 的能标现在已经拓展到了 1TeV 以上。

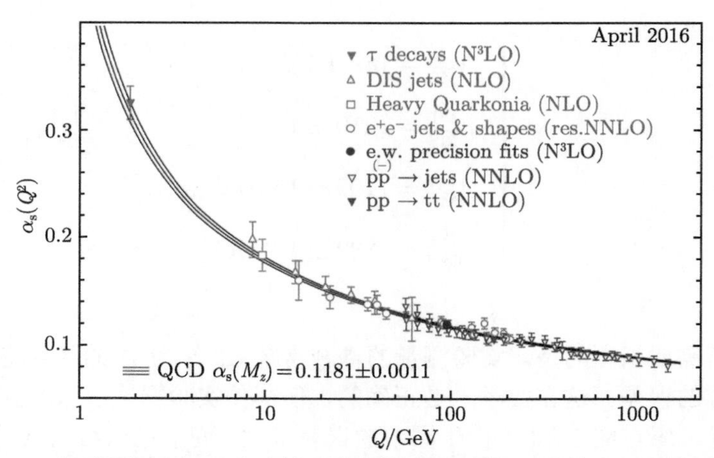

图 5.9　α_{s} 在不同能标点 Q 跑动的理论计算和测量结果。微扰 QCD 的计算精度表示在括号中[9]

5.6 重整化群的不变性

前面看到耦合常数 α_s 依赖于非物理的重整化能标 μ，这并无大碍，因为耦合常数本身并不是可观测的物理量。物理上所观测的是衰变概率、谱形或截面等，它们由耦合常数和一些矩阵元的乘积给出。一般地讲，假定一个无量纲的物理量 A 是标度量 Q 的函数，无量纲的量本身应该是和 Q 无关的，但在量子场论中则并非如此，而且矩阵元在重整化过程中还引入了第二个能标 μ，μ 的选取完全是任意的。物理可观测量直到可以计算的任意阶都应该是和 μ 无关的，因此对任意可观测量 A 可以写下重整化方程：

$$\mu^2 \frac{\mathrm{d}}{\mathrm{d}\mu^2} A\left(\frac{Q^2}{\mu^2}, \alpha_s(\mu^2)\right) = 0 \tag{5.101}$$

即为

$$\begin{aligned}
&\left[\mu^2 \frac{\partial}{\partial\mu^2} + \mu^2 \frac{\partial\alpha_s}{\partial\mu^2}\frac{\partial}{\partial\alpha_s}\right] A\left(\frac{Q^2}{\mu^2}, \alpha_s(\mu^2)\right) \\
&= \left[\mu^2 \frac{\partial}{\partial\mu^2} + \beta(\alpha_s)\frac{\partial}{\partial\alpha_s}\right] A\left(\frac{Q^2}{\mu^2}, \alpha_s(\mu^2)\right) = 0
\end{aligned} \tag{5.102}$$

$$\alpha_s = \alpha_s(\mu^2), \quad \beta(\alpha_s) = \mu^2 \frac{\partial\alpha_s}{\partial\mu^2} = \frac{\partial\alpha_s}{\partial\ln\mu^2} \tag{5.103}$$

β 函数的定义和式 (5.75) 中给出的形式是相同的。

作为一个例子，让我们来讨论 $R = \sigma(\mathrm{e}^+\mathrm{e}^- \to 强子)/\sigma(\mathrm{e}^+\mathrm{e}^- \to \mu^+\mu^-)$，

$$R = 3\sum_f Q_f^2 \cdot R_c\left(\frac{s}{\mu^2}, \alpha_s(\mu^2)\right) \tag{5.104}$$

其中前面的因子 $3\sum_f Q_f^2$ 来自夸克模型的树图阶。图 5.10给出了在各个能区的实验测量结果，和夸克模型的预言符合得很好。在 $2\sim 3\mathrm{GeV}$ 能区，即大于 ρ,ω,ϕ 共振态矢量介子质量而小于粲粒子产生阈的能区，$R\simeq 2$，和 $n_f=3$ 的预期符合得很好。在粲共振态的产生阈之上，$R\simeq 2+3Q_c^2=10/3$。最后在 Υ 产生阈之上 $R\simeq 10/3+3Q_b^2=11/3$，和 $n_f=5$ 个处于渐近自由状态的夸克部分子模型的预期符合得很好。由于对 $R(s)$ 的测量达到了很高的精度，因此就应该包括对它的小量 α_s 修正效应。在 QCD 微扰计算中可将 R_c 展开为重整化的耦合常数 $\alpha_s(\mu^2)$ 的级数，记 $r=s/\mu^2$，可以写为

$$R_c\left(r, \alpha_s(\mu^2)\right) = 1 + \alpha_s f_1(r) + \alpha_s^2 f_2(r) + \cdots = \sum_{n=0}^{\infty} \alpha_s^n f_n(r) \tag{5.105}$$

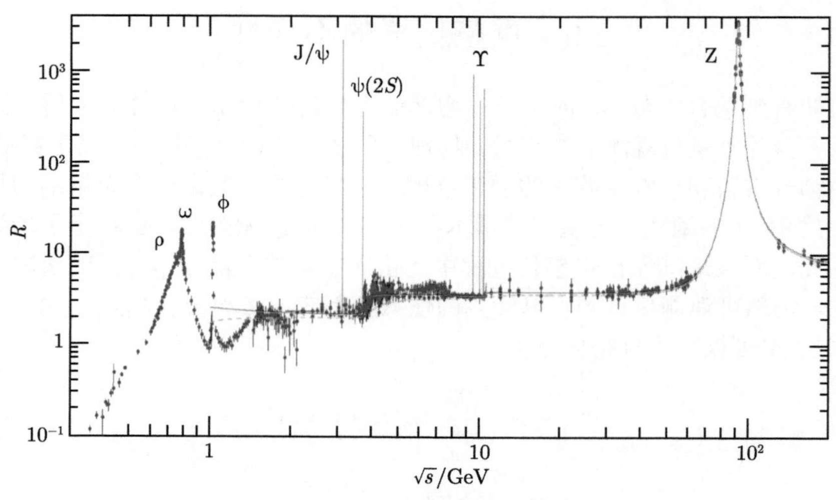

图 5.10 R 值的测量结果[11]

R_{c} 对 μ 的函数关系包含在函数 $f_n(r)$ 中，同时也隐含在 α_{s} 中。因此有

$$\mu^2\frac{\mathrm{d}}{\mathrm{d}\mu^2}R_{\mathrm{c}}=0\Longrightarrow\left[\mu^2\frac{\partial}{\partial\mu^2}+\beta(\alpha_{\mathrm{s}})\frac{\partial}{\partial\alpha_{\mathrm{s}}}\right]R_{\mathrm{c}}(r,\alpha_{\mathrm{s}})=0 \tag{5.106}$$

在给出方程的一般形式解之前，先来看一下如何基于式 (5.105) 的微扰论展开直接求出它们

$$\begin{aligned}\mu^2\frac{\mathrm{d}}{\mathrm{d}\mu^2}R_{\mathrm{c}}=0\Longrightarrow&\ \beta(\alpha_s)f_1(r)+\alpha_s\mu^2\frac{\mathrm{d}f_1}{\mathrm{d}\mu^2}\\&+2\alpha_s\beta(\alpha_s)f_2(r)+\alpha_s^2\mu^2\frac{\mathrm{d}f_2}{\mathrm{d}\mu^2}+\cdots=0\end{aligned} \tag{5.107}$$

在 α_{s} 阶，考虑到前面给出的 β 函数是 α_{s}^2 阶的，因此有

$$\frac{\mathrm{d}f_1}{\mathrm{d}\mu^2}=0\Longrightarrow f_1=\text{常数}\equiv a_1 \tag{5.108}$$

这个结果告诉我们在单圈图 R_{c} 的值是有限的，所有的紫外无穷大都被消除了，没有电荷的重整化，因为它们若没有被消除，f_1 就会是 μ 的显函数。正如我们在前面讲过的那样，这是电荷不可重整化的必然结果。再来看 α_{s}^2 阶，

$$\beta(\alpha_{\mathrm{s}})f_1(r)+\alpha_{\mathrm{s}}^2\frac{\mathrm{d}f_2}{\mathrm{d}\ln\mu^2}=0\Longrightarrow f_2=b_0a_1\ln\frac{\mu^2}{s}+a_2(\text{积分常数}) \tag{5.109}$$

于是到 α_{s}^2 阶我们有

$$R_{\mathrm{c}}=1+\underbrace{a_1\alpha_{\mathrm{s}}}_{\text{单圈图}}+\underbrace{a_1b_0\alpha_{\mathrm{s}}^2\ln\frac{\mu^2}{s}+a_2\alpha_{\mathrm{s}}^2}_{\text{双圈图}}+\cdots \tag{5.110}$$

注意到重整化群不变性的要求使我们不需进行具体的双圈图计算就可以知道双圈图对数项的系数。当 $s \to \infty$ 时，双圈图对数项的贡献变得非常大，当 $\ln(s/\mu^2) \gtrsim 1/(b_0\alpha_s)$ 时该项的值和 $\alpha_{\rm s}$ 阶相当。容易证明，重整化标度的不变性要求这种对数形式存在于微扰论的所有阶：

$$f_n(r) = a_1 \left[b_0 \ln \frac{\mu^2}{s}\right]^n + \cdots \tag{5.111}$$

因此可将 $R_{\rm c}$ 整理为

$$\begin{aligned} R_{\rm c} &= 1 + a_1\alpha_{\rm s}\left[1 + \alpha_{\rm s} b_0 \ln\frac{\mu^2}{s} + \left(\alpha_{\rm s} b_0 \ln\frac{\mu^2}{s}\right)^2 + \cdots\right] + a_2\alpha_{\rm s}^2 + \cdots \\ &= 1 + a_1 \frac{\alpha_{\rm s}(\mu)}{1 + \alpha_{\rm s}(\mu) b_0 \ln\frac{s}{\mu^2}} + a_2\alpha_{\rm s}^2 + \cdots \\ &\equiv 1 + a_1\alpha_{\rm s}(s) + a_2\alpha_{\rm s}^2 + \cdots \end{aligned} \tag{5.112}$$

这里利用了关系式

$$\frac{\alpha_{\rm s}(\mu)}{1 + \alpha_{\rm s}(\mu) b_0 \ln\frac{s}{\mu^2}} = \frac{1}{b_0 \ln\frac{\mu^2}{\Lambda^2} + b_0 \ln\frac{s}{\mu^2}} = \frac{1}{b_0 \ln\frac{s}{\Lambda^2}} \equiv \alpha_{\rm s}(s) \tag{5.113}$$

重整化群不变性限定了高阶修正的形式。高阶的所有对数项由低阶的有限项系数确定。将所有项加在一起的时候只需将 $\alpha_{\rm s}$ 的能标设在 s，于是最后可将其表示为

$$R_{\rm c} = 1 + a_1\left(\frac{\alpha_{\rm s}(s)}{\pi}\right) + a_2\left(\frac{\alpha_{\rm s}(s)}{\pi}\right)^2 + a_3\left(\frac{\alpha_{\rm s}(s)}{\pi}\right)^3 + \cdots \tag{5.114}$$

当然 $a_1, a_2, \ldots$ 的值必须由具体的计算得到。现在级数在 n 阶的截断真正具有 $\alpha_{\rm s}^{n+1}$ 次方的精度，不再像之前那样高阶项和低阶项有大致相同的大小。具体的计算已经给出了到 a_4 的系数值，见文献 [9] 及其参考文献。

$$\begin{cases} a_1 = \dfrac{3}{4}C_{\rm F} \equiv 1 \\ a_2 = 1.9857 - 0.1152n_{\rm f} \\ a_3 = -6.63694 - 1.20013n_{\rm f} - 0.00518n_{\rm f}^2 - 1.240\eta \\ a_4 = -156.61 + 18.775n_{\rm f} - 0.7974n_{\rm f}^2 + 0.0215n_{\rm f}^2 + 0.0215n_{\rm f}^3 \\ \qquad -(17.828 - 0.575n_f)\eta \end{cases} \tag{5.115}$$

其中 $\eta = (\sum e_q)^2/(3\sum e_q^2)$。

5.7　软胶子辐射

胶子从费米子上的软辐射在末态演化中具有根本性的影响。它的辐射概率很大，辐射谱正比于 $\mathrm{d}E/E$，类似于 QED 中的韧致辐射，导致末态强子多重数的增加。由于它们的耦合比较简单，软胶子辐射的讨论并不复杂。所谓软就是指波长比较长，软胶子对超短距离动力学机制的细节不敏感，不能区分在小于波长的时间点上所发生的相互作用的性质，对夸克的自旋也不敏感，其唯一的特性是对色荷敏感。以图 5.11所示从虚光子衰变末态 $\mathrm{q\bar{q}}$ 上辐射的软胶子为例，辐射振幅可写为

$$\begin{aligned}A_{\text{soft}} &= \bar{u}(p)\epsilon(k)(\mathrm{i}g)\frac{-\mathrm{i}}{\not{p}+\not{k}}\Gamma^{\mu}v(\bar{p})\lambda_{ab}^{A} + \bar{u}(p)\Gamma^{\mu}\frac{-\mathrm{i}}{\not{\bar{p}}+\not{k}}(\mathrm{i}g)\epsilon(k)v(\bar{p})\lambda_{ab}^{A} \\ &= \left[\frac{g}{2p\cdot k}\bar{u}(p)\epsilon(k)(\not{p}+\not{k})\Gamma^{\mu}v(\bar{p}) - \frac{g}{2\bar{p}\cdot k}\bar{u}(p)\Gamma^{\mu}(\not{\bar{p}}+\not{k})\epsilon(k)v(\bar{p})\right]\lambda_{ab}^{A}\end{aligned} \tag{5.116}$$

这里用 Γ^{μ} 表示夸克和光子的耦合顶点 $(-\mathrm{i}e\gamma^{\mu})$ 是要强调下面的计算和 Γ^{μ} 的具体形式无关，它可以是任何一个复杂的顶点形状因子。$\epsilon(k)$ 是光子的极化矢量，对实光子可表示为

$$\epsilon_{\mathrm{L,R}}^{\mu} = (0; 1, \pm\mathrm{i}, 0)/\sqrt{2} \tag{5.117}$$

根据定义应有 $k \ll p, \bar{p}$，因此可忽略分子上的 $\not{k}$，根据狄拉克方程可得

$$A_{\text{soft}} = g\lambda_{ab}^{A}\left(\frac{p\,\epsilon}{p\,k} - \frac{\bar{p}\,\epsilon}{\bar{p}\,k}\right)A_{\text{born}} \tag{5.118}$$

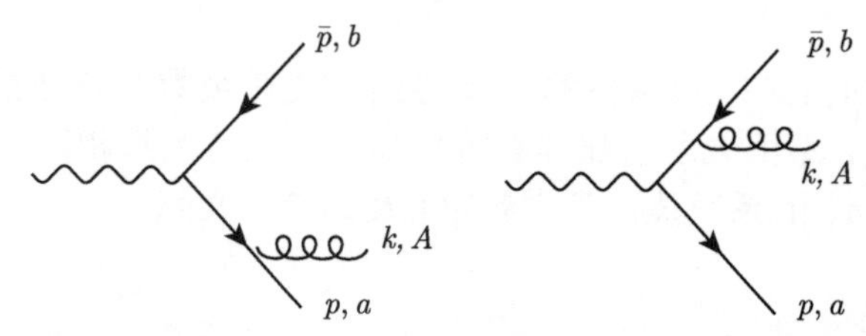

图 5.11　虚光子衰变末态 $\mathrm{q\bar{q}}$ 上软胶子辐射的示意图

软胶子的发射被因式化为一个辐射因子乘以玻恩振幅。据此可以导出夸克软胶子辐射的一般费曼规则：

A, μ

p, b ⟶ p, a $\quad = g\lambda_{ab}^{A}2p^{\mu}$　　(5.119)

类似地也可以导出 g → gg 软胶子辐射的费曼规则：

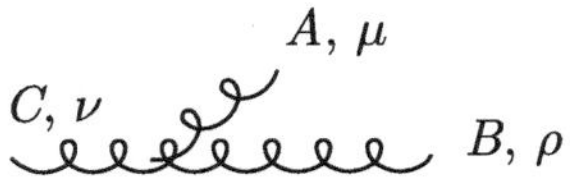

$A,\ \mu$

$C,\ \nu$ $B,\ \rho$

$$= \mathrm{i}gf^{ABC}2p^{\mu}g^{\nu\rho} \tag{5.120}$$

作为一个例子来讨论虚的 g 到夸克对过程的软胶子修正。和电弱衰变相比，这时应该增加一个 g → gg 的图，这时的夸克对也不再是色单态，因此会变得稍微复杂些。

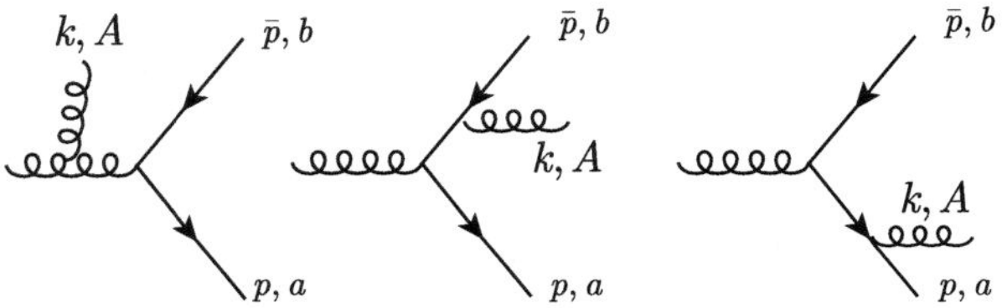

k, A　$\bar{p}, b$　p, a　　$\bar{p}, b$　k, A　p, a　　$\bar{p}, b$　k, A　p, a

$$\begin{aligned}&\overset{k\to 0}{=}\left[\mathrm{i}gf^{ABC}\lambda^{C}_{ab}\left(\frac{Q\epsilon}{Qk}\right)+g(\lambda^{B}\lambda^{A})_{ab}\left(\frac{p\epsilon}{pk}\right)-g(\lambda^{A}\lambda^{B})_{ab}\left(\frac{\bar{p}\epsilon}{\bar{p}k}\right)\right]A_{\text{born}}\\&=\left[g(\lambda^{A}\lambda^{B})_{ab}\left(\frac{Q\epsilon}{Qk}-\frac{\bar{p}\epsilon}{\bar{p}k}\right)+g(\lambda^{B}\lambda^{A})_{ab}\left(\frac{p\epsilon}{pk}-\frac{Q\epsilon}{Qk}\right)\right]A_{\text{born}}\end{aligned} \tag{5.121}$$

式 (5.121) 中的两项对应于图 5.12所示的色荷流程图。左图中色荷标记为 b 的反夸克连接带色荷标记为 B 的软胶子，而色荷标记为 a 的夸克直接连接到携带色荷标记为 A 的衰变胶子。右图中夸克和反夸克倒了过来。这两种情况分别代表了软胶子从反夸克和夸克上的辐射，在 $k \to 0$ 的近视下忽略了软胶子从胶子上的辐射。当取总振幅和的平方时，需要对所有初末态的色荷求和，每个单项的平方和干涉项的色因子分别由下式给出：

$$\sum_{A,B,a,b}|(\lambda^{A}\lambda^{B})_{ab}|^{2}=\sum_{A,B}\mathrm{Tr}(\lambda^{A}\lambda^{B}\lambda^{B}\lambda^{A})=\frac{N^{2}-1}{2}C_{\mathrm{F}}=\mathcal{O}(N^{3}) \tag{5.122}$$

$$\begin{aligned}\sum_{A,B,a,b}(\lambda^{A}\lambda^{B})_{ab}[(\lambda^{B}\lambda^{A})_{ab}]^{*}&=\sum_{A,B}\mathrm{Tr}(\lambda^{A}\lambda^{B}\lambda^{A}\lambda^{B})=\frac{N^{2}-1}{2}(C_{\mathrm{F}}-\frac{C_{A}}{2})\\&=\frac{N^{2}-1}{2}(-\frac{1}{2N})=\mathcal{O}(N)\end{aligned} \tag{5.123}$$

两项的干涉相对于每个单项的平方有一个 $1/N^2$ 的压制，因此到 $1/N^2$ 的领头阶，软胶子的辐射可以看作是两个色流辐射过程的不相干之和。

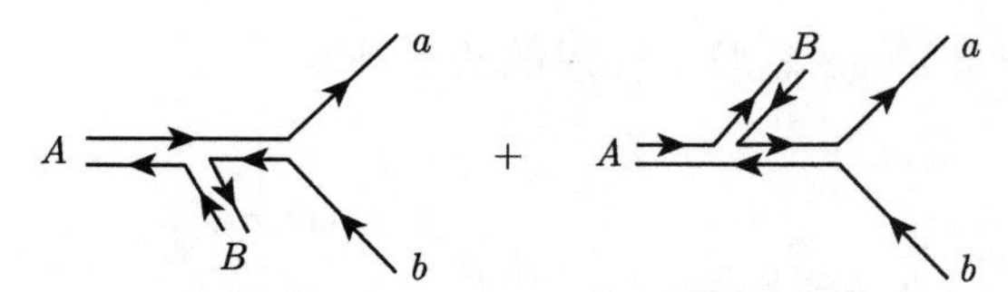

图 5.12　虚胶子衰变到 $q\bar{q}$ 软胶子辐射过程的色荷流程示意图

5.8　部分子密度的 Q^2 演化和 DGLAP 方程

按照领头阶的夸克模型，可将电子深度非弹散射中虚光子和质子的作用截面表示为

$$\sigma_0 = \int_0^1 \mathrm{d}x \sum_i e_i^2 f_i(x) \hat{\sigma}_0(\gamma^* q_i \to q_i', x) \tag{5.124}$$

$f_i(x)$ 表示夸克味 i 携带了 x 份质子四动量的概率。带 $(\hat{})$ 的截面表示光子和自由 (无质量) 夸克的相互作用，可表示为

$$\hat{\sigma}_0(\gamma^* q_i \to q_i') = \frac{2\pi}{flux} \bar{\Sigma} |M_0|^2 \frac{1}{2P\cdot q} \delta(x - x_{bj}) \tag{5.125}$$

其中，P 和 q 分别是质子和虚光子的四维动量；$x_{bj} = \dfrac{Q^2}{2P\cdot q}$ 是布约肯 (Bjorken) 标度变量，$Q^2 = -q^2$。最后有

$$\sigma_0 = \frac{2\pi}{flux} \frac{\bar{\Sigma}|M_0|^2}{Q^2} \sum_i x_{bj} f_i(x_{bj}) e_i^2 \equiv \frac{2\pi}{flux} \frac{\bar{\Sigma}|M_0|^2}{Q^2} F_2(x_{bj}) \tag{5.126}$$

单举 ep 截面是 Q^2 和 $P\cdot q$(在质子静止系 $= m_\mathrm{p}(E'-E)$) 之比的函数。E 和 E' 分别为初末态电子的能量。

现在来讨论对上述深度非弹散射领头阶部分子模型描写的 QCD 修正。这个讨论除了可以展现 QCD 的共线极点，重整化群不变性等特征之外，另一个重要的问题是标度不变性的破坏。先来看对玻恩过程的实修正，如图 5.13所示。第一个费曼图正比于 $1/(p-k)^2 \propto 1/(p\cdot k)$，当 k 平行于 p 时是发散的，

$$p\cdot k = p^0 k^0 (1 - \cos\theta) \xrightarrow{\theta\to 0} 0 \tag{5.127}$$

第二个图当 k 平行于 p' 时也是发散的。但第二个图是无害的，因为对所有可能的末态是要求和的，共线发散可以被末态夸克自能图修正的相同发散所抵消。初态的共线发散 (第一个图) 是严重的问题，因为光子看到的动量由一个夸克携带或

由一个夸克和一个胶子共享是不同的。这意味着实胶子发射的奇点和虚胶子发射很可能是不相抵消的。选用适当的规范可以求得只携带初态奇点的振幅为

$$M_{\mathrm{g}}=\mathrm{i}g\lambda_{ab}^{A}\bar{u}(p')\Gamma\frac{\not{p}-\not{k}}{(p-k)^2}\not{\epsilon}(k)u(p) \tag{5.128}$$

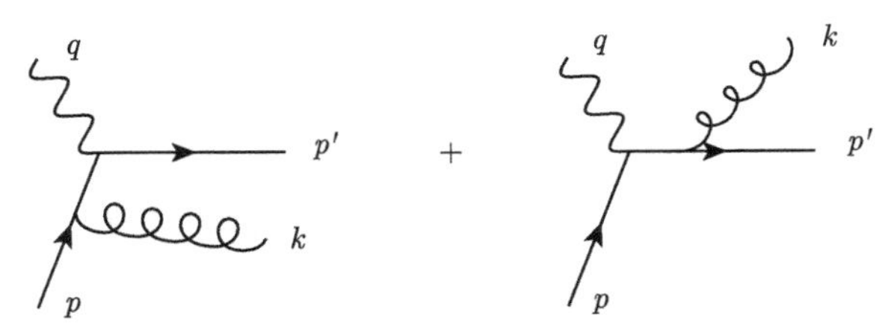

图 5.13 深度非弹散射玻恩过程的 QCD 修正

通过计算可得

$$\sum|M_{\mathrm{g}}|^2=2g^2C_{\mathrm{F}}\frac{1-z}{k_{\perp}^2}\left(\frac{1+z^2}{1-z}\right)N\mathrm{Tr}[\not{p}'\Gamma\not{p}\Gamma^{\dagger}] \tag{5.129}$$

这里 z 是辐射了胶子后的夸克所携带的初始夸克的动量份额。最后的求迹因子对应于玻恩振幅的平方，可记为

$$\sum|M_0|^2=NTr[\not{p}'\Gamma\not{p}\Gamma^{\dagger}] \tag{5.130}$$

因此单胶子辐射过程在共线极限下分解为玻恩过程乘以一个和束流无关的因子。如果加上胶子的相空间：

$$[\mathrm{d}k]\equiv\frac{\mathrm{d}^3k}{(2\pi)^3 2k^0}=\frac{\mathrm{d}k_{\parallel}}{k^0}\frac{\mathrm{d}\phi}{2\pi}\frac{1}{8\pi^2}\frac{\mathrm{d}k_{\perp}^2}{2}=\frac{\mathrm{d}z}{(1-z)}\frac{1}{16\pi^2}\mathrm{d}k_{\perp}^2 \tag{5.131}$$

可得到

$$\sum|M_{\mathrm{g}}|^2[\mathrm{d}k]=\frac{\mathrm{d}k_{\perp}^2}{k_{\perp}^2}\mathrm{d}z\left(\frac{\alpha_{\mathrm{s}}}{2\pi}\right)P_{\mathrm{qq}}(z)\sum|M_0|^2 \tag{5.132}$$

其中

$$P_{\mathrm{qq}}=C_{\mathrm{F}}\frac{1+z^2}{1-z} \tag{5.133}$$

P_{yz} 称为部分子 $z\to y$ 的阿塔瑞历-帕里斯 (Altarelli-Parisi) 劈裂函数 (splitting function)。现在可以计算对夸克模型截面的修正，

$$\sigma_{\mathrm{g}}=\int\mathrm{d}xf(x)\frac{1}{flux}\int\mathrm{d}z\frac{\mathrm{d}k_{\perp}^2}{k_{\perp}^2}\left(\frac{\alpha_{\mathrm{s}}}{2\pi}\right)P_{\mathrm{qq}}(z)\sum|M_0|^2 2\pi\delta(p'^2) \tag{5.134}$$

利用

$$p'^2 = (p-k+q)^2 \sim (zp+q)^2 = (xzP+q)^2$$

$$\delta(p'^2) = \frac{1}{2P\cdot q}\frac{1}{z}\delta(x-\frac{x_{bj}}{z}) = \frac{x_{bj}}{z}\delta(x-\frac{x_{bj}}{z})$$

最后得到

$$\sigma_{\mathrm{g}} = \frac{2\pi}{flux}\left(\frac{\sum|M_0|^2}{Q^2}\right)\sum_i e_i^2 x_{bj}\frac{\alpha_s}{2\pi}\int\frac{\mathrm{d}k_\perp^2}{k_\perp^2}\int\frac{\mathrm{d}z}{z}P_{\mathrm{qq}}(z)f_i\left(\frac{x_{bj}}{z}\right) \tag{5.135}$$

我们看到 $\mathcal{O}(\alpha_{\mathrm{s}})$ 阶修正等价于对质子部分子分布函数的修正，

$$f_i(x) \to f_i(x) + \frac{\alpha_{\mathrm{s}}}{2\pi}\int\frac{\mathrm{d}k_\perp^2}{k_\perp^2}\int_x^1\frac{\mathrm{d}z}{z}P_{\mathrm{qq}}(z)f_i(\frac{x}{z}) \tag{5.136}$$

注意，积分 $\int\frac{\mathrm{d}k_\perp^2}{k_\perp^2}$ 的上限正比于 Q^2，下限为零。若包括夸克的质量传播子，则应改写为 $1/(k_\perp^2+m^2)$ 的形式。因为夸克束缚在强子内，我们不清楚 m 的值，所以假定可以将 $k_\perp$ 的截断值设为 μ_0，那么有效的部分子密度函数就变为

$$f(x,Q^2) = f(x) + \ln\left(\frac{Q^2}{\mu_0^2}\right)\frac{\alpha_{\mathrm{s}}}{2\pi}\int_x^1\frac{\mathrm{d}z}{z}P_{\mathrm{qq}}(z)f(\frac{x}{z}) \tag{5.137}$$

这里 μ_0 是一个非微扰的能标，可以通过重新定义 $f(x,Q^2)$ 将其消除掉。通过在很大的微扰标度 μ^2 处测得的部分子密度函数：

$$f(x,\mu^2) = f(x) + \ln\left(\frac{\mu^2}{\mu_0^2}\right)\frac{\alpha_{\mathrm{s}}}{2\pi}\int_x^1\frac{\mathrm{d}z}{z}P_{\mathrm{qq}}(z)f(\frac{x}{z}) \tag{5.138}$$

由式 (5.137) 减去式 (5.138) 得到

$$f(x,Q^2) = f(x,\mu^2) + \ln\left(\frac{Q^2}{\mu^2}\right)\frac{\alpha_{\mathrm{s}}}{2\pi}\int_x^1\frac{\mathrm{d}z}{z}P_{\mathrm{qq}}(z)f(\frac{x}{z}) \tag{5.139}$$

这里的能标 μ 和重整化能标的作用相同，它的选择具有任意性，$f(x,Q^2)$ 应该和它的取值无关。这种无关性的要求就给出了如下重整化群的不变性条件：

$$\frac{\mathrm{d}f(x,Q^2)}{\mathrm{d}\ln\mu^2} = \mu^2\frac{\mathrm{d}f(x,\mu^2)}{\mathrm{d}\mu^2} - \frac{\alpha_{\mathrm{s}}}{2\pi}\int_x^1\frac{\mathrm{d}z}{z}P_{\mathrm{qq}}(z)f(\frac{x}{z}) \equiv 0 \tag{5.140}$$

即有

$$\mu^2\frac{\mathrm{d}f(x,\mu^2)}{\mathrm{d}\mu^2} = \frac{\alpha_{\mathrm{s}}}{2\pi}\int_x^1\frac{\mathrm{d}z}{z}P_{\mathrm{qq}}(z)f(\frac{x}{z},\mu^2) \tag{5.141}$$

这就是所谓的 DGLAP(dokshitzer-gribov-lipatov-altarelli-parisi) 方程。它由重整化的不变性导出，给出了 Q^2 所有领头阶的总和，可以证明之。定义

$$t=\ln\frac{Q^2}{\mu^2} \tag{5.142}$$

可将 $f(x,t)$ 展开为

$$f(x,t)=f(x,0)+t\frac{\mathrm{d}f}{\mathrm{d}t}(x,o)+\frac{t^2}{2!}\frac{\mathrm{d}^2 f}{\mathrm{d}t^2}(x,0)+\cdots \tag{5.143}$$

其中的一阶导数就是 DGLAP 方程，高阶导数可求得

$$\begin{aligned}f''(x,t)&=\frac{\alpha_{\mathrm{s}}}{2\pi}\int\frac{\mathrm{d}z}{z}P_{\mathrm{qq}}(z)\frac{\mathrm{d}f}{\mathrm{d}t}(\frac{x}{z},t)\\&=\frac{\alpha_{\mathrm{s}}}{2\pi}\int_x^1\frac{\mathrm{d}z}{z}P_{\mathrm{qq}}(z)\frac{\alpha_{\mathrm{s}}}{2\pi}\int_{x/z}^1\frac{\mathrm{d}z'}{z'}P_{\mathrm{qq}}(z')f(\frac{x}{zz'},t)\\&\ \ \vdots\end{aligned}$$

$$f^{(n)}=\frac{\alpha_{\mathrm{s}}}{2\pi}\int_x^1\cdots\frac{\alpha_{\mathrm{s}}}{2\pi}\int_{x/zz'\cdots z^{(n-1)}}^1\frac{\mathrm{d}z^{(n)}}{z^{(n)}}P_{\mathrm{qq}}(z^{(n)})f\left(\frac{x}{zz'\cdots},t\right) \tag{5.144}$$

展开的第 n 项正比于 $(\alpha_{\mathrm{s}}t)^n$，对应于 n 个胶子的辐射，相当于对单胶子的辐射重复做 n 次。

同样的计算可以包含质子内的胶子劈裂到 $\mathrm{q\bar{q}}$ 对的 $\mathcal{O}(\alpha_s)$ 阶修正。相应地，第 i 个味夸克密度函数的演化方程为

$$\frac{\mathrm{d}f_{\mathrm{q}}(x,t)}{\mathrm{d}t}=\frac{\alpha_{\mathrm{s}}}{2\pi}\int_x^1\frac{\mathrm{d}z}{z}\left[P_{\mathrm{qq}}(z)f_{\mathrm{q}}(\frac{x}{z},t)+P_{\mathrm{qg}}(z)f_{\mathrm{g}}(\frac{x}{z},t)\right] \tag{5.145}$$

$$P_{\mathrm{qq}}=C_{\mathrm{F}}\left[\frac{1+z^2}{(1-z)_+}+\frac{3}{2}\delta(1-z)\right] \tag{5.146}$$

$$P_{\mathrm{qg}}=\frac{1}{2}[z^2+(1-z)^2] \tag{5.147}$$

这里重新定义了 $P_{\mathrm{qq}}(z)$，包含了所有虚修正的效应，它对 $P_{\mathrm{qq}}(z)$ 的贡献正比于 $\delta(1-z)$，含 $1/(1-z)_+$ 的项由下式定义：

$$\int_0^1\mathrm{d}z\frac{h(z)}{(1-z)_+}\equiv\int_0^1\mathrm{d}z\frac{h(z)-h(1)}{1-z} \tag{5.148}$$

对于和颜色探针 (譬如胶子) 的相互作用，将会遇到如下的修正，影响到胶子密度函数的演化，

$$\frac{\mathrm{d}f_{\mathrm{g}}(x,t)}{\mathrm{d}t}=\frac{\alpha_{\mathrm{s}}}{2\pi}\int_x^1\frac{\mathrm{d}z}{z}\left[P_{\mathrm{gq}}(z)\sum_{i=\mathrm{q},\bar{\mathrm{q}}}f_i(\frac{x}{z},t)+P_{\mathrm{gg}}(z)f_{\mathrm{g}}(\frac{x}{z},t)\right] \tag{5.149}$$

其中

$$P_{\mathrm{gq}}(z)=P_{\mathrm{qq}}(1-z)=C_{\mathrm{F}}\frac{1+(1-z)^2}{z} \tag{5.150}$$

$$P_{\mathrm{gg}}=2C_{\mathrm{A}}\left[\frac{1-z}{z}+\frac{z}{(1-z)_+}+z(1-z)+\left(\frac{11}{12}-\frac{n_{\mathrm{f}}}{18}\right)\delta(1-z)\right] \tag{5.151}$$

劈裂函数具有一些性质。由电荷共轭不变性给出

$$P_{\bar{\mathrm{q}}\mathrm{g}}=P_{\mathrm{qg}},\quad P_{\mathrm{g}\bar{\mathrm{q}}}=P_{\mathrm{gq}} \tag{5.152}$$

劈裂顶点的动量守恒给出

$$P_{\mathrm{qg}}(z)=P_{\mathrm{qg}}(1-z),\quad P_{\mathrm{gg}}(z)=P_{\mathrm{gg}}(1-z),\quad P_{\mathrm{qq}}(z)=P_{\mathrm{gq}}(1-z) \tag{5.153}$$

$P_{\mathrm{qq}}(z)$ 对 z 的总积分等于 0，

$$\int_0^1 P_{\mathrm{qq}}(z)\mathrm{d}z=0 \tag{5.154}$$

可以证明，此积分为 0 是夸克味的求和规则，$\int(u-\bar{u})\mathrm{d}x=2,\int(d-\bar{d})\mathrm{d}x=1$，不随 Q^2 的变化而改变的必要条件。总动量守恒意味着：

$$\int_0^1\mathrm{d}zz[P_{\mathrm{qq}}(z)+P_{\mathrm{gq}}(z)]=0,\quad \int_0^1\mathrm{d}zz[2n_{\mathrm{f}}P_{\mathrm{qg}}(z)+P_{\mathrm{gg}}(z)]=0 \tag{5.155}$$

图 5.14 给出的是质子中 u 夸克 CTEQ 分布密度在 $Q=2\mathrm{GeV},20\mathrm{GeV}$ 和 200GeV 的 DGLAP 演化[7]。

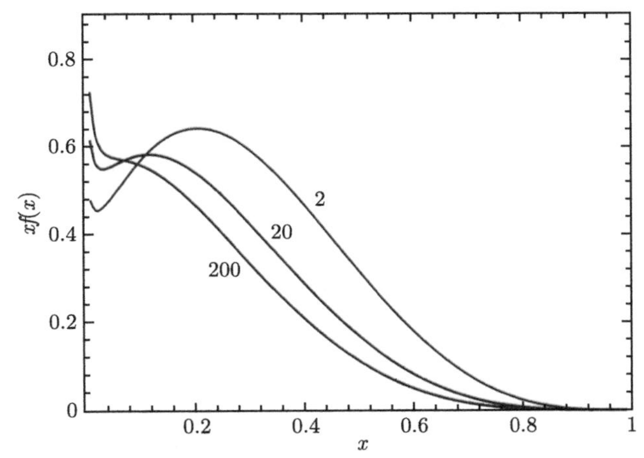

图 5.14 质子中 u 夸克 CTEQ 分布密度在 $Q = 2\text{GeV}$, 20GeV 和 200GeV 能量点的 DGLAP 演化

图 5.15给出了一个更直观的定量显示图。(a)、(b) 两个图显示初态纯夸克态随 Q^2 增大的演化，(c)、(d) 两个图是初态为纯胶子时的演化。

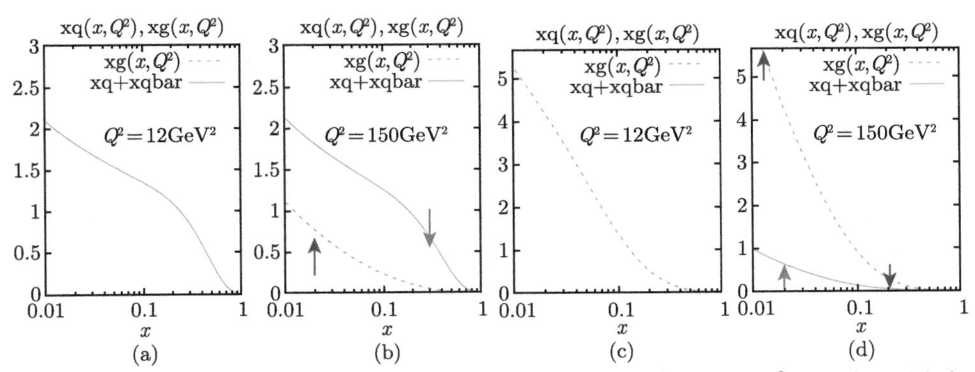

图 5.15 DGLAP 演化示意图。(a) 初始时刻仅包含 $\mu^2 \equiv Q^2 = 12\text{GeV}^2$ 的夸克和反夸克；(b) 到 $Q^2 = 150\text{GeV}^2$ 时的演化结果；(c) 初始为 $Q^2 = 12\text{GeV}^2$ 纯胶子；(d) 它到 $Q^2 = 150\text{GeV}^2$ 时的演化结果

图 5.16给出的是 HERA 实验得到的分布函数 $F_2(x, Q^2)$ 和基于 ZEUS 整体拟合的大量深度非弹散射实验结果的比较，两者的符合堪称完美。

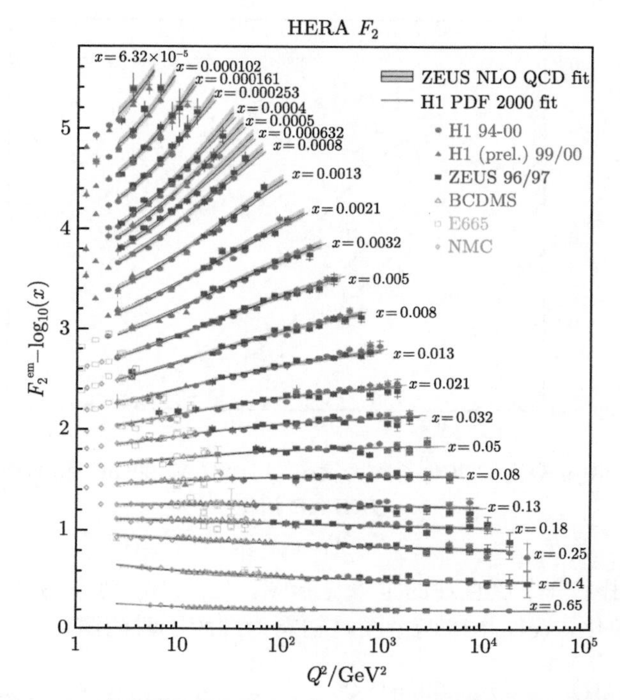

图 5.16　HERA 实验给出的 $F_2(x,Q^2)$ 和 ZEUS 整体拟合实验结果的比较

5.9　三喷注物理及胶子的发现

三喷注事例是 1979 年夏在德国汉堡的 $\mathrm{e^+e^-}$ 对撞机 PETRA 上发现的。PETRA 对撞机的最高质心系能量为 $\sqrt{s}=46\mathrm{GeV}$，它有四个实验组：MARK-J，JADE，PLUTO，TASSO。

我们知道 $\mathrm{e^+e^-}$ 对撞机在较低能量下的两喷注事例主要来自于 $\mathrm{e^+ + e^- \to q+\bar{q}}$ 过程 q 和 $\bar{\mathrm{q}}$ 的碎裂，末态的两喷注基本上是背对背的。喷注中的强子存在于以对撞点为顶点的一个锥体内，强子相对于夸克飞行方向的平均横动量 $p_{\rm T}$ 为 $0.3\sim0.4\mathrm{GeV}$，基本满足高斯分布，不随质心系能量改变，锥体半顶角的平均大小可以估计为

$$\langle\delta\rangle\simeq\left\langle\frac{p_{\rm T}}{p_{\rm L}}\right\rangle\simeq\frac{\langle p_{\rm T}\rangle}{\sqrt{s}/\langle n\rangle}\tag{5.156}$$

这里，$p_{\rm L}$ 是强子的纵向动量；$\langle n\rangle$ 是粒子平均多重数，它随质心系能量 $\sqrt{s}$ 的变化缓慢，所以

$$\langle\delta\rangle\propto\frac{1}{\sqrt{s}}\tag{5.157}$$

$\sqrt{s}$ 增大时喷注会变窄。但是 PETRA 实验发现，当对撞机的能量 $\sqrt{s}>7.4\text{GeV}$ 以后，强子事例横动量 p_{T} 的分布比按照两喷注计算得到的要宽，暗示有第三个喷注的产生。

5.9.1 正负电子对撞的强子喷注事例

为描写强子喷注事例，可以对事例定义归一化的动量张量

$$\mathcal{M}_{ab}=\frac{\sum\limits_i p_{ia}p_{ib}}{\sum\limits_i p_i^2} \tag{5.158}$$

这里，a 和 b 是三个空间方向的指标；i 是末态的粒子数指标。$\mathcal{M}_{ab}$ 是一个可对角化的对称矩阵，可记它的归一化本征矢为 $\boldsymbol{n}_1$，$\boldsymbol{n}_2$，$\boldsymbol{n}_3$，相应的本征值为 Q_1，Q_2，Q_3，要求排序为 $0\leqslant Q_1\leqslant Q_2\leqslant Q_3$，$Q_1+Q_2+Q_3=1$

$$\begin{cases} Q_1=\dfrac{\sum\limits_i(\boldsymbol{p}_i\cdot\boldsymbol{n}_1)^2}{\sum\limits_i p_i^2} \\ Q_2=\dfrac{\sum\limits_i(\boldsymbol{p}_i\cdot\boldsymbol{n}_2)^2}{\sum\limits_i p_i^2} \\ Q_3=\dfrac{\sum\limits_i(\boldsymbol{p}_i\cdot\boldsymbol{n}_3)^2}{\sum\limits_i p_i^2} \end{cases} \tag{5.159}$$

若定义 $\boldsymbol{n}_2$ 和 $\boldsymbol{n}_3$ 为事例平面，考查事例的物理图像，Q_1 反映了事例的扁平度，Q_2 反映了事例的宽度，Q_3 则反映了事例的长度。

利用上面的公式可以定义若干反映事例特征的重要物理量。先看球度 S的定义，

$$S=\frac{3}{2}(Q_1+Q_2)=\frac{3}{2}(1-Q_3) \tag{5.160}$$

在实际的数据重建和物理分析中，可以通过计算机搜寻一个最佳的方向，使得下式取极小值，

$$S=\frac{3}{2}\min\left(\frac{\sum\limits_i p_{Ti}^2}{\sum\limits_i p_i^2}\right)=\frac{3}{2}\min\left[\frac{\sum\limits_i(p_{1i}^2+p_{2i}^2)}{\sum\limits_i p_i^2}\right] \tag{5.161}$$

使上式取极小值的坐标轴称为球度轴，$p_{\text{T}i}$ 是 i 粒子垂直于该轴的横动量。$0\leqslant S\leqslant 1$，$S\sim 1$ 的事例是球形的，而 $S\ll 1$ 的是雪茄形的背对背事例。图 5.17显示的是 TASSO 组的实验结果，反映了随着能量的增加，事例球度分布的峰位趋于更小的值，更似两喷注事例。

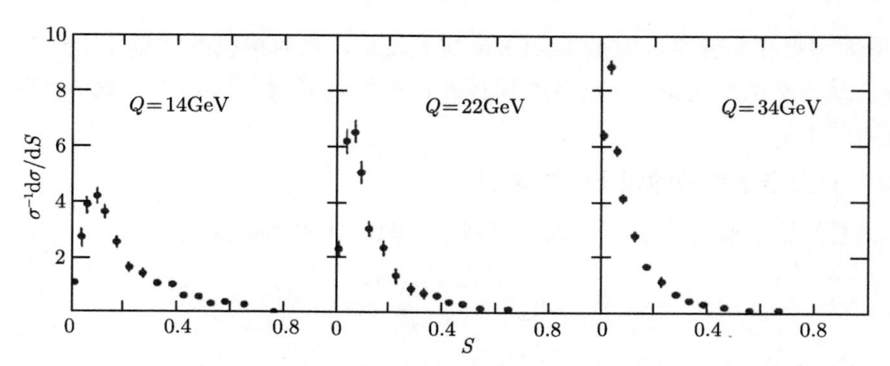

图 5.17 球度分布的峰位随能量增加趋于更小的值 (TASSO 实验数据)

使用 Q_1 可以定义一个归一化的非共面度

$$A = \frac{3}{2} Q_1 \tag{5.162}$$

A 的取值区间为 $0 \leqslant A \leqslant 1/2$。共面事例 (包括共线事例) 的 A 比较小。至此可以用 S 和 A 对一些典型的事例特征给出直观的描述:

(1) 大致为球形 (各向同性) 的事例，$Q_1 \approx Q_2 \approx Q_3$，$S \sim 1$，$A$ 比较大。

(2) 饼状的平面事例，$Q_1 \ll Q_2$，$S \neq 0$，$A \sim 0$。

(3) 雪茄形的共线事例，$Q_2 \ll Q_3$，$S \sim 0$，$A \sim 0$。

事例分布也可以画在一个两维的散点图上，如图 5.18所示，横坐标是球度 S，纵坐标的定义为

$$Y = \frac{\sqrt{3}}{2} (Q_2 - Q_1) \tag{5.163}$$

图中标示了非公面度 A。这是一个直角三角形，平面事例、两喷注事例和各向同性球形事例的分布位置示于图中，中间的事例大多是非共面事例。

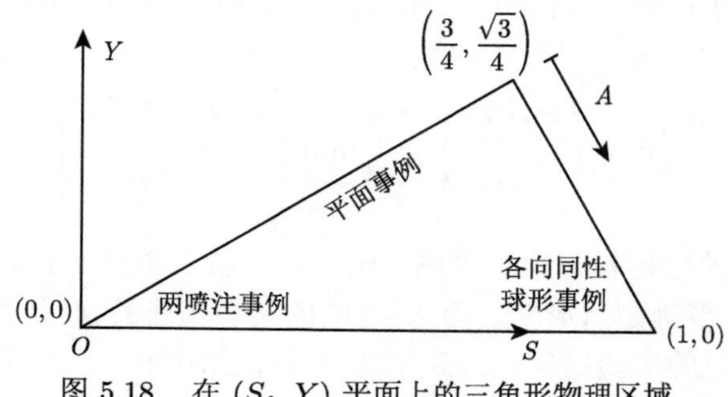

图 5.18 在 (S, Y) 平面上的三角形物理区域

另外两个描写事例特征的重要物理量是冲度 T 和扁度 A'，分别为

$$T = \max\left(\frac{\sum\limits_i |\boldsymbol{p}_i \cdot \hat{\boldsymbol{n}}|}{\sum\limits_i |\boldsymbol{p}_i|}\right) \tag{5.164}$$

$$A' = 4\min\left(\frac{\sum\limits_i |\boldsymbol{p}_i \cdot \hat{\boldsymbol{n}}'|}{\sum\limits_i |\boldsymbol{p}_i|}\right)^2 \tag{5.165}$$

这里，$\hat{\boldsymbol{n}}$ 是使 T 取极大值的单位矢量，它定义了冲度轴；$\hat{\boldsymbol{n}}'$ 使得 A' 取极小值。通过前面的讨论，我们知道微扰 QCD 导致喷注的产生。QCD 的胶子辐射是一种共线效应，对喷注的预言基于横动量限定的部分子碎裂，没有考虑非微扰的碎裂效应，因此理论预期和实验测量之间可能会有一定的误差。冲度 T 的优点在于它使用粒子动量的线性和来定义，对胶子辐射的共线劈裂效应更稳定，避免了夸克胶子水平上的奇异点，而且对碎裂机制不敏感。T 和 A' 的取值区间为

$$\frac{1}{2} \leqslant T \leqslant 1, \quad 0 \leqslant A' \leqslant 1 \tag{5.166}$$

冲度轴通常用来定义两喷注事例的喷注轴，以测量其角分布，而垂直于 $\hat{\boldsymbol{n}}'$ 的平面则是用来定义事例平面的另外一种方法。图 5.19显示，随着能量的增加，冲度的分布变得越来越窄。

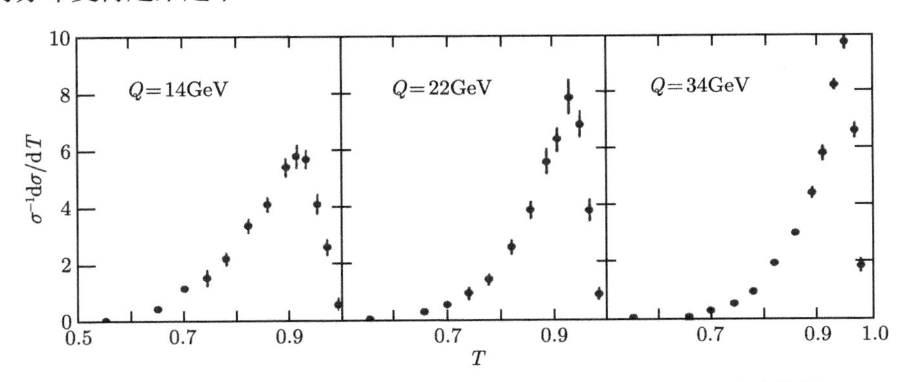

图 5.19 冲度分布随着能量增加峰位趋于更大的值 (TASSO 实验数据)

PETRA 对撞机上的 MARK-J 组发明了描写喷注的能流方法，在三个相互垂直的方向 $\boldsymbol{e}_1 \perp \boldsymbol{e}_2 \perp \boldsymbol{e}_3$ 上定义了冲度、长轴量和短轴量。通过探测器的强子量能器各个单元内测量到的能量沉积定义能流矢量 $\boldsymbol{E}$，矢量的方向是从对撞点到强子量能器的单元。使用能流定义冲度 T 为

$$T = \max\left(\frac{\sum\limits_i |\boldsymbol{E}_i \cdot \boldsymbol{e}_1|}{\sum\limits_i |\boldsymbol{E}_i|}\right) \tag{5.167}$$

这里 $\boldsymbol{e}_1$ 是使上式取得极大值的单位空间矢量。在和 $\boldsymbol{e}_1$ 垂直的平面上定义事例的长轴量和短轴量分别为

$$长轴量 = \max\left(\frac{\sum\limits_i |\boldsymbol{E}_i \cdot \boldsymbol{e}_2|}{\sum\limits_i |\boldsymbol{E}_i|}\right) \tag{5.168}$$

$$短轴量 = \min\left(\frac{\sum\limits_i |\boldsymbol{E}_i \cdot \boldsymbol{e}_3|}{\sum\limits_i |\boldsymbol{E}_i|}\right) \tag{5.169}$$

定义扁度 A' 为

$$A' = 长轴量 - 短轴量 \tag{5.170}$$

MARK-J 合作组根据自己探测器的具体性能选择这种方法同样得出了精彩的物理分析结果。

5.9.2 三喷注

三喷注事例 $\mathcal{O}(\alpha_{\rm s})$ 阶的 QCD 子过程为

$$\rm e^+e^- \to q\bar{q}g$$

末态的部分子要求有足够的能量和相互分开的角度。图 5.20是在垂直于束流的横平面上三喷注事例的典型图像。动量守恒要求三喷注事例是共面的。当任意两个喷注间的角度较小，或某一喷注的能量太低时，无论是实验或理论方面，区分两喷注和三喷注事例都存在着不确定性。

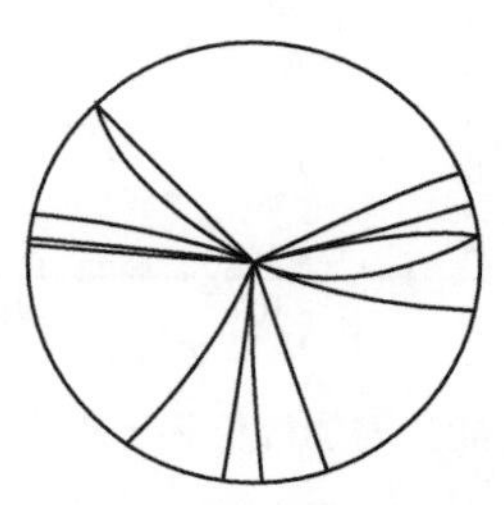

图 5.20 三喷注事例在垂直于束流横平面上的典型图像 (TASSO)

图 5.21是到 $\mathcal{O}(\alpha_{\rm s})$ 阶的 QCD 耦合费曼图。(a) 是零阶图，(b) 和 (c) 是 $\alpha_{\rm s}$ 阶的 $\rm q\bar{q}g$ 态，(a) 和 (d)、(e)、(f) 的干涉给出对 $\rm q\bar{q}$ 态的 $\alpha_{\rm s}$ 阶贡献。两夸克末态的零阶截面为

$$\sigma_0(\rm e^+e^- \to q\bar{q}) = 3e_{\rm q}^2\left(\frac{4\pi\alpha^2}{3s}\right) \tag{5.171}$$

这里，e_{q} 是夸克的电荷，3 是颜色因子。

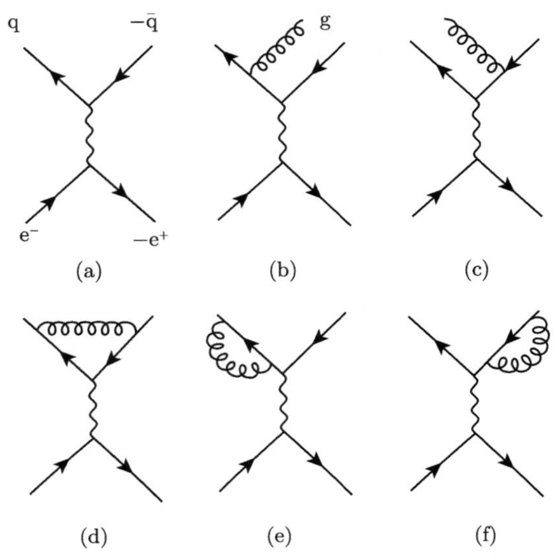

图 5.21 $\mathrm{e^+e^-}$ 对撞中强子截面的 α_{s} 阶费曼图

三喷注事例的微分截面如在辐射谱中所讨论的那样，会有软胶子引起的红外发散和 q 与 $\bar{\mathrm{q}}$ 共线的质量奇点发散，但是在积分截面中，零阶图 5.21(a) 和 (d)、(e)、(f) 干涉效应的贡献将抵消无穷大发散，使得 $\sigma(\mathrm{q\bar{q}})+\sigma(\mathrm{q\bar{q}g})$ 是有限的，

$$\sigma(\mathrm{e^+e^-\to q\bar{q}})+\sigma(\mathrm{e^+e^-\to q\bar{q}g})=\sigma_0(1+\alpha_{\mathrm{s}}(\sqrt{s})/\pi) \tag{5.172}$$

埃利斯 (John Ellis) 和盖拉德 (Mary Gaillard) 等计算了 $\mathrm{q\bar{q}g}$ 过程的辐射谱，如图 5.22所示，记 $x_i=E_i/E_b$，E_b 代表束流的能量，$\sum_{i=1}^{3}x_i=2$，记 $x_q\equiv T$，则有

$$\frac{1}{\sigma_{\mathrm{q\bar{q}}}}\frac{\mathrm{d}\sigma(\mathrm{q\bar{q}g})}{\mathrm{d}x_{\mathrm{q}}\mathrm{d}x_{\bar{\mathrm{q}}}}=\frac{2}{3}\frac{\alpha_{\mathrm{s}}}{\pi}\frac{x_{\mathrm{q}}^2+x_{\bar{\mathrm{q}}}^2}{(1-x_{\mathrm{q}})(1-x_{\bar{\mathrm{q}}})}=\frac{2}{3}\frac{\alpha_{\mathrm{s}}}{\pi}\frac{x_{\mathrm{q}}^2+x_{\bar{\mathrm{q}}}^2}{(1-T)(T-1+x_{\mathrm{g}})} \tag{5.173}$$

$T\to 1$ 是辐射谱的奇点，图 5.22中当 θ 角很小时，$x_{\mathrm{g}}\ll 1$，$T\to 1$(即 $x_{\mathrm{q}}\to 1$)，故称为共线奇点或共线发散，上式可以化为

$$\frac{1}{\sigma_{\mathrm{q\bar{q}}}}\frac{\mathrm{d}\sigma(\mathrm{q\bar{q}g})}{\mathrm{d}x_{\mathrm{q}}\mathrm{d}x_{\bar{\mathrm{q}}}}\simeq\frac{4}{3}\frac{\alpha_{\mathrm{s}}}{\pi}\frac{1}{1-T}\frac{E_{\mathrm{b}}}{E_{\mathrm{g}}} \tag{5.174}$$

$E_{\mathrm{g}}\to 0$ 是软胶子的奇点，引起红外发射。

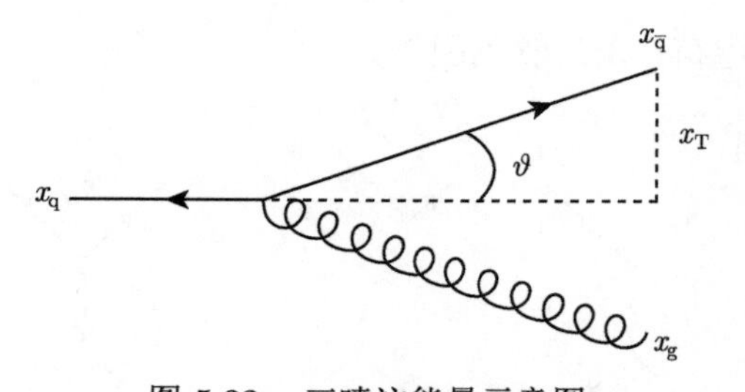

图 5.22 三喷注能量示意图

还可以求得 $q\bar{q}g$ 过程的横动量谱，

$$\frac{1}{\sigma_{q\bar{q}}}\frac{d\sigma(q\bar{q}g)}{dx_T} = \frac{1}{\sigma_{q\bar{q}}}\int dT\frac{d\sigma(q\bar{q}g)}{dx_T dT} \tag{5.175}$$

这里

$$x_T = x_{\bar{q}}\sin\theta \tag{5.176}$$

该横动量谱当 $x_T \to 0$ 时发散，但是可以证明 x_T 的平均 n 阶矩并不发散，

$$\langle x_T^n\rangle = \frac{1}{\sigma_{q\bar{q}}}\int dx_T\int dT x_T^n\frac{d\sigma(q\bar{q}g)}{dTdx_T} = \alpha_s(E)\cdot f(x_q, x_{\bar{q}}) \tag{5.177}$$

即

$$\langle x_T^n\rangle \sim \alpha_s(E) \sim 1/\ln E^2 \tag{5.178}$$

并可求得

$$\langle p_T\rangle \sim E/\ln E^2,\quad \langle p_T^2\rangle \sim E^2/\ln E^2 \tag{5.179}$$

表 5.2给出了夸克部分子模型 (QPM) $q\bar{q}$ 与 QCD 的 $q\bar{q}g$ 的比较。注意到 QCD 过程的球度平均值 $\langle S\rangle$ 和冲度的平均值 $\langle 1-T\rangle$ 随能量增加的下降速度要比夸克部分子过程慢。

表 5.2 QCD 的简洁检验

	$q\bar{q}$ (QPM)	$q\bar{q}g$ (QCD)
R	$\sum Q_q^2$	$(1+\frac{\alpha_s(E)}{\pi})\sum Q_q^2$
$\langle p_T\rangle$	常数	$\alpha_s E \sim E/\ln E^2$
$\langle p_T^2\rangle$	常数	$\alpha_s E^2 \sim E^2/\ln E^2$
$\langle S\rangle$	$\ln E/E^2$	$\alpha_s \sim 1/\ln E^2$
$\langle 1-T\rangle$	$\ln E/E$	$\alpha_s \sim 1/\ln E^2$

如果将 $\langle 1-T\rangle$ 对 α_s 作微扰展开，在质心系能量 $Q^2=M_Z^2$ 处 $\langle 1-T\rangle$ 的次领头阶展开可以写为

$$\langle 1-T\rangle = A\left(\frac{\alpha_s(\mu)}{4\pi}\right)+\left[B+8\pi Ab_0\ln\left(\frac{\mu}{M_Z}\right)\right]\left(\frac{\alpha_s(\mu)}{4\pi}\right)^2 \tag{5.180}$$

两个和标度无关的系数 A 和 B 在取夸克味道数等于 5 时为 $A=4.20$ 和 $B=162.96$。图 5.23给出了 $\langle 1-T\rangle$ 随 μ 的变化曲线。曲线是按照 α_s 的两圈图跑动值绘出的，相当于 β 函数中多了一项，

$$\beta=-\beta_0\alpha_s^2-\beta_1\alpha_s^3+\cdots,\quad \beta_1=2b_0b' \tag{5.181}$$

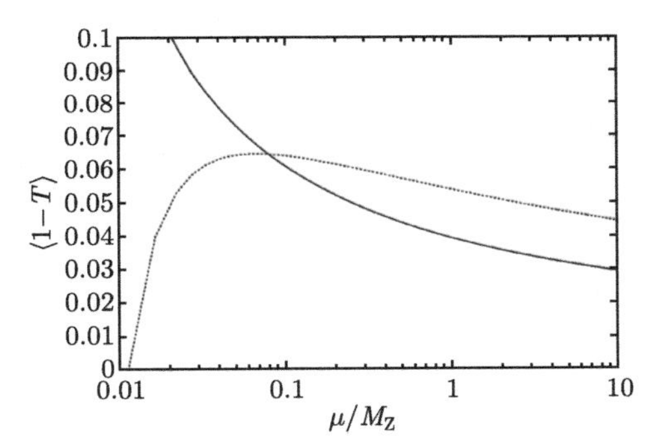

图 5.23　$1-T$ 的平均值随 μ 的变化曲线，实线为领头阶 (LO)，虚线为次领头阶 (NLO)

b_0 和 b' 见式 (5.84)。α_s 的值取在 $Q=M_Z$ 处，以和世界平均值相符。显然低阶 LO 曲线只是相当于对单圈图跑动耦合常数 α_s 的一个刻度，因此当重整化标度 μ 增高时趋于 0，即渐近自由使然，而当 $\mu\to 0$ 时是发散的。作为比较，在次领头阶，另外增加的一个对数项主导小 μ 值的行为，出现一个趋于负发散的特征拐点。但在 $\mu=0.05M_Z$ 到 $\mu=10M_Z$ 的区间 NLO 曲线相对平缓，因此以传统的方式由物理标度量导出强耦合常数的时候误差要比领头阶小。

实验上获得干净的三喷注事例样本后，就可以与理论的预言相比较，以对理论进行检验或研究一些特定的物理，诸如 α_s 随能量的变化或胶子的自旋等。这种比较有时需要蒙特卡罗的碎裂计算，但很多情况下我们希望这种比较不受碎裂偏差的影响，只在夸克胶子水平上检验理论的正确性，这就希望尽可能通过对碎裂不灵敏的物理量的测量实现之。能量加权角关联的不对称性就是这样一个对碎裂不灵敏的物理量。从实验物理学家的角度，能量加权角关联的定义可写为

$$f(\theta)=\frac{1}{\Delta\theta}\frac{1}{N}\sum_{a,b}x_ax_b\delta(\theta_{ab}-\theta) \tag{5.182}$$

上式的求和是对事例的所有粒子，$\Delta\theta$ 是 θ 角测量的取值区间，δ 函数保证了事例中任意两个粒子之间的夹角 θ_{ab} 在 $\theta \pm \Delta\theta/2$ 内。据此可以定义能量加权角关联的不对称性，

$$A(\theta) = f(\pi - \theta) - f(\theta) \tag{5.183}$$

或表示为

$$A(\theta) = \frac{\mathrm{d}\sigma}{\mathrm{d}\theta}(\pi - \theta) - \frac{\mathrm{d}\sigma}{\mathrm{d}\theta}(\theta) \tag{5.184}$$

理论上预期 $A(\theta)$ 对胶子辐射和三喷注的结构敏感，特别有兴趣的是，计算表明它对碎裂机制是相对不灵敏的。α_s^2 阶的 QCD 截面修正也已计算，但结果因不同的喷注分辨标准而有所差异。图 5.24给出了在质心能量 34GeV 实验观测到的 $A(\theta)$ 与忽略碎裂的 $\mathcal{O}(\alpha_s^2)$ 阶 QCD 计算结果的比较，两者符合得很好，拟合给出 $\alpha_s(34\mathrm{GeV}) = 0.115 \pm 0.005$。

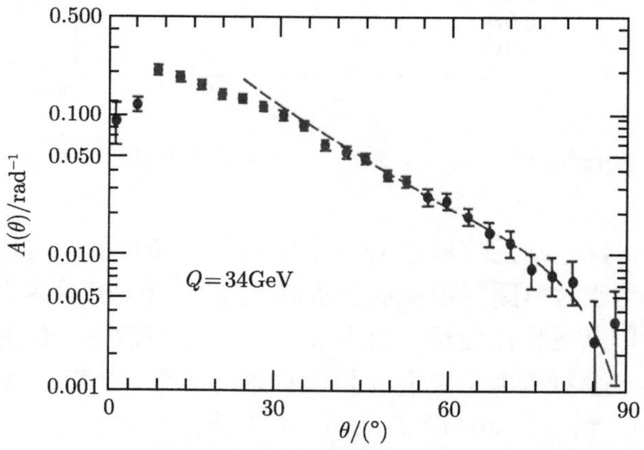

图 5.24　$\sqrt{s} = 34\mathrm{GeV}$ 观测到的 $A(\theta)$ 与忽略碎裂的 QCD 计算结果的比较 (JADE 数据，Z. Phys. C25, 231(1984))

三喷注事例还可以用来测量胶子的自旋。若三喷注以能量排序 $E_1 > E_2 > E_3$，在喷注 2 和 3 的静止系中将喷注 1 和 3 之间的夹角记为 $\tilde{\theta}$，如图 5.25(a) 所示。理论上给出了假设胶子为标量 $(J = 0)$ 或矢量 $(J = 1)$ 时的分布，

$$\begin{cases} J = 0: & \dfrac{\mathrm{d}N}{\mathrm{d}\cos\tilde{\theta}} \propto 1 + 0.2\cos^2\tilde{\theta} \\ J = 1: & \dfrac{\mathrm{d}N}{\mathrm{d}\cos\tilde{\theta}} \propto 1 + 2\cos^2\tilde{\theta} \end{cases} \tag{5.185}$$

实际上 $\tilde{\theta}$ 可以用 e^+e^- 质心系中三喷注相互之间的夹角表示。如图 5.25(b) 所示，记喷注 1 和 2，2 和 3，3 和 1 之间的夹角分别为 θ_3、θ_1、θ_2，则有

$$\cos\tilde{\theta} = \frac{\sin\theta_2 - \sin\theta_3}{\sin\theta_1} \tag{5.186}$$

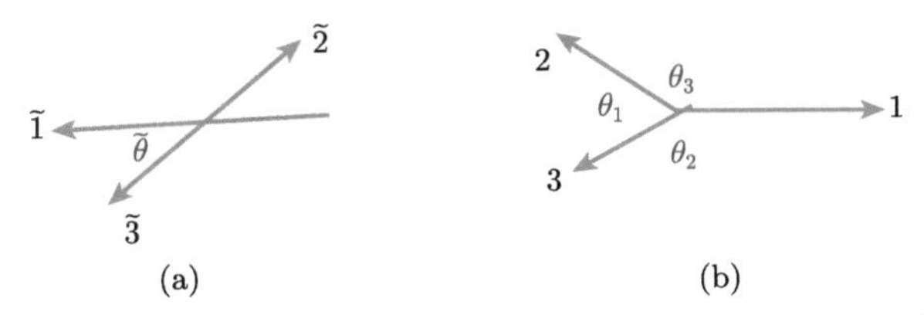

图 5.25 喷注 2 和 3 的静止系 (a) 和实验室系 (b) 的喷注夹角标记

测量结果如图 5.26所示，与矢量胶子的 QCD 预言相符合。

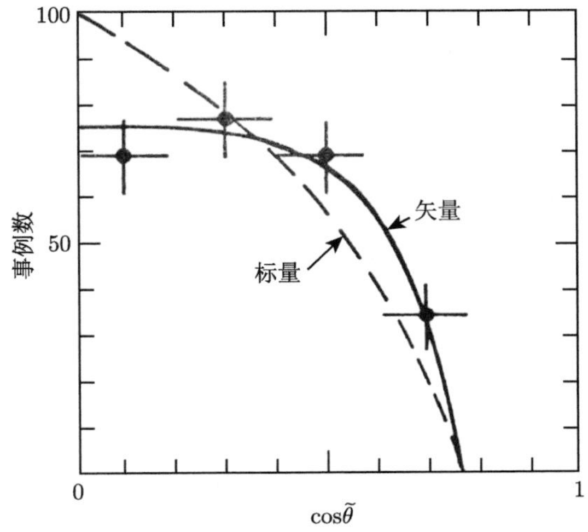

图 5.26 三喷注事例的 $\tilde{\theta}$ 分布与矢量胶子和标量胶子模型预期的比较 (TASSO 数据，Phys. Lett., 97B, 453(1980))

胶子自旋的测量也显示在 LEP 冲度分布的结果中，如图 5.27所示。若胶子自旋为标量，将没有软出射的发散，只有共线发散，因此冲度分布的发散比矢量胶子要弱得多。图中结果清晰地显示和胶子的矢量特征相符，虽然在 $T \approx 2/3 \sim 1$ 区间显示还需要计算更高阶的 QCD 修正。

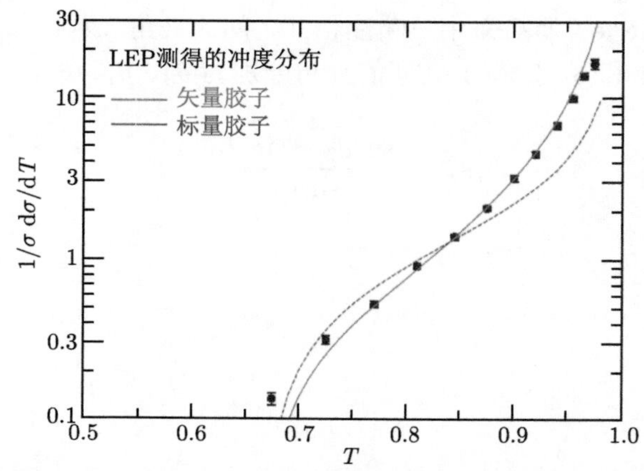

图 5.27　LEP 测得的冲度分布与矢量胶子 (红色实线) 和标量胶子 (蓝色虚线) 模型预期的比较[10]

5.10　习　　题

1. 试证明式 (5.5)。
2. 试推导式 (5.26)。
3. 色因子总是涉及 $\lambda_{ij}^A\lambda_{kl}^A$ 型的表达式。对该量有一个简单的计算公式：

$$\lambda_{ij}^A\lambda_{kl}^A = 2\delta_{il}\delta_{jk} - \frac{2}{3}\delta_{ij}\delta_{kl}$$

对下列条件验证此定理：

(a) $i = j = k = l$ (如六重态色因子的计算).

(b) $i = j = 1，k = l = 2$ (见式 (5.14)).

(c) $i = l = 1，j = k = 2$ (如三重态色因子的计算).

并利用它证明式 (5.17)。

4. 计算在 10GeV 和 100GeV 的 α_s，假设 $\Lambda = 0.3$GeV。如果 $\Lambda = 1$GeV 如何？如果 $\Lambda = 0.1$GeV 又如何？

参考文献

[1] Ellis R K, Stirling W J, Webber B R. QCD and Collider Physics. Cambridge: Cambridge University Press, 2003.

[2] Abers E, Lee B W. Physics of elementary particles and fields (A2100). Phys. Rep., 1973, 9: 1.

[3] Faddeev L, Popov V N. Feynman diagram for the yang-mills field. Phys. Lett. B, 1967, 25: 9.

[4] Ellis R K. Proceedings of the 1987 Theoretical Advanced Study Institute in Elementary Particle Physics. Singapore: World Scientific, 1987.

[5] Mangano M L. Introduction to QCD. Prepared for 1998 European School of Conference, 1999.

[6] Nason P. Introduction to perturpative QCD. European School of High-Energy Physics, 25 May-7 Jun 1997, Menstrup, Denmark, report CERN-98-03.

[7] Peskin M E, Schroeder D V. An Introduction to Quantum Field Theory. New York, Addison-Wesley, 1995.

[8] Muta T. Foundations of QCD. Singapore: World Scientific,1987.

[9] Tanabashi M, et al (particle data group). Review of particle physics. Phys. Rev. D, 2018, 98: 030001.

[10] Salam G P. Elements of QCD for hadron colliders. 2009 European School of High-Energy Physics，Bautzen, Germany 14-27 June 2009；CERN-2010-002，24 June 2010，p45.

[11] Hagiwara K, et al (particle data group). Review of particle properties. Phys. Rev. D, 2002, 66: 010001.

第六章　$\mathcal{CP}$ 宇称破坏

$\mathcal{CP}$ 对称性的破坏是粒子物理中一个非常有兴趣的研究课题，然而在 B 介子工厂实验之前人们对它的了解却很有限，有待研究的内容很多。虽然标准模型理论中 CKM 矩阵的相角 δ 清楚地预言了 $\mathcal{CP}$ 破坏的存在，夸克的混合和 $\mathcal{CP}$ 破坏都已为实验所确认，但是宇宙观测得到的物质–反物质不对称性远大于标准模型 CKM 矩阵 $\mathcal{CP}$ 破坏机制的预言，物质对反物质，或者说重子数对反重子数的超出暗示存在着超出标准模型的别的 $\mathcal{CP}$ 破坏机制。虽然宇宙中观测到的重子数对反重子数的超出 $\Delta B = n_{\mathrm{B}} - n_{\bar{\mathrm{B}}}$ 相对于光子数 n_γ 还比较小，$\Delta B/n_\gamma \sim 10^{-10}$，可以用宇宙中存在反物质的区域来解释，但问题是迄今为止我们还不知道是何种机制产生了实验观测到的物质和反物质区不同的大小，而且对宇宙光子源的观测研究也没有发现比较大的反物质区域。1967 年萨哈诺夫 (Andrey Dmitriyevich Sakharov，1921~1989) 曾指出产生这种不对称性的三种可能。

(1) 宇宙中可能存在导致重子数破坏的相互作用机制，$H(\Delta B \neq 0) \neq 0$。

(2) 可能存在导致 $\mathcal{CP}$ 破坏的相互作用。因为如果 $\mathcal{CP}$ 不破缺，由 $H(\Delta B \neq 0)$ 导致的每一个物理过程 $\mathrm{i} \to \mathrm{f}$ 和它的 $\mathcal{CP}$ 共轭过程一定具有相同的概率，$\Gamma(\mathrm{i} \to \mathrm{f}) = \Gamma(\bar{\mathrm{i}} \to \bar{\mathrm{f}})$，不会产生物质和反物质的不对称性。

(3) 宇宙没有处在热平衡态。因为在局域性、因果律和洛伦兹不变性的假设下 $\mathcal{CPT}$ 是守恒的，而在热平衡态下和时间不相关，$\mathcal{CPT}$ 守恒变成为 $\mathcal{CP}$ 守恒，由上述讨论可知这时不会产生物质和反物质的不对称性。

理论上还有一个所谓的强 $\mathcal{CP}$ 问题。在强相互作用的对称性理论 QCD 中，真空的特殊性质允许在拉氏量中有一个破坏 $\mathcal{CP}$ 的项,

$$\theta \frac{\alpha_{\mathrm{s}}}{4\pi} \mathrm{Tr} G_{\mu\nu} \tilde{G}^{\mu\nu} \tag{6.1}$$

θ 的大小描写 $\mathcal{CP}$ 破坏的程度。该项的存在将对中子的电偶极矩有贡献。一般认为基本粒子的电偶极矩是 $\mathcal{CP}$ 破坏效应的灵敏探针，因为电偶极矩以自旋 $\boldsymbol{J}$ 表示为 $\boldsymbol{D} = d\boldsymbol{J}$，$d$ 是一个常数，而 $\boldsymbol{D}$ 和 $\boldsymbol{J}$ 在空间宇称 $\mathcal{P}$ 和时间反演 $\mathcal{T}$ 变换下具有不同的变换特性。如果 $\mathcal{P}$ 或者 $\mathcal{T}$ 是好的对称性，那么 d 就必须为零。按照 $\mathcal{CPT}$ 定理，时间反演对称性 $\mathcal{T}$ 的破坏就意味着 $\mathcal{CP}$ 的破坏。该理论预言中子的电偶磁矩为 $d_n \sim \theta \times 10^{-15}\mathrm{e{\cdot}cm}$，目前在 95% 置信度下中子电偶极矩的实验值上限为

$$|d_n| < 0.29 \times 10^{-25} \mathrm{e \cdot cm} \tag{6.2}$$

意味着 $|\theta| \leqslant 10^{-10}$，是很小的，相当于拉氏量中参数的微调，可以忽略。

1964 年克里斯坦森等 (J. H. Christenson，J. W. Cronin，V. L. Fitch，R. Turlay) 首次在实验上测得了 $\mathrm{K}^0-\bar{\mathrm{K}}^0$ 系统中的 $\mathcal{CP}$ 破坏。但此后直至 B 介子工厂实验之前的几十年中，人们并没有在任何别的强作用或弱作用过程中观测到 $\mathcal{CP}$ 破坏。

20 世纪 A.I. Sanda, A.R. Carter 和 I.I. Bigi 证明只要 $\mathrm{B}^0-\bar{\mathrm{B}}^0$ 的混合效应比较大，就一定能导致可观测到的 $\mathcal{CP}$ 破坏。B^0 和 $\bar{\mathrm{B}}^0$ 衰变到 $\mathcal{CP}$ 的本征态，可以通过两个途径实现：$\mathrm{B}^0 \to \mathrm{f}_{CP}$ 和 $\mathrm{B}^0 \to \bar{\mathrm{B}}^0 \to \mathrm{f}_{CP}$，这两个振幅的相位差为 $\phi_{\mathrm{mix}}-2\phi_{\mathrm{D}}$，$\phi_{\mathrm{mix}}$ 是 $\mathrm{B}^0-\bar{\mathrm{B}}^0$ 混合的弱相位 $\arg(V_{\mathrm{td}}V_{\mathrm{tb}}^*/V_{\mathrm{td}}^*V_{\mathrm{tb}})$，$\phi_{\mathrm{D}}$ 是 $\mathrm{B}^0 \to \mathrm{f}_{CP}$ 衰变的弱相角。在 Wolfenstein 表示中 $\phi_{\mathrm{mix}}=2\phi_1$，因此相位差可表示为 $2(\phi_1-\phi_{\mathrm{D}})$。两个振幅之间的干涉对 B^0 和 $\bar{\mathrm{B}}^0$ 衰变具有相反的符号，从而导致 $\mathcal{CP}$ 破坏效应正比于 $\sin 2(\phi_1-\phi_{\mathrm{D}})$。1999 年投入运行的美国 SLAC 和日本 KEK 的 B 介子工厂实验中，利用衰变过程 $\Upsilon(4S) \to \mathrm{B}^0\bar{\mathrm{B}}^0$，一个 B 介子衰变到 f_{CP}，而另一个 B 介子则衰变到特定的味标记末态 $\mathrm{f}_{\mathrm{tag}}$。两个实验已经精确地测得了 B 介子衰变过程中的 $\mathcal{CP}$ 破坏，并对标准模型理论进行了多方面细致的实验研究和检验。在欧洲核子研究中心建成的大强子对撞机 LHC 也在这一领域做出了出色的成果。目前 KEK 的 B 介子工厂升级更新已经完工，即将投入运行，使得在更高的精度下测量 $\mathcal{CP}$ 破坏、检验标准模型理论、发现超出标准模型的新物理成为可能。

下面我们就对这一领域进行较详细的讨论。

6.1 中性赝标量介子的 $\mathcal{CP}$ 变换，时间演化和混合

先来看一般赝标量介子的 $\mathcal{CP}$ 变换特性。在空间宇称 $\mathcal{P}$ 变换下，$t \to t$, $\boldsymbol{x} \to -\boldsymbol{x}$，因此它会改变空间动量的符号，$\boldsymbol{p} \to -\boldsymbol{p}$，而粒子的自旋保持不变。记赝标量介子为 P，其反粒子为 $\bar{\mathrm{P}}$，则有

$$\mathcal{P}|\mathrm{P}(\boldsymbol{p})\rangle = -|\mathrm{P}(-\boldsymbol{p})\rangle, \quad \mathcal{P}|\bar{\mathrm{P}}(\boldsymbol{p})\rangle = -|\bar{\mathrm{P}}(-\boldsymbol{p})\rangle \tag{6.3}$$

这里采用了粒子和反粒子具有相同相角的约定。

而电荷共轭变换将粒子变成反粒子，时空坐标保持不变, 即有

$$\mathcal{C}|\mathrm{P}(\boldsymbol{p})\rangle = \eta_c|\bar{\mathrm{P}}(\boldsymbol{p})\rangle, \quad \mathcal{C}|\bar{\mathrm{P}}(\boldsymbol{p})\rangle = \eta_c|\mathrm{P}(\boldsymbol{p})\rangle \tag{6.4}$$

对赝标介子的联合变换有

$$\mathcal{CP}|\mathrm{P}(\boldsymbol{p})\rangle = -\eta_c|\bar{\mathrm{P}}(-\boldsymbol{p})\rangle, \quad \mathcal{CP}|\bar{\mathrm{P}}(\boldsymbol{p})\rangle = -\eta_c|\mathrm{P}(-\boldsymbol{p})\rangle \tag{6.5}$$

可以选择 η_c 使得

$$\mathcal{CP}|\mathrm{P}(\boldsymbol{p})\rangle = |\bar{\mathrm{P}}(-\boldsymbol{p})\rangle, \quad \mathcal{CP}|\bar{\mathrm{P}}(\boldsymbol{p})\rangle = |\mathrm{P}(-\boldsymbol{p})\rangle \tag{6.6}$$

因而对中性的赝标量介子 P^0 和其反粒子 $\bar{\mathrm{P}}^0$ 可以构造 $\mathcal{CP}$ 本征态,

$$|\mathrm{P}_1^0\rangle = \frac{1}{\sqrt{2}}(|\mathrm{P}^0\rangle + |\bar{\mathrm{P}}^0\rangle), \quad |P_2^0\rangle = \frac{1}{\sqrt{2}}(|\mathrm{P}^0\rangle - |\bar{\mathrm{P}}^0\rangle) \tag{6.7}$$

它们满足

$$\mathcal{CP}|\mathrm{P}_1^0\rangle = |\mathrm{P}_1^0\rangle, \quad \mathcal{CP}|\mathrm{P}_2^0\rangle = -|\mathrm{P}_2^0\rangle \tag{6.8}$$

现在来讨论中性介子态的时间演化和混合。一个一般的中性介子态在任意时刻 t 可以是它的味本征态叠加，若记为

$$\Psi(t) = a(t)|\mathrm{P}^0\rangle + b(t)|\bar{\mathrm{P}}^0\rangle \tag{6.9}$$

满足薛定谔 (Schrödinger) 方程,

$$\mathrm{i}\frac{\mathrm{d}}{\mathrm{d}t}\begin{pmatrix} a \\ b \end{pmatrix} = H\begin{pmatrix} a \\ b \end{pmatrix} = \left(\boldsymbol{M} - \mathrm{i}\frac{\boldsymbol{\Gamma}}{2}\right)\begin{pmatrix} a \\ b \end{pmatrix} \tag{6.10}$$

这里 $\boldsymbol{M}$ 和 $\boldsymbol{\Gamma}$ 都是厄米的 2×2 矩阵，分别称为质量矩阵和衰变矩阵。因为

$$-\frac{\mathrm{d}}{\mathrm{d}t}|\Psi|^2 = \Psi^\dagger \boldsymbol{\Gamma} \Psi \geqslant 0 \tag{6.11}$$

所以 $\boldsymbol{\Gamma}$ 矩阵是正定的

$$\Gamma_{11} \geqslant 0, \qquad \Gamma_{22} \geqslant 0, \qquad \det\boldsymbol{\Gamma} \geqslant 0 \tag{6.12}$$

设 P^0 和 $\bar{\mathrm{P}}^0$ 的质量相等，根据量子力学的微扰论可以求得

$$\begin{aligned}\left(\boldsymbol{M} - \mathrm{i}\frac{\boldsymbol{\Gamma}}{2}\right)_{\alpha\beta} = {} & m_{\mathrm{P}^0}\delta_{\alpha\beta} + \langle\alpha|H_{wk}|\beta\rangle + \sum_n \frac{\langle\alpha|H_{wk}|n\rangle\langle n|H_{wk}|\beta\rangle}{m_{\mathrm{P}^0} - E_n + \mathrm{i}\epsilon} \\ & + \mathcal{O}(H_{wk}^3)\end{aligned} \tag{6.13}$$

其中，$|n\rangle$ 是弱相互作用的本征态；H_{wk} 是哈密顿量的弱相互作用部分，因为强相互作用和电磁相互作用 $H_{\mathrm{s}} + H_\gamma$ 是 $\mathcal{CP}$ 守恒的。这里有

$$\frac{1}{m_{\mathrm{P}^0} - E_n + \mathrm{i}\epsilon} = \mathbb{P}\frac{1}{m_{\mathrm{P}^0} - E_n} - \mathrm{i}\pi\delta(m_{\mathrm{P}^0} - E_n) \tag{6.14}$$

$\mathbb{P}$ 是它的主值。对 M 的贡献来自第一项，对 Γ 的贡献则来自第二项，因此有

$$M_{\alpha\beta} = m_{\mathrm{P}^0}\delta_{\alpha\beta} + \langle\alpha|H_{wk}|\beta\rangle + \sum_n \mathbb{P}\frac{\langle\alpha|H_{wk}|n\rangle\langle n|H_{wk}|\beta\rangle}{m_{\mathrm{P}^0} - E_n} \tag{6.15}$$

$$\Gamma_{\alpha\beta}=2\pi\sum_n\langle\alpha|H_{wk}|n\rangle\langle n|H_{wk}|\beta\rangle\delta(m_{\mathrm{P}^0}-E_n) \tag{6.16}$$

可以证明 $\mathcal{CPT}$ 的不变性意味着 $M_{11}=M_{22}$，$\Gamma_{11}=\Gamma_{22}$，这时矩阵 $\boldsymbol{H}$ 可表示为

$$\boldsymbol{H}=\begin{pmatrix} H_{11} & H_{12} \\ H_{21} & H_{22}\end{pmatrix}=\begin{pmatrix} M-\mathrm{i}\Gamma/2 & M_{12}-\mathrm{i}\Gamma_{12}/2 \\ M_{12}^*-\mathrm{i}\Gamma_{12}^*/2 & M-\mathrm{i}\Gamma/2\end{pmatrix} \tag{6.17}$$

记它的两个本征矢为

$$|\mathrm{P}_{1,2}\rangle=\frac{1}{\sqrt{2(1+|\tilde{\epsilon}|^2)}}[(1+\tilde{\epsilon})|\mathrm{P}^0\rangle\pm(1-\tilde{\epsilon})|\bar{\mathrm{P}}^0\rangle] \tag{6.18}$$

或记为

$$|\mathrm{P}_{1,2}\rangle=p|\mathrm{P}^0\rangle\pm q|\bar{\mathrm{P}}^0\rangle \tag{6.19}$$

$$p=\frac{1+\tilde{\epsilon}}{\sqrt{2(1+|\tilde{\epsilon}|^2)}},\qquad q=\frac{1-\tilde{\epsilon}}{\sqrt{2(1+|\tilde{\epsilon}|^2)}} \tag{6.20}$$

容易证明

$$\hat{\eta}=\frac{q}{p}=\frac{1-\tilde{\epsilon}}{1+\tilde{\epsilon}}=\sqrt{\frac{M_{12}^*-\mathrm{i}\Gamma_{12}^*/2}{M_{12}-\mathrm{i}\Gamma_{12}/2}} \tag{6.21}$$

不依赖于相因子的选取，是有意义的物理量。$\hat{\eta}\neq1$(或 $\tilde{\epsilon}\neq0$) 就意味着 $\mathcal{CP}$ 的破坏，通常称这种 $\mathcal{CP}$ 破坏为间接的 $\mathcal{CP}$ 破坏。

归一化条件 $|p|^2+|q|^2=1$，如果取相因子的约定为 $CP|\mathrm{D}^0\rangle=+|\bar{\mathrm{D}}^0\rangle$，且取式 (6.19) 中 $|\mathrm{P}_1\rangle$ 的主要成分为 $CP=+$，则两个本征值为

$$\lambda_{1,2}=m_{1,2}-\mathrm{i}\Gamma_{1,2}/2=\left(M-\frac{\mathrm{i}}{2}\Gamma\right)\pm\frac{q}{p}\left(M_{12}-\frac{\mathrm{i}}{2}\Gamma_{12}\right) \tag{6.22}$$

这里 $m_{1,2}$ 和 $\Gamma_{1,2}$ 是 $\mathrm{P}_{1,2}$ 的质量和宽度，Γ 是两个本征态宽度的平均值，$\Gamma=(\Gamma_1+\Gamma_2)/2$。可以定义

$$\Delta m=m_2-m_1,\qquad \Delta\Gamma=\Gamma_2-\Gamma_1 \tag{6.23}$$

用矩阵元表示为

$$\left\{\begin{aligned} \Delta m&=2\Re\left(\sqrt{\left(M_{12}-\mathrm{i}\frac{\Gamma_{12}}{2}\right)\left(M_{12}^*-\mathrm{i}\frac{\Gamma_{12}^*}{2}\right)}\right)\\ \Delta\Gamma&=-4\Im\left(\sqrt{\left(M_{12}-\mathrm{i}\frac{\Gamma_{12}}{2}\right)\left(M_{12}^*-\mathrm{i}\frac{\Gamma_{12}^*}{2}\right)}\right)\end{aligned}\right. \tag{6.24}$$

以及混合参数 *

$$x \equiv \Delta m/\Gamma, \qquad y \equiv \Delta\Gamma/2\Gamma \tag{6.25}$$

若 $\mathcal{CP}$ 守恒成立，则 M_{12} 和 Γ_{12} 是实数，$\Delta m = -2M_{12}$，$\Delta\Gamma = -2\Gamma_{12}$ 及 $p = q = 1/\sqrt{2}$，Δm 和 $\Delta\Gamma$ 的符号将由实验确定。可证如下关系式：

$$\hat{\eta} = \frac{q}{p} = -\frac{\Delta m - \mathrm{i}\Delta\Gamma/2}{2(M_{12} - \mathrm{i}\Gamma_{12}/2)} = -2\frac{M_{12}^* - \mathrm{i}\Gamma_{12}^*/2}{\Delta m - \mathrm{i}\Delta\Gamma/2} \tag{6.26}$$

根据前面的讨论可以写下本征态的演化方程：

$$|\mathrm{P}_{1,2}(t)\rangle = \mathrm{e}^{-\mathrm{i}\lambda_{1,2}t}|\mathrm{P}_{1,2}(0)\rangle \equiv e_{1,2}(t)|\mathrm{P}_{1,2}(0)\rangle \tag{6.27}$$

设初始时刻处在 $|\mathrm{P}^0(0)\rangle$ 态，则在 t 时刻将演化为

$$\begin{aligned}
|\mathrm{P}^0(t)\rangle &= \frac{1}{2p}(|\mathrm{P}_1(t)\rangle + |\mathrm{P}_2(t)\rangle) \\
&= \frac{1}{2p}[e_1(t)|\mathrm{P}_1(0)\rangle + e_2(t)|\mathrm{P}_2(0)\rangle] \\
&= \frac{1}{2p}\left\{e_1(t)[p|\mathrm{P}^0(0)\rangle + q|\bar{\mathrm{P}}^0(0)\rangle] + e_2(t)[p|\mathrm{P}^0(0)\rangle - q|\bar{\mathrm{P}}^0(0)\rangle]\right\} \\
&= \frac{1}{2}[e_1(t) + e_2(t)]|\mathrm{P}^0(0)\rangle + \frac{q}{p}\frac{1}{2}[e_1(t) - e_2(t)]|\bar{\mathrm{P}}^0(0)\rangle \\
&= f_+(t)|\mathrm{P}^0(0)\rangle + \frac{q}{p}f_-(t)|\bar{\mathrm{P}}^0(0)\rangle
\end{aligned} \tag{6.28}$$

$$f_\pm(t) \equiv \frac{1}{2}[e_1(t) \pm e_2(t)] = \frac{1}{2}(\mathrm{e}^{-\mathrm{i}\lambda_1 t} \pm \mathrm{e}^{-\mathrm{i}\lambda_2 t}) \tag{6.29}$$

变成了 P^0 和 $\bar{\mathrm{P}}^0$ 的混合态。完全相同的，设初始时刻处在 $|\bar{\mathrm{P}}^0(0)\rangle$ 态，可导得其在 t 时刻的演化为

$$|\bar{\mathrm{P}}^0(t)\rangle = \frac{p}{q}f_-(t)|\mathrm{P}^0(0)\rangle + f_+(t)|\bar{\mathrm{P}}^0(0)\rangle \tag{6.30}$$

图 6.1给出了这种短距离 $\mathrm{D}^0 - \bar{\mathrm{D}}^0$ 和 $\mathrm{B}^0_{\mathrm{d,s}} - \bar{\mathrm{B}}^0_{\mathrm{d,s}}$ 混合机制的箱图。

---

* Δm 和 $\Delta\Gamma$ 也可定义为：$\Delta m = m_1 - m_2, \Delta\Gamma = \Gamma_1 - \Gamma_2$，则混合参数 x, y 和这里的定义差一个负号。

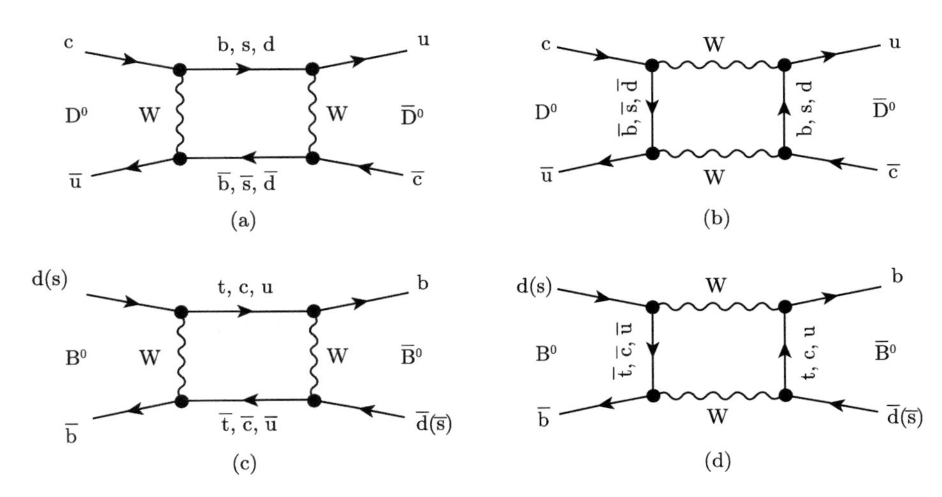

图 6.1 $D^0-\bar{D}^0$ 和 $B^0_{d,s}-\bar{B}^0_{d,s}$ 混合短距离相互作用机制的箱图

6.2 $K^0-\bar{K}^0$ 系统

前面已经提及，在 B 介子工厂实验之前所有关于 $\mathcal{CP}$ 破坏的证据都来自 K 介子系统，它对这一学科领域的研究和发展具有非常重要的意义。实验物理工作者通过不懈的努力已经建立并测量了 K 介子系统中的若干 $\mathcal{CP}$ 破坏效应。这里我们将对此作一概括性的介绍。

中性 K 介子 K^0 和 $\bar{K}^0$ 互为反粒子，K^0 的奇异数为 +1，$\bar{K}^0$ 的奇异数为 −1。依据式 (6.7) 和式 (6.8)，它的 $\mathcal{CP}$ 本征态 K^0_1 和 K^0_2 应该具有不同的衰变模式。$\mathcal{CP}$ 宇称为 +1 的态可以衰变到两个 π，而 $\mathcal{CP}$ 宇称为 −1 的态则衰变到三个 π。首先来说明 2π 和 3π 态具有不同的 $\mathcal{CP}$ 宇称。

对于质心系中的两个 π^0 系统，因 π 介子的内禀宇称为 −1，空间宇称变换相当于交换两个 π^0 介子，而两个 π^0 是全同的玻色子系统，波函数不因这一交换而改变符号，即

$$\mathcal{P}|\pi^0\pi^0\rangle=+|\pi^0\pi^0\rangle \tag{6.31}$$

π^0 的反粒子就是它自身，所以有

$$\mathcal{CP}|\pi^0\pi^0\rangle=+|\pi^0\pi^0\rangle \tag{6.32}$$

两个 π^0 系统的 $\mathcal{CP}$ 宇称为 +1。再来看质心系中的 $\pi^+\pi^-$ 系统。空间宇称操作交换两个 π 介子，

$$\mathcal{P}|\pi^+\pi^-\rangle = +|\pi^-\pi^+\rangle \tag{6.33}$$

而 π^+ 和 π^- 互为反粒子，因此有

$$\mathcal{CP}|\pi^+\pi^-\rangle = +|\pi^+\pi^-\rangle \tag{6.34}$$

所以两 π 系统的 $\mathcal{CP}$ 宇称为 $+1$。

下面证明三 π 系统的 $\mathcal{CP}$ 宇称为 -1。设在 π^+,π^-,π^0 的质心系中，π^+ 和 π^- 之间的相对轨道角动量为 L，π^0 相对于 $\pi^+\pi^-$ 系统的轨道角动量为 l，如图 6.2所示，则

$$\mathcal{P}|\pi^+\pi^-\pi^0\rangle = (-1)^3(-1)^{L+l}|\pi^+\pi^-\pi^0\rangle = (-1)^{L+l+1}|\pi^+\pi^-\pi^0\rangle \tag{6.35}$$

$$\mathcal{C}|\pi^+\pi^-\pi^0\rangle = |\pi^-\pi^+\pi^0\rangle = (-1)^L|\pi^+\pi^-\pi^0\rangle \tag{6.36}$$

所以有

$$\mathcal{CP}|\pi^+\pi^-\pi^0\rangle = (-1)^{2L+l+1}|\pi^+\pi^-\pi^0\rangle = (-1)^{l+1}|\pi^+\pi^-\pi^0\rangle \tag{6.37}$$

三 π 系统作为中性 K 介子的衰变末态，最可能的量子数为 $L=l=0$，所以它的 $\mathcal{CP}$ 宇称是 -1。

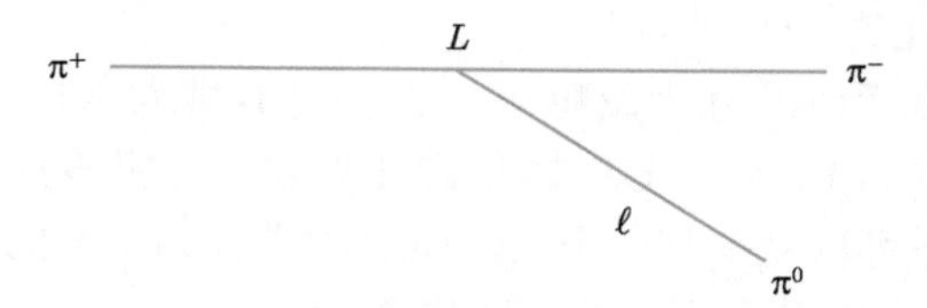

图 6.2　三 π 系统质心系相对轨道角动量示意图

由于奇异数只在强相互作用和电磁相互作用中守恒，而在弱相互作用中并不是一个好的量子数，因此实验上具有确定质量和寿命的粒子不是 K^0 和 $\bar{\mathrm{K}}^0$，而是两者的叠加态 $\mathrm{K_S}$ 和 $\mathrm{K_L}$。实验中观测到 $\mathrm{K_S}$ 的寿命是 $(8.926\pm0.012)\times10^{-11}\mathrm{s}$，主要衰变到两个 π；$\mathrm{K_L}$ 的寿命是 $(5.17\pm0.04)\times10^{-8}\mathrm{s}$，主要衰变到三个 π。如果 $\mathcal{CP}$ 是严格的对称性，则 $\mathrm{K_S}$ 应该是 $\mathcal{CP}$ 宇称为 $+1$ 的本征态，而 $\mathrm{K_L}$ 应是 $\mathcal{CP}$ 宇称为 -1 的本征态。但是 1964 年克里斯坦森 (J. H. Christenson) 等发现 $\mathrm{K_L}$ 有 10^{-3} 的概率衰变到两个 π，这说明或者 $\mathrm{K_L}$ 不是 100% 的 $\mathcal{CP}=-1$ 本征态，或者在它的衰变过程中 $\mathcal{CP}$ 发生了破坏，也可能两者都有。于是可以将 $\mathrm{K_S}$ 和 $\mathrm{K_L}$ 写成 $\mathcal{CP}$ 本征态的叠加，

$$
\begin{cases}
|K_S\rangle = \dfrac{1}{\sqrt{1+|\tilde{\epsilon}|^2}}(|K_1^0\rangle + \tilde{\epsilon}|K_2^0\rangle) \\
\qquad = \dfrac{1}{\sqrt{2(1+|\tilde{\epsilon}|^2)}}[(1+\tilde{\epsilon})|K^0\rangle + (1-\tilde{\epsilon})|\bar{K}^0\rangle] \\
|K_L\rangle = \dfrac{1}{\sqrt{1+|\tilde{\epsilon}|^2}}(|K_2^0\rangle + \tilde{\epsilon}|K_1^0\rangle) \\
\qquad = \dfrac{1}{\sqrt{2(1+|\tilde{\epsilon}|^2)}}[(1+\tilde{\epsilon})|K^0\rangle - (1-\tilde{\epsilon})|\bar{K}^0\rangle]
\end{cases} \tag{6.38}
$$

或者依式 (6.19) 和式 (6.20) 记为

$$
\begin{cases}
|K_S\rangle = p|K^0\rangle + q|\bar{K}^0\rangle \\
|K_L\rangle = p|K^0\rangle - q|\bar{K}^0\rangle
\end{cases} \tag{6.39}
$$

$|K_S\rangle$ 和 $|K_L\rangle$ 不正交，而有重叠，

$$
\delta \equiv \langle K_S|K_L\rangle = \frac{1}{2(1+|\tilde{\epsilon}|^2)}[(1+\tilde{\epsilon})^*(1+\tilde{\epsilon}) - (1-\tilde{\epsilon})^*(1-\tilde{\epsilon})] = \frac{2\Re\,\tilde{\epsilon}}{1+|\tilde{\epsilon}|^2} \tag{6.40}
$$

它和相角的选取无关。$\delta \neq 0(\tilde{\epsilon} \neq 0)$ 表示 $\mathcal{CP}$ 的破坏。

实验上 δ 可以通过测量中性 K 介子系统半轻子衰变的不对称性来确定，

$$
\delta = \frac{\Gamma(K_L \to l^+\nu X) - \Gamma(K_L \to l^-\bar{\nu}X)}{\Gamma(K_L \to l^+\nu X) + \Gamma(K_L \to l^-\bar{\nu}X)} \tag{6.41}
$$

如前所讲，K_L 和 K_S 之间大的寿命差使得很容易获得干净的 K_L 束流来进行这一测量。若定义

$$
A = \langle l^+\nu X|H|K^0\rangle, \qquad A^* = \langle l^-\bar{\nu}X|H|\bar{K}^0\rangle \tag{6.42}
$$

注意到 $K^0 \not\to l^-\bar{\nu}X$ 和 $\bar{K}^0 \not\to l^+\nu X$，利用式 (6.39) 中 $|K_L\rangle$ 的表示式可得

$$
\langle l^+\nu X|\mathcal{H}|K_L\rangle = pA, \qquad \langle l^-\bar{\nu}X|\mathcal{H}|K_L\rangle = -qA^* \tag{6.43}
$$

最后求得

$$
\delta = \frac{1-|q/p|^2}{1+|q/p|^2} = \frac{2\Re\,\tilde{\epsilon}}{1+|\tilde{\epsilon}|^2} \tag{6.44}
$$

实验测量上最佳的衰变过程是 $K_L \to \pi^-l^+\nu, \pi^+l^-\bar{\nu}$，给出这种间接的 $\mathcal{CP}$ 破坏效应为

$$
\delta = (3.27 \pm 0.12) \times 10^{-3} \tag{6.45}
$$

现在再来看一下 K 介子系统中 $\hat{\eta}$ 的值。实验上，

$$\begin{cases}\Delta m_{\mathrm{K}} = m_{\mathrm{L}} - m_{\mathrm{S}} = (3.510 \pm 0.018) \times 10^{-12}\mathrm{MeV} \\ \Delta \Gamma_{\mathrm{K}} = \Gamma_{\mathrm{L}} - \Gamma_{\mathrm{S}} = -(7.361 \pm 0.010) \times 10^{-12}\mathrm{MeV}\end{cases} \tag{6.46}$$

因此，

$$\Delta\Gamma_{\mathrm{K}} \simeq -2\Delta m_{\mathrm{K}} \tag{6.47}$$

若定义

$$\frac{\Gamma_{12}^*}{M_{12}^*} = -\left|\frac{\Gamma_{12}}{M_{12}}\right| \mathrm{e}^{\mathrm{i}\phi_{12}} \tag{6.48}$$

则 ϕ_{12} 反映了 K 介子系统中的小量 $\mathcal{CP}$ 破坏效应，$|\phi_{12}| = \mathcal{O}(10^{-3})$。由式 (6.26) 取一阶近似可以得到

$$\hat{\eta}_{\mathrm{K}} \simeq \frac{\Gamma_{12}^*}{|\Gamma_{12}|}\left[1 - \mathrm{i}\phi_{12}\frac{1 + \mathrm{i}\left(\dfrac{\Delta\Gamma_{\mathrm{K}}}{2\Delta m_{\mathrm{K}}}\right)}{1 + \left(\dfrac{\Delta\Gamma_{\mathrm{K}}}{2\Delta m_{\mathrm{K}}}\right)^2}\right] \tag{6.49}$$

于是有

$$|\hat{\eta}_{\mathrm{K}}| - 1 \simeq -2\Re\,\tilde{\epsilon}_{\mathrm{K}} \simeq -\phi_{12} = \mathcal{O}(10^{-3}) \tag{6.50}$$

6.3　$\mathcal{CP}$ 破坏机制的分类

在进一步讲解中性 K 介子衰变过程中 $\mathcal{CP}$ 破坏参数的测量之前，先来介绍一下 $\mathcal{CP}$ 破坏机制的三个分类。

(1) 间接的 $\mathcal{CP}$ 破坏，即我们前面已经讲到的中性介子混合中的 $\mathcal{CP}$ 破坏机制。如果混合参数

$$\left|\frac{1-\tilde{\epsilon}}{1+\tilde{\epsilon}}\right| \equiv \left|\frac{q}{p}\right| = \left|\sqrt{\frac{M_{12}^* - \mathrm{i}\Gamma_{12}^*/2}{M_{12} - \mathrm{i}\Gamma_{12}/2}}\right| \neq 1 \tag{6.51}$$

则介子的质量本征态是它的不同 $\mathcal{CP}$ 本征态的混合。

(2) 直接的 $\mathcal{CP}$ 破坏，即介子衰变振幅中的 $\mathcal{CP}$ 破坏。考虑两个由 $\mathcal{CP}$ 变换联系着的衰变过程。记 P 和 $\bar{\mathrm{P}}$ 为 $\mathcal{CP}$ 共轭的赝标量介子态，f 和 $\bar{\mathrm{f}}$ 是一些 $\mathcal{CP}$ 共轭的衰变末态，即

$$\mathcal{CP}|\mathrm{P}\rangle = \mathrm{e}^{\mathrm{i}\phi_{\mathrm{P}}}|\bar{\mathrm{P}}\rangle, \qquad \mathcal{CP}|\mathrm{f}\rangle = \mathrm{e}^{\mathrm{i}\phi_{\mathrm{f}}}|\bar{\mathrm{f}}\rangle \tag{6.52}$$

这里 $\phi_{\rm P}$ 和 $\phi_{\rm f}$ 是任意的相因子。$\mathcal{CP}$ 共轭的衰变振幅可以写为

$$\begin{cases} A = \langle {\rm f}|\mathcal{H}_{wk}|{\rm P}\rangle = \sum\limits_i A_i {\rm e}^{{\rm i}\delta_i}{\rm e}^{{\rm i}\phi_i} \\ \bar{A} = \langle \bar{\rm f}|\mathcal{H}_{wk}|\bar{\rm P}\rangle = {\rm e}^{{\rm i}(\phi_P-\phi_f)}\sum\limits_i A_i {\rm e}^{{\rm i}\delta_i}{\rm e}^{-{\rm i}\phi_i} \end{cases} \tag{6.53}$$

其中，$\mathcal{H}_{wk}$ 是弱衰变的有效哈密顿量；A_i 是实的分振幅。出现在衰变振幅中的两个相因子：ϕ_i 是弱相因子，它是破坏 $\mathcal{CP}$ 的拉氏量参数，通常出现在理论的电弱相互作用中，并以相反的符号进入 A 和 $\bar{A}$；δ_i 通常是由强相互作用的再散射效应产生的，即使拉氏量是 $\mathcal{CP}$ 不变的它也会出现在散射振幅中，以相同的符号进入 A 和 $\bar{A}$。

虽然以上强和弱相因子的定义在很大程度上因所取的约定而异，但是可以证明振幅之比

$$\left|\frac{\bar{A}}{A}\right| = \left|\frac{\sum\limits_i A_i {\rm e}^{{\rm i}\delta i}{\rm e}^{-{\rm i}\phi_i}}{\sum\limits_i A_i {\rm e}^{{\rm i}\delta i}{\rm e}^{{\rm i}\phi_i}}\right| \tag{6.54}$$

是和相因子的约定无关的，因此是物理上有意义的量。如果

$$\left|\frac{\bar{A}}{A}\right| \neq 1 \tag{6.55}$$

则意味着 $\mathcal{CP}$ 的破坏。这种 $\mathcal{CP}$ 破坏被称为直接的 $\mathcal{CP}$ 破坏，可以由两个具有相同末态的衰变振幅之间的干涉效应产生，显然这要求两者至少具有两个弱相因子和强相因子完全不同的分振幅。

(3) 衰变和混合的相干效应中的 $\mathcal{CP}$ 破坏，即测量

$$\varLambda = \frac{q}{p}\cdot\frac{\bar{A}}{A} \tag{6.56}$$

$\varLambda \neq 1$ 则意味着 $\mathcal{CP}$ 的破坏。特别是当 $|\varLambda| = 1$, 但 $\Im\varLambda \neq 0$ 时，这种情况下的 $\mathcal{CP}$ 破坏尤为典型。后面将会详细讨论到这类重要的机制。

6.4 η_{+-}、η_{00} 及中性 K 介子系统中的直接 $\mathcal{CP}$ 破坏

由式 (6.27) 和式 (6.28) t 时刻中性 K 介子态可以表示为

$$\varPsi(t) = a_{\rm S}{\rm e}^{-{\rm i}\lambda_{\rm S}t}|{\rm K_S}(0)\rangle + a_{\rm L}{\rm e}^{-{\rm i}\lambda_L t}|{\rm K_L}(0)\rangle \tag{6.57}$$

设它衰变到某一个确定的 $\mathcal{CP}$ 本征态 $|C\rangle$, 衰变振幅为

$$A(t) = \langle C|H_{wk}|\Psi(t)\rangle = a_{\mathrm{S}}\mathrm{e}^{-\mathrm{i}\lambda_{\mathrm{S}}t}\langle C|H_{wk}|\mathrm{K_S}(0)\rangle + a_{\mathrm{L}}\mathrm{e}^{-\mathrm{i}\lambda_{\mathrm{L}}t}\langle C|H_{wk}|\mathrm{K_L}(0)\rangle \tag{6.58}$$

因此不难由 $|A(t)|^2$ 求得其衰变概率. 可以定义

$$\mathrm{e}^{-\mathrm{i}\phi_{\mathrm{c}}} = \frac{\langle C|H_{wk}|\mathrm{K_L}\rangle^*\langle C|H_{wk}|\mathrm{K_S}\rangle}{|\langle C|H_{wk}|\mathrm{K_L}\rangle^*\langle C|H_{wk}|\mathrm{K_S}\rangle|} \tag{6.59}$$

它反映了 $\mathrm{K_L}$ 和 $\mathrm{K_S}$ 衰变振幅之间的干涉. 容易证明

$$\eta_{\mathrm{c}} \equiv \frac{\langle C|H_{wk}|\mathrm{K_L}\rangle}{\langle C|H_{wk}|\mathrm{K_S}\rangle} = |\eta_{\mathrm{c}}|\mathrm{e}^{\mathrm{i}\phi_{\mathrm{c}}} \tag{6.60}$$

这是一个实验上可观测的量。振幅和相角都和 $\mathcal{CPT}$ 或任何别的对称性无关，可以独立地测定。

实验上由于 $\mathrm{K_L}$ 和 $\mathrm{K_S}$ 的寿命相差较大，因此在大于 $\tau c = 2.509\mathrm{cm}$ 的地方，短寿命的 $\mathrm{K_S}$ 应该都衰变完了，只剩下长寿命的 $\mathrm{K_L}$，这时若发现有到两个 π 的衰变就意味着 $\mathcal{CP}$ 的破坏。1964 年克里斯坦森等首先测得了

$$\eta_{+-} \equiv \frac{\langle\pi^+\pi^-|H_{wk}|\mathrm{K_L}\rangle}{\langle\pi^+\pi^-|H_{wk}|\mathrm{K_S}\rangle} = |\eta_{+-}|\mathrm{e}^{\mathrm{i}\phi_{\pm}} \tag{6.61}$$

$$|\eta_{+-}| = (2.274 \pm 0.022) \times 10^{-3}, \quad \phi_{\pm} = 44.6^\circ \pm 1.2^\circ \tag{6.62}$$

稍后人们又测量了

$$\eta_{00} \equiv \frac{\langle\pi^0\pi^0|H_{wk}|\mathrm{K_L}\rangle}{\langle\pi^0\pi^0|H_{wk}|\mathrm{K_S}\rangle} = |\eta_{00}|\mathrm{e}^{\mathrm{i}\phi_{00}} \tag{6.63}$$

$$|\eta_{00}| = (2.33 \pm 0.08) \times 10^{-3}, \quad \phi_{00} = 54^\circ \pm 5^\circ \tag{6.64}$$

下面来推导 η_{+-} 和 η_{00} 的表达式。由于玻色统计的限制，两个 π 介子只能处在同位旋 $I=0$ 和 $I=2$ 的态，而不能处在 $I=1$ 的态，

$$\sqrt{\frac{1}{2}}\left(|\pi^+\pi^-\rangle + |\pi^-\pi^+\rangle\right) = \sqrt{\frac{1}{3}}\left(\sqrt{2}|2\pi, I=0\rangle + |2\pi, I=2\rangle\right) \tag{6.65}$$

$$|\pi^0\pi^0\rangle = \sqrt{\frac{1}{3}}\left(|2\pi, I=0\rangle - \sqrt{2}|2\pi, I=2\rangle\right) \tag{6.66}$$

因此若定义

$$\begin{cases} \langle 2\pi, I|H_{wk}|\mathrm{K}^0\rangle = A_I\mathrm{e}^{\mathrm{i}\delta_I} = |A_I|\mathrm{e}^{\mathrm{i}(\delta_I+\theta_I)} \\ \langle 2\pi, I|H_{wk}|\bar{\mathrm{K}}^0\rangle = A_I^*\mathrm{e}^{\mathrm{i}\delta_I} = |A_I|\mathrm{e}^{\mathrm{i}(\delta_I-\theta_I)} \end{cases} \tag{6.67}$$

δ_I 是在静止坐标系中相应的 2π 末态强相互作用同位旋振幅相移，θ_I 是同位旋振幅 A_I 的弱相移因子。根据式 (6.38)、式 (6.61)、式 (6.65) 和式 (6.67) 不难求得

$$\eta_{+-}=\frac{(\sqrt{2}A_0+A_2\mathrm{e}^{\mathrm{i}\varDelta})-\hat{\eta}(\sqrt{2}A_0^*+A_2^*\mathrm{e}^{\mathrm{i}\varDelta})}{(\sqrt{2}A_0+A_2\mathrm{e}^{\mathrm{i}\varDelta})+\hat{\eta}(\sqrt{2}A_0^*+A_2^*\mathrm{e}^{\mathrm{i}\varDelta})} \tag{6.68}$$

其中 $\varDelta=\delta_2-\delta_0$。通过运算忽略掉高阶的小量则可以得到

$$\eta_{+-}=\epsilon+\epsilon'/(1+\omega/\sqrt{2})\simeq\epsilon+\epsilon' \tag{6.69}$$

其中，

$$\epsilon=\tilde{\epsilon}+\mathrm{i}\frac{\Im A_0}{\Re A_0} \tag{6.70}$$

$$\epsilon'=\frac{\mathrm{i}}{\sqrt{2}}\left(\frac{\Im A_2}{\Re A_2}-\frac{\Im A_0}{\Re A_0}\right)\omega \tag{6.71}$$

$$\omega=\left(\frac{\Re A_2}{\Re A_0}\right)\mathrm{e}^{\mathrm{i}\varDelta} \tag{6.72}$$

同样的计算可以得到 η_{00} 的表达式，

$$\eta_{00}=\epsilon-2\epsilon'/(1-\sqrt{2}\omega)\simeq\epsilon-2\epsilon' \tag{6.73}$$

需要指出的是上面的表达式是和相角的约定规则无关的。如果采用一种特殊的相角约定，要求 A_0 是实的，那么在式 (6.69) 和式 (6.73) 中，

$$\epsilon=\tilde{\epsilon} \tag{6.74}$$

$$\epsilon'=(\mathrm{i}/\sqrt{2})|A_2/A_0|\sin\theta_2\mathrm{e}^{\mathrm{i}\varDelta} \tag{6.75}$$

$$\omega=|A_2/A_0|\cos\theta_2\mathrm{e}^{\mathrm{i}\varDelta} \tag{6.76}$$

它们都依赖于 A_2 振幅的弱相角。由于 ϵ' 只和同位旋振幅有关，不含混合参数 $\tilde{\epsilon}$，所以 $\epsilon'\neq 0$ 就表征了过程中的直接 $\mathcal{CP}$ 破坏效应。

从这些表达式不难看出，在 η_{+-} 和 η_{00} 中不仅含有来自混合 $(|q/p|\neq 1)$ 和衰变 $(|\bar{A}_{ij}/A_{ij}|\neq 1)$ 的 $\mathcal{CP}$ 破坏信息，也含有来自混合与衰变的干涉效应中 $\left(\varLambda=\dfrac{q}{p}\cdot\dfrac{\bar{A}_{ij}}{A_{ij}}\right)$ 的 $\mathcal{CP}$ 破坏信息。ϵ 和 ϵ' 可以通过 η_{+-} 和 η_{00} 表示为

$$\epsilon=\frac{1}{3}(2\eta_{+-}+\eta_{00}) \tag{6.77}$$

$$\epsilon' = \frac{1}{3}(\eta_{+-} - \eta_{00}) \tag{6.78}$$

实验上的可观测量是 $\Re(\epsilon'/\epsilon)$，

$$\Re\left(\frac{\epsilon'}{\epsilon}\right) \approx \frac{1}{6}\left[\frac{\Gamma(\mathrm{K_L} \to \pi^+\pi^-)/\Gamma(\mathrm{K_S} \to \pi^+\pi^-)}{\Gamma(\mathrm{K_L} \to \pi^0\pi^0)/\Gamma(\mathrm{K_S} \to \pi^0\pi^0)} - 1\right] \tag{6.79}$$

在标准模型的框架内，根据 CKM 矩阵元理论上预期这种效应应该比较小，在 10^{-3} 量级以下。例如 1997 年丘基尼 (M. Ciuchini) 计算得到的值为 $(4.6 \pm 3.0) \times 10^{-4}$，1999 年伯拉斯 (A. J. Buras) 给出 $(8.5 \pm 5.9) \times 10^{-4}$。计算结果对输入参数和估计强相互作用矩阵元的方法敏感，因此若想给出非常精确的计算是困难的。目前实验测量的状况是：1993 年美国费米实验室 E731 实验组的结果为 $\Re(\epsilon'/\epsilon) = (7.4 \pm 5.9) \times 10^{-4}$，欧州核子研究中心的 NA31 实验组则在同一年给出 $\Re(\epsilon'/\epsilon) = (23 \pm 6.5) \times 10^{-4}$，两者符合不甚好。1999 年工作在 Tevatron 强子对撞机上的 KTeV (Kaon at Tevatron) 实验组给出了最新的测量结果：

$$\Re(\epsilon'/\epsilon) = (28.0 \pm 3.0(\text{统计}) \pm 2.8(\text{系统})) \times 10^{-4} = (28.0 \pm 4.1) \times 10^{-4} \tag{6.80}$$

和 NA31 组的结果相近，精度更高。实验结果和标准模型理论相符，同时表明沃尔芬斯泰因 (Lincoln Wolfenstein) 的超弱相互作用理论模型不是 K 介子系统中 $\mathcal{CP}$ 破坏的唯一来源，因为该模型预言了 $\epsilon' = 0$，这正是该实验结果的重要性所在。

6.5　带电介子弱衰变中的直接 $\mathcal{CP}$ 破坏

通过前面的讨论也可以看到，实验上中性介子态的混合往往是不可避免的，因此观测直接 $\mathcal{CP}$ 破坏的最佳过程应该是带电介子的衰变。可以定义 $\mathcal{CP}$ 不对称性，

$$a_\mathrm{f} = \frac{\Gamma(\mathrm{P}^+ \to \mathrm{f}) - \Gamma(\mathrm{P}^- \to \bar{\mathrm{f}})}{\Gamma(\mathrm{P}^+ \to \mathrm{f}) + \Gamma(\mathrm{P}^- \to \bar{\mathrm{f}})} = \frac{1 - |\bar{A}/A|^2}{1 + |\bar{A}/A|^2} \tag{6.81}$$

至少具有两个相因子完全不同的分振幅的要求迫使我们只能考虑非轻子反应道，因为轻子和半轻子衰变道通常只由单一的费曼图主导，而非轻子道则可以有树图和企鹅图两者的贡献。企鹅图包含有 W 玻色子和夸克的圈图，因而一般具有和树图不同的弱相因子。为了获得较大的干涉效应，就必须要求分振幅的大小大致相近。一种可能的考虑是选取这样一些过程，其树图的贡献相对于企鹅图是被小 CKM 参数所压制的，因此就可以和企鹅图中的圈图压制大致相抵。在标准模型中这类过程的典型例子是带电 B 介子的衰变，如 $\mathrm{B}^\pm \to \mathrm{K}^\pm\rho^0$，见图 6.3。衰变振

幅可表示为树图和企鹅图两部分的和，其中树图正比于 $V_{\mathrm{ub}}V_{\mathrm{us}}^* \sim 10^{-3}$，企鹅图正比于 $(\alpha_{\mathrm{s}}/12\pi)\ln(m_{\mathrm{t}}^2/m_{\mathrm{b}}^2)V_{\mathrm{tb}}V_{\mathrm{ts}}^* \simeq 0.02\times 0.04 \sim 10^{-3}$，$t$ 夸克在企鹅图圈中的贡献最大，因此有

$$A(\mathrm{B}^+\to\mathrm{K}^+\rho^0) = V_{\mathrm{ub}}^*V_{\mathrm{us}}A_1 + V_{\mathrm{tb}}^*V_{\mathrm{ts}}A_2 \tag{6.82}$$

$$\bar{A}(\mathrm{B}^-\to\mathrm{K}^-\rho^0) = V_{\mathrm{ub}}V_{\mathrm{us}}^*A_1 + V_{\mathrm{tb}}V_{\mathrm{ts}}^*A_2 \tag{6.83}$$

其中强作用的振幅 A_j 保持不变，因为强相互作用是 $\mathcal{CP}$ 守恒的。不对称性可以表示为

$$\begin{aligned} a_{\mathrm{K}\rho} &= \frac{\Gamma(\mathrm{B}^+\to\mathrm{K}^+\rho^0) - \Gamma(\mathrm{B}^-\to\mathrm{K}^-\rho^0)}{\Gamma(\mathrm{B}^+\to\mathrm{K}^+\rho^0) + \Gamma(\mathrm{B}^-\to\mathrm{K}^-\rho^0)} \\ &= \frac{-4\Im[V_{\mathrm{ub}}^*V_{\mathrm{us}}V_{\mathrm{tb}}V_{\mathrm{ts}}^*]\Im[A_1A_2^*]}{|V_{\mathrm{ub}}^*V_{\mathrm{us}}A_1 + V_{\mathrm{tb}}^*V_{\mathrm{ts}}A_2|^2 + |V_{\mathrm{ub}}V_{\mathrm{us}}^*A_1 + V_{\mathrm{tb}}V_{\mathrm{ts}}^*A_2|^2} \end{aligned} \tag{6.84}$$

由此可以看出 $\mathcal{CP}$ 破坏需要有两个相因子：一个是由强相互作用提供的相因子 $\Im[A_1A_2^*]\neq 0$，另一个则来自弱相互作用 $\Im[V_{\mathrm{ub}}^*V_{\mathrm{us}}V_{\mathrm{tb}}V_{\mathrm{ts}}^*]\neq 0$。

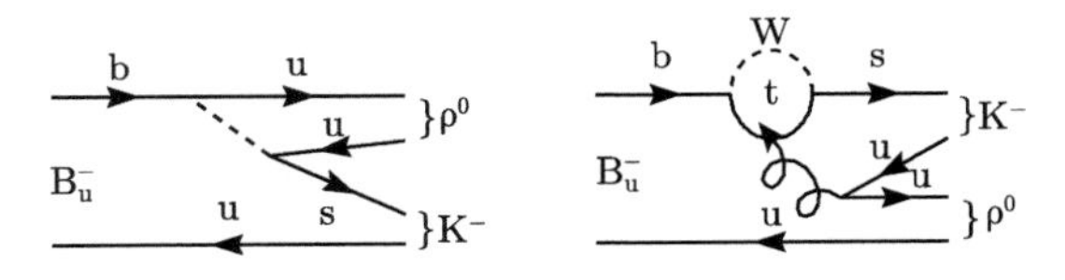

图 6.3　$\mathrm{B}^\pm\to\mathrm{K}^\pm\rho^0$ 衰变的树图和企鹅图

另外一种可能性是考虑那些树图禁戒的过程，这时只有企鹅图的贡献，$(\mathrm{u,c,t})$ 夸克对圈都有贡献。这样的例子有

$$\mathrm{B}^\pm\to\mathrm{K}^\pm\mathrm{K}^0,\qquad \mathrm{B}^\pm\to\mathrm{K}^\pm\phi \tag{6.85}$$

以及一些辐射衰变过程，

$$\mathrm{B}^\pm\to\mathrm{K}^{*\pm}\gamma,\qquad \mathrm{B}^\pm\to\rho^\pm\gamma \tag{6.86}$$

见图 6.4。而在衰变过程 $\mathrm{K}^\pm\to\pi^\pm\pi^0$ 和 $\mathrm{B}^\pm\to\pi^\pm\pi^0$ 中则没有 $\mathcal{CP}$ 的不对称性，因为玻色对称性限制了两 π 不能处在同位旋 $I=1$ 的态，它们属于 $\Delta I=3/2$ 的跃迁，末态两 π 的同位旋 $I=2$，对应的只有一个强相互作用相因子 δ_2。

目前还没有任何带电介子直接 $\mathcal{CP}$ 破坏的实验证据。这类测量的主要困难之一在于理论上很难较精确地计算它的 $\mathcal{CP}$ 破坏不对称性。由于牵涉强子的末态，

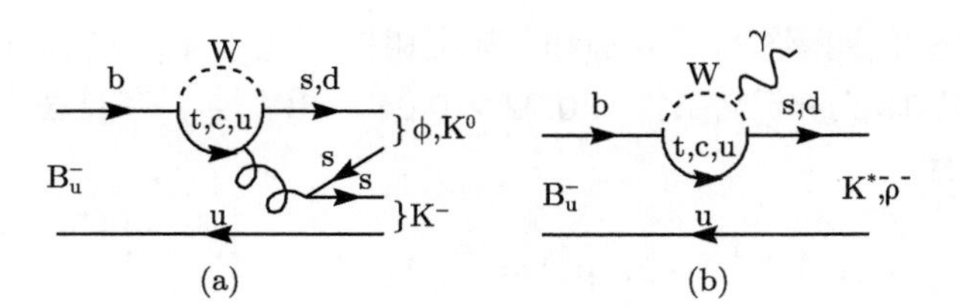

图 6.4 B 介子衰变树图禁戒的企鹅图

夸克算子的强作用矩阵元计算精度不高，而且直接 $\mathcal{CP}$ 破坏要求的非平庸强相移计算起来也是非常困难的。虽然在有些情况下可以通过同位旋的分析来消除某些理论计算的不确定性，但一般说来从直接 $\mathcal{CP}$ 不对称性的测量中提取精确的 $\mathcal{CP}$ 破坏基本参数是一件比较困难的事。

6.6 $\mathrm{B}^0-\bar{\mathrm{B}}^0$ 混合中的间接 $\mathcal{CP}$ 破坏

B 介子是 $\bar{\mathrm{b}}$ 夸克和普通夸克的束缚态，而 $\bar{\mathrm{B}}$ 介子是 b 夸克和普通反夸克的束缚态，如 $\mathrm{B}_{\mathrm{d}}^0$ 为 $(\bar{\mathrm{b}}\mathrm{d})$，$\bar{\mathrm{B}}_{\mathrm{d}}^0$ 为 $(\mathrm{b}\bar{\mathrm{d}})$。由于两阶箱图味道改变的弱相互作用机制，如图 6.1(c)、(d) 所示，B_0 和 $\bar{\mathrm{B}}^0$ 之间可以相互混合，这和 $\mathrm{K}^0-\bar{\mathrm{K}}^0$ 系统是相似的。这种混合已经被 CLEO、ARGUS 和 B 介子工厂等实验组在 $\Upsilon(4s)$ 能区的 $\mathrm{e}^+-\mathrm{e}^-$ 散射实验所证实。在这类实验中 b 和 $\bar{\mathrm{b}}$ 总是成对地产生。

这里顺便指出，对 $\mathrm{D}^0-\mathrm{D}^0$ 系统，由于在图 6.1(a)、(b) 的箱图中不可能交换虚的 t 夸克态，所以箱图的贡献就比较小，混合效应就要弱得多。

按照 6.1节的讨论，B^0 和 $\bar{\mathrm{B}}^0$ 系统的质量本征态 B_1 和 B_2 的时间演化是不同的，B^0 和 $\bar{\mathrm{B}}^0$ 之间产生振荡。如果初始时刻是纯的 B_0(或 $\bar{\mathrm{B}}^0$)，则按照式 (6.28)，t 时刻的态 $|\mathrm{B}^0(t)\rangle$(或 $|\bar{\mathrm{B}}^0(t)\rangle$) 可以表示为

$$
\begin{aligned}
|\mathrm{B}^0(t)\rangle =& \frac{1}{2}[\mathrm{e}^{-\mathrm{i}(M_1-\mathrm{i}\Gamma_1/2)t}+\mathrm{e}^{-\mathrm{i}(M_2-\mathrm{i}\Gamma_2/2)t}]|\mathrm{B}^0\rangle \\
&+\frac{\hat{\eta}}{2}[\mathrm{e}^{-\mathrm{i}(M_1-\mathrm{i}\Gamma_1/2)t}-\mathrm{e}^{-\mathrm{i}(M_2-\mathrm{i}\Gamma_2/2)t}]|\bar{\mathrm{B}}^0\rangle \qquad (6.87)
\end{aligned}
$$

$$
\begin{aligned}
|\bar{\mathrm{B}}^0(t)\rangle =& \frac{1}{2\hat{\eta}}[\mathrm{e}^{-\mathrm{i}(M_1-\mathrm{i}\Gamma_1/2)t}-\mathrm{e}^{-\mathrm{i}(M_2-\mathrm{i}\Gamma_2/2)t}]|\mathrm{B}^0\rangle \\
&+\frac{1}{2}[\mathrm{e}^{-\mathrm{i}(M_1-\mathrm{i}\Gamma_1/2)t}+\mathrm{e}^{-\mathrm{i}(M_2-\mathrm{i}\Gamma_2/2)t}]|\bar{\mathrm{B}}^0\rangle \qquad (6.88)
\end{aligned}
$$

M_j 和 Γ_j 的详细信息可以通过计算图 6.1所示的弱相互作用箱图获得. 根据式

(6.17)，

$$M_{12}=\Re H_{12}=\Re\langle B^0|H|\bar{B}^0\rangle \tag{6.89}$$

如果忽略 $\mathcal{CP}$ 破坏则有

$$-\frac{\Gamma_{12}}{2}=\Im H_{12}=\Im\langle B^0|H|\bar{B}^0\rangle \tag{6.90}$$

对 M_{12} 的最大贡献来自当箱图的内线是 t 夸克时，近似地有

$$M_{12}\sim(V_{tb}V_{td}^*)^2m_t^2 \tag{6.91}$$

c 夸克的贡献相对于 t 夸克被压制了 $(m_c/m_t)^2$ 倍。另外，当计算 Γ_{12} 时，依据 Laudau-Cutkosky 规则，应将内线的传播子 $(p^2-m^2)^{-1}$ 相应地换成 $-2\pi i\delta+(p^2-m^2)$，于是就必须割断内线，只考虑实粒子的衰变。这时因为在 B 的静止系中衰变末态的能量不可能超过 m_B，因此箱图中的夸克内线就只有 c 夸克和 u 夸克的贡献。

$$\Gamma_{12}\sim m_b^2(V_{cb}V_{cd}^*+V_{ub}V_{ud}^*)^2=(V_{tb}V_{td}^*)^2m_b^2 \tag{6.92}$$

这里忽略了比 m_b 轻的夸克质量，最后一个等号来自于 CKM 矩阵的幺正性，

$$V_{cb}V_{cd}^*+V_{ub}V_{ud}^*+V_{tb}V_{td}^*=0 \tag{6.93}$$

由式 (6.91) 和式 (6.92) 容易看出，由于 $m_t\gg m_b$，

$$|M_{12}|\gg|\Gamma_{12}| \tag{6.94}$$

而且它们有相同的相角，

$$\Phi=\arg(M_{12})=\arg(\Gamma_{12}) \tag{6.95}$$

由于式 (6.22) 中的 Γ_{12} 很小，可以忽略，于是有

$$\Delta\Gamma=\Gamma_2-\Gamma_1\approx 0 \tag{6.96}$$

这就是说 B_1 和 B_2 的寿命近似相等，因此和 $K^0-\bar{K}^0$ 系统不同，我们不能在实验中选择产生 B_1 或 B_2 的束流。现在习惯于将 B_1 和 B_2 改记为较重的 B_H 和较轻的 B_L。

定义

$$M_{H,L}=M_B\pm\frac{1}{2}\Delta M_B,\qquad \Delta M_B=M_H-M_L \tag{6.97}$$

$$\Gamma_{\mathrm{L,H}} \simeq \Gamma_{\mathrm{B}} = \frac{\Gamma_{\mathrm{H}} + \Gamma_{\mathrm{L}}}{2} \tag{6.98}$$

则式 (6.87) 和式 (6.88) 的时间演化方程可以化为

$$\begin{aligned}
|B^0(t)\rangle &= \frac{1}{2p}\mathrm{e}^{-\mathrm{i}M_{\mathrm{B}}t}\mathrm{e}^{-\frac{1}{2}\Gamma_{\mathrm{B}}t}\left\{\mathrm{e}^{-\frac{\mathrm{i}}{2}\Delta M_{\mathrm{B}}t}|\mathrm{B_L}\rangle + \mathrm{e}^{\frac{\mathrm{i}}{2}\Delta M_{\mathrm{B}}t}|\mathrm{B_H}\rangle\right\} \\
&= \mathrm{e}^{-\mathrm{i}M_{\mathrm{B}}t}\mathrm{e}^{-\frac{1}{2}\Gamma_{\mathrm{B}}t}\left\{\cos\left(\frac{1}{2}\Delta M_{\mathrm{B}}t\right)|\mathrm{B}^0\rangle\right. \\
&\quad \left. + \frac{\mathrm{i}q}{p}\sin\left(\frac{1}{2}\Delta M_{\mathrm{B}}t\right)|\bar{\mathrm{B}}^0\rangle\right\}
\end{aligned} \tag{6.99}$$

同样地有

$$\begin{aligned}
|\bar{\mathrm{B}}^0(t)\rangle &= \mathrm{e}^{-\mathrm{i}M_{\mathrm{B}}t}\mathrm{e}^{-\frac{1}{2}\Gamma_{\mathrm{B}}t}\left\{\cos\left(\frac{1}{2}\Delta M_{\mathrm{B}}t\right)|\bar{\mathrm{B}}^0\rangle\right. \\
&\quad \left. + \frac{\mathrm{i}p}{q}\sin\left(\frac{1}{2}\Delta M_{\mathrm{B}}t\right)|\mathrm{B}^0\rangle\right\}
\end{aligned} \tag{6.100}$$

和中性 K 介子系统相类似，可以定义中性 B 介子半轻子衰变的不对称性，

$$a_{\mathrm{B}} = \frac{\Gamma(\bar{\mathrm{B}}^0(t) \to \mathrm{l}^-\bar{\nu}\mathrm{X}) - \Gamma(\mathrm{B}^0(t) \to \mathrm{l}^+\nu\mathrm{X})}{\Gamma(\bar{\mathrm{B}}^0(t) \to \mathrm{l}^-\bar{\nu}\mathrm{X}) + \Gamma(\mathrm{B}^0(t) \to \mathrm{l}^+\nu\mathrm{X})} \tag{6.101}$$

注意到 $\mathrm{B}^0 \not\to \mathrm{l}^-\bar{\nu}\mathrm{X}$ 和 $\bar{\mathrm{B}}^0 \not\to \mathrm{l}^+\nu\mathrm{X}$，可以得到

$$a_{\mathrm{B}} = \frac{1 - |q/p|^4}{1 + |q/p|^4} \simeq 4\Re\,\tilde{\epsilon}_{\mathrm{B}} = \mathcal{O}(10^{-2}) \tag{6.102}$$

在 $\mathrm{e}^+\mathrm{e}^-$ 对撞实验中 B^0 和 $\bar{\mathrm{B}}^0$ 总是成对地产生，因此可以通过观测同号轻子对的不对称性，

$$a_{\mathrm{ll}} = \frac{N(\mathrm{l}^+\mathrm{l}^+) - N(\mathrm{l}^-\mathrm{l}^-)}{N(\mathrm{l}^+\mathrm{l}^+) + N(\mathrm{l}^-\mathrm{l}^-)} = \frac{|q/p|^2 - |p/q|^2}{|q/p|^2 + |p/q|^2} \tag{6.103}$$

得到间接 $\mathcal{CP}$ 破坏参数 $|q/p|$。

实验上可以定义一个可观测的物理量，

$$r = \frac{Pr(\mathrm{B}^0 \to \bar{\mathrm{B}}^0)}{Pr(\mathrm{B}^0 \to \mathrm{B}^0)} \tag{6.104}$$

或者

$$\chi=\frac{Pr(\mathrm{B}^0\to\bar{\mathrm{B}}^0)}{Pr(\mathrm{B}^0\to\mathrm{B}^0)+Pr(\mathrm{B}^0\to\bar{\mathrm{B}}^0)} \tag{6.105}$$

根据式 (6.87) 或式 (6.99) 容易证明

$$\begin{aligned} r&=\frac{\displaystyle\int_0^\infty|\langle\bar{\mathrm{B}}^0|\mathrm{B}^0(t)\rangle|^2\mathrm{d}t}{\displaystyle\int_0^\infty|\langle\mathrm{B}^0|\mathrm{B}^0(t)\rangle|^2\mathrm{d}t}=\left|\frac{q}{p}\right|^2\frac{(\Delta M_\mathrm{B})^2+(\Delta\Gamma_\mathrm{B}/2)^2}{2\Gamma_\mathrm{B}^2+(\Delta M_\mathrm{B})^2-(\Delta\Gamma_\mathrm{B}/2)^2}\\ &\simeq\frac{x_\mathrm{d}^2}{2+x_\mathrm{d}^2} \end{aligned} \tag{6.106}$$

这里忽略了小的 $\mathcal{CP}$ 破坏效应，x_d 称为振荡参数，

$$x_\mathrm{d}=\Delta M_\mathrm{B}/\Gamma_\mathrm{B} \tag{6.107}$$

在 e^+-e^- 碰撞实验中，$r\neq 0$(或 $x_\mathrm{d}\neq 0$) 就意味着 $\mathrm{b}(\bar{\mathrm{b}})$ 变成了 $\bar{\mathrm{b}}(\mathrm{b})$。这是两阶的弱作用过程，b 夸克数的改变为 2。$x_\mathrm{d}$ 的值可以通过箱图计算和 B 介子的寿命测量得到

$$x_\mathrm{d}=\tau_\mathrm{B}\cdot\Delta M_\mathrm{B} \tag{6.108}$$

$$\Delta M_\mathrm{B}=\frac{G_\mathrm{F}^2M_\mathrm{W}^2}{6\pi^2}Bf_\mathrm{B}^2m_\mathrm{B}\eta_\mathrm{B}|V_\mathrm{td}V_\mathrm{tb}^*|^2S(x) \tag{6.109}$$

其中 f_B 是衰变常数，通过下式定义，

$$\langle 0|\bar{d}\gamma^\mu\gamma_5 b|\bar{\mathrm{B}}^0(p)\rangle=\mathrm{i}p^\mu f_\mathrm{B} \tag{6.110}$$

B 是禁戒因子，和 $\mathrm{K}^0-\bar{\mathrm{K}}^0$ 系统类似，由下式定义，

$$\langle\mathrm{B}^0(p)|\bar{d}\gamma_\mu(1-\gamma_5)b\bar{d}\gamma^\mu(1-\gamma_5)b|\bar{\mathrm{B}}^0(p)\rangle=\frac{4}{3}Bm_\mathrm{B}f_\mathrm{B}^2 \tag{6.111}$$

η_B 是短距离的 QCD 修正，

$$\begin{cases}\eta_\mathrm{B}=X^{-6/23}\left(\dfrac{3}{2}Y^{-4/7}-Y^{-2/7}+\dfrac{1}{2}Y^{8/7}\right)\\ X=\alpha_\mathrm{s}(m_\mathrm{b})/\alpha_\mathrm{s}(m_\mathrm{t}),\qquad Y=\alpha_\mathrm{s}(m_\mathrm{t})/\alpha_\mathrm{s}(M_\mathrm{W})\end{cases} \tag{6.112}$$

而 $S(x)$ 则是一个关于 t 夸克质量的光滑函数，

$$\begin{cases}S(x)=\dfrac{1}{4}\left\{x\left[1+\dfrac{9}{1-x}-\dfrac{6}{(1-x)^2}\right]-\dfrac{6x^3}{(1-x)^3}\ln x\right\}\\ x=m_\mathrm{t}^2/M_\mathrm{W}^2\end{cases} \tag{6.113}$$

6.7　混合和衰变干涉效应中的 $\mathcal{CP}$ 破坏

对于中性介子衰变到一个 $\mathcal{CP}$ 的本征态，

$$A = \langle \mathrm{f}_{CP}|\mathcal{H}|\mathrm{P}^0\rangle, \qquad \bar{A} = \langle \mathrm{f}_{CP}|\mathcal{H}|\bar{\mathrm{P}}^0\rangle \tag{6.114}$$

可以证明式 (6.56) 定义的表征混合和衰变干涉效应中 $\mathcal{CP}$ 破坏的参量 Λ 和相角的约定无关，或者换句话说，q/p 的相角约定依赖性和 $\bar{A}/A$ 的恰好互相抵消。直接的 $\mathcal{CP}$ 破坏 ($\bar{A}/A \neq 1$) 和间接的 $\mathcal{CP}$ 破坏 ($|q/p| \neq 1$) 都意味着 $\Lambda \neq 1$，但是理论上尤为典型和有兴趣的是当 $|\Lambda| = 1$，而 $\Im \Lambda \neq 0$ 时的情况，因为这时的 Λ 是一个纯的相角，在计算中没有强相互作用的不确定性。后面将会看到中性 B 介子的许多衰变属于这种类型。若定义

$$A_{\mathrm{f}_{CP}} = \frac{\varGamma(\bar{\mathrm{B}}^0(t) \to \mathrm{f}_{CP}) - \varGamma(\mathrm{B}^0(t) \to \mathrm{f}_{CP})}{\varGamma(\bar{\mathrm{B}}^0(t) \to \mathrm{f}_{CP}) + \varGamma(\mathrm{B}^0(t) \to \mathrm{f}_{CP})} \tag{6.115}$$

则由式 (6.99) 和式 (6.100) 可得

$$\begin{aligned} &\varGamma(\mathrm{B}^0(t) \to \mathrm{f}_{CP}) \\ &= |A|^2 \mathrm{e}^{-\varGamma t} \cdot \left[\frac{|\Lambda|^2+1}{2} - \frac{|\Lambda|^2-1}{2}\cos(\Delta M_{\mathrm{B}} t) - \Im\Lambda \sin(\Delta M_{\mathrm{B}} t)\right] \end{aligned} \tag{6.116}$$

$$\begin{aligned} &\varGamma(\bar{\mathrm{B}}^0(t) \to \mathrm{f}_{CP}) \\ &= |A|^2 \mathrm{e}^{-\varGamma t} \cdot \left[\frac{|\Lambda|^2+1}{2} + \frac{|\Lambda|^2-1}{2}\cos(\Delta M_{\mathrm{B}} t) + \Im\Lambda \sin(\Delta M_{\mathrm{B}} t)\right] \end{aligned} \tag{6.117}$$

可以将这两个式子统一表示为 B 介子含时的衰变概率，

$$\mathcal{P}(t) = \frac{\mathrm{e}^{-|\Delta t|/\tau_{\mathrm{B}^0}}}{4\tau_{\mathrm{B}^0}} \{1 + q \cdot [A_{\mathrm{f}} \cos(\Delta M_{\mathrm{B}} t) + S_{\mathrm{f}} \sin(\Delta M_{\mathrm{B}} t)]\} \tag{6.118}$$

其中定义了

$$A_{\mathrm{f}} = \frac{|\Lambda|^2-1}{|\Lambda|^2+1}, \qquad S_{\mathrm{f}} = \frac{2\Im\Lambda}{|\Lambda|^2+1} \tag{6.119}$$

$\Delta t = t_{CP} - t_{\mathrm{tag}}$，是 B 介子的 $\mathcal{CP}$ 衰变顶点和标记 (tag) 顶点的时间差。q 是 b 夸克因子，当实验上被标记的 B 介子是 $\mathrm{B}^0(\bar{\mathrm{B}}^0)$ 时，$q = +1(-1)$。不对称性的表达式则为

$$A_{\mathrm{f}_{CP}} = \frac{(|\Lambda|^2-1)\cos(\Delta M_{\mathrm{B}} t) + 2\Im\Lambda \sin(\Delta M_{\mathrm{B}} t)}{|\Lambda|^2+1}$$

$$= A_{\mathrm{f}} \cos(\Delta M_{\mathrm{B}} t) + S_{\mathrm{f}} \sin(\Delta M_{\mathrm{B}} t) \tag{6.120}$$

当 $A_{\mathrm{f}} \neq 0$ 时，$\Gamma(\mathrm{B}^0 \to \mathrm{f}_{CP}) \neq \Gamma(\bar{\mathrm{B}}^0 \to \mathrm{f}_{CP})$，因此是直接的 $\mathcal{CP}$ 破坏。因为 $|q/p|_{\mathrm{B}} \simeq 1$，所以直接的 $\mathcal{CP}$ 破坏要求 $|A_{\mathrm{f}}| \neq |\bar{A}_{\mathrm{f}}|$，当 A_{f} 是多于一个的具有不同 $\mathcal{CP}$ 位相的振幅之和时才有可能。

在 $|A_{\mathrm{f}}| = |\bar{A}_{\mathrm{f}}|$ 时可以有近似表达式

$$A_{\mathrm{f}_{CP}} \overset{|\Lambda|\simeq 1}{=\!=\!\longrightarrow} \Im\Lambda \sin(\Delta M_{\mathrm{B}} t) \tag{6.121}$$

$|\Lambda| \simeq 1$ 的最干净模式是那些仅由一个弱相因子主导的过程，这时

$$\frac{\bar{A}}{A} \simeq \mathrm{e}^{-2\mathrm{i}\phi} \tag{6.122}$$

基本上是一个纯相角。下面我们会讨论 B 介子系统中这样一些衰变的例子。遗憾的是在 K 介子系统中这一方法无效，因为

$$\Im\Lambda(\mathrm{K} \to \pi\pi) = \mathcal{O}(10^{-3}) \tag{6.123}$$

太小了。

6.8 标准模型的 $\mathcal{CP}$ 破坏机制

6.8.1 CKM 矩阵的 Wolfenstein 参数化

在 4.9 节中我们已经讨论了 CKM 矩阵，现在再来仔细地考查式 (4.165)。矩阵元中虚数的存在对描写标准模型中的 $\mathcal{CP}$ 破坏是必需的。在味道改变的衰变中，如果两种夸克的质量不简并，且下式定义的 $J_{CP} \neq 0$，则 $\mathcal{CP}$ 就必定会破坏。

$$J_{CP} = |\Im(V_{ij} V_{kl} V_{il}^* V_{kj}^*)|, \quad i \neq k, j \neq l \tag{6.124}$$

可以证明在标准模型中所有 $\mathcal{CP}$ 破坏的振幅都和 J_{CP} 成正比，而且该量对夸克场相位的重新定义是不变的。

为简洁，下面使用符号 $s_{ij} \equiv \sin\theta_{ij}$，$c_{ij} \equiv \cos\theta_{ij}$。注意到 CKM 矩阵中 $|V_{\mathrm{ub}}| = s_{13}$，只有一个混合角，它的实验值非常之小，据此可以将别的一些矩阵元也近似地用一个角度表示，误差精度好于小数点后第四位。这些矩阵元是 $V_{\mathrm{ud}} \simeq c_{12}$、$V_{\mathrm{us}} \simeq s_{12}$、$V_{\mathrm{cb}} \simeq s_{23}$ 和 $V_{\mathrm{tb}} \simeq c_{23}$。在 V_{ub} 中 $\mathcal{CP}$ 破坏的相因子 δ 和一个小量 s_{13} 乘在一起，这就显示在标准模型中 $\mathcal{CP}$ 破坏是一个小的效应，J_{CP} 可表示为

$$J_{CP} = |s_{13} s_{23} s_{12} s_\delta c_{13}^2 c_{23} c_{12}| \tag{6.125}$$

在很多情况下为了方便, 我们可以把式 (4.165) 的 CKM 矩阵参数化作一个近似。因为实验上 $c_{13} > 0.99998$，所以可将其近似取为 1，同时在和数值较大的项比较时忽略掉 s_{13} 项的贡献，得到

$$V_{\text{CKM}} \simeq \begin{pmatrix} c_{12} & s_{12} & s_{13}\text{e}^{-\text{i}\delta} \\ -s_{12}c_{23} & c_{12}c_{23} & s_{23} \\ s_{12}s_{23} - c_{12}c_{23}s_{13}\text{e}^{\text{i}\delta} & -c_{12}s_{23} & c_{23} \end{pmatrix} \tag{6.126}$$

其中 s_{12} 就是卡比博角的正弦值，实验上给出 $\lambda \equiv s_{12} \simeq 0.22$。同时实验表明 $s_{23} = \mathcal{O}(\lambda^2)$，$s_{13} = \mathcal{O}(\lambda^3)$，因此可以很自然地定义 $s_{23} = A\lambda^2$，$s_{13}\text{e}^{-\text{i}\delta} = A\lambda^3(\rho - \text{i}\eta)$，这里 A、ρ 和 η 都是 1 的量级。其余的按 λ 的幂次作展开就得到了 CKM 矩阵的 Wolfenstein 参数化形式，

$$V_{\text{CKM}} \simeq \begin{pmatrix} 1-\lambda^2/2 & \lambda & A\lambda^3(\rho - \text{i}\eta) \\ -\lambda & 1-\lambda^2/2 & A\lambda^2 \\ A\lambda^3(1-\rho-\text{i}\eta) & -A\lambda^2 & 1 \end{pmatrix} + \mathcal{O}(\lambda^4) \tag{6.127}$$

由此可以很清楚地看出混合矩阵的等级结构：对角矩阵元接近于 1，V_{us} 和 V_{cd} 为 $\lambda \sim 20\%$ 的量级，V_{cb} 和 V_{ts} 为 4% 的量级，而 V_{ub} 和 V_{td} 最小，约为 1% 的量级。这里需要注意的是，在 Wolfenstein 参数化下 J_{CP} 是 λ^6 的数量级, 因而超出了近似的精度。但是在式 (6.124) 中取 $i = u, j = d, k = t, l = b$，仍然能得到正确的结果，

$$J_{CP} \simeq A^2\eta\lambda^6 \simeq 1.1 \times 10^{-4} A^2\eta \tag{6.128}$$

从原则上讲，CKM 矩阵前两行的矩阵元都可以出现在直接的树图过程中，即出现在含相应夸克的强子的弱衰变中。CKM 矩阵元中 V_{ud} 的测量精度最高，$\sim 0.02\%$；和 V_{us}、V_{cs} 和 V_{cb} 相关的可观测量精度也很高，误差在 $0.1\% \sim 2\%$；而给出 V_{ub} 和 V_{cd} 测量的 $\text{B} \to \pi\text{l}\bar{\nu}$ 和 $\text{D} \to \pi\text{l}\bar{\nu}$ 过程的可观测量误差较大，$\sim 10\%$。利用 B 介子工厂实验之前的测量精度可以给出两个 Wolfenstein 参数 λ 和 A 分别为

$$\lambda = |V_{\text{us}}| = 0.2205 \pm 0.0018, \qquad A = |V_{\text{cb}}/V_{\text{us}}^2| = 0.80 \pm 0.04 \tag{6.129}$$

另外一个方面，V_{ub} 和 V_{td} 可以从 $\text{B}^0 - \bar{\text{B}}^0$ 混合中测得，具有 30% 的不确定性，这就意味着 Wolfenstein 参数 ρ 和 η 存在着较大的不确定性。精确地测量这些参数将是对实验和理论两个方面的挑战，也是 B 介子工厂实验测量的重要内容。

6.8.2 幺正三角形

幺正三角形是 CKM 矩阵幺正性的非常直观而漂亮的表示。幺正性方程

$$V_{ij}V_{ik}^*=0,\quad j\neq k \tag{6.130}$$

可以看作是复平面上的闭合三角形方程。显然这样的三角形一共有六个。在夸克场不同的相位参数化下，这些三角形在复平面上的取向会改变，但面积 $|A_\triangle|$ 保持不变，为

$$|A_\triangle|=\frac{1}{2}J_{CP} \tag{6.131}$$

从唯象学的观点来看，这六个三角形方程中最重要的是

$$V_{\rm ud}V_{\rm ub}^*+V_{\rm cd}V_{\rm cb}^*+V_{\rm td}V_{\rm tb}^*=0 \tag{6.132}$$

因为其中包含了目前了解得最不精确的一些 CKM 矩阵元。在标准的参数化中 $V_{\rm cd}V_{\rm cb}^*$ 是实数，用它除上式得

$$-\frac{V_{\rm ud}V_{\rm ub}^*}{V_{\rm cd}V_{\rm cb}^*}-\frac{V_{\rm td}V_{\rm tb}^*}{V_{\rm cd}V_{\rm cb}^*}=1 \tag{6.133}$$

其中，

$$-\frac{V_{\rm ud}V_{\rm ub}^*}{V_{\rm cd}V_{\rm cb}^*}=\frac{(1-\lambda^2/2)A\lambda^3(\rho+{\rm i}\eta)}{A\lambda^3}=(1-\lambda^2/2)(\rho+{\rm i}\eta)=\bar\rho+{\rm i}\bar\eta \tag{6.134}$$

$$-\frac{V_{\rm td}V_{\rm tb}^*}{V_{\rm cd}V_{\rm cb}^*}=\frac{A\lambda^3(1-\rho-{\rm i}\eta)}{A\lambda^3}=1-\rho-{\rm i}\eta=1-\bar\rho-{\rm i}\bar\eta \tag{6.135}$$

$$\bar\rho=(1-\lambda^2/2)\rho,\bar\eta=(1-\lambda^2/2)\eta \tag{6.136}$$

因此可以用图 6.5表示。

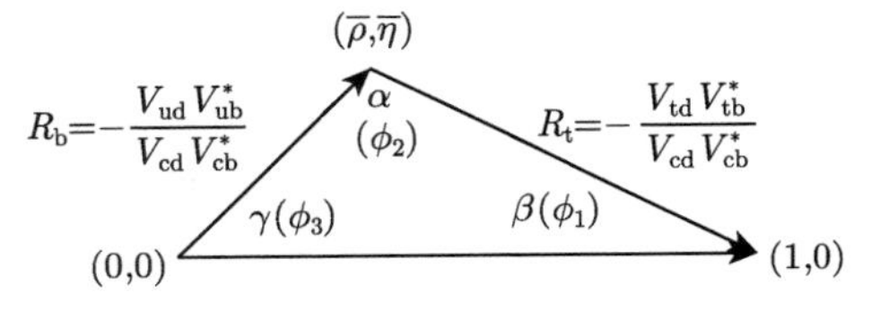

图 6.5 幺正三角形

图中给出了物理学家对幺正三角形三个内角的两套不同标记方法，下面的讨论中我们采用 ϕ_1、ϕ_2、ϕ_3 的习惯记法。它们的三个幅角分别为

$$\phi_1 = \arg\left(-\frac{V_{\text{cd}}V_{\text{cb}}^*}{V_{\text{td}}V_{\text{tb}}^*}\right) \tag{6.137}$$

$$\phi_2 = \arg\left(-\frac{V_{\text{td}}V_{\text{tb}}^*}{V_{\text{ud}}V_{\text{ub}}^*}\right) \tag{6.138}$$

$$\phi_3 = \arg\left(-\frac{V_{\text{ud}}V_{\text{ub}}^*}{V_{\text{cd}}V_{\text{cb}}^*}\right) \tag{6.139}$$

容易给出下面的一些关系式，

$$\begin{cases} \tan\phi_1 = \dfrac{\bar{\eta}}{1-\bar{\rho}}, \qquad \tan\phi_3 = \dfrac{\bar{\eta}}{\bar{\rho}} = \dfrac{\eta}{\rho} \\ \sin 2\phi_1 = \dfrac{2\bar{\eta}(1-\bar{\rho})}{(1-\bar{\rho})^2+\bar{\eta}^2} \\ \sin 2\phi_3 = \dfrac{2\bar{\eta}\bar{\rho}}{\bar{\rho}^2+\bar{\eta}^2} = \dfrac{2\eta\rho}{\rho^2+\eta^2} \end{cases} \tag{6.140}$$

当幺正三角形的三个内角不等于 0 或 π 时，也可以说幺正三角形的面积不等于 0 时，$\mathcal{CP}$ 就是破坏的。实际上由幺正关系形成的所有三角形都具有相同的面积，它们正比于 $\Im(V_{\text{cs}}^*V_{\text{us}}V_{\text{cd}}V_{\text{ud}}^*)$。由此可见，标准模型允许通过各种不同的方法测量幺正三角形的角和边，或者二者的组合，实验观测值和理论预期的任何不相符都将是超出标准模型的动力学机制的信号。

首先来看 $R_{\text{b}}, R_{\text{t}}$ 的信息。B 介子单举半轻子衰变轻子谱端点的测量给出

$$\left|\frac{V_{\text{ub}}}{V_{\text{cb}}}\right| = 0.08 \pm 0.01_{\text{exp}} \pm 0.02_{\text{th}} \tag{6.141}$$

因而

$$R_{\text{b}} = \sqrt{\bar{\rho}^2+\bar{\eta}^2} = (1-\frac{\lambda^2}{2})\frac{1}{\lambda}\left|\frac{V_{\text{ub}}}{V_{\text{cb}}}\right| = 0.35 \pm 0.09 \tag{6.142}$$

为了确定 R_{t}，需要知道矩阵元 V_{td} 的值。它同样可以从 B^0-B^0 混合的实验信息中汲取，在 ΔM_{B} 的表达式 (6.109) 中，B 和 f_{B} 的值已有许多文献给出了计算结果。这里我们取

$$f_{\text{B}} = (185 \pm 40)\text{MeV} \tag{6.143}$$

与格点规范理论计算的 $B \simeq 1.08$ 结合得到

$$B^{1/2} f_{\mathrm{B}} = (200 \pm 40)\mathrm{MeV} \tag{6.144}$$

QCD 修正因子可近似地取为 $\eta_{\mathrm{B}} = 0.55 \pm 0.01$。反解式 (6.109) 则得

$$|V_{\mathrm{td}}| = 8.53 \times 10^{-3} \left(\frac{200\mathrm{MeV}}{B^{1/2} f_{\mathrm{B}}}\right) \left(\frac{170\mathrm{GeV}}{\bar{m}_{\mathrm{t}}(m_{\mathrm{t}})}\right)^{0.76} \left(\frac{\Delta M_{\mathrm{B}}}{0.465\mathrm{ps}^{-1}}\right)^{1/2} \tag{6.145}$$

进一步取跑动的 t 夸克质量 $\bar{m}_{\mathrm{t}}(m_{\mathrm{t}}) = (170 \pm 15)\mathrm{GeV}$，利用 ΔM_{B} 的世界平均值，

$$\Delta M_{\mathrm{B}} = (0.465 \pm 0.024)\mathrm{ps}^{-1} \tag{6.146}$$

给出

$$|V_{\mathrm{td}}| = (8.53 \pm 1.81) \times 10^{-3} \tag{6.147}$$

这对应于 R_{t} 的取值区间为

$$R_{\mathrm{t}} = \sqrt{(1-\bar{\rho})^2 + \bar{\eta}^2} = \frac{1}{\lambda}\left|\frac{V_{\mathrm{td}}}{V_{\mathrm{cb}}}\right| = 0.99 \pm 0.22 \tag{6.148}$$

式 (6.142) 和式 (6.148) 给出了两个中心分别位于 $(\bar{\rho},\bar{\eta})$=$(0,0)$ 和 $(1,0)$ 的环形圆域，限制了 $\bar{\rho}$ 和 $\bar{\eta}$ 的取值范围。另外一个限制方程可以从 K 介子系统 $\mathcal{CP}$ 破坏的间接测量得到。由 $\mathrm{K}^0-\mathrm{K}^0$ 混合中测得的 $\mathcal{CP}$ 破坏参数 ϵ_{K} 给出了一个双曲线型的限制方程，其形状依赖于强作用参数 B_{K}，理论上给出

$$\bar{\eta}\left[A^2\left(\frac{m_{\mathrm{t}}}{m_{\mathrm{W}}}\right)^{1.52}(1-\bar{\rho}) + (0.69 \pm 0.05)\right] A^2 B_{\mathrm{K}} \simeq 0.50 \tag{6.149}$$

由式 (6.129)$A = 0.80 \pm 0.04$。在过去的几年中对 B_{K} 的理论计算已经收敛到一个普遍接受的结果，

$$B_{\mathrm{K}} = 0.75 \pm 0.15 \tag{6.150}$$

而且格点计算和 $1/N_{\mathrm{c}}$ 展开所得到的两个结果互相吻合。我们对 B_{K} 的早期计算结果偏低的原因也已经了解。

从原则上讲，K 介子系统 $\Re(\epsilon'/\epsilon)$ 的测量可以独立于 ρ 给出 η 的取值。但是实际上实验的情况并不是非常明确，理论上对 $\Re(\epsilon'/\epsilon)$ 的计算也具有较大的不确定性，所以对 η 无法导出有用的确定值。

图 6.6是 1995 年 CKMFitter 合作组给出的 R_b、R_t 和 ϵ_K 测量在 $\bar{\rho}-\bar{\eta}$ 平面上的限制，显示了在 B 衰变、$\mathrm{B}_0-\mathrm{B}^0$ 混合及 K 介子系统中 $\mathcal{CP}$ 破坏的理论和实验分析中的不确定性。Wolfenstein 参数仍然有很大的存在区域。例如 ϕ_1 角的容许区间为

$$0.34 < \sin 2\phi_1 < 0.75 \tag{6.151}$$

这在实践上有重要的应用。下面将要讨论 $\mathrm{B}^0 \to \mathrm{J}/\psi\, K_\mathrm{S}$ 衰变，这是在 B 介子工厂中寻找 $\mathcal{CP}$ 破坏最被看好的模式。它的 $\mathcal{CP}$ 不对称性正比于 $\sin 2\phi_1$，因此 $\mathcal{CP}$ 破坏的前景如何将依赖于 $\sin 2\phi_1$ 是靠近它的上限还是下限。由此可以看到可靠地确定幺正三角形的形状是非常重要的。

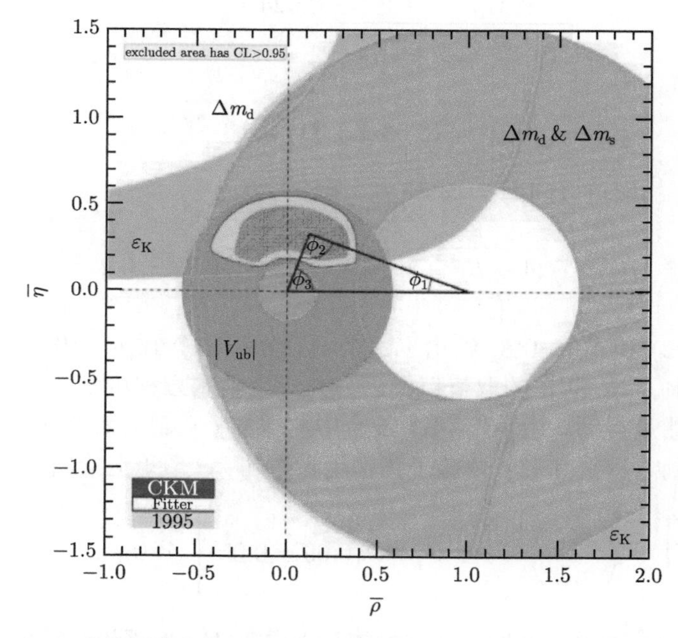

图 6.6　CKMFitter 合作组给出的 1995 年时实验在 $\bar{\rho}-\bar{\eta}$ 平面上对幺正三角形的限制区间 [3，4]：深绿色区域是 $R_\mathrm{b}(|V_\mathrm{ud}|)$ 测量；橙色和黄色区域是 $R_\mathrm{t}(\Delta M_\mathrm{B})$ 测量 (图中 $\Delta m_\mathrm{b,s} \equiv \Delta M_{B_\mathrm{b,s}}$)，浅绿色区域是 K 介子的 ϵ_K 测量

实际上人们对幺正三角形的认知逐渐变得越来越精确，$\mathcal{CP}$ 破坏的探索将对标准模型给出严格的检验。如果图 6.6中的三个约束带不重合，当然就意味着新物理的出现。

还应该指出的是，$\mathcal{CP}$ 破坏除了可以由标准模型机制产生之外，还可以有别的一些超出标准模型的机制，已经有人讨论了当存在第四代的轻子和夸克时可能

产生的 $\mathcal{CP}$ 破坏效应。如果在标准模型的基础上引入两个以上的 Higgs 场二重态，也可以产生自发的 $\mathcal{CP}$ 破坏效应。同时也有人讨论了右手流和超对称性理论中的 $\mathcal{CP}$ 破坏，这里我们就不展开讨论了。下面仅限于探讨标准模型下的 $\mathcal{CP}$ 破坏问题。

6.9 中性 B 介子衰变中的 $\mathcal{CP}$ 不对称性和幅角测量

在 6.7节中已经讨论了中性 B 介子到 $\mathcal{CP}$ 本征末态的衰变，它对幺正三角形中的幅角可以给出几乎完全和模型无关的确定。对 B 介子系统在 10^{-2} 的修正精度下可以给出

$$\left(\frac{q}{p}\right)_{\mathrm{B}} \simeq -\frac{M_{12}^*}{|M_{12}|} = \frac{V_{\mathrm{td}}V_{\mathrm{tb}}^*}{V_{\mathrm{td}}^*V_{\mathrm{tb}}} \tag{6.152}$$

实际上这种 CKM 矩阵元参数的结合形式可以直接从图 6.1中的顶点读出。它在标准模型中对质量矩阵的非对角元素 M_{12}^* 负责，箱图中 u 和 c 夸克的贡献相对于 t 夸克可以忽略。

当然为了消除强子的误差不确定性，最好是选取那些由单一的费曼图主导的衰变模式，但是实际上大多数的衰变道都同时有来自树图和企鹅图的贡献，一般地对 $\mathrm{b}\to \mathrm{q\bar{q}'q'}$ 衰变，两者之比大致为

$$\frac{\text{企鹅图}}{\text{树图}} \sim \frac{\alpha_{\mathrm{s}}}{12\pi}\ln\frac{m_{\mathrm{t}}^2}{m_{\mathrm{b}}^2}\cdot r\cdot\frac{V_{\mathrm{tb}}V_{\mathrm{tq}}^*}{V_{\mathrm{q'b}}V_{\mathrm{q'q}}^*} \tag{6.153}$$

其中第一个因子来自企鹅图的圈图压制, 大致是 2% 的量级；第二个因子 r 为 2~5，是通常企鹅图的算符矩阵元相对于树图中的算符矩阵元的增加；第三个因子是 CKM 矩阵元的比。

从式 (6.153) 不难看出，在下面的这三种情况下将有可能获得由单一图主导的衰变模式。

(1) 企鹅图的 CKM 矩阵元参数相对于树图是压制的，即

$$\left|\frac{V_{\mathrm{tb}}V_{\mathrm{tq}}^*}{V_{\mathrm{q'b}}V_{\mathrm{q'q}}^*}\right| \leqslant 1$$

这时树图的贡献是主要的。这样一些衰变的例子有 $\mathrm{B}\to\pi\pi$，$\mathrm{B}\to\mathrm{D\bar{D}}$、$\mathrm{B_s}\to\rho\mathrm{K_S}$，$\mathrm{B_s}\to\mathrm{J}/\psi\,\mathrm{K_S}$。

(2) 如果树图是禁戒的，那么当然就是企鹅图主导。这样的一些例子有 $\mathrm{B}\to\phi\mathrm{K_S}$，$\mathrm{B}\to\mathrm{K_SK_S}$、 $\mathrm{B_s}\to\eta'\eta'$，$\mathrm{B_s}\to\phi\mathrm{K_S}$。

(3) 如果幅角

$$\arg\left(\frac{V_{\mathrm{tb}}V_{\mathrm{tq}}^*}{V_{\mathrm{q'b}}V_{\mathrm{q'q}}^*}\right)=0 \quad 或者 \quad \pi \tag{6.154}$$

那么树图和企鹅图具有相同的弱相因子。这时仍然可以有 $|\bar{A}/A|=1$，强作用误差不确定性得以消除。这样的一些例子有 $\mathrm{B}\to\mathrm{J}/\psi\,\mathrm{K_S}$ 和 $\mathrm{B}\to\mathrm{J}/\psi\,\phi$。

在非对称的 B 介子工厂实验中 B 和 $\bar{\mathrm{B}}$ 总是成对产生的。为确定某一衰变末态是来自 B 还是 $\bar{\mathrm{B}}$，就需要知道另一侧是 B 或 $\bar{\mathrm{B}}$ 介子，如前所述，这就是所谓 B 介子的标记。常用的两类标记效率最高的方法，一类是轻子标记，按照 b 夸克的衰变模式 $\mathrm{b}\to\mathrm{l^-}\bar{\nu}\mathrm{X},\bar{\mathrm{b}}\to\mathrm{l^+}\nu\bar{\mathrm{X}}$，根据末态是带正电还是负电的轻子来标记母粒子是 B 还是 $\bar{\mathrm{B}}$；另一类是 K 介子标记，依据衰变模式 $\mathrm{b}\to\mathrm{c}\to\mathrm{s}$ 和 $\bar{\mathrm{b}}\to\bar{\mathrm{c}}\to\bar{\mathrm{s}}$，由末态总的带电 K 介子电荷之和的正负号来标记 B 介子。也可以利用末态为多 π 的衰变道等来标记，但标记效率低于前面的两类衰变道。对于中性 B 介子，标记测量的灵敏度会因振荡效应而降低。可以将实际观测到的结果和真正分支比间的关系表示为

$$\begin{cases}Br(\mathrm{B^0}\to\mathrm{X})=a\,Br(\mathrm{B^0}\to\mathrm{X},观测到)+b\,Br(\bar{\mathrm{B}}^0\to\mathrm{X},观测到)\\ Br(\bar{\mathrm{B}}^0\to\mathrm{X})=b\,Br(\mathrm{B^0}\to\mathrm{X},观测到)+a\,Br(\bar{\mathrm{B}}^0\to\mathrm{X},观测到)\end{cases} \tag{6.155}$$

a 和 b 分别是 $\mathrm{B^0}$ 到 $\mathrm{B^0}$ 和 $\bar{\mathrm{B}}^0$ 的演化概率,

$$\begin{cases}a=\displaystyle\int_0^\infty \mathrm{e}^{-\Gamma_{\mathrm{B}}t}\cos^2\left(\frac{1}{2}\Delta M_{\mathrm{B}}t\right)\mathrm{d}t\\ b=\displaystyle\int_0^\infty \mathrm{e}^{-\Gamma_{\mathrm{B}}t}\sin^2\left(\frac{1}{2}\Delta M_{\mathrm{B}}t\right)\mathrm{d}t\end{cases} \tag{6.156}$$

所以可以由 $x_{\mathrm{d}}=\Delta M_{\mathrm{B}}/\Gamma_{\mathrm{B}}$ 和寿命 $\tau_{\mathrm{B}}=1/\Gamma_{\mathrm{B}}$ 的测量值求得。实验测量时通常在拟合函数中引入一个误标记参数来计及标记的误差。

6.9.1 ϕ_1 角的测量

ϕ_1 角在标准模型中的取值范围为 $10°\leqslant\phi_1\leqslant 35°$，在 B 介子工厂实验中通过 $\mathrm{B^0}(\bar{\mathrm{B}}^0)\to\mathrm{f}_{CP}$ 衰变测量。依据 f_{CP} 衰变末态的不同，可以分为三类。

(1) $\mathrm{b}\to\mathrm{c\bar{c}s}$ 过程，诸如 $\mathrm{B_d^0}(\bar{\mathrm{B}}_\mathrm{d}^0)\to$ 粲偶素 $+\mathrm{K_S^0}(\mathrm{K_L^0})$，以及与之相对应的 K^* 模式，K^* 衰变到本征态 $\mathrm{K}^*\to\mathrm{K_S^0}\pi^0(\mathrm{K_L^0}\pi^0)$，费曼图见图 6.7。末态两个粒子的 $\mathcal{CP}$ 值为 $(-1)^L$，L 是两个粒子的相对角动量。当 B 衰变的两个末态粒子都具有非零的自旋时，可以出现或正或负的角动量，例如末态为两个矢量粒子 $\mathrm{J}/\psi\mathrm{K}^*$ 时，

就必须进行角分布分析以确定振幅的 $\mathcal{CP}$ 特性，增加了物理分析的复杂性。如果末态是矢量 + 赝标量的组合，物理分析就非常清晰简洁，如下面作为例子将稍微详细讨论的 $J/\psi K_S^0$ 末态。

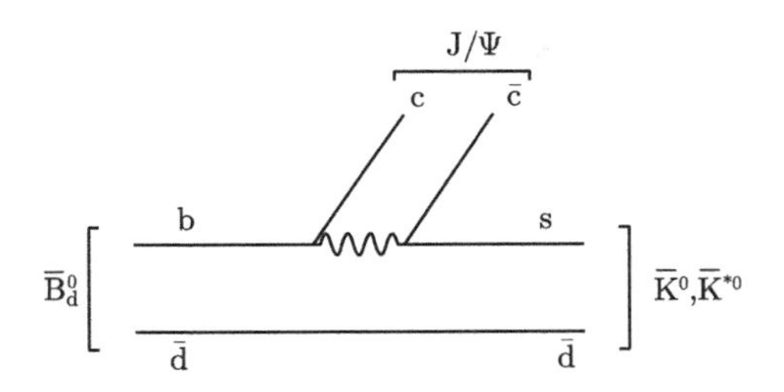

图 6.7 $\bar{B}^0 \to$ 粲偶素 + $\bar{K}^0(\bar{K}^{*0})$ 衰变树图，它是色荷压制的 (第一类)

(2) $b \to c\bar{c}d$ 过程，如 $B_d^0(\bar{B}_d^0) \to D\bar{D}, D\bar{D}^*, D^*\bar{D}, D^*\bar{D}^*$ 等，费曼图示于图 6.8 中。以 $B_d^0(\bar{B}_d^0) \to D^+D^-$ 为例，$\mathcal{CP}(D^+D^-) = +1$，主导的树图振幅为

$$\Lambda(B_d \to D^+D^-) = \left(\frac{V_{tb}^* V_{td}}{V_{tb} V_{td}^*}\right)\left(\frac{V_{cd}^* V_{cb}}{V_{cd} V_{cb}^*}\right)$$
$$\Im\Lambda(B_d \to D^+D^-) = -\sin 2\phi_1 \tag{6.157}$$

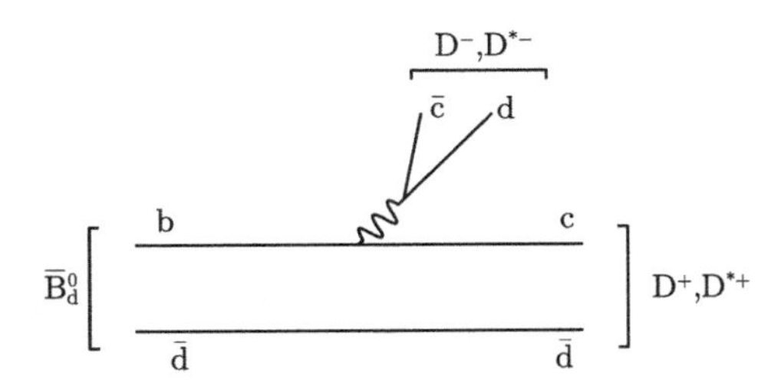

图 6.8 $\bar{B}^0 \to D^+D^-$ 衰变树图，它是卡比博压制和色荷允许的 (第二类)

该模式由于树图是 CKM 压制的，具有不同弱相位的企鹅图就变得很重要。这个效应是直接 $\mathcal{CP}$ 破坏的一个例子，导致 $|\Lambda_f| \neq 1$。不对称性表达式也要比式 (6.120)、式 (6.119) 复杂。如果忽略这一复杂性，得到的拟合值将会偏离正确值。偏离的大小依赖于树图相对于企鹅图贡献的比，以及它们的相对弱相位。这些物理量的计算依赖于模型，因而具有较大的不确定性，特别是对能量如此低的强子效应。显然这将会使拟合得到的 $\sin 2\phi_1$ 具有显著的理论不确定性。不过通过与别的各种衰变道的数据进行比较，可以限定模型的末态相互作用效应。此外，对双矢量粒子末态 $D^*\bar{D}^*$，也需要进行角分析以区分不同的 $\mathcal{CP}$ 振幅。

(3) $\mathrm{b \to s\bar{s}s, d\bar{d}s}$ 过程，有 $\mathrm{B_d^0(\bar{B}_d^0) \to \pi^0 K_S^0(K_L^0), \eta' K_S^0(K_L^0), \phi K_S^0(K_L^0)}$ 等，以及相应的把 K 换成 $\mathrm{K^*}$ 的过程，$\mathrm{K^* \to K_S^0\pi^0(K_L^0\pi^0)}$。对该类的有些模式，例如 $\mathrm{\phi K, \phi K^*}$，完全没有树图。对别的一些模式，$\mathrm{u\bar{u}s}$ 树图的贡献可以进入相同的衰变模式，但这类树图是色荷和卡比博双重压制的，因而企鹅图的贡献是主导的。费曼图如图 6.9所示。对 $\mathrm{B_d^0 \to \phi K_S^0}$ 衰变，如果忽略卡比博压制的项，不对称性可以由下式给出：

$$\Lambda(\mathrm{B_d^0 \to \phi K_S^0}) = -\left(\frac{q}{p}\right)_{\mathrm{B}} \cdot \left(\frac{q}{p}\right)_{\mathrm{K}} \cdot \frac{\bar{A}}{A}$$

$$\simeq -\left(\frac{V_{\mathrm{tb}}^* V_{\mathrm{td}}}{V_{\mathrm{tb}} V_{\mathrm{td}}^*}\right)\left(\frac{V_{\mathrm{cs}}^* V_{\mathrm{cb}}}{V_{\mathrm{cs}} V_{\mathrm{cb}}^*}\right)\left(\frac{V_{\mathrm{cd}}^* V_{\mathrm{cs}}}{V_{\mathrm{cd}} V_{\mathrm{cs}}^*}\right) \tag{6.158}$$

$$\Im\Lambda(\mathrm{B_d^0 \to \phi K_S^0}) \simeq \sin 2\phi_1 \tag{6.159}$$

除了 $\mathrm{\phi K}$ 和 $\mathrm{\phi K^*}$ 以外，其他模式在理论上不像第一类和第二类的模式那样清晰。对于像 $\mathrm{\phi K^*}$ 这样的双矢量末态，同样需要作角分析。

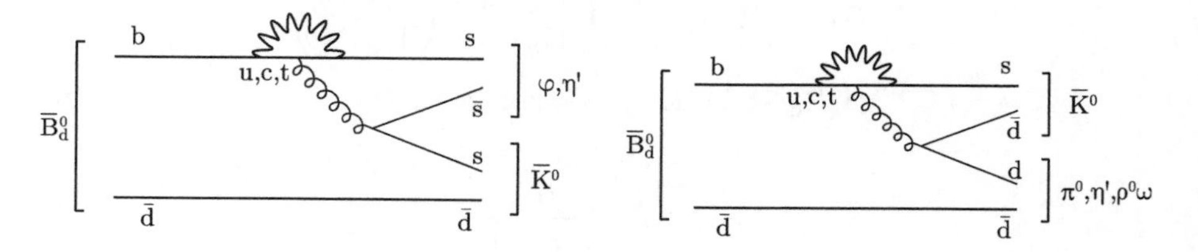

图 6.9 $\mathrm{\bar{B}_d^0}$ 衰变的企鹅图 (第三类)

还需要指出的是，只有企鹅图的第三类模式中还应包括辐射的企鹅图跃迁 $\mathrm{B_d^0, \bar{B}_d^0 \to \gamma + K^*}$，$\mathrm{K^* \to K_S^0\pi^0(K_L^0\pi^0)}$，虽然它的不对称性在标准模型中是很小的。

图 6.10给出了对 $\sin(2\phi_1)$ 测量的世界平均值，可以看出 $\mathrm{b \to c\bar{c}s}$ 类具有最高的精度。

现在以下面的衰变模式为例给出较详细的讨论，

$$\mathrm{\bar{B}^0(B^0) \to J/\Psi\, K_S} \tag{6.160}$$

前面已提到它基于 $\mathrm{b \to c\bar{c}s}$ 跃迁，接下去还有 $\mathrm{K^0 - \bar{K}^0}$ 的混合。末态的 $\mathcal{CP}$ 宇称为 -1。树图和企鹅图一并示于图 6.11中。树图的贡献占优，其振幅正比于 $V_{\mathrm{cb}}V_{\mathrm{cs}}^* \sim \lambda^2$。企鹅图的贡献依赖于圈图中的夸克味道 q，当 q 为 t(或 c) 时它正比于 $V_{\mathrm{tb}}V_{\mathrm{ts}}^*$ (或 $V_{\mathrm{cb}}V_{\mathrm{cs}}^*$)$\simeq \lambda^2$，而当 q 为 u 时正比于 $V_{\mathrm{ub}}V_{\mathrm{us}}^* \simeq \lambda^4$。由于按照幺正关系式有 $V_{\mathrm{tb}}V_{\mathrm{ts}}^* = V_{\mathrm{cb}}V_{\mathrm{cs}}^* + \mathcal{O}(\lambda^4)$，因此企鹅图具有和树图接近相同的弱相因子，属于前面

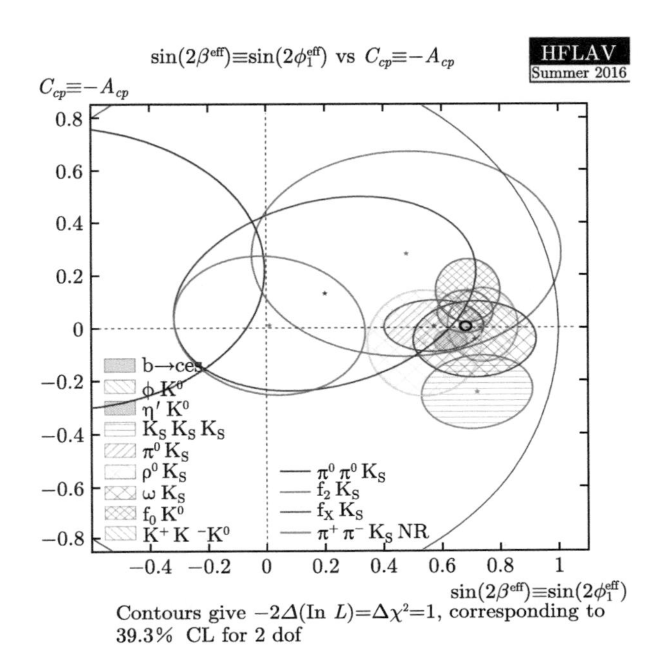

图 6.10　$\sin(2\phi_1)$ 测量的世界平均值，$\mathrm{b}\to\mathrm{c\bar{c}s}$ 类的精度最高

式 (6.154) 给出的第三种情况。仔细的估计表明强作用不确定性只有 10^{-3} 的量级。因此从理论上讲，通过 $\mathrm{B}^0\to\mathrm{J}/\Psi\,\mathrm{K_S}$ 衰变测量 $\sin 2\phi_1$ 是 B 介子工厂实验中最干净的过程。实验测得 $|\Lambda_{\mathrm{c\bar{c}s}}|=0.950\pm0.049\pm0.026$，式 (6.119) 中的 $A_{\mathrm{c\bar{c}s}}\simeq 0$，直接的 $\mathcal{CP}$ 破坏效应可以忽略。

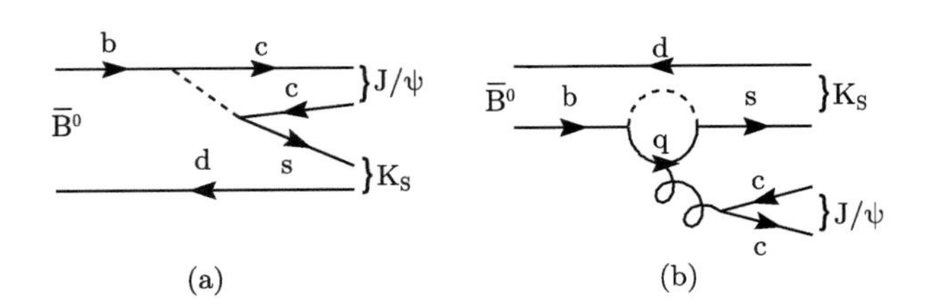

图 6.11　$\bar{\mathrm{B}}^0\to\mathrm{J}/\Psi\,\mathrm{K_S}$ 衰变的树图和企鹅图

按照式 (6.115) 和式 (6.121) 我们有

$$
\begin{aligned}
A_{\mathrm{J}/\Psi\,\mathrm{K_S}} &= \frac{\Gamma(\bar{\mathrm{B}}^0\to\mathrm{J}/\Psi\,\mathrm{K_S})-\Gamma(\mathrm{B}^0\to\mathrm{J}/\Psi\,\mathrm{K_S})}{\Gamma(\bar{\mathrm{B}}^0\to\mathrm{J}/\Psi\,\mathrm{K_S})+\Gamma(\mathrm{B}^0\to\mathrm{J}/\Psi\,\mathrm{K_S})}\\
&\simeq \Im\Lambda_{\mathrm{J}/\Psi\,\mathrm{K_S}}\sin(\Delta M_{\mathrm{B}}t)
\end{aligned}
\tag{6.161}
$$

可以证明这时由于 $\mathrm{K}^0-\bar{\mathrm{K}}^0$ 混合在 $\Lambda_{\mathrm{J}/\Psi\,\mathrm{K_S}}$ 中要增加一个因子

$$\left(\frac{q}{p}\right)_{\mathrm{K}} \simeq \frac{V_{\mathrm{cs}}V_{\mathrm{cd}}^*}{V_{\mathrm{cs}}^*V_{\mathrm{cd}}} \tag{6.162}$$

因此，

$$\Lambda_{\mathrm{J}/\Psi\,\mathrm{K_S}} = -\left(\frac{q}{p}\right)_{\mathrm{B}} \cdot \left(\frac{q}{p}\right)_{\mathrm{K}} \cdot \frac{\bar{A}}{A} \simeq -\frac{V_{\mathrm{tb}}^*V_{\mathrm{td}}}{V_{\mathrm{tb}}V_{\mathrm{td}}^*} \cdot \frac{V_{\mathrm{cs}}V_{\mathrm{cd}}^*}{V_{\mathrm{cs}}^*V_{\mathrm{cd}}} \cdot \frac{V_{\mathrm{cb}}V_{\mathrm{cs}}^*}{V_{\mathrm{cb}}^*V_{\mathrm{cs}}} = -\mathrm{e}^{-2\mathrm{i}\phi_1} \tag{6.163}$$

即有

$$\Im\Lambda_{\mathrm{J}/\Psi\,\mathrm{K_S}} \simeq \sin 2\phi_1 \tag{6.164}$$

依式 (6.121)，

$$A_{\mathrm{J}/\Psi\,\mathrm{K_S}} = \sin 2\phi_1 \sin(\Delta M_{\mathrm{B}}\Delta t) \tag{6.165}$$

图 6.12给出的是 Belle 实验测得的 $q=\pm1$ 事例和不对称性的 Δt 分布。

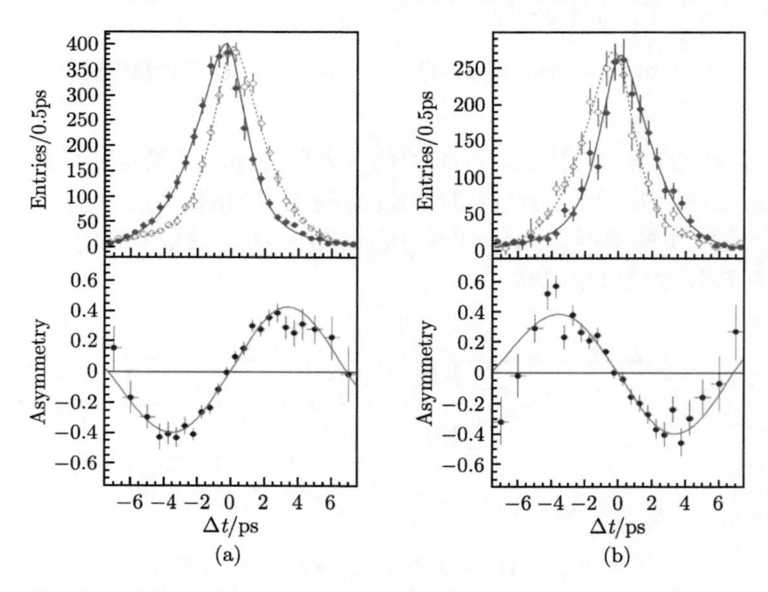

图 6.12 (上图) 高精度标记的 $q=+1$(红色，虚线) 和 $q=-1$(蓝色，实线) 事例；(下图) 不对称性分布。左边是 $(\mathrm{c\bar{c}})\mathrm{K_S}^0$ 事例，右边是 $\mathrm{J}/\psi K_{\mathrm{L}}^0$ 事例。引自文献 [2]

时间积分则给出

$$A_{\mathrm{J}/\Psi\,\mathrm{K_S}}^{\mathrm{int}} = \sin 2\phi_1 \cdot \frac{x_{\mathrm{d}}}{1+x_{\mathrm{d}}^2} \tag{6.166}$$

因子 $x_{\rm d}/(1+x_{\rm d}^2)$ 称为淡化因子 (dilution factor)，因为它的存在会降低实验测量的灵敏度。

末态 $\rm J/\Psi\,K_S$ 可以衰变到 $\rm l^+l^-\pi^+\pi^-$，末态粒子的鉴别非常容易，所以通常把该反应模式称为金制模式 (gold-plated mode)。此外，当然也可以利用 $\rm l^+l^-\pi^0\pi^0$ 模式的测量增加统计量，提高测量精度。别的一些基于 $\rm b\to c\bar{c}s$ 跃迁的衰变道还有末态 $\mathcal{CP}$ 宇称为 -1 的

$$\rm \bar{B}^0(B^0)\to\chi_cK_S,\quad \eta_cK_S \tag{6.167}$$

和末态 $\mathcal{CP}$ 宇称为 $+1$ 的，

$$\rm \bar{B}^0(B^0)\to J/\Psi\,K_L,\ \ \chi_cK_L,\ \ \eta_cK_L \tag{6.168}$$

这些过程的测量都将会提高 ϕ_1 角的统计精度。

Belle 按式 (6.118) 对实验数据进行含时拟合，将 $\rm B\to J/\Psi K_S^0$, $\rm J/\Psi K_L^0$, $\rm \Psi(2S)K_S^0$ 和 $\rm \chi_{c1}K_S^0$ 道的拟合结果结合在一起，给出

$$\sin 2\phi_1=S=0.668\pm0.023\pm0.013 \tag{6.169}$$

$$A=0.007\pm0.016\pm0.013 \tag{6.170}$$

确实没有测到直接的 $\mathcal{CP}$ 破坏效应。

对上面的讨论作一个归纳：由于在测量 ϕ_1 角的反应道中，领头项和次领头项的费曼图不包含 CKM 矩阵元 $V_{\rm ub}$ 和 $V_{\rm td}$，因此在衰变振幅中没有复数相位，本章前言中提及的衰变弱相角 $\phi_{\rm D}=0$，于是来自混合的 $\mathcal{CP}$ 破坏参数 S 直接和 ϕ_1 角相联系，即在标准模型中有如下关系：

$$S=-\eta_{CP}\cdot\sin 2\phi_1,\qquad A=0 \tag{6.171}$$

$\eta_{CP}=\pm1$ 是末态 f_{CP} 的 $\mathcal{CP}$ 宇称。表 6.1总结了得到广泛讨论的一些有效反应过程。

6.9.2 ϕ_2 角的测量

ϕ_2 角测量的重要性在于，仅有 ϕ_1 角的测量还不能区分 $\mathcal{CP}$ 破坏机制是来自标准模型还是别的什么理论。例如，在超弱模型理论中 $A_{\phi_2}=-A_{\phi_1}$。这在标准模型理论中是容许的，但不是必须的。此前 K 介子系统中的实验结果在 2σ 精度内还不能排除超弱模型。

为了测量 ϕ_2 角，就需要考虑衰变，

$$\rm \bar{B}^0(B^0)\to\pi^+\pi^- \tag{6.172}$$

表 6.1 测量 $\mathcal{CP}$ 不对称性的各种可能反应过程

夸克过程	强子过程	Φ 角	末态 $\mathcal{CP}$ 宇称
$\bar{\mathrm{b}} \to \mathrm{c\bar{c}\bar{s}}$	$B_{\mathrm{d}} \to \mathrm{J}/\Psi\,\mathrm{K_S}$	$-\phi_1$	-1
	$\mathrm{B_d} \to \chi\mathrm{K_S}$	$-\phi_1$	-1
	$\mathrm{B_d} \to \eta_c\mathrm{K_S}$	$-\phi_1$	-1
	$\mathrm{B_d} \to \mathrm{J}/\Psi\,\mathrm{K_L}$	$+\phi_1$	$+1$
	$\mathrm{B_d} \to \chi\mathrm{K_L}$	$+\phi_1$	$+1$
	$\mathrm{B_d} \to \eta_c\mathrm{K_L}$	$+\phi_1$	$+1$
$\bar{\mathrm{b}} \to \mathrm{c\bar{c}\bar{d}}$	$\mathrm{B_d} \to \mathrm{D^+D^-}$	$+\phi_1$	$+1$
	$\mathrm{B_d} \to \mathrm{D^0\bar{D}^0}$	$+\phi_1$	$+1$
$\bar{\mathrm{b}} \to \bar{\mathrm{s}}$(企鹅图)	$\mathrm{B_d} \to \mathrm{K_S}\omega$	$-\phi_1$	-1
	$\mathrm{B_d} \to \mathrm{K_S}\rho^0$	$-\phi_1$	-1
	$\mathrm{B_d} \to \mathrm{K_S}\phi$	$-\phi_1$	-1
	$\mathrm{B_d} \to \mathrm{K_L}\omega$	$+\phi_1$	$+1$
	$\mathrm{B_d} \to \mathrm{K_L}\rho^0$	$+\phi_1$	$+1$
	$\mathrm{B_d} \to \mathrm{K_L}\phi$	$+\phi_1$	$+1$
$\bar{\mathrm{b}} \to \mathrm{u\bar{u}\bar{d}}$	$\mathrm{B_d} \to \pi^+\pi^-$	$-\phi_2$	$+1$
	$\mathrm{B_d} \to \pi^0\pi^0$	$-\phi_2$	$+1$
	$\mathrm{B_d} \to \omega\pi^0$	$-\phi_2$	$+1$
	$\mathrm{B_d} \to \rho\pi^0$	$-\phi_2$	$+1$
	$\mathrm{B_d} \to \mathrm{p\bar{p}}$(s 波)	$+\phi_2$	-1
	$\mathrm{B_d} \to \mathrm{p\bar{p}}$(p 波)	$-\phi_2$	$+1$
$\bar{\mathrm{b}} \to \mathrm{u\bar{u}\bar{d}}$	$\mathrm{B_s} \to \rho\mathrm{K_S}$	$-\phi_3$	-1
	$\mathrm{B_s} \to \omega\mathrm{K_S}$	$-\phi_3$	-1
	$\mathrm{B_s} \to \rho\mathrm{K_L}$	$+\phi_3$	$+1$
	$\mathrm{B_s} \to \omega\mathrm{K_L}$	$+\phi_3$	$+1$

它基于 $\mathrm{b} \to \mathrm{u\bar{u}d}$ 跃迁，树图和企鹅图的贡献都是 CKM 矩阵元参数 λ^3 的量级，如图 6.13所示。树图的 CKM 矩阵元因子为 $V_{\mathrm{ub}}V_{\mathrm{ud}}^*$，企鹅图的 CKM 矩阵元因子为 $V_{\mathrm{tb}}V_{\mathrm{td}}^*$。如果企鹅图的贡献可以忽略，则有

$$\Lambda_{\pi\pi} = \left(\frac{q}{p}\right)_{\mathrm{B}} \cdot \frac{\bar{A}}{A} \simeq \frac{V_{\mathrm{tb}}^* V_{\mathrm{td}}}{V_{\mathrm{tb}} V_{\mathrm{td}}^*} \cdot \frac{V_{\mathrm{ub}} V_{\mathrm{ud}}^*}{V_{\mathrm{ub}}^* V_{\mathrm{ud}}} = \mathrm{e}^{-2\mathrm{i}\phi_1}\mathrm{e}^{-2\mathrm{i}\phi_3} = \mathrm{e}^{2\mathrm{i}\phi_2} \tag{6.173}$$

因此有

$$\Im\Lambda_{\pi\pi} \simeq \sin 2\phi_2 \tag{6.174}$$

但是实际上企鹅图和树图具有相同的数量级。在 $SU(3)$ 味对称性的假定下，从 $\mathrm{B} \to \mathrm{K}\pi$ 衰变可以估计出企鹅图和树图的振幅比大约为 0.3。企鹅图使得 $|\Lambda| \neq 1$，并带来强子修正的不确定性。

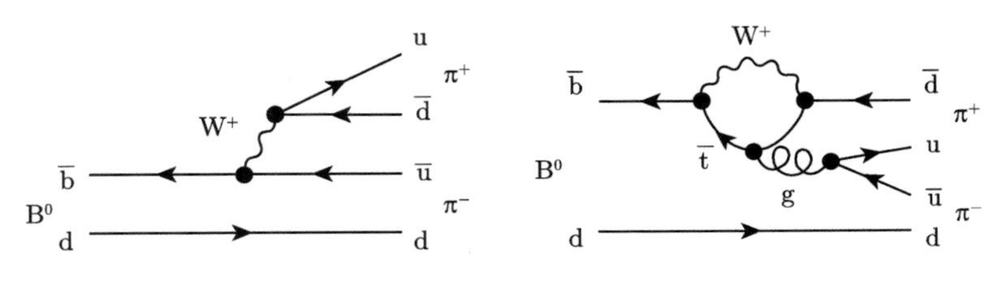

图 6.13 $\bar{B}^0 \to \pi^+\pi^-$ 衰变的树图和企鹅图

在 $\pi^+\pi^-$ 事例时间不对称性的测量中，通过标记不衰变到 $\pi^+\pi^-$ 的 B 介子，可以知道 $\pi^+\pi^-$ 是由 B^0 还是 $\bar{B}^0$ 衰变而来的，即知道式 (6.118) 中的 q 应取 $+1$ 还是 -1，最后通过对式 (6.118) 的拟合，可以得到 $A_{\pi\pi}$ 和 $S_{\pi\pi}$。前面已经讲过，$A_{\pi\pi} \neq 0$ 标志直接的 $\mathcal{CP}$ 破坏。Belle 和 BABAR 实验组都已经给出了 $A_{\pi\pi}$ 和 $S_{\pi\pi}$ 的实验结果。Belle 利用 535×10^6 个 $B\bar{B}$ 对的数据给出 [2]

$$S_{\pi\pi} = -0.61 \pm 0.10 \pm 0.04, \qquad A_{\pi\pi} = 0.55 \pm 0.08 \pm 0.05 \tag{6.175}$$

$A_{\pi\pi} \neq 0$ 意味着 $|\varLambda_{\pi\pi}| \neq 1$，即 $\varGamma(B^0 \to \pi^+\pi^-) \neq \varGamma(\bar{B}^0 \to \pi^+\pi^-)$，存在直接的 $\mathcal{CP}$ 破坏。$\varLambda_{\pi\pi}$ 的相因子可由下式得到

$$\sin 2\phi_{2\text{eff}} = \frac{S_{\pi\pi}}{\sqrt{1 - A_{\pi\pi}^2}} \tag{6.176}$$

当衰变由树图主导时等于 $\sin 2\phi_2$，而当企鹅图的贡献不可忽略时，则需要考虑用同位旋衰变振幅分析的方法去除企鹅图振幅的贡献。具体如下：将 $B^0 \to \pi^+\pi^-$，$\pi^0\pi^0$ 和 $B^+ \to \pi^+\pi^0$ 的衰变振幅记为

$$\begin{cases} A(B^0 \to \pi^+\pi^-) = \sqrt{2}(A_2 - A_0) \\ A(B^0 \to \pi^0\pi^0) = 2A_2 + A_0 \\ A(B^+ \to \pi^+\pi^0) = 3A_2 \end{cases} \tag{6.177}$$

A_0 和 A_2 分别代表两 π 末态同位旋为 0 和 2 的振幅。树图对 A_0 和 A_2 都有贡献，而企鹅图只贡献 A_0。容易给出下面的关系式：

$$A(B^0 \to \pi^+\pi^-) + \sqrt{2}A(B^0 \to \pi^0\pi^0) = \sqrt{2}A(B^+ \to \pi^+\pi^0) \tag{6.178}$$

及其 $\mathcal{CP}$ 共轭，

$$\bar{A}(\bar{B}^0 \to \pi^+\pi^-) + \sqrt{2}\bar{A}(\bar{B}^0 \to \pi^0\pi^0) = \sqrt{2}\bar{A}(B^- \to \pi^-\pi^0) \tag{6.179}$$

因此测量这三个衰变概率，结合 $\pi^+\pi^-$ 含时不对称性的测量，通过简单的几何构造可以确定绝对值 $|A_0|$ 和 $|A_2|$ 及其相对位相差 $\arg(A_0A_2^*)$。假定 $\mathrm{B}^0\to\pi^0\pi^0$ 道的直接 $\mathcal{CP}$ 破坏可以忽略，即 $A_{\pi^0\pi^0}=0$，则 $\phi_2-\phi_{2\mathrm{eff}}$ 可以定到具有 4 个根的不确定性。而 ϕ_2 在 $(0,\pi)$ 区间具有 8 根不确定性。

实验上用于测量 ϕ_2 角的另一类很有意思的过程是

$$\bar{\mathrm{B}}^0(\mathrm{B}^0)\to\rho^\pm\pi^\mp,\mathrm{a}_1^\pm\pi^\mp \tag{6.180}$$

这里末态虽然不是 $\mathcal{CP}$ 的本征态，但它们在夸克的层次上是 $\mathcal{CP}$ 自共轭的，因而 B^0 和 $\bar{\mathrm{B}}^0$ 能衰变到相同的末态。它的 $\mathcal{CP}$ 不对称性的产生方式和上述 $\mathcal{CP}$ 本征态时的相同，只是由于末态不是 $\mathcal{CP}$ 的本征态，多了一个淡化因子，

$$d_\zeta=\frac{2\zeta}{1+\zeta^2},\qquad \zeta=\frac{|A(\bar{\mathrm{B}}^0\to\mathrm{f})|}{|A(\mathrm{B}^0\to\mathrm{f})|} \tag{6.181}$$

如果 f 是 $\mathcal{CP}$ 的本征态，$\zeta=1$，则 $d_\zeta=1$。模拟结果表明，在非对称 B 介子工厂实验中该道能够给出可以和 $\mathrm{B}^0\to\pi^+\pi^-$ 比较，甚至还要好的分析结果。

测量 ϕ_2 角的另一个反应道为 $\bar{\mathrm{B}}^0(\mathrm{B}^0)\to\rho^+\rho^-$，两个矢量粒子的末态是偶 $\mathcal{CP}$ 宇称和奇 $\mathcal{CP}$ 末态的混合态。为提取每种 $\mathcal{CP}$ 成分的分量就需要进行角分析，幸运的是由于纵向极化的分量接近于 100%[5]，测量变得简单。Belle 利用 535×10^6 个 $\mathrm{B}\bar{\mathrm{B}}$ 对的数据给出的结果为[2]

$$S_{\rho^+\rho^-}=0.19\pm0.30\pm0.07,\qquad A_{\rho^+\rho^-}=0.16\pm0.21\pm0.07 \tag{6.182}$$

在该模式 ϕ_2 角可以用和 $\mathrm{B}^0\to\pi^+\pi^-$ 道类似的同位旋关系分析方法得到。

6.9.3　ϕ_3 角的测量

$\sin2\phi_3$ 角可以由 $\bar{\mathrm{B}}_\mathrm{s}^0=(\mathrm{b}\bar{\mathrm{s}})$ 和 B_s^0 的衰变模式测得

$$\bar{\mathrm{B}}_\mathrm{s}^0(\mathrm{B}_\mathrm{s}^0)\to\rho^0\mathrm{K_S} \tag{6.183}$$

这也是 $\mathrm{b}\to\mathrm{u}\bar{\mathrm{u}}\mathrm{d}$ 跃迁。

$$\varLambda_{\rho\mathrm{K_S}}=\left(\frac{q}{p}\right)_{\mathrm{B_s}}\cdot\left(\frac{q}{p}\right)_{\mathrm{K}}\cdot\frac{\bar{A}}{A}\simeq\frac{V_{\mathrm{tb}}^*V_{\mathrm{ts}}}{V_{\mathrm{tb}}V_{\mathrm{ts}}^*}\cdot\frac{V_{\mathrm{cs}}^*V_{\mathrm{cd}}}{V_{\mathrm{cs}}V_{\mathrm{cd}}^*}\cdot\frac{V_{\mathrm{ub}}V_{\mathrm{ud}}^*}{V_{\mathrm{ub}}^*V_{\mathrm{ud}}}=\mathrm{e}^{-2\mathrm{i}\phi_3} \tag{6.184}$$

因此有

$$\Im\varLambda_{\rho\mathrm{K_S}}\simeq-\sin2\phi_3 \tag{6.185}$$

需要指出的是，虽然该过程经常被提及作为测量 ϕ_3 角的首选过程，但是由于企鹅图的贡献相对较大，强不确定性严重，而且不可能通过同位旋分析方法予以减小。再就是 $\mathrm{B_s}^0 - \bar{\mathrm{B}}_\mathrm{s}^0$ 混合的问题，目前在 95% 的置信度给出的标准模型混合强度参数为

$$x_\mathrm{s} = \frac{\Delta M_{\mathrm{B_s^0}}}{\Gamma_{\mathrm{B_s^0}}} > 14.0 \tag{6.186}$$

比 x_d 要大得多。这在非对称 B 介子工厂实验中就会掩盖由适度洛伦兹增强所产生的 $\mathcal{CP}$ 不对称性，因此它被认为不大可能给出有意义的结果。对 KEK 的 B 工厂而言，另一个问题是 $\mathrm{B_s^0} - \bar{\mathrm{B}}_\mathrm{s}^0$ 对不能在 $\Upsilon(4s)$ 态产生，机器必须运行在 $\Upsilon(5s)$ 能区，这时它的产生截面要小很多。

现在普遍相信 $\mathrm{B} \to \mathrm{DK}$ 衰变的幅度分析是用来确定 ϕ_3 角的理想过程。对带电 B 介子的衰变，$\mathrm{B^-} \to \mathrm{D^0K^-}(\mathrm{b} \to \mathrm{c\bar{u}s})$ 和 $\mathrm{B^-} \to \bar{\mathrm{D}}^0\mathrm{K^-}(\mathrm{b} \to \mathrm{u\bar{c}s})$ 振幅的干涉给出 ϕ_3 角的测量，因为这两个衰变过程的弱相位差就是 ϕ_3 角，可写为 $A(\mathrm{B^-} \to \mathrm{D^0K^-}) = A_\mathrm{c}\mathrm{e}^{\mathrm{i}\delta_\mathrm{c}}$，$A(\mathrm{B^-} \to \bar{\mathrm{D}}^0\mathrm{K^-}) = A_\mathrm{u}\mathrm{e}^{\mathrm{i}(\delta_\mathrm{u} - \phi_3)}$；记 f 为 D 介子的衰变末态，则有 $A(\mathrm{D^0} \to \mathrm{f}) = A_\mathrm{f}\mathrm{e}^{\mathrm{i}\delta_\mathrm{f}}$，$A(\bar{\mathrm{D}}^0 \to \mathrm{f}) = A_{\bar{\mathrm{f}}}\mathrm{e}^{\mathrm{i}\delta_{\bar{\mathrm{f}}}}$，这里 A_c、A_u、A_f 和 $A_{\bar{\mathrm{f}}}$ 都是正实数。$\mathrm{B^-} \to [\mathrm{f}]_\mathrm{D}\mathrm{K^-}$ 的衰变振幅和概率可写为

$$A(\mathrm{B^-} \to [\mathrm{f}]_\mathrm{D}\mathrm{K^-}) = A_\mathrm{c}A_\mathrm{f}\mathrm{e}^{\mathrm{i}(\delta_\mathrm{c}+\delta_\mathrm{f})} + A_\mathrm{u}A_{\bar{\mathrm{f}}}\mathrm{e}^{\mathrm{i}(\delta_\mathrm{u}+\delta_{\bar{\mathrm{f}}}-\phi_3)} \tag{6.187}$$

$$\begin{aligned}\Gamma(\mathrm{B^-} \to [\mathrm{f}]_\mathrm{D}\mathrm{K^-}) = {} & A_\mathrm{c}^2 A_{\bar{\mathrm{f}}}^2 \big\{ A_\mathrm{f}^2 / A_{\bar{\mathrm{f}}}^2 \\ & + r_\mathrm{B}^2 + 2r_\mathrm{B} A_\mathrm{f}/A_{\bar{\mathrm{f}}} \Re\big[\mathrm{e}^{\mathrm{i}(\delta_\mathrm{B}+\delta_\mathrm{D}-\phi_3)}\big]\big\}\end{aligned} \tag{6.188}$$

这里定义了 $\mathrm{b} \to \mathrm{c\bar{u}s}$ 和 $\mathrm{b} \to \mathrm{u\bar{c}s}$ 的振幅比 $r_\mathrm{B} = |A(\mathrm{B^-} \to \bar{\mathrm{D}}^0\mathrm{K^-})/A(\mathrm{B^-} \to \mathrm{D^0K^-})| = A_\mathrm{u}/A_\mathrm{c}$，强相角差 $\delta_\mathrm{B} = \delta_\mathrm{u} - \delta_\mathrm{c}$，$\delta_\mathrm{D} = \delta_{\bar{\mathrm{f}}} - \delta_\mathrm{f}$。对于电荷共轭的 $\mathrm{B^+}$ 的衰变模式，只需将上式中的 ϕ_3 换成 $-\phi_3$ 即可。上述讨论的基本思想和公式同样适用于 $\mathrm{B^\pm} \to \mathrm{D^{*0}K^\pm}$,$\mathrm{B^\pm} \to \mathrm{D^0K^{*\pm}}$，以及味标记的中性 B 介子衰变过程 $\mathrm{B} \to \mathrm{D^0K^{*0}}$。这里 r_B 的大小起着重要的作用，因为它是对提取 ϕ_3 角的干涉效应的测量。对带电 B 介子的衰变 $r_\mathrm{B} \approx c_\mathrm{F}|V_\mathrm{cs}V_\mathrm{ub}^*/V_\mathrm{us}V_\mathrm{cb}^*| \sim 0.1 - 0.2$, c_F 是色压制因子，$c_\mathrm{F} \sim 0.2 - 0.4$。对中性 B 介子衰变 r_B 可大到 0.4，但由于产额很低，所以和带电 B 介子的衰变相比较并没有竞争性。

1. GLW 方法

格罗瑙、伦敦和惠勒 (M. Gronau，D. London，D. Wyler，GLW) 等建议通过 D 介子的 $\mathcal{CP}$ 本征衰变对其进行重建，可以定义 $\mathcal{CP}$ 宇称为 +1(−1) 的本征态，

$$\mathrm{D}_\pm^0 = \frac{\mathrm{D^0} \pm \bar{\mathrm{D}}^0}{\sqrt{2}} \tag{6.189}$$

如 $\mathcal{CP}$ 为 +1 的衰变 $D^0_+ \to K^+K^-, \pi^+\pi^-$,$\mathcal{CP}$ 为 −1 的衰变 $D^0_- \to K^0_S\pi^0, K^0_S\omega, K^0_S\phi$ 等。这时 $A_f/A_{\bar{f}} = 1$, $\delta_D = 0(\mathcal{CP}=+1$ 时) 或 $\pi(\mathcal{CP}=-1$ 时)，因此式 (6.188) 变为

$$\Gamma(B^- \to [f_\pm]_D K^-) = A_c^2 A_{f_\pm}^2 [1 + r_B^2 + 2r_B \cos(\delta_B - \phi_3)] \tag{6.190}$$

图 6.14 显示了各衰变振幅之间的关系。

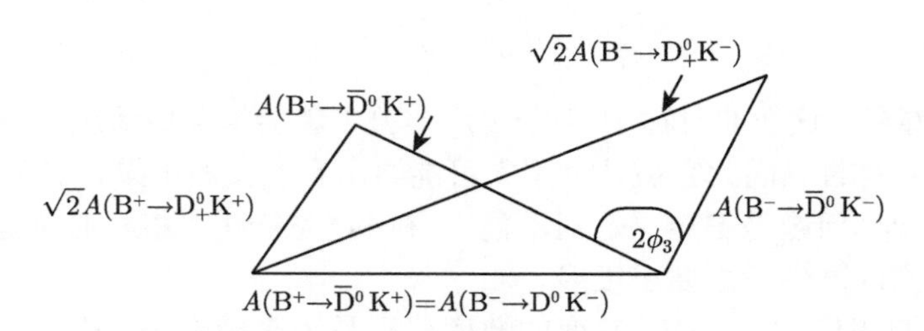

图 6.14 用以确定 ϕ_3 角的 6 个 $B \to DK$ 衰变振幅

可定义如下的不对称性 $A_\pm$ 和事例率 $R_\pm$ 可观测量:

$$\begin{aligned} A_\pm &= \frac{\Gamma(B^- \to D^0_\pm K^-) - \Gamma(B^+ \to D^0_\pm K^+)}{\Gamma(B^- \to D^0_\pm K^-) + \Gamma(B^+ \to D^0_\pm K^+)} \\ &= \frac{\pm 2r_B \sin\delta_B \sin\phi_3}{R_\pm} \end{aligned} \tag{6.191}$$

$$\begin{aligned} R_\pm &= 2\frac{\Gamma(B^- \to D^0_\pm K^-) + \Gamma(B^+ \to D^0_\pm K^+)}{\Gamma(B^- \to D^0K^-) + \Gamma(B^+ \to D^0K^+)} \\ &= \frac{\Gamma(B^- \to D^0_\pm K^-) + \Gamma(B^+ \to D^0_\pm K^+)}{\Gamma(B^- \to D^0K^-)} \\ &= 1 + r_B^2 \pm 2r_B \cos\delta_B \cos\phi_3 \end{aligned} \tag{6.192}$$

这里分母上的 D^0 表示卡比博容许的衰变。

上面的公式通常又被表示为如下三个独立物理量:

$$\begin{aligned} x_\pm &= r_B \cos(\delta_B \pm \phi_3) = \frac{R_+(1 \mp A_+) - R_-(1 \mp A_-)}{4} \\ r_B^2 &= \frac{R_+ + R_- - 2}{2} \end{aligned} \tag{6.193}$$

从 $A_\pm$ 和 $R_\pm$ 的测量抽取 ϕ_3 角具有 8 重不确定性，r_B 也有较大的误差，因而仅靠该方法本身对 ϕ_3 角的限制是比较差的，但是结合下面讲的达里兹方法给出的测量结果，可以大大改进 r_B,δ_B 和 ϕ_3 角的确定。两个 B 介子工厂实验组 Belle 和 BABAR 都给出了 GLW 分析的物理结果。

2. ADS 方法

GLW 方法的一个不足之处在于，$\mathrm{B^- \to D_{CP}K^-}$ 和 $\mathrm{B^+ \to D_{CP}K^+}$ 衰变概率的 $\mathcal{CP}$ 不对称性相对比较小，因而观测结果具有较大的系统误差。为此阿特伍德、度尼兹和索尼 (D. Atwood，I. Dunietz，A. Soni，ADS) 等建议利用 $\mathrm{D^0}$ 介子卡比博允许和双卡比博压制的衰变道，如 $\mathrm{D^0 \to K^-\pi^+}$ 和 $\mathrm{\bar{D}^0 \to K^-\pi^+}$。在衰变过程 $\mathrm{B^+ \to [K^-\pi^+]_{D^0}K^+}$ 和 $\mathrm{B^- \to [K^+\pi^-]_{D^0}K^-}$ 中被压制的 B 衰变接着是卡比博允许的 $\mathrm{D^0}$ 衰变，而允许的 B 衰变接着的是卡比博双压制的 $\mathrm{D^0}$ 衰变，因此它们的干涉振幅大小相近，预期可以导致较显著的 $\mathcal{CP}$ 不对称性。由式 (6.188) 可以导出

$$R_{\mathrm{ADS}} = \frac{\Gamma(\mathrm{B^- \to [K^+\pi^-]_D K^-}) + \Gamma(\mathrm{B^+ \to [K^-\pi^+]_D K^+})}{\Gamma(\mathrm{B^- \to [K^-\pi^+]_D K^-}) + \Gamma(\mathrm{B^+ \to [K^+\pi^-]_D K^+})} = r_{\mathrm{B}}^2 + r_{\mathrm{D}}^2 + 2r_{\mathrm{B}}r_{\mathrm{D}}\cos\phi_3\cos\delta \tag{6.194}$$

$$A_{\mathrm{ADS}} = \frac{\Gamma(\mathrm{B^- \to [K^+\pi^-]_D K^-}) - \Gamma(\mathrm{B^+ \to [K^-\pi^+]_D K^+})}{\Gamma(\mathrm{B^- \to [K^+\pi^-]_D K^-}) + \Gamma(\mathrm{B^+ \to [K^-\pi^+]_D K^+})} = 2r_{\mathrm{B}}r_{\mathrm{D}}\sin\phi_3\sin\delta/R_{\mathrm{ADS}} \tag{6.195}$$

这里 r_{D} 定义为 D 介子双卡比博压制和卡比博允许的振幅之比，

$$r_{\mathrm{D}} = \left|\frac{A(\mathrm{D^0 \to K^+\pi^-})}{A(\mathrm{D^0 \to K^-\pi^+})}\right| = (5.78 \pm 0.08)\% \tag{6.196}$$

r_{B} 在 10% 左右，δ 是 B 和 D 衰变强相角之和 $\delta = \delta_{\mathrm{B}} + \delta_{\mathrm{D}}$。

上述衰变道 ADS 方法的致命缺点是分支比太小，需要积累足够大的实验统计量才能给出确定的测量结果。BABAR 和 Belle 将上面的讨论相似地拓展到 $\mathrm{B^- \to D^{*0}K^-(D^{*0} \to D^0\pi^0, D^0\gamma)}$，$\mathrm{B^- \to D^0K^{*-}}$ 和 $\mathrm{B^0 \to D^0K^{*0}}$ 衰变道。对 $\mathrm{B^0 \to D^0K^{*0}}$ 衰变道，$\mathrm{K^{*0} \to K^+\pi^-}$, 选取 $\mathrm{D^0}$ 的衰变末态为 $\mathrm{K^+\pi^-}$, $\mathrm{K^+\pi^-\pi^0}$, $\mathrm{K^+\pi^-\pi^+\pi^-}$。目前两个合作组都已经给出了他们对各个物理道的测量结果。

3. 达里兹 (或称为 GGSZ) 方法

对 D 介子的三体衰变，如 $\mathrm{D \to K_S^0\pi^+\pi^-}$，$\mathrm{D^0}$ 和 $\mathrm{\bar{D}^0}$ 的衰变振幅可以表示为 $\mathrm{A_f}\mathrm{e}^{\mathrm{i}\delta_{\mathrm{f}}} = f(m_-^2, m_+^2)$ 和 $A_{\bar{\mathrm{f}}}\mathrm{e}^{\mathrm{i}\delta_{\bar{\mathrm{f}}}} = f(m_+^2, m_-^2)$，$m_+^2$ 和 m_-^2 是 $\mathrm{K_S^0\pi^+}$ 和 $\mathrm{K_S^0\pi^-}$ 的不变质量平方。这时式 (6.188) 的概率变为

$$\begin{aligned}\Gamma(\mathrm{B^\mp \to [K_S^0\pi^+\pi^-]_D K^\mp}) \propto & |f(m_\mp^2, m_\pm^2)|^2 + r_{\mathrm{B}}|f(m_\pm^2, m_\mp^2)|^2 \\ & + 2r_{\mathrm{B}}|f(m_\mp^2, m_\pm^2)||f(m_\pm^2, m_\mp^2)|\cos(\delta_{\mathrm{B}} + \delta_{\mathrm{D}}(m_\mp^2, m_\pm^2) \mp \phi_3)\end{aligned} \tag{6.197}$$

$\delta_{\rm D}(m_{\mp}^2, m_{\pm}^2)$ 是 $f(m_{\pm}^2, m_{\mp}^2)$ 和 $f(m_{\mp}^2, m_{\pm}^2)$ 之间的强相角差。振幅 $f(m_{\pm}^2, m_{\mp}^2)$ 可以通过对大统计量的味标记 $\rm D^0$ 介子在两维平面上的达里兹分析得到，因而上式中的待测参数只有 $\phi_3, \delta_{\rm B}$ 和 $r_{\rm B}$。该方法的优点在于，$\rm D \to K_S^0\pi^+\pi^-$ 衰变有比较大的分支比 ($\sim 3\%$)，而且信号事例产额与物理参数之间的关系随达里兹平面上的位置而改变，使得对 ϕ_3 角的测量只有两重不确定性，即 ϕ_3 或 $\phi_3 + 180°$。

实验分析按照式 (6.197) 进行最大似然法拟合，提取 $\phi_3, \delta_{\rm B}$ 和 $r_{\rm B}$ 的测量值时发现，$r_{\rm B}$ 的统计误差会被高估，而 $\phi_3, \delta_{\rm B}$ 的统计误差会被低估，所以又可以定义卡迪尔坐标量，

$$\begin{cases} x_{\pm} = \Re[r_{\rm B}{\rm e}^{{\rm i}(\delta_{\rm B} \pm \phi_3)}] = r_{\rm B}\cos(\delta_{\rm B} \pm \phi_3) \\ y_{\pm} = \Im[r_{\rm B}{\rm e}^{{\rm i}(\delta_{\rm B} \pm \phi_3)}] = r_{\rm B}\sin(\delta_{\rm B} \pm \phi_3) \end{cases} \tag{6.198}$$

将式 (6.197) 改写为

$$\begin{aligned} \Gamma({\rm B}^{\mp} \to {\rm D}^0[\to {\rm K_S^0}\pi^+\pi^-]{\rm K}^{\mp}) \propto & |f(m_{\mp}^2, m_{\pm}^2)|^2 + (x_{\mp}^2 + y_{\mp}^2)|f(m_{\pm}^2, m_{\mp}^2)|^2 \\ & +2\{x_{\mp}\Re[f(m_{\mp}^2, m_{\pm}^2)f(m_{\pm}^2, m_{\mp}^2)^*] + y_{\mp}\Im[f(m_{\mp}^2, m_{\pm}^2)f(m_{\pm}^2, m_{\mp}^2)^*]\} \end{aligned} \tag{6.199}$$

最后用概率统计的方法从 $x_{\pm}$ 和 $y_{\pm}$ 提取出物理参数 $\phi_3, \delta_{\rm B}$ 和 $r_{\rm B}$。目前 Belle 给出的测量结果为

$$\begin{cases} \phi_3 = (77.3^{+15.1}_{-14.9} \pm 4.2 \pm 4.3)° \\ r_{\rm B} = 0.145 \pm 0.030 \pm 0.011 \pm 0.011 \\ \delta_{\rm B} = (129.9 \pm 15.0 \pm 3.9 \pm 4.7)° \end{cases} \tag{6.200}$$

CKMFitter 合作组总结了截至 2016 年对 $\mathcal{CP}$ 破坏的测量，给出的对 CKM 幺正三角形的限定示于图 6.15中。测量结果已经具有相当高的精度[4]，比 1995 年时的情况 (图 6.6) 有了巨大的改进。

实验严格地检验了 SM 理论，留给非 SM 味改变跃迁贡献的空间非常小。$\bar{\rho}$ 和 $\bar{\eta}$ 的值被相当精确地给定，

$$\bar{\rho} = 0.150^{+0.012}_{-0.006}, \qquad \bar{\eta} = 0.354^{+0.007}_{-0.008} \tag{6.201}$$

A 和 λ 为

$$A = 0.823^{+0.007}_{-0.014}, \qquad \lambda = 0.2254^{+0.0004}_{-0.0003} \tag{6.202}$$

相对于式 (6.129) 精度有了很大的提高。可以允许任何新物理嵌入单个或多个味改变的过程，从而参与到 CKM 的拟合中。这对于圈图阶的 SM 过程尤为有兴趣，由此可以定量地给出新物理在相应过程中贡献的大小，例如中性介子混合过程。

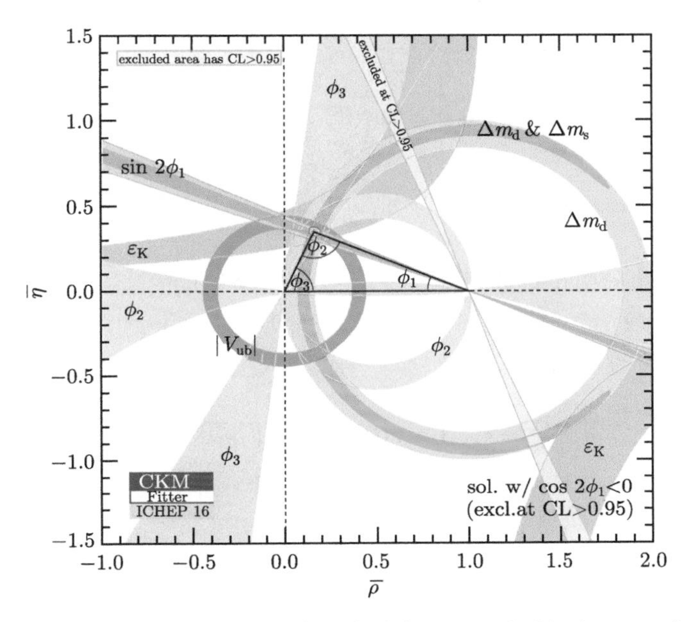

图 6.15 CKMFitter 合作组给出的 2016 年时实验在 $\bar{\rho}-\bar{\eta}$ 平面上对 CKM 幺正三角形限制区间的总结

6.10 $\mathcal{CPT}$ 在 B 介子工厂中的检验

在结束本章之前还想特别指出，目前实验上还没有任何 $\mathcal{CPT}$ 破坏效应的证据，理论上普遍接受 $\mathcal{CPT}$ 联合变换不变性的定理。而对这一定理的正确性进行严格的检验一直是实验物理学家非常关注的一个课题。由于 $\mathcal{CPT}$ 的破坏效应和 $\mathcal{CP}$ 破坏密切相关，而 B 介子系统中预期存在着较大的 $\mathcal{CP}$ 破坏，因此利用非对称的 B 介子工厂将有可能对 $\mathcal{CPT}$ 定理进行比较灵敏的检验。小林诚 (M. Kobayashi) 和三田一郎 (A. I. Sanda) 建议通过测量符号相异的轻子对的不对称性来实现 [1]。现予以简述之。

若没有 $\mathcal{CPT}$ 不变性的假设，则中性 B 介子系统可以描述为

$$|\mathrm{B}^0_{1,2}\rangle = \frac{1}{\sqrt{|\mathrm{p}_{1,2}|^2+|\mathrm{q}_{1,2}|^2}}(\mathrm{p}_{1,2}|\mathrm{B}^0\rangle \pm \mathrm{q}_{1,2}|\bar{\mathrm{B}}^0\rangle) \tag{6.203}$$

p_1, q_1, p_2 和 q_2 一般为复数。可将它们记为

$$\frac{q_1}{p_1} = \tan\frac{\theta}{2}\mathrm{e}^{\mathrm{i}\phi}, \qquad \frac{q_2}{p_2} = \cot\frac{\theta}{2}\mathrm{e}^{\mathrm{i}\phi} \tag{6.204}$$

这里的 θ 和 ϕ 一般为复数。定义

$$s \equiv \cot\theta = \frac{1}{2}\left(\frac{q_2}{p_2} - \frac{q_1}{p_1}\right)\mathrm{e}^{-\mathrm{i}\phi} \tag{6.205}$$

$\mathcal{CPT}$ 对称性要求 $q_1/p_1 = q_2/p_2 = \mathrm{e}^{\mathrm{i}\phi}$，也即 $s=0$；而 $\mathcal{CP}$ 不变性则要求 $s=0$ 和 $\phi=0$ 都成立。

在 B 工厂实验中可以通过测量 $\Upsilon(4S)$ 到双轻子道的衰变检验，并测量 $\mathrm{B}^0-\bar{\mathrm{B}}^0$ 混合中的 $\mathcal{CP}$ 和 $\mathcal{CPT}$ 破坏。上面的公式和研究方法已得到了新的发展。式 (6.203) 的物理态表示可改写为[7]

$$\begin{cases} |\mathrm{B_L}\rangle = \mathrm{p}\sqrt{1-\mathrm{z}}|\mathrm{B}^0\rangle + \mathrm{q}\sqrt{1+\mathrm{z}}|\mathrm{B}^0\rangle \\ |\mathrm{B_H}\rangle = \mathrm{p}\sqrt{1+\mathrm{z}}|\mathrm{B}^0\rangle - \mathrm{q}\sqrt{1-\mathrm{z}}|\mathrm{B}^0\rangle \end{cases} \tag{6.206}$$

这里角标 L 和 H 表示轻和重。在这一表示中若 $\mathcal{CPT}$ 不变性成立，复数的参数 $z=0$。而 $\mathcal{CP}$ 不变性要求 $|q/p|=1$ 和 $z=0$。

两个 B 介子进行半轻子衰变的事例在 $\Upsilon(4S)\to\mathrm{B}\bar{\mathrm{B}}$ 衰变中占 4%，可以提供大事例样本进行 $\mathcal{CPT}$ 和 $\mathcal{CP}$ 破坏的测量。$\mathrm{B}^0(\bar{\mathrm{B}}^0)$ 可由末态轻子的电荷 $\mathrm{l}^+(\mathrm{l}^-)$ 标记。忽略 z 的两阶以上小量，可将末态为 $\mathrm{l}^+\mathrm{l}^+,\mathrm{l}^-\mathrm{l}^-,\mathrm{l}^+\mathrm{l}^-$ 的衰变概率表示为

$$\begin{cases} N^{\pm\pm} \propto \dfrac{\mathrm{e}^{-\Gamma|\Delta t|}}{2}\left|\dfrac{p}{q}\right|^{\pm 2}\left\{\cosh\left(\dfrac{\Delta\Gamma\Delta t}{2}\right) - \cos(\Delta M_\mathrm{B}\Delta t)\right\} \\ N^{+-} \propto \dfrac{\mathrm{e}^{-\Gamma|\Delta t|}}{2}\left\{\cosh\left(\dfrac{\Delta\Gamma\Delta t}{2}\right) - 2\Re(z)\sinh\left(\dfrac{\Delta\Gamma\Delta t}{2}\right)\right. \\ \qquad\qquad \left. + \cos(\Delta M_\mathrm{B}\Delta t) + 2\Im(z)\sin(\Delta M_\mathrm{B}\Delta t)\right\} \end{cases} \tag{6.207}$$

$\Delta t = t(\mathrm{l}^+) - t(\mathrm{l}^-)$ 是两个中性 B 介子的固有衰变寿命差，它的正负仅对逆号轻子对事例具有物理意义。

同号轻子对的不对称性给出两种振荡模式 $P(\bar{\mathrm{B}}^0\to\mathrm{B}^0)$ 和 $P(\mathrm{B}^0\to\bar{\mathrm{B}}^0)$ 之间的差别，测量 $\mathcal{CP}$ 和 T 对称性。容易将不对称性 $A_{\mathcal{CP}/T}$ 表示为 $|q/p|$ 的函数，

$$A_{\mathcal{CP}/T} = \frac{P(\bar{\mathrm{B}}^0\to\mathrm{B}^0) - P(\mathrm{B}^0\to\bar{\mathrm{B}}^0)}{P(\bar{\mathrm{B}}^0\to\mathrm{B}^0) + P(\mathrm{B}^0\to\bar{\mathrm{B}}^0)} = \frac{N^{++}-N^{--}}{N^{++}+N^{--}} = \frac{1-|q/p|^4}{1+|q/p|^4} \tag{6.208}$$

而逆号轻子对的不对称性 $A_{\mathcal{CPT}/\mathcal{CP}}$ 定义为 $\Delta t>0$ 和 $\Delta t<0$ 的逆号轻子对事例的不对称性，也即 $P(\mathrm{B}^0\to\mathrm{B}^0)$ 和 $P(\bar{\mathrm{B}}^0\to\bar{\mathrm{B}}^0)$ 的不对称性，对 $\mathcal{CPT}$ 和 $\mathcal{CP}$ 破坏灵敏，

$$\begin{aligned}A_{CPT/CP} &= \frac{P(\mathrm{B}^0 \to \mathrm{B}^0) - P(\bar{\mathrm{B}}^0 \to \bar{\mathrm{B}}^0)}{P(\mathrm{B}^0 \to \mathrm{B}^0) + P(\bar{\mathrm{B}}^0 \to \bar{\mathrm{B}}^0)} \\ &= \frac{N^{+-}(\Delta t > 0) - N^{+-}(\Delta t < 0)}{N^{+-}(\Delta t > 0) + N^{+-}(\Delta t < 0)} \\ &\simeq 2\frac{\Im(z)\sin(\Delta M_{\mathrm{B}}\Delta t) - \Re(z)\sinh\left(\dfrac{\Delta\Gamma\Delta t}{2}\right)}{\cosh\left(\dfrac{\Delta\Gamma\Delta t}{2}\right) + \cos(\Delta M_{\mathrm{B}}\Delta t)}\end{aligned} \tag{6.209}$$

由于 $|\Delta\Gamma|/\Gamma \ll 1$，上式中，

$$\Re(z)\sinh\left(\frac{\Delta\Gamma\Delta t}{2}\right) \simeq \Delta\Gamma \times \Re(z) \times (\Delta t/2)$$

因此 $A_{CPT/CP}$ 不对称性对 $\Delta\Gamma \times \Re(z)$ 灵敏。

通过上面的讨论不难看出，同时拟合同号和逆号双轻子对的 Δt 分布，就可以给出对 $|q/p|$、$\Im(z)$ 和 $\Delta\Gamma \times \Re(z)$ 的测量。由关系式

$$\Delta t = \frac{\Delta z_l}{<\beta\gamma> c} \tag{6.210}$$

这里 z_l 是和 t 相对应的轻子衰变空间坐标的 z 分量，将 Δt 的测量转化为对两轻子 z_l 坐标之差 Δz_l 的测量。Belle 的洛伦兹增长因子 $<\beta\gamma>= 0.425$，BABAR 的 $<\beta\gamma>= 0.55$。

6.11 习　　题

1. 对 K^0 和 $\bar{\mathrm{K}}^0$ 的半轻子衰变，推导如下的电荷不对称性：

$$\delta_l = \frac{\Gamma(\mathrm{K_L^0} \to \pi^-\mathrm{l}^+\nu_\mathrm{l}) - \Gamma(\mathrm{K_L^0} \to \pi^+\mathrm{l}^-\bar{\nu}_\mathrm{l})}{\Gamma(\mathrm{K_L^0} \to \pi^-\mathrm{l}^+\nu_\mathrm{l}) + \Gamma(\mathrm{K_L^0} \to \pi^+\mathrm{l}^-\bar{\nu}_\mathrm{l})} = \frac{2\Re(\epsilon)}{1+|\epsilon|^2} \approx 2\Re(\epsilon)$$

2. 考虑初始状态为纯 $\bar{\mathrm{K}}^0$ 态的时间演化，在下一个时刻，譬如说 $\tau_\mathrm{s} \ll t \ll \tau_\mathrm{L}$ 时 K^0 和 $\bar{\mathrm{K}}^0$ 所含的比例为多少？若初始态为 K^0 时又将为多少？

3. 假设 $\mathrm{K}^0 \to 2\pi$ 衰变满足 $\mathcal{CP}$ 守恒和 $\Delta I = 1/2$ 的同位旋选择定则，试证明 $\dfrac{\Gamma(\mathrm{K}^0 \to \pi^+\pi^-)}{\Gamma(\mathrm{K}^0 \to \pi^0\pi^0)} = 2$。

4. 记中性 K 介子 $CP = +1$ 和 -1 的本征态为 K_1^0 和 K_2^0，如果认为 $\mathrm{p\bar{p}}$ 湮灭只发生在原子的 S 态，证明 $\mathrm{p\bar{p}} \to \mathrm{K}_1^0 + \mathrm{K}_2^0$ 是允许的，而 $\mathrm{p\bar{p}} \to 2\mathrm{K}_1^0$ 或 $\mathrm{p\bar{p}} \to 2\mathrm{K}_2^0$ 则是禁戒的。

5. 试说明为什么实验发现 $\mathrm{K_L}^0 \to \pi^+\pi^-$ 的事例，就证实了在衰变过程中 $\mathcal{CP}$ 不守恒。

6. 试说明 $\mathrm{B_d} \to \mathrm{J}/\Psi\mathrm{K_S}$ 末态的 $\mathcal{CP}$ 宇称为 -1，而 $\mathrm{B_d} \to \mathrm{J}/\Psi\mathrm{K_L}$ 末态的 $\mathcal{CP}$ 宇称为 $+1$。

7. 试说明 $\mathrm{D}^+ \to \mathrm{K}^+\pi^0$(或 $\mathrm{D}^+ \to \mathrm{K}^+\pi^+\pi^-$) 是禁戒的，而 $\mathrm{D}^+ \to \mathrm{K}^-\pi^+\pi^+$ 则是允许的。

参考文献

[1] Kobayashi M, Sanda A I. On testing CPT symmetry in B decays. Phys. Rev. Lett., 1992, 69(22): 3139.

[2] Brodzicka1 J, Browder T, Chang P, et al. Physics achievements from the Belle experiment. Prog. Theor. Exp. Phys., 2012, 7: 04D001.

[3] Charles J, et al (CKMFitter group collaboration). CP violation and the CKM matrix: Assessing the impact of the asymmetric B factories. Eur. Phys. J. C, 2005, 41(1): 1.

[4] Gori S. Three lectures of flavor and CP violation within and beyond the standard model.Proceedings of the 2015 European School of High-Energy Physics, Bansko, Bulgaria, 2 -15 September 2015, edited by M. Mulders and G. Zanderighi, CERN Yellow Reports: School Proceedings, Vol. 4/2017, CERN-2017-008-SP (CERN, Geneva, 2017).

[5] Zhang J, et al (Belle collaboration). Observation of $B^{\mp}\to\rho^{\mp}\rho^{0}$ decays. Phys. Rev. Lett., 2003, 91: 221801; Somov A, et al (Belle collaboration). Measurement of the branching fraction, polarization, and CP asymmetry for $B^{0}\to\rho^{+}\rho^{-}$ decays, and determination of the Cabibbo-Kobayashi-Maskawa phase ϕ_2. Phys. Rev. Lett., 2006, 96 : 171801; Aubert B, et al (BaBar collaboration). First evidence for $\cos 2\beta > 0$ and resolution of the Cabibbo-Kobayashi-Maskawa quark-mixing unitarity triangle ambiguity. Phys. Rev. Lett., 2006, 97: 261801; Study of $B^{0}\to\rho^{+}\rho^{-}$ decays and constraints on the CKM angle α. Phys. Rev. D, 2007, 76 : 052007.

[6] Hastings N C, et al (Belle collaboration). Studies of $B^0-\bar{B}^0$ mixing properties with inclusive dilepton events. Phys. Rev. D, 2003, 67: 052004.

[7] Aubert B, et al (BaBar collaboration). Search For T, CP, and CPT violation in $B^0-\bar{B}^0$ mixing with inclusive dilepton events. Phys. Rev. Lett., 2006, 96: 251802.

第七章　中性粲介子混合和类粲偶素强子态

在正负电子对撞机和强子对撞机上粲粒子有不同的产生机制，粲物理在这些不同加速器的不同能区都得到了广泛的研究。在 e^+e^- 对撞机上质心系能量可以选在 ψ(3770) 阈值之下，阈值处或阈值以上运行来产生粲粒子。在阈值 ψ(3770) 处，即质心系能量略微高于 3770MeV，则 ψ(3770) 主要通过 $D\bar{D}$ 模式衰变，$D\bar{D}$ 的产生截面约为 8nb，$D^0\bar{D}^0$ 或 D^+D^- 对之间是量子关联的，可以忽略对 D 介子衰变时间结构的研究。如果标记了其中的一个 $D(\bar{D})$，其余的末态粒子一定是由 $\bar{D}(D)$ 衰变而来的。该研究模式最初是由 SLAC 的 SPEAR 正负电子对撞机上的 MARK III 实验组提出的，其后被 CESR-c 对撞机的 CLEO-c 实验及 BEPCII 的 BESIII 实验采用。在 ψ(3770) 阈值之下，不可能有成对 D 介子的产生，在这一能区适宜于寻找和研究粲偶素态和一些奇特的类粲偶素态。在 B 介子工厂实验，即 BEP-II 对撞机的 BABAR 实验和 KEKB 对撞机的 Belle 实验中，质心系能量位于远高于 ψ(3770) 的 $\Upsilon(4S)$ 态，$\Upsilon(4S)$ 主要衰变到量子关联的 $B^0\bar{B}^0$ 或 B^+B^- 对，末态至少有一个 D^0 介子产生的截面为 1.45nb。它的正负电子能量不对称性设计所产生的洛伦兹增长，可以使得 D 介子的衰变寿命分辨率提高 $2\sim4$ 倍。现在更新后的 Super-KEKB 对撞机及 Belle II 探测器已开始调试运行取数，其亮度将提高一个数量级，期待着在对 $\mathcal{CP}$ 破坏和 B 衰变物理精确测量的同时，对 D 物理的研究也定将卓有建树。

强子对撞机 LHC 的运行将粲物理的研究推到了一个新的高度。$c\bar{c}$ 对在 7TeV 质心能量下的产生截面约为 6mb，比 $\Upsilon(4S)$ 共振态阈值的 e^+e^- 对撞机高 6 个量级。这相当于在 LHCb 实验的接受度下 D^0 的产生截面为 1.4mb，比 CDF 实验要高得多，它在 $\sqrt{s}=1.96$TeV 探测器接收区间的截面仅为 13μb。表 7.1给出了各种产生机制的比较。在强子对撞机 LHC 中，胶子部分子的贡献占了很大的份额，由于对撞的两个部分子携带的能量一般不相等，所以也是非对称性的对撞，且质心系能量要远小于 pp 对撞的质心系能量，洛伦兹增长有利于研究和衰变时间相关的物理。LHC 上 $c\bar{c}$ 的产生截面约占总的非弹性截面的 10%，因而在强子对撞环境下本底水平还是相对比较低的。

粲夸克物理的研究经历了多个阶段 [1]。J/ψ 粒子的发现是第一个阶段，确认了 GIM 机制预言的第四种夸克，即粲夸克的存在，解释了奇异数改变的中性流不存在，以及与之相关的中性 K 介子混合。在标准模型和超出标准模型的理论框

表 7.1　D^0 介子在相应探测器接受度下的产生数值。LHCb 在 $\sqrt{s}=8$TeV 下的数值是在假定和 $\sqrt{s}$ 呈线性关系下由 $\sqrt{s}=7$TeV 的外推给出

实验	年代	质心系能量 $\sqrt{s}$	截面 $\sigma_{\rm acc}(D^0)$	亮度 L	$n(D^0)$
CLEO-c	2003 ~ 2008	3.77 GeV	8 nb	$0.5{\rm fb}^{-1}$	4.0×10^6
BESIII	2010 ~ 2011	3.77 GeV	8 nb	$3{\rm fb}^{-1}$	2.4×10^7
BABAR	1999 ~ 2008	10.6 GeV	1.45 nb	$500{\rm fb}^{-1}$	7.3×10^8
Belle	1999 ~ 2010	10.6 ~ 10.9 GeV	1.45 nb	$1000{\rm fb}^{-1}$	1.5×10^9
CDF	2001 ~ 2011	2 TeV	13 μb	$10{\rm fb}^{-1}$	1.3×10^{11}
LHCb	2011	7 TeV	1.4 mb	$1{\rm fb}^{-1}$	1.4×10^{12}
LHCb	2012	8 TeV	1.6 mb	$2{\rm fb}^{-1}$	3.2×10^{12}

架下对一系列包含粲夸克粒子的寻找和研究，旨在探索强相互作用和弱相互作用的物理规律。粲夸克只能通过辐射出 $W^\pm$ 玻色子进行弱衰变，到 s 或 d 夸克，而粲偶素介子则可以通过粲夸克和反粲夸克的湮灭而衰变。因此仅含一个粲夸克的所谓开粲粒子是研究束缚态中上型夸克弱衰变的最佳场所。之后一系列 D_{sJ} 态粒子被发现，它们难以被纳入基于 QCD 理论的夸克模型预言。激发态的粲偶素和开粲粒子态是研究 QCD 理论的最佳实验室。2007 年 Belle [2] 和 BABAR [3] 实验首次测量到了中性粲介子的混合，开启了粲物理研究的一个新阶段。理论上给出了更为精确的标准模型预言，实验物理学家对粲粒子混合和 $\mathcal{CP}$ 对称性破坏进行了大量的精确的测量。

2003 年 Belle 实验首次发现了一个奇特的类粲偶素粒子态 X(3872)[5]，很快被 CDF、D0 和 BABAR 实验确认，激发起了人们对类粲偶素粒子态寻找和研究的兴趣。从 2013 年起，带电的类粲偶素态 $Z_c^\pm(3900)$ 到 $J/\psi\pi^\pm$ 衰变的发现更是开启了粲夸克物理研究的新阶段 [6, 7]，BESIII 实验也在 $D^*\bar{D}^*$ 阈值之上观测到类似的类粲偶素态 $Z_c^\pm(4025)$[8]。现在一系列的所谓 XYZ 粒子已经在实验上被发现，它们都是通过粲偶素加其他非粲粒子的重建得到的。这些类粲偶素态都很难用两个或三个组分夸克的粒子态来解释，目前还没有一个成功的模型能解释它们的特征。

7.1　中性赝标量介子的含时衰变率

对于中性介子态 P^0 和 $\bar{P}^0$ 到末态 f 和 $\bar{f}$ 的衰变，可以定义衰变振幅

$$\begin{cases}\mathcal{A}_{\rm f}=\langle {\rm f}|\mathcal{H}|P^0\rangle, & \bar{\mathcal{A}}_{\rm f}=\langle {\rm f}|\mathcal{H}|\bar{P}^0\rangle\\ \mathcal{A}_{\bar{\rm f}}=\langle \bar{\rm f}|\mathcal{H}|P^0\rangle, & \bar{\mathcal{A}}_{\bar{\rm f}}=\langle \bar{\rm f}|\mathcal{H}|\bar{P}^0\rangle\end{cases}\tag{7.1}$$

以及复参数 Λ_{f} 和 $\Lambda_{\bar{\mathrm{f}}}$，

$$\Lambda_{\mathrm{f}} = \frac{q}{p}\frac{\bar{\mathcal{A}}_{\mathrm{f}}}{\mathcal{A}_{\mathrm{f}}}, \qquad \bar{\Lambda}_{\mathrm{f}} = \Lambda_{\mathrm{f}}^{-1}, \qquad \Lambda_{\bar{\mathrm{f}}} = \frac{q}{p}\frac{\bar{\mathcal{A}}_{\bar{\mathrm{f}}}}{\mathcal{A}_{\bar{\mathrm{f}}}}, \qquad \bar{\Lambda}_{\bar{\mathrm{f}}} = \Lambda_{\bar{\mathrm{f}}}^{-1} \tag{7.2}$$

一般地，$\mathcal{A}$ 和 $\bar{\mathcal{A}}$ 之间会有强相互作用的相位差 δ，以末态 $\bar{\mathrm{f}}$ 为例，

$$\begin{cases} \mathcal{A}_{\bar{\mathrm{f}}} = \sum\limits_n \langle\bar{\mathrm{f}}|n\rangle\langle n|\mathcal{H}|\mathrm{P}^0\rangle \equiv \sum\limits_n c_n b_n \mathrm{e}^{\mathrm{i}\delta_1} \\ \bar{\mathcal{A}}_{\bar{\mathrm{f}}} = \sum\limits_n \langle\bar{\mathrm{f}}|n\rangle\langle n|\mathcal{H}|\bar{\mathrm{P}}^0\rangle \equiv \sum\limits_n c_n \bar{b}_n \mathrm{e}^{\mathrm{i}\delta_2} \end{cases} \tag{7.3}$$

则有

$$\mathcal{A}_{\bar{\mathrm{f}}}\bar{\mathcal{A}}_{\bar{\mathrm{f}}}^* = |\mathcal{A}_{\bar{\mathrm{f}}}||\bar{\mathcal{A}}_{\bar{\mathrm{f}}}|\mathrm{e}^{-\mathrm{i}\delta}, \qquad \delta = \delta_2 - \delta_1 \tag{7.4}$$

由第六章的式 (6.28)～ 式 (6.30) 不难导出在 $\mathcal{CPT}$ 守恒的约定下，在 t 时刻的 $|\mathrm{P}^0(t)\rangle(|\bar{\mathrm{P}}^0(t)\rangle)$ 态衰变到 $|\mathrm{f}\rangle(|\bar{\mathrm{f}}\rangle)$ 的振幅，

$$\begin{cases} \langle\mathrm{f}|\mathcal{H}|\mathrm{P}^0(t)\rangle = f_+(t)\mathcal{A}_{\mathrm{f}} + \dfrac{q}{p}\cdot f_-(t)\bar{\mathcal{A}}_{\mathrm{f}} = [f_+(t) + f_-(t)\Lambda_{\mathrm{f}}]\mathcal{A}_{\mathrm{f}} \\ \langle\bar{\mathrm{f}}|\mathcal{H}|\mathrm{P}^0(t)\rangle = f_+(t)\mathcal{A}_{\bar{\mathrm{f}}} + \dfrac{q}{p}\cdot f_-(t)\bar{\mathcal{A}}_{\bar{\mathrm{f}}} = \dfrac{q}{p}[f_+(t)\bar{\Lambda}_{\bar{\mathrm{f}}} + f_-(t)]\bar{\mathcal{A}}_{\bar{\mathrm{f}}} \\ \langle\bar{\mathrm{f}}|\mathcal{H}|\bar{\mathrm{P}}^0(t)\rangle = f_+(t)\bar{\mathcal{A}}_{\bar{\mathrm{f}}} + \dfrac{p}{q}\cdot f_-(t)\mathcal{A}_{\bar{\mathrm{f}}} = [f_+(t) + f_-(t)\bar{\Lambda}_{\bar{\mathrm{f}}}]\bar{\mathcal{A}}_{\bar{\mathrm{f}}} \\ \langle\mathrm{f}|\mathcal{H}|\bar{\mathrm{P}}^0(t)\rangle = f_+(t)\bar{\mathcal{A}}_{\mathrm{f}} + \dfrac{p}{q}\cdot f_-(t)\mathcal{A}_{\mathrm{f}} = \dfrac{p}{q}[f_+(t)\Lambda_{\mathrm{f}} + f_-(t)]\mathcal{A}_{\mathrm{f}} \end{cases} \tag{7.5}$$

作为一个例子，给出 $t=0$ 时的纯 $|\mathrm{P}^0\rangle$ 态在 t 时刻衰变到 $\bar{\mathrm{f}}$ 的振幅为

$$\begin{aligned} \langle\bar{\mathrm{f}}|\mathcal{H}|\mathrm{P}^0(t)\rangle &= \frac{e_1(t)+e_2(t)}{2}\langle\bar{\mathrm{f}}|\mathcal{H}|\mathrm{P}^0\rangle + \frac{q}{p}\frac{e_1(t)-e_2(t)}{2}\langle\bar{\mathrm{f}}|\mathcal{H}|\bar{\mathrm{P}}^0\rangle \\ &= f_+(t)\mathcal{A}_{\bar{\mathrm{f}}} + \frac{q}{p}f_-(t)\cdot\bar{\mathcal{A}}_{\bar{\mathrm{f}}} \end{aligned} \tag{7.6}$$

注意到

$$e_{1,2} = \mathrm{e}^{-\mathrm{i}(M_{1,2}-\mathrm{i}\Gamma_{1,2})t} = \mathrm{e}^{-\mathrm{i}Mt}\mathrm{e}^{-\Gamma t}\mathrm{e}^{\pm(\mathrm{i}x+y)\Gamma t/2} \tag{7.7}$$

其中中性赝标量介子的混合参数 x 和 y 由式 (6.25) 定义。因子 $\mathrm{e}^{-\mathrm{i}Mt}$ 对于 $|\mathrm{P}_{1,2}\rangle$ 是相同的，可以将其从上式中删除。于是 $f_\pm(t)$ 可用双曲函数表示为

$$\begin{cases} f_+(t) = \dfrac{1}{2}[e_1(t)+e_2(t)] = \mathrm{e}^{-\Gamma t/2}\cosh\left[\dfrac{1}{2}(\mathrm{i}x+y)\Gamma t\right] \\ f_-(t) = \dfrac{1}{2}[e_1(t)-e_2(t)] = \mathrm{e}^{-\Gamma t/2}\sinh\left[\dfrac{1}{2}(\mathrm{i}x+y)\Gamma t\right] \end{cases} \tag{7.8}$$

容易证明如下关系式成立：

$$\begin{cases} |f_+(t)|^2 = \dfrac{1}{2}\mathrm{e}^{-\Gamma t}[\cosh(y\Gamma t) + \cos(x\Gamma t)] \approx \mathrm{e}^{-\Gamma t} \\ |f_-(t)|^2 = \dfrac{1}{2}\mathrm{e}^{-\Gamma t}[\cosh(y\Gamma t) - \cos(x\Gamma t)] \approx \mathrm{e}^{-\Gamma t}\dfrac{x^2+y^2}{4}\cdot(\Gamma t)^2 \\ f_+(t)f_-^*(t) = \dfrac{1}{2}\mathrm{e}^{-\Gamma t}[\sinh(y\Gamma t) - \mathrm{i}\sin(x\Gamma t)] \approx \mathrm{e}^{-\Gamma t}\dfrac{y-\mathrm{i}x}{2}\cdot\Gamma t \\ f_+^*(t)f_-(t) = \dfrac{1}{2}\mathrm{e}^{-\Gamma t}[\sinh(y\Gamma t) + \mathrm{i}\sin(x\Gamma t)] \approx \mathrm{e}^{-\Gamma t}\dfrac{y+\mathrm{i}x}{2}\cdot\Gamma t \end{cases} \tag{7.9}$$

这里的近似基于 $A_{\bar{\mathrm{f}}}^{\mathrm{DCS}} \ll \bar{A}_{\bar{\mathrm{f}}}^{\mathrm{CF}}$，$|q/p| = 1$ 和 $|x|, |y| \ll 1$。

取式 (7.5) 的平方不难导出中性质标量介子的含时衰变率，

$$\begin{aligned} \Gamma(\mathrm{P}^0(t)\to\mathrm{f}) = |\mathcal{A}_\mathrm{f}|^2\mathrm{e}^{-\Gamma t}\Bigg[&\frac{1+|\Lambda_\mathrm{f}|^2}{2}\cosh(y\Gamma t) + \Re(\Lambda_\mathrm{f})\sinh(y\Gamma t) \\ &+\frac{1-|\Lambda_\mathrm{f}|^2}{2}\cos(x\Gamma t) - \Im(\Lambda_\mathrm{f})\sin(x\Gamma t)\Bigg] \\ \Gamma(\mathrm{P}^0(t)\to\bar{\mathrm{f}}) = |\bar{\mathcal{A}}_{\bar{\mathrm{f}}}|^2\left|\frac{q}{p}\right|^2\mathrm{e}^{-\Gamma t}\Bigg[&\frac{1+|\bar{\Lambda}_{\bar{\mathrm{f}}}|^2}{2}\cosh(y\Gamma t) + \Re(\bar{\Lambda}_{\bar{\mathrm{f}}})\sinh(y\Gamma t) \\ &-\frac{1-|\bar{\Lambda}_{\bar{\mathrm{f}}}|^2}{2}\cos(x\Gamma t) + \Im(\bar{\Lambda}_{\bar{f}})\sin(x\Gamma t)\Bigg] \\ \Gamma(\bar{\mathrm{P}}^0(t)\to\bar{\mathrm{f}}) = |\bar{\mathcal{A}}_{\bar{\mathrm{f}}}|^2\mathrm{e}^{-\Gamma t}\Bigg[&\frac{1+|\bar{\Lambda}_{\bar{\mathrm{f}}}|^2}{2}\cosh(y\Gamma t) + \Re(\bar{\Lambda}_{\bar{\mathrm{f}}})\sinh(y\Gamma t) \\ &+\frac{1-|\bar{\Lambda}_{\bar{\mathrm{f}}}|^2}{2}\cos(x\Gamma t) - \Im(\bar{\Lambda}_{\bar{\mathrm{f}}})\sin(x\Gamma t)\Bigg] \\ \Gamma(\bar{\mathrm{P}}^0(t)\to\mathrm{f}) = |\mathcal{A}_\mathrm{f}|^2\left|\frac{p}{q}\right|^2\mathrm{e}^{-\Gamma t}\Bigg[&\frac{1+|\Lambda_\mathrm{f}|^2}{2}\cosh(y\Gamma t) + \Re(\Lambda_\mathrm{f})\sinh(y\Gamma t) \\ &-\frac{1-|\Lambda_\mathrm{f}|^2}{2}\cos(x\Gamma t) + \Im(\Lambda_\mathrm{f})\sin(x\Gamma t)\Bigg] \end{aligned} \tag{7.10}$$

初态 $|\mathrm{P}^0\rangle(|\bar{\mathrm{P}}^0\rangle)$ 到末态 f 或 $\bar{\mathrm{f}}$ 的含时衰变按 $\mathrm{e}^{-\Gamma t}$ 规律演化，混合参数 x 和 y 则定义了中性介子混合的特征。混合参数 y 改变某些瞬时振幅成分的寿命，而 x 则引入一个正弦波动，决定了介子态的振荡频率。因此，通过对 $|\mathrm{P}^0\rangle(|\bar{\mathrm{P}}^0\rangle)$ 衰变的含时研究可以测量混合参数 x 和 y。图 7.1给出了各中性质标介子系统质量和宽度本征态的差异，以及 t 时间后初始中性介子演化为介子态或反介子态的概率。

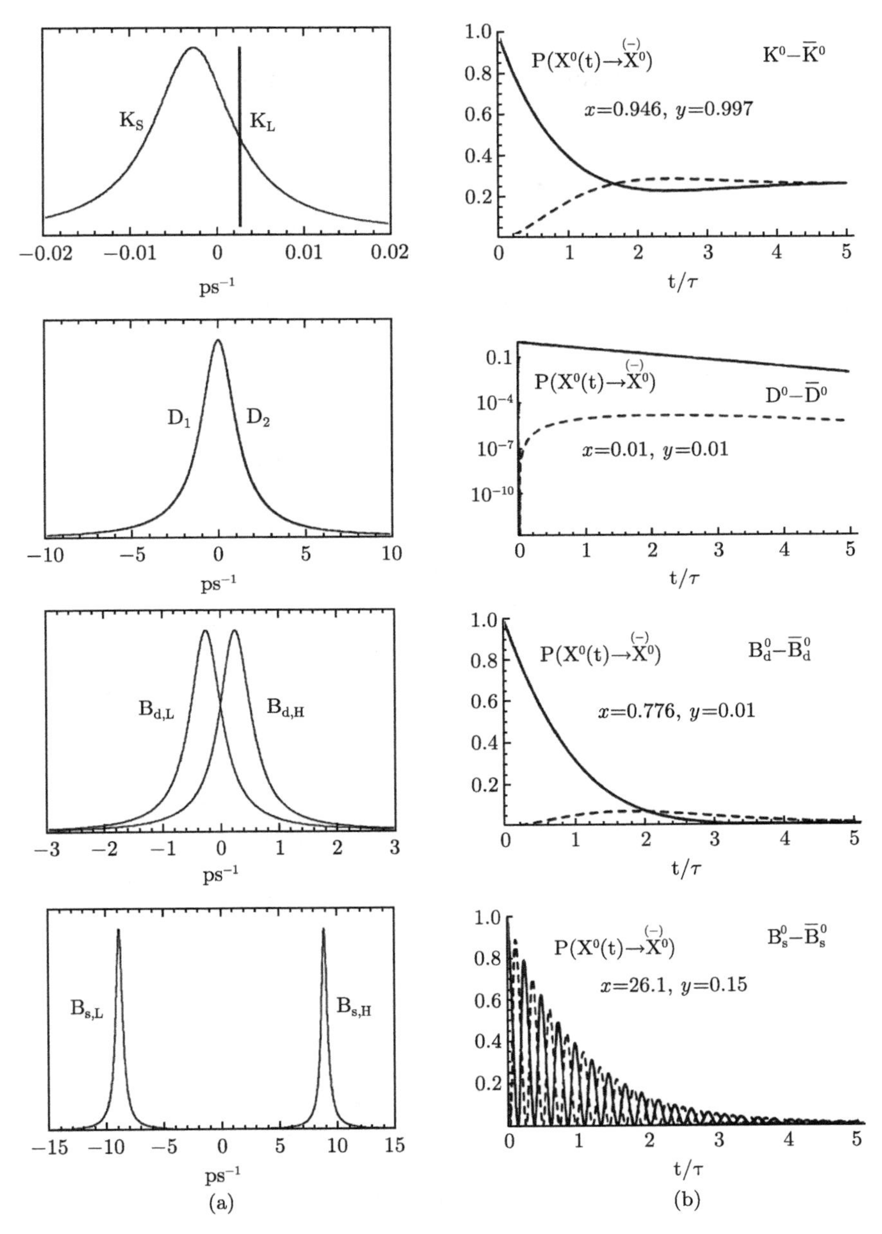

图 7.1 (a) 各中性赝标介子系统质量和宽度本征态的差异；(b) 对相应的混合参数值，忽略 $\mathcal{CP}$ 破坏，初始中性介子态在 t 时间后演化为介子态 (实线) 或反介子态 (虚线) 的概率

7.2　$D^0-\bar{D}^0$ 混合

$D^0-\bar{D}^0$ 混合是味改变的中性流过程，它的高阶过程圈图中可以有重夸克的贡献，其振幅对圈图中所有弱耦合的夸克味敏感，因此可以期待 $D^0-\bar{D}^0$ 混合的测量对发现新物理具有很大的潜力。混合参数的大小也会影响到幺正三角形 γ 角的测量。

从图 7.1(a) 中可以看出粲介子中的混合参数和 K 或 B 介子相比较具有很大的差异。在中性 K 介子系统中 $y\approx 1$，两个质量本征态的寿命差很大，且 $x\approx 1$ 可以产生足够大的正旋振荡频率。在 B 介子系统中两个中性 B 介子的寿命差虽然比较小，但是它们有足够大的 x 值，特别是子 B_s^0，很大的 x 值导致快速的振荡，要求实验的精度比较高。根据标准模型的估计，粲介子系统中的混合现象和 $\mathcal{CP}$ 破缺效应都非常小，是唯一 x 和 y 都远小于 1 的系统，它的两个本征态几乎是完全重叠在一起的。

图 6.1中的 D 介子箱图给出了短程相互作用夸克模型的描述，图中交换的是下型夸克 $(\mathrm{b,s,d})$，它们在箱图中的贡献很小。由于 GIM 机制混合振幅对 ΔM 和 $\Delta\Gamma$ 的贡献被 $m^2_{\mathrm{b,s,d}}/m^2_{\mathrm{W}}$ 压制。其中 b 夸克的作用尤其小，除了因为 $m_{\mathrm{b}}^2/m_{\mathrm{W}}^2\sim\mathcal{O}(10^{-3})$ 之外，$|V_{\mathrm{ub}}V_{\mathrm{cb}}^*|^2/|V_{\mathrm{us}}V_{\mathrm{cs}}^*|^2\sim\mathcal{O}(10^{-6})$，箱图中贡献最大的倒是 s 夸克。

将式 (6.10) 的薛定谔方程应用于 $D^0-\bar{D}^0$ 系统有

$$\mathrm{i}\frac{\mathrm{d}}{\mathrm{d}t}\begin{pmatrix}|\mathrm{D}^0(t)\rangle\\|\bar{\mathrm{D}}^0(t)\rangle\end{pmatrix}=\left(\boldsymbol{M}-\mathrm{i}\frac{\boldsymbol{\Gamma}}{2}\right)\begin{pmatrix}|\mathrm{D}^0(t)\rangle\\|\bar{\mathrm{D}}^0(t)\rangle\end{pmatrix}\tag{7.11}$$

$\mathcal{CPT}$ 不变性意味着 $M_{11}=M_{22}$ 和 $\Gamma_{11}=\Gamma_{22}$，在标准模型的微扰展开理论中非对角的元素可表示为 [9]

$$\left(\boldsymbol{M}-\frac{\mathrm{i}}{2}\boldsymbol{\Gamma}\right)_{12}=\frac{1}{2m_{\mathrm{D}}}\langle\mathrm{D}^0|\mathcal{H}_w^{\Delta C=2}|\bar{\mathrm{D}}^0\rangle+\frac{1}{2m_{\mathrm{D}}}\sum_n\frac{\langle\mathrm{D}^0|\mathcal{H}_w^{\Delta C=1}|n\rangle\langle n|\mathcal{H}_w^{\Delta C=1}|\bar{\mathrm{D}}^0\rangle}{m_{\mathrm{D}}-E_n+\mathrm{i}\epsilon}\tag{7.12}$$

其中，$\mathcal{H}_w^{\Delta C=2}$ 和 $\mathcal{H}_w^{\Delta C=1}$ 是电荷宇称改变 $\Delta C=2$ 和 $\Delta C=1$ 的弱作用有效拉氏量。中间强子态 $|n\rangle$ 中可以包含 $\Delta C=1$ 的过程。式 (7.12) 右边第一项只对 M_{12} 有贡献，对新物理敏感；第二项对 M_{12} 和 Γ_{12} 都有贡献。短程 $\Delta C=2$ 的跃迁由箱图实现，在 m_{c} 能标，有效的哈密顿量可近似写为 [10]

$$\mathcal{H}_w^{\Delta C=2}=\frac{G_{\mathrm{F}}^2m_{\mathrm{c}}^2}{4\pi^2}|V_{\mathrm{cs}}^*V_{\mathrm{cd}}|^2\frac{(m_{\mathrm{s}}^2-m_{\mathrm{d}}^2)^2}{m_{\mathrm{c}}^4}(\mathcal{O}+2\mathcal{O}')\tag{7.13}$$

其中的算子 $\mathcal{O}$ 和 $\mathcal{O}'$ 为

$$\mathcal{O}\equiv\bar{u}\gamma_\mu(1-\gamma_5)c\bar{u}\gamma^\mu(1-\gamma_5)c,\qquad \mathcal{O}'\equiv\bar{u}(1+\gamma_5)c\bar{u}(1+\gamma_5)c \tag{7.14}$$

上式表明振幅是双卡比博压低 (DCS) 过程 ($V_{\rm cs}^*V_{\rm cd}$)，其中 $(m_{\rm s}^2-m_{\rm d}^2)/m_{\rm c}^4$ 是 GIM 压制因子。算子的矩阵元可参数化为

$$\langle{\rm D}^0|\mathcal{O}|\bar{\rm D}^0\rangle=\frac{8}{3}m_{\rm D}^2f_{\rm D}^2B_{\rm D},\qquad \langle{\rm D}^0|\mathcal{O}'|\bar{\rm D}^0\rangle=-\frac{5}{3}\left(\frac{m_{\rm D}}{m_{\rm c}}\right)^2m_{\rm D}^2f_{\rm D}^2B_{\rm D}' \tag{7.15}$$

在真空插入近似下取 $B_{\rm D}=B_{\rm D}'=1$，则可给出箱图对 $\mathcal{CP}$ 本征态质量差的贡献为

$$\Delta m_{\rm D}^{\rm box}\simeq1.4\times10^{-18}{\rm GeV}\left(\frac{m_{\rm s}}{0.1{\rm GeV}}\right)^4\left(\frac{f_{\rm D}}{0.2{\rm GeV}}\right)^2 \tag{7.16}$$

对于典型的 $f_{\rm D}$ 和 $m_{\rm s}$ 取值，箱图对混合参数 x 的贡献为 $x_{\rm box}\simeq$ (个位数$\times10^{-6}$) $\sim10^{-5}$。箱图对 $\Delta\Gamma$ 的贡献更被 $m_{\rm s}^2$ 进一步压制，致使 $y_{\rm box}$ 被压低到 10^{-7} 的数量级。若假定 $SU(3)$ 的味对称性 (即 $m_{\rm s}=m_{\rm d}$)，GIM 压制因子为零，这时 $D^0-\bar{D}^0$ 混合消失。

由上面的讨论可知，$\Delta C=2$ 的短程力对混合参数的贡献是很小的，因此需要进一步考虑强子中间态 $|n\rangle$ 的长程力效应，如图 7.2所示。如果忽略式 (7.12) 中 $\Delta C=2$ 算子的短程力贡献，则可导得标准模型对 Δm 和 $\Delta\Gamma$ 的贡献为

$$\begin{aligned}\Delta m&=\frac{1}{2m_D}\mathbb{P}\sum_n\frac{\langle\bar{D}^0|\mathcal{H}_w^{\Delta C=1}|n\rangle\langle n|\mathcal{H}_w^{\Delta C=1}|D^0\rangle+\langle D^0|\mathcal{H}_w^{\Delta C=1}|n\rangle\langle n|\mathcal{H}_w^{\Delta C=1}|\bar{D}^0\rangle}{m_D-E_n}\\ \Delta\Gamma&=\frac{1}{2m_D}\sum_n\left[\langle\bar{D}^0|\mathcal{H}_w^{\Delta C=1}|n\rangle\langle n|\mathcal{H}_w^{\Delta C=1}|D^0\rangle+\langle D^0|\mathcal{H}_w^{\Delta C=1}|n\rangle\langle n|\mathcal{H}_w^{\Delta C=1}|\bar{D}^0\rangle\right]\\ &\quad\cdot2\pi\delta(m_D-E_n)\end{aligned} \tag{7.17}$$

图 7.2　SM 模型中 $D^0-\bar{D}^0$ 混合长程力的示意图

长程力是非微扰的，其对 $D^0-\bar{D}^0$ 混合的贡献不能由第一定理出发进行计算。实际上在中性 D 介子衰变中 $SU(3)$ 对称性有很大的破缺，该破缺的两阶效应使

得非零的 $D^0-\bar{D}^0$ 混合值增高，近似有 [12]

$$x \sim y \sim \sin^2\theta_{\mathrm{C}} \times [SU(3)\ \text{破缺}]^2 \tag{7.18}$$

有大量的文献对 x 和 y 进行了标准模型和超出标准模型的估计，给出 $x,y\sim 10^{-2}\sim 10^{-3}$ 数量级，增大了许多，不过仍然是非常小的。理论学家一般认为 $x<y$，如果实验上发现 $x>y$ 就可能是新物理对 x 贡献的迹象。因此对 $D^0-\bar{D}^0$ 混合及其 $\mathcal{CP}$ 破坏的精确测量就为揭示来自标准模型之外的新物理贡献提供了可能。目前已有多个实验在多个物理过程中观测到了 $D^0-\bar{D}^0$ 的混合现象，以及 $\mathcal{CP}$ 破缺效应。下面就几个典型的实验做一简单介绍。

7.2.1　$\mathbf{D^0\to K^+\pi^-}$ 含时衰变

Belle 和 BABAR 实验中 D 介子来自于 e^+e^- 对撞的连续过程中产生的 $D^{+*}\to D^0\pi^+$，可用低动量 π 的正负电荷标记 D^* 衰变产生的是 D^0 或 $\bar{D}^0$，通常将该 π 介子称为软 π，记为 π_s。

$D^0\to K^-\pi^+$ 衰变 (共轭过程为 $\bar{D}^0\to K^+\pi^-$) 是卡比博允许的，通常称为正确符号 (RS) 的过程，而 $D^0\to K^+\pi^-$ 则被称为错误符号 (WS) 的过程。图 7.3给出了 WS 和 RS 过程的衰变机制示意图。WS 过程可通过两种机制实现，一种是直接由双卡比博压制衰变 (DCSD) 过程实现，另一种是先经混合机制到反粒子，接着由卡比博允许的机制实现。而 RS 过程则是由卡比博允许的机制，或由混合机制紧接着是 DCSD 压制机制实现。两者的衰变寿命是不同的。

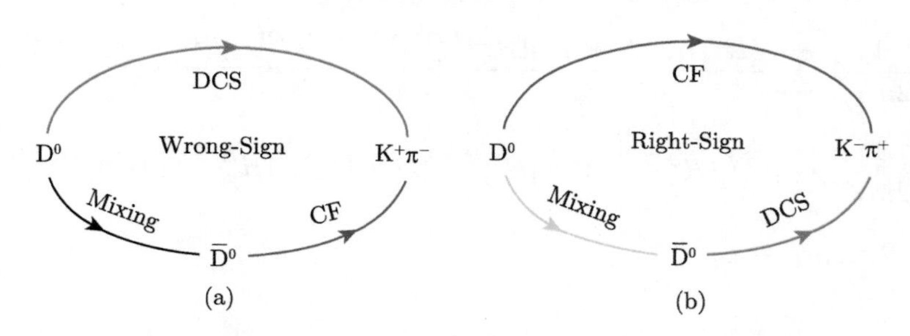

图 7.3　WS 道 (a) 和 RS 道 (b) 的衰变机制示意图

WS 过程可由式 (7.10) 取母粒子态 $P^0(t)$ 为 $D^0(t)$，末态 $f=K^-\pi^+,\bar{f}=K^+\pi^-$ 得到。由于 $\Delta M,\Delta\Gamma\ll\Gamma$，且 DCSD 机制使得 $|\Lambda_f|,|\bar{\Lambda}_{\bar{f}}|\ll 1$，公式可近似表示为

$$\Gamma(D^0(t)\to K^+\pi^-)=|\bar{\mathcal{A}}_{\bar{f}}|^2\left|\frac{q}{p}\right|^2 e^{-\Gamma t}\Big\{|\bar{\Lambda}_{\bar{f}}|^2+\left[\Re(\bar{\Lambda}_{\bar{f}})y+\Im(\bar{\Lambda}_{\bar{f}})x\right]\Gamma t$$

$$+\frac{1}{4}(x^2+y^2)(\Gamma t)^2\Big\} \tag{7.19}$$

$$\Gamma(\bar{D}^0(t)\to K^-\pi^+)=|\mathcal{A}_f|^2\left|\frac{p}{q}\right|^2 e^{-\Gamma t}\Big\{|\Lambda_f|^2+[\Re(\Lambda_f)y+\Im(\Lambda_f)x]\,\Gamma t$$
$$+\frac{1}{4}(x^2+y^2)(\Gamma t)^2\Big\} \tag{7.20}$$

RS 过程可以看作是简单的指数衰减，即 $\Gamma=|\mathcal{A}_{K^-\pi^+}|e^{-\Gamma t}$。

若忽略微小的 $\mathcal{CP}$ 破坏效应，则有

$$|\bar{\mathcal{A}}_{\bar{f}}|=|\mathcal{A}_f|,\quad \left|\frac{q}{p}\right|=1,\quad \bar{\Lambda}_{\bar{f}}=\Lambda_f \tag{7.21}$$

根据前面定义的衰变振幅，

$$\begin{cases}\mathcal{A}_f\equiv\langle K^-\pi^+|\mathcal{H}|D^0\rangle=|\mathcal{A}_f|e^{i\delta_R}, & \mathcal{A}_{\bar{f}}\equiv\langle K^+\pi^-|\mathcal{H}|D^0\rangle=|\mathcal{A}_{\bar{f}}|e^{i\delta_W}\\ \delta=\delta_R-\delta_W\end{cases} \tag{7.22}$$

δ_R 和 δ_W 分别指“正确符号”和“错误符号”振幅的强相角。进而可以有参数化

$$\mathcal{A}_{\bar{f}}/\mathcal{A}_f=\mathcal{A}_{\bar{f}}/\bar{\mathcal{A}}_{\bar{f}}=-\sqrt{R_D}e^{-i\delta},\quad |\mathcal{A}_{\bar{f}}/\mathcal{A}_f|\sim\mathcal{O}(\tan^2\theta_c) \tag{7.23}$$

无量纲的正数 R_D 是 DCSD 相对于 CFD 的事例率之比，δ 是 DCSD 相对于 CFD 振幅的强相角差。

利用式 (7.21)，将式 (7.19) 除以 $|\mathcal{A}_f|^2$，可以得到 WS 相对于 RS 过程的衰变率之比，

$$\begin{aligned}r_{WS}(t)&=\frac{\Gamma(D^0(t)\to K^+\pi^-)}{\Gamma(\bar{D}^0(t)\to K^+\pi^-)}=\frac{\Gamma(\bar{D}^0(t)\to K^-\pi^+)}{\Gamma(D^0(t)\to K^-\pi^+)}\\&=\left[R_D+\sqrt{R_D}(y\cos\delta-x\sin\delta)\Gamma t+\frac{1}{4}(x^2+y^2)\Gamma^2t^2\right]e^{-\Gamma t}\\&=\left[R_D+\sqrt{R_D}y'\Gamma t+\frac{1}{4}(x'^2+y'^2)\Gamma^2t^2\right]e^{-\Gamma t}\end{aligned} \tag{7.24}$$

其中

$$\begin{cases}x'=x\cos\delta+y\sin\delta\\ y'=y\cos\delta-x\sin\delta\end{cases} \tag{7.25}$$

x', y' 将混合参数转动了一个强相角 δ。式 (7.24) 中第一项来自 DCSD，最后一项来自 CFD，中间项来自 DCSD 和 CFD 的干涉。WS 过程 $\mathrm{D^0 \to K^+\pi^-}$ 相对于 RS 过程 $\mathrm{D^0 \to K^-\pi^+}$ 的积分事例率之比为

$$\begin{aligned} R_{\mathrm{WS}} &= R_{\mathrm{D}} + \sqrt{R_{\mathrm{D}}}y' + (x'^2 + y'^2)/2 \\ &= R_{\mathrm{D}} + \sqrt{R_{\mathrm{D}}}y' + R_{\mathrm{M}} \end{aligned} \tag{7.26}$$

$R_{\mathrm{M}} \equiv \dfrac{1}{2}(x^2 + y^2) = \dfrac{1}{2}(x'^2 + y'^2)$ 是混合衰变率相对于 CFD 概率之比。

上面的讨论适用于末态含有多个 π 的过程 $\mathrm{D^0 \to K^+\pi^-}(n\pi)$，诸如 $\mathrm{D^0 \to K^+\pi^-\pi^0}$，$\mathrm{D^0 \to K^+\pi^-\pi^+\pi^-}$ 等，只是这些道的末态会有多个轻强子中间共振态存在，需要进行达里兹分析甚至是分波分析，以确定中间共振态的成分和贡献，给物理分析增加了难度和挑战性。

如果 $SU(3)$ 对称性成立，振幅 $\mathcal{A}_{\mathrm{K^+\pi^-}}$ 和 $\bar{\mathcal{A}}_{\mathrm{K^+\pi^-}}$($\mathcal{A}_{\mathrm{K^-\pi^+}}$ 和 $\bar{\mathcal{A}}_{\mathrm{K^-\pi^+}}$) 之间只相差一个 CKM 矩阵元因子，$\mathcal{A}_{\mathrm{K^+\pi^-}} = (V_{\mathrm{cd}}V^*_{\mathrm{us}}/V_{\mathrm{cs}}V^*_{\mathrm{ud}})\bar{\mathcal{A}}_{\mathrm{K^+\pi^-}}$。特别是 $\mathcal{A}_{\mathrm{K^+\pi^-}}$ 和 $\bar{\mathcal{A}}_{\mathrm{K^+\pi^-}}$ 具有相同的强相角。B 工厂实验测量了

$$\mathcal{R} = \frac{Br(\mathrm{D^0 \to K^+\pi^-})}{Br(\mathrm{\bar{D}^0 \to K^+\pi^-})}\left|\frac{V_{\mathrm{ud}}V^*_{\mathrm{cs}}}{V_{\mathrm{us}}V^*_{\mathrm{cd}}}\right|^2 \tag{7.27}$$

其在 $SU(3)$ 对称性下应为 1，但是测量的世界平均值却为

$$\mathcal{R} = 1.21 \pm 0.03 \tag{7.28}$$

因而 $SU(3)$ 对称性在 $\mathrm{D \to K\pi}$ 过程中是破缺的，大约在 20% 的水平，强相角 $\delta_{\mathrm{K\pi}}$ 不等于零。BABAR 实验在忽略 $\mathcal{CP}$ 破坏的假定下给出的存在混合迹象的测量结果如下 [3]

$$\begin{cases} R_{\mathrm{D}} = (3.03 \pm 0.16 \pm 0.10) \times 10^{-3} \\ x'^2 = (-0.22 \pm 0.30 \pm 0.21) \times 10^{-3} \\ y' = (9.7 \pm 4.4 \pm 3.1) \times 10^{-3} \end{cases} \tag{7.29}$$

显著性为 3.9σ。

2013 年 LHCb 合作组利用 $1.0\mathrm{fb}^{-1}$ 的 pp 对撞实验数据对该道进行测量，得到了更为精确的结果 [4]

$$\begin{cases} R_{\mathrm{D}} = (3.53 \pm 0.15) \times 10^{-3} \\ x'^2 = (-0.9 \pm 1.3) \times 10^{-4} \\ y' = (7.2 \pm 2.4) \times 10^{-3} \end{cases} \tag{7.30}$$

显著性为 9.1σ。若要从 x' 和 y' 提取出混合参数 x 和 y，则需要测量强相角 $\delta_{K\pi}$。

测量 $\delta_{K\pi}$ 的最佳方法是使用在 $D\bar{D}$ 产生阈值附近的 e^+e^- 对撞数据，进行衰变事例的 $\mathcal{CP}$ 标记，BESIII 实验在 $\Psi(3770)$ 能区的实验数据对这一研究具有独特的优势。当然从下面将讲到的 $D^0\to K^+K^-,\pi^+\pi^-$ 得到的 y_{CP} 和由 $D^0\to K_S\pi^+\pi^-$ 得到的 x 和 y，也能从 x' 和 y' 的测量结果计算出 $\delta_{K\pi}$ 的值。

7.2.2 $D^0\to K^+\pi^-$ 衰变中的 $\mathcal{CP}$ 破坏

$D^0-\bar{D}^0$ 混合中的 $\mathcal{CP}$ 破坏，即第一类的 $\mathcal{CP}$ 破坏，来自 $|q/p|\neq 1$，因而可以定义

$$A_M\equiv\frac{|p/q|^2-|q/p|^2}{|p/q|^2+|q/p|^2}=\frac{1-|q/p|^4}{1+|q/p|^4} \tag{7.31}$$

直接的 $\mathcal{CP}$ 破坏，即第二类 $\mathcal{CP}$ 破坏，则来自 D^0 和 $\bar{D}^0$ 的 DCSD 过程中振幅的差异，即 $|\mathcal{A}_{K^+\pi^-}/\bar{\mathcal{A}}_{K^-\pi^+}|\neq 1$。如果假定 CFD 过程中没有直接的 $\mathcal{CP}$ 破坏，即有 $|\mathcal{A}_{K^-\pi^+}|=|\bar{\mathcal{A}}_{K^+\pi^-}|$，因此可以定义实参数

$$A_D\equiv\frac{|\mathcal{A}_{K^+\pi^-}|^2-|\bar{\mathcal{A}}_{K^-\pi^+}|^2}{|\mathcal{A}_{K^+\pi^-}|^2+|\bar{\mathcal{A}}_{K^-\pi^+}|^2} \tag{7.32}$$

第三类 $\mathcal{CP}$ 破坏来自无混合和有混合的衰变中的干涉效应。在 D^0 的 WS 衰变中，该破坏效应可表示为

$$\frac{\Im(\bar{\Lambda}_{\bar{f}})}{\bar{\Lambda}_{\bar{f}}}\neq\frac{\Im(\Lambda_f)}{\Lambda_f}\qquad 即\qquad \arg(\bar{\Lambda}_{\bar{f}})\neq\arg(\Lambda_f) \tag{7.33}$$

可以通过对 D^0 和 $\bar{D}^0$ 的强相角修正给出对这一效应的参数化描写

$$\arg(\bar{\Lambda}_{\bar{f}})=-(\delta+\phi),\qquad \arg(\Lambda_f)=-(\delta-\phi) \tag{7.34}$$

ϕ 是 q/p 和 $\bar{A}_f/A_f$ 之间的相对弱相角。如果存在超出 SM 的新物理，$\mathcal{CP}$ 破坏即使在直接衰变中或混合中没有被观测到，还是有可能在直接衰变和混合的干涉效应中被观测到。

为对 $\mathcal{CP}$ 破坏给出参数化的描写，可以定义：

$$\bar{\Lambda}_{\bar{f}}=-\left|\frac{p}{q}\right|\sqrt{R_D^+}e^{-i(\delta+\phi)},\qquad \Lambda_f=-\left|\frac{q}{p}\right|\sqrt{R_D^-}e^{-i(\delta-\phi)} \tag{7.35}$$

代入式 (7.19) 和式 (7.20) 得到

$$\frac{\Gamma(D^0(t)\to K^+\pi^-)}{\Gamma(\bar{D}^0(t)\to K^+\pi^-)}=R_D^++\left|\frac{q}{p}\right|\sqrt{R_D^+}(y'\cos\phi-x'\sin\phi)(\Gamma t)$$

$$+\left|\frac{q}{p}\right|^2\frac{x'^2+y'^2}{4}(\Gamma t)^2$$

$$\frac{\Gamma(\bar{\mathrm{D}}^0(t)\to \mathrm{K}^-\pi^+)}{\Gamma(\mathrm{D}^0(t)\to \mathrm{K}^-\pi^+)}=R_{\mathrm{D}}^-+\left|\frac{p}{q}\right|\sqrt{R_{\mathrm{D}}^-}(y'\cos\phi+x'\sin\phi)(\Gamma t)+\left|\frac{p}{q}\right|^2\frac{x'^2+y'^2}{4}(\Gamma t)^2 \tag{7.36}$$

BABAR 实验组采用了如下的参数化方法测量 $\mathcal{CP}$ 破坏 [13]。将式 (7.24) 分别应用于 D^0 和 $\bar{\mathrm{D}}^0$ 事例，得到 6 个参数。记 $(R_{\mathrm{D}}^+, x'^+, y'^+)$ 为由 D^0 事例得到的三个参数，$(R_{\mathrm{D}}^-, x'^-, y'^-)$ 为由 $\bar{\mathrm{D}}^0$ 得到的。将两者结合起来可组成如下表达式：

$$A_{\mathrm{D}}=(R_{\mathrm{D}}^+-R_{\mathrm{D}}^-)/(R_{\mathrm{D}}^++R_{\mathrm{D}}^-),\qquad A_{\mathrm{M}}=(R_{\mathrm{M}}^+-R_{\mathrm{M}}^-)/(R_{\mathrm{M}}^++R_{\mathrm{M}}^-) \tag{7.37}$$

其中 $R_{\mathrm{M}}^{\pm}=(x'^{\pm 2}+y'^{\pm 2})/2$。$A_{\mathrm{D}}$ 和 A_{M} 定义了 DCSD 和混合振幅中 $\mathcal{CP}$ 破坏，类比于前面的式 (7.32) 和式 (7.31)。实验可观测量和 x', y' 之间具有如下的关系：

$$x'^{\pm}=\left(\frac{1\pm A_{\mathrm{M}}}{1\mp A_{\mathrm{M}}}\right)^{1/4}(x'\cos\phi\pm y'\sin\phi) \tag{7.38}$$

$$y'^{\pm}=\left(\frac{1\pm A_{\mathrm{M}}}{1\mp A_{\mathrm{M}}}\right)^{1/4}(y'\cos\phi\mp x'\sin\phi) \tag{7.39}$$

注意到 $x'^{\pm}$, $y'^{\pm}$ 在 $(x'\to -x'$，$y'\to -y'$，$\phi\to\phi+\pi)$ 的联合变换下具有不变性，为避免这种符号标记的不确定性，可将 ϕ 限定在 $|\phi|<\pi/2$ 区间。

从 (x'^+, y'^+, x'^-, y'^-) 到 $(x', y', |q/p|, \phi)$ 是唯一的，除非是当 $(x'^+, y'^+)=(0,0)$ 或者 $(x'^-, y'^-)=(0,0)$ 时 ϕ 角不能确定。BABAR 实验在 2007 年 [3] 给出的 $\mathcal{CP}$ 破坏允许下的拟合结果为

$$\begin{cases} R_{\mathrm{D}}=\sqrt{R_{\mathrm{D}}^+R_{\mathrm{D}}^-}=(3.03\pm 0.16\pm 0.10)\times 10^{-3} \\ A_{\mathrm{D}}=-0.021\pm 0.052\pm 0.015 \end{cases} \tag{7.40}$$

当时并没有看到存在 $\mathcal{CP}$ 破坏的证据。

7.2.3　ψ(3770) → $\mathrm{D}\bar{\mathrm{D}}$ 过程的量子关联效应测强相角 $\delta_{\mathrm{K}\pi}$

在 ψ(3770) 能区 ψ(3770) 基本全部衰变到 $\mathrm{D}\bar{\mathrm{D}}$ 对。玻色-爱因斯坦统计要求 $\mathrm{D}\bar{\mathrm{D}}$ 的电荷宇称 $C=-1$，由于末态的 $\mathcal{CP}$ 负相关特征，如果其中一个 D 衰变到具有确定 $\mathcal{CP}$ 量子数的末态，那么另一个 D 的 $\mathcal{CP}$ 特征就被标记了。例如一个 D 态衰变到 $CP=-1$ 的 $\mathrm{K_S}^0\pi^0$，那么另一个 D 态即被标记为 $CP=+1$ 的态。这

就使得测量分支比 $Br(D_\pm \to K^-\pi^+)$，进而测量由式 (7.22) 定义的强相位差 $\delta_{K\pi}$ 成为可能。按照 $D_\pm$ 的定义可以写出如下三角形关系式：

$$\sqrt{2}\mathcal{A}(D_\pm \to K^-\pi^+) = \mathcal{A}(D^0 \to K^-\pi^+) \pm \mathcal{A}(\bar{D}^0 \to K^-\pi^+) \tag{7.41}$$

这意味着下式成立：

$$1 \pm 2\sqrt{R_D}\cos\delta_{K\pi} = 2\frac{Br(D_\pm \to K^-\pi^+)}{Br(D^0 \to K^-\pi^+)} \tag{7.42}$$

这里忽略了微小的 $\mathcal{CP}$ 破坏效应。如果测量了 D_+ 和 D_- 的衰变，$\cos\delta_{K\pi}$ 即可由下面的不对称性给出：

$$\cos\delta_{K\pi} = \frac{Br(D_+ \to K^-\pi^+) - Br(D_- \to K^-\pi^+)}{2\sqrt{R_D}Br(D^0 \to K^-\pi^+)} \tag{7.43}$$

在忽略 $\mathcal{CP}$ 破坏效应下，还可以导出强相位差 $\delta_{K\pi}$ 与式 (7.26) 定义的 R_{WS} 之间有如下关系式[17, 18]：

$$2\sqrt{R_D}\cos\delta_{K\pi} + y = (1 + R_{WS}) \cdot A_{CP\to K\pi} \tag{7.44}$$

其中的 $A_{CP\to K\pi}$ 是 $CP=+1$ 和 $CP=-1$ 的 D^0 本征态衰变到 $K^-\pi^+$ 过程的分支比的不对称性，

$$A_{CP\to K\pi} = \frac{Br(D_+ \to K^-\pi^+) - Br(D_- \to K^-\pi^+)}{Br(D_+ \to K^-\pi^+) + Br(D_- \to K^-\pi^+)} \tag{7.45}$$

在量子相关的 $\Psi(3770) \to D\bar{D}$ 衰变道实验中，衰变分支比可由下式计算：

$$Br(D_\pm \to K\pi) = \frac{n_{K\pi,\pm}}{n_\pm} \cdot \frac{\epsilon_\pm}{\epsilon_{K\pi,\pm}} \tag{7.46}$$

这里 $n_\pm(n_{K\pi,\pm})$ 是单标记 $D \to CP\pm$(双标记 $D \to CP\pm, \bar{D} \to K\pi$) 的产额，$\epsilon_\pm(\epsilon_{K\pi,\pm})$ 则为相应的探测效率。表 7.2列出了 D 介子的各种不同的衰变模式。

表 7.2　D 介子的各种不同的衰变模式

衰变类型	衰变模式
味衰变	$K^-\pi^+, K^+\pi^-$
$CP=+$ 衰变	$K^+K^-, \pi^+\pi^-, K_S^0\pi^0\pi^0, \pi^0\pi^0, \rho^0\pi^0$
$CP=-$ 衰变	$K_S^0\pi^0, K_S^0\eta, K_S^0\omega$
半轻子衰变	$K^\mp e^\pm\nu$，$K^\mp\mu^\pm\nu$

式 (7.42)~(7.44) 三个公式可以独立地用以对 $\cos\delta_{\mathrm{K\pi}}$ 的测量。BESIII 实验用的是式 (7.44)，测得 $A_{CP\to\mathrm{K\pi}} = (12.7\pm1.3\pm0.7)\times10^{-2}$，采用输入值 $R_{\mathrm{D}} = (3.50\pm0.04)\times10^{-3}$，$y = (6.7\pm0.9)\times10^{-3}$ 和 $R_{\mathrm{WS}} = (3.80\pm0.05)\times10^{-3}$，得到 $\cos\delta_{\mathrm{K\pi}} = 1.02\pm0.11\pm0.06\pm0.01$，其误差分别为统计误差、系统误差和外部输入参数的误差 [17]。

7.2.4 $\mathrm{D}^0(\bar{\mathrm{D}}^0)$ 到 $\mathcal{CP}$ 本征态的衰变

测量 $\mathrm{D}^0-\bar{\mathrm{D}}^0$ 混合的另一种灵敏反应道是 $\mathrm{D}^0(\bar{\mathrm{D}}^0)\to\mathrm{f}_{CP}$，$\mathrm{f}_{CP}$ 是 $\mathcal{CP}$ 本征值 $\eta_{CP}=\pm1$ 的本征态，见表 7.2。因而有 $\mathcal{A}_{\mathrm{f}} = \mathcal{A}_{\bar{\mathrm{f}}}$，$\bar{\mathcal{A}}_{\mathrm{f}} = \bar{\mathcal{A}}_{\bar{\mathrm{f}}}$ ，其 $\Lambda_{f_{CP}}$ 参数化形式可记为

$$\Lambda_{\mathrm{f}_{CP}} = \frac{q\bar{\mathcal{A}}_{\mathrm{f}_{CP}}}{p\mathcal{A}_{\mathrm{f}_{CP}}} = -\eta_{CP}\left|\frac{q}{p}\right|\left|\frac{\bar{\mathcal{A}}_{\mathrm{f}_{CP}}}{\mathcal{A}_{\mathrm{f}_{CP}}}\right|\mathrm{e}^{\mathrm{i}\phi} \tag{7.47}$$

ϕ 是 q/p 和 $\bar{\mathcal{A}}_{\mathrm{f}}/\mathcal{A}_{\mathrm{f}}$ 之间 $\mathcal{CP}$ 破坏的相对弱相角。实验上最容易鉴别的带电粒子道是 $\eta_{CP} = +1$ 的 $f_{CP} = \mathrm{K^+K^-}$、$\pi^+\pi^-$ 道，这时可省略掉公式中的 η_{CP}。$\mathrm{D}^0(\bar{\mathrm{D}}^0)\to\mathrm{f}_{CP}$ 的含时衰变率可表示为

$$\begin{aligned}\Gamma(\mathrm{D}^0(t)\to\mathrm{f}_{CP}) = |\mathcal{A}_{\mathrm{f}_{CP}}|^2\mathrm{e}^{-\Gamma t}\Bigg[&\frac{1+|\Lambda_{\mathrm{f}_{CP}}|^2}{2}\cosh(y\Gamma t)+\frac{1-|\Lambda_{\mathrm{f}_{CP}}|^2}{2}\cos(x\Gamma t)\\&+\Re(\Lambda_{\mathrm{f}_{CP}})\sinh(y\Gamma t)-\Im(\Lambda_{\mathrm{f}_{CP}})\sin(x\Gamma t)\Bigg]\end{aligned} \tag{7.48}$$

$$\begin{aligned}\Gamma(\bar{\mathrm{D}}^0(t)\to\mathrm{f}_{CP}) = |\bar{\mathcal{A}}_{\mathrm{f}_{CP}}|^2\mathrm{e}^{-\Gamma t}\Bigg[&\frac{1+|\Lambda^{-1}_{\mathrm{f}_{CP}}|^2}{2}\cosh(y\Gamma t)+\frac{1-|\Lambda^{-1}_{\mathrm{f}_{CP}}|^2}{2}\cos(x\Gamma t)\\&+\Re(\Lambda^{-1}_{\mathrm{f}_{CP}})\sinh(y\Gamma t)-\Im(\Lambda^{-1}_{\mathrm{f}_{CP}})\sin(x\Gamma t)\Bigg]\end{aligned} \tag{7.49}$$

由于混合过程很慢，如果暂时忽略直接的 $\mathcal{CP}$ 破坏，可将式 (7.47) 的 $\Lambda_{\mathrm{f}_{CP}}$ 参数化简化为

$$\Lambda_{\mathrm{f}_{CP}} = -\eta_{CP}\left|\frac{q}{p}\right|\mathrm{e}^{\mathrm{i}\phi} \tag{7.50}$$

则式 (7.48) 和式 (7.49) 可近似表示为

$$\Gamma(\mathrm{D}^0(t)\to\mathrm{f}_{CP}) = \mathrm{e}^{-\Gamma t}|\mathcal{A}_{\mathrm{f}_{CP}}|^2\left[1-\eta_{CP}\left|\frac{q}{p}\right|(y\cos\phi - x\sin\phi)\Gamma t\right] \tag{7.51}$$

$$\Gamma(\bar{\mathrm{D}}^0(t)\to\mathrm{f}_{CP}) = \mathrm{e}^{-\Gamma t}|\mathcal{A}_{\mathrm{f}_{CP}}|^2\left[1-\eta_{CP}\left|\frac{p}{q}\right|(y\cos\phi + x\sin\phi)\Gamma t\right] \tag{7.52}$$

注意到 $\mathrm{K}^-\pi^+$ 是 $\mathcal{CP}$ 的混合态，卡比博允许的衰变是指数形式的

$$\Gamma(\mathrm{D}^0(t)\to\mathrm{K}^-\pi^+)=\Gamma(\bar{\mathrm{D}}^0(t)\to\mathrm{K}^+\pi^-)=\mathrm{e}^{-\Gamma t}|\mathcal{A}_{\mathrm{K}^-\pi^+}|^2 \tag{7.53}$$

因而也可以将很慢的混合过程 $\mathrm{D}^0(\bar{\mathrm{D}}^0)\to\mathrm{f}_{CP}$ 的衰变时间分布近似为指数函数的形式 $\mathrm{e}^{-\hat{\Gamma}t}$，按指数的泰勒展开有如下近似关系式：

$$\Gamma(\mathrm{D}^0(t)\to\mathrm{f}_{CP})\propto\mathrm{e}^{-\Gamma t}(1-z\Gamma t+\cdots)\approx\mathrm{e}^{-\Gamma(1+z)t}\equiv\mathrm{e}^{-\hat{\Gamma}t} \tag{7.54}$$

$\hat{\Gamma}=\Gamma(1+z)$ 称为衰变道的有效宽度。$\mathrm{D}^0(\bar{\mathrm{D}}^0)\to\mathrm{f}_{CP}$ 与 $\mathrm{D}^0\to\mathrm{K}^-\pi^+$ 道的有效宽度 (寿命) 之比不等于 1 则意味着 $\mathrm{D}^0-\bar{\mathrm{D}}^0$ 混合。

1. 利用 D^0 的强子衰变道测量 y_{CP}

混合效应的可观测量可表示为 [14, 15]

$$y_{CP}\equiv\frac{\tau(\mathrm{D}^0\to\mathrm{K}^-\pi^+)}{\hat{\tau}(\mathrm{D}^0\to\mathrm{f}_{CP})}-1=\frac{\hat{\Gamma}(\mathrm{D}^0\to\mathrm{f}_{CP})}{\Gamma(\mathrm{D}^0\to\mathrm{K}^-\pi^+)}-1 \tag{7.55}$$

$\hat{\tau}$ 和 $\hat{\Gamma}$ 分别为衰变的有效寿命和宽度。将 D^0 和 $\bar{\mathrm{D}}^0$ 的实验测量结合在一起，则 y_{CP} 又可表示为

$$y_{CP}=\frac{\hat{\Gamma}(\mathrm{D}^0\to\mathrm{f}_{CP})+\hat{\Gamma}(\bar{\mathrm{D}}^0\to\mathrm{f}_{CP})}{2\Gamma(\mathrm{D}^0\to\mathrm{K}^-\pi^+)}-1 \tag{7.56}$$

依式 (7.54) 不难导出其有效宽度，从而证明式 (7.56) 可表示为

$$y_{CP}\approx\eta_{CP}\frac{1}{2}\left[\left(\left|\frac{q}{p}\right|+\left|\frac{p}{q}\right|\right)y\cos\phi-\left(\left|\frac{q}{p}\right|-\left|\frac{p}{q}\right|\right)x\sin\phi\right] \tag{7.57}$$

由相应的 D^0、$\bar{\mathrm{D}}^0$ 有效衰变宽度的测量差可以定义如下的不对称性：

$$\begin{aligned}A_\Gamma&\equiv\frac{\hat{\Gamma}(\mathrm{D}^0\to\mathrm{f}_{CP})-\hat{\Gamma}(\bar{\mathrm{D}}^0\to\mathrm{f}_{CP})}{\hat{\Gamma}(\mathrm{D}^0\to\mathrm{f}_{CP})+\hat{\Gamma}(\bar{\mathrm{D}}^0\to\mathrm{f}_{CP})}\\&\approx\frac{1}{2}\left[\left(\left|\frac{q}{p}\right|-\left|\frac{p}{q}\right|\right)y\cos\phi-\left(\left|\frac{q}{p}\right|+\left|\frac{p}{q}\right|\right)x\sin\phi\right]\frac{\eta_{CP}}{1+y_{CP}}\\&\approx\eta_{CP}\frac{1}{2}\left[\left(\left|\frac{q}{p}\right|-\left|\frac{p}{q}\right|\right)y\cos\phi-\left(\left|\frac{q}{p}\right|+\left|\frac{p}{q}\right|\right)x\sin\phi\right]\end{aligned} \tag{7.58}$$

如果不忽略直接的 $\mathcal{CP}$ 破坏效应，可将 $|q/p|$ 和 $|\bar{\mathcal{A}}_\mathrm{f}/\mathcal{A}_\mathrm{f}|$ 的参数化取为如下近似形式 [15]

$$\left|\frac{q}{p}\right|^{\pm2}\approx\sqrt{\frac{1\pm A_\mathrm{M}}{1\mp A_\mathrm{M}}}\approx1\pm A_\mathrm{M},\qquad\left|\frac{\bar{\mathcal{A}}_\mathrm{f}}{\mathcal{A}_\mathrm{f}}\right|^{\pm2}\approx1\pm A_\mathrm{D} \tag{7.59}$$

则有

$$|\Lambda_{\mathrm{f}}|^{\pm 2} \approx (1 \pm A_{\mathrm{M}})(1 \pm A_{\mathrm{D}}) \tag{7.60}$$

这里 A_{M} 代表了混合效应对 $\mathcal{CP}$ 破坏的贡献，A_{D} 来自直接的 $\mathcal{CP}$ 破坏，两者都是小量。至此我们并没有假定弱相角 ϕ 对不同反应道的普适性。当对不同反应道的测量求平均时，则必须考虑依赖于衰变振幅比的弱相角。对于 $\mathrm{D}^0(\bar{\mathrm{D}}^0) \to \mathrm{K}^+\mathrm{K}^-, \pi^+\pi^-$ 道的实验测量，弱相角 ϕ 则是普适的。如果将式 (7.48) 和式 (7.49) 利用上面的近似参数化方案展开到 Γt 的两阶次，则可得到有效寿命的形式

$$\begin{aligned}\hat{\Gamma}(\overset{(-)}{\mathrm{D}}(t) \to \mathrm{f}_{CP}) = \Bigg\{ 1 + \bigg[1 \pm \frac{1}{2}(A_{\mathrm{M}} + A_{\mathrm{D}}) - \frac{1}{8}(A_{\mathrm{M}}^2 - 2A_{\mathrm{M}}A_{\mathrm{D}}) \bigg] \\ \cdot \eta_{CP}(y\cos\phi \mp x\sin\phi) \mp A_M(x^2 + y^2) \\ \pm 2A_M y^2 \cos^2\phi \mp 4xy\cos\phi\sin\phi \Bigg\}\end{aligned} \tag{7.61}$$

公式中忽略了所有小于 10^{-5} 的项。如果将式 (7.57) 和式 (7.58) 展开近似到 $\sim 10^{-4}$ 的精度，则可表示为

$$\begin{aligned} y_{CP} &\approx \eta_{CP} \left\{ \left[1 - \frac{1}{8}(A_{\mathrm{M}}^2 - 2A_{\mathrm{M}}A_{\mathrm{D}}) \right] y\cos\phi - \frac{1}{2}(A_{\mathrm{M}} + A_{\mathrm{D}})x\sin\phi \right\} \\ &\approx \eta_{CP} \left[\left(1 - \frac{1}{8}A_{\mathrm{M}}^2 \right) y\cos\phi - \frac{1}{2}A_{\mathrm{M}}x\sin\phi \right] \end{aligned} \tag{7.62}$$

$$\begin{aligned} A_{\Gamma} &\approx \left[\frac{1}{2}(A_{\mathrm{M}} + A_{\mathrm{D}})y\cos\phi - x\sin\phi \right] \frac{\eta_{CP}}{1 + y_{CP}} \\ &\approx \eta_{CP} \left[\frac{1}{2}(A_{\mathrm{M}} + A_{\mathrm{D}})y\cos\phi - x\sin\phi \right] \end{aligned} \tag{7.63}$$

如果没有 $\mathcal{CP}$ 破坏，则 $|q/p| = 1, A_{\mathrm{M}} = \phi = 0$，因而 $y_{CP} = y$。这里讨论的所有衰变道隐含地包括了相应的电荷共轭模式。

在文献 [15] 中作者认为，较早前见诸文献的近似展开式中略去了式 (7.62) 中的 $\frac{1}{8}A_{\mathrm{M}}^2 y\cos\phi$ 项，而实际上该项和 $\frac{1}{2}A_{\mathrm{M}}x\sin\phi$ 项具有相同的数量级，因而以保留为宜。式 (7.63) 显示直接的 $\mathcal{CP}$ 破坏 A_{D} 对 A_{Γ} 有显著的贡献。若假定 $y = 1\%$，$\cos\phi = 1$，$A_{\mathrm{D}}/2 = 1\%$ 的直接 $\mathcal{CP}$ 破坏就可以导致对 A_{Γ} 的 10^{-4} 贡献。期待 LHCb 和 B 工厂实验能达到 10^{-4} 的实验精度。

Belle 实验首次在 $D^0 \to K^+K^-, \pi^+\pi^-$ 衰变道 y_{CP} 的测量中，以 3.2σ 的显著性给出 $D^0-\bar{D}^0$ 混合存在的迹象，

$$y_{CP} = [1.31 \pm 0.32(\text{stat}) \pm 0.25(\text{syst})]\% \tag{7.64}$$

同时测量了 A_Γ，当时并没有看到非零的显著性[2]。

2. 利用 $D^0\bar{D}^0$ 的量子关联和半轻子衰变道测 y_{CP}

BESIII 实验利用 $\psi(3770)$ 能区末态 D^0 和 $\bar{D}^0$ 的量子关联，通过 D^0 的半轻子衰变测量了 y_{CP}[19]。D^0 半轻子衰变的分宽度不依赖于母粒子的 $\mathcal{CP}$ 本征值，只对其所含的部分子味道敏感，而 D^0 的 $\mathcal{CP}$ 本征态 $D_{CP\pm}$ 的衰变总宽度却和其本征值有关。由式 (7.56) 知：$\Gamma_{CP\pm} = \Gamma(1 \pm y_{CP})$，因此 $\mathcal{CP}$ 本征态 $D_{CP\pm}$ 的半轻子衰变分支比和其本征值之间具有关系式：

$$\mathcal{B}(D_{CP\pm} \to lX) \approx \mathcal{B}(D \to lX)(1 \mp y_{CP}) \tag{7.65}$$

由此可以导出

$$y_{CP} \approx \frac{1}{4}\left[\frac{\mathcal{B}(D_{CP-} \to lX)}{\mathcal{B}(D_{CP+} \to lX)} - \frac{\mathcal{B}(D_{CP+} \to lX)}{\mathcal{B}(D_{CP-} \to lX)}\right] \tag{7.66}$$

BESIII 实验中 $D^0\bar{D}^0$ 成对产生。首先用单标记方法确定一个 D^0 介子衰变到 $\mathcal{CP}$ 的本征态，从而标记它的伙伴粒子，知道了该伙伴 D 介子的 $\mathcal{CP}$ 本征值。在所有这些被单标记的事例中有一部分被确定通过半轻子过程衰变，被称为双标记事例。已知在 D 衰变中的 $\mathcal{CP}$ 破坏是很微小的，可以忽略，所以由单标记和双标记事例数即可求得 $D_{CP\pm} \to lX$ 的衰变分支比，

$$\mathcal{B}(D_{CP\mp} \to lX) = \frac{N_{CP\pm;l}}{N_{CP\pm}} \cdot \frac{\epsilon_{CP\pm}}{\epsilon_{CP\pm;l}} \tag{7.67}$$

其中 $N_{CP\pm}(N_{CP\pm;l})$ 和 $\epsilon_{CP\pm}(\epsilon_{CP\pm;l})$ 分别是单标记衰变 $D \to CP\pm$(双标记衰变 $D\bar{D} \to CP\pm;l$) 的事例产额和探测效率。BESIII 用以双标记的半轻子衰变过程为 $K^\mp e^\pm \nu$ 和 $K^\mp \mu^\pm \nu$，如表 7.2 所示。利用在 $\sqrt{s} = 3.773\text{GeV}$ 获得的 2.92fb^{-1} 数据 BESIII 测得 $y_{CP} = (-2.0 \pm 1.3 \pm 0.7)\%$。

3. $\mathcal{CP}$ 破坏效应的不对称性测量

记 f 为 $CP = +1$ 的带电粒子本征态，$K^+K^-, \pi^+\pi^-$，$D^0(\bar{D}^0)$ 衰变到 f 的含时概率为 Γ，则 $\mathcal{CP}$ 破坏效应的含时不对称性可表示为

$$A_{CP}(f;t) \equiv \frac{\Gamma(D^0(t) \to f) - \Gamma(\bar{D}^0(t) \to f)}{\Gamma(D^0(t) \to f) + \Gamma(\bar{D}^0(t) \to f)} \tag{7.68}$$

$A_{CP}(f;t)$ 中可以包含来自衰变振幅中的直接 $\mathcal{CP}$ 破坏，以及来自 $\mathrm{D^0-\bar{D}^0}$ 混合或者混合与衰变的干涉效应。若将时间积分的不对称性记为 $A_{CP}(f)$，其值将会依赖于重建效率的变化，因为重建效率是衰变时间的函数。引入直接 $\mathcal{CP}$ 不对称性的定义，

$$a_{CP}^{\mathrm{dir}} \equiv \frac{|\mathcal{A}_\mathrm{f}|^2-|\bar{\mathcal{A}}_\mathrm{f}|^2}{|\mathcal{A}_\mathrm{f}|^2+|\bar{\mathcal{A}}_\mathrm{f}|^2} = \frac{1-\left|\dfrac{\bar{\mathcal{A}}_\mathrm{f}}{\mathcal{A}_\mathrm{f}}\right|^2}{1+\left|\dfrac{\bar{\mathcal{A}}_\mathrm{f}}{\mathcal{A}_\mathrm{f}}\right|^2} = \frac{-A_\mathrm{D}}{2+A_\mathrm{D}} \approx -\frac{1}{2}A_\mathrm{D} \tag{7.69}$$

推导中利用了式 (7.59)。利用式 (7.10)，取 $\mathrm{D^0-\bar{D}^0}$ 混合的一阶近似，可将 $\mathcal{CP}$ 不对称性 $A_{CP}(\mathrm{f})$ 表示为

$$A_{CP}(\mathrm{f}) \approx a_{CP}^{\mathrm{dir}}(\mathrm{f}) - \frac{\langle t(\mathrm{f})\rangle}{\tau(\mathrm{D^0})}A_\Gamma(\mathrm{f}) \tag{7.70}$$

这里 $\langle t(\mathrm{f})\rangle$ 表示重建的 $\mathrm{D^0 \to f}$ 事例样本的平均衰变时间，考虑了随时间变化的实验效率；$\tau(\mathrm{D^0})$ 是 $\mathrm{D^0}$ 的寿命；$A_\Gamma(\mathrm{f})$ 是由式 (7.58) 定义的 $\mathrm{D^0(\bar{D}^0)\to f}$ 有效衰变宽度的不对称性。

LHCb 实验测量了 $\mathrm{D^0 \to K^+K^-}$ 和 $\mathrm{D^0 \to \pi^+\pi^-}$ 过程中 $\mathcal{CP}$ 不对称性的差[16]。在认定 $A_\Gamma(\mathrm{f})$ 是普适的，即与衰变末态 f 无关的假设下，这两个衰变过程之间的 $\mathcal{CP}$ 不对称性之差可表示为

$$\Delta A_{CP} \equiv A_{CP}(\mathrm{K^+K^-}) - A_{CP}(\pi^+\pi^-) \approx \Delta a_{CP}^{\mathrm{dir}} - \frac{\Delta\langle t\rangle}{\tau(\mathrm{D^0})}A_\Gamma \tag{7.71}$$

其中 $\Delta a_{CP}^{\mathrm{dir}} \equiv a_{CP}^{\mathrm{dir}}(\mathrm{K^+K^-}) - a_{CP}^{\mathrm{dir}}(\pi^+\pi^-)$，$\Delta\langle t\rangle$ 是平均衰变时间 $\langle t(\mathrm{K^+K^-})\rangle$ 和 $\langle t(\pi^+\pi^-)\rangle$ 之差。

在 LHCb 实验中，$\mathrm{D^0}$ 介子被认为是来自 pp 对撞点产生的 $\mathrm{D^*(2010)^+}$ (下面记为 $\mathrm{D^{*+}}$) 的瞬时强衰变 $\mathrm{D^*(2010)^+ \to D^0\pi^+}$，或者是由 $\mathrm{\bar{B} \to D^0\mu^-\bar{\nu}_\mu X}$ 过程产生的，这时 $\mathrm{D^0}$ 的产生顶点会和对撞点有一定的位移。前一类事例的 $\mathrm{D^0}$ 介子可由 π 介子的符号标记，后一类事例的 $\mathrm{D^0}$ 介子则可由 μ 介子的符号标记。π 标记和 μ 标记 $\mathrm{D^0}$ 介子衰变的原初不对称性定义为

$$\begin{cases} A_{\mathrm{raw}}^{\pi-\mathrm{tagged}}(\mathrm{f}) \equiv \dfrac{N(\mathrm{D^{*+}\to D^0(f)\pi^+}) - N(\mathrm{D^{*-}\to \bar{D}^0(f)\pi^-})}{N(\mathrm{D^{*+}\to D^0(f)\pi^+}) + N(\mathrm{D^{*-}\to \bar{D}^0(f)\pi^-})} \\ A_{\mathrm{raw}}^{\mu-\mathrm{tagged}}(\mathrm{f}) \equiv \dfrac{N(\mathrm{\bar{B}\to D^0(f)\mu^-\bar{\nu}_\mu X}) - N(\mathrm{B\to \bar{D}^0(f)\mu^+\nu_\mu X})}{N(\mathrm{\bar{B}\to D^0(f)\mu^-\bar{\nu}_\mu X}) + N(\mathrm{B\to \bar{D}^0(f)\mu^+\nu_\mu X})} \end{cases} \tag{7.72}$$

这里，N 是相应衰变模式的事例产额。上式可近似为

$$\begin{cases} A_{\mathrm{raw}}^{\pi-\mathrm{tagged}}(\mathrm{f}) \approx A_{CP}(\mathrm{f}) + A_{\mathrm{D}}(\pi) + A_{\mathrm{P}}(\mathrm{D}^*) \\ A_{\mathrm{raw}}^{\mu-\mathrm{tagged}}(\mathrm{f}) \approx A_{CP}(\mathrm{f}) + A_{\mathrm{D}}(\mu) + A_{\mathrm{P}}(\mathrm{B}) \end{cases} \tag{7.73}$$

其中，$A_{\mathrm{D}}(\pi)(A_{\mathrm{D}}(\mu))$ 为 $\pi(\mu)$ 标记中由于正负 $\pi(\mu)$ 粒子重建效率的差异引入的不对称性；$A_{\mathrm{P}}(\mathrm{D}^*)$ 和 $A_{\mathrm{P}}(\mathrm{B})$ 是 D^* 介子和 b 强子的产生机制引入的不对称性，主要来自于 c 和 b 夸克的强子化过程。由于对所选择的事例 $A_{\mathrm{D}}(\pi), A_{\mathrm{P}}(\mathrm{D}^*)$ 以及 $A_{\mathrm{D}}(\mu), A_{\mathrm{P}}(\mathrm{B})$ 对于相空间求平均后都比较小，它们的修正效应为 $\mathcal{O}(10^{-6})$，因而可以认为是和末态 f 无关的，用式 (7.73) 求两者的差时互相抵消，

$$\Delta A_{CP} = A_{\mathrm{raw}}(\mathrm{K^+K^-}) - A_{\mathrm{raw}}(\pi^+\pi^-) \tag{7.74}$$

ΔA_{CP} 与可测量的 $\mathrm{K^+K^-}$ 和 $\pi^+\pi^-$ 之间的原初不对称性之间的简单关系，使得利用上式测量 ΔA_{CP} 时对系统误差不敏感。

LHCb 实验给出的测量结果为 [16]

$$\begin{cases} \Delta A_{CP}^{\pi-\mathrm{tagged}} = [-18.2 \pm 3.2(\mathrm{stat}) \pm 0.9(\mathrm{syst})] \times 10^{-4} \\ \Delta A_{CP}^{\mu-\mathrm{tagged}} = [-9 \pm 8(\mathrm{stat}) \pm 5(\mathrm{syst})] \times 10^{-4} \end{cases} \tag{7.75}$$

将所有结果，包括其早前的测量结果，合并在一起，给出了 ΔA_{CP} 值：

$$\Delta A_{CP} = (-15.4 \pm 2.9) \times 10^{-4} \tag{7.76}$$

误差是统计误差和系统误差的总和，非零的显著性达到了 5.3σ，这是首次在粲强子衰变中观测到 $\mathcal{CP}$ 破坏。由此结果，采用 LHCb 测得的 $A_{\Gamma} = (-2.8 \pm 2.8) \times 10^{-4}$ 平均值，根据式 (7.71) 不难导出直接 $\mathcal{CP}$ 破坏的贡献 $\Delta a_{CP}^{\mathrm{dir}}$，

$$\Delta a_{CP}^{\mathrm{dir}} = (-15.7 \pm 2.9) \times 10^{-4} \tag{7.77}$$

正如前面的讨论所期待的，ΔA_{CP} 对直接的 $\mathcal{CP}$ 破坏灵敏。

到目前为止，理论和实验都表明，$\mathrm{D^0, \bar{D}^0}$ 系统中的混合和 $\mathcal{CP}$ 破坏效应都还是由标准模型主导的，LHCb 的测量结果亦然，尽管触及到了 SM 期待值 $(10^{-4} \sim 10^{-3})$ 的高端，挑战了 QCD 第一性原理的预期。该结果也遵从味 $SU(3)$ 对称性的预期。实验尚不能排除存在还未了解的短程机制和可能的 $\mathcal{CP}$ 破坏对混合振幅矩阵元 M_{12} 的贡献。

7.2.5　$\mathrm{D^0}$ 的共轭三体衰变道混合参数的测量

在 $\mathrm{D^0}$ 的共轭三体衰变道 $\mathrm{D^0} \to \mathrm{K_S^0}\pi^+\pi^-, \mathrm{K_S^0K^+K^-}$ 中，$\mathrm{D^0}$ 和 $\mathrm{\bar{D}^0}$ 的衰变振幅可以表示为

$$\begin{cases} \mathcal{M}(m_+^2, m_-^2, t) = f_+(t)\mathcal{A}_{\mathrm{D^0}}(m_+^2, m_-^2) + \dfrac{q}{p} f_-(t)\mathcal{A}_{\mathrm{\bar{D}^0}}(m_+^2, m_-^2) \\ \bar{\mathcal{M}}(m_+^2, m_-^2, t) = f_+(t)\mathcal{A}_{\mathrm{\bar{D}^0}}(m_+^2, m_-^2) + \dfrac{p}{q} f_-(t)\mathcal{A}_{\mathrm{D^0}}(m_+^2, m_-^2) \end{cases} \tag{7.78}$$

以 $\mathrm{D^0} \to \mathrm{K_S}{}^0\pi^+\pi^-$ 道为例，$m_+ \equiv m_{\mathrm{K_S^0}\pi^+}$，$m_- \equiv m_{\mathrm{K_S^0}\pi^-}$，以 m_+^2 和 m_-^2 为两维平面上的坐标轴，将实验观测到的每一个事例点 (信号和本底事例的全体) 都填充在这个两维平面上，就组成了事例的达里兹分布图。$\mathcal{A}_{\mathrm{D^0}}$ 和 $\mathcal{A}_{\mathrm{\bar{D}^0}}$ 表示达里兹平面上每个事例点 $\mathrm{D^0}$ 和 $\mathrm{\bar{D}^0}$ 的衰变振幅。假定 $\mathcal{CP}$ 守恒，则 $q/p = 1$，

$$\mathcal{A}_{\mathrm{\bar{D}^0}}(m_+^2, m_-^2) = \mathcal{A}_{\mathrm{D^0}}(m_-^2, m_+^2) \tag{7.79}$$

取 $\mathcal{M}$ 和 $\bar{\mathcal{M}}$ 的平方乘以归一化因子 Γ，就可以给出 $\mathrm{D^0}$ 和 $\mathrm{\bar{D}^0}$ 含时衰变率的概率密度分布函数，

$$\begin{cases} \mathcal{P}_{\mathrm{D^0}}(m_+^2, m_-^2, t) = \Gamma|\mathcal{M}(m_+^2, m_-^2, t)|^2 \\ \mathcal{P}_{\mathrm{\bar{D}^0}}(m_+^2, m_-^2, t) = \Gamma|\bar{\mathcal{M}}(m_+^2, m_-^2, t)|^2 \end{cases} \tag{7.80}$$

衰变率中的函数 $\sinh(y\Gamma t)$、$\cosh(y\Gamma t)$ 、$\sin(x\Gamma t)$ 和 $\cos(x\Gamma t)$ 给出中性 D 介子的振荡和混合，因此通过对 $\mathrm{D^0} \to \mathrm{K_S^0}\pi^+\pi^-$ 道含时衰变率的达里兹拟合就可以直接测量出混合参数 x 和 y。

$\mathrm{D^0}$ 衰变固有时 t 的测量精度对拟合结果有至关重要的影响，它由中性 D 介子在质心系中的衰变长度，即产生顶点和衰变顶点之间的距离 l 和动量 p 给出，

$$t = \frac{m_{\mathrm{D^0}} l}{cp} \tag{7.81}$$

t 的误差 σ_t 由产生顶点、衰变顶点和误差矩阵给出

$$\sigma_t^2 = \left(\frac{\partial t}{\partial i}\right)^{\mathrm{T}} V_i \left(\frac{\partial t}{\partial i}\right) \tag{7.82}$$

其中误差矩阵

$$V_i = \begin{pmatrix} V_{\mathrm{det}} & \mathrm{cov}(\mathrm{det}, IP) & \mathrm{cov}(\mathrm{det}, p) \\ \cos(IP, \mathrm{det}) & V_{IP} & \mathrm{cov}(IP, p) \\ \mathrm{cov}(p, \mathrm{det}) & \mathrm{cov}(p, IP) & V_p \end{pmatrix} \tag{7.83}$$

其中，V_{det}、V_{IP} 和 V_p 分别为衰变顶点、产生顶点和动量的误差；$\mathrm{cov}(X,Y)$ 是参量 X 和 Y 的协方差矩阵元，由在对撞顶点 (IP) 约束下对 D^0 产生顶点的拟合获得。

Belle 实验中 $D^0(\bar{D}^0)$ 来自于 $e^+e^- \to D^{*\pm}D^{*\mp}$，$D^{*\pm} \to \overset{(-)}{D^0}\pi^\pm$ 的级联衰变过程。可将低动量的软 $\pi^\pm$ 记为 $\pi_s^\pm$，它可用来标记衰变产生的是 D^0 或 $\bar{D}^0$。可观测的物理量选为 $K_S^0\pi^+\pi^-$ 的不变质量 $M \equiv M_{K_S^0\pi^+\pi^-}$ 和 $D^{*\pm}$ 衰变过程释放出的动能 $Q \equiv (M_{K_S^0\pi^+\pi^-\pi_s} - M_{K_S^0\pi^+\pi^-} - m_{\pi_s})\cdot c^2$。Belle 实验通过对 (M,Q) 平面上信号事例和各类本底事例的筛选拟合，确定各类事例以 (M,Q) 为变量的分布和组分，在此基础上建立起达里兹拟合的程序[24]。例如，研究表明信号事例的 (M,Q) 分布可用下式拟合：

$$\begin{aligned}F_{\mathrm{sig}} = N[(1-f_s)G_3(M,\mu,\sigma,f_2,f_3,\Delta,\sigma_2/\sigma,\sigma_3/\sigma) + f_s\cdot CB]\\ \times[(1-f_g)S_b(Q,\mu_Q,\sigma_Q,\Delta_{\sigma_Q},N_H,N_L) + f_g\cdot G(Q,\Delta_Q,\sigma_g/\sigma_Q)]\end{aligned} \tag{7.84}$$

其中，S_b 是学生式 t 函数；G 和 G_3 分别为单高斯和三高斯函数；$\sigma_Q = \sigma_Q^0(1 + c_1|M-\mu| + c_2|M-\mu|^2)$；$f_s$ 代表晶球函数 CB 描写的末态辐射事例占总的 M 信号分布的比例，为 0.4%。本底事例主要有随机的 π_s 本底 F_{rnd} 和组合本底 F_{cmb}。随机的 π_s 本底是由于筛选到的 π_s 并非来自于 $D^{*\pm}$ 的衰变，而 D^0 是正确重建的，其 M 分布和信号相同，所以有

$$F_{\mathrm{rnd}}(M,Q) = N\cdot F_{\mathrm{sig}}(M)\times(Q^{1/2}+\alpha Q^{3/2}) \tag{7.85}$$

别的本底事例都归于组合本底，可采用如下的函数拟合：

$$\begin{aligned}F_{\mathrm{cmb}}(M,Q) = N[(1-f_{d4b})\cdot(1+\beta_1 M)\times(Q^{1/2}+\beta_2 Q^{3/2}+\beta_3 Q^{5/2})\\ +f_{d4b}\cdot F_{d4b}(M,Q)]\end{aligned} \tag{7.86}$$

其中

$$\begin{aligned}F_{d4b}(M,Q) = N[(1-f_{gm})\cdot(aM^2+bM+1) + f_{gm}\cdot G(M,\mu_M,\sigma_M)]\\ \times[(1-f_g)\cdot S_b(Q,\mu_Q,\sigma_Q,\Delta_{\sigma_Q},N_H,N_L)\\ +f_g\cdot G(Q,\Delta_Q,\sigma_g/\sigma_Q)]\end{aligned} \tag{7.87}$$

拟合结果如图 7.4所示，与数据实验点符合得很好。

下面给出达里兹拟合的简单描述。这一衰变过程的末态是三体，两体中间态之间可能形成准共振态，因此必须选择适当的模型来描写它们，使得达里兹拟合能精确地反映和描述实验数据。一般将 D 的衰变振幅表示成一系列两体衰变 (r)

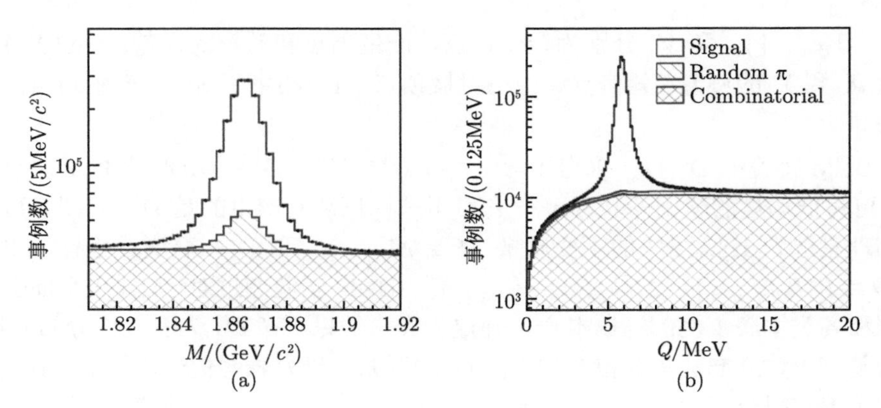

图 7.4　(M, Q) 平面在 $1.81\text{GeV}/c^2 < M < 1.92\text{GeV}/c^2$ 和 $0 < Q < 20\text{MeV}$ 信号区间拟合结果给出的 (a) M 和 (b) Q 投影

振幅之和加非共振态项 (NR) 的贡献，

$$\mathcal{A}_{\mathrm{D}^0}(m_+^2, m_-^2) = \sum_r a_r \mathrm{e}^{\mathrm{i}\phi_r} \mathcal{A}_r(m_+^2, m_-^2) + a_{NR}\mathrm{e}^{\mathrm{i}\phi_{NR}} \tag{7.88}$$

这里 $a_r(a_{NR})$ 和 $\phi_r(\phi_{NR})$ 分别为组分 $r(NR)$ 的振幅大小和相位。$\mathcal{A}_r = F_{\mathrm{D}} \times F_r \times T_r \times W_r$ 是洛伦兹不变的表达式，描写 D^0 介子通过中间共振态衰变到三体末态的动力学特征，是达里兹平面上位置的函数。其中 $F_{\mathrm{D}}(F_r)$ 是 D(共振态 r) 衰变顶点的 Blatt-Weisskopf 离心势垒因子 [20]，半径为 $R = 1.5\ \text{GeV}^{-1}\hbar c \equiv 0.3\text{fm}$; T_r 是共振态的传播子，一般选用宽度依赖于质量的相对论布赖特-维格纳 (Breit-Wigner, BW) 参数化公式；W_r 描写衰变中的角分布。

Belle 的分析发现 ππ 和 Kπ 的 S 波动力学机制比较复杂，有若干相互叠加的宽共振态，最后选用 $\boldsymbol{K}$ 矩阵模型 [21, 22] 来描写 ππ 的 S 波，用 LASS 模型 [23] 来描写 Kπ 的 S 波，所有的 P、D 波都用 BW 模型描写，即将式 (7.88) 修改为

$$\mathcal{A}_{\mathrm{D}^0}(m_+^2, m_-^2) = \sum_{r\neq \text{S波}} a_r \mathrm{e}^{\mathrm{i}\phi_r} \mathcal{A}_r(m_+^2, m_-^2) + a_{NR}\mathrm{e}^{\mathrm{i}\phi_{NR}} + F_{\pi\pi\text{S波}} + L_{\mathrm{K}\pi\text{S波}} \tag{7.89}$$

$\boldsymbol{K}$ 矩阵的公式形式为

$$F_\mu(s) = [\boldsymbol{I} - \mathrm{i}\boldsymbol{K}(s)\boldsymbol{\rho}(s)]^{-1}_{\mu\nu} \boldsymbol{P}_\nu(s) \tag{7.90}$$

其中，s 是 ππ 不变质量的平方，指标 $\mu(\nu)$ 表示第 μ 个道 ($1 = \pi\pi$，$2 = \mathrm{K\bar{K}}$，$1 = \pi\pi\pi\pi$，$4 = \eta\eta$，$5 = \eta\eta'$)。$\boldsymbol{I}$ 是单位矩阵，$\boldsymbol{K}$ 是描写 S 波散射过程的矩阵，$\boldsymbol{\rho}$ 是相空间矩阵，$\boldsymbol{P}$ 是初始产生矢量 ($\boldsymbol{P}$ 矢量)。在此框架中产生过程可以看作初始

存在的若干态由 $[\boldsymbol{I}-\mathrm{i}\boldsymbol{K}(s)\boldsymbol{\rho}(s)]^{-1}_{\mu\nu}$ 传播到末态。若末态的两体系统是孤立的，和产生过程中别的末态粒子没有相互作用，则传播子可由散射实验数据描写。$\boldsymbol{P}$ 矢量也应由数据本身决定，因为其依赖于产生机制。$K_{\mu\nu}$ 和 P_ν 的参数化形式为

$$K_{\mu\nu}(s)=\left(\sum_\alpha \frac{g^\alpha_\mu g^\alpha_\nu}{m^2_\alpha - s}+f^{\text{scatt}}_{\mu\nu}\frac{1.0-s^{\text{scatt}}_0}{s-s^{\text{scatt}}_0}\right)\cdot f_{A0}(s) \tag{7.91}$$

公式中的参数见表 7.3，由对 ππ 散射实验从阈值到 1900MeV/c^2 的数据进行全局拟合得到。其中 g^α_μ 是 $\boldsymbol{K}$ 矩阵的极点 m_α 和 μ 道的耦合常数。$f^{\text{scatt}}_{\mu\nu}$ 和 s^{scatt}_0 描写 $\boldsymbol{K}$ 矩阵的缓慢变化部分。因子

$$f_{A0}(s)=\frac{1-s_{A0}}{s-s_{A0}}(s-s_A m^2_\pi/2) \tag{7.92}$$

用以压制物理区域靠近 ππ 阈值处的 $s=0$ 运动学奇点。因为这里需要描写的是 ππ 道，所以只有 $\boldsymbol{F}_1$ 出现在式 (7.89) 中，即

$$\boldsymbol{F}_{\pi\pi\text{S波}}=\boldsymbol{F}_1 \tag{7.93}$$

所有 $\mu\neq 1$ 的参数 $f^{\text{scatt}}_{\mu\nu}$ 都取为零，因此 $\boldsymbol{P}$ 矢量简单地取为

$$P_\nu(s)=\sum_\alpha \frac{\beta_\alpha g^\alpha_\nu}{m^2_\alpha - s}+f^{\text{prod}}_{1\nu}\frac{1-s^{\text{prod}}_0}{s-s^{\text{prod}}_0} \tag{7.94}$$

注意到 $\boldsymbol{P}$ 矢量和 $\boldsymbol{K}$ 矩阵具有相同的极点，否则 $\boldsymbol{F}_1$ 矢量在 $\boldsymbol{K}$ 矩阵 ($\boldsymbol{P}$ 矢量) 极点处将会消亡 (发散)。初始 $\boldsymbol{P}$ 矢量的参数 β_α、$f^{\text{prod}}_{1\nu}$ 和 s^{prod}_0 由拟合标记的 $D^0\to K^0_S\pi^+\pi^-$ 数据样本得到。

表 7.3　文献 [22] 中给出的极点质量 (m_α) 和耦合常数 (g^α_μ)，单位是 GeV/c^2，s^{scatt}_0、s_{A0} 和 s_A 的单位是 GeV^2/c^4

m_α	$g^\alpha_{\pi^+\pi^-}$	g^α_{KK}	$g^\alpha_{4\pi}$	$g^\alpha_{\eta\eta}$	$g^\alpha_{\eta\eta'}$
0.651	0.229	−0.554	0.000	−0.399	−0.346
1.204	0.941	0.551	0.000	0.391	0.315
1.558	0.369	0.239	0.556	0.183	0.187
1.210	0.337	0.409	0.857	0.199	−0.010
1.822	0.182	−0.176	−0.797	−0.004	0.224
	f^{scatt}_{11}	f^{scatt}_{12}	f^{scatt}_{13}	f^{scatt}_{14}	f^{scatt}_{15}
	0.234	0.150	−0.206	0.328	0.354
	s^{scatt}_0	s_{A0}	s_A		
	−3.926	−0.15	1		

描述 Kπ 系统参数化的 LASS 模型基于 SLAC 的 LASS 实验在 $K^-p \to K^-\pi^+n$ 散射过程的研究中得出的参数化形式。他们在 Kπ 谱中发现了一个宽的无自旋共振态，中心在 $1430\text{MeV}/c^2$ 附近，形状不能用 BW 参数化。他们使用共振态加有效范围内的非共振态成分的参数化方法来描写该共振态 [23]

$$T = \sin\delta_F e^{i\delta_F} + \sin\delta_R e^{i\delta_R} e^{2i\delta_F} \tag{7.95}$$

其中

$$\tan\delta_R = \frac{M\Gamma(m_{K\pi}^2)}{M^2 - m_{K\pi}^2}, \quad \cot\delta_F = \frac{1}{aq} + \frac{rq}{2} \tag{7.96}$$

在此表达式中引入相对相位和振幅，即可将其推广到产生过程中 [21]

$$T = F\sin(\delta_F + \phi_F)e^{i(\delta_F+\phi_F)} + R\sin(\delta_R + \phi_R)e^{i(\delta_R+\phi_R)}e^{2i(\delta_F+\phi_F)} \tag{7.97}$$

参数 a 和 r 代表散射长度和有效作用长度，$F(\phi_F)$ 和 $R(\phi_R)$ 是非共振态和共振态项的振幅 (相角)，q 是旁观粒子在 Kπ 静止系中的动量。δ_F 和 δ_R 依赖于 $m_{K\pi}^2$。M 和 $\Gamma(m_{K\pi}^2)$ 是共振项的质量和跑动宽度。所有参数 (M、Γ、F、ϕ_F、R、ϕ_R、a 和 r) 的值都由对标记 D^0 样本的拟合得到，别的参数来自于模型的设定。洛伦兹不变的振幅形式可写为

$$T_R \equiv \hat{T} = \frac{T}{\rho(s)} = \frac{T\sqrt{s}}{2q(s)} \tag{7.98}$$

Belle 的达里兹分析中采用了如下形式：

$$L_{K\pi S波} = \sum_i A_i e^{i\phi_i} \cdot T_R \tag{7.99}$$

这里 A_i 和 ϕ_i 表示 $K_0^*(1430)^+$ 和 $K_0^*(1430)^-$ 的振幅和相位。

达里兹拟合采用如下最大似然函数法：

$$\begin{aligned}2\ln\mathcal{L} = 2\sum_{i=1}^{n}\ln[&f_{sig}^i \cdot p_{sig}(m_{+,i}^2, m_{-,i}^2, t) + f_{rnd}^i \cdot p_{rnd}(m_{+,i}^2, m_{-,i}^2, t)\\&+ f_{cmd}^i \cdot p_{cmd}(m_{+,i}^2, m_{-,i}^2, t)]\end{aligned} \tag{7.100}$$

其中信号的分布函数 p_{sig} 由下面的归一化形式给出：

$$p_{sig|}(m_{+,i}^2, m_{-,i}^2, t) = \frac{|\mathcal{M}(m_{+,i}^2, m_{-,i}^2, t)|^2 \cdot \epsilon(m_{+,i}^2, m_{-,i}^2)}{\int_D dm_+^2 dm_-^2 |\mathcal{M}(m_+^2, m_-^2, t)|^2 \cdot \epsilon(m_+^2, m_-^2)} \tag{7.101}$$

ϵ 是达里兹效率函数。本底分布函数的研究不再赘述，有兴趣的可参见文献 [24] 。

图 7.5显示的是达里兹变量的拟合投影，和数据点很好地相符。Belle 利用 921fb^{-1} 的 e^+e^- 对撞数据给出模型依赖的测量结果为 [24]

$$x=(0.56\pm0.19^{+0.03+0.06}_{-0.09-0.09})\%,\quad y=(0.30\pm0.15^{+0.04+0.03}_{-0.05-0.06})\% \tag{7.102}$$

该分析得到的 $D^0-\bar{D}^0$ 混合的显著性相对于无混合点为 2.5σ。

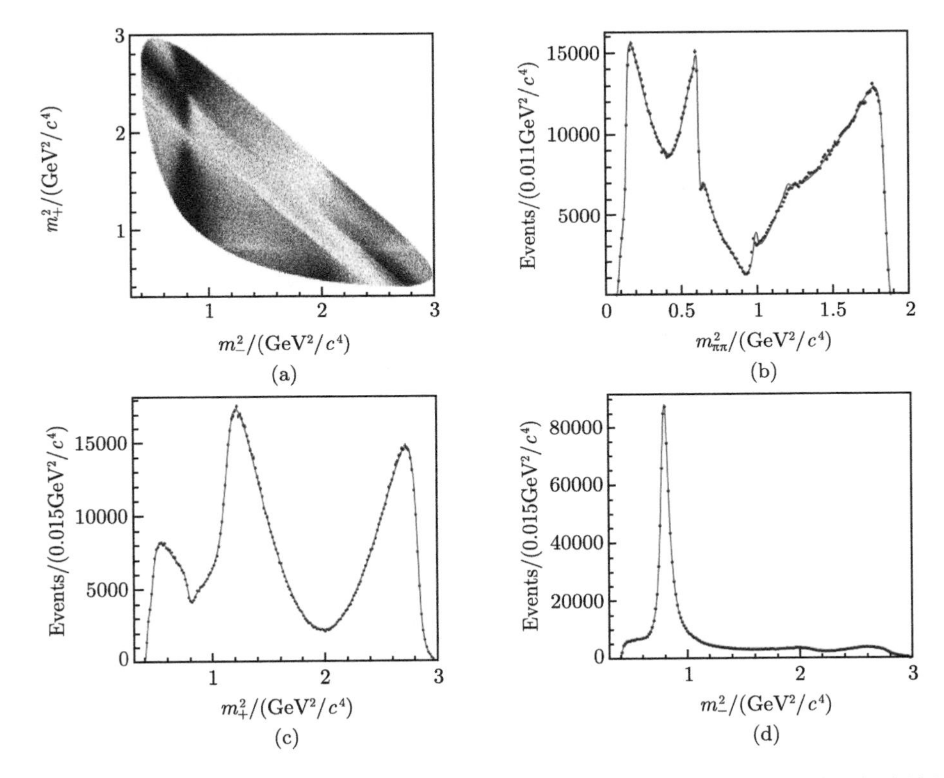

图 7.5 $M-Q$ 达里兹平面的分布和达里兹变量 $(m_+^2,m_-^2,m_{\pi\pi}^2)$ 的投影，实线是拟合结果

7.2.6 D^0 共轭三体衰变道混合参数的模型无关测量

下面介绍 LHCb 和 CLEO 实验对 $D^0\to K_S^0\pi^+\pi^-$ 道进行的和模型无关的测量 [25, 26]。若对式 (7.80) 做泰勒展开并忽略掉高阶的 x^2,y^2,xy 项，则有

$$\begin{cases}\mathcal{P}_{D^0}(m_+^2,m_-^2,t)=\Gamma e^{-\Gamma t}\left[|\mathcal{A}_{D^0}|^2-\Gamma t\,\Re\left(\dfrac{q}{p}\mathcal{A}_{D^0}^*\mathcal{A}_{\bar{D}^0}(y+ix)\right)\right]\\ \mathcal{P}_{\bar{D}^0}(m_+^2,m_-^2,t)=\Gamma e^{-\Gamma t}\left[|\mathcal{A}_{\bar{D}^0}|^2-\Gamma t\,\Re\left(\dfrac{p}{q}\mathcal{A}_{D^0}\mathcal{A}_{\bar{D}^0}^*(y+ix)\right)\right]\end{cases} \tag{7.103}$$

对 $\mathrm{D}^0-\bar{\mathrm{D}}^0$ 混合的测量可以忽略 $\mathcal{CP}$ 破坏，取 $q/p=1$，因此上式可简化为

$$\begin{cases}\mathcal{P}_{\mathrm{D}^0}(m_+^2,m_-^2,t)=\Gamma\mathrm{e}^{-\Gamma t}\left[|\mathcal{A}_{\mathrm{D}^0}|^2-\Gamma t\,\Re\left(\mathcal{A}_{\mathrm{D}^0}^*\mathcal{A}_{\bar{\mathrm{D}}^0}(y+\mathrm{i}x)\right)\right]\\ \mathcal{P}_{\bar{\mathrm{D}}^0}(m_+^2,m_-^2,t)=\Gamma\mathrm{e}^{-\Gamma t}\left[|\mathcal{A}_{\bar{\mathrm{D}}^0}|^2-\Gamma t\,\Re\left(\mathcal{A}_{\mathrm{D}^0}\mathcal{A}_{\bar{\mathrm{D}}^0}^*(y+\mathrm{i}x)\right)\right]\end{cases} \tag{7.104}$$

在达里兹平面相空间中可以在不同的区域对密度分布函数进行积分，分区依据不同的物理考虑而有多种方案。CLEO 在先前的分析 [26] 中采用的分区使得在相空间的每个区中强相角的变化最小。其优点在于减小探测因素的影响，例如不同区间的探测效率的变化。他们按此将整个达里兹平面相空间分成了 16 个区间，在 1~8 相空间中 $m_+^2>m_-^2$，在 $-1\sim-8$ 区间中 $m_+^2<m_-^2$。分区关于主对角线是对称的，即分区 i 和它的镜像 $-i$ 之间的变换关系为 $(m_+^2\ m_-^2)\to(m_-^2\ m_+^2)$。可以定义如下 i 分区的积分变量：

$$\begin{cases}T_i\equiv\displaystyle\int_i|\mathcal{A}_{\mathrm{D}^0}|^2\mathrm{d}m_+^2\mathrm{d}m_-^2\\ X_i\equiv\dfrac{1}{\sqrt{T_iT_{-i}}}\displaystyle\int_i\mathcal{A}_{\mathrm{D}^0}^*\mathcal{A}_{\bar{\mathrm{D}}^0}\mathrm{d}m_+^2\mathrm{d}m_-^2\end{cases} \tag{7.105}$$

将 X_i 的实部和虚部记为

$$c_i\equiv\Re(X_i),\qquad s_i\equiv-\Im(X_i) \tag{7.106}$$

对于上述给定的对称性分区，式 (7.79) 意味着 $X_{-i}=X_i^*$，因而 $c_{-i}=c_i$，$s_{-i}=-s_i$。

利用上述这些定义，积分的概率密度函数为

$$\begin{cases}\mathcal{P}_{\mathrm{D}^0}(i,t)=\displaystyle\int_i\mathcal{P}_{\mathrm{D}^0}(m_+^2,m_-^2)\mathrm{d}m_+^2\mathrm{d}m_-^2\\ \qquad\qquad\ =\Gamma\mathrm{e}^{-\Gamma t}\left[T_i-\Gamma t\sqrt{T_iT_{-i}}(yc_i+xs_i)\right]\\ \mathcal{P}_{\bar{\mathrm{D}}^0}(i,t)=\Gamma\mathrm{e}^{-\Gamma t}\left[T_{-i}-\Gamma t\sqrt{T_iT_{-i}}(yc_i-xs_i)\right]\end{cases} \tag{7.107}$$

CLEO 实验通过测量每个分区中的 T_i、c_i 和 s_i 得到混合参数 x 和 y，详见文献 [26]。

LHCb 实验定义 $\Delta m=m_{\mathrm{D}^*}-m_{\mathrm{D}}$，$m_{\mathrm{D}^*}$ 和 m_{D} 由其衰变末态重建。x 和 y 是由对变量 $(m_{\mathrm{D}},\Delta m)$ 和 $(t_{\mathrm{D}},\ln\chi_{IP}^2)$ 的一系列拟合得到的，t_{D} 是 D 的衰变寿命，碰撞参数 χ_{IP}^2 是有无 D^0 候选者的衰变顶点拟合 χ^2 之差，要求衰变顶点和相应的 pp 对撞顶点间有一定的移动。拟合首先在整个达里兹相空间进行，而后在各个子区间进行，详见文献 [25]。LHCb 利用质心系 7GeV 能区 $1.0\mathrm{fb}^{-1}$ 的 pp 对撞数据给出

$$x=(-0.86\pm0.53\pm0.17)\times10^{-2},\quad y=(+0.03\pm0.46\pm0.13)\times10^{-2} \tag{7.108}$$

误差为统计误差、实验系统误差和来自于振幅模型的系统误差。

有兴趣的读者也可参阅文献 [27] 对 $D^0\bar{D}^0$ 关联衰变过程和模型无关的混合参数分析方法，有详细的理论推导。

7.2.7 利用其他衰变道测量 $D^0-\bar{D}^0$ 混合

BABAR 实验首次测量了 $D^0\to\pi^+\pi^-\pi^0$ 的 $D^0-\bar{D}^0$ 混合[28]，使用的也是依赖于时间的振幅分析方法，结果为 $x=(1.5\pm1.2\pm0.6)\%$ 和 $y=(0.2\pm0.9\pm0.5)\%$。分析受制于数据量小，统计误差较大，在增加数据量后结果会有所改善。

Belle 实验通过测量 $D^0\to K_S^0\pi^+\pi^-\pi^0$ 道时间 T 破坏的动量矩，在 $\mathcal{CPT}$ 守恒下检验 $\mathcal{CP}$ 的破坏[29]。实验构造末态任意三动量的标量积，一般选带电粒子 K_S^0,π^+,π^- 的动量，

$$C_T=\boldsymbol{p}_1\cdot(\boldsymbol{p}_2\times\boldsymbol{p}_3) \tag{7.109}$$

同样构造 $\bar{D}^0$ 的 $\mathcal{CP}$ 共轭变量 $\bar{C}_T$。用 C_T 和 $\bar{C}_T$ 构造如下不对称性：

$$A_T=\frac{\Gamma(C_T>0)-\Gamma(C_T<0)}{\Gamma(C_T>0)+\Gamma(C_T<0)} \tag{7.110}$$

$$\bar{A}_T=\frac{\Gamma(-\bar{C}_T>0)-\Gamma(-\bar{C}_T<0)}{\Gamma(-\bar{C}_T>0)+\Gamma(-\bar{C}_T<0)} \tag{7.111}$$

Γ 是相应的分支衰变率。由于末态的相互作用 (FSI) 效应，这两个不对称性有可能非零，因此定义可观测量

$$a_{CP}^{\mathrm{T-odd}}=\frac{1}{2}(A_T-\bar{A}_T) \tag{7.112}$$

以消除此影响。$a_{CP}^{\mathrm{T-odd}}$ 非零则意味着时间 T 的破坏。Belle 的测量结果为

$$a_{CP}^{\mathrm{T-odd}}=[-0.28\pm1.38(\mathrm{stat.})^{+0.23}_{-0.76}(\mathrm{syst.})]\times10^{-3} \tag{7.113}$$

没有观察到 $\mathcal{CP}$ 的破坏。

Belle 近来也测量了 $D^+\to\pi^+\pi^0$ 道的 $\mathcal{CP}$ 破坏的不对称性[30]，和 $D^+\to K_S^0\pi^+$ 道的测量[31] 相结合，得到的结果和 SM 的期待值一致。

作为一个总结，我们这里给出重味平均组 (HFLAV)[32] 对所有有效的测量结果进行的整体拟合，得到了下列参数的平均值：x、y、$\delta_{K\pi}$、$\delta_{K\pi\pi^0}$、R_D、$A_D=(R_D^+-R_D^-)/(R_D^++R_D^-)$、$|q/p|$ 和 $\mathrm{Arg}(q/p)\equiv\phi$，以及时间积分的 A_K 和 A_π。拟合考虑了实验可观测量之间来自误差矩阵的相关性。图 7.6展示了混合参数 (x,y) 的整体拟合结果。图 7.7是 $(|q/p|,\mathrm{Arg}(q/p))$ 的整体拟合结果。表 7.4给出了 HFLAV 的整体拟合参数值。

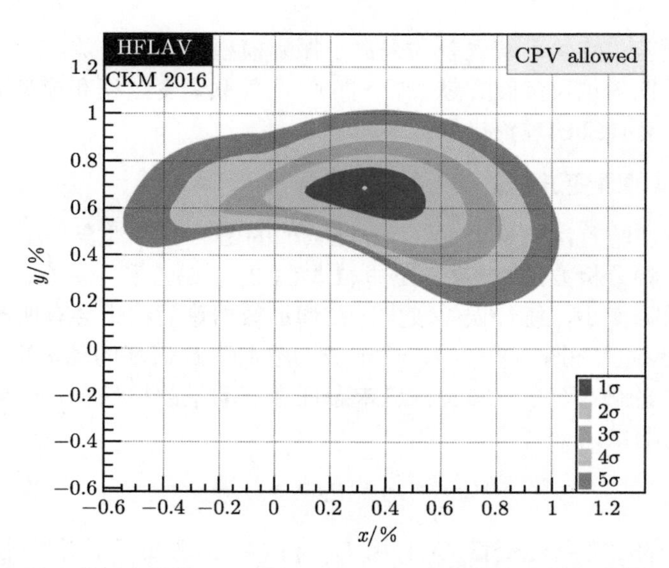

图 7.6　HFLAV 给出的混合参数 (x, y) 的二维 $1\sigma-5\sigma$ 等值轮廓线，来自于下列反应道的测量：$\mathrm{D}^0 \to \mathrm{K}^{(*)+}l\nu$、$\mathrm{h}^+\mathrm{h}^-$、$\mathrm{K}^+\pi^-$、$\mathrm{K}^+\pi^-\pi^0$、$\mathrm{K}^+\pi^-\pi^+\pi^-$、$\mathrm{K}^0_\mathrm{S}\pi^+\pi^-$、$\mathrm{K}^0_\mathrm{S}\mathrm{K}^+\mathrm{K}^-$、$\pi^+\pi^-\pi^0$ 和 $\psi(3770)$ 共振态的双标记分支比测量

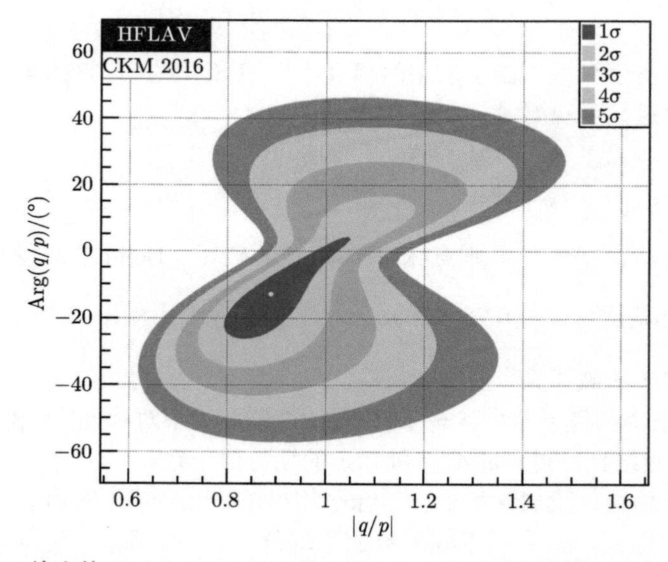

图 7.7　HFLAV 给出的 $(|q/p|, \mathrm{Arg}(q/p))$ 的二维 $1\sigma-5\sigma$ 等值轮廓线，来自于下列反应道的测量：$\mathrm{D}^0 \to \mathrm{K}^{(*)+}l\nu$、$\mathrm{h}^+\mathrm{h}^-$、$\mathrm{K}^+\pi^-$、$\mathrm{K}^+\pi^-\pi^0$、$\mathrm{K}^+\pi^-\pi^+\pi^-$、$\mathrm{K}^0_\mathrm{S}\pi^+\pi^-$、$\mathrm{K}^0_\mathrm{S}\mathrm{K}^+\mathrm{K}^-$、$\pi^+\pi^-\pi^0$ 和 $\psi(3770)$ 共振态的双标记分支比测量

表 7.4 HFLAV 整体拟合给出的参数值

参数	无 $\mathcal{CP}$ 破坏	允许 $\mathcal{CP}$ 破坏	允许 $\mathcal{CP}$ 破坏的 95% 置信区间
$x/\%$	$0.46^{+0.14}_{-0.15}$	0.32 ± 0.14	$[0.04, 0.62]$
$y/\%$	0.62 ± 0.08	$0.69^{+0.06}_{-0.07}$	$[0.50, 0.80]$
R_D	$0.348^{+0.004}_{-0.003}$	$0.349^{+0.004}_{-0.003}$	$[0.342, 0.356]$
$\delta_{\mathrm{K}\pi}/(°)$	$8.0^{+9.7}_{-11.2}$	$15.2^{+7.6}_{-10.0}$	$[-16.8, 30.1]$
$\delta_{\mathrm{K}\pi\pi^0}/(°)$	$20.4^{+23.3}_{-23.8}$	$31.7^{+23.5}_{-24.2}$	$[-16.4, 77.7]$
$A_{\mathrm{D}}/\%$	—	-0.88 ± 0.99	$[-2.8, 1.0]$
$\lvert q/p\rvert$	—	$0.89^{+0.08}_{-0.07}$	$[0.77, 1.12]$
$\phi/(°)$	—	$-12.9^{+9.9}_{-8.7}$	$[-30.2, 10.6]$
A_{K}	—	-0.11 ± 0.13	$[-0.37, 0.14]$
A_π	—	0.11 ± 0.14	$[-0.25, 0.28$

7.3 XYZ 类粲偶素新强子谱

在标准模型的 QCD 理论中，所有参与强相互作用的夸克和胶子都是携带颜色量子数的，而自然界的强相互作用粒子则必须是颜色的单态。例如两个三重态的 u, d, s 夸克态相互结合给出两夸克的味 $SU(3)$ 九重态，约化为两夸克反对称的三重态和对称的六重态。在 QCD 中这些两夸克态是带有颜色的。譬如说一个红色的夸克三重态和一个蓝色的夸克三重态结合，所产生的两夸克态是紫红色的反三重态，如图 7.8(a) 所示[33]。图 7.8(b) 显示来自其他不同颜色的两个夸克三重态结合生成的两夸克反三重态具有完全不同的颜色。由于这些两夸克态是带有颜色的，它们不能作为自由粒子单独存在，但是这些携带反色荷的两夸克反三重态应该可以和其他的携带色荷的个体结合形成色单态的多夸克态，从而具有比 $\mathrm{q\bar{q}}$ 介子和 qqq 重子复杂得多的结构，通常称之为奇特态，诸如图 7.8(c) 所示的五夸克态、六夸克态和四夸克态等。其他的一些奇特态，如图 7.8(d) 所示的分子态，即由两个色单态的强子形成的束缚态，以及由正反夸克和胶子形成的混杂态，完全由胶子组合成的胶子球。混杂态和胶子球是 QCD 容许的，而分子态则是经典核物理模型到亚原子物理的直接推广。

近年来实验上陆续发现了一些奇特的粒子，它们都含有 $\mathrm{c\bar{c}}$ 或者 $\mathrm{b\bar{b}}$ 的组分，但又不具备粲偶素或底夸克偶素的特征，不能将其归入粲偶素或底夸克偶素的粒子谱，因此称之为类粲偶素或类 b 夸克偶素。我们这里主要讨论类粲偶素，通常以 XYZ 标记它们。X 粒子的自旋一般为 0，Y 粒子指 $J^{PC}=1^{--}$ 的中性粒子态，其余自旋为 1 的粒子态则归入 Z 粒子一类，不过也有个别例外，请见本章最后给出的粲偶素和类粲偶素粒子谱[33]。

类粲奇特态的几个重要发现当属 2003 年 Belle 发现的 X(3872)[34]，BABAR 发现的 Y(4260)[35] 和 Y(4360)[36]，以及 BESIII 在 2013 年发现的 $\mathrm{Z_c(3900)^{\pm}}$[39]，

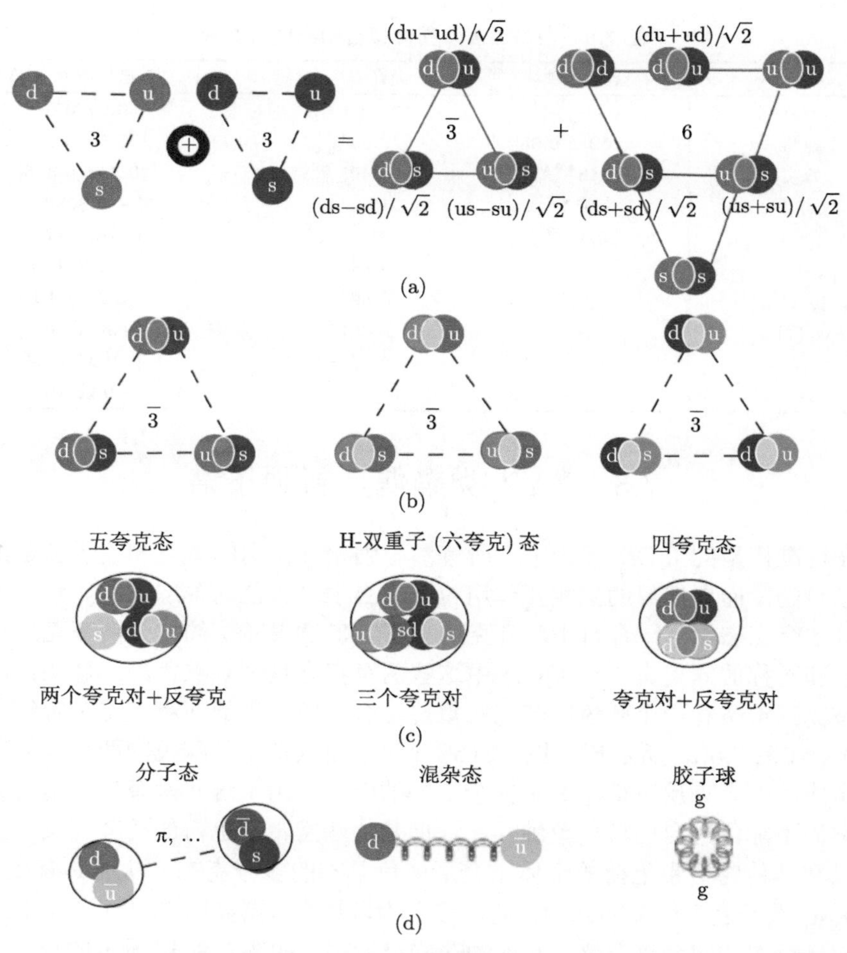

图 7.8　QCD 中夸克结合态的颜色：(a) 红色和蓝色夸克三重态的结合生成紫红色的反三重态和对称的六重态；(b) 来自其他不同颜色的两个夸克三重态结合生成的两夸克反三重态的颜色；(c) 由两个两夸克态和一个反夸克态、三个两夸克态、两夸克态和反两夸克态结合可能生成的色单态多夸克态粒子；(d) 其他可能的多夸克和多胶子态 [33]

它很快被 Belle 实验证实 [40]，此后电中性的 $Z_c(3900)^0$ 也被发现。这里仅对这几类类粲偶素粒子作一简单介绍。

7.3.1　X(3872)

2003 年 Belle 实验利用在 $\Upsilon(4S)$ 共振能区采集到的 153 兆 $B\bar{B}$ 事例，在 $B^{\pm} \to K^{\pm}\pi^{+}\pi^{-}J/\psi$ 过程中观测到了 $X(3872) \to \pi^{+}\pi^{-}J/\psi$ 的共振峰结构，统计显

著性超 10σ。实验定义

$$\Delta E \equiv E_{\mathrm{B}}^{CM} - E_{\mathrm{beam}}^{CM}, \quad M_{bc} \equiv \sqrt{(E_{\mathrm{beam}}^{CM})^2 - (p_{\mathrm{B}}^{CM})^2} \tag{7.114}$$

其中，E_{beam}^{CM} 是质心系中的束流能量；E_{B}^{CM} 和 p_{B}^{CM} 是质心系中 B 介子候选者的能量和动量。在 M_{bc}、$M_{\pi^+\pi^-\mathrm{J}/\psi}$ 和 ΔE 的谱上均看到了 X(3872) 的信号峰，如图 7.9所示。当时给出的 X(3872) 质量和宽度分别为

$$M = [3872.0 \pm 0.6(\text{统计}) \pm 0.5(\text{系统})]\mathrm{MeV}, \quad \varGamma < 2.3\mathrm{MeV}\,(90\%\ \text{置信度}) \tag{7.115}$$

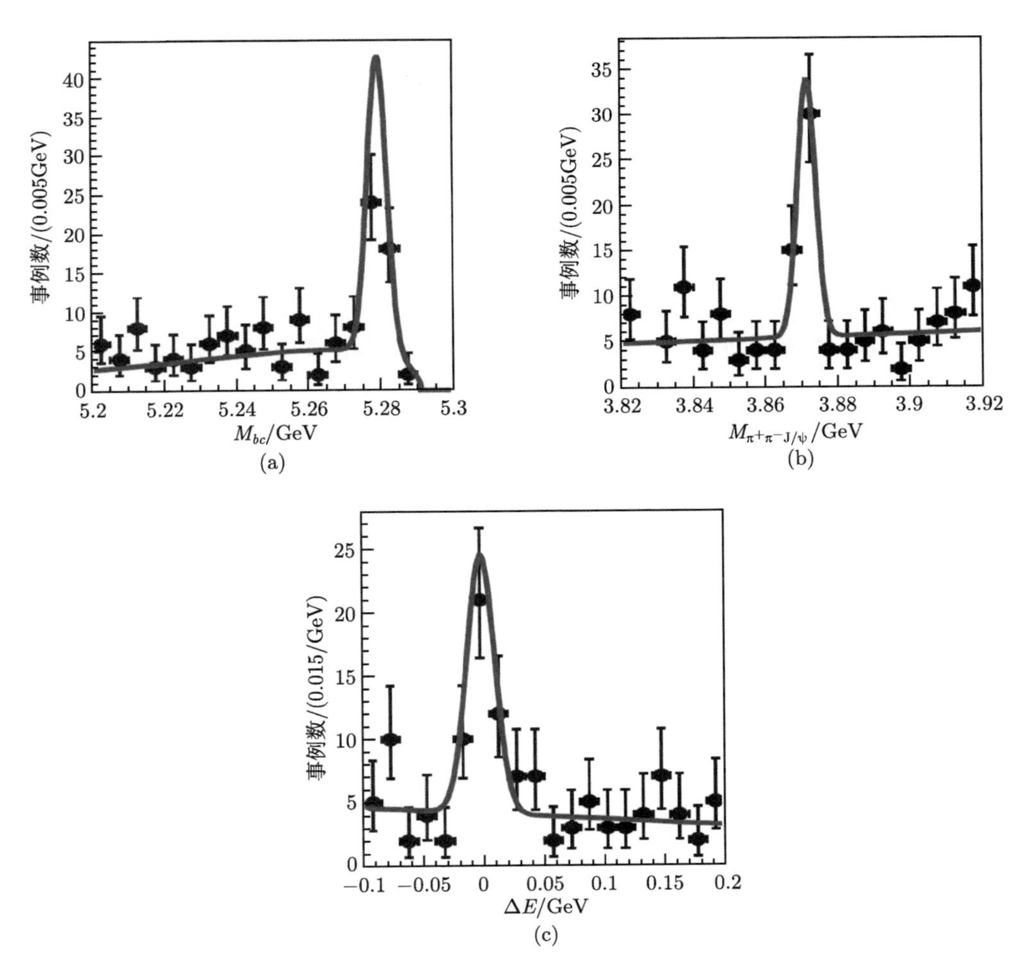

图 7.9 X(3872)→ $\pi^+\pi^-\mathrm{J}/\psi$ 信号区的拟合结果在 (a) M_{bc}、(b) $M_{\pi^+\pi^-\mathrm{J}/\psi}$ 和 (c) ΔE 谱上的投影 [34]

实验同时给出了 $\mathrm{B}^+ \to \mathrm{K}^+\mathrm{X}(3872)$ 和 $\mathrm{B}^+ \to \mathrm{K}^+\psi'$ 的级联衰变分支比之比，

$$\frac{\mathcal{B}(\mathrm{B}^+ \to \mathrm{K}^+\mathrm{X}(3872)) \times \mathcal{B}(\mathrm{X}(3872) \to \pi^+\pi^-\mathrm{J}/\psi)}{\mathcal{B}(\mathrm{B}^+ \to \mathrm{K}^+\psi') \times \mathcal{B}(\psi' \to \pi^+\pi^-\mathrm{J}/\psi)} = 0.063 \pm 0.012(\text{统计}) \pm 0.007(\text{系统}) \tag{7.116}$$

X(3872) 自发现以来得到了广泛的测量和理论研究，它的其他衰变道也被实验确认，$\mathrm{X}(3872) \to \mathrm{J}/\psi\gamma, \psi(2S)\gamma, \mathrm{J}/\psi\omega$ 衰变 [49] 确定其电荷宇称 $C = +1$，$\mathrm{X}(3872) \to \mathrm{D}^0\bar{\mathrm{D}}^0\pi^0$ 也被实验确认，被解释为来自于 $\mathrm{X}(3872) \to \mathrm{D}^{*0}\bar{\mathrm{D}}^0$[50]。

PDG 给出的质量平均值是 (3871.68±0.17)MeV，它和 $m_{\mathrm{D}^0}+m_{\mathrm{D}^{*0}} = (3871\pm0.27)$MeV 的阈值难以分辨。LHCb 给出的测量结果为：$M_{\mathrm{X}(3872)}-(m_{\mathrm{D}^0}+m_{\mathrm{D}^{*0}}) = (-0.09\pm0.28)$MeV[51]。Belle 在 [52] 中报道了其总宽度的 95% 置信度上限为 $\Gamma <$ 1.2MeV。LHCb 和 CDF 实验测量给出它的量子数 $J^{PC} = 1^{++}$[53]。

对 X(3872) 的形成机制在理论上有多种不同的解释。如果将其归属于粲偶素态，那么最可能的是 $2^3\mathrm{P}_1$ 态，即 χ'_{c1}。X(3872) 和 χ'_{c1} 具有相同的量子数和相近的质量，但是粲偶素到 $\rho\mathrm{J}/\psi$ 的衰变是同位旋和 OZI 破坏的，因而被严重压制，而 $\mathrm{X}(3872) \to \pi^+\pi^-\mathrm{J}/\psi$ 衰变末态的 $\pi^+\pi^-$ 则主要来自于 $\rho^0 \to \pi^+\pi^-$，如图 7.10 的 Belle 实验结果所示 [37]。对于 $C = +1$ 的 X(3872) 态，其末态 $\pi^+\pi^-\mathrm{J}/\psi$ 的 ρ 和 J/ψ 之间的轨道角动量处于 S 波，而如果是 2^{-+} 态，则 ρ 和 J/ψ 之间的轨道角动量应处于 P 波。图 7.10 (a) 显示 S 波 ($J^P = 1^+$) 的拟合好于 P($J^P = 2^-$) 波。所用的拟合公式为

$$\frac{\mathrm{d}N}{\mathrm{d}m_{\pi\pi}} = k^{*(2l+1)} f^2_{l\mathrm{X}}(k^*)|BW_\rho(m_{\pi\pi})|^2 \tag{7.117}$$

这里，k^* 是 X(3872) 静止系中 J/ψ 的动量；l 是轨道角动量；$f_{0\mathrm{X}} = 1.0$，$f_{1\mathrm{X}}(k^*) = (1+R^2_{\mathrm{X}}k^{*2})^{-1/2}$ 是 Blatt-Weisskopf 势垒因子 (barrier factors) [20]；BW_ρ 是相对论的布赖特-维格纳函数，

$$BW_\rho \propto \frac{\sqrt{m_{\pi\pi}\Gamma_\rho}}{m^2_\rho - m^2_{\pi\pi} - \mathrm{i}m_\rho\Gamma_\rho} \tag{7.118}$$

这里

$$\Gamma_\rho = \Gamma_0\left(\frac{q^*}{q^0}\right)^3 \cdot \frac{m_\rho}{m_{\pi\pi}} \cdot \left[\frac{f_{1\rho}(q^*)}{f_{1\rho}(q^0)}\right]^2 \tag{7.119}$$

其中，$q^*(m_{\pi\pi})$ 是 ρ 静止系中的 π 动量；$q^0 = q^*(m_\rho)$；$f_{1\rho}(q) = (1+R^2_\rho q^2)^{-1/2}$；$\Gamma_0 = 146.2$MeV；$m_\rho = 775.5$MeV。半径参数 R_{X} 和 R_ρ 没有确定的值，一般取

$R_\rho = 1.5\text{GeV}^{-1}$，该拟合取了较大的 R_X 值，$R_X = 5.0\text{GeV}^{-1}$，是为了减弱 $k^{*(2l+1)}$ 因子的效应，从而减小 S 波和 P 波之间的差异。

Belle 和 BABAR 实验都观察到了 $X(3872) \to \omega J/\psi$ ($\omega \to \pi^+\pi^-$) 的存在，因此在 $M(\pi^+\pi^-)$ 的拟合中必须考虑 ρ 和 ω 的干涉效应，这时式 (7.117) 中的 BW_ρ 应被替换为

$$BW_{\rho-\omega} = BW_\rho + r_\omega e^{i\phi_\omega} BW_\omega \tag{7.120}$$

其中，BW_ω 和 BW_ρ 形式相同，只是以 ω 粒子的质量和宽度代替 BW_ρ 中 ρ 的相应参数。r_ω 是 ω 相对于 ρ 的振幅强度 ($r_\omega = 0.07 \pm 0.05$)；ϕ_ω 是相对相移，预期为 95°。包含 ρ 和 ω 干涉效应的拟合结果示于图 7.10(b)，难以清晰区分 S 波和 P 波。由这些讨论可知，X(3872) 不能被解释为普通的粲偶素态。

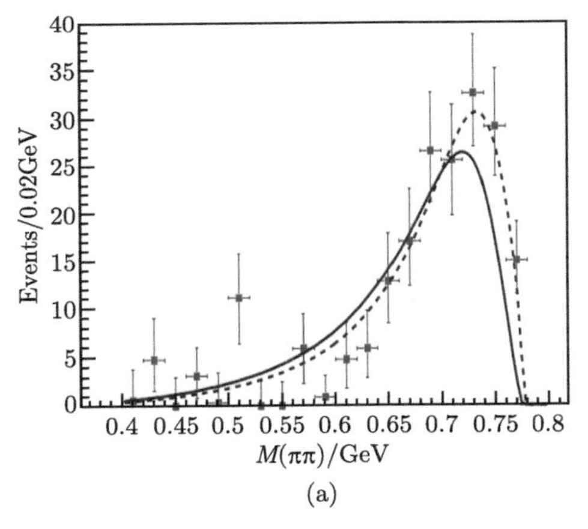

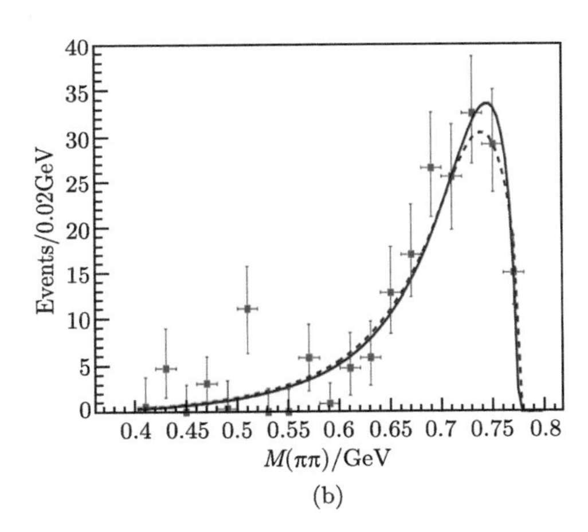

图 7.10 (a) Belle 对 $X(3872) \to \pi^+\pi^- J/\psi$ 信号事例相对论效率修正后的拟合，虚线和实线分别为 S 波和 P 波 BW 函数的拟合结果；(b) 进一步考虑 ρ 和 ω 干涉效应后的拟合结果 [34]

理论学家依据 X(3872) 的 $D\bar{D}^*$ 衰变提出了类氘核的分子态模型。因为其质量在 $D^0\bar{D}^{*0}$ 阈值附近，分子态波函数是由 $D^0\bar{D}^{*0}$ 主导的，不可能是纯的同位旋单态，很多文章对此进行了讨论 [54]。但是 CDF 和 D^0 实验报告，只有 $(16.1 \pm 5.3)\%$ 的 X(3872) 信号来自于 B 的衰变，大多数信号事例是由原初 $pp(p\bar{p})$ 对撞产生的，X(3872) 事例的许多特征，诸如单举截面的快度和 p_T 分布，都和 ψ′ 相类似。LHCb 和 CMS 实验也报告在 7TeV 质心能量 pp 对撞中单举产生的 X(3872) 事例也具有与上述相似的特征。如果 X(3872) 是一个体积比较大、结合能比较小的松散分子态，它在 $p\bar{p}$ 和 pp 对撞中的产生特征怎么可能会和类点的紧致 $c\bar{c}$ 束缚态 ψ′ 相似呢？模型的模拟计算表明，松散 $D^0\bar{D}^{*0}$ 分子束缚态的原初产生截面应该比 CDF 的测量值小两个数量级。

也有人指出，$X(3872) \to \gamma\psi'$ 和 $X(3872) \to \gamma J/\psi$ 的相对分宽度可以给出对 X(3872) 的强有力检验，因为对于粲偶素态 χ'_{c1} 的衰变，该相对分宽度的计算值之比为 $0.7 \sim 6.8$，而对纯的 $D\bar{D}^*$ 分子态则非常小，约为 3×10^{-3}。虽然目前 $X(3872) \to \gamma\psi'$ 的测量精度还比较低，但几乎可以确定它与 $X(3872) \to \gamma J/\psi$ 的分宽度之比在个位数量级，要比纯 $D\bar{D}^*$ 分子态的期待值大得多，所以 X(3872) 不太可能是一个纯的 $D\bar{D}^*$ 分子态。

X(3872) 态结构的另外一种模型是 4 夸克态，即由两夸克态 cq 和反两夸克态 $\bar{c}\bar{q}$(q = d 或 u) 构成。最初作者预言在 $B^+ \to K^+X_1(3872)$ 和 $B^0 \to K^0X_2(3872)$ 过程中产生的 X_1 和 X_2 存在着质量差，且可能存在两个不同的荷电态 $X^{\pm}$，但 BABAR 和 Belle 的实验并没有发现不同 X(3872) 态质量差的迹象，而且实验测得的 $\mathcal{B}(B \to KX^{\pm}) \times \mathcal{B}(X^{\pm} \to \pi^{\pm}\pi^0 J/\psi)$ 的值远低于基于同位旋理论的预言。

QCD 混杂态的介子模型是一个色八重态的夸克反夸克加一个激发态的胶子自由度。鲜见有人将此模型应用于对 X(3872) 态的结构，可能是由于 LQCD 的计算表明最低质量的 1^{++} 粲混杂态约为 4400MeV，远在 X(3872) 的质量之上。

解释奇异态结构的另一种模型是强粲偶素 (hadrocharmonium) 模型。在该模型中重夸克对 $Q\bar{Q}$ 形成紧密的束缚态，镶嵌在轻介子云中，相互间的 QCD 作用类似于范德瓦耳斯 (Van der Waals) 力 [41]。该模型的拥趸者没有给出和 X(3872) 态相关的预言。

上面的所有这些模型用于 X(3872) 的缺陷和不足使得人们想到，或许可以将不同的想法结合在一起构造一个复合的模型，例如在 Takizawa 和 Takeuchi 的粲偶素-分子混杂态模型中 [42]，将 X(3872) 的波函数表示为

$$|X(3872)\rangle = 0.237|c\bar{c}\rangle - 0.944|D^0\bar{D}^{*0}\rangle - 0.228|D^+\bar{D}^{*-}\rangle \tag{7.121}$$

即包含 6% 的 $c\bar{c}$，69% 同位旋标量的 $D\bar{D}^*$ 和 26% 同位旋矢量的 $D\bar{D}^*$。强子产生被认为是通过核心的 $c\bar{c}$ 分量实现的，这样就可以解释为什么 X(3872) 的产生特征和 ψ' 类似。

X(3872) 被发现得最早，得到了广泛的研究，有兴趣的还可参阅文献 [43]。

7.3.2 Y(4260)、Y(4360) 和 Y(4660)

BABAR 在初态辐射过程 $e^+e^- \to \gamma_{ISR}\pi^+\pi^- J/\psi$ 的 $M(\pi^+\pi^- J/\psi)$ 不变质量谱中发现了 Y(4260) 共振态的存在，接着在 $e^+e^- \to \gamma_{ISR}\pi^+\pi^-\psi'$ 的 $M(\pi^+\pi^-\psi')$ 不变质量谱中测到了 Y(4360) [36]，如图 7.11 所示，其中 $\psi' \to \pi^+\pi^- J/\psi$，所以末态为 $2(\pi^+\pi^-)J/\psi$。Belle 随后确认了 Y(4260) 和 Y(4360) 的存在 [44, 45]，同时在 $M(\pi^+\pi^-\psi')$ 不变质量谱的高端发现了 Y(4660)，如图 7.12所示。每个质量间

隔 (bin) 中 $e^+e^- \to \pi^+\pi^-\psi'$ 的截面按下式计算：

$$\sigma_i = \frac{n_i^{\text{obs}} - n^{\text{bkg}}}{\epsilon_i \mathcal{L}_i \mathcal{B}(\psi' \to \pi^+\pi^- J/\psi)\mathcal{B}(J/\psi \to l^+l^-)} \tag{7.122}$$

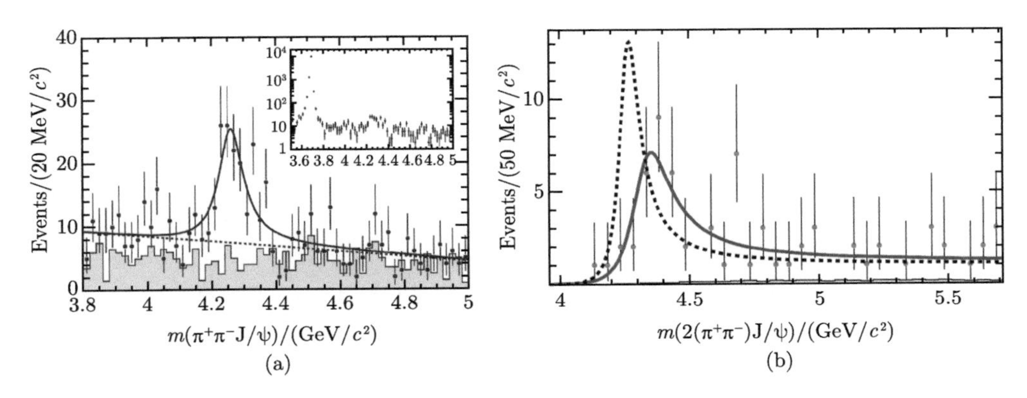

图 7.11 BABAR 实验测得的 Y(4260) (a) 和 Y(4360) (b) 不变质量谱

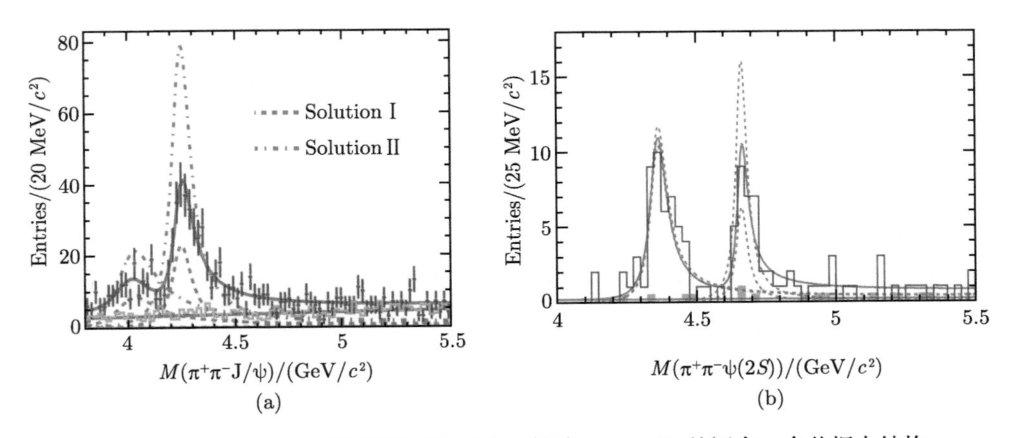

图 7.12 (a) Belle 实验测得的 Y(4260)，低端 4.05GeV 处还有一个共振态结构；(b) Y(4360) 和 Y(4660) 不变质量谱。实线是两个共振态分量的最佳拟合谱

BESIII 实验利用 9fb^{-1} 的 $3.77 \sim 4.60\text{GeV}$ 数据，在 $e^+e^- \to \pi^+\pi^- J/\psi$ 过程中看到了两个共振态结构，如图 7.13所示[46]。第一个的质量为 $(4222.0 \pm 3.1 \pm 1.4)\text{MeV}/c^2$，宽度为 $\Gamma = (44.1 \pm 4.3 \pm 2.0)\text{MeV}$，和 Y(4260) 一致，且给出了共振态参数更为精确的测量。第二个的质量为 $(4320.0 \pm 10.4 \pm 7.0)\text{MeV}/c^2$，宽度为 $\Gamma = (101.4^{+25.3}_{-19.7} \pm 10.2)\text{MeV}$，和 Y(4360) 一致。第二个共振态在 $e^+e^- \to \pi^+\pi^- J/\psi$ 道的测量是世界首次，显著性大于 7.6σ。

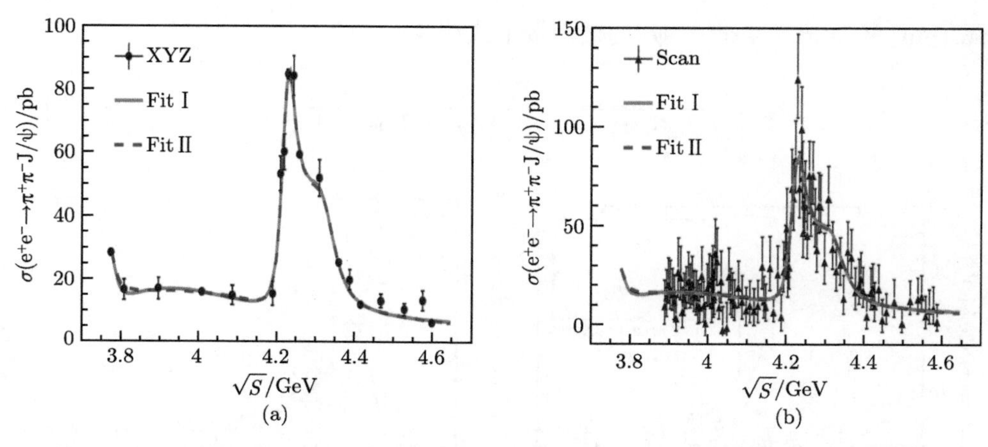

图 7.13　(a)BESIII 的 $\sigma(e^+e^- \to \pi^+\pi^- J/\psi)$ 测量和拟合；(b) 数据扫描和用三个 Breit-Wigner 函数相关和的拟合 (红色)，以及用两个 Breit-Wigner 函数的拟合 (蓝色)

这几个 Y 粒子共振态的奇特性在于，在其质量附近的 $J^{PC}=1^{--}$ 的 $c\bar{c}$ 态此前都已经被确立，且在粲介子产生的单举和遍举截面中都没有看到它们存在的迹象，BESII 实验甚至在 $\sqrt{s}=4.26$GeV 附近的产生截面还看到了下降的迹象，在 4.36GeV 处没有明显的结构。这意味着到 $\pi^+\pi^-J/\psi(\psi')$ 的衰变具有大的分宽度，实验测出 $\Gamma(Y(4260)\to\pi^+\pi^-J/\psi)>1$MeV [47]，这比粲偶素的基准值大了很多。这就使得一些人认为它们是 $c\bar{c}$ 和胶子的混杂态，也有些人将他们解释为类分子态的 $D\bar{D}_1(2420)$ 束缚态。

7.3.3　$Z_c(3900)^{\pm,0}$

带电的 $Z_c(3900)^\pm$ 最初是 BESIII 实验在质心能区 (4.260 ± 0.001)GeV 分析 $e^+e^-\to\pi^+\pi^-J/\psi$ 过程，测量其产生截面时发现的 [39]。他们通过达里兹分析研究了该过程的末态三体中间态的结构，Y(4260) 信号区间的一维投影如图 7.14所示。从图中明显看出 $Z_c(3900)^\pm$ 的共振态结构，效率修正后给出 $R=\sigma(e^+e^-\to\pi^\pm Z_c(3900)\to\pi^+\pi^-J/\psi)/\sigma(e^+e^-\to\pi^+\pi^-J/\psi)=(21.5\pm3.3)\%$，$M(\pi^+\pi^-)$ 的结构可由边带本底、$\sigma(500)$ 和 $f_0(980)$，以及非共振态的 $\pi^+\pi^-$ 振幅来描写，见图中的红色点划线。对每个事例 $M(\pi^+J/\psi)$ 和 $M(\pi^-J/\psi)$ 中的最大质量组合进行拟合给出的 $M_{\max}(\pi^\pm J/\psi)$ 谱示于图 7.15中。测得的质量 $M_{Z_c}=(3899.0\pm3.6\pm4.9)\text{MeV}/c^2$，宽度 $\Gamma_{Z_c}=(46\pm10\pm20)$MeV，高出 $m_{D^{*+}}+m_{\bar{D}^0}$ 或 $m_{D^+}+m_{\bar{D}^{*0}}$ 的阈值约 24MeV。

BESIII 接着又用相同的事例样本研究了事例末态 $(D\bar{D}^*)^\pm\pi^\mp$ 中的 $(D\bar{D}^*)^\pm$ 结构 [48]，发现了阈值附近很强的共振峰结构，如图 7.16(a) 和 (b) 所示。图中的拟合线采用的是按阈值修正的布赖特-维格纳形式，拟合给出了质量和宽度的极点值

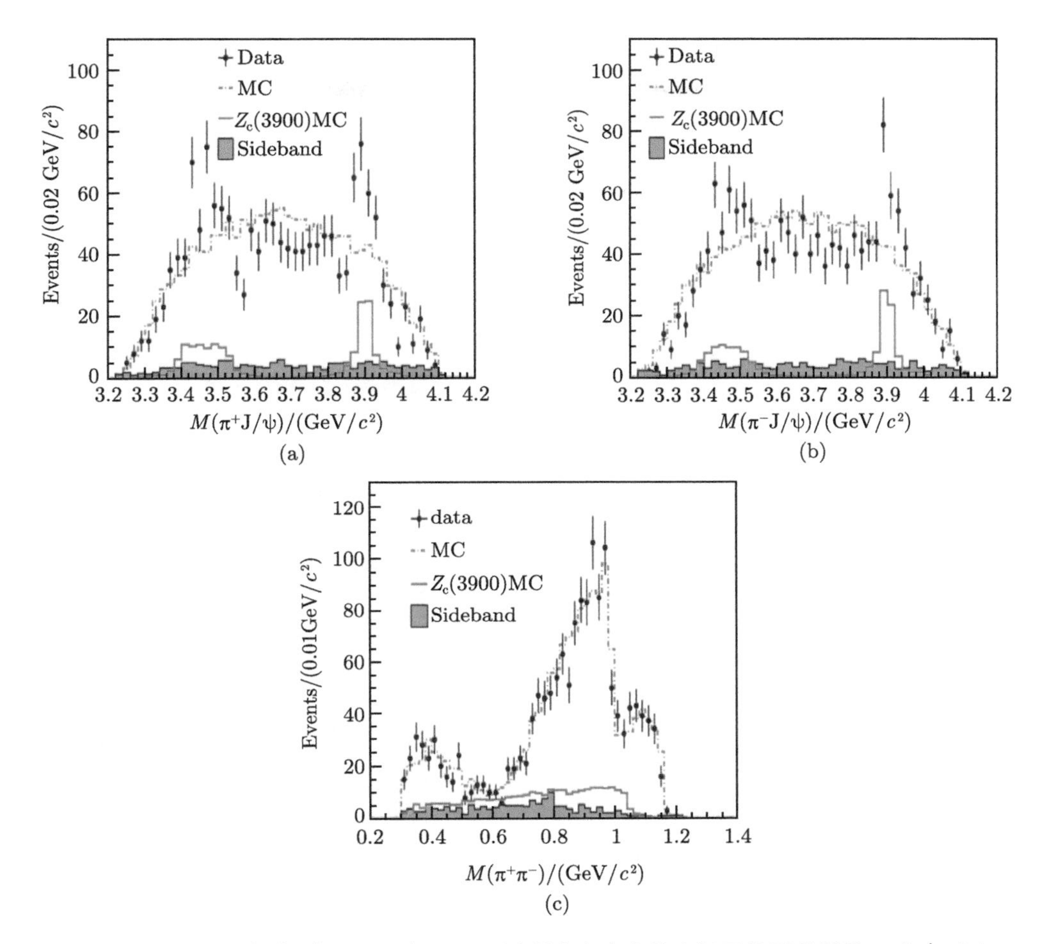

图 7.14 BESIII 实验 $e^+e^- \to \pi^+\pi^- J/\psi$ 过程衰变末态的中间两体不变质量 $M(\pi^+J/\psi)$、$M(\pi^-J/\psi)$ 和 $M(\pi^+\pi^-)$ 的分布

$(M_{\text{pole}}+\text{i}\Gamma_{\text{pole}})$，$M_{\text{pole}} = (3883.9\pm1.5\pm4.2)\text{MeV/c}^2$，$\Gamma_{\text{pole}} = (24.8\pm3.3\pm11.0)\text{MeV}$。尽管 BESIII 出于谨慎将该共振态定义为 $Z_c(3885)^\pm$，但其可能就是 $Z_c(3900)^\pm$，由于质量测量没有考虑本底中相关分量的干涉效应，或者还有其他没有考虑在内的影响因素，它们在不同衰变道中显示了微小的差别。BESIII 还利用 π^+D^0 标记和 π^-D^0 标记的事例样本测量了 $N_{\pi^+}(Z_c(3885)^- \to (D\bar{D}^*)^-)$ 和 $N_{\pi^-}(Z_c(3885)^+ \to (D\bar{D}^*)^+)$ 的事例数，进而给出了在两种标记下的截面和衰变分支比的乘积。

BESIII 利用 $Z_c(3885) \to D\bar{D}^*$ 的强信号同时测量了它的自旋和宇称 J^P。Y(4260) 的衰变末态 $\pi - Z_c(3885)$ 系统可以处在 S 波和 D 波，但由于该过程发生在阈值附近，D 波是被压制的，其 $\text{d}N/\text{d}|\cos\theta_\pi|$ 分布近似为常数，这里 θ_π 是

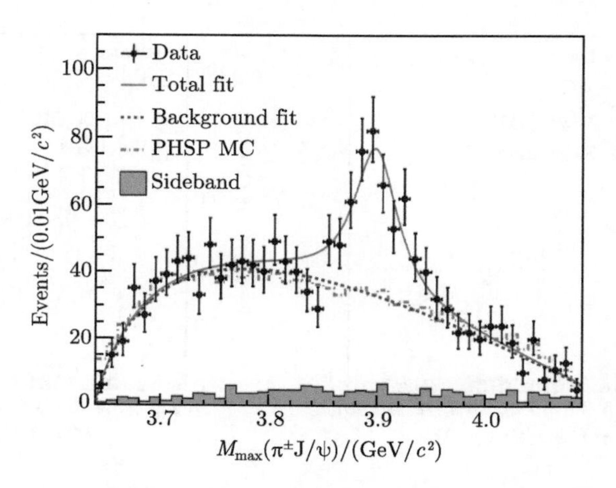

图 7.15　BESIII 实验得到的 $Z_c(3900)^{\pm}$ 的 $M_{\max}(\pi^{\pm}J/\psi)$ 拟合谱

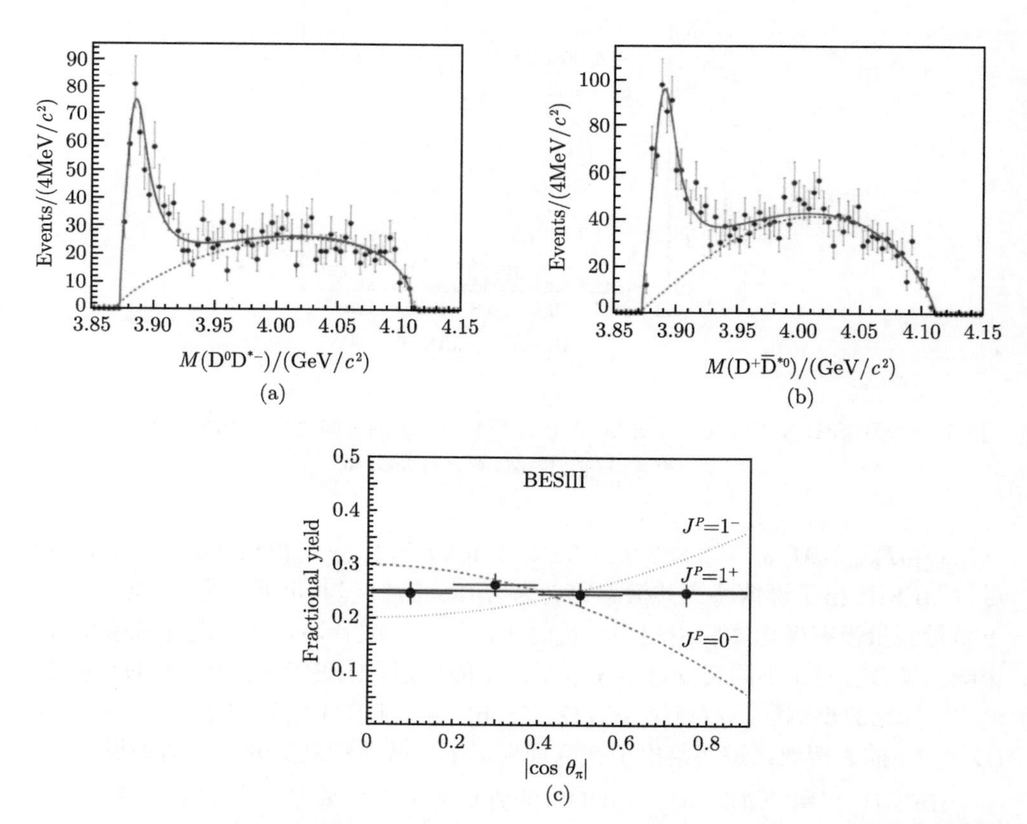

图 7.16　BESIII 实验得到的 (a) $M(D^0\bar{D}^{*-})$ 和 (b) $M(D^+\bar{D}^{*0})$ 谱，以及 (c) 效率刻度后的单 π 粒子角分布与 $J^P=0^-,1^-,1^+$ 量子数预言的比较

π 介子在 e^+e^- 静止系中相对于束流方向的夹角。π-$Z_c(3885)$ 系统应由 S 波主导。如果 $Z_c(3885)$ 的 $J^P = 0^-$ 或者 1^-，则 π-$Z_c(38835)$ 将处在 P 波，π 介子的角分布应为 $dN/d|\cos\theta_\pi| \propto \sin^2\theta_\pi(J^P = 0^-$ 时)，或 $\propto (1+\cos^2\theta_\pi)(J^P = 1^-$ 时)。宇称守恒排除了 $J^P = 0^+$ 的可能。若 $J^P = 1^+$，则 $dN/d|\cos\theta_\pi|$ 分布应为平的，图 7.16(c) 的测量结果和 $J^P = 1^+$ 高度一致。

Belle 随后给出的结果 [40] 示于相应的图 7.17和图 7.18中。图 7.18给出了对 $M_{\max}(\pi J/\psi)$ 谱，即 $M(\pi^+ J/\psi)$ 和 $M(\pi^- J/\psi)$ 中最大值的拟合结果，在 $\pi^\pm J/\psi$ 质量谱上的统计显示度为 5.2σ。

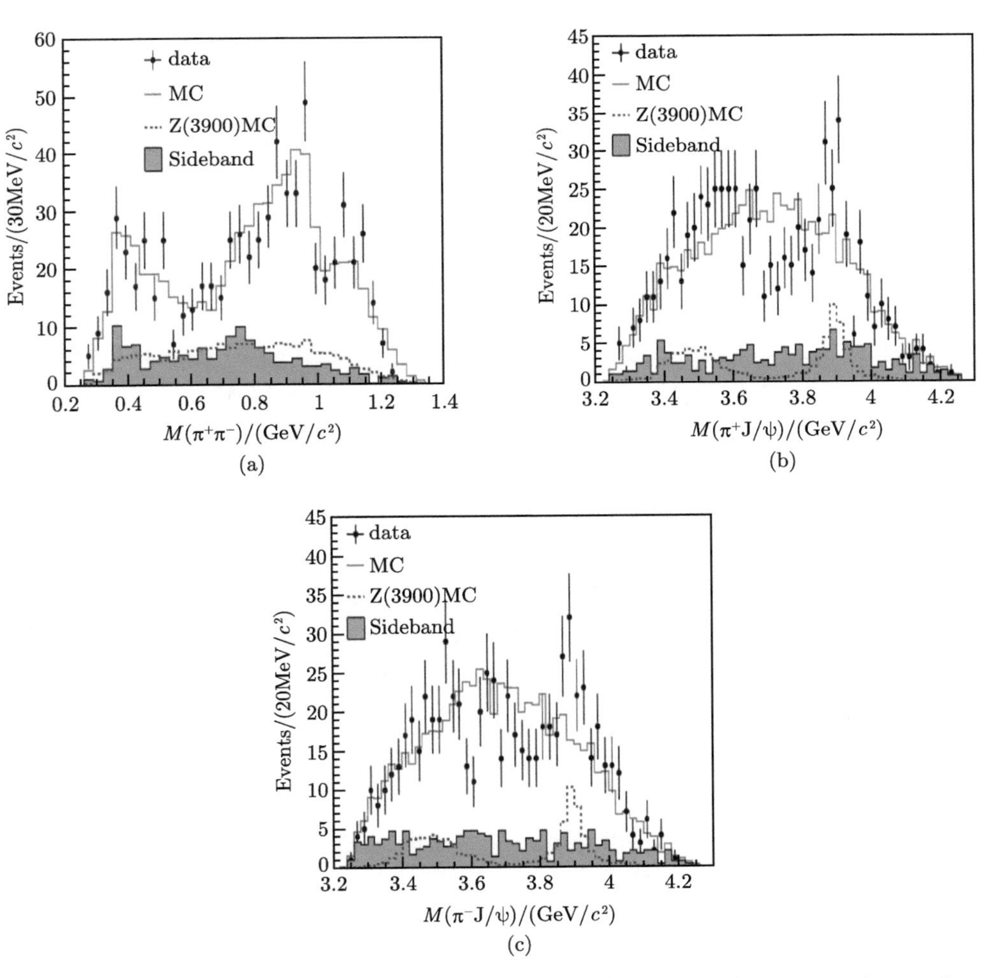

图 7.17 Belle 实验由初态辐射过程得到的中间两体不变质量 $M(\pi^+\pi^-)$、$M(\pi^+ J/\psi)$ 和 $M(\pi^- J/\psi)$ 的分布

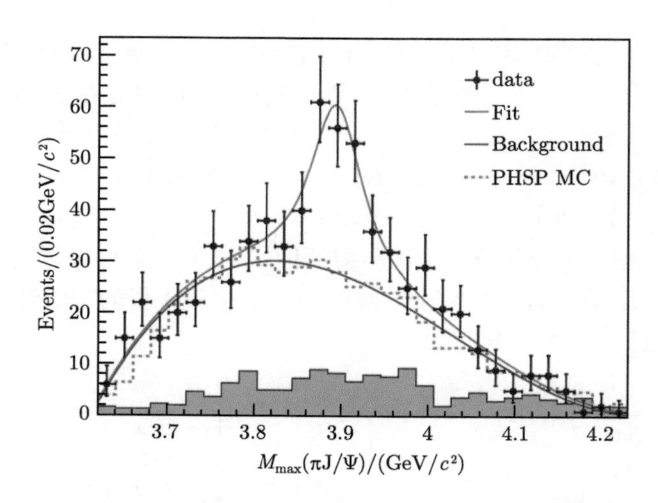

图 7.18　Belle 实验得到的 $\mathrm{Z_c(3900)^{\pm}}$ 的 $M_{\max}(\pi^{\pm}\mathrm{J}/\psi)$ 拟合谱

CLEO 实验基于在 $\sqrt{s}=4170\mathrm{MeV}$，即 $2^3\mathrm{D}_1$ 矢量态 $\psi(4160)$ 质量阈值之上，获取的 $\mathrm{e^+e^-}$ 数据，不仅确证了 $\mathrm{Z_c}^{\pm}(3900)$ 态的存在，同时也测到了中性态的 $\mathrm{Z_c}^0(3900)$[55]，如图 7.19(a) 所示。在 $M^2(\pi^+\pi^-)>0.65\mathrm{GeV}^2$ 区间没有看到任何共振态结构，同样以 $M_{\max}(\pi^0\mathrm{J}/\psi)$ 方式拟合，图 7.19(a) 和 (b) 给出 $M(\mathrm{Z_c^0})=(3901\pm4)$(统计误差)MeV，$\Gamma(\mathrm{Z_c^0})=(58\pm27)$(统计误差)MeV。

BESIII 实验 2015 年在 $\mathrm{e^+e^-}\to\pi^0\pi^0\mathrm{J}/\psi$ 过程中以 10.4σ 的显著性确定了 $\mathrm{Z_c^0}(3900)$ 的存在 [56]，质量和宽度的测量值为 $M(\mathrm{Z_c^0})=(3894.8\pm2.3\pm3.2)\mathrm{MeV}$，$\Gamma(\mathrm{Z_c^0})=(29.6\pm8.2\pm8.2)\mathrm{MeV}$，误差分别为统计误差和系统误差，如图 7.19(b) 所示。在 E_{CM} 为 $4.190\sim4.420\mathrm{GeV}$ 能量区间测量了 $\mathrm{e^+e^-}\to\pi^0\pi^0\mathrm{J}/\psi$ 的玻恩截面，约为 $\mathrm{e^+e^-}\to\pi^+\pi^-\mathrm{J}/\psi$ 过程的一半，与共振态的同位旋对称性预言相一致。

由上面的讨论可以看到，类粲偶素的基本特征为：其衰变末态中都包含有 c 和 $\bar{\mathrm{c}}$，但又不能纳入 $\mathrm{c\bar{c}}$ 的粲偶素模型结构。传统的粲偶素粒子可以用非相对论的位势模型描写，如对 J/ψ 和 χ_{c} 的成功描写，而类粲偶素的衰变末态具有和粲偶素完全不同的衰变谱特征。由于 c 夸克较重，也不可能由真空中的碎裂过程产生，所以 c 和 $\bar{\mathrm{c}}$ 夸克一定是类粲偶素强子的原始组分。这是一类奇特的粒子态。对它们结构机制的讨论有许多不同的模型，如前面提到的分子态、四夸克态、QCD 混杂态、强粲偶素态以及组合模型等，但似乎到目前为止还没有哪一种模型是完全成功的。

图 7.20给出的是在 4.5GeV 以下粲偶素和类粲偶素谱的现状 [33]。黄色的方框是已经确认的粲偶素态，所有在开粲粒子质量阈 $2m_{\mathrm{D}}$ 以下的粲偶素都能被 $\mathrm{c\bar{c}}$ 夸克模型很好地描写。所有 $2m_{\mathrm{D}}$ 阈值以上的 $J^{CP}=1^{--}$ 态也都得到了确认。图中

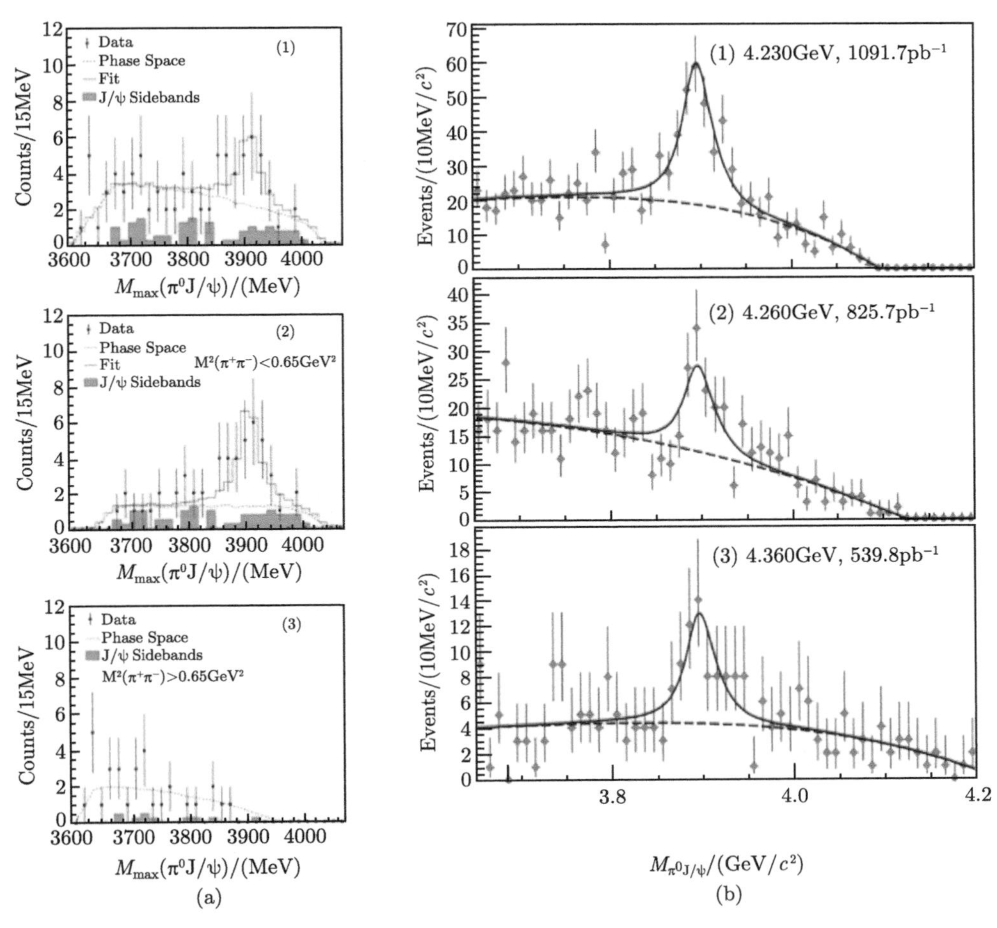

图 7.19 (a) CLEO 实验在 $\sqrt{s}=4170\text{MeV}$ 能区的 e^+e^- 对撞中测到的中性态 $Z_c^0(3900)$：(1) 无 $M^2(\pi^+\pi^-)$ 截断；(2) $M^2(\pi^+\pi^-)<0.65\text{GeV}^2$；(3) $M^2(\pi^+\pi^-)>0.65\text{GeV}^2$。(b) BESIII 在不同实验能量点拟合的 $M(\pi^0 J/\psi)$ 谱：(1) $E_{\text{CM}}=4.230\text{GeV}$；(2) $E_{\text{CM}}=4.260\text{GeV}$；(3) $E_{\text{CM}}=4.360\text{GeV}$

白色的方框代表有理论预言但尚未被确认的粲偶素态，红色方框代表电中性的 X 和 Y 介子态，紫色方框代表带电的 Z 介子。

顺便指出，b 夸克偶素和类 b 夸克偶素也都得到了广泛的寻找和研究，如图 7.21所示[33]，这里就不展开讨论了。简而言之，所有的 QCD 奇特态在理论上都具有很大的兴趣。目前除了五夸克态有迹象已被 LHCb 实验发现之外[57]，其他诸如具有奇特 J^{PC} 量子数的 H-双重子态和介子混杂态等，都还没有被实验所确认，尽管我们的实验灵敏度已经得到了极大的提高。此外，$p\bar{p}$ 束缚态和大量类

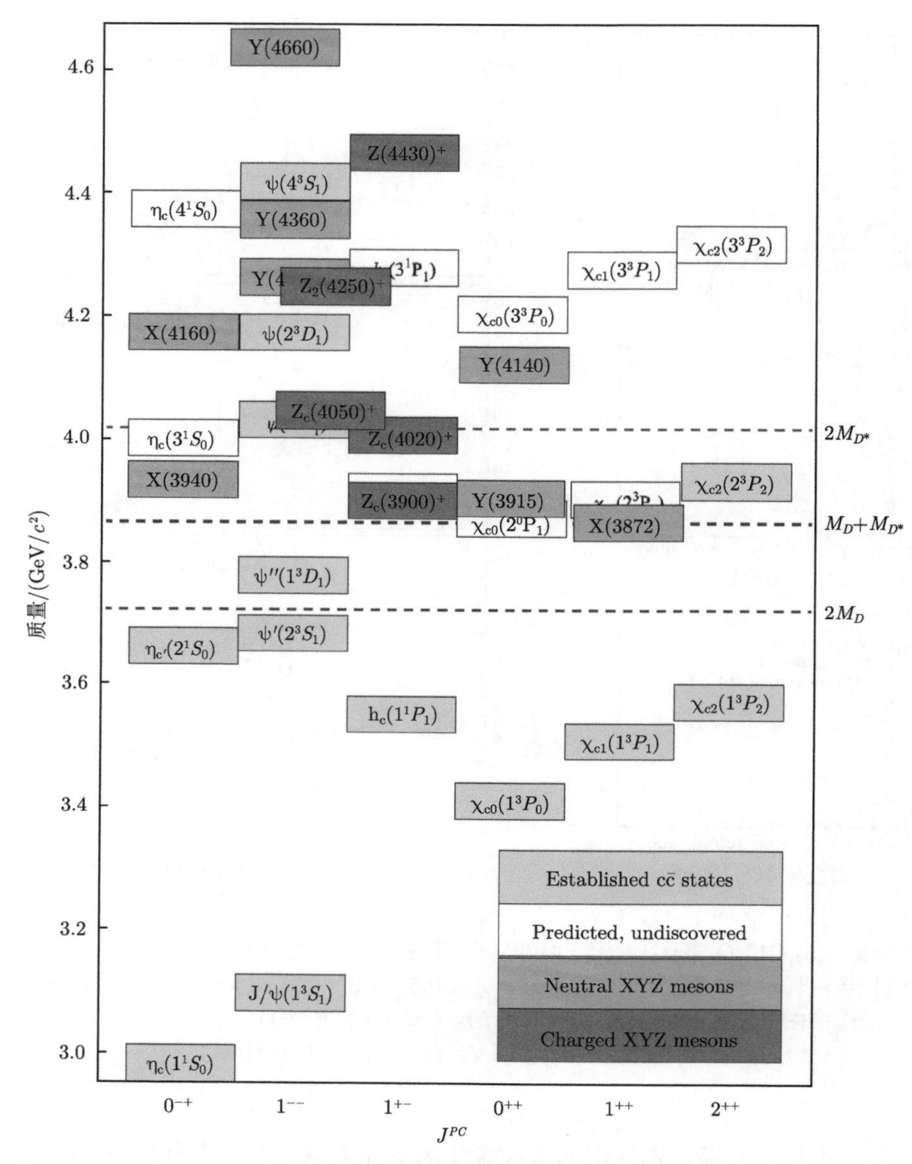

图 7.20　粲偶素和类粲偶素介子谱

夸克偶素态的发现也都对理论提出了挑战。现有的 BESIII 和 LHC 实验，以及已经投入运行的 BelleII 实验，还有将来 FAIR 的 PANDA 实验[58]，使得我们期待着会有大量有兴趣的实验结果出来，或许能有令人惊喜的突破性进展，丰富我们对 QCD 理论的认知。

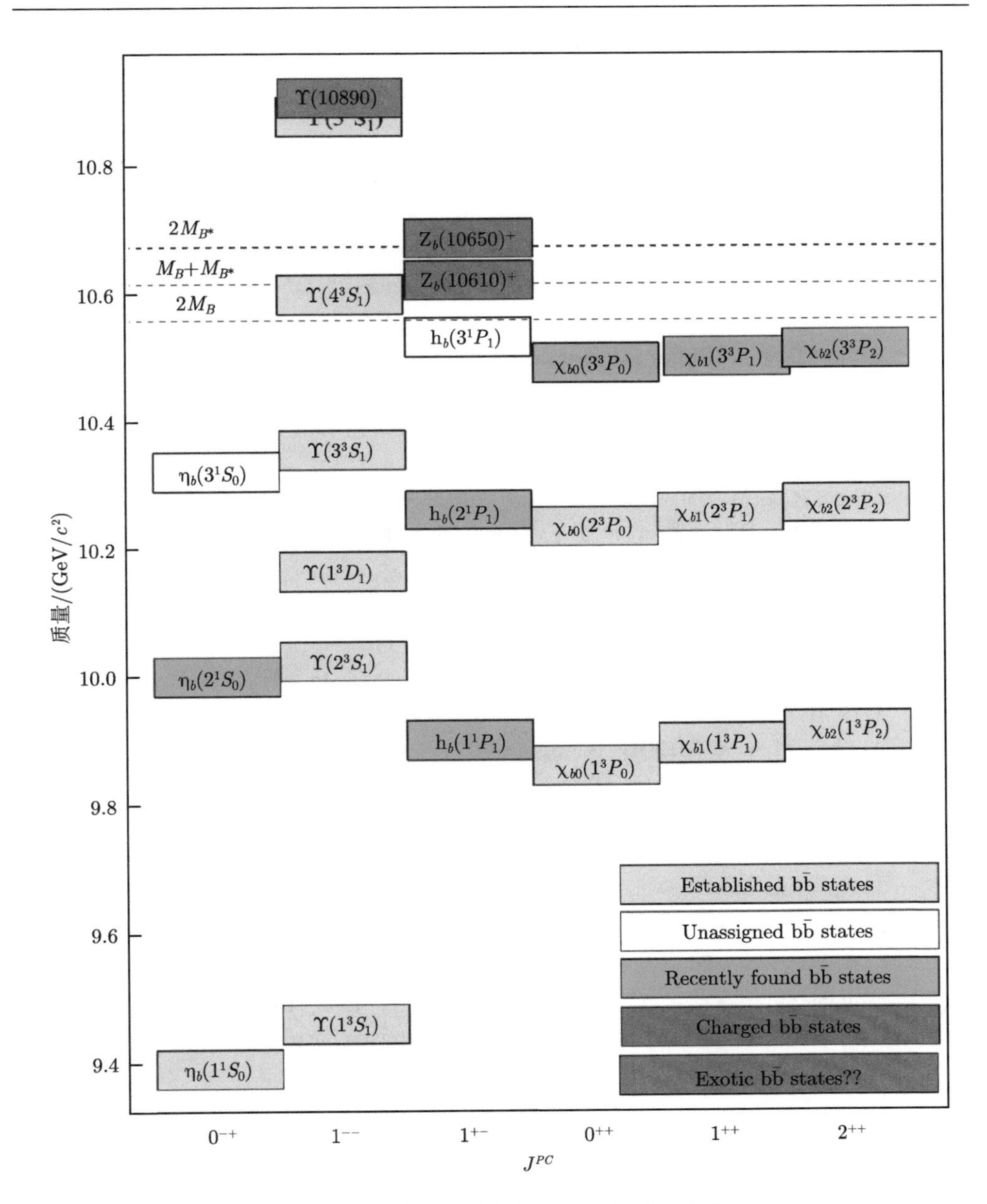

图 7.21　b 夸克偶素和类 b 夸克偶素介子谱

7.4 习　题

1. 试推导式 (7.24)。

2. 试在合理近似下推导式 (7.57) 和式 (7.58)。

参考文献

[1] Gersabeck M. Introduction to charm physics. arXiv:1503.00032v2 [hep-ex] 17 Apr 2015.

[2] Staric M, et al (Belle collaboration). Evidence for D^0–$\bar{D}^0$ mixing. Phys. Rev. Lett., 2007, 98: 211803.

[3] Aubert B, et al (BaBar collaboration). Evidence for D^0–$\bar{D}^0$ mixing. Phys. Rev. Lett., 2007, 98: 211802.

[4] Aaij R, et al (LHCb collaboration). Observation of D^0–$\bar{D}^0$ oscillations. Phys. Rev. Lett., 2013, 110: 101802.

[5] Choi S K, et al (Belle collaboration). Observation of a narrow charmoniumlike state in exclusive $B^{\pm} \to K^{\pm}\pi^{+}\pi^{-}J/\psi$ decays. Phys. Rev. Lett., 2003, 91: 262001.

[6] Liu Z, et al (Belle collaboration). Study of $e^{+}e^{-} \to \pi^{+}\pi^{-}J/\psi$ and observation of a charged charmoniumlike state at Belle. Phys. Rev. Lett., 2013, 110: 252002.

[7] Xiao T, Dobbs S, Tomaradze A, Seth K K. Observation of the charged hadron $Z_c^{\pm}(3900)$ and evidence for the neutral $Z_c^0(3900)$ in $e^{+}e^{-} \to \pi\pi J/\psi$ at $\sqrt{s}=$ 4170 MeV. Phys. Lett. B, 2013, 727: 366-370.

[8] Ablikim M, et al (BESIII collaboration). Observation of a charged charmoniumlike structure in $e^{+}e^{-} \to (D^{*}\bar{D}^{*})^{\pm}\pi^{\mp}$ at $\sqrt{s}=$ 4.26GeV. Phys. Rev. Lett., 2014, 112: 132001.

[9] Xing Z Z. An overview of $D^0-\bar{D}^0$ mixing and $\mathcal{CP}$ violation. Chinese Phys. C, 2008, 32(6): 483.

[10] Burdman G, Shipsey I. $D^0-\bar{D}^0$ mixing and rare charm decays. Annu. Rev. Nucl. Part. Sci., 2003, 53: 431-499.

[11] Wolfenstein L. $D^0-\bar{D}^0$ mixing. Phys. Lett. B, 1985, 164: 170; Donoghue J F, Golowich E, Holstein B R, Trampetic J. Dispersive effects in $D^0-\bar{D}^0$ mixing. Phys. Rev. D, 1986, 33: 179.

[12] Falk A F, Grossman Y, Ligeti Z, Petrov A A. SU(3) breaking and $D^0-\bar{D}^0$ mixing. Phys. Rev. D, 2002, 65: 054034.

[13] Aubert B, et al (BaBar collaboration). Search for $D^0-\bar{D}^0$ mixing and a measurement of the doubly cabibbo-suppressed decay rate in $D^0 \to K\pi$ decays. Phys. Rev. Lett., 2003, 91: 171801.

[14] Bergmann S, Grossman Y, Ligeti Z, Nir Y, Petrov A A. Lessons from CLEO and FOCUS measurements of $D^0-\bar{D}^0$ parameters. Phys. Lett. B, 2000, 486: 418-425.

[15] Gersabeck M, Alexander M, Borghi S, Gligorov V V, Parkes C. On the interplay of direct and indirect CP violation in the charm sector. J. Phys. G, 2012, 39: 045005.

[16] Aaij R, et al（LHCb collaboration）. Observation of CP violation in charm decays. Phys. Rev. Lett., 2019, 122: 211803.

[17] Ablikim M, et al (BESIII collaboration). Measurement of the $D \to K^-\pi^+$ strong phase difference in $\psi(3770) \to D^0\bar{D}^0$. Phys. Lett. B, 2014, 734: 227-233.

[18] Asner D M, et al (CLEO collaboration). Determination of the $D^0 \to K^+\pi^-$ relative strong phase using quantum-correlated measurements in $e^+e^- \to D^0\bar{D}^0$ at CLEO. Phy. Rev. D, 2008, 78: 012001.

[19] Ablikim M, et al (BESIII collaboration). Measurement of y_{CP} in $D^0-\bar{D}^0$ oscillation using quantum correlations in $e^+e^- \to D^0\bar{D}^0$ at $\sqrt{s}=3.773$GeV. Phys. Lett. B, 2015, 744: 339-346.

[20] Blatt J M Weisskopf V F. Theoretical Nuclear Physics. New York: John Wiley & Sons, 1952.

[21] Aubert B, et al（BaBar collaboration）. Improved measurement of the CKM angle γ in $B^{\mp} \to D^{(*)}K^{(*)\mp}$ decays with a dalitz plot analysis of D decays to $K_S^0\pi^+\pi^-$ and $K_S^0K^+K^-$. Phys. Rev. D, 2008, 78: 034023.

[22] Wigner E P. Resonance reactions and anomalous scattering. Phys. Rev., 1946, 70: 15; Chung S U, et al. Partial wave analysis in K-matrix formalism. Ann. Phys. (Paris), 1995, 507(5): 404.

[23] Aston D, et al (LASS collaboration). An improved study of the kappa resonance and the non-exotic s wave πK scatterings up to $\sqrt{s}$=2.1GeV of LASS data. Nucl. Phys. B, 1988, 296: 493.

[24] Peng T, et al (Belle collaboration). Measurement of $D^0-\bar{D}^0$ mixing and search for indirect CP violation using $D^0 \to K_S\pi^+\pi^-$ decays. Phys. Rev. D, 2014, 89: 091103(R).

[25] Aaij R, et al (The LHCb collaboration). Model-independent measurement of mixing parameters in $D^0 \to K_S^0\pi^+\pi^-$ decays. JHEP, 2016, 04: 033, Report number: CERN-PH-EP-2015-249, LHCb-PAPER-2015-042, April 1, 2016.

[26] Libby J, et al (CLEO collaboration). Model-independent determination of the strong-phase difference between D^0 and $\bar{D}^0 \to K_{S,L}^0h^+h^-(h=K,\pi)$ and its impact on the measurement of the CKM angle γ/ϕ_3. Phys. Rev. D, 2010, 82: 112006.

[27] Bondar A, Poluektov A, Vorobiev V. Charm mixing in a model-independent analysis of correlated $D^0\bar{D}^0$ decays. Phys. Rev. D, 2010, 82: 034033.

[28] Lees J P, et al（BaBar collaboration）. Measurement of the neutral D meson mixing parameters in a time-dependent amplitude analysis of the $D^0 \to \pi^+\pi^-\pi^0$ decay. Phys. Rev. D, 2016, 93: 112014 .

[29] Prasanth K, et al (Belle collaboration). First measurement of $T-$odd moments in $D^0 \to K_S^0\pi^+\pi^-\pi^0$ decays. Phys. Rev. D, 2017, 95: 091101(R).

[30] Babu V, et al (Belle collaboration). Search for CP violation in the $D^+ \to \pi^+\pi^0$ decay at Belle. Phys. Rev. D, 2018, 97: 011101.

[31] Patrignani C, et al (particle data group). Review of particle physics. Chin. Phys. C, 2016, 40: 100001.

[32] Amhis Y, et al (heavy flavor averaging group). Averages of b-hadron, c-hadron, and τ−lepton properties as of summer 2016. Eur. Phys. J. C, 2017, 77: 895.

[33] Olsen S L. A new hadron spectroscopy. Front. Phys., 2015, 10: 101401.

[34] Choi S K, et al (Belle collaboration). Observation of a narrow charmoniumlike state in exclusive $B^{\pm} \to K^{\pm}\pi^{+}\pi^{-}J/\psi$ decays. Phys. Rev. Lett., 2003, 91: 262001.

[35] Aubert B, et al (BaBar collaboration). Observation of a broad structure in the $\pi^{+}\pi^{-}J/\psi$ mass spectrum around 4.26 GeV/c^2. Phys. Rev. Lett., 2005, 95 : 142001.

[36] Aubert B, et al (BaBar collaboration). Evidence of a broad structure at an invariant mass of 4.32 GeV/c^2 in the reaction $e^{+}e^{-} \to \pi^{+}\pi^{-}\psi(2S)$ measured at BaBar. Phys. Rev. Lett., 2007, 98: 212001.

[37] Choi S K,et al (Belle collaboration). Bounds on the width, mass difference and other properties of X(3872)$\to \pi^{+}\pi^{-}J/\psi$ decays. Phys. Rev. D, 2011, 84: 052004.

[38] Blatt J M, Weisskopf V F. Theoretical Nuclear Physics. New York: John Wiley & Sons, 1952.

[39] Ablikin M, et al (BESIII collaboration). Observation of a charged charmoniumlike structure in $e^{+}e^{-} \to \pi^{+}\pi^{-}\psi(2S)$ at $\sqrt{s} = 4.26$GeV. Phys. Rev. Lett., 2013, 110: 252001.

[40] Liu Z Q, et al (Belle collaboration). Study of $e^{+}e^{-} \to \pi^{+}\pi^{-}J/\psi$ and observation of a charged charmoniumlike state at Belle. Phys. Rev. Lett., 2013, 110: 252002.

[41] Voloshin M B, Okun L B. Hadron molecules and charmonium atom. JETP Lett., 1976, 23: 333; Voloshin M B. $Z_c(3900)$-what is inside? Phys.Rev. D, 2013, 87(9): 091501.

[42] Takizawa M, Takeuchi S. X(3872) as a hybrid state of the charmonium and the hadronic molecule. Prog. Theor. Exp. Phys., 2013, 9: 093D01.

[43] Seth K K. The quintessential exotic X(3872). Prog. Part. Nucl. Phys., 2012, 67(2): 390.

[44] Yuan C Z, et al (Belle collaboration). Measurement of the $e^{+}e^{-} \to \pi^{+}\pi^{-}J/\psi$ cross section via initial-state radiation at Belle. Phys. Rev. Lett., 2007, 99: 182004.

[45] Wang X L, et al (Belle collaboration). Observation of two resonant structures in $e^{+}e^{-} \to \pi^{+}\pi^{-}\psi(2S)$ via initial-state radiation at Belle. Phys. Rev. Lett., 2007, 99: 142002.

[46] Ablikim M, et al (BESIII collaboration). Precise measurement of the $e^{+}e^{-} \to \pi^{+}\pi^{-}J/\psi$ cross section at center-of-mass energies from 3.77 to 4.60GeV. Phys. Rev. Lett., 2017, 118: 092001.

[47] Mo X H, Li G, Yuan C Z, et al. Determining the upper limit of Γ_{ee} for the Y(4260). Phys. Lett. B, 2006, 640(4): 182.

[48] Ablikim M, et al (BESIII collaboration). Observation of a charged $(D\bar{D}^*)^{\pm}$ mass peak in $e^+e^- \to \pi D\bar{D}^*$ at $\sqrt{s} = 4.26$GeV. Phys. Rev. Lett., 2014, 112: 022001.

[49] Abe K, et al (Belle collaboration). Evidence for X(3872)$\to \gamma J/\psi$ and the sub-threshold decay X(3872)$\to \omega J/\psi$. 22nd International Symposium on Lepton-Photon Interactions at High Energy (LP 2005), Uppsala, Sweden, June 30-July 5, 2005, arXiv:hep-ex/0505037; Aubert B, et al (BaBar collaboration). Search for $B^+ \to$ X(3872)K^+, X(3872)$\to J/\psi\gamma$. Phys. Rev. D, 2006, 74: 071101(R); Aubert B, et al (BaBar collaboration). Evidence for X(3872)$\to \psi(2S)\gamma$ in $B^{\pm} \to$ X(3872)$K^{\pm}$ decays and a study of $B\to c\bar{c}\gamma K$. Phys. Rev. Lett., 2009, 102: 132001; del Amo Sanchez P, et al (BaBar collaboration). Evidence for the decay X(3872)$\to J/\psi\omega$. Phys. Rev. D, 2010, 82: 011101(R).

[50] Gokhroo G, et al (Belle collaboration). Observation of a near-threshold $D^0\bar{D}^0\pi^0$ Enhancement in $B\to D^0\bar{D}^0\pi^0 K$ Decay. Phys. Rev. Lett., 2006, 97: 162002; Aubert B, et al (BaBar collaboration). Study of $B\to$ X(3872)K, with X(3872) $\to J/\psi\pi^+\pi^-$. Phys. Rev. D, 2008, 77: 011102(R); Adachi I, et al (Belle collaboration). Study of the $B\to$ X(3872)($\to D^0\bar{D}^0K$) decay. Phys. Rev. D, 2010, 81: 031103(R).

[51] Dey B, et al (LHCb collaboration). Exotic hadrons at LHCb: current highlights and outlook for Run 3. LHCb Implications 2018, CERN; Aaij R, et al (LHCb collaboration). Observation of X(3872) production in pp collisions at $\sqrt{s} = 7$TeV. Eur. Phys. J. C, 2012, 72: 1972.

[52] Choi S K, et al (Belle collaboration). Bounds on the width, mass difference and other properties of X(3872)$\to \pi^+\pi^- J/\psi$ decays. Phys. Rev. D, 2011, 84: 052004.

[53] Aaij R, et al (LHCb collaboration). Determination of the X(3872) meson quantum numbers. Phys. Rev. Lett., 2013, 110: 222001: Abulencia A, et al (CDF collaboration). Analysis of the quantum numbers J^{PC} of the X(3872) particle. Phys. Rev. Lett., 2007, 98: 132002.

[54] Aceti F, Molina R, Oset E. X(3872)$\to J/\psi\gamma$ decay in the $D\bar{D}^*$ molecular picture. Phys. Rev. D, 2012, 86(11): 113007; Bignamini C, Grinstein B, Piccinini F, Polosa A D, Sabelli C. Is the X(3872) production cross section at $\sqrt{s}$=1.96TeV compatible with a hadron molecule interpretation? Phys. Rev. Lett., 2009, 103(16): 162001; Wong C Y. Molecular states of heavy quark mesons. Phys. Rev. C, 2004, 69(5): 055202; Coito S, Rupp G, Beveren van E. X(3872) is not a true molecule. Eur. Phys. J. C, 2013, 73(3): 2351; Rujula A De, Georgi H, Glashow S L. Molecular charmonium: A new spectroscopy? Phys. Rev. Lett., 1977, 38(7): 317.

[55] Xiao T, Dobbs S, Tomaradze A, Seth K K. Observation of the charged Hadron $Z_c^{\pm}(3900)$ and evidence for the neutral $Z_c^0(3900)$ in $e^+e^- \to \pi\pi J/\psi$ at $\sqrt{s}$=4170MeV. Phys. Lett. B, 2013, 727: 366.

[56] Ablikim M, et al (BESIII collaboration). Observation of $Z_c(3900)^0$ in $e^+e^- \to \pi^0\pi^0 J/\psi$. Phys. Rev. Lett., 2015, 115: 112003.

[57] Aaij R, et al (LHCb collaboration). Observation of J/ψp resonances consistent with pentaquark states in $\Lambda_b^0 \to J/\psi p$ decays. Phys. Rev. Lett., 2015, 115: 072001.

[58] Erni W, et al (PANDA collaboration). Physics performance report for PANDA: Strong interaction studies with antiprotons. arXiv: 0903.3905 [hep-ex], 2009.

第八章　Z 和 W 物理

8.1　W 和 Z 粒子的发现

W 和 Z 粒子是在欧洲核子研究中心（CERN）的 $p\bar{p}$ 强子对撞机 SPS 上发现的。SPS 原本是 CERN 的质子同步加速器，1971 年开始建造，1976 年完工，它的最大能量可达 400GeV，主加速器环平均直径达 2200m。此后根据意大利物理学家鲁比亚（Carlo Rubbia）的建议用 SPS 加速器作为正反质子的循环存储环，质子和反质子在存储环中沿相反的方向运动并形成对撞。质子和反质子束被加速到 270GeV，质心系能量为 540GeV，相当于 155TeV 的静止靶加速器所能达到的能量。当时遇到的问题是反质子在自然界是不能自然产生的，荷兰物理学家范德米尔（Simon van der Meer）建议利用 CERN 的另一个加速器 PS 来产生反质子，并将其存储在一个特制的存储环中，采用随机冷却（stochastic cooling）的方法来减少在加速过程中粒子束的横向发散度和能散度，聚焦反质子束。由范德米尔领导的小组建造了这个存储环。在 SPS 对撞机上有两个对撞点，其中一个对撞点上的探测器是由鲁比亚领导的合作组建造和运行的，称为 UA1，另一个则是由范德米尔领导的，称为 UA2。

SPS 对撞机 1981 年建成，1982 年它的亮度被提高 100 多倍后，UA1 实验组在其收集到的 1.4 万个事例中找到 5 个 W 粒子到轻子衰变道的事例，而 UA2 合作组找到 4 个这样的事例，这里轻子指的是 e 或 μ，结果发表于 1983 年 1 月。1983 年 6 月发现了 6 个 Z 玻色子，CERN 对外正式发布新闻。此后，当对撞机的能量进一步提高之后，这两个实验组共测得了数百个 W 和 Z 事例。写下它们的反应道为

$$\begin{aligned} p\bar{p} &\longrightarrow \mathrm{W}^{\pm} + \mathrm{X_W}, \qquad \mathrm{W}^{\pm} \longrightarrow \mathrm{l}^{\pm} + \nu_\mathrm{l} \\ p\bar{p} &\longrightarrow \mathrm{Z}^{0} + \mathrm{X_Z}, \qquad \mathrm{Z}^{0} \longrightarrow \mathrm{l}^{+} + \mathrm{l}^{-} \end{aligned} \tag{8.1}$$

其中，$\mathrm{X_W}$ 和 $\mathrm{X_Z}$ 代表反冲的粒子。后来在美国 Tevatron 的 $p\bar{p}$ 对撞机上质心能量为 1.8 TeV 时，到 1996 年 CDF 和 D0 实验组共得到了 1 万多个 W 和 Z 轻子道衰变事例。由于在强子对撞机的对撞过程中纵向动量不一定守恒，所以中间玻色子 W 只能通过轻子的横向能量来重建其横向不变质量，

$$M_\mathrm{T}^2(\mathrm{l},\nu) = 2E_\mathrm{T}^\mathrm{l}E_\mathrm{T}^\nu(1-\cos\phi_{\mathrm{l}\nu}) \leqslant M_\mathrm{inv}^2(\mathrm{l},\nu) \tag{8.2}$$

这里，$\phi_{l\nu}$ 表示在横向平面上带电轻子和中微子之间的夹角，一般情况下该横向质量小于真正的不变质量，只有当横向平面和 W 粒子的衰变平面重合时，它的横向质量才接近或等于不变质量，因此 W 粒子的质量应位于横质量谱的高端边缘处。研究表明，横向质量谱的形状对 W 粒子的质量敏感，因此对横向质量谱的高端区域进行拟合可以精确测得 W 的质量。图 8.1是 Tevatron 上的 D0 实验组测量的 $W \to e\nu$ 道的横向质量谱，图中给出了拟合的区间及本底信息。

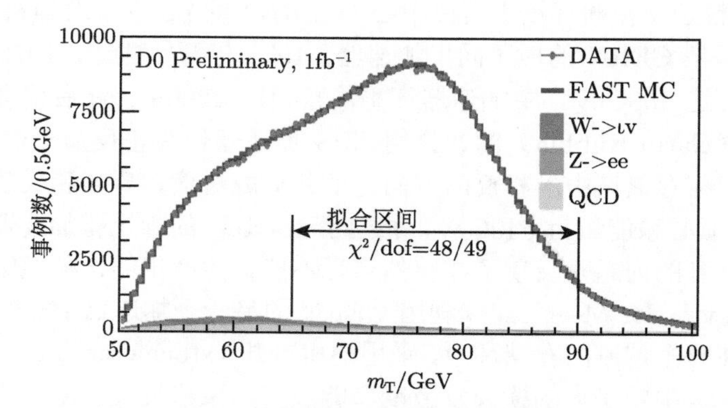

图 8.1　D0 实验测得的 $W \to e\nu$ 道的 m_T^l 分布

图 8.2 则是 CDFII 实验组测量的 $W \to \mu\nu$ 和 $W \to e\nu$ 道的横向质量谱，使用了 2.2fb^{-1} 的数据，对高端边缘处的拟合得到的 W 粒子的质量 $M_W = (80387 \pm 12 \pm 15)\text{MeV} = (80387 \pm 19)\text{MeV}$，使世界平均值变为 $M_W = (80390 \pm 16)\text{MeV}$。

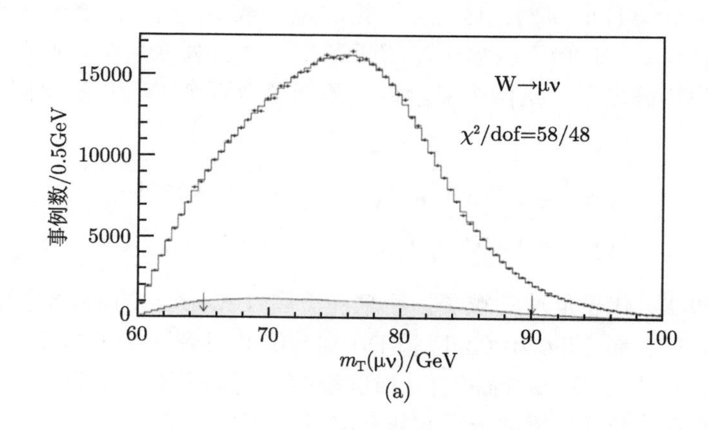

(a)

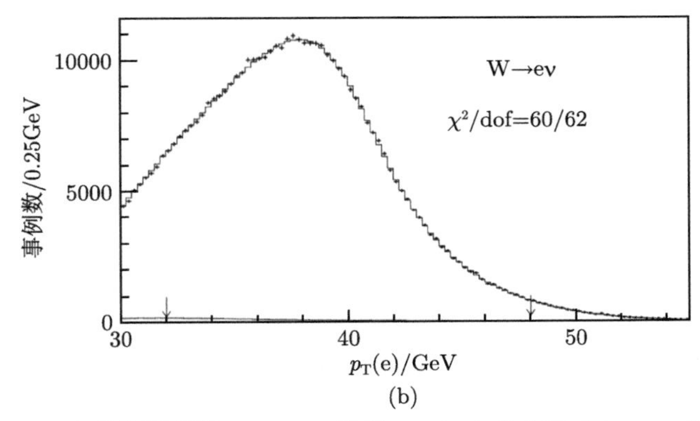

(b)

图 8.2 CDFII 实验组测得的 $W \to \mu\nu$ 道的 $m_T(\mu\nu)$ 分布及 $W \to e\nu$ 道的 p_T^l 分布

8.1.1 强子对撞中 W 粒子的产生和衰变

强子 A 和 B 对撞产生 W 粒子的过程一般可以写为

$$A + B \longrightarrow W^{\pm} + X_W \tag{8.3}$$

过程的计算和 Drell-Yan 截面类似，它的夸克部分子子过程为

$$q\bar{q}' \longrightarrow W^{+} \tag{8.4}$$

这里，q 代表来自 A 带 2/3 电荷的夸克（或 1/3 电荷的反夸克）；$\bar{q}'$ 代表来自 B 带 1/3 电荷的反夸克（或 2/3 电荷的夸克）。记 q、$\bar{q}'$ 和 W^+ 的四动量为 p_1、p_2 和 P，可以写下 $q(p_1)\bar{q}'(p_2) \to W^+(P)$ 过程的矩阵元

$$\mathcal{M} = -\mathrm{i}V_{qq'}\frac{g}{\sqrt{2}}\epsilon_\alpha^\lambda(P)\bar{v}(p_2)\frac{1}{2}\gamma^\alpha(1-\gamma_5)u(p_1) \tag{8.5}$$

其中，ϵ_α^λ 是 W^+ 的极化矢量，可以表示为

$$\epsilon_\alpha^0 = \left(\frac{P}{M_W}, 0, 0, \frac{E}{M_W}\right), \qquad \epsilon_\alpha^\pm = \frac{1}{\sqrt{2}}(0, 1, \pm \mathrm{i}, 0) \tag{8.6}$$

忽略夸克的质量，将 $|\mathcal{M}|^2$ 对 W 的自旋和极化求和给出

$$\sum_{\text{spins}} |\mathcal{M}|^2 = |V_{qq'}|^2 g^2 M_W^2 = |V_{qq'}|^2 \frac{8G_F}{\sqrt{2}} M_W^4 \tag{8.7}$$

于是得到子过程的截面，

$$\hat{\sigma}(q\bar{q}' \to W^+) = \left(\frac{1}{2}\right)^2 \frac{1}{2\hat{s}} \left(|V_{qq'}|^2 \frac{8G_F}{\sqrt{2}} M_W^4\right) (2\pi)^{(4-3)} \int \mathrm{d}(PS) \tag{8.8}$$

这里 $\hat{s}=(p_1+p_2)^2$。计算相空间 $\int \mathrm{d}(PS)$ 给出

$$\int \frac{\mathrm{d}^3 p}{2E_{\mathrm{p}}}\delta(P-p_1-p_2)=\delta(\hat{s}-M_{\mathrm{W}}^2) \tag{8.9}$$

因此有

$$\hat{\sigma}(\mathrm{q}\bar{\mathrm{q}}'\to \mathrm{W}^+)=2\pi|V_{\mathrm{qq}'}|^2\frac{G_{\mathrm{F}}}{\sqrt{2}}M_{\mathrm{W}}^2\delta(\hat{s}-M_{\mathrm{W}}^2) \tag{8.10}$$

卷积夸克的分布函数，并乘以色因子的贡献 $3\times\dfrac{1}{3}\times\dfrac{1}{3}$，得到

$$\sigma(\mathrm{AB}\to \mathrm{W}^+\mathrm{X})=\frac{K}{3}\int_0^1 \mathrm{d}x_a\int_0^1 \mathrm{d}x_b\sum_q q(x_a,M_{\mathrm{W}}^2)\bar{q}'(x_b,M_{\mathrm{W}}^2)\hat{\sigma} \tag{8.11}$$

这里，x_a（x_b）是 A（B）中 q（$\bar{\mathrm{q}}'$）的四动量份数，可以假定夸克分布函数的能标在 $\hat{s}=M_{\mathrm{W}}^2$。包括一阶 QCD 修正的 K 因子可表示为

$$K\simeq 1+\frac{8\pi}{9}\alpha_{\mathrm{s}}(M_{\mathrm{W}}^2) \tag{8.12}$$

若将积分变量变换为 $\hat{s}$ 和快度 $y=\dfrac{1}{2}\ln[(E+P_{\mathrm{L}})/(E-P_{\mathrm{L}})]$，

$$\mathrm{d}x_a\mathrm{d}x_b=\frac{\mathrm{d}\hat{s}\mathrm{d}y}{s} \tag{8.13}$$

对 $\hat{s}$ 的积分会积掉 δ 函数，得到

$$\frac{\mathrm{d}\sigma}{\mathrm{d}y}(\mathrm{W}^+)=K\frac{2\pi G_{\mathrm{F}}}{3\sqrt{2}}\sum_{\mathrm{q},\bar{\mathrm{q}}'}|V_{\mathrm{q},\bar{\mathrm{q}}'}|^2 x_a x_b q(x_a,M_{\mathrm{W}}^2)\bar{q}'(x_b,M_{\mathrm{W}}^2) \tag{8.14}$$

这里可将 x_a（x_b）表示为

$$x_{a,b}=\frac{M_{\mathrm{W}}}{\sqrt{s}}\mathrm{e}^{\pm y} \tag{8.15}$$

对质子质子散射，在卡比博（Cabibbo）混合近似下微分截面可以写为

$$\begin{aligned}\frac{\mathrm{d}\sigma}{\mathrm{d}y}(\mathrm{pp}\to \mathrm{W}^+\mathrm{X})=K\frac{2\pi G_{\mathrm{F}}}{3\sqrt{2}}x_a x_b\cdot\{&\cos^2\theta_{\mathrm{C}}[u(x_a)\bar{d}(x_b)+\bar{d}(x_a)u(x_b)]\\&+\sin^2\theta_{\mathrm{C}}[u(x_a)\bar{s}(x_b)+\bar{s}(x_a)u(x_b)]\}\end{aligned} \tag{8.16}$$

这里夸克的分布函数被理解为在 $q^2=M_{\mathrm{W}}^2$ 能标取值。如果进一步假定海夸克的 $SU(3)$ 对称性，即 $\bar{u}=\bar{d}=\bar{s}$，上式可简化为

$$\frac{\mathrm{d}\sigma}{\mathrm{d}y}(\mathrm{pp}\to \mathrm{W}^+\mathrm{X})=K\frac{2\pi G_{\mathrm{F}}}{3\sqrt{2}}x_a x_b[u(x_a)\bar{d}(x_b)+\bar{d}(x_a)u(x_b)] \tag{8.17}$$

对于质子反质子碰撞，W^+ 产生的微分截面为

$$\frac{d\sigma}{dy}(p\bar{p}\to W^+X)=K\frac{2\pi G_F}{3\sqrt{2}}x_a x_b\cdot\{\cos^2\theta_C[u(x_a)d(x_b)+\bar{d}(x_a)\bar{u}(x_b)] + \sin^2\theta_C[u(x_a)s(x_b)+\bar{s}(x_a)\bar{u}(x_b)]\} \tag{8.18}$$

在价夸克占优近似下，对于较低的质心系能量有

$$\frac{d\sigma}{dy}(p\bar{p}\to W^+X)=K\frac{2\pi G_F}{3\sqrt{2}}x_a x_b u(x_a)d(x_b) \tag{8.19}$$

对快度的运动学全区间进行积分就得到 W 产生的总截面，从 $x_{a,b}\leqslant 1$ 可以导得 W 快度的区间，

$$-\ln\frac{\sqrt{s}}{M_W}\leqslant y\leqslant \ln\frac{\sqrt{s}}{M_W} \tag{8.20}$$

基于前面讲的 DO 和 EHLQ 部分子分布函数参数化方案计算得到的 W 产生总截面随 $\sqrt{s}$ 的变化见图 8.3。

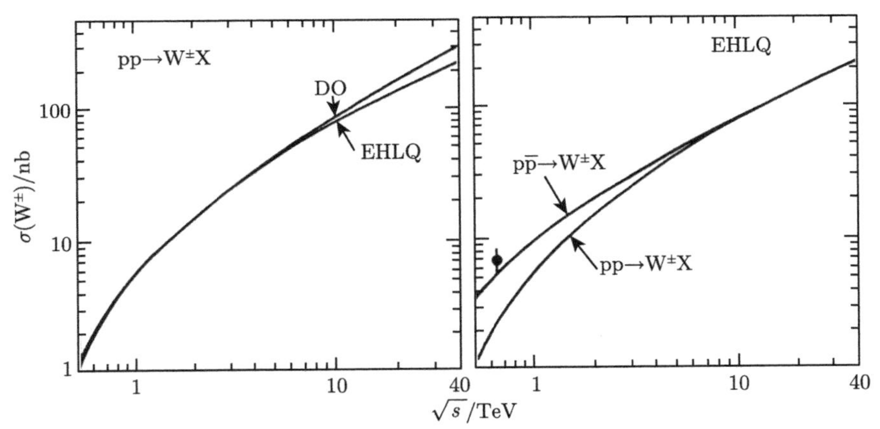

图 8.3 预期的 $W^\pm$ 产生截面随质心系能量 $\sqrt{s}$ 变化的关系。标出了 CERN $p\bar{p}$ 对撞机上的测量值，设 $B(W\to e\nu)=9\%$

对 CERN 的 $p\bar{p}$ 对撞机，当质心系能量 $\sqrt{s}=630\text{GeV}$ 时，计算给出的总截面为

$$\sigma(p\bar{p}\to W^+X)=(p\bar{p}\to W^-X)=\begin{cases}2.8\ \text{nb}, & \text{EHLQ}\\ 3.0\ \text{nb}, & \text{DO}\end{cases}$$

取 W 到电子的衰变分支比 $B(W^+\to e^+\nu_e)=0.09$，预期电子的产额为

$$\sum_{W^\pm}\sigma_{W^\pm}B(W^\pm\to e^\pm)=\begin{cases}0.50\ \text{nb}, & \text{EHLQ}\\ 0.54\ \text{nb}, & \text{DO}\end{cases}$$

UA1 实验给出的测量结果为

$$(\sigma \cdot B)_{\mathrm{W}\to\mathrm{e\nu}} = (0.60 \pm 0.05 \pm 0.09)\mathrm{nb}$$

与理论的预期相符合。

下面我们来讨论 W 的衰变总宽度和分支比。以 $\mathrm{W}^- \to \mathrm{e}^-\bar{\nu}_\mathrm{e}$ 为例，其衰变振幅可表示为

$$\mathcal{M} = -\mathrm{i}\frac{g}{\sqrt{2}}\epsilon_\alpha^\lambda(P)\bar{u}(l)\frac{1}{2}\gamma^\alpha(1-\gamma_5)\nu(k) \tag{8.21}$$

其中，P, l, k 分别为 W、电子和中微子的四动量。W 极化矢量 ϵ_α^λ 的定义见式(8.6)。忽略费米子的质量，计算得到

$$\Gamma(\mathrm{W}^- \to \mathrm{e}^-\bar{\nu}_\mathrm{e}) = \frac{1}{48\pi}g^2 M_\mathrm{W} = \frac{G_\mathrm{F}M_\mathrm{W}^3}{6\sqrt{2}\pi} \equiv \Gamma_\mathrm{W}^0 \tag{8.22}$$

这里使用了关系式 $g^2 = \dfrac{8M_\mathrm{W}^2 G_\mathrm{F}}{\sqrt{2}}$。取 $M_\mathrm{W} = 80.6\mathrm{GeV}$ 得到 $\Gamma_\mathrm{W}^0 = 0.23\mathrm{GeV}$。推广到一般的情况有

$$\Gamma(\mathrm{W} \to \mathrm{f}\bar{\mathrm{f}}') = N_\mathrm{c}^\mathrm{f}|V_{\mathrm{f}\bar{\mathrm{f}}'}|^2\frac{G_\mathrm{F}M_\mathrm{W}^3}{6\sqrt{2}\pi} = N_\mathrm{c}^\mathrm{f}|V_{\mathrm{f}\bar{\mathrm{f}}'}|^2\Gamma_\mathrm{W}^0 \tag{8.23}$$

这里，N_c^f 是颜色因子；V 是 CKM 矩阵元，对轻子 $V = 1$。因此，有如下一些预期结果：

$$\Gamma(\mathrm{W} \to \mathrm{e}\bar{\nu}_\mathrm{e}) = \Gamma(\mathrm{W} \to \mu\bar{\nu}_\mu) = \Gamma(\mathrm{W} \to \tau\bar{\nu}_\tau) = 0.23\mathrm{GeV} \tag{8.24}$$

$$\Gamma(\mathrm{W} \to \mathrm{q}\bar{\mathrm{q}}') = 3|V_{\mathrm{f}\bar{\mathrm{f}}'}|^2\Gamma_\mathrm{W}^0 \tag{8.25}$$

色因子 3 来自于对 3 种颜色的求和。若忽略费米子质量，则由上式得到强子衰变总宽度的近似值为

$$\Gamma(\mathrm{W} \to 强子) \simeq 3\Gamma(\mathrm{W} \to 轻子) \simeq 9\Gamma_\mathrm{W}^0 \simeq 2.1\mathrm{GeV} \tag{8.26}$$

总的 W 衰变宽度为

$$\Gamma(\mathrm{W} \to \mathrm{all}) \simeq 12\Gamma_\mathrm{W}^0 \simeq 2.7\mathrm{GeV} \tag{8.27}$$

由 $1\mathrm{GeV} = 1.52 \times 10^{24}\mathrm{s}^{-1}$，可以计算出 W 的寿命为

$$\tau(\mathrm{W}) \simeq 2 \times 10^{-25}\mathrm{s} \tag{8.28}$$

W 到 $\mathrm{e\bar{\nu}_e}$ 的衰变分支比为

$$B(\mathrm{W} \to \mathrm{e\bar{\nu}_e}) \simeq \frac{\Gamma(\mathrm{W} \to \mathrm{e\bar{\nu}_e})}{\Gamma(\mathrm{W} \to \mathrm{all})} = \frac{1}{12} \tag{8.29}$$

对于 W 的强子衰变模式，由于 CKM 矩阵元，

$$|V_{\mathrm{ud}}| \approx |V_{\mathrm{cs}}| \approx |V_{\mathrm{tb}}| \approx 1$$

其余的矩阵元都较小，因此衰变 $\mathrm{W} \to \mathrm{\bar{u}d}$，$\mathrm{W} \to \mathrm{\bar{c}s}$ 和 $\mathrm{W} \to \mathrm{\bar{t}b}$ 的贡献最大。

衰变 $\mathrm{W} \to \mathrm{\bar{t}b}$ 早期被认为是在强子对撞机上寻找 t 夸克的理想过程，但是由于 t 夸克的质量很大，和 M_{W} 相比，它的质量是不能忽略的，必须严格地计算 $|\mathcal{M}|^2$ 和相空间。计算给出如下表达式：

$$\Gamma(\mathrm{W} \to \mathrm{\bar{t}b}) = 3\Gamma_{\mathrm{W}}^0 |V_{\mathrm{tb}}|^2 \lambda^{\frac{1}{2}}(1, r_{\mathrm{t}}, r_{\mathrm{b}}) \left[1 - \frac{1}{2}r_{\mathrm{t}} - \frac{1}{2}r_{\mathrm{b}} - \frac{1}{2}(r_{\mathrm{t}} - r_{\mathrm{b}})^2\right] \tag{8.30}$$

这里，$r_{\mathrm{t}} = m_{\mathrm{t}}^2/M_{\mathrm{W}}^2$，$r_{\mathrm{b}} = m_{\mathrm{b}}^2/M_{\mathrm{W}}^2$，$\lambda(a,b,c) = a^2 + b^2 + c^2 - 2ab - 2bc - 2ca$。

由于 $r_{\mathrm{b}} \ll 1$，在对 $\mathrm{W} \to \mathrm{\bar{t}b}$ 衰变的分宽度作近似估计时可以忽略 r_{b} 并设 $|V_{\mathrm{tb}}| = 1$，则有

$$\Gamma(\mathrm{W} \to \mathrm{\bar{t}b}) = 3\Gamma_{\mathrm{W}}^0 \left(1 - \frac{3}{2}r_{\mathrm{t}} + \frac{1}{2}r_{\mathrm{t}}^3\right) \tag{8.31}$$

$$\Gamma(\mathrm{W} \to \text{强子}) = 9\Gamma_{\mathrm{W}}^0 \left(1 - \frac{1}{2}r_{\mathrm{t}} + \frac{1}{6}r_{\mathrm{t}}^3\right) \tag{8.32}$$

$$B(\mathrm{W} \to \mathrm{\bar{t}b}) = \frac{1}{4}\left(\frac{1 - \frac{3}{2}r_{\mathrm{t}} + \frac{1}{2}r_{\mathrm{t}}^3}{1 - \frac{3}{8}r_{\mathrm{t}} + \frac{1}{8}r_{\mathrm{t}}^3}\right) \tag{8.33}$$

如果考虑 QCD 的一阶修正，则 W 的强子衰变宽度应乘以因子 $[1 + \alpha_{\mathrm{s}}(M_{\mathrm{W}})/\pi]$。这里对此不展开讨论了。

8.1.2 强子对撞中 Z 粒子的产生和衰变

记强子对撞的 Z 粒子产生过程为

$$\mathrm{A} + \mathrm{B} \longrightarrow \mathrm{Z} + \mathrm{X_Z} \tag{8.34}$$

截面的计算和前面 W 的计算类似。子过程 $\mathrm{q\bar{q}} \to \mathrm{Z}$ 的矩阵元平方为

$$|\mathcal{M}|^2 = (2\sqrt{2}g_{\mathrm{Z}})^2 \left[\frac{(g_{\mathrm{V}}^q)^2 + (g_{\mathrm{A}}^q)^2}{8}\right] M_{\mathrm{Z}}^2 = \frac{8G_{\mathrm{F}}}{\sqrt{2}}[(g_{\mathrm{V}}^q)^2 + (g_{\mathrm{A}}^q)^2] M_{\mathrm{Z}}^4 \tag{8.35}$$

$g_{\rm V}$ 和 $g_{\rm A}$ 是夸克的矢量和轴矢量耦合常数。因此，可以写下子过程的截面，以及色平均的强子截面为

$$\hat{\sigma}(\mathrm{q\bar{q}}\to \mathrm{Z}) = 2\pi\frac{G_{\rm F}}{\sqrt{2}}[(g_{\rm V}^q)^2+(g_{\rm A}^q)^2]M_{\rm Z}^2\delta(\hat{s}-M_{\rm Z}^2) \tag{8.36}$$

$$\frac{\mathrm{d}\sigma}{\mathrm{d}y}(\mathrm{AB}\to \mathrm{ZX_Z}) = K\frac{2\pi}{3}\frac{G_{\rm F}}{\sqrt{2}}\sum_q[(g_{\rm V}^q)^2+(g_{\rm A}^q)^2]x_a x_b q(x_a)\bar{q}(x_b) \tag{8.37}$$

这里 K 因子在 $M_{\rm Z}^2$ 能标取值。对于 $\mathrm{p\bar{p}}$ 对撞产生 Z 的实验，如 CERN 的 $\mathrm{Sp\bar{p}S}$ 和美国费米实验室的 Tevatron，截面为

$$\begin{aligned}&\frac{\mathrm{d}\sigma}{\mathrm{d}y}(\mathrm{p\bar{p}}\to \mathrm{ZX})\\&=K\frac{2\pi G_{\rm F}}{3\sqrt{2}}x_a x_b\left\{\left(1-\frac{8}{3}x_{\rm W}+\frac{32}{9}x_{\rm W}^2\right)[u(x_a)u(x_b)+\bar{u}(x_a)\bar{u}(x_b)]\right.\\&\quad\left.+\left(1-\frac{4}{3}x_{\rm W}+\frac{8}{9}x_{\rm W}^2\right)[d(x_a)d(x_b)+\bar{d}(x_a)\bar{d}(x_b)+s(x_a)s(x_b)+\bar{s}(x_a)\bar{s}(x_b)]\right\}\end{aligned} \tag{8.38}$$

对于 pp 对撞，例如在 LHC 对撞机，由 u, d, s 三种夸克产生的截面为

$$\begin{aligned}&\frac{\mathrm{d}\sigma}{\mathrm{d}y}(\mathrm{pp}\to \mathrm{ZX})\\&=K\frac{2\pi G_{\rm F}}{3\sqrt{2}}x_a x_b\left\{\left(1-\frac{8}{3}x_{\rm W}+\frac{32}{9}x_{\rm W}^2\right)[u(x_a)\bar{u}(x_b)+\bar{u}(x_a)u(x_b)]\right.\\&\quad\left.+\left(1-\frac{4}{3}x_{\rm W}+\frac{8}{9}x_W^2\right)[d(x_a)\bar{d}(x_b)+\bar{d}(x_a)d(x_b)+s(x_a)\bar{s}(x_b)+\bar{s}(x_a)s(x_b)]\right\}\end{aligned} \tag{8.39}$$

在能量 $\sqrt{s}=630\mathrm{GeV}$ 处取 $M_{\rm Z}=92\mathrm{GeV}$ 计算得到

$$\sigma(\mathrm{p\bar{p}}\to \mathrm{ZX})\simeq 1.8\ \mathrm{nb} \tag{8.40}$$

结合 $\mathrm{Z}\to \mathrm{e^+e^-}$ 的分支比 3.3% 得到

$$\sigma(\mathrm{p\bar{p}}\to \mathrm{Z}\to \mathrm{e^+e^-})\simeq 0.06\ \mathrm{nb} \tag{8.41}$$

1986 年 UA1 和 UA2 合作组在 CERN 的对撞机上测得

$$\sigma(\mathrm{p\bar{p}}\to \mathrm{Z}\to \mathrm{e^+e^-}) = \begin{cases}(73\pm 14\pm 11)\mathrm{pb}, & \mathrm{UA1}\\ (69\pm 13\pm 6)\mathrm{pb}, & \mathrm{UA2}\end{cases} \tag{8.42}$$

这里的第一项和第二项误差分别为统计误差和系统误差。实验结果和计算结果符合得很好。

由前面的讨论可以看出，Z 的产生截面和轻子道衰变分支比与 W 相比都较小，因此在 Sp$\bar{\text{p}}$S 和 Tevatron 对撞机上 $\text{Z}\to \text{e}^+\text{e}^-$ 事例只有 $\text{W}^\pm \to \text{e}\nu$ 事例的 $\frac{1}{10}$。

下面讨论 Z 的衰变宽度和分支比。以 $\text{Z}\to \text{e}^+\text{e}^-$ 为例，其衰变振幅可写为

$$\mathcal{M} = -\text{i}g_Z\epsilon_\alpha^\lambda(P)\bar{u}(l)\gamma^\alpha(g_\text{V}-\gamma_5 g_\text{A})\nu(k) \tag{8.43}$$

这里相应的动量标识符为 $\text{Z}(P)\to \text{e}^+(k)\text{e}^-(l)$。在费米子质量为零的近似下计算得到

$$\Gamma(\text{Z}\to \text{e}^+\text{e}^-) = \frac{1}{48\pi}(2\sqrt{2}g_\text{Z})^2\left[\frac{(g_\text{V}^\text{e})^2+(g_\text{A}^\text{e})^2}{8}\right]M_\text{Z} \tag{8.44}$$

代入 $g_\text{Z}^2 = \frac{8G_\text{F}}{\sqrt{2}}M_\text{Z}^2$，得

$$\Gamma(\text{Z}\to \text{e}^+\text{e}^-) = \frac{G_\text{F}M_\text{Z}^3}{6\pi\sqrt{2}}[(g_\text{V}^\text{e})^2+(g_\text{A}^\text{e})^2] \equiv [(g_\text{V}^\text{e})^2+(g_\text{A}^\text{e})^2]\Gamma_\text{Z}^0 \tag{8.45}$$

$$\Gamma_\text{Z}^0 = \frac{G_\text{F}M_\text{Z}^3}{6\pi\sqrt{2}} \tag{8.46}$$

Z 的衰变总宽度可表示为

$$\Gamma_\text{Z} = N_\text{c}^\text{f}\Gamma_\text{Z}^0\sum_f[(g_\text{V}^\text{f})^2+(g_\text{A}^\text{f})^2] \equiv \sum_\text{f}\Gamma_\text{f} \tag{8.47}$$

其中，N_c^f 为色因子，对轻子 $N_\text{c}^\text{f}=1$，对夸克 $N_\text{c}^\text{f}=3$。由上式可以估算 Z^0 的最低阶分宽度，若取 $x_\text{w}=\sin^2\theta_\text{W}=0.23$，$M_\text{Z}=91.9\text{GeV}$，则有

$$\Gamma(\text{Z}\to \nu_\text{e}\bar{\nu}_\text{e}) = \frac{\Gamma_\text{Z}^0}{2} \approx 0.17\text{GeV} \tag{8.48}$$

$$\Gamma(\text{Z}\to \text{e}^+\text{e}^-) = \frac{\Gamma_\text{Z}^0}{2}(1-4x_\text{w}+8x_\text{w}^2) \approx 0.09\text{GeV} \tag{8.49}$$

$$\Gamma(\text{Z}\to \text{u}\bar{\text{u}}) = \frac{3\Gamma_\text{Z}^0}{2}\left(1-\frac{8}{3}x_\text{w}+\frac{32}{9}x_\text{w}^2\right) \approx 0.30\text{GeV} \tag{8.50}$$

$$\Gamma(\text{Z}\to \text{d}\bar{\text{d}}) = \frac{3\Gamma_\text{Z}^0}{2}\left(1-\frac{4}{3}x_\text{w}+\frac{8}{9}x_\text{w}^2\right) \approx 0.39\text{GeV} \tag{8.51}$$

式 (8.47) 给出的包括 3 代轻子和夸克（包括 t 夸克）的总宽度为

$$\Gamma_\text{Z} = 12\Gamma_\text{Z}^0\left(1-\frac{2}{3}x_\text{w}+\frac{8}{3}x_\text{w}^2\right) \approx 2.8\text{GeV} \tag{8.52}$$

相应的分支比为

$$B(\mathrm{Z}\to \nu_{\mathrm{e}}\bar{\nu}_{\mathrm{e}})\approx 0.06 \tag{8.53}$$

$$B(\mathrm{Z}\to \mathrm{e}^{+}\mathrm{e}^{-})\approx 0.03 \tag{8.54}$$

$$B(\mathrm{Z}\to \mathrm{u}\bar{\mathrm{u}})\approx 0.11 \tag{8.55}$$

$$B(\mathrm{Z}\to \mathrm{d}\bar{\mathrm{d}})\approx 0.14 \tag{8.56}$$

分宽度之比为

$$\varGamma(\nu_{\mathrm{e}}\bar{\nu}_{\mathrm{e}}):\varGamma(\mathrm{e}^{+}\mathrm{e}^{-}):\varGamma(\mathrm{u}\bar{\mathrm{u}}):\varGamma(\mathrm{d}\bar{\mathrm{d}})=2:1.0:3.6:4.6$$

Z^0 衰变到中微子道的宽度为 20%，是衰变到带电轻子道宽度（ 10%）的两倍。

8.2 LEP 正负电子对撞机上 Z^0 的产生

按照标准模型理论，正负电子的相互作用反应道主要分为如下三种：

（1）s 道反应，通过中间 γ 光子和 Z^0 玻色子或希格斯（Higgs）粒子传递。

（2）t 道反应，通过 γ 光子，玻色子 Z^0 和 W，希格斯或 e，ν_{e} 的 t 道过程。

（3）u 道反应，通过费米子 e 的 u 道反应过程。

希格斯粒子与费米子的耦合相比较于 Z 与费米子的耦合，强度正比于费米子质量与 Z 玻色子质量之比（$m_{\mathrm{f}}/M_{\mathrm{Z}}$），比较弱，一般可以忽略。图 8.4 给出了通过 $\gamma,\mathrm{Z},\mathrm{W}$ 的 s 道和 t 道反应费曼图。首先来讨论 s 道过程 $\mathrm{e}^{+}\mathrm{e}^{-}\to \mathrm{f}\bar{\mathrm{f}}$ 的最低阶总截面。$\mathrm{e}^{+}\mathrm{e}^{-}\to \mathrm{f}\bar{\mathrm{f}}$ 过程的截面来自三项贡献：γ 光子交换，Z^0 交换和 $\gamma-\mathrm{Z}$ 的干涉项。对末态的螺旋态求和，对初态螺旋态求平均，得到微分截面

$$\begin{aligned}\frac{\mathrm{d}\sigma_{\mathrm{f}}}{\mathrm{d}\cos\theta}=N_{\mathrm{c}}^{\mathrm{f}}\frac{\pi}{2s}&\{\alpha^2Q_{\mathrm{f}}^2(1+\cos^2\theta) && \text{光子交换}\\ &-2\alpha Q_{\mathrm{f}}[g_{\mathrm{V}}^{\mathrm{e}}g_{\mathrm{V}}^{\mathrm{f}}(1+\cos^2\theta)+2g_{\mathrm{A}}^{\mathrm{e}}g_{\mathrm{A}}^{\mathrm{f}}\cos\theta]\mathrm{Re}(\chi) && \gamma-\mathrm{Z}\text{干涉}\\ &+\left[\left((g_{\mathrm{V}}^{\mathrm{e}})^2+(g_{\mathrm{A}}^{\mathrm{e}})^2\right)\left((g_{\mathrm{V}}^{\mathrm{f}})^2+(g_{\mathrm{A}}^{\mathrm{f}})^2\right)(1+\cos^2\theta)\right.\\ &\left.+\ 8g_{\mathrm{V}}^{\mathrm{e}}g_{\mathrm{A}}^{\mathrm{e}}g_{\mathrm{V}}^{\mathrm{f}}g_{\mathrm{A}}^{\mathrm{f}}\cos\theta\right]|\chi|^2\} && \mathrm{Z}\ \text{交换}\end{aligned}$$

其中，θ 是出射费米子的散射角；Q_{f} 是以正电子的电荷为单位的末态费米子电荷；$N_{\mathrm{c}}^{\mathrm{f}}$ 是色因子，同样对轻子 $N_{\mathrm{c}}^{\mathrm{f}}=1$，对夸克 $N_{\mathrm{c}}^{\mathrm{f}}=3$。上式可改写为

$$\frac{\mathrm{d}\sigma_{\mathrm{f}}}{\mathrm{d}\cos\theta}=N_{\mathrm{c}}^{\mathrm{f}}\frac{\pi}{2s}[F_1(s)(1+\cos^2\theta)+2F_2(s)\cos\theta] \tag{8.57}$$

其中

$$F_1(s)=\alpha^2Q_{\mathrm{f}}^2-2\alpha Q_{\mathrm{f}}g_{\mathrm{V}}^{\mathrm{e}}g_{\mathrm{V}}^{\mathrm{f}}\mathrm{Re}(\chi)+[(g_{\mathrm{V}}^{\mathrm{e}})^2+(g_{\mathrm{A}}^{\mathrm{e}})^2][(g_{\mathrm{V}}^{\mathrm{f}})^2+(g_{\mathrm{A}}^{\mathrm{f}})^2]|\chi|^2$$

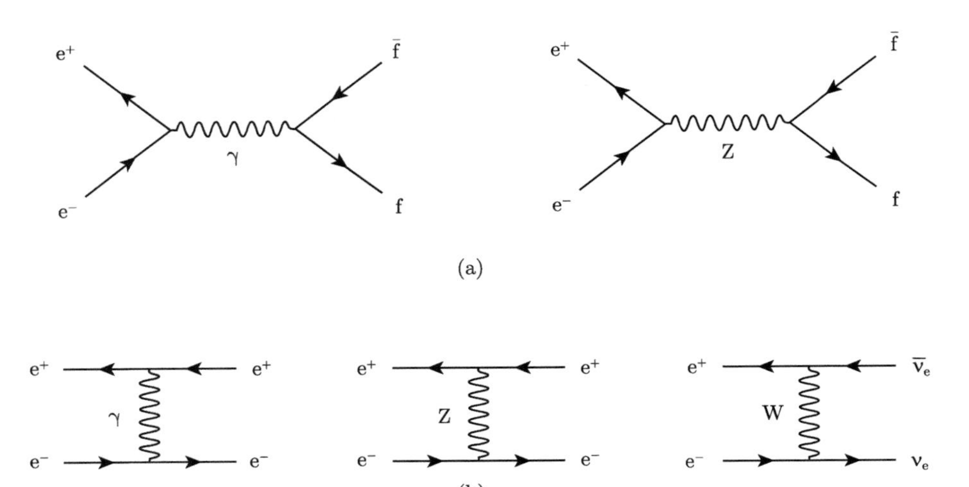

图 8.4 通过 γ, Z, W 的 s 道和 t 道反应费曼图

$$F_2(s) = -2\alpha Q_{\rm f} g_{\rm A}^{\rm e} g_{\rm A}^{\rm f} {\rm Re}(\chi) + 8 g_{\rm V}^{\rm e} g_{\rm A}^{\rm e} g_{\rm V}^{\rm f} g_{\rm A}^{\rm f} |\chi|^2 \tag{8.58}$$

$$\begin{aligned}\chi &= \frac{1}{4\sin^2\theta_{\rm W}\cos^2\theta_{\rm W}} \cdot \frac{s}{s - M_{\rm Z}^2 + {\rm i}\Gamma_{\rm Z} M_{\rm Z}} \\ &= \frac{1}{2\sqrt{2}\pi\alpha} G_{\rm F} M_{\rm Z}^2 \cdot \frac{s}{s - M_{\rm Z}^2 + {\rm i}\Gamma_{\rm Z} M_{\rm Z}}\end{aligned} \tag{8.59}$$

对角度积分得到总截面

$$\begin{aligned}\sigma_{\rm f} = \frac{4\pi}{3s} N_{\rm c}^{\rm f} \{ & \alpha^2 Q_{\rm f}^2 - 2\alpha Q_{\rm f} g_{\rm V}^{\rm e} g_{\rm V}^{\rm f} {\rm Re}(\chi) \\ & + [(g_{\rm V}^{\rm e})^2 + (g_{\rm A}^{\rm e})^2][(g_{\rm V}^{\rm f})^2 + (g_{\rm A}^{\rm f})^2]|\chi|^2 \}\end{aligned} \tag{8.60}$$

上式第一项是光子交换的贡献。如对 $e^+e^- \to \mu^+\mu^-$，

$$\sigma_{\rm QED} = \frac{4\pi\alpha^2}{3s} = 21.7{\rm nb}/[E({\rm GeV})]^2, \quad (E = \sqrt{s}/2\text{是束流的能量}) \tag{8.61}$$

第二项是 $\gamma - Z$ 交换矢量部分相干效应的贡献，第三项是 Z 交换的贡献。

图 8.5 给出的是 e^+e^- 对撞到强子末态的总截面随质心系能量 $\sqrt{s}$ 变化的关系。可以看出在低能区（如 PEP，PETRA，TRISTAN）主要是 QED 过程的贡献，Z 的效应比较小，总截面和质心系能量大致成 $1/\sqrt{s}$ 的关系，而在 LEP 对撞机能区主要是 Z 的贡献，其截面贡献比 γ 大数千倍。如果在 Z 共振区忽略 γ 的贡献，则有

$$\sigma_{\rm f} = \frac{4\pi}{3s} N_{\rm c}^{\rm f} \left[(g_{\rm V}^{\rm e})^2 + (g_{\rm A}^{\rm e})^2\right] \left[(g_{\rm V}^{\rm f})^2 + (g_{\rm A}^{\rm f})^2\right] |\chi|^2 \tag{8.62}$$

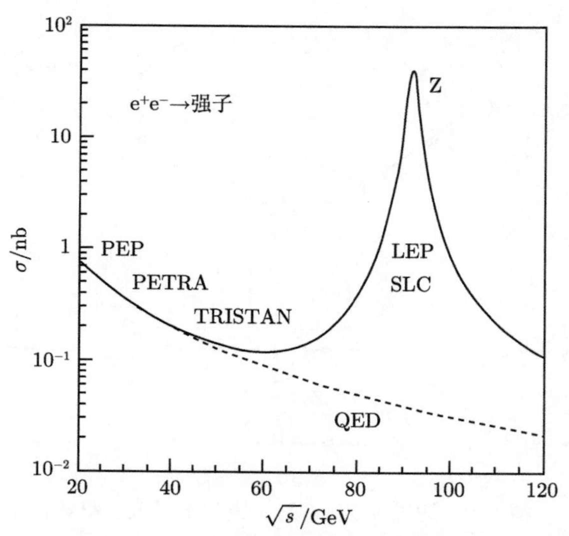

图 8.5　e^+e^- 对撞到强子末态的总截面随质心系能量 $\sqrt{s}$ 变化的关系

在 Z 能区附近总截面随能量 $\sqrt{s}$ 的变化关系通常被称为 lineshape。利用分宽度的表达式，可证最低阶 $e^+e^- \to f\bar{f}$ 相互作用总截面的表达式写为

$$\sigma_f \approx \frac{12\pi\Gamma_e\Gamma_f}{M_Z^2}\cdot\frac{s}{|s-M_Z^2+iM_Z\Gamma_Z|^2} \tag{8.63}$$

在 $\sqrt{s}=M_Z$ 处，$\gamma-Z$ 的干涉效应相消，总截面可表为

$$\sigma_f(\sqrt{s}=M_Z) \approx \frac{12\pi}{M_Z^2}\frac{\Gamma_e\Gamma_f}{\Gamma_Z^2} = \frac{12\pi}{M_Z^2}Br(Z\to e^+e^-)Br(Z\to f\bar{f}) \tag{8.64}$$

$\dfrac{12\pi}{M_Z^2}$ 是相因子。在峰值处的截面最大，由 Γ_f 最低阶表达式计算得到的分支比列于表 8.1 中。

表 8.1　Z 的最低阶衰变分支比

衰变道	$Br=\Gamma_f/\Gamma_Z$
e,μ,τ	3.5%
ν_e,ν_μ,ν_τ	7%
强子 $=\sum_q q\bar{q}$	69%

我们可以定义 R 为通过 Z 交换和 γ 交换两种过程的截面比

$$R=\frac{\sigma(e^+e^-\to Z\to\mu^+\mu^-)}{\sigma(e^+e^-\to\gamma\to\mu^+\mu^-)}=\frac{9}{\alpha^2}Br(Z\to e^+e^-)Br(Z\to\mu^+\mu^-)$$

$$\simeq 1.7\times 10^5 Br(\mathrm{Z}\to \mu^+\mu^-)^2 \tag{8.65}$$

或对强子过程

$$R=\frac{\sigma(\mathrm{e^+e^-}\to \mathrm{Z}\to \text{强子})}{\sigma(\mathrm{e^+e^-}\to \gamma\to \mu^+\mu^-)}=\frac{9}{\alpha^2}Br(\mathrm{Z}\to \mu^+\mu^-)Br(\mathrm{Z}\to \text{强子}) \tag{8.66}$$

此外，从表 8.1 中可以看到中微子道的分支比大约占 20%，在对撞机实验上是测不到的。在 Z 共振区 Z 主要衰变到强子道，强子道和带电轻子道的宽度之比为

$$R_l=\frac{\Gamma_{\mathrm{had}}}{\Gamma_l}\approx\frac{\sigma_{\mathrm{had}}}{\sigma_l}\quad (l=\mathrm{e},\mu,\tau) \tag{8.67}$$

在 Z 共振区 $R_l\approx 20$，比低能区（如 PETRA）的数值大得多。在低能区 R_l 为色因子和夸克电荷平方的乘积，计及 u, d, c, s, b 五种夸克有

$$R_l=\frac{\sigma_{\mathrm{had}}}{\sigma_l}=N_{\mathrm{c}}^{\mathrm{f}}\sum_q Q_q^2=\frac{11}{3} \tag{8.68}$$

同样可以估算 $\sqrt{s}=M_{\mathrm{Z}}$ 时 Z 衰变到 u 和 d 的分宽度之比

$$R_{\mathrm{u}}=\frac{\Gamma_{\mathrm{u}}}{\Gamma_{\mathrm{d}}}\approx 0.78 \tag{8.69}$$

比它在低能区的值 $R_{\mathrm{u}}=\left(\frac{Q_{\mathrm{u}}}{Q_{\mathrm{d}}}\right)^2=4$ 小得多，导致 Z 在强子衰变道中的一个典型特征是具有不同的夸克组分。在 LEP 能区 Z 到 b 夸克对的衰变远大于到 u 夸克对的衰变。

实际上上述最低阶近似，又称为玻恩近似，对 LEP 实验的物理分析而言是不完全合适的，精确的物理分析和参数提取需要包括高阶的辐射修正，即初态光子辐射、末态光子和胶子辐射、顶点和传播子修正等。

8.3 电弱可观测量的高阶修正

为精确测量 Z 能区的 lineshape 参数及其他可观测量，8.2 节的树图近似显然是不适当的，必须引入高阶辐射修正，才能超越树图成功地对标准模型进行检验。辐射修正可以分为纯 QED 和电弱修正两部分。

最重要的 QED 修正是初态辐射，它的影响很大，如图 8.6 所示，其他的修正都较小，在标准模型中可以计算。在 LEP 上初态辐射可以将峰值截面减少 30%，并将其位置从 Z 质量处移动 +90MeV。但由于它是纯电磁的相互作用，可以计算

到适当的精度。该效应可以通过将质心系能量减小后的截面 $\hat{\sigma}$ 卷积一个辐射函数来修正，这里所谓的辐射函数是指从初态辐射一定能量的概率。

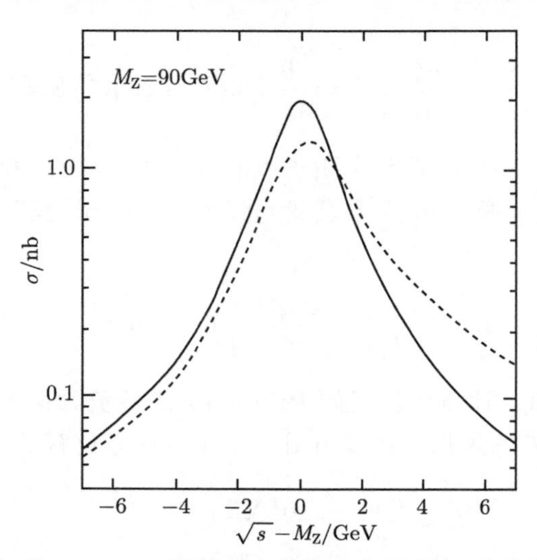

图 8.6　初态辐射对 Z 的 lineshape 的影响，实线是玻恩近似，虚线是修正后的 lineshape

电弱修正中最重要的是真空极化图的贡献，它们具有非退耦的特点：质量比 Z 大得多的粒子出现在极化圈图中，且不消失，特别是 t 夸克和希格斯粒子 H 质量的贡献，分别正比于 M_t^2 和 $\ln M_H$。引入电弱修正有若干不同的方案，在 LEP1 上一个方便的解决方法是基于在壳重整化方案的有效耦合：考虑辐射修正后的截面仍然像树图一样用各宽度表示之，只是将式 (8.59) 中 χ 的定义式分母中的宽度项 $M_Z\Gamma_Z$ 改写为 s 依赖的宽度 $s\Gamma_Z/M_Z$，即将因子 $\dfrac{s}{s-M_Z^2+\mathrm{i}\Gamma_Z M_Z}$ 改写为

$$\frac{s}{s-M_Z^2+\mathrm{i}s\Gamma_Z/M_Z}$$

所有宽度也都和树图一样由耦合常数给出，只是这时的耦合常数变为“有效耦合常数”：

$$\alpha(s),\alpha_s(s),g_V^f(s),g_A^f(s)$$

因此这种方法又被称为“改进的玻恩近似”。下面给出较详细的讨论 [9]。

在 SM 的树图阶，弱耦合常数和电磁耦合常数之间的关系由下式给出：

$$G_F=\frac{\pi\alpha}{\sqrt{2}M_W^2\sin^2\theta_W^{\mathrm{tree}}} \tag{8.70}$$

弱中性流和带电流耦合之间有关系式：

$$\rho_0=\frac{M_W^2}{M_Z^2\cos^2\theta_W^{\mathrm{tree}}} \tag{8.71}$$

ρ_0 参数决定于理论的希格斯机制，在 SM 中只含有一个希格斯二重态，给出 $\rho_0 = 1$。Z 玻色子和费米子之间的相互作用可由如下左右手耦合给出：

$$g_{\mathrm{L}}^{\mathrm{tree}} = \sqrt{\rho_0}(T_3^{\mathrm{f}} - Q_{\mathrm{f}} \sin^2 \theta_{\mathrm{W}}^{\mathrm{tree}}) \tag{8.72}$$

$$g_{\mathrm{R}}^{\mathrm{tree}} = -\sqrt{\rho_0} Q_{\mathrm{f}} \sin^2 \theta_{\mathrm{W}}^{\mathrm{tree}} \tag{8.73}$$

等价地，以矢量和轴矢量耦合写出即为

$$g_{\mathrm{V}}^{\mathrm{tree}} \equiv g_{\mathrm{L}}^{\mathrm{tree}} + g_{\mathrm{R}}^{\mathrm{tree}} = \sqrt{\rho_0}(T_3^{\mathrm{f}} - 2Q_{\mathrm{f}} \sin^2 \theta_{\mathrm{W}}^{\mathrm{tree}}) \tag{8.74}$$

$$g_{\mathrm{A}}^{\mathrm{tree}} \equiv g_{\mathrm{L}}^{\mathrm{tree}} - g_{\mathrm{R}}^{\mathrm{tree}} = \sqrt{\rho_0} T_3^{\mathrm{f}} \tag{8.75}$$

考虑电弱修正后 q^2 能标处的 α 可表示为

$$\alpha(q^2) = \frac{\alpha(0)}{1 - \Delta\alpha(q^2)}, \qquad \Delta\alpha(q^2) = \Delta\alpha_{\mathrm{e\mu\tau}}(s) + \Delta\alpha_{\mathrm{had}}^{(5)} + \Delta\alpha_{\mathrm{t}}(s) \tag{8.76}$$

这里，$\alpha^{-1}(0) = 137.03599976(50)$，$\alpha^{-1}(M_{\mathrm{Z}}^2) = 128.936(46)$，$\Delta\alpha(M_{\mathrm{Z}}^2) \sim 3\%$。QED 修正主要来自光子自能圈图，如图 8.7（a）所示，最有兴趣的是在 $q^2 = M_{\mathrm{Z}}^2$ 处的修正，因为很多精细测量是在该质心系能区进行的。质量 $m < \sqrt{q^2}$ 的费米子都对 $\Delta\alpha(M_{\mathrm{Z}}^2)$ 有贡献。轻子的贡献被计算到第三阶给出 $\Delta\alpha_{\mathrm{e\mu\tau}} = 0.03150$，误差小到可以忽略。夸克圈图的修正需要仔细计算，因为由它们引入的潜在 QCD 修正比较大。小于 M_{t} 的轻夸克引入的误差通常由质心系能量低于 Z 峰值的 $\mathrm{e}^+\mathrm{e}^-$ 对撞截面的测量计算得到，给出 $\Delta\alpha_{\mathrm{had}}^{(5)} = 0.02758 \pm 0.0035$，是 $\Delta\alpha(M_{\mathrm{Z}}^2)$ 中最大的不确定性。t 夸克引入的误差被单独考虑，因为其质量太大，所以导致很强的质量效应，给出 $\Delta\alpha_{\mathrm{t}} = -0.00007(1)$.

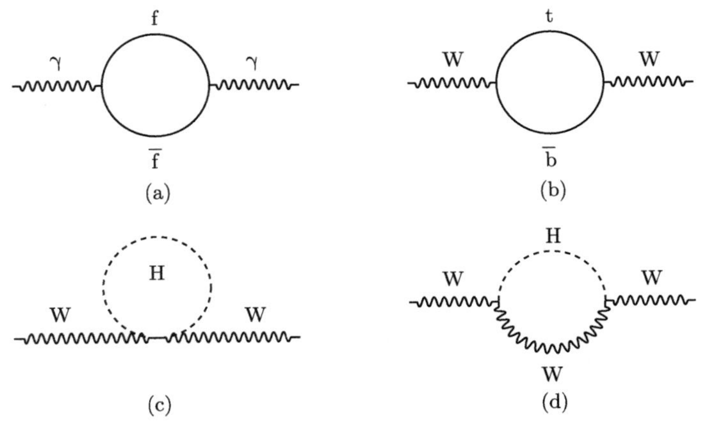

图 8.7 矢量玻色子的领头阶圈图修正的费曼图

式（8.70）和式（8.71）中的参数会受到传播子和顶点的辐射修正，采用在壳的重整化方案，可以保持公式的形式不变，只是用在壳重整化的 θ_{W} 取代 $\theta_{\mathrm{W}}^{\mathrm{tree}}$，如对 ρ_0 有

$$\rho_0 = \frac{M_{\mathrm{W}}^2}{M_{\mathrm{Z}}^2 \cos^2\theta_{\mathrm{W}}} \tag{8.77}$$

我们仍然可以约定 $\rho_0 = 1$。但是在低动量转移下有中微子参与的相互作用中，描写中性流和带电流耦合之比的经典“ρ”参数会被修正，即可表示为

$$\rho = 1 + \Delta\rho \tag{8.78}$$

依据在壳的重整化方案，对 Z 极点耦合常数的电弱修正可以吸收到复数形状因子 $\mathcal{R}_{\mathrm{f}}$ 中，电弱混合角修正则吸收到 $\mathcal{K}_{\mathrm{f}}$ 中，因此可以写下复数的有效耦合

$$\mathcal{G}_{V_{\mathrm{f}}} = \sqrt{\mathcal{R}_{\mathrm{f}}}(T_3^{\mathrm{f}} - 2Q_{\mathrm{f}}\mathcal{K}_{\mathrm{f}}\sin^2\theta_{\mathrm{W}}) \tag{8.79}$$

$$\mathcal{G}_{A_{\mathrm{f}}} = \sqrt{\mathcal{R}_{\mathrm{f}}}T_3^{\mathrm{f}} \tag{8.80}$$

这些有效耦合常数是复数量，它们也都依赖于能量标度 s 和费米子的质量。复数形状因子的实部可表示为

$$\rho_{\mathrm{f}} \equiv \Re(\mathcal{R}_{\mathrm{f}}) = 1 + \Delta\rho_{\mathrm{se}} + \Delta\rho_{\mathrm{f}} \tag{8.81}$$

$$\kappa_{\mathrm{f}} \equiv \Re(\mathcal{K}_{\mathrm{f}}) = 1 + \Delta\kappa_{\mathrm{se}} + \Delta\kappa_{\mathrm{f}} \tag{8.82}$$

有效的耦合常数和有效电弱混合角定义为

$$g_{V_{\mathrm{f}}} = \sqrt{\rho_{\mathrm{f}}}[I_3^{\mathrm{f}} - 2Q_{\mathrm{f}}\sin^2\theta_{\mathrm{eff}}^{\mathrm{f}}(M_{\mathrm{Z}}^2)] \tag{8.83}$$

$$g_{A_{\mathrm{f}}} = \sqrt{\rho_{\mathrm{f}}}I_3^{\mathrm{f}} \tag{8.84}$$

$$\sin^2\theta_{\mathrm{eff}}^{\mathrm{f}} = \kappa_{\mathrm{f}}\sin^2\theta_{\mathrm{W}} \tag{8.85}$$

有效混合角正比于在壳的混合角，因而有

$$\frac{g_{\mathrm{V}}^{\mathrm{f}}}{g_{\mathrm{A}}^{\mathrm{f}}} = \Re\left(\frac{\mathcal{G}_{\mathrm{V}}^{\mathrm{f}}}{\mathcal{G}_{\mathrm{A}}^{\mathrm{f}}}\right) = 1 - 4|Q_{\mathrm{f}}|\sin^2\theta_{\mathrm{eff}}^{\mathrm{f}} \tag{8.86}$$

式（8.81）和式（8.82）中的 $\Delta\rho_{\mathrm{se}}$ 和 $\Delta\kappa_{\mathrm{se}}$ 修正主要由 W 传播子的自能图贡献，如图 8.7（b）～（d）所示，它对所有直接与规范玻色子耦合的夸克 $SU(2)$ 两重态敏感，两重态的质量劈裂越大效应越强，因此轻夸克两重态效应较小，领头项是 $\mathrm{t-b}$ 圈图。$\Delta\rho_{\mathrm{f}}$ 和 $\Delta\kappa_{\mathrm{f}}$ 是和费米子的味道相关的顶点修正。为了简单，在大多数情况下我们可以安全地忽略这些修正的虚部，对 $M_{\mathrm{H}} \gg M_{\mathrm{W}}$，$\Delta\rho_{\mathrm{se}}$ 和 $\Delta\kappa_{\mathrm{se}}$ 的领头项为

$$\Delta\rho_{\rm se} = \frac{3G_{\rm F}M_{\rm W}^2}{8\sqrt{2}\pi^2}\left[\frac{M_{\rm t}^2}{M_{\rm W}^2} - \tan^2\theta_{\rm W}\left(\ln\frac{M_{\rm H}^2}{M_{\rm W}^2} - \frac{5}{6}\right) + \cdots\right] \tag{8.87}$$

$$\Delta\kappa_{\rm se} = \frac{3G_{\rm F}M_{\rm W}^2}{8\sqrt{2}\pi^2}\left[\frac{M_{\rm t}^2}{M_{\rm W}^2}\cot^2\theta_{\rm W} - \frac{10}{9}\left(\ln\frac{M_{\rm H}^2}{M_{\rm W}^2} - \frac{5}{6}\right) + \cdots\right] \tag{8.88}$$

截面公式现在可以改写为

$$\begin{aligned}\hat{\sigma}_{\rm Z}^{\rm f\bar{f}} &= \sigma_{\rm f\bar{f}}^0\frac{1}{1+\delta_{\rm QED}}\frac{s\Gamma_{\rm Z}^2}{(s-M_{\rm Z}^2)^2+(s\Gamma_{\rm Z}/M_{\rm Z})^2}\\ \sigma_{\rm f\bar{f}}^0 &= \frac{12\pi}{M_{\rm Z}^2}\frac{\Gamma_{\rm e}\Gamma_{\rm f}}{\Gamma_{\rm Z}^2}\\ \delta_{\rm QED} &= \frac{3\alpha}{4\pi}\end{aligned} \tag{8.89}$$

树图下的公式在形式上基本都不需要改变，只是需要将耦合参数替换为有效耦合。

由式（8.70），树图下电弱混合角与 $G_{\rm F}$ 和 $M_{\rm Z}$ 的关系可表示为

$$\cos^2\theta_{\rm W}\sin^2\theta_{\rm W} = \frac{\pi\alpha}{\sqrt{2}G_{\rm F}M_{\rm Z}^2}$$

在低转移动量和 Z 极点处的修正为

$$\cos^2\theta_{\rm W}\sin^2\theta_{\rm W} = \frac{\pi\alpha(0)}{\sqrt{2}G_{\rm F}M_{\rm Z}^2}\cdot\frac{1}{1-\Delta r} \tag{8.90}$$

$$\cos^2\theta_{\rm eff}^{\rm f}\sin^2\theta_{\rm eff}^{\rm f} = \frac{\pi\alpha(0)}{\sqrt{2}G_{\rm F}M_{\rm Z}^2}\cdot\frac{1}{1-\Delta r^{\rm f}} \tag{8.91}$$

$$\Delta r = \Delta\alpha + \Delta r_{\rm w} \tag{8.92}$$

$$\Delta r^{\rm f} = \Delta\alpha + \Delta r_{\rm w}^{\rm f} \tag{8.93}$$

弱修正部分包含 $\Delta\rho$ 和其他的贡献，

$$\Delta r_{\rm w} = -\cot^2\theta_{\rm W}\Delta\rho + \cdots \tag{8.94}$$

$$\Delta r_{\rm w}^{\rm f} = -\Delta\rho + \cdots \tag{8.95}$$

由于 $G_{\rm F}$ 和 $M_{\rm Z}$ 的测量精度远好于 $M_{\rm W}$，在某些出现 $M_{\rm W}$ 的地方就可以用下式替换，

$$M_{\rm W}^2 = \frac{M_{\rm Z}^2}{2}\left(1+\sqrt{1-4\frac{\pi\alpha}{\sqrt{2}G_{\rm F}M_{\rm Z}^2}\frac{1}{1-\Delta r}}\right) \tag{8.96}$$

这种替换进一步通过 Δr 引入了对 $M_{\rm t}$ 和 $M_{\rm H}$ 的依赖性 $\Delta r \sim f(M_{\rm t}, M_{\rm H})$。LEP 对 $M_{\rm t}$ 和 $M_{\rm H}$ 的限定就是通过对辐射修正的精确测量和唯象理论研究给出的。

对强子衰变道包含 2 阶的 QCD 修正后，色因子 N_c^f 改写为

$$N_c^f\left[1+\frac{\alpha_s}{\pi}+1.3\left(\frac{\alpha_s}{\pi}\right)^2\right] \tag{8.97}$$

上面的这些替换对除了 $b\bar{b}$ 道以外的其他 $e^+e^- \to f\bar{f}$ 道都能给出主要的辐射修正。对 $e^+e^- \to b\bar{b}$ 道必须考虑 $t-b$ 顶点修正，它具有比较大的振幅。8.4 节的图 8.11、图 8.12 和图 8.13 展示了 $\Gamma_Z, \Gamma_l, \Gamma_{had}/\Gamma_l$ 依赖于希格斯粒子质量和 t 夸克质量修正的大小。

考虑辐射修正后所有的可观测量可表示为如下函数形式：

$$\mathcal{O}_i=\mathcal{O}_i(\alpha(M_Z^2), G_F, M_Z, M_f, m_H, \alpha_s(M_Z^2)) \tag{8.98}$$

在树图阶只需要有 $\alpha(M_Z^2)$，G_F，M_Z 三个参数，这里费米子质量 M_f，希格斯质量 M_H 和 α_s 的进入是由于辐射修正。

在标准模型中强作用耦合常数 α_s 是 QCD 理论最有兴趣的特征参数，当考虑软胶子场引入的修正后，α_s 随四动量转移变化，

$$\alpha_s(q^2)=\frac{12\pi}{(33-2n_f)\log(q^2/\Lambda_{QCD}^2)} \tag{8.99}$$

其中，Λ_{QCD} 是 QCD 的能标；n_f 是质量小于 $\sqrt{q^2}$ 的夸克味道数。α_s 的值随着 q^2 的增大而减小，这就是所谓的渐近自由；反之，当 q^2 减小时，α_s 的值增大，耦合强度增强，结果就是自然界不存在自由的带色荷的个体，夸克和胶子都是遵从色禁闭的规则结合在一起的。α_s 的跑动得到了实验测量的确证。

8.4　LEP 对撞机上的 lineshape 测量

在 LEP 对撞机上有四个实验组，分别称为 ALEPH、DELPHI、L3、OPAL，坐落在对撞机的 4 个对撞点。各组都测量了 $e^+e^- \to l^+l^-(l=e,\mu,\tau)$ 和 $e^+e^- \to$ 强子的截面随质心系能量 $\sqrt{s}$ 的变化关系，即 lineshape 的测量。由截面测量的峰位可以得到 M_Z，由峰的宽度可以得到 Γ_Z，由峰的面积可以得到分宽度 $\Gamma_l(l=e,\mu,\tau), \Gamma_h$。

依我们前面的讨论，可将总截面表示为 Z 交换、γ 交换和 $\gamma-Z$ 干涉三部分之和。

$$\sigma^f=\sigma_Z^f+\sigma_\gamma^f+\sigma_{int}^f \tag{8.100}$$

$$\sigma_Z^f=\frac{12\pi}{M_Z^2}\Gamma_e\Gamma_f\frac{s}{(s-M_Z^2)^2+s^2\Gamma_Z^2/M_Z^2} \tag{8.101}$$

$$\sigma_{\gamma}^{\mathrm{f}} = \frac{4\pi\alpha^2}{3s} Q_{\mathrm{e}}^2 Q_{\mathrm{f}}^2 N_{\mathrm{c}}^{\mathrm{f}} \tag{8.102}$$

$$\sigma_{\mathrm{int}}^{\mathrm{f}} = \frac{4\pi\alpha^2}{3} J_{\mathrm{f}} \frac{s - M_{\mathrm{Z}}^2}{(s - M_{\mathrm{Z}}^2)^2 + s^2 \Gamma_{\mathrm{Z}}^2 / M_{\mathrm{Z}}^2} \tag{8.103}$$

$\gamma - \mathrm{Z}$ 干涉可用三个自由参数 $M_{\mathrm{Z}}, \Gamma_{\mathrm{Z}}, \Gamma_{\mathrm{f}}$ 表示之，J_{f} 很难在 LEP 能量下直接测量，只能取在标准模型中的值，

$$\begin{aligned} J_{\mathrm{f}} &= \frac{G_{\mathrm{F}} M_{\mathrm{Z}}^2}{\sqrt{2}\pi\alpha} N_{\mathrm{c}}^{\mathrm{f}} Q_{\mathrm{e}} Q_{\mathrm{f}} \bar{g}_{\mathrm{V}}^{\mathrm{e}} \bar{g}_{\mathrm{V}}^{\mathrm{f}} + \cdots \\ J_{\mathrm{had}} &= \sum_q J_q \end{aligned} \tag{8.104}$$

在 Z 极点处 σ_{int} 的贡献虽然不大，但它会影响峰位，对 M_{Z} 的测量是重要的。在可测的 Z 衰变中大约 90% 是强子道，对物理量的测量结果影响最大。图 8.8 是 L3 测得的强子道截面。

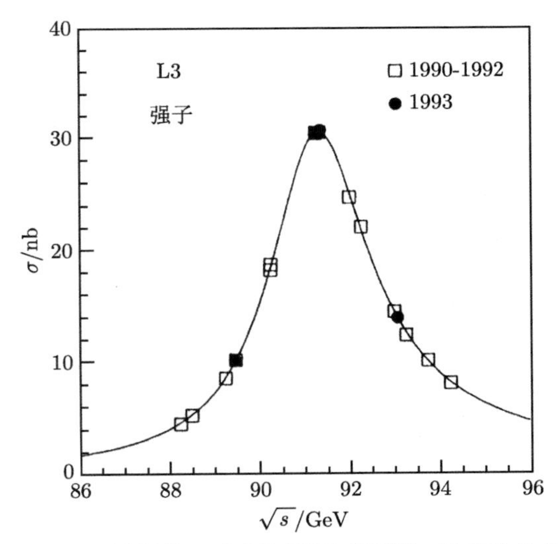

图 8.8 L3 测得的 Z 共振区强子截面随 $\sqrt{s}$ 变化的关系

LEP 实验中巴巴散射（$\mathrm{e}^+\mathrm{e}^- \to \mathrm{e}^+\mathrm{e}^-$）过程有 t 道图的贡献，在 lineshape 的测量中需要扣除 t 道 γ 光子交换的贡献。实验上可以设置极角的截断条件，例如 $45^\circ \leqslant \theta \leqslant 135^\circ$，来削弱其贡献。如图 8.9所示，s 道的贡献是主要的，t 道和 $\mathrm{t} - \mathrm{s}$ 干涉的贡献较小，且理论上可计算。

LEP 实验测得的 M_{Z} 和 Γ_{Z} 如图 8.10 和图 8.11 所示。

$$M_{\mathrm{Z}} = (91.1876 \pm 0.0021)\mathrm{GeV} \tag{8.105}$$

$$\Gamma_Z = (2.4963 \pm 0.0032)\text{GeV} \tag{8.106}$$

从 Γ_Z 的测量图 8.11还可以看出，LEP 给出的 t 夸克的质量区间和其后的精确测量结果符合得很好。

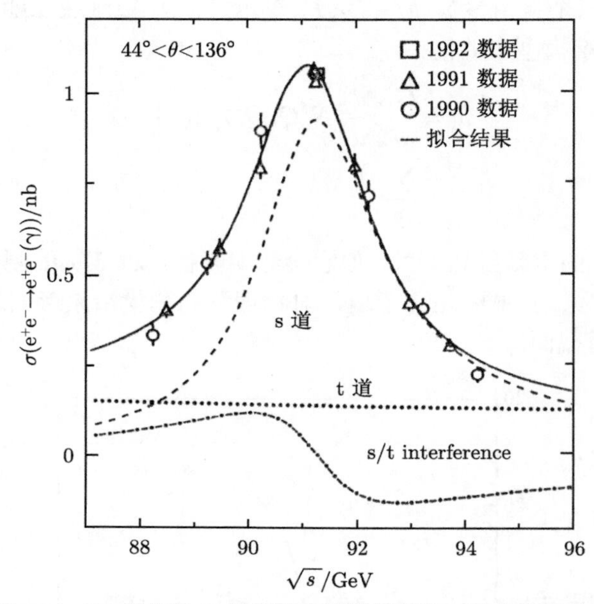

图 8.9　L3 测得的 Z 共振区电子道截面随 $\sqrt{s}$ 变化的关系

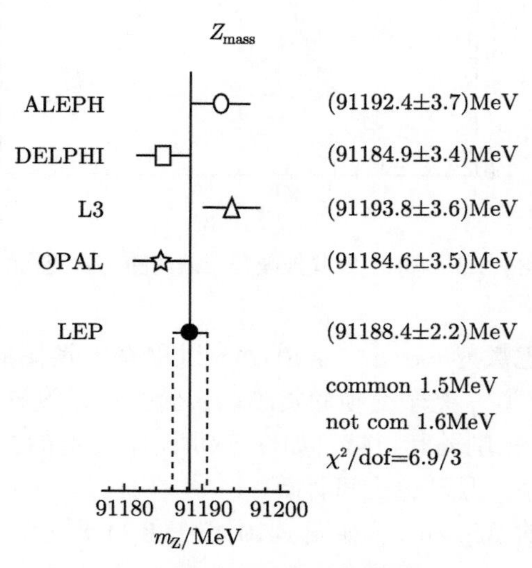

图 8.10　LEP 四个实验组测得的 M_Z

LEP 实验也测量了 Z 衰变到带电轻子和强子的宽度。要求轻子数守恒，结果为

$$\Gamma_{\rm l} = (83.93 \pm 0.14){\rm MeV}; \qquad \Gamma_{\rm had} = (1744.8 \pm 3.0){\rm MeV} \tag{8.107}$$

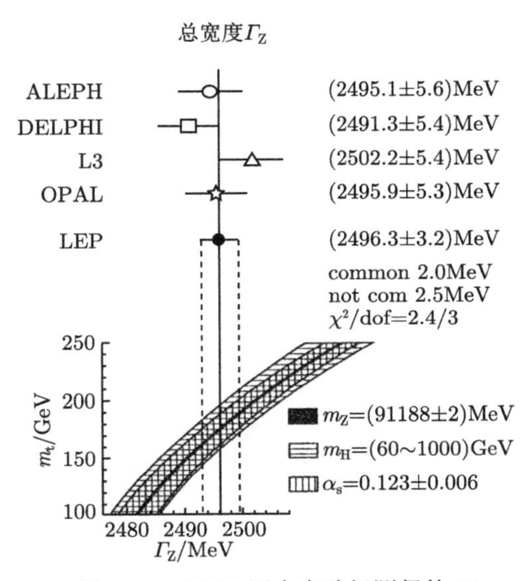

图 8.11 LEP 四个实验组测得的 Γ_Z

与标准模型的预言符合得很好。图 8.12 是 Z 衰变到带电轻子道的测量结果，Γ_e，Γ_μ，Γ_τ 在 0.5% 的精度内是相符的，验证了弱中性流的轻子普适性。需要指出的是，τ 轻子由于质量相对于 e 和 μ 较重，Z 到 τ 子对的分宽度相对于 Z 到 e 和 μ 的分宽度 $\Gamma_{\rm l}$ 要小，

$$\Gamma_\tau \simeq \Gamma_{\rm l}\left(1 - 4\frac{m_\tau^2}{M_Z^2}\right)^{3/2} = (\Gamma_{\rm l} - 0.190){\rm MeV} \tag{8.108}$$

从 $R_{\rm l} = \Gamma_{\rm had}/\Gamma_{\rm l}$ 测量还可以拟合出强相互作用耦合常数 α_s，因为强子道和轻子道除了单光子的贡献有差别外，很多机制和运动学效应是近似的，两者相除还可以消除一些测量误差，而且这种测量和亮度无关。在理论计算中 M_t 和 M_H 的修正效应有很大的抵消，即测量结果受 M_t 和 M_H 的影响很小，因此 $R_{\rm l}$ 的测量精度要比分宽度的测量精度高。实验结果如图 8.13 所示。

$$R_{\rm l} = 20.788 \pm 0.032 \tag{8.109}$$

精度为 0.15%。α_s 由下式拟合获得：

$$R_{\rm l} = 19.943\left[1 + 1.060\frac{\alpha_s}{\pi} + 0.90\left(\frac{\alpha_s}{\pi}\right)^2 - 15\left(\frac{\alpha_s}{\pi}\right)^3\right] \tag{8.110}$$

LEP 给出的实验结果为

$$\alpha_s = 0.124 \pm 0.005 \pm 0.005 \tag{8.111}$$

通过分析强子衰变道事例形状和总宽度也可以得到 α_s，和此结果一致。

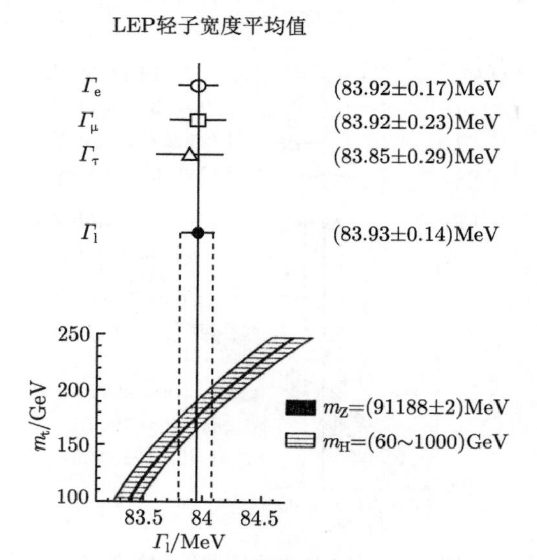

图 8.12　Z 衰变到带电轻子道分宽度 Γ_l 的测量结果

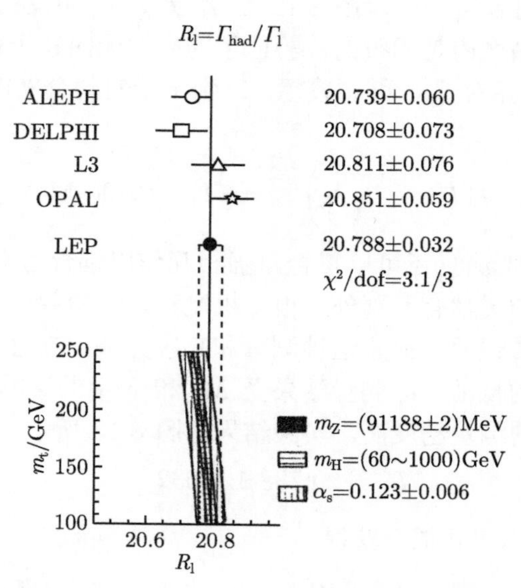

图 8.13　LEP 四个实验组测得的 R_l 结果

这里要特别讲一下 $Z \to b\bar{b}$ 的衰变分宽度。因为 b 是 t 夸克的同位旋伙伴，在 Z 到 $b\bar{b}$ 的衰变顶点必然包含着比较大的 t 夸克修正效应，而 Z 到其他夸克对的衰变过程中，t 夸克的修正效应就要小得多，因为 CKM 矩阵 V_{td} 和 V_{ts} 都很小。因此，在 LEP 实验中 $Z \to b\bar{b}$ 过程被认为是检验标准模型理论、寻找 t 夸克的理想探针。可以定义 $Z \to b\bar{b}$ 的衰变分宽度 Γ_b 与 Z 到强子道总宽度 Γ_{had} 之比，

$$R_b = \Gamma_b/\Gamma_{had} \tag{8.112}$$

R_b 与 t 夸克的质量有关，但由于分子分母的相消效应，α_s 和希格斯粒子的质量效应较小。当然这类测量需要 b 夸克的鉴别和标记，各实验组根据自己探测器的性能都有各自的标记程序包。R_b 的实验结果及与标准模型计算的比较为

$$\begin{aligned} &R_b(\text{实验}) = 0.2169 \pm 0.0012, \\ &R_b(\text{SM}) = 0.2158 \quad (M_t = 175\text{GeV}, M_H = 300\text{GeV}) \end{aligned} \tag{8.113}$$

8.5 Z 衰变的不可见宽度和中微子代数 N_ν 的测量

中微子代数 N_ν 的测量被认为是 LEP 对撞机上检验标准模型理论的最重要物理成果之一。由前面讲到的 Z 的总宽度和 Z 衰变到强子道和带电轻子道的分宽度测量，可以计算得到 Z 衰变到不可见粒子的宽度 Γ_{inv}，

$$\Gamma_{inv} = \Gamma_Z - \Gamma_{had} - 3\Gamma_l \tag{8.114}$$

测量结果为

$$\Gamma_{inv} = (499.0 \pm 1.5)\text{MeV} \tag{8.115}$$

如图 8.14所示，LEP 四个实验组的测量结果。标准模型预言 Z 衰变到中微子和反中微子的最小宽度为 $\Gamma_\nu^{SM} > 166.6\text{MeV}$，因此若中微子有三代，$\Gamma_\nu^{SM,tot} > 500.0\text{MeV}$，这和测量结果是相符的。LEP 对 Γ_{inv} 的精确测量确认 Z 衰变到其他不可见粒子对的宽度上限为

$$\Gamma(Z \to X_{inv}) < 5\text{MeV} \tag{8.116}$$

或者说在 95% 置信度下，

$$Br(Z \to X_{inv}) < 2.0 \times 10^{-3} \tag{8.117}$$

由不可见宽度 Γ_{inv}，依下式可推出中微子代数 N_ν，

$$N_\nu = \frac{\Gamma_{inv}}{\Gamma_\nu} = \frac{\Gamma_{inv}}{\Gamma_l}\left(\frac{\Gamma_l}{\Gamma_\nu}\right)^{SM} \tag{8.118}$$

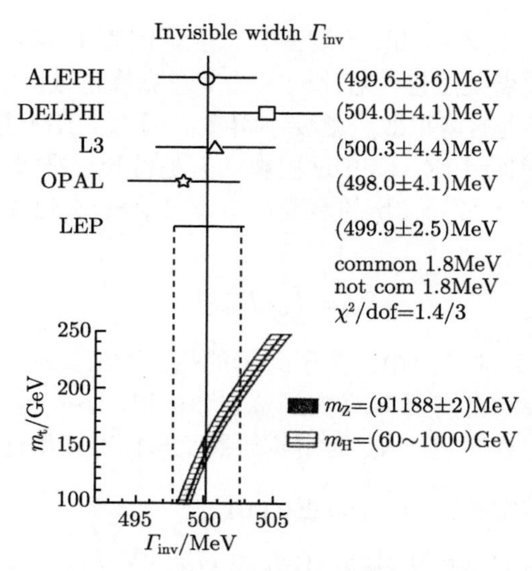

图 8.14　LEP 四个实验组测得的 $\Gamma_{\rm inv}$ 结果

其中，

$$\left(\frac{\Gamma_{\rm l}}{\Gamma_{\rm v}}\right)^{\rm SM}=0.5021^{+0.0012}_{-0.0008}\,(M_{\rm t},M_{\rm H},\alpha(M_{\rm Z})) \tag{8.119}$$

采用两宽度之比可以减小衰变宽度对 $M_{\rm t}$ 和 $M_{\rm H}$ 的依赖，提高精度，由此求得中微子代数 $N_{\rm v}$ 为

$$N_{\rm v}=2.990\pm0.015^{+0.008}_{-0.005}\,(M_{\rm t},M_{\rm H},\alpha(M_{\rm Z})) \tag{8.120}$$

强子道在 Z 峰值处的截面对 $N_{\rm v}$ 有很强的依赖关系，图 8.15 是 LEP 上四个实验组通过强子截面 lineshape 测量给出的中微子代数 $N_{\rm v}$ 的平均结果。测量结果具有非常高的精度，对 Z 到任何超出三代中微子的不可见衰变过程给出了严格的限制。

$$N_{\rm v}=2.9840\pm0.0082 \tag{8.121}$$

此外，$\Gamma_{\rm inv}$ 和 $N_{\rm v}$ 也可以通过直接测量单光子过程 $\rm e^+e^-\to\nu\bar{\nu}\gamma$ 得到。如图 8.16 所示，标准模型中有两个费曼图有贡献，s 道的 Z 交换和 t 道的 $\rm W^{\pm}$ 交换，单光子 γ 来自初态电子的轫致辐射。Z 对所有中微子的耦合是相同的，因此 Z 交换的贡献正比于中微子的代数。图 8.17为 L3 测量的 $\rm e^+e^-\to\nu\bar{\nu}\gamma$ 过程截面随质心系能量 $\sqrt{s}$ 的变化关系，$E_\gamma>1\rm GeV$。测量的截面能量分布与标准模型的计算相比较，与三代中微子 $N_{\rm v}=3$ 的假设符合得最好。

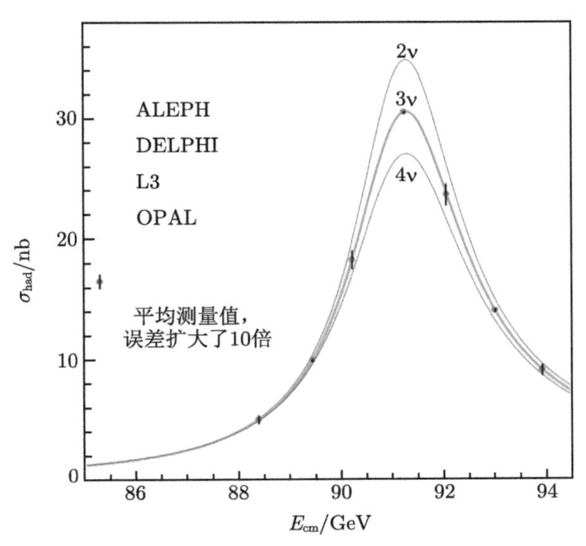

图 8.15　LEP 四个实验组通过强子截面 lineshape 测量给出的中微子代数 N_ν 的平均值

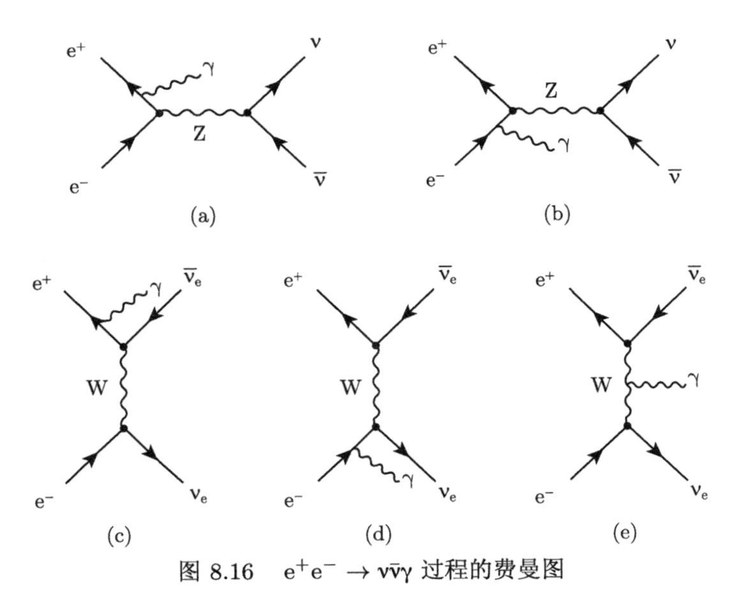

图 8.16　$e^+e^- \to \nu\bar{\nu}\gamma$ 过程的费曼图

表 8.2 列出了 LEP 的几个实验组通过 $e^+e^- \to \nu\bar{\nu}\gamma$ 过程直接测量的不可见宽度 $\Gamma_{\rm inv}$ 和中微子代数 N_ν 的结果。这些结果和由可见宽度测量 (图 8.14 和图 8.15) 得到的结果是一致的。

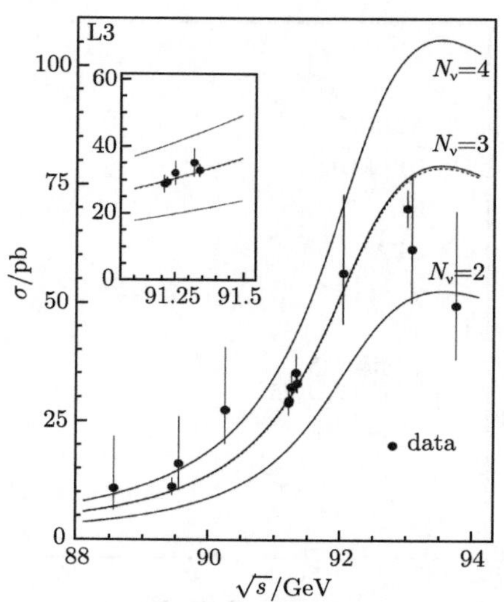

图 8.17　L3 测量的 $e^+e^- \to \nu\bar{\nu}\gamma$ 过程截面与质心系能量 $\sqrt{s}$ 的关系及与标准模型不同中微子代数 N_ν 预言的比较

表 8.2　LEP 各实验组直接测量的不可见宽度 Γ_{inv} 和中微子代数 N_ν 的结果

	$\int L\mathrm{d}t/\mathrm{pb}^{-1}$	Γ_{inv}	N_ν
ALEPH	15.7	$450 \pm 34 \pm 34$	$2.68 \pm 0.20 \pm 0.20$
L3	57.3	$503 \pm 15 \pm 13$	$3.01 \pm 0.09 \pm 0.08$
OPAL	40.5	$539 \pm 26 \pm 17$	$3.23 \pm 0.16 \pm 0.10$
平均值		507 ± 16	3.03 ± 0.10

8.6　LEP 对撞机 Z 能区的不对称性测量

$e^+e^- \to Z \to f\bar{f}$ 过程的截面按初态电子和末态费米子的螺旋性可以分为如下四类，即 σ_{ll}，σ_{lr}，σ_{rl}，σ_{rr}。其中第一个下标代表初态电子的螺旋性，第二个下标代表末态费米子的螺旋性，如图 8.18 所示。若忽略光子交换的贡献，这四种螺旋性对应的截面为

$$
\begin{cases}
\dfrac{\mathrm{d}\sigma_{\text{ll}}}{\mathrm{d}\cos\theta} \propto (g_{\text{L}}^{\text{e}})^2(g_{\text{L}}^{\text{f}})^2(1+\cos\theta)^2 \\
\dfrac{\mathrm{d}\sigma_{\text{lr}}}{\mathrm{d}\cos\theta} \propto (g_{\text{L}}^{\text{e}})^2(g_{\text{R}}^{\text{f}})^2(1-\cos\theta)^2 \\
\dfrac{\mathrm{d}\sigma_{\text{rr}}}{\mathrm{d}\cos\theta} \propto (g_{\text{R}}^{\text{e}})^2(g_{\text{R}}^{\text{f}})^2(1+\cos\theta)^2 \\
\dfrac{\mathrm{d}\sigma_{\text{rl}}}{\mathrm{d}\cos\theta} \propto (g_{\text{R}}^{\text{e}})^2(g_{\text{L}}^{\text{f}})^2(1-\cos\theta)^2
\end{cases}
\tag{8.122}
$$

它们分别正比于相应的中性流耦合常数的平方。$g_{\rm L}$ 和 $g_{\rm R}$ 与 $g_{\rm V}$ 和 $g_{\rm A}$ 之间的关系见式 (3.78)，可以看出 $\frac{{\rm d}\sigma_{\rm ll}}{{\rm d}\cos\theta}$ 和 $\frac{{\rm d}\sigma_{\rm rr}}{{\rm d}\cos\theta}$ 主要是前向的，而 $\frac{{\rm d}\sigma_{\rm lr}}{{\rm d}\cos\theta}$ 和 $\frac{{\rm d}\sigma_{\rm rl}}{{\rm d}\cos\theta}$ 主要是后向的。

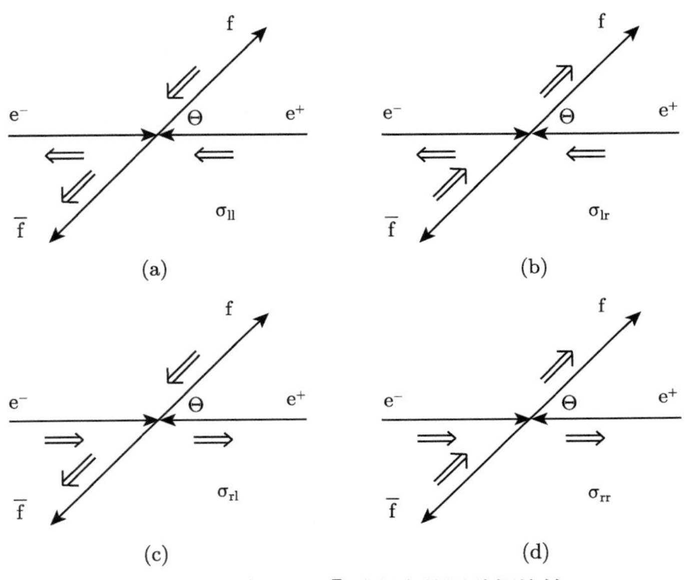

图 8.18 $\rm e^+e^-\to f\bar{f}$ 过程中的四种螺旋性

8.6.1 前后不对称性测量

在 $\rm e^+e^-\to f\bar{f}$ 过程中，无论是光子交换还是 Z 交换，末态的费米子都会呈现一定的角分布，如式 (8.122) 中的 $\cos\theta$ 项，使得朝前产生的费米子数 $N_{\rm F}$ 和朝后产生的费米子数 $N_{\rm B}$ 不同。因此，我们可以定义末态费米子的前后不对称性 $A_{\rm FB}$，

$$A_{\rm FB}=\frac{N_{\rm F}-N_{\rm B}}{N_{\rm F}+N_{\rm B}}=\frac{\sigma_{\rm F}-\sigma_{\rm B}}{\sigma_{\rm F}+\sigma_{\rm B}}=\frac{\sigma_{\rm FB}}{\sigma_{\rm tot}} \tag{8.123}$$

其中

$$\sigma_{\rm F}=\int_0^1\frac{{\rm d}\sigma}{{\rm d}\cos\theta}{\rm d}\cos\theta,\qquad \sigma_{\rm B}=\int_{-1}^0\frac{{\rm d}\sigma}{{\rm d}\cos\theta}{\rm d}\cos\theta \tag{8.124}$$

$$\sigma_{\rm tot}=\sigma_{\rm F}+\sigma_{\rm B}=\sigma_{\rm ll}+\sigma_{\rm lr}+\sigma_{\rm rl}+\sigma_{\rm rr} \tag{8.125}$$

$$\sigma_{\rm FB}=\sigma_{\rm F}-\sigma_{\rm B}=\sigma_{\rm ll}-\sigma_{\rm lr}+\sigma_{\rm rr}-\sigma_{\rm rl} \tag{8.126}$$

通过对式 (8.57) 微分截面的积分计算，$\rm e^+e^-\to f\bar{f}$ 过程最低阶 $A_{\rm FB}^{\rm f}$ 可表示为

$$A_{\rm FB}^{\rm f}(s)=\frac{3}{8}\frac{-4Q_{\rm f}g_{\rm A}^{\rm e}g_{\rm A}^{\rm f}\Re(\chi)+8g_{\rm A}^{\rm e}g_{\rm A}^{\rm f}g_{\rm V}^{\rm e}g_{\rm V}^{\rm f}|\chi|^2}{Q_{\rm f}^2-2Q_{\rm f}g_{\rm V}^{\rm e}g_{\rm V}^{\rm f}\Re(\chi)+[(g_{\rm A}^{\rm e})^2+(g_{\rm V}^{\rm e})^2][(g_{\rm A}^{\rm f})^2+(g_{\rm V}^{\rm f})^2]|\chi|^2} \tag{8.127}$$

表 8.3 给出了各类费米子的耦合常数，χ 的定义见式 (8.59)。由于带电费米子的矢量耦合常数比轴矢量耦合常数小，尤其是对轻子其矢量耦合常数比轴矢量耦合常数小一个数量级，因此对末态轻子道，上式可近似为

$$A_{\rm FB}(s)\approx\frac{3}{2}\frac{Q_{\rm f}g_{\rm A}^{\rm e}g_{\rm A}^{\rm f}\Re(\chi)}{[(g_{\rm A}^{\rm e})^2+(g_{\rm V}^{\rm e})^2][(g_{\rm A}^{\rm f})^2+(g_{\rm V}^{\rm f})^2]|\chi|^2} \tag{8.128}$$

在 Z 峰两侧的前后不对称性主要来自于 $F_2(s)$ 中的 $\gamma-{\rm Z}$ 干涉项，即电磁矢量和弱轴矢量的干涉效应，而在 Z 峰处的不对称性则来自弱矢量和弱轴矢量的干涉。

表 8.3　费米子的矢量和轴矢量耦合常数 ($\sin^2\theta_{\rm W}=0.234$)

费米子	$g_{\rm V}^{\rm f}$	$g_{\rm A}^{\rm f}$
$\nu_{\rm e},\nu_\mu,\nu_\tau$	$\frac{1}{2}$	$\frac{1}{2}$
${\rm e},\mu,\tau$	$-\frac{1}{2}+2\sin^2\theta_{\rm W}\simeq 0.03$	$-\frac{1}{2}$
${\rm u,c,t}$	$\frac{1}{2}-\frac{4}{3}\sin^2\theta_{\rm W}\simeq 0.19$	$\frac{1}{2}$
${\rm d,s,b}$	$-\frac{1}{2}+\frac{2}{3}\sin^2\theta_{\rm W}\simeq 0.34$	$-\frac{1}{2}$

图 8.19 是 ${\rm e^+e^-}\to\mu^+\mu^-$ 过程中 $A_{\rm FB}$ 随质心系能量的变化关系，清晰地显示在靠近 Z 峰处（$\sqrt{s}\leqslant M_{\rm Z}$）$A_{\rm FB}$ 随质心系能量 $\sqrt{s}$ 快速上升，而在低能区（$\sqrt{s}\ll M_{\rm Z}$）光子的电磁矢量和 Z 的轴矢量部分相干涉产生的前后不对称性随 $\sqrt{s}$ 的增大格外明显，得到了 PEP、PETRA、TRISTAN 实验的验证。在 $\sqrt{s}=M_{\rm Z}$ 处，忽略光子交换的贡献和费米子质量，前后不对称性和弱中性流耦合常数的关系可简化为

$$A_{\rm FB}(\sqrt{s}=M_{\rm Z})\approx 3\frac{g_{\rm V}^{\rm e}g_{\rm A}^{\rm e}}{(g_{\rm V}^{\rm e})^2+(g_{\rm A}^{\rm e})^2}\frac{g_{\rm V}^{\rm f}g_{\rm A}^{\rm f}}{(g_{\rm V}^{\rm f})^2+(g_{\rm A}^{\rm f})^2}=\frac{3}{4}A_{\rm e}A_{\rm f} \tag{8.129}$$

这里，

$$A_{\rm f}=2\frac{g_{\rm V}^{\rm f}g_{\rm A}^{\rm f}}{(g_{\rm V}^{\rm f})^2+(g_{\rm A}^{\rm f})^2}=\frac{2(1-4|Q_{\rm f}|\sin^2\theta_{\rm W})}{1+(1-4|Q_{\rm f}|\sin^2\theta_{\rm W})} \tag{8.130}$$

由此可以看出，在 Z 峰处测量费米子的前后不对称性就可得到对 $\sin^2\theta_{\rm W}$ 的测量。对于末态轻子对，弱矢量耦合常数与弱轴矢量耦合常数之比为 $g_{\rm V}^l/g_{\rm A}^l=1-4\sin^2\theta_{\rm W}\ll 1$，因而在 Z 峰观测 ${\rm e^+e^-}\to{\rm l^+l^-}$ 的前后不对称性 ($\approx 3(g_{\rm V}^l/g_{\rm A}^l)^2$) 是非常小的。而强子道则不同，对于 u, c, t 夸克，$g_{\rm V}^q/g_{\rm A}^q=1-\frac{8}{3}\sin^2\theta_{\rm W}$；对于 d, s, b

夸克，$g_{\rm V}^q/g_{\rm A}^q = 1 - \dfrac{4}{3}\sin^2\theta_{\rm W}$，由表 8.3 中的数值可知比轻子道要大得多，在 Z 峰观测到的前后不对称性就比较大。

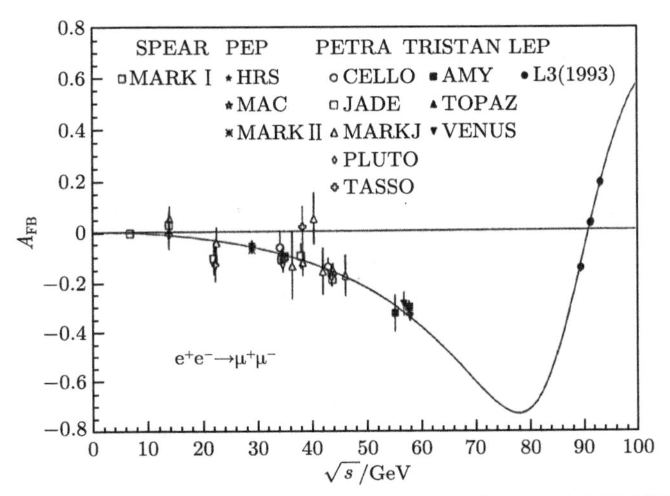

图 8.19 $e^+e^- \to \mu^+\mu^-$ 过程在很大的质量区间实验测量的 $A_{\rm FB}$ 与标准模型预言的比较

实际上在 LEP 实验之前 μ 和 τ 轻子的前后不对称性以及 c 夸克和 b 夸克的前后不对称性已在较低的能区进行了很多测量，如在 PEP、PETRA、TRISTAN 对撞机上的测量。$Z \to \mu^+\mu^-$ 和 $Z \to \tau^+\tau^-$ 道 (图 8.20) 的前后不对称性测量在很大的能量区间内与标准模型的预言符合得很好。

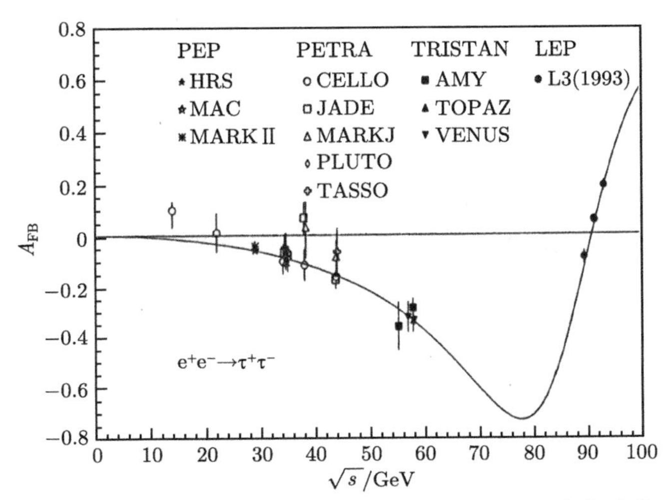

图 8.20 $e^+e^- \to \tau^+\tau^-$ 过程在很大的质量区间实验测量的 $A_{\rm FB}$ 与标准模型预言的比较

在 Z 的共振能区 $e^+e^- \to l^+l^-$ 具有很大的反应截面，使得在 LEP 上测量三个带电轻子道前后不对称性的精度很高，可精确测量 Z 与三代轻子耦合的普适性和电弱辐射修正。在 L3 的测量中，要求末态轻子对的非共线角小于 15%，以排除含硬韧致辐射高能光子的事例，在 $|\cos\theta| < 0.8$ 的极角区间将角分布表示为如下最低阶形式：

$$\frac{d\sigma}{d\cos\theta} \propto \frac{3}{8}(1+\cos^2\theta) + A_{FB}\cos\theta \tag{8.131}$$

这里，θ 是末态费米子相对于 e^- 束流的极角。与完整弱电计算比较可以确定该形式具有足够的精度，在前后不对称性测量的系统误差中的贡献小于 0.003。图 8.21～ 图 8.23 是 L3 对三个轻子道的测量结果。

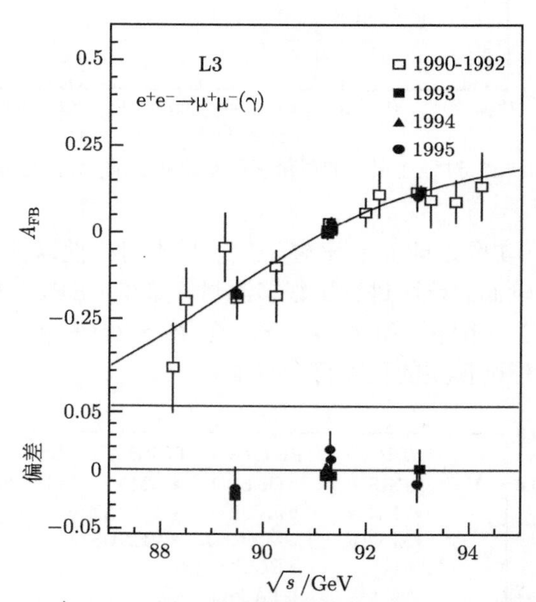

图 8.21　L3 对 $e^+e^- \to \mu^+\mu^-(\gamma)$ 道的 A_{FB} 测量结果，实线是拟合结果，图底给出的是测得的不对称性和 1993～1995 数据拟合结果的比值。图中的误差只是统计误差 (Eur. Phys. J. C16,1-40(2000))

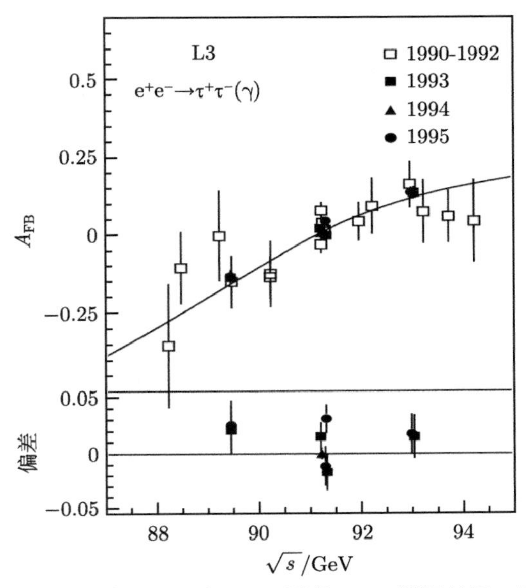

图 8.22 L3 对 $e^+e^- \to \tau^+\tau^-(\gamma)$ 道的 A_{FB} 测量结果，同图 8.21

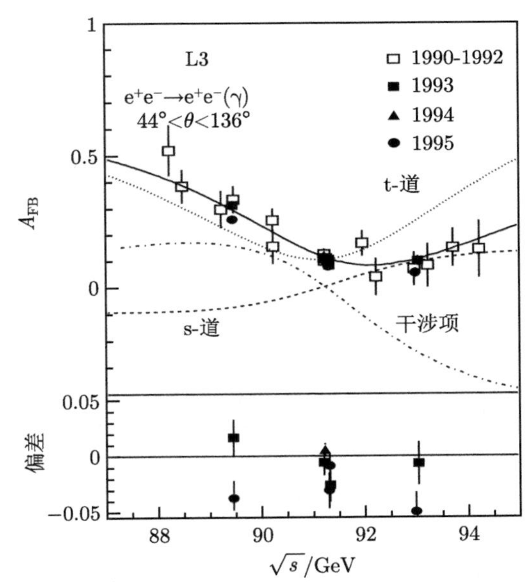

图 8.23 L3 对 $e^+e^- \to e^+e^-(\gamma)$ 道的 A_{FB} 测量结果，同图 8.21

8.6.2 末态费米子的极化不对称性 A_{pol}

由前面的讨论我们意识到 $e^+e^- \to f\bar{f}$ 散射过程末态费米子一般是极化的，在忽略其质量的情况下，可将微分截面表示为含极化度参量 $\mathcal{P}$ 的函数，

$$\frac{\mathrm{d}\sigma(s,\cos\theta,\mathcal{P})}{\mathrm{d}\cos\theta}=N_{\mathrm{c}}^{\mathrm{f}}\frac{\pi\alpha^2}{2s}\left\{[F_1(s)(1+\cos^2\theta)+2F_2(s)\cos\theta]\right.$$
$$\left.+\mathcal{P}[F_3(s)(1+\cos^2\theta)+2F_4(s)\cos\theta]\right\} \tag{8.132}$$

其中

$$\begin{cases}F_1(s)=Q_{\mathrm{f}}^2Q_{\mathrm{e}}^2+2Q_{\mathrm{f}}Q_{\mathrm{e}}g_{\mathrm{V}}^{\mathrm{e}}g_{\mathrm{V}}^{\mathrm{f}}\Re(\chi')+[(g_{\mathrm{V}}^{\mathrm{e}})^2+(g_{\mathrm{A}}^{\mathrm{e}})^2][(g_{\mathrm{V}}^{\mathrm{f}})^2+(g_{\mathrm{A}}^{\mathrm{f}})^2]\cdot|\chi'|^2\\ F_2(s)=2Q_{\mathrm{f}}Q_{\mathrm{e}}g_{\mathrm{A}}^{\mathrm{e}}g_{\mathrm{A}}^{\mathrm{f}}\Re(\chi')+4g_{\mathrm{A}}^{\mathrm{e}}g_{\mathrm{V}}^{\mathrm{e}}g_{\mathrm{A}}^{\mathrm{f}}g_{\mathrm{V}}^{\mathrm{f}}\cdot|\chi'|^2\\ F_3(s)=2Q_{\mathrm{f}}Q_{\mathrm{e}}g_{\mathrm{V}}^{\mathrm{e}}g_{\mathrm{A}}^{\mathrm{f}}\Re(\chi')+2g_{\mathrm{V}}^{\mathrm{f}}g_{\mathrm{A}}^{\mathrm{f}}[(g_{\mathrm{V}}^{\mathrm{e}})^2+(g_{\mathrm{A}}^{\mathrm{e}})^2]\cdot|\chi'|^2\\ F_4(s)=2Q_{\mathrm{f}}Q_{\mathrm{e}}g_{\mathrm{V}}^{\mathrm{f}}g_{\mathrm{A}}^{\mathrm{e}}\Re(\chi')+2g_{\mathrm{V}}^{\mathrm{e}}g_{\mathrm{A}}^{\mathrm{e}}[(g_{\mathrm{V}}^{\mathrm{f}})^2+(g_{\mathrm{A}}^{\mathrm{f}})^2]\cdot|\chi'|^2\end{cases} \tag{8.133}$$

这里，

$$\chi'(s)=\frac{s}{s-M_{\mathrm{Z}}^2+\mathrm{i}s\Gamma_{\mathrm{Z}}/M_{\mathrm{Z}}} \tag{8.134}$$

$\mathcal{P}$ 是费米子的纵向极化度，左手费米子 $\mathcal{P}=-1$，右手费米子 $\mathcal{P}=+1$，它们对应的截面可以分别记为 $\sigma_{\mathrm{L}}(s)$ 和 $\sigma_{\mathrm{R}}(s)$，θ 为在 Z 静止系中末态费米子和初态费米子的夹角。

对角度积分得积分截面，

$$\sigma(s,\mathcal{P})=\frac{4\pi\alpha^2}{3s}[F_1(s)+\mathcal{P}\cdot F_3(s)] \tag{8.135}$$

可以定义末态极化的截面差为

$$\sigma_{\mathrm{pol}}=\sigma(\mathcal{P}=+1)-\sigma(\mathcal{P}=-1)\equiv\sigma_{\mathrm{R}}-\sigma_{\mathrm{L}}=\sigma_{\mathrm{lr}}+\sigma_{\mathrm{rr}}-\sigma_{\mathrm{ll}}-\sigma_{\mathrm{rl}} \tag{8.136}$$

或记为

$$\sigma(\mathcal{P}=\pm1)=\int_{-1}^{1}\frac{\mathrm{d}\sigma(\mathcal{P}=\pm1)}{\mathrm{d}\cos\theta}\mathrm{d}\cos\theta \tag{8.137}$$

在 Z 峰上可以定义末态的极化不对称性为

$$A_{\mathrm{pol}}\equiv\mathcal{P}_{\tau}=-\frac{\sigma_{\mathrm{R}}-\sigma_{\mathrm{L}}}{\sigma_{\mathrm{L}}+\sigma_{\mathrm{R}}}=-\frac{\sigma_{\mathrm{pol}}}{\sigma_{\mathrm{tot}}}=-\frac{F_3}{F_1}\simeq-A_{\mathrm{f}} \tag{8.138}$$

A_{f} 的定义见式 (8.130)。

由于极化不对称性 A_{pol} 的测量需要首先知道末态费米子的螺旋性，只有 $\mathrm{Z}\to\tau^+\tau^-$ 道才可以进行这一测量。因为 τ 轻子的寿命很短 ($\tau_\tau\sim0.296\times10^{-12}\mathrm{s}$)，它的衰变顶点和产生顶点非常靠近，通过测量 τ 的诸多衰变道末态粒子的能谱就可

以得到 τ 轻子的平均螺旋度。而对 e^+e^- 到强子道，强子的不同形成机制模糊了夸克的螺旋性和其碎裂产物之间的关联，因而不能用以测量极化的不对称性。

在玻恩近似下 Z 极点附近还可以定义 τ 轻子极化不对称性的角度依赖性 $\mathcal{P}_\tau(\cos\theta)$ 为

$$\begin{aligned}\mathcal{P}_\tau(\cos\theta) &= -\frac{\dfrac{\mathrm{d}\sigma_\mathrm{R}}{\mathrm{d}\cos\theta}-\dfrac{\mathrm{d}\sigma_\mathrm{L}}{\mathrm{d}\cos\theta}}{\dfrac{\mathrm{d}\sigma_\mathrm{R}}{\mathrm{d}\cos\theta}+\dfrac{\mathrm{d}\sigma_\mathrm{L}}{\mathrm{d}\cos\theta}} = -\frac{(1+\cos^2\theta)F_3(s)+2\cos\theta F_4(s)}{(1+\cos^2\theta)F_1(s)+2\cos\theta F_2(s)}\\ &\simeq -\frac{A_\tau(1+\cos^2\theta)+2A_\mathrm{e}\cos\theta}{(1+\cos^2\theta)+2A_\tau A_\mathrm{e}\cos\theta}\end{aligned} \tag{8.139}$$

$\mathcal{P}_\tau(\cos\theta)$ 对所有角度的平均就是 $\mathcal{P}_\tau$，等价于 $-A_\tau$，它不依赖于初态电子的耦合常数。$\mathcal{P}_\tau(\cos\theta)$ 的测量则和 A_τ 和 A_e 有关，可以检验 τ 和 e 与 Z 耦合的普适性。

实验上还可以测量末态费米子极化的前后不对称性 $A_\mathrm{FB}^\mathrm{pol}$，

$$\begin{aligned}A_\mathrm{FB}^\mathrm{pol} = \frac{1}{\sigma_\mathrm{tot}}\Bigg[&\int_0^1 \mathrm{d}\cos\theta\left(\frac{\mathrm{d}\sigma(\mathcal{P}=+1)}{\mathrm{d}\cos\theta}-\frac{\mathrm{d}\sigma(\mathcal{P}=-1)}{\mathrm{d}\cos\theta}\right)\\ &-\int_{-1}^0 \mathrm{d}\cos\theta\left(\frac{\mathrm{d}\sigma(\mathcal{P}=+1)}{\mathrm{d}\cos\theta}-\frac{\mathrm{d}\sigma(\mathcal{P}=-1)}{\mathrm{d}\cos\theta}\right)\Bigg]\end{aligned} \tag{8.140}$$

可求得

$$A_\mathrm{FB}^\mathrm{pol} = -\frac{3}{4}\frac{F_4}{F_1} = -\frac{3}{4}\frac{2g_\mathrm{V}^\mathrm{e}g_\mathrm{A}^\mathrm{e}}{(g_\mathrm{V}^\mathrm{e})^2+(g_\mathrm{A}^\mathrm{e})^2} = -\frac{3}{4}A_\mathrm{e} \tag{8.141}$$

由此可见，由于 $\mathrm{Zf\bar{f}}$ 顶点螺旋度守恒，末态费米子极化前后不对称性 $A_\mathrm{FB}^\mathrm{pol}$ 的测量可以提供初态电子耦合的信息。

总结一下，由极化不对称性 A_pol 的测量可得 $g_\mathrm{V}^\mathrm{f}/g_\mathrm{A}^\mathrm{f}$，它仅和 Z 衰变产生的末态费米子的螺旋度有关，对产生过程的宇称破坏不灵敏。而由极化前后不对称性 $A_\mathrm{FB}^\mathrm{pol}$ 的测量则可得 $g_\mathrm{V}^\mathrm{e}/g_\mathrm{A}^\mathrm{e}$，它测量的是 e^+e^- 对撞过程中产生的 Z 的极化，与 Z 衰变中产生的费米子味道无关。A_FB 则是二者的乘积，

$$A_\mathrm{FB} = A_\mathrm{pol}\cdot A_\mathrm{FB}^\mathrm{pol} \tag{8.142}$$

测量 τ 轻子极化的衰变道有诸如 $\tau^-\to e^-\bar{\nu}_e\nu_\tau$，$\tau^-\to\mu^-\bar{\nu}_\mu\nu_\tau$，$\tau^-\to\pi^-\nu_\tau$，$\tau^-\to\rho^-\nu_\tau$ 等。图 8.24给出了轻子衰变道末态粒子的动量和自旋与母粒子 τ 的螺旋性关联。假定带电轻子的飞行方向为 z 轴，沿 z 轴没有轨道角动量分量，中微子沿 z 轴的自旋之和为 0。于是如果 τ 轻子是右手极化的，即 $h_\tau=+1/2$，考虑到 e^- 和 μ^- 是左手螺旋态占优，如图 8.24（a）所示，这时沿 z 轴的角动量守恒

要求末态带电的 e^- 或 μ^- 的发射方向和 τ 的飞行方向必须是相反的；反之，当 τ 轻子左手极化，即 $h_\tau=-1/2$ 时，带电轻子主要沿 τ 的飞行方向发射。因此在实验室系 $h_\tau=-1/2$ 时带电轻子的能量大于 $h_\tau=+1/2$ 时的带电轻子能量。这两个轻子衰变道带电轻子能谱的解析形式为

$$\frac{1}{N}\frac{\mathrm{d}N}{\mathrm{d}x}=\frac{1}{3}[(5-9x^2+4x^3)+\mathcal{P}_\tau(1-9x^2+8x^3)] \tag{8.143}$$

这里，$x=E_{\mathrm{e},\mu}/E_{\mathrm{beam}}$。图 8.25 给出了 $h_\tau=-1/2$ 和 $h_\tau=+1/2$ 的电子和 μ 子的分布。正如前面讨论的那样，$h_\tau=-1/2$ 的分布比 $h_\tau=+1/2$ 的分布具有更高的电子或 μ 子的平均能量。

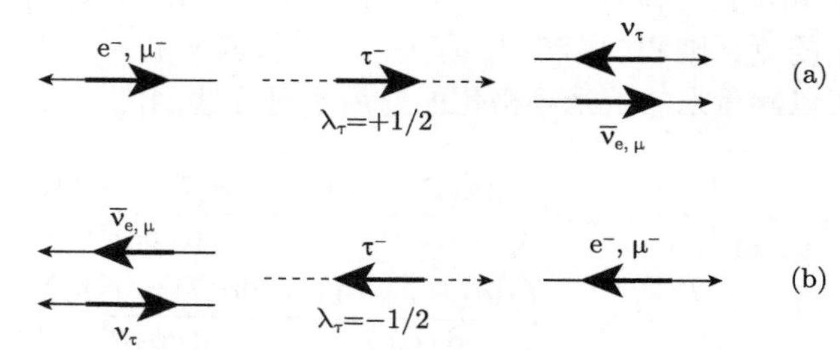

图 8.24　$\tau^-\to e^-\bar{\nu}_e\nu_\tau$，$\tau^-\to\mu^-\bar{\nu}_\mu\nu_\tau$ 过程占优的自旋和动量构成。设在 τ 静止系中带电轻子具有最大的能量，虚线定义了 τ 的飞行方向，黑箭头代表自旋

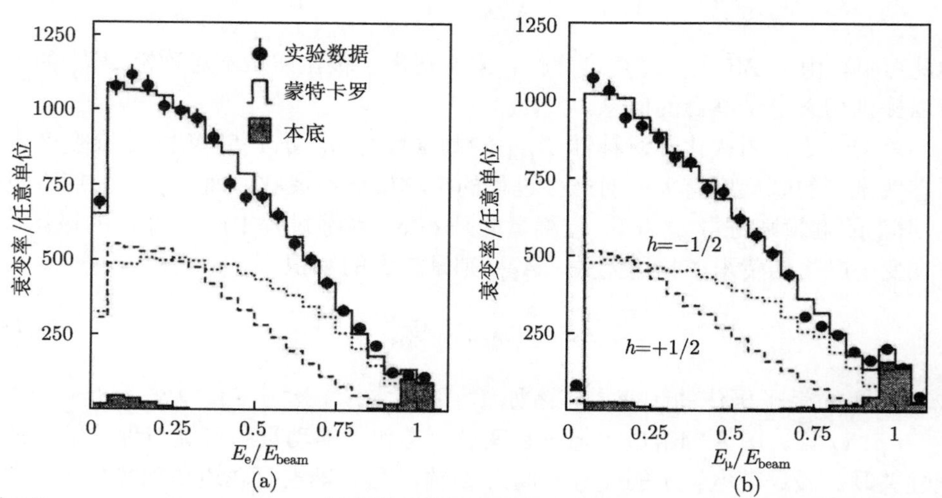

图 8.25　$\tau^-\to e^-\bar{\nu}_e\nu_\tau$，$\mu^-\bar{\nu}_\mu\nu_\tau$ 过程中带电轻子的能谱，$h_\tau=-1/2$ 的分布比 $h_\tau=+1/2$ 的分布具有更高的带电轻子平均能量

对 τ 轻子的两体强子道衰变，$\tau^- \to h^-\nu_\tau$，带电强子的能谱为

$$\frac{1}{N}\frac{\mathrm{d}N}{\mathrm{d}x_\mathrm{h}} = 1 + \mathcal{P}_\tau\alpha_\mathrm{h}(2x_\mathrm{h} - 1) \tag{8.144}$$

这里 α_h 是一个常数，依赖于强子 h 的质量和自旋。对 $\tau^- \to \pi^-(\mathrm{K}^-)\nu_\tau$，$\alpha_\mathrm{h} = 1$，拟合 π^- 或 K^- 的能谱即可得到 τ 的极化度，如图 8.26 所示。

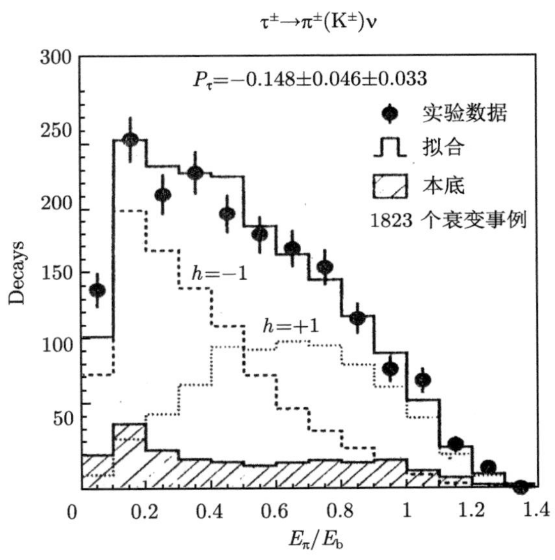

图 8.26 L3 实验测得的 $\tau^\pm \to \pi^\pm(\mathrm{K}^\pm)\nu_\tau$ 道的能谱及 τ 极化度的拟合

对 $\tau^- \to \rho^-(\mathrm{a}_1^-)\nu_\tau$，$\alpha_\mathrm{h} = (m_\tau^2 - 2m_\mathrm{h}^2)/(m_\tau^2 + 2m_\mathrm{h}^2) < 1$，可见对 $\tau^- \to \rho^-(\mathrm{a}_1^-)\nu_\tau$ 道，由于小于 1 的 α_h 的存在使得用式 (8.144) 拟合能谱的灵敏度降低，不能得到高精度的拟合结果，因此对这两个道还必须研究末态自旋为 1 的强子衰变的角分布。以 $\tau^- \to \rho^-\nu_\tau$ 为例，可以定义 θ^* 为 τ 静止系中 ρ 相对于 τ 飞行方向的极角，ψ^* 为在 ρ 静止系中带电 π 介子与 ρ 飞行方向之间的夹角，有如下关系：

$$\cos\theta^* = \frac{4m_\tau^2}{m_\tau^2 - m_\rho^2}\frac{E_{\pi^0} + E_{\pi^-}}{E_\mathrm{beam}} - \frac{m_\tau^2 + m_\rho^2}{m_\tau^2 - m_\rho^2} \tag{8.145}$$

$$\cos\psi^* = \frac{m_\rho}{\sqrt{m_\rho^2 - 4m_\pi^2}}\frac{E_{\pi^-} - E_{\pi^0}}{|\boldsymbol{P}_{\pi^-} + \boldsymbol{P}_{\pi^0}|} \tag{8.146}$$

可以在 $\cos\theta^*$ 和 $\cos\psi^*$ 的两维空间做分 bin 拟合，得到 $\mathcal{P}_\tau$，如图 8.27 所示，图中 $h = \pm\frac{1}{2}$ 的 τ 轻子极化谱由蒙特卡罗模拟数据给出。

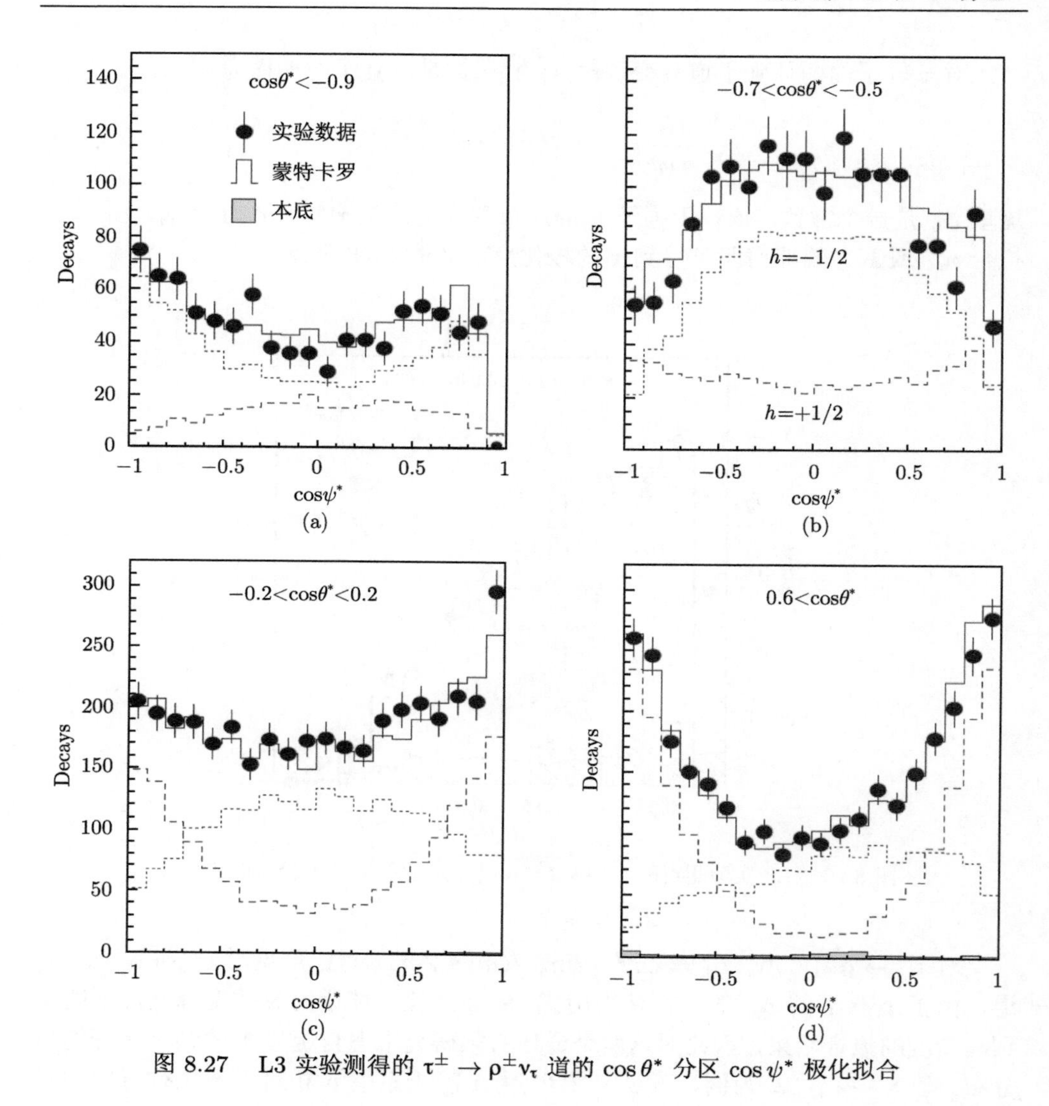

图 8.27　L3 实验测得的 $\tau^{\pm}\to\rho^{\pm}\nu_{\tau}$ 道的 $\cos\theta^{*}$ 分区 $\cos\psi^{*}$ 极化拟合

图 8.28是 L3 测得的 $\mathcal{P}_{\tau}$ 随 $\cos\theta$ 的变化关系，验证了轻子的普适性。LEP 从四个实验组 τ 极化测量得到的 A_{τ} 和 $A_{\rm e}$ 平均值为

$$A_{\tau}=0.142\pm0.008,\quad A_{\rm e}=0.139\pm0.009 \tag{8.147}$$

在标准模型中轻子的耦合是相等的，因此我们可以用 A_{τ} 和 $A_{\rm e}$ 的平均值通过下式来决定有效的电弱混合角，

$$\frac{g_{\rm V}^{\rm l}}{g_{\rm A}^{\rm l}}=1-4\sin^{2}\theta_{\rm W}^{\rm eff} \tag{8.148}$$

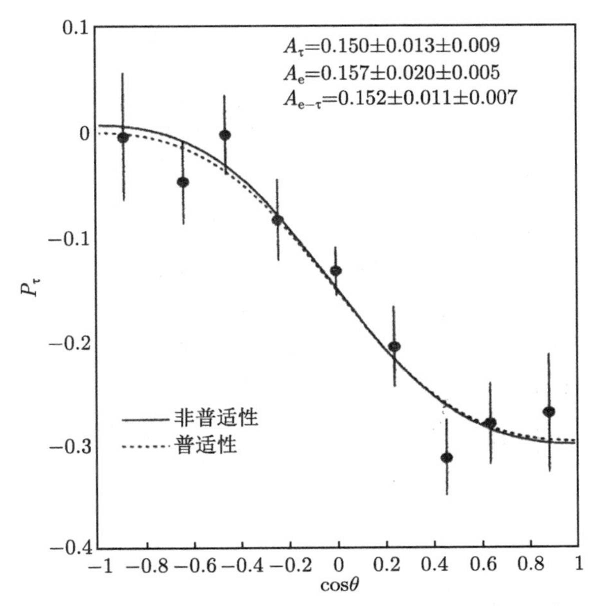

图 8.28 L3 实验测得的 $\mathcal{P}_\tau$ 随 $\cos\theta$ 的变化关系

8.6.3 初态电子极化的不对称性测量 $A_{\rm LR}$

如果加速器的初态电子束实现了极化，弱作用的宇称破坏也会导致左右手电子束反应截面的不对称性。设初态正电子为非极化束，而负电子为纵向极化。$\lambda=-1$ 代表 100% 纵向极化的左手电子，$\lambda=+1$ 代表 100% 纵向极化的右手电子。对末态费米子的螺旋度求和，把电子的极化 $\mathcal{P}_{\rm e}$ 作为微分截面的一个变量考虑时，在与入射电子束成 θ 角的方向上发射一个费米子的微分截面可写为

$$\frac{{\rm d}\sigma_{\rm f\bar{f}}}{{\rm d}\cos\theta}=\frac{3}{8}\sigma_{\rm f\bar{f}}^{\rm tot}[(1-\mathcal{P}_{\rm e}A_{\rm e})(1+\cos^2\theta)+2(A_{\rm e}-\mathcal{P}_{\rm e})A_{\rm f}\cos\theta] \tag{8.149}$$

定义

$$\sigma_{\rm LR}=\sigma_{\rm ll}+\sigma_{\rm lr}-\sigma_{\rm rr}-\sigma_{\rm rl}\equiv\sigma_{\rm L}-\sigma_{\rm R} \tag{8.150}$$

$\sigma_{\rm L}$ 和 $\sigma_{\rm R}$ 也可表示为

$$\sigma_{\rm L,R}=\int_{-1}^{1}\frac{{\rm d}\sigma(\lambda=\mp)}{{\rm d}\cos\theta}{\rm d}\cos\theta \tag{8.151}$$

则初态电子左右极化的不对称性为

$$A_{\rm LR}=\frac{\sigma_{\rm L}-\sigma_{\rm R}}{\sigma_{\rm L}+\sigma_{\rm R}}\frac{1}{<|\mathcal{P}_{\rm e}|>}=\frac{\sigma_{\rm LR}}{\sigma_{\rm tot}}\frac{1}{<|\mathcal{P}_{\rm e}|>} \tag{8.152}$$

对 Z 极点处的 $e^+e^- \to f\bar{f}$ 过程，低阶近似下和末态费米子的类型无关。

$$\begin{aligned}A_{\rm LR}(M_{\rm Z}) &= \frac{(g_{\rm L}^{\rm e})^2-(g_{\rm R}^{\rm e})^2}{(g_{\rm L}^{\rm e})^2+(g_{\rm R}^{\rm e})^2}\frac{1}{<|\mathcal{P}_{\rm e}|>} = \frac{2g_{\rm V}^{\rm e}g_{\rm A}^{\rm e}}{(g_{\rm V}^{\rm e})^2+(g_{\rm A}^{\rm e})^2}\frac{1}{<|\mathcal{P}_{\rm e}|>} \\ &\equiv A_{\rm e}\frac{1}{<|\mathcal{P}_{\rm e}|>} \equiv \frac{2(1-4\sin^2\theta_{\rm W}^{\rm eff})}{1+(1-4\sin^2\theta_{\rm W}^{\rm eff})^2}\frac{1}{<|\mathcal{P}_{\rm e}|>}\end{aligned} \tag{8.153}$$

和 $A_{\rm FB}^{\rm pol}$ 类似，也可对初态左右手电子对应的末态费米子散射角积分做前后不对称性测量，

$$\begin{aligned}A_{\rm FB}^{\rm LR} &= \frac{1}{\sigma_{\rm tot}}\frac{1}{<|\mathcal{P}_{\rm e}|>}\left\{\int_0^1 {\rm d}\cos\theta\left[\frac{{\rm d}\sigma(\lambda=-1)}{{\rm d}\cos\theta}-\frac{{\rm d}\sigma(\lambda=+1)}{{\rm d}\cos\theta}\right]\right. \\ &\quad \left. -\int_{-1}^0 {\rm d}\cos\theta\left[\frac{{\rm d}\sigma(\lambda=-1)}{{\rm d}\cos\theta}-\frac{{\rm d}\sigma(\lambda=+1)}{{\rm d}\cos\theta}\right]\right\} \\ &= \frac{1}{\sigma_{\rm tot}}\frac{1}{<|\mathcal{P}_{\rm e}|>}\left(\int_0^1 {\rm d}\cos\theta\frac{{\rm d}\sigma_{\rm LR}}{{\rm d}\cos\theta}-\int_{-1}^0 {\rm d}\cos\theta\frac{{\rm d}\sigma_{\rm LR}}{{\rm d}\cos\theta}\right) \\ &= \frac{3}{4}A_{\rm f}\frac{1}{<|\mathcal{P}_{\rm e}|>}\end{aligned} \tag{8.154}$$

$$A_{\rm FB} = A_{\rm LR}\times A_{\rm FB}^{\rm LR} \tag{8.155}$$

可以看出该测量类似于 τ 轻子的极化不对称性测量，不过这时 $\sigma_{\rm LR}$ 指的是初态电子束为左手或右手极化时测得的截面，因此需要加速器能提供纵向极化的电子束。LEP 没有设计极化的电子束，所以不能进行这一测量。美国的 SLC (SLAC linear collider) 对撞机进行了这方面的实验。在 Z 极点处 Mark II 探测器得到了 16 万个 e^+e^- 到强子道的事例，经过筛选后的 93644 个事例中，来自左手和右手极化电子的事例分别为 $N_{\rm e_L}=52179$ 和 $N_{\rm e_R}=41465$，相当于不对称性为 $A_{\rm m}=(N_{\rm e_L}-N_{\rm e_R})/(N_{\rm e_L}+N_{\rm e_R})=0.11441\pm0.00325$，以亮度加权处理后的入射电子纵向极化度达 $<\mathcal{P}_{\rm e}>=(77.23\pm0.52)\%$，可以求得电子的左右手极化不对称性，

$$A_{\rm LR}(E_{\rm cm}) = \frac{1}{<\mathcal{P}_{\rm e}>}\frac{N_{\rm e_L}-N_{\rm e_R}}{N_{\rm e_L}+N_{\rm e_R}} = 0.1485\pm0.0042\pm0.0010 \tag{8.156}$$

测量结果经过电弱干涉和初态辐射的修正后，得到极点不对称性，

$$A_{\rm LR}^0 = 0.1512\pm0.0042\pm0.0011 \tag{8.157}$$

等价于有效的弱电混合角，

$$\sin^2\theta_{\rm W}^{\rm eff} = 0.23100\pm0.00054\pm0.00014 \tag{8.158}$$

8.7 WW 对物理

研究 WW 对末态的重要物理目标在于寻找希格斯粒子。在高能下希格斯粒子 H 可以衰变到一对电荷相反的 W 玻色子。H 可以由胶子凝聚和玻色子凝聚过程产生。而在 LEP II 上 WW 对末态可以研究三玻色子耦合的顶点，特别是 ZWW 耦合，精确检验标准模型和规范理论。规范玻色子耦合的测量和可能的反常耦合的寻找是 LEPII 的重要课题，因为在标准模型中三规范玻色子耦合是由电弱理论的规范结构完全给定的，任何反常的三规范玻色子耦合都意味着超出标准模型的新物理。

在标准模型中 $e^+e^- \to W^+W^-$ 过程的最低阶费曼图如图 8.29所示，中微子交换的 t 道图只对左手的电子有贡献，另两个 s 道图中含有非阿贝尔的三规范粒子耦合，对电子的左右手态都有贡献。最低阶的截面反映 W 对产生的本质特性，产生阈值处的行为对测定 W 粒子的质量是非常重要的，这时 W 粒子的速度 $\beta = \sqrt{1 - M_\mathrm{W}^2/E_\mathrm{b}^2}$（$E_\mathrm{b}$ 是束流能量）很小，s 道的矩阵元将消失，t 道图在阈值区占优，因此当 $\beta \ll 1$ 时，对非极化束流，W 玻色子对的微分截面可以近似表示为 [10]

$$\left(\frac{\mathrm{d}\sigma}{\mathrm{d}\Omega}\right)_\mathrm{Born} \approx \frac{\alpha^2}{s}\frac{1}{4\sin^4\theta_\mathrm{W}}\beta\left[1 + 4\beta\cos\theta\left(\frac{3\cos^2\theta_\mathrm{W} - 1}{4\cos^2\theta_\mathrm{W} - 1}\right) + \mathcal{O}(\beta^2)\right] \tag{8.159}$$

这里第一项 $\propto \beta$ 仅来自于 t 道图。注意到这一项是和散射角无关的，积分给出它对总截面的贡献为

$$\sigma_\mathrm{Born} \approx \frac{\pi\alpha^2}{s}\frac{\beta}{\sin^4\theta_\mathrm{W}} + \mathcal{O}(\beta^3) \tag{8.160}$$

所有 $\propto \beta^2$ 的项都消失了，s 道和 s−t 道干涉的贡献都正比于 β^3，解释如下：在阈值区末态的轨道角动量贡献为零，因此总的角动量等于两个 W 粒子的自旋之和，记为 0、1、2。初态费米子螺旋度守恒意味着 $J \geqslant 1$，而 $\mathcal{CP}$ 守恒又禁戒 $J = 1$，因此只有 $J = 2$ 是可能的。对于 s 道，自旋为 1 的玻色子交换给出了 $J \leqslant 1$ 的限制，因此 s 道在阈值处的贡献为零。在对散射角 θ 积分时，不同分波的正交性不容许 s 道受到来自于 t 道 S 波贡献的干涉，因此 s − t 道干涉对总截面的贡献和 S 波无关，而且所有别的分波的贡献在矩阵元级都和 β 成正比，所以它们对总截面的贡献至少在 β^3 阶（相空间贡献了一个 β）。这个结论对任何对称的积分区域都成立，只要 S 波和 P 波的干涉由于它们不同的对称特性而消失，且高阶的分波至少正比于 β^2。因此在阈值区主要是 t 道的贡献，$e^+e^- \to W^+W^-$ 截面对三玻色子的耦合不敏感。

在标准模型中 β^3 项的系数大致等于 β 领头项的系数，因此在阈值附近总截面的形状由线性增长的 β 支配，即完全由运动学决定，即使加入 W，有限宽度的

效应亦然，因为次领头的 β^3 项在大于阈值若干个 Γ_{W} 的地方才具有不可忽略的大小。这个特征可以使我们在 W 对产生阈值附近放心地对 W 粒子的质量进行与模型无关的测定。

在高能区图 8.29中的后面两个 s 道图对第一个 t 道图的贡献有强烈的负相干压低效应，使得在高能下总截面不会随质心系能量的增加而增长，这是一个可重整化的理论所要求的。对于超出 WW 产生阈值不太大的质心系能量，非极化束流的 W 玻色子对产生截面可近似表达为

$$\sigma_{\mathrm{Born}} \approx \frac{\pi\alpha^2}{s}\frac{1}{4\sin^4\theta_{\mathrm{W}}}\left[2\ln\left(\frac{s}{M_{\mathrm{W}}^2}\right)-\frac{5}{2}-\frac{1}{3\cos^2\theta_{\mathrm{W}}}+\frac{5}{24\cos^4\theta_{\mathrm{W}}}\right] \tag{8.161}$$

图 8.30 给出了标准模型计算得到的 $\mathrm{e^+e^-}\to\mathrm{W^+W^-}$ 总截面随质心系能量 $\sqrt{s}$ 变化的关系。图 8.29 中贡献最大的是中微子交换图，其贡献随能量的增大迅速增加，但是总的标准模型给出的结果在高能量区间却是逐渐下降的，如图 8.30 所示。

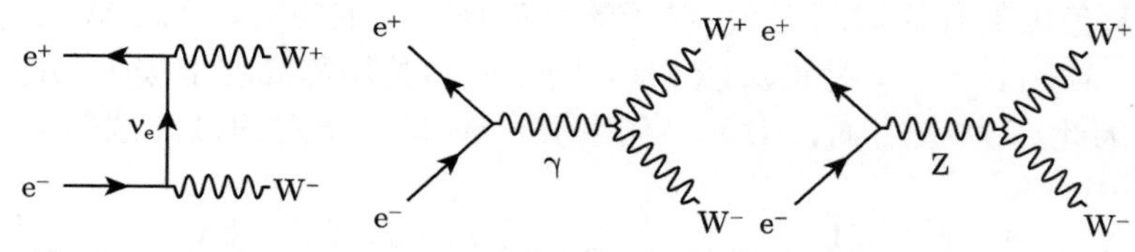

图 8.29　LEPII 上 WW 对产生的最低阶费曼图

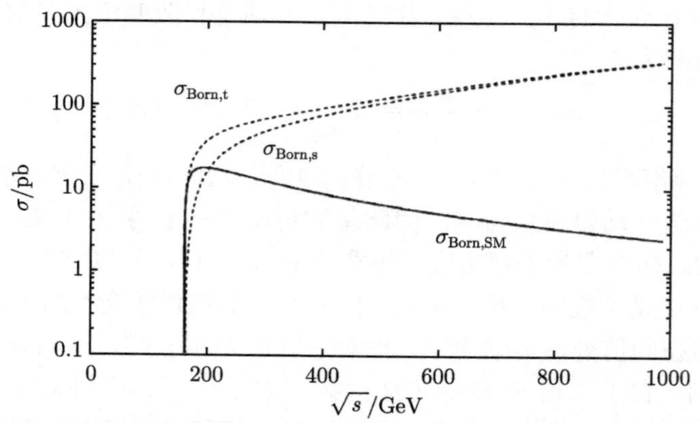

图 8.30　规范相消效应给出的标准模型 $\mathrm{e^+e^-}\to\mathrm{W^+W^-}$ 总截面随质心系能量 $\sqrt{s}$ 变化的关系，单独的玻恩 s 道和 t 道截面随能量上升

图 8.31 给出的是 LEPII 上测量的 $\mathrm{e^+e^-}\to\mathrm{W^+W^-}$ 过程总截面与质心系能量的关系，实线是标准模型的预言，虚线是假定没有 ZWW 顶点计算得到的总截面，点线则是没有 ZWW 和 γWW 顶点的计算结果。LEP 的测量值与标准模型的预言符合得很好。

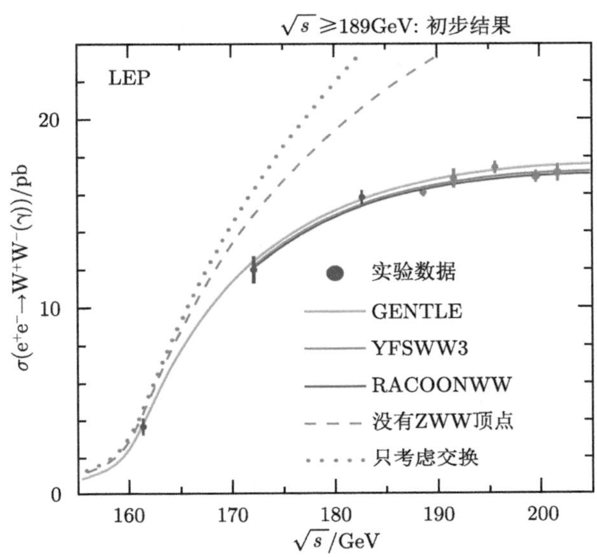

图 8.31 $e^+e^-\to W^+W^-(\gamma)$ 过程总截面与质心系能量的关系。实线是标准模型的树图（GENTLE）和包括一阶图的预言，虚线是假定没有 ZWW 顶点的计算结果，点线则是没有 ZWW 和 γWW 顶点的计算结果

图 8.32 是 $e^+e^-\to W^+W^-$ 过程末态 W 粒子的角分布，θ 角是散射 W^+ 粒子和 e^+ 入射方向之间的夹角，可以看出 W^+ 粒子大多沿 e^+ 方向发射，而且随

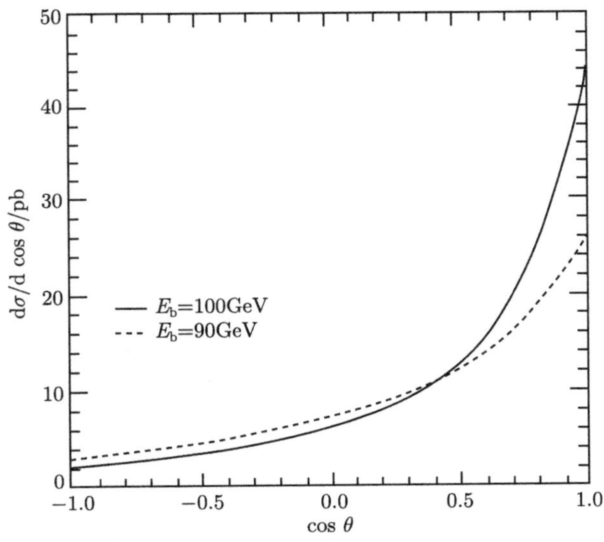

图 8.32 $e^+e^-\to W^+W^-$ 过程末态 W 粒子的角分布

着能量的增加这种趋势愈明显，这显然是来自中微子交换图的贡献。

8.7.1　W 粒子对的实验测量

在 LEPII 上 W 粒子对主要有纯轻子衰变、半轻子衰变和强子衰变三种。在纯轻子衰变模式下，每个 W 粒子单独衰变到轻子和中微子对，末态为 $(l\nu\bar{l}'\nu')$；在半轻子衰变模式下，一个 W 粒子通过强子道衰变为夸克反夸克对，而另一个则通过轻子道衰变为轻子和中微子，末态为 $(q\bar{q}'l\nu)$，形成两喷注事例；在强子衰变模式下，两个 W 粒子分别衰变为夸克反夸克对，即末态为 $(q_1\bar{q}_1'q_2\bar{q}_2')$，形成四喷注事例，如图 8.33 所示。

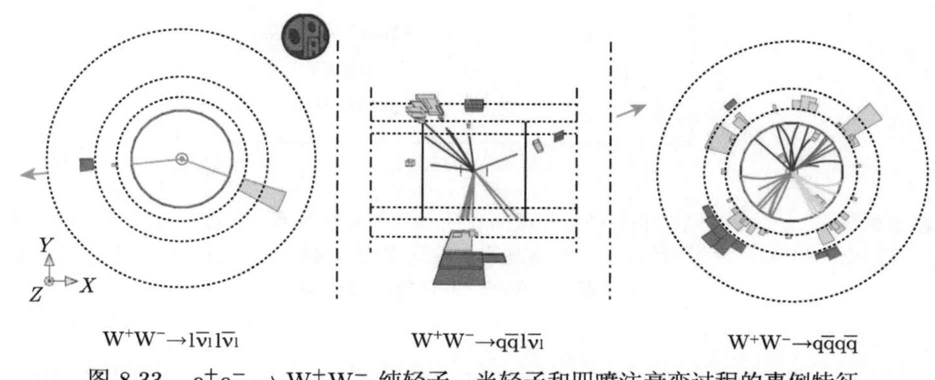

图 8.33　$e^+e^-\to W^+W^-$ 纯轻子、半轻子和四喷注衰变过程的事例特征

各道的截面可以表示为 WW 对的产生截面乘以两个 W 粒子分别衰变到相应末态的分支比，表 8.4 给出了 W 粒子各个衰变道分支比的实验测量结果。在标准模型中 $W^\pm l\nu$ 和 $W^\pm q\bar{q}$ 的耦合是相等的，W 的强子衰变道只有前两代有贡献，乘以色因子 3 总共是 6 种模式，而 W 的轻子道衰变有 3 种模式，因此容易给出

$$Br(W^\pm\to q\bar{q}')=\frac{2}{3},\qquad Br(W^\pm\to l\nu)=\frac{1}{3}\tag{8.162}$$

对强子衰变道计及 QCD 修正，上面的式子应乘以因子 $\sim(1+\alpha_s/\pi)$，得到

$$Br(W^\pm\to q\bar{q}')=0.675\tag{8.163}$$

表 8.4　W 衰变分支比的实验结果 ($\sqrt{s}=183$GeV 以下)

实验	$B(W\to e\nu)$	$B(W\to \mu\nu)$	$B(W\to \tau\nu)$	$B(W\to q\bar{q}')$
ALEPH	$11.2\pm0.8\pm0.3$	$9.9\pm0.8\pm0.2$	$9.7\pm1.0\pm0.3$	$69.0\pm1.2\pm0.6$
DELPHI	$9.9\pm1.1\pm0.5$	$11.4\pm1.1\pm0.5$	$11.2\pm1.7\pm0.7$	$67.5\pm1.5\pm0.9$
L3	$10.5\pm0.9\pm0.2$	$10.2\pm0.9\pm0.2$	$9.0\pm1.2\pm0.3$	$70.1\pm1.3\pm0.4$
OPAL	$11.7\pm0.9\pm0.3$	$10.1\pm0.8\pm0.3$	$10.3\pm1.0\pm0.3$	$67.9\pm1.2\pm0.6$
平均值	10.9 ± 0.5	10.3 ± 0.5	10.0 ± 0.6	68.8 ± 0.8
标准模型	10.8	10.8	10.8	67.5

在 WW 对实验中的一个重要课题是精确测量 W 粒子的质量。通常有如下三种方法。

1. 阈值法

W 粒子对产生的运动学阈值与 W 粒子的质量有关，

$$\sigma(e^+e^- \to W^+W^-) = \sigma(\sqrt{s}, M_W) \tag{8.164}$$

即在质心系能量 $\sqrt{s}$ 刚刚超过 $2M_W$ 的附近，譬如 $\sqrt{s} = 2M_W + 0.5\text{GeV}$，测量截面随质心系能量的变化关系，这时产生截面对 M_W 非常敏感，如图 8.34 所示，拟合截面随质心系能量的变化关系即能给出对 M_W 的精确测量，得到

$$M_W = (80.40 \pm 0.22 \pm 0.03)\text{GeV} \tag{8.165}$$

标准模型的值为

$$M_W(\text{LEP}) = (80.30 \pm 0.09)\text{GeV} \tag{8.166}$$

这种方法后来也被优化改进后应用于北京谱仪上 τ 轻子的质量测量。

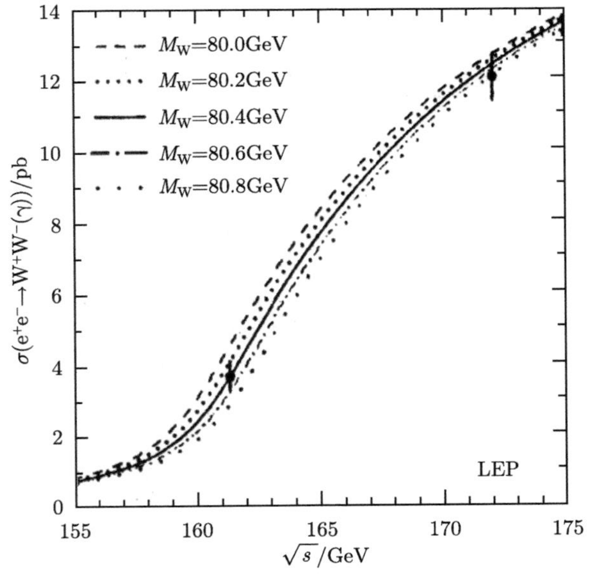

图 8.34 $e^+e^- \to W^+W^-$ 道阈值法测量 W 粒子的质量

2. 质量重建法

该方法通过测量 $W \to f\bar{f}'$ 的衰变末态重建其质量

$$M_W = M_{\text{inv}}(f\bar{f}') \tag{8.167}$$

适用于 W 粒子的强子衰变道和半轻子衰变道，纯轻子衰变由于末态有两个中微子，不能确定它们的动量，因而不能用此方法。在质心系能量远大于 $2M_{\mathrm{W}}$ 时主要采用这种方法。图 8.35所示为 $\sqrt{s}=183\mathrm{GeV}$ 时 L3 实验重建的半轻子道和强子道 W 粒子不变质量谱。

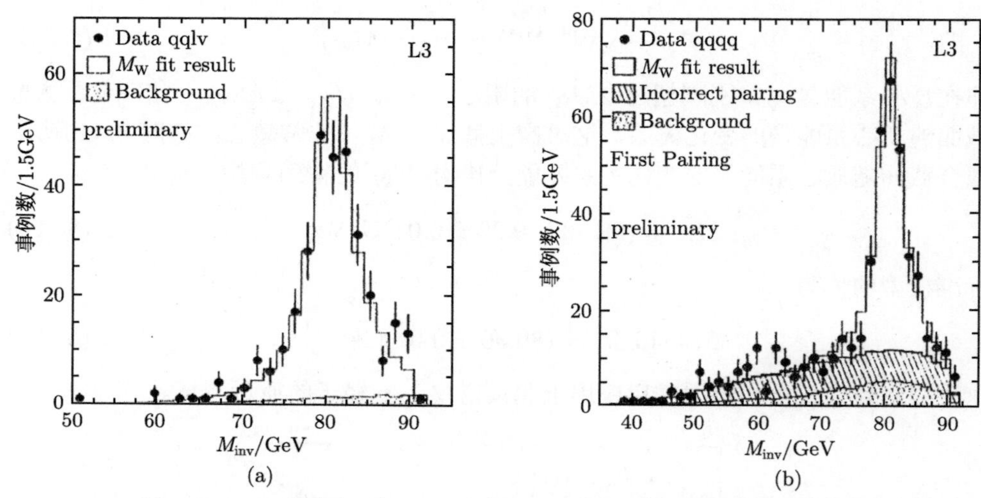

图 8.35 L3 实验在 $\mathrm{e^+e^-\to W^+W^-}$ 道重建的 W 粒子不变质量谱

3. 角度法

在 $\mathrm{W\to f\bar{f}'}$ 衰变中，末态两个费米子的夹角与 W 粒子的质量有关，

$$\alpha_{\min}\leqslant\alpha_{\mathrm{f\bar{f}'}}\leqslant 180^\circ,\qquad \alpha_{\min}=1-8M_{\mathrm{W}}^2/s \tag{8.168}$$

同样，该方法不适用于纯轻子衰变道，因为不能确定末态两个中微子的动量。在半轻子衰变道，因为动量守恒，可以将事例丢失的动量看作中微子的动量。

4. 能谱端点法

在 $\mathrm{W\to f\bar{f}'}$ 衰变中，费米子和反费米子的能量上下端点都与 W 粒子的质量有关，

$$E_-\leqslant E_{\mathrm{f}}\leqslant E_+,\quad E_\pm=\frac{\sqrt{s}}{4}\left(1\pm\frac{4M_{\mathrm{W}}^2}{s}\right) \tag{8.169}$$

在这四种方法中最常用的是阈值法和质量重建法。

8.7.2 W 粒子对产生的反常三规范玻色子耦合

如果存在和 Yang-Mills 形式不同的三玻色子耦合，一般会导致截面随质心系能量的增加而增长，违反幺正性。在 LEP2 上因为能量不是足够高，所以不太可

能通过截面这一特征的测量来确定是否存在反常的三玻色子耦合，因而需要研究 W 粒子的角分布及其衰变产物，特别是 W 的产生角度对非标准耦合比较敏感。当然我们也需要知道辐射修正对标准模型预言的修正效应，因为它会影响玻恩阶的角分布。

为研究反常耦合，通常引入一个满足幺正性和 $\mathcal{CP}$ 守恒耦合的相互作用拉氏量 [1,2]，

$$\begin{aligned}
\mathrm{i}\frac{\mathcal{L}_{\mathrm{WWV}}}{g_{\mathrm{WWV}}} =& g_1^{\mathrm{V}} V^{\mu}(W_{\mu\nu}^{-}W^{+\nu} - W_{\mu\nu}^{+}W^{-\nu}) + \kappa_{\mathrm{V}} W_{\mu}^{+} W_{\nu}^{-} V^{\mu\nu} \\
&+ \frac{\lambda_{\mathrm{V}}}{M_{\mathrm{W}}^2} V^{\mu\nu} W_{\nu}^{+\rho} W_{\rho\mu}^{-} + \mathrm{i} g_5^{\mathrm{V}} \epsilon_{\mu\nu\rho\sigma}[(\partial^{\rho} W^{-\mu}) W^{+\nu} - W^{-\mu}(\partial^{\rho} W^{+\nu})] V^{\sigma} \\
&+ \mathrm{i} g_4^{\mathrm{V}} W_{\mu}^{-} W_{\nu}^{+} (\partial^{\mu} V^{\nu} + \partial^{\nu} V^{\mu}) - \frac{\tilde{\kappa}_{\mathrm{V}}}{2} W_{\mu}^{-} W_{\nu}^{+} \epsilon^{\mu\nu\rho\sigma} V_{\rho\sigma} \\
&- \frac{\tilde{\lambda}_{\mathrm{V}}}{2M_{\mathrm{W}}^2} W_{\rho\mu}^{-} W_{\nu}^{+\mu} \epsilon^{\nu\rho\alpha\beta} V_{\alpha\beta}
\end{aligned} \tag{8.170}$$

这里 $W^{\pm}$ 是 W 玻色子的场量，V 表示光子和 Z 的场量，

$$W_{\mu\nu}^{\pm} = \partial_{\mu} W_{\nu}^{\pm} - \partial_{\nu} W_{\mu}^{\pm}, \qquad V_{\mu\nu} = \partial_{\mu} V_{\nu} - \partial_{\nu} V_{\mu}$$

忽略三玻色子的标量分量，公式中 7 个算符已经包括了所有可能的洛伦兹结构。这是因为在末态 W 对的 9 个螺旋度中只有 7 个是可以通过矢量玻色子交换的 s 道过程实现的（$J=1$ 的道），当两个 W 粒子的自旋指向同一方向时，$J \geqslant 2$。如此多的参数使得 LEPII 实验还不能在统计上独立地确定所有的三玻色子耦合。理论上的讨论认为也不太可能在 LEPII 上观测到 C，P 或 $\mathcal{CP}$ 的破坏效应。如果承认电磁规范不变性以及耦合的 C 和 P 不变性，就可以将参数减少至 5 个：g_1^{Z}、κ_{γ}、κ_{Z}、λ_{γ} 和 λ_{Z}。所有的耦合常数 g_{WWV} 可以用下面的定义固定下来：

$$g_{\mathrm{WW\gamma}} = e, \qquad g_{\mathrm{WWZ}} = e \cot\theta_{\mathrm{W}} \tag{8.171}$$

对在壳重整化方案，光子场在标准模型中的规范不变性要求 $g_1^{\gamma}(q^2=0)=1$，$g_5^{\gamma}(q^2=0)=0$。在树图阶，

$$g_1^{\mathrm{Z}} = g_1^{\gamma} = \kappa_{\mathrm{Z}} = \kappa_{\gamma} = 1, \qquad \text{其余的耦合参数} = 0 \tag{8.172}$$

式 (8.170) 中只包含了最低维的算符，最大到 6。含有高阶微分的项等价于耦合依赖于矢量玻色子的动量，反映它们的形状因子行为。在该唯象理论中 3 个三玻色子耦合参数 g_1^{V}，κ_{V} 和 λ_{V} 对 C 和 P 变换都是守恒的，而 g_5^{V} 违反 C 和 P 但仍然是 $\mathcal{CP}$ 守恒的，另外的 3 个 g_4^{V}，$\tilde{\kappa}_{\mathrm{V}}$ 和 $\tilde{\lambda}_{\mathrm{V}}$ 给出了三玻色子耦合中可能的 $\mathcal{CP}$

破坏。式 (8.170) 的拉氏量中，如果 g_4^γ 或 g_5^γ 的值在 $q^2=0$ 时不为 0，那么它的光子部分就不具有电磁规范不变形。

在式 (8.170) 中取 $g_1^\gamma=1$，和 γWW 顶点相关的耦合决定了 W 的一些特征量，诸如 W 的电荷 Q_W，磁偶极矩 μ_W 和 W 的电四极矩 q_W，可以表示为

$$\begin{cases} Q_W = eg_1^\gamma, \\ \mu_W = \dfrac{e}{2M_W}(g_1^\gamma+\kappa_\gamma+\lambda_\gamma) \\ q_W = -\dfrac{e}{M_W^2}(\kappa_\gamma-\lambda_\gamma) \end{cases} \tag{8.173}$$

在树图阶的标准模型中，$g_1^Z=\kappa_\gamma=\kappa_Z=1$，$g_5^Z=\lambda_\gamma=\lambda_Z=0$。保管（custodial）$SU(2)$ 对称性的要求导致如下的关系：

$$\begin{cases} \Delta g_1^Z \equiv (g_1^Z-1) \equiv \delta_Z \tan^2\theta_W, \quad \Delta\kappa_\gamma \equiv (\kappa_\gamma-1) \\ \Delta\kappa_Z \equiv (\kappa_Z-1) \equiv -\Delta\kappa_\gamma \tan^2\theta_W + \Delta g_1^Z, \quad \lambda_\gamma=\lambda_Z \end{cases} \tag{8.174}$$

这里顺便指出，所谓保管对称性指的是在 SM 中希格斯部分的位势在电弱对称性破缺之前具有整体的 $SU(2)_L\times SU(2)_R$ 对称性，电弱对称性破缺将其破缺为对角的子群 $SU(2)_{L+R}$，给出希格斯的真空期待值。取所有的汤川耦合都是相同的，所有的超荷耦合都为零，即称 SM 的总体拉氏量具有保管对称性，因而 W 和 Z 在树图下的质量比 M_W/M_Z 以及它们与希格斯粒子的耦合比 g_{HWW}/g_{HZZ} 具有不受辐射修正影响的特性 [3]。

加入两分量形式的希格斯场之后，规范不变的算符部分由希格斯场的协变微分 $D_\mu\Phi$，$SU(2)_L$ 规范场的非阿贝尔场强张量 $\hat{W}_{\mu\nu}=W_{\mu\nu}-gW_\mu\times W_\nu$ 和 $U(1)_Y$ 规范场的张量 $B_{\mu\nu}$ 构成。考虑 $\mathcal{CP}$ 守恒的维数 $d=6$ 的相互作用，可以构建 11 个独立的算符 [4–6]，其中 4 个算符影响到规范玻色子在树图阶的传播子，它们的系数被低能下的实验数据严格限制，还有一组算符会产生反常的希格斯耦合，剩余的三个不影响规范玻色子树图传播子的算符会给出 $\mathcal{C}$ 和 $\mathcal{P}$ 守恒的三规范玻色子耦合的偏差。该三规范玻色子耦合的有效拉氏量可以写为

$$\begin{aligned} \mathcal{L}_{d=6}^{\mathrm{TGC}} = & \mathrm{i}g'\frac{\alpha_{B\phi}}{M_W^2}(D_\mu\Phi)^\dagger B^{\mu\nu}(D_\nu\Phi) + \mathrm{i}g\frac{\alpha_{W\phi}}{M_W^2}(D_\mu\Phi)^\dagger \boldsymbol{\tau}\cdot\hat{\boldsymbol{W}}^{\mu\nu}(D_\nu\Phi) \\ & + g\frac{\alpha_W}{6M_W^2}\hat{\boldsymbol{W}}_\nu^{\ \mu}\cdot(\hat{\boldsymbol{W}}_\rho^{\ \nu}\times\hat{\boldsymbol{W}}_\mu^{\ \rho}) \end{aligned} \tag{8.175}$$

其中，g 和 g' 分别是 $SU(2)_L$ 和 $U(1)_Y$ 的耦合常数。这一形式的有效拉氏量不会影响树图阶的规范玻色子传播子。将希格斯场的 2 维真空期待值 $\Phi^T=(0,v/\sqrt{2})$

代入产生如下的非零三玻色子耦合：

$$\begin{cases}\Delta g_1^{\mathrm{Z}}=\dfrac{\alpha_{\mathrm{W}\phi}}{\cos^2\theta_{\mathrm{W}}}, \quad \Delta\kappa_\gamma=-\cot^2\theta_{\mathrm{W}}(\Delta\kappa_{\mathrm{Z}}-\Delta g_1^{\mathrm{Z}})=\alpha_{\mathrm{W}\phi}+\alpha_{\mathrm{B}\phi}\\ \lambda_\gamma=\lambda_{\mathrm{Z}}=\alpha_{\mathrm{W}}\end{cases} \tag{8.176}$$

这里对 6 维算符进行了归一化，使得系数 α_i 可以直接对应于 $\Delta\kappa_\gamma$ 和 λ_γ。直接测量 $\alpha_{\mathrm{W}\phi}$、α_{W} 和 $\alpha_{\mathrm{B}\phi}$ 就可以对基础的 $\mathrm{ZW^+W^-}$ 和 $\gamma\mathrm{W^+W^-}$ 顶点结构给出限制。还需指出的是，随着新物理的能标 Λ_{NP} 的提高，α_i 按 $(M_{\mathrm{W}}/\Lambda_{\mathrm{NP}})^2$ 减小。

这一标度行为在一定程度上可以量化为树图阶幺正性限制。如我们前面提到的，一个常数的反常三玻色子耦合会导致矢量玻色子产生截面的快速增长，直至幺正限 $\sqrt{s}=\Lambda_{\mathrm{U}}$。一个比较大的 Λ_{U} 值意味着比较小的三玻色子耦合 α_i，和每一个 α_i 对应的幺正关系可以表示为 [7]

$$|\alpha_{\mathrm{W}}|\simeq 19\left(\frac{M_{\mathrm{W}}}{\Lambda_{\mathrm{U}}}\right)^2, \quad |\alpha_{\mathrm{W}\phi}|\simeq 15.5\left(\frac{M_{\mathrm{W}}}{\Lambda_{\mathrm{U}}}\right)^2, \quad |\alpha_{\mathrm{B}\phi}|\simeq 49\left(\frac{M_{\mathrm{W}}}{\Lambda_{\mathrm{U}}}\right)^2 \tag{8.177}$$

对给定的 α_i 值，相应的能标 Λ_{U} 提供了新物理能标 Λ_{NP} 的上限。反过来讲，对小的反常耦合常数的灵敏度等价于对相应新物理能标值在多么高之下灵敏。假定取 $\Lambda_{\mathrm{U}}=1\mathrm{TeV}$，由上式得到 $|\alpha_{\mathrm{W}}|\simeq 0.12$，$|\alpha_{\mathrm{W}\phi}|\simeq 0.1$，$|\alpha_{\mathrm{B}\phi}|\simeq 0.3$。这些值比 LEPII 的期待灵敏度大差不多 3 倍，因此预期 LEPII 只对 $\Lambda_{\mathrm{NP}}\lesssim 1\mathrm{TeV}$ 灵敏。

实验测量利用 $\mathrm{e^+e^-}\to\mathrm{W^+W^-}\to\mathrm{e\nu q\bar{q}},\mu\nu\mathrm{q\bar{q}},\mathrm{q\bar{q}q\bar{q}}$ 事例。用 5 个角度可以完整地描写由 W 对衰变到末态的 4 个费米子：$\mathrm{W^-}$ 的产生角 $\Theta_{\mathrm{W^-}}$，$\mathrm{W^-}$ 和 $\mathrm{W^+}$ 各自在其静止系的衰变极角和方位角。图 8.36 是 L3 实验给出的 W 对事例的强子衰变道和半轻子衰变道的 $\cos\Theta_{\mathrm{W^-}}$ 分布，图中给出了标准模型和不同反常三玻色子耦合值的预期。图 8.37 是 L3 实验给出的 W 对事例的强子衰变道中 W 粒子的衰变角分布，图 8.38 则是半轻子衰变道中的轻子产生角 $\cos\theta_{\mathrm{l}}$ 和 ϕ_{l}，以及 W 衰变到强子的角度 $|\cos\theta_{\mathrm{q}}|$ 和 ϕ_{q} 分布。

三规范玻色子耦合的测量采用分 bin 的最大似然法拟合，bin 的大小按蒙特卡罗统计的最佳灵敏度给出。对每一个衰变道和 $\sqrt{s}$ 值，似然函数定义为每个 bin 中占有数的泊松分布的乘积，这些占有数是给定的耦合类 Ψ 的函数，

$$L(\Psi)=\prod_i^{\mathrm{bins}}\frac{\mathrm{e}^{-\mu_i(\Psi)}\mu_i(\Psi)^{N_i}}{N_i!} \tag{8.178}$$

这里 μ_i 是第 i 个 bin 中信号和本底事例的期待数；N_i 是相应的事例观测数。μ_i 对 Ψ 的依赖关系由经过产生器水平的模拟进行加权处理后的完整探测器模拟事例给出。对任何 Ψ 值，定义蒙特卡罗产生的三玻色子耦合值为 Ψ_{gen} 的第 n 个事

例的权重 R 为

$$R(\Omega_n, \Psi, \Psi_{\text{gen}}) = \frac{|\mathcal{M}(\Omega_n, \Psi)|^2}{|\mathcal{M}(\Omega_n, \Psi_{\text{gen}})|^2} \tag{8.179}$$

这里 $\mathcal{M}$ 是所讨论的末态的矩阵元，在相空间 Ω_n 中取值，包括辐射光子的效应。第 i 个 bin 中的事例期待数为

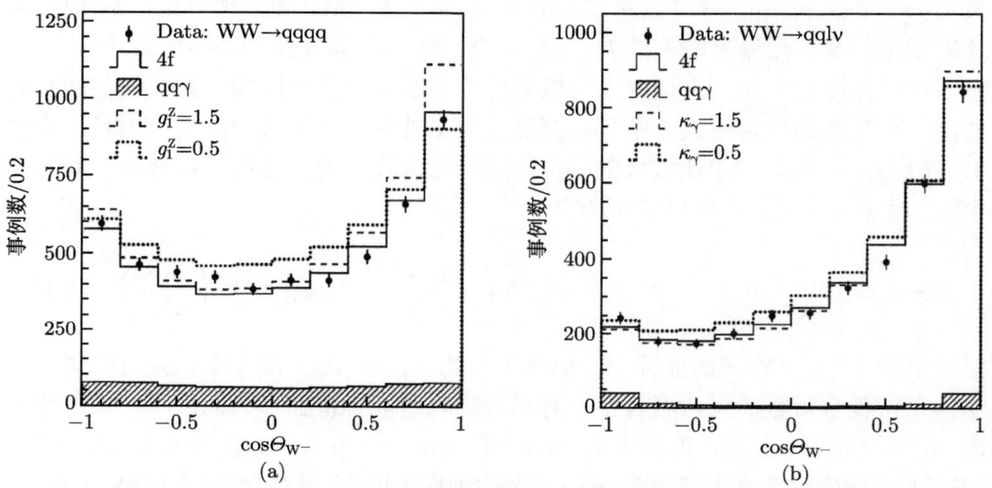

图 8.36　L3 实验给出的 W 对事例的强子衰变道和半轻子衰变道的 $\cos\Theta_{\mathrm{W}^-}$ 分布，图中给出了标准模型和不同反常三玻色子耦合值的预期

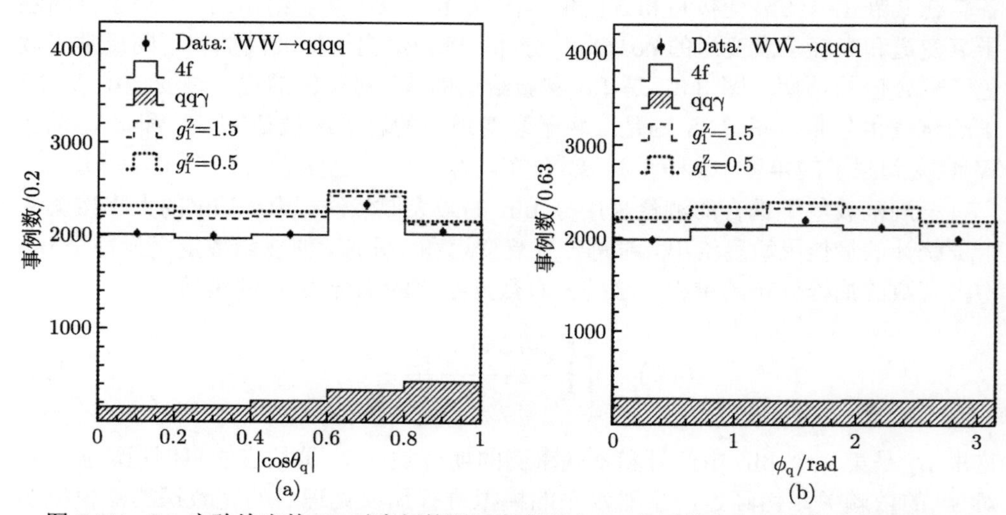

图 8.37　L3 实验给出的 W 对事例的强子衰变道中 W 粒子的衰变角分布，说明同上图

$$\mu_i(\Psi) = \sum_{l}^{\text{sig+bg}} \left(\frac{\sigma_i^{\text{gen}} \mathcal{L}}{N_l^{\text{gen}}} \sum_{j}^{n_i} R_l(\Omega_j, \Psi, \Psi_{\text{gen}}) \right) \tag{8.180}$$

其中，第一个求和跑遍所有的信号和本底样板；σ_i^{gen} 是包含 N_l^{gen} 个蒙特卡罗事例样本的相应截面；$\mathcal{L}$ 是积分亮度；第二个求和跑遍在第 i 个 bin 中选择到的 n_i 个蒙特卡罗事例。因为本底事例和三玻色子耦合无关，$R_l = 1$。只要模拟能正确描写光子辐射，探测器的分辨和接收函数正确无误，上述拟合就是无偏的。

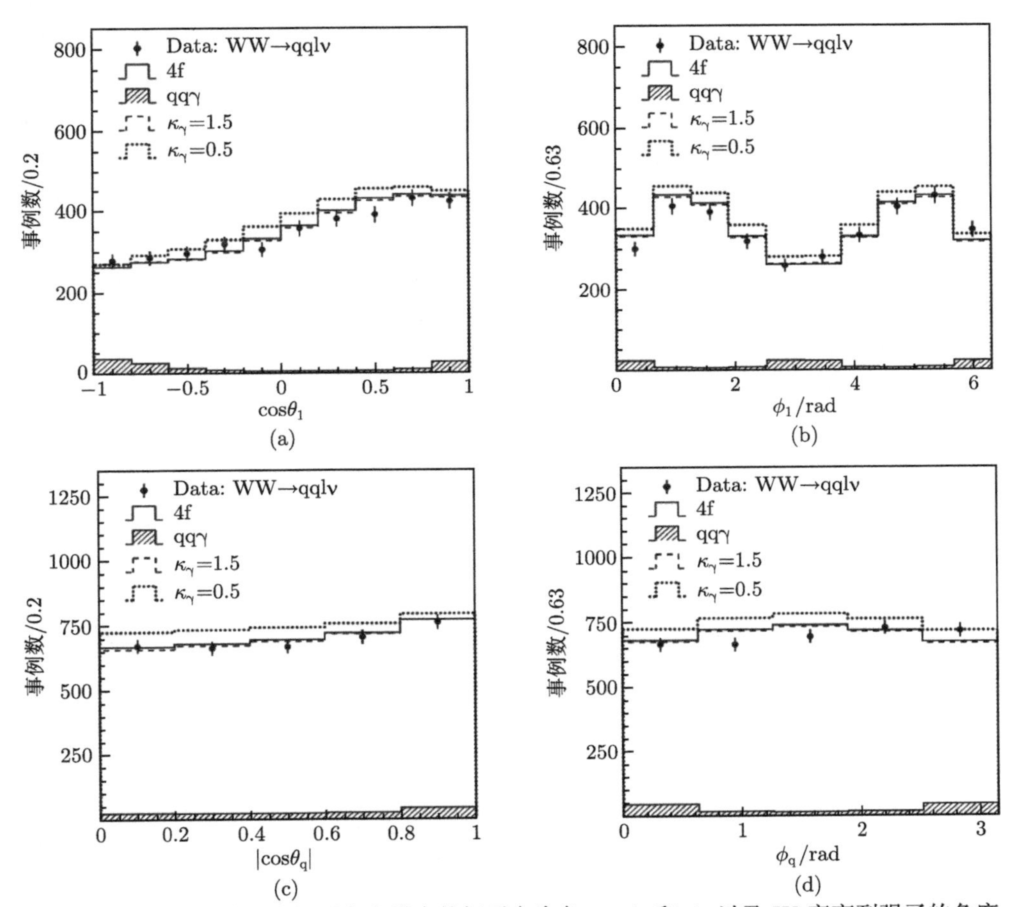

图 8.38 L3 实验给出半轻子衰变道中的轻子产生角 $\cos\theta_1$ 和 ϕ_1 以及 W 衰变到强子的角度 $|\cos\theta_{\text{q}}|$ 和 ϕ_{q} 分布，说明同上

L3 实验进行了这方面的测量 [8]，给出了强子和半轻子衰变道以及它们的合并结果。拟合当允许一个耦合参数变动时，将别的耦合参数都固定为它们的标准模型值：

$$g_1^Z = 0.914^{+0.065}_{-0.056}(\mathrm{qqqq}), \quad \kappa_\gamma = 0.89^{+0.12}_{-0.10}(\mathrm{qqqq}), \quad \lambda_\gamma = -0.102^{+0.069}_{-0.058}(\mathrm{qqqq})$$
$$g_1^Z = 0.974^{+0.039}_{-0.038}(\mathrm{qql\nu}), \quad \kappa_\gamma = 0.918^{+0.097}_{-0.085}(\mathrm{qql\nu}), \quad \lambda_\gamma = -0.026^{+0.040}_{-0.038}(\mathrm{qqqq})$$
$$g_1^Z = 0.959^{+0.034}_{-0.033}(\text{合并}), \quad \kappa_\gamma = 0.907^{+0.074}_{-0.067}(\text{合并}), \quad \lambda_\gamma = -0.044^{+0.036}_{-0.033}\ (\text{合并})$$

该拟合结果是遵从式（8.174）的限定下得到的。L3 也在放松这一限制下给出了所有别的参数的拟合结果等。结论是在 $\sqrt{s} = 189 \sim 209\mathrm{GeV}$ 能区测得的结果和标准模型的期待值符合得很好，确认了电弱规范玻色子自耦合的存在。

顺便指出，在 LEP 上也通过单 W 粒子的产生过程 $\mathrm{e^+e^-} \to \mathrm{e^-\bar{\nu}_e W^+}$ 来研究三玻色子的电磁耦合，作为对 W 对测量的一个补充，从另一个方面对 γWW，ZWW 反常耦合给出限制。这些单 W 的产生过程也是一些超对称新物理的本底。图 8.39 和图 8.40 给出了 W 粒子轻子衰变的 s 道和 t 道费曼图。末态为 4 个轻子，对 γWW 的耦合敏感，因为 γWW 图对振幅的贡献占主导地位。实验上需要找出分辨单 W 和 W 对事例的有效方法。

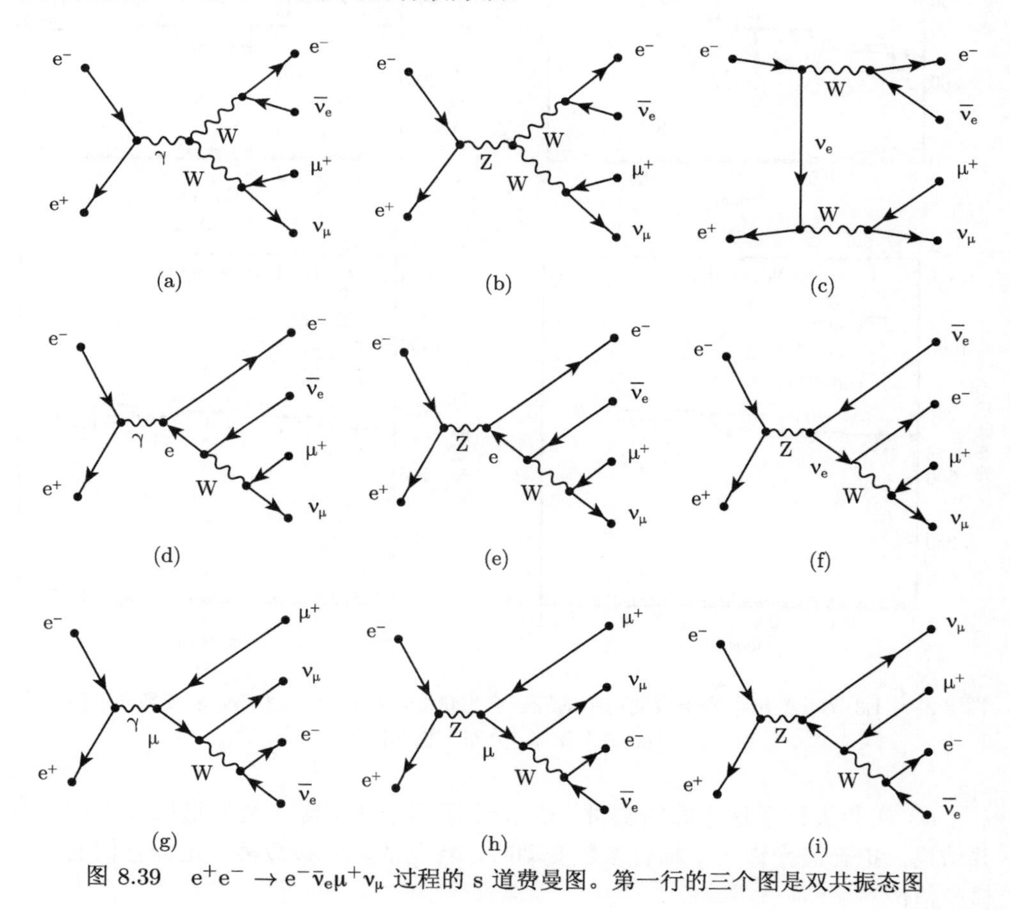

图 8.39　$\mathrm{e^+e^-} \to \mathrm{e^-\bar{\nu}_e\mu^+\nu_\mu}$ 过程的 s 道费曼图。第一行的三个图是双共振态图

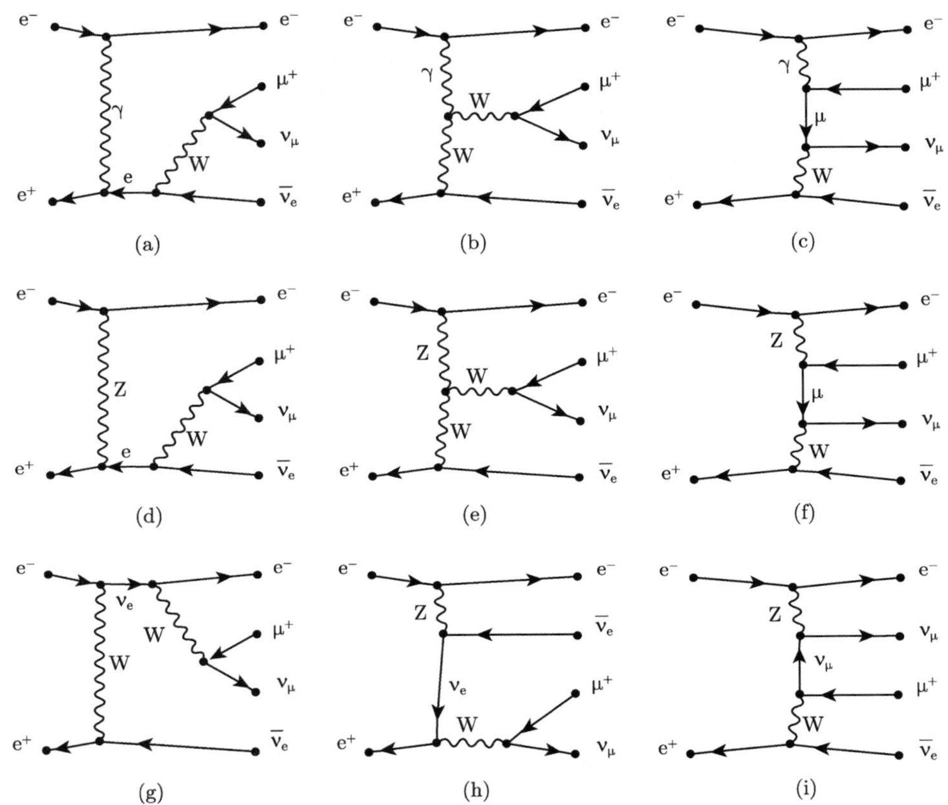

图 8.40 $e^+e^- \to e^-\bar{\nu}_e\mu^+\nu_\mu$ 过程幺正规范允许的 t 道费曼图。第一列和第二列是单共振态图，其余的是非共振态图。第一行的三个 $\gamma-W$ 过程图的贡献占主导

8.7.3 对产生的 W 粒子的螺旋性

依据标准模型理论，W 粒子与其衰变末态粒子的耦合应符合 V − A 理论。W 是质量很大的自旋为 1 的玻色子，它的三个极化分量可以记为 $\lambda=\pm1,0$，即具有横向极化度 $\lambda=\pm1$ 和纵向极化度 $\lambda=0$，这与质量为零的玻色子，如 γ 光子是不同的，γ 光子只有横向极化 $\lambda=\pm1$。再来看在强子对撞中单个 W 粒子的产生，如在 $d\bar{u}\to W^-$ 中，高能下夸克的质量可以忽略，d 夸克以左手极化占优，$\bar{u}$ 夸克以右手极化占优，因此若产生的 W^- 沿 $\bar{u}$ 方向发射，W^- 的螺旋性为 $\lambda=+1$；反之，若 W^- 沿 d 方向发射，则其螺旋性为 $\lambda=-1$，即在强子对撞中单个产生的 W 粒子只能是横向极化的。而在 e^+e^- 对撞中 W 粒子是成对产生的，初态 e^+ 和 e^- 的螺旋性相反时，或者说二者的自旋方向相同时，截面才不为零，即有 $\sigma_{LL}=\sigma_{RR}=0$（下标的第一个字母代表负电子的螺旋性，第二个字母代表正电子

的螺旋性)，而只有 σ_{LR} 和 σ_{RL} 不为零。在中微子交换图中 eνW 顶点具有 V − A 弱作用形式，电子的质量很小，初态负电子左手螺旋性占优，正电子右手螺旋性占优，因此 σ_{LR} 大于 σ_{RL}。图 8.41 展示了 $\mathrm{e^+e^-} \to \mathrm{W^+W^-}$ 过程初态正负电子占优的螺旋结构。前面提到 $\mathrm{W^+}$ 粒子大多沿 $\mathrm{e^+}$ 方向发射，$\mathrm{W^-}$ 粒子则沿 $\mathrm{e^-}$ 方向发射，由图 8.42 可以看出，末态 W 对占优的螺旋结构应为

$$\lambda(\mathrm{W^+}) = +1, \quad \lambda(\mathrm{W^-}) = 0 \tag{8.181}$$

或者

$$\lambda(\mathrm{W^+}) = 0, \quad \lambda(\mathrm{W^-}) = -1 \tag{8.182}$$

即在 $\mathrm{e^+e^-}$ 对撞中产生了大量的纵向极化的 W 粒子，是仔细研究这一极化形态的理想反应过程。

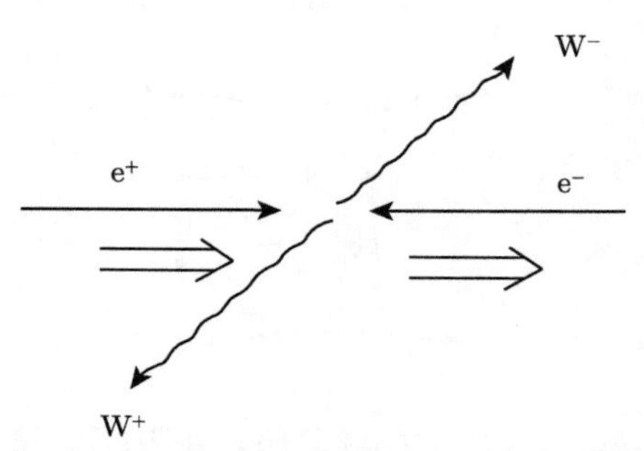

图 8.41　$\mathrm{e^+e^-} \to \mathrm{W^+W^-}$ 过程初态正负电子占优的螺旋结构

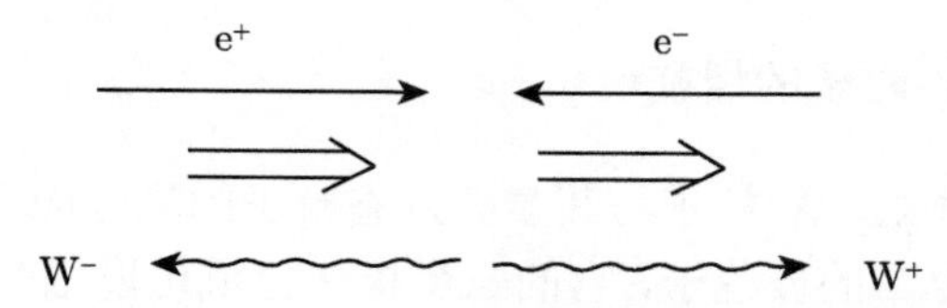

图 8.42　$\mathrm{e^+e^-} \to \mathrm{W^+W^-}$ 过程末态 W 对占优的螺旋结构

有一种理论认为标准模型中规范场粒子的纵向分量是对称性破缺的 Goldstone 粒子，因而直接和理论的希格斯机制相关，实验测量纵向极化的 W 粒子的产额就可以检验该理论的正确性。LEP 上进行了如下测量：选择 W 对中至少一个通过轻子道衰变，轻子决定了 W 粒子的电荷，计算轻子的衰变角 $\cos\theta^*$，即在该 W 粒子的静止系中轻子的飞行方向相对于 W 粒子飞行方向的夹角。另外一边的 W 如果是强衰变，则由该事例中除了此轻子外的所有其他粒子重建，这些

粒子在 boost 到 W 的静止系中用来求得冲度轴，以计算强子系统的 $\cos\theta^*$，由于冲度轴的正反方向不能鉴别，对强衰变只能取 $\cos\theta^*$ 的绝对值形式。在轻子衰变道若以 f^+, f^-, f^0 表示螺旋度为 $+1, -1, 0$ 的相对份额，则可以用如下简单的角分布公式来拟合实验数据：

$$\frac{1}{N}\frac{\mathrm{d}N}{\mathrm{d}\cos\theta^*} = f^- \cdot \frac{3}{8}(1+\cos\theta^*)^2 + f^+ \cdot \frac{3}{8}(1-\cos\theta^*)^2 + f^0 \cdot \frac{3}{4}\sin^2\theta^* \quad (8.183)$$

对 W 的强子衰变，以 $f^\pm, f^0$ 表示螺旋度为 $\pm1, 0$ 的相对份额，相应的分布为

$$\frac{1}{N}\frac{\mathrm{d}N}{\mathrm{d}|\cos\theta^*|} = f^\pm \cdot \frac{3}{4}(1+\cos^2\theta^*) + f^0 \cdot \frac{3}{2}\sin^2\theta^* \quad (8.184)$$

实验结果示于图 8.43 中。对纵向极化的 W，拟合给出其相对份额为 0.259 ± 0.035，和蒙特卡罗给出的 0.248 相一致。图 8.44 展示的是在一定的 $\cos\theta^*$ 区间不同螺旋度占的相对份额，看出测量结果和标准模型的预言相符。

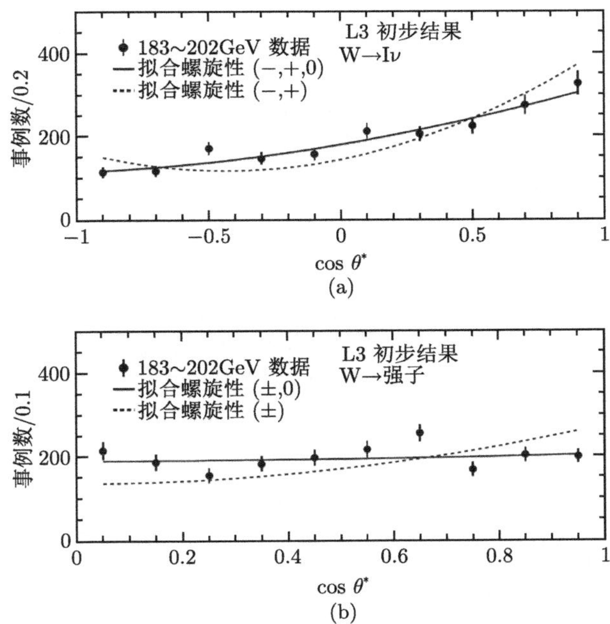

图 8.43 $\sqrt{s}=183\sim202$ 能区修正后的 $\cos\theta^*$ 分布：（a）W 的轻子道衰变，（b）W 的强子道衰变。展示了对不同 W 螺旋度假设的拟合

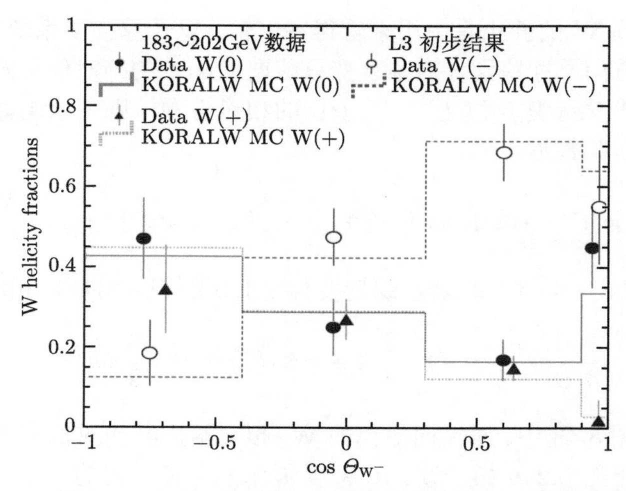

图 8.44　$\sqrt{s}=183\sim202$ 能区 L3 测得的螺旋度相对份额的角度依赖性

8.8　习　　题

1. LEP 对撞机周长为 26.66km，正负电子束流分别有 8 个束团，束团的水平方向大小为 200μm，垂直方向大小为 8μm，每个束团中有 2^{11} 个粒子，试计算以 $\mathrm{cm^{-2}\cdot s^{-1}}$ 或 $\mathrm{pb^{-1}\cdot s^{-1}}$ 为单位的亮度（有效横截面积 $A=4\pi\sigma_{水平}\sigma_{垂直}$）。

2. 强子截面的 R 值为

$$R=\frac{\sigma(\mathrm{e^+e^-}\to 强子)}{\sigma(\mathrm{e^+e^-}\to\mu^+\mu^-)}$$

在 $\sqrt{s}=2$ GeV，5 GeV，30 GeV 能量点分别等于多少？假定对撞机的平均亮度为 $10^{32}\mathrm{cm^{-2}\cdot s^{-1}}$，上述每个能量点一年能产生多少个强子事例。若进一步考虑弱相互作用，这一计算为什么对 $\sqrt{s}$ =3.1GeV，$\sqrt{s}$ =9.4~10.6GeV，$\sqrt{s}$ =91.2GeV 不适用？

3. 试推导式（8.13）和式（8.15）。

参考文献

[1] Gounaris G, Kneur J L, Zeppenfeld D. Triple gauge boson couplings. arXiv:hep-ph/9601233v1, 9 Jan. 1996.

[2] Hagiwara K, Peccei R, Zeppenfeld D, Hikasa K. Probing the weak boson sector in $\mathrm{e^+e^-}\to\mathrm{W^+W^-}$. Nucl. Phys., 1987, 282: 253-307; Papadopoulos C G. Single-W versus W-pair production at LEP II. Phys. Lett. B, 1994, 333: 202-206.

[3] Diaz R A, Martínez R. The custodial symmetry. arXiv:hep-ph/0302058v1,7 Feb 2003; Montero J C, Pleitez V. Custodial symmetry and extensions of the standard model. Phys. Rev. D, 2006, 74: 115014.

[4] Buchmüller W, Wyler D. Effective lagrangian analysis of new interactions and flavour conservation. Nucl. Phys. B, 1986, 268: 621; Burges C J C, Schnitzer H J. Virtual effects of excited quarks as probes of a possible new hadronic mass scale, Nucl. Phys. B, 1983, 228: 464; Leung C N, Love S T, Rao S. Low-energy manifestations of a new interactions scale: Operator analysis. Z. Phys. C, 1986, 31: 433.

[5] De Rújula A, Gavela M B, Hernandez P, Massó E. The self-couplings of vector bosons: does LEP-1 obviate LEP-2? Nucl. Phys. B, 1992, 384: 3.

[6] Hagiwara K, Ishihara S, Szalapski R, Zeppenfeld D. Low energy effects of new interactions in the electroweak boson sector. Phys. Rev. D, 1993, 48: 2182.

[7] Baur U, Zeppenfeld D. Unitarity constraints on the electroweak three vector boson vertices. Phys. Lett. B, 1988, 201: 383; Gounaris G J, Layssac J, Renard F M. Unitarity constraints for transverse gauge bosons at LEP and supercolliders. Phys. Lett. B, 1994, 332: 146.

[8] Achard P, et al (L3 collaboration). Measurement of triple-gauge-boson couplings of the W boson at LEP. Phys. Lett. B, 2004, 586: 151-166.

[9] CERN-PH-EP/2005-041. Precision Electroweak measurements on the Z resonance. arXiv:hep-ex/0509008v3,2006; Fernández E. Physics at LEP-1 and LEP-2，III latin American symposium on high energy physics. Carlagena de Indias - Colombia, April 2-8,2000.

[10] Beenakker W, Denner A. Standard model predictions for W-pair production in electron-positron collisions. International Journal of Modern Physics A, 1994, 9(28): 4837-4919.

第九章　希格斯物理

标准模型自建立以来取得了极大的成功，到目前为止其预言都和加速器上的实验结果很好地吻合。标准模型中破缺电弱对称性并提供质量起源的希格斯机制的核心元素——希格斯粒子的寻找耗费了物理学家四十多年的努力，直至 LHC 的 pp 对撞机成功运行，才于 2012 年 7 月 4 日，欧洲核子研究组织（CERN）宣布，LHC 的 CMS 合作组探测到质量为 (125.3 ± 0.6)GeV 的新玻色子（超过背景期望值 4.9 个标准差）[1]；ATLAS 则测量到质量为 126.5GeV 的新玻色子（5 个标准差）[2]，这两种粒子极像希格斯玻色子，置信度是 99.9999%。2013 年 3 月 14 日，CERN 发表新闻稿正式宣布，先前探测到的新粒子暂时被确认是希格斯玻色子，具有零自旋与偶宇称，这是希格斯玻色子应该具有的两种基本属性，但有一部分实验结果不尽符合理论预测，更多数据仍在等待处理与分析 [3,4]。希格斯玻色子是因物理学家彼得・希格斯 (Peter Higgs) 而命名。他是于 1964 年提出希格斯机制的六位物理学者中的一位。现在由 LHC 上的两个实验组 CMS 和 ATLAS 发现的希格斯粒子已得到最终证实，弗朗索瓦・恩格勒 (François Englert) 和彼得・希格斯获得 2013 年诺贝尔物理学奖 [6]。

1964 年，弗朗索瓦・恩格勒和罗伯特・布绕特 (Robert Brout) 领先于 8 月[7]，紧接着，彼得・希格斯于 10 月 [8]，随后，杰拉德・古拉尼 (Gerald Guralnik)、卡尔・哈庚 (C. R. Hagen) 和汤姆・基博尔 (T. W. B. Kibble) 于 11 月 [9]，分别独立地发表论文，宣布研究出规范理论的相对论性模型。这三篇论文共同表明，假若将局部规范不变性理论与自发对称性破缺的概念以某种特别方式联系在一起，则规范玻色子必然会获得质量。其后古拉尼于 1965 年、希格斯于 1966 年、基博尔于 1967 年，又分别更进一步发表论文探讨这个模型的性质。

早在 1961 年谢尔登・格拉肖就提出了电磁相互作用和弱相互作用统一的理论模型，1967 年，史蒂文・温伯格与阿卜杜勒・萨拉姆各自独立地应用希格斯机制来打破电弱对称性，并将希格斯机制并入后来成为标准模型一部分的谢尔登・格拉肖的电弱理论。温伯格指出，这个过程应该也会使得费米子获得质量。这三个理论学家因为弱电统一理论的建立分享了 1979 年的诺贝尔物理学奖。

这些关于规范对称性自发性破缺的划时代论文，最初并没有得到学术界的重视，因为大多数物理学者认为非阿贝尔规范理论是个死胡同，无法被重整化。1971 年，荷兰物理学者马丁纽斯・韦尔特曼与杰拉德・特・胡夫特发表了两篇论文，证明杨-米尔斯理论（一种非阿贝尔规范理论）可以被重整化，不论是对于零质量规范玻色子，还是对于带质量规范玻色子。两人为此获得 1999 年诺贝尔物理学奖。自此以后，物理学家开始接受这些理论，正式将这些理论纳入主流。从这些理论孕育出的电弱理论与改善后的标准模型，正确地预测了弱中性流、W 玻色子、Z 玻色子、顶夸克、粲夸克，并且准确地计算出其中一些粒子的性质与质量。

希格斯粒子被发现后，紧接着就是对其性质以及标准模型理论进行深入的研究。诸如，希格斯玻色子和电弱对称破缺（EWSB）的关系究竟是什么？它的质量是自然的还是微调的？如果是自然的，什么物理或对称性使得希格斯的质量如此之低？$V_{\mathrm{L}}V_{\mathrm{L}}$ 截面在高能端的发散是由已发现的希格斯粒子正规化消除的还是有新的动力学机制？希格斯粒子是基本粒子还是复合粒子？希格斯粒子会和暗物质耦合吗？它的衰变破坏 $\mathcal{CP}$ 对称性吗？希格斯粒子和宇宙学电弱相空间跃迁的关系是什么？等等。

物理学家相信，标准模型是一个更完美的基本粒子相互作用理论在低能下的近似理论，因此是适用于某一能标 Λ 下的有效场论（EFT）。Λ 称为截断参数(cut-off)。在大于 Λ 的能量下新物理（即新的粒子和相互作用）就会对 SM 的可观测量产生不可忽略的影响。在计算圈图的时候积分遍布所有的内部动量，这些动量不受能动量守恒的约束，而在一个有效的场论中积分则必须在 Λ 处停止。

先来讨论希格斯玻色子质量的微调(fine-tuning)问题，也称为规范的等级问题（the hierarchy problem)。如果采用 EFT 的观点，虚希格斯和玻色子交换的单圈图贡献将对物理的希格斯粒子质量进行修正，使得

$$M_{\mathrm{H,phys}}^2 \simeq M_{\mathrm{H},0}^2 + \frac{kg^2\Lambda^2}{16\pi^2} \tag{9.1}$$

$M_{\mathrm{H,phys}}$ 是物理的希格斯粒子质量，$M_{\mathrm{H},0}$ 是基本拉矢量中的参数，即树图下的值，g 是电弱耦合常数，k 是一个常数。若 $M_{\mathrm{H,phys}}$ 在真空期待值 v 的量级，即 $M_{\mathrm{H,phys}} = \mathcal{O}(v)$，取 Λ 为使引力的量子效应变得重要的能标，$\Lambda = 10^{19}\mathrm{GeV}$，为了得到 $M_{\mathrm{H,phys}}^2 = \mathcal{O}(v^2)$，则依据式（9.1）基本参数 $M_{\mathrm{H},0}^2$ 必须为 $M_{\mathrm{H},0}^2 = \mathcal{O}((10^{19})^2/10) + \mathcal{O}(v^2)$，换言之一个 $\mathcal{O}(10^{37})$ 的大数被调整使得只剩下末尾的 4~5 个数字和 $M_{\mathrm{H,phys}}^2 \approx v^2$ 的值匹配。只有两种方法可用以减少对 M_{H} 的细调：一种是取非常大的 $M_{\mathrm{H,phys}}$，由前面理论限定的讨论可知这是不合理的；另一种是减小新物理的能标，即截断参数 Λ 取比较小的值。

标准模型所存在的理论问题和不能解释的一些唯象学问题意味着人们需要探索超出标准模型的新物理，特别是规范等级问题、暗物质的存在等都强烈地意味着 TeV 能标新物理的存在。这其中，大统一、超对称、额外维理论得到了广泛的研究。最近十年来，额外维理论得到理论物理学家的重视，额外维上规范对称性的破缺、手征费米子的起源都得到了深入研究。

按照现有理论，我们的宇宙起源于 137 亿年前的一次大爆炸，那个爆炸的火球内充斥着大量的希格斯粒子，它扮演着上帝粒子的角色，在给其他粒子赋予质量后，很快就消失了，太阳和地球没有看到过希格斯粒子。第一次重新产生出希格斯粒子的工厂是高能 pp 对撞机 LHC，使我们看到了它的面目，这将载入世界科学和人类文明史册。人们猜测伴随希格斯而来的应该还有很多伙伴，其中可能包含超对称粒子，它们也只有在对撞机上才能再现身。超对称理论除了预言大量的超对称粒子之外，还预言希格斯粒子应该有 5 个，寻找这些新粒子以检验超对称理论是 LHC 上的重要课题。

这里仅对希格斯粒子的产生和衰变机制，以及实验上的寻找作一个介绍。

9.1　标准模型的希格斯物理基础

在第四章介绍标准模型时已经给出了希格斯机制和物理的理论推导，这里只作简略的回顾和讨论。

希格斯粒子的质量为 $M_{\rm H}^2 = 2\lambda v^2$，$\lambda$ 是 $V(\varPhi)$ 中希格斯的自耦合参数，希格斯场的真空期待值 $v = (\sqrt{2}G_{\rm F})^{-1/2} \approx 246\text{GeV}$。$\lambda$ 是 SM 理论中的一个自由参数，理论不能给出它的大小，因而不能预言希格斯粒子的质量，但一些理论方面的讨论还是可以对其质量给出限定的。

理论上的唯象讨论认为，规范场散射中如果没有一个中性玻色子的存在，理论的幺正性将会被破坏。对图 9.1 所示的 $\rm W_LW_L \to W_LW_L$ 散射，由于 $\rm W_L$ 的波函数可写为 $\epsilon_{\rm L} = (p,0,0,E)/M_{\rm W}$，和粒子的能量 E 呈线性关系，当能量 $E \gg M_{\rm W}$ 时，散射振幅 $\approx -g^2E^2/M_{\rm W}^2$ 随着能量的增加无限增大，破坏理论的幺正性；如果考虑标量玻色子 H 的贡献，如图 9.2 所示，它的振幅为 $\approx f_{\rm WWH}^2E^2/M_{\rm W}^4$，当 $E \gg M_{\rm W}$ 时，$f_{\rm WWH} = gM_{\rm W}$，这个标量玻色子贡献的抵消效应就可以拯救幺正对称性。

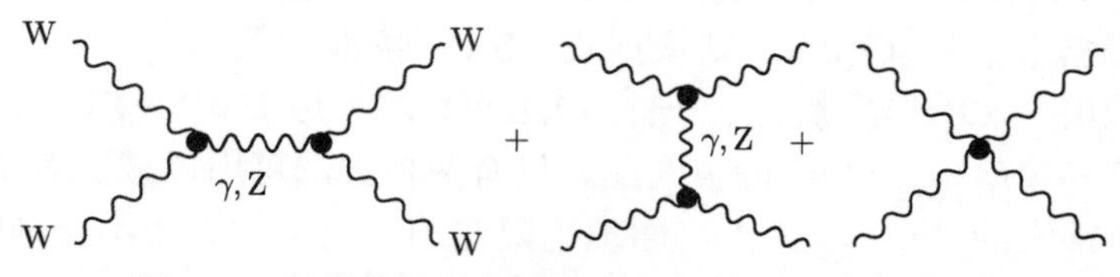

图 9.1　矢量玻色子参与的 $\rm W_LW_L \to W_LW_L$ 散射

标准模型作为一个有效场论，虽然提供了基本粒子及其相互作用在 $\mathcal{O}$ (100GeV) 能标或之下的物理，然而一定存在一个标准模型破坏的能标 $\varLambda$，即在 $\varLambda$ 之上标准模型不再适用。虽然尚不知 $\varLambda$ 的大小，但希格斯粒子的质量可以给出重要的限制。如果 $M_{\rm H}$ 太大，那么希格斯粒子的自耦合在普朗克能标下的某个 $\varLambda$ 处

就会变得不合理的强；如果 $M_{\rm H}$ 太小，希格斯位势会在一个 Λ 级的大的标量场上产生出第二个整体的极小值。于是在 Λ 能标或之下必须有新物理，使得理论的整体极小值对应于观测到的 $SU(2)\times U(1)$ 破缺真空 $v=246\text{GeV}$。对一个给定的 Λ 就可以计算出容许的希格斯粒子质量的最大值和最小值，如图 9.3 所示。根据 LHC 上的实验测量结果 $M_{\rm H}\simeq 125\text{GeV}$，意味着 $\lambda\simeq 0.13$，$|\mu|\simeq 88.8\text{GeV}$。

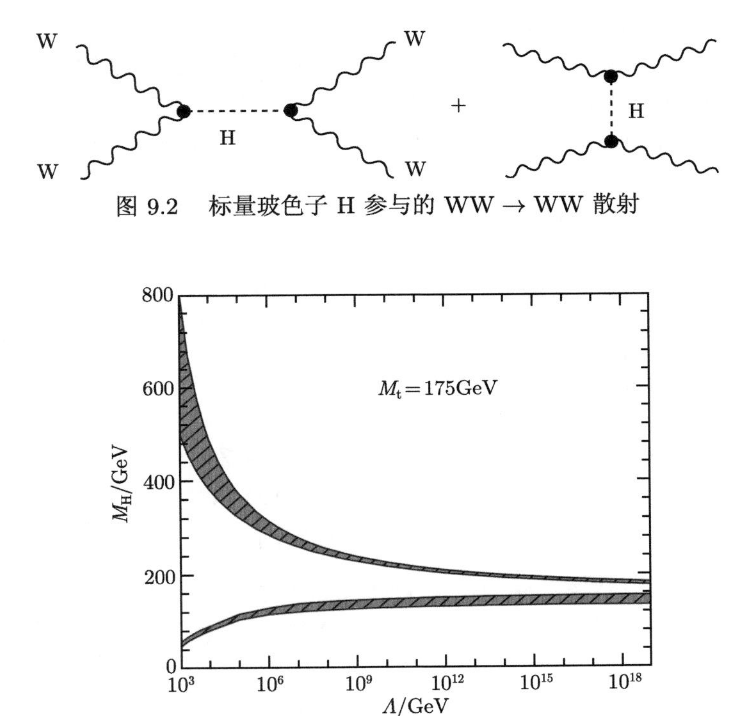

图 9.2 标量玻色子 H 参与的 WW → WW 散射

图 9.3 标准模型希格斯粒子的上下限随标准模型破坏能量标度 Λ 变化的函数关系 [11,12]。设定 $M_{\rm t}=175\text{GeV}$, $\alpha_{\rm s}(M_{\rm Z})=0.118$。阴影区是希格斯质量限理论计算的不确定性

希格斯粒子和别的基本粒子的耦合决定于这些粒子的质量。它和质量小的粒子，如 u、d 夸克和电子，耦合很弱；而和重粒子 W、Z、t 夸克的耦合则很强。严格地说，希格斯粒子和费米子的耦合线性正比于费米子的质量，而和玻色子的耦合正比于玻色子质量的平方。希格斯粒子和费米子、玻色子的耦合以及自耦合的拉氏量可以表示为

$$\begin{aligned}\mathcal{L}=&-g_{\rm Hf\bar{f}}f\bar{f}H+\frac{1}{2}\delta_{\rm V}V_{\mu}V^{\mu}\left(g_{\rm HVV}H+\frac{g_{\rm HHVV}}{2}H^2\right)\\&+\frac{1}{6}g_{\rm HHH}H^3+\frac{1}{24}g_{\rm HHHH}H^4\end{aligned}\tag{9.2}$$

其中

$$g_{\mathrm{Hf\bar{f}}} = \frac{M_{\mathrm{f}}}{v}, \quad g_{\mathrm{HVV}} = \frac{2M_{\mathrm{V}}^2}{v}, \quad g_{\mathrm{HHVV}} = \frac{2M_{\mathrm{V}}^2}{v^2}$$

$$g_{\mathrm{HHH}} = \frac{3M_{\mathrm{H}}^2}{v}, \quad g_{\mathrm{HHHH}} = \frac{3M_{\mathrm{H}}^2}{v^2}$$

这里，$\mathrm{V}=\mathrm{W}^{\pm},\mathrm{Z}$，$\delta_{\mathrm{W}^{\pm},\mathrm{Z}} = 2,1$，$v = 2M_{\mathrm{W}}/g = 246\mathrm{GeV}$。在希格斯粒子产生和衰变的过程中，占优的机制是 H 与 $\mathrm{W}^{\pm}$、Z 和（或）第三代的夸克和轻子的耦合。注意到 H 和胶子的耦合 Hgg 需要通过一阶圈图实现，这时占优的是 H 和圈图内线的虚 $\mathrm{t\bar{t}}$ 对耦合。类似地，H 和光子的耦合 $\mathrm{H\gamma\gamma}$ 也是通过一阶圈图实现的，不过这时 H 和虚 $\mathrm{W^+W^-}$ 对的耦合占优，而涉及虚 $\mathrm{t\bar{t}}$ 对的一阶圈图的贡献次之。

9.2　$\mathrm{e^+e^-}$ 对撞机上希格斯粒子的产生

以在 LEP 上希格斯粒子的寻找为例。在一个相当大的质量区间，LEP 对希格斯粒子进行了直接的实验寻找。LEP1 通过 $\mathrm{Z \to Z^*H}$，$\mathrm{Z^* \to f\bar{f}}$ 过程对希格斯粒子的寻找排除了 $M_{\mathrm{H}} < 65.4\mathrm{GeV}$ 的可能性。在 LEP2 上则应该交换实 Z 和虚 Z 的角色，希格斯粒子的产生机制可表示为 [14]

$$\begin{cases} \text{希格斯韧致：} & \mathrm{e^+e^- \to Z^* \to ZH} \\ \text{WW 凝聚：} & \mathrm{e^+e^- \to \bar{\nu}_e\nu_e(WW) \to \bar{\nu}_e\nu_e H} \\ \text{ZZ 凝聚：} & \mathrm{e^+e^- \to e^+e^-(ZZ) \to e^+e^- H} \end{cases} \tag{9.3}$$

在希格斯韧致机制中希格斯粒子从 Z 玻色子线发射；而在 VV 凝聚 (V=W,Z) 机制中，两个准实的规范玻色子从正负电子线辐射，对撞产生希格斯粒子，费曼图见图 9.4。

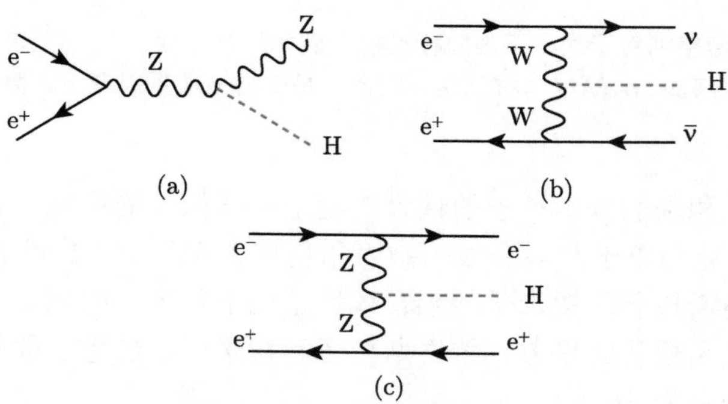

图 9.4　LEP2 实验中希格斯粒子产生的费曼图

LEP 电弱工作组（electroweak working group）整体拟合所有对希格斯质量有贡献的电弱精细测量数据给出 $M_{\mathrm{H}} = 92^{+34}_{-26}\mathrm{GeV}$，相当于 95% 置信度下的质量

上限 $M_H \lesssim 160\text{GeV}$[13]。直接测量在 95% 置信度下给出了希格斯粒子质量的下限 $M_H \gtrsim 114\text{GeV}$，如图 9.5 所示。在未来的高能直线对撞机上可以测量所有质量区间的希格斯粒子，譬如在 500GeV 的电子直线对撞机上可以测量中等质量的希格斯粒子，在高达 3TeV 的电子直线对撞机上可以测量更高质量的希格斯粒子。

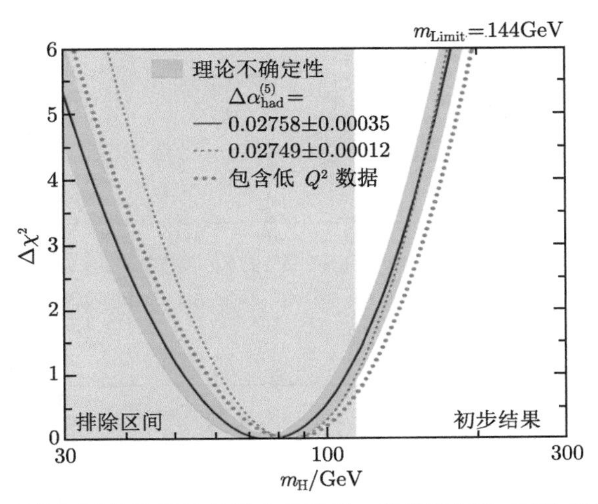

图 9.5 LEP2 电弱精细测量数据整体拟合的结果。黄色区间为 95% 置信度下的排除区间

1. 希格斯韧致

希格斯韧致过程的截面可以写为

$$\sigma(e^+e^- \to ZH) = \frac{G_F^2 M_Z^4}{24\pi s}[(g_V^e)^2 + (g_A^e)^2]\lambda^{1/2}\frac{\lambda + 12M_Z^2/s}{(1 - M_Z^2/s)^2} \tag{9.4}$$

其中，g_V^e 和 g_A^e 是 Z 和电子的耦合常数，

$$\lambda = [1 - (M_H + M_Z)^2/s][1 - (M_H - M_Z)^2/s] \tag{9.5}$$

是通常的两粒子相空间函数。截面 $\sigma \sim \alpha_w^2/s$（这里用 α_w 表示电弱耦合），是电弱耦合的二次方，具有能量平方的标度，在较高的渐近能量下该截面将减小为零，所以希格斯韧致过程对于对撞机能量和希格斯粒子的质量同量级（$\sqrt{s} \gtrsim \mathcal{O}(M_H)$）时的研究是非常重要的。截面的高阶电弱修正在理论上是可控的。图 9.6 画出了对 $\sqrt{s} = 500\text{GeV}$ 直线对撞机截面随希格斯粒子质量变化的函数关系。M_H 可以从反冲 Z 玻色子的能量重建，

$$M_H^2 = s - 2\sqrt{s}E_Z + M_Z^2 \tag{9.6}$$

不需要分析 H 的衰变产物。对 Z 的轻子衰变，丢失质量法可以给出清晰的信号，如图 9.7 的模拟所示。

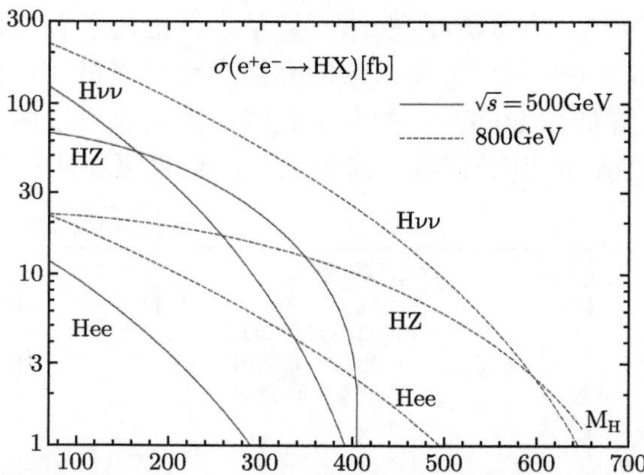

图 9.6　标准模型希格斯韧致 $e^+e^- \to ZH$ 和 WW/ZZ 凝聚 $e^+e^- \to \bar{\nu}_e\nu_e/e^+e^-H$ 过程 H 玻色子产生截面和 M_H 的函数关系；实线 $\sqrt{s}=500\text{GeV}$，虚线 $\sqrt{s}=800\text{GeV}$

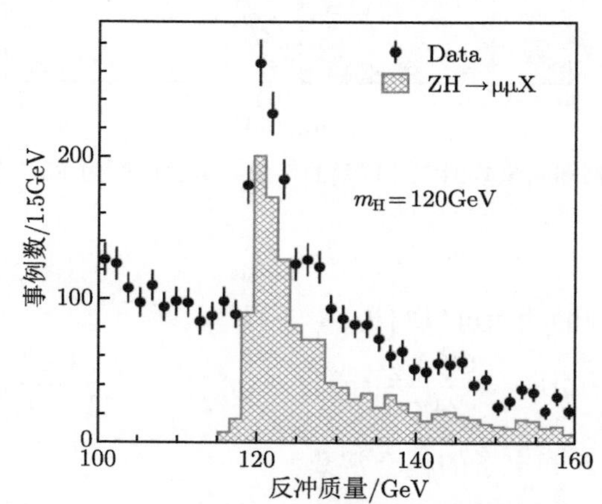

图 9.7　$e^+e^- \to ZH \to \mu^+\mu^-X$ 过程 $\mu^+\mu^-$ 的反冲质量分布的模拟；设 $M_H = 120\text{GeV}$，$\int \mathcal{L}dt = 500\text{fb}^{-1}$，$\sqrt{s} = 350\text{GeV}$。带误差棒的点是模拟的信号 + 本底，带阴影的直方图是纯信号

2. WW 凝聚

WW 凝聚的截面可以写为

$$\begin{cases}\sigma(e^+e^- \to \bar{\nu}_e\nu_eH) = \dfrac{G_F^3 M_W^4}{4\sqrt{2}\pi^3}\displaystyle\int_{\kappa_H}^1 dx \int_x^1 \dfrac{dy f(x,y)}{[1+(y-x)/\kappa_W]^2} \\ f(x,y) = \left(\dfrac{2x}{y^3} - \dfrac{1+3x}{y^2} + \dfrac{2+x}{y} - 1\right)\left[\dfrac{z}{1+z} - \ln(1+z)\right] + \dfrac{x}{y^3}\dfrac{z^2(1-y)}{1+z}\end{cases} \tag{9.7}$$

其中，$\kappa_{\mathrm{H}}=M_{\mathrm{H}}^2/s$，$\kappa_{\mathrm{W}}=M_{\mathrm{W}}^2/s$，$z=y(x-\kappa_{\mathrm{H}})/(\kappa_{\mathrm{W}}x)$。凝聚过程是 t 道交换的过程，它的大小决定于 W 粒子的康普顿波长，与希格斯轫致过程比较它是电弱耦合的三次方压制的，$\sigma\sim\alpha_{\mathrm{w}}^3/M_{\mathrm{W}}^2$，因此在高对撞能量下希格斯粒子 WW 凝聚产生过程的贡献是领头项的。在高的渐近能量下截面可以简化为

$$\sigma(\mathrm{e}^+\mathrm{e}^-\to\bar{\nu}_{\mathrm{e}}\nu_{\mathrm{e}}\mathrm{H})\to\frac{G_{\mathrm{F}}^3M_{\mathrm{W}}^4}{4\sqrt{2}\pi^3}\left[\ln\left(\frac{s}{M_{\mathrm{H}}^2}\right)-2\right]\tag{9.8}$$

在此极限下，W 凝聚过程可以认为是分两步进行的：首先从正负电子各辐射出一个准实的 W 粒子，$\mathrm{e}\to\nu\mathrm{W}$，分离态的寿命在 $E_{\mathrm{W}}/M_{\mathrm{W}}^2$ 级；然后由两个 W 的对撞产生希格斯粒子。电弱的高阶修正是可控的。如图 9.6 所示，在 $\sqrt{s}=500\mathrm{GeV}$ 的对撞能量下，希格斯轫致和 WW 凝聚的截面具有相当的数量级，而当能量增加以后，WW 凝聚过程会随着能量的提高变得越来越重要。图 9.6 中也给出了 ZZ 凝聚过程的截面，相对于 WW 凝聚要小得多。

9.3 希格斯粒子的衰变

如果希格斯粒子的质量在中等质量区间 $\mathcal{O}(M_{\mathrm{Z}})\leqslant M_{\mathrm{H}}\leqslant 2M_{\mathrm{Z}}$，其主要的衰变模式是到 $\mathrm{b}\bar{\mathrm{b}}$ 对和 WW、ZZ 对，其中一个规范玻色子是虚的，质量在相应的阈值之下。若希格斯粒子的质量在 WW、ZZ 对阈上，则将几乎全部衰变到这两个道。当希格斯粒子的质量接近 $\mathrm{t}\bar{\mathrm{t}}$ 阈值时也会有到 $\mathrm{t}\bar{\mathrm{t}}$ 对衰变。而当 $M_{\mathrm{H}}<140\mathrm{GeV}$ 时，除了主导的 $\mathrm{b}\bar{\mathrm{b}}$ 道之外，$\mathrm{H}\to\tau^+\tau^-,\mathrm{c}\bar{\mathrm{c}},\mathrm{gg}$ 道的衰变也都是重要的。此外 $\mathrm{H}\to\gamma\gamma$ 道的衰变率虽然小，但信号清晰，本底小，有利于希格斯粒子的重建。

1. 希格斯粒子衰变到费米子对

希格斯粒子衰变到轻子和夸克对的分宽度可表示为 [15]

$$\Gamma(\mathrm{H}\to\mathrm{f}\bar{\mathrm{f}})=N_{\mathrm{c}}\frac{G_{\mathrm{F}}}{4\sqrt{2}\,\pi}m_{\mathrm{f}}^2(M_{\mathrm{H}}^2)M_{\mathrm{H}}\tag{9.9}$$

N_{c} 是色因子。在阈值处分波宽度还会受到一个 P 波因子 β_{f}^3 的压制，β_{f} 是费米子的速度。费米子宽度渐近地随着 M_{H} 呈线性增长。QCD 修正的总体效应可以归纳到在希格斯粒子质量点计算的夸克质量标度依赖性，当 $M_{\mathrm{H}}\sim 100\mathrm{GeV}$ 时，相应的参数为 $m_{\mathrm{b}}(M_{\mathrm{H}}^2)\simeq 3\mathrm{GeV}$ 和 $m_{\mathrm{c}}(M_{\mathrm{H}}^2)\simeq 0.6\mathrm{GeV}$。c 夸克有效质量的减小大大补偿了在 H 到 c 和 τ 衰变之比中的色因子。其余的 QCD 修正约为 $5.7\times(\alpha_{\mathrm{s}}/\pi)$，对宽度的影响较小。

2. 希格斯粒子衰变到 WW 和 ZZ 对

在 WW 和 ZZ 对衰变的阈值之上，希格斯粒子衰变到矢量玻色子 V 对的分宽度可以写为 [16]

$$\Gamma(\mathrm{H}\to\mathrm{VV})=\delta_{\mathrm{V}}\frac{G_{\mathrm{F}}}{16\sqrt{2}\,\pi}M_{\mathrm{H}}^{3}(1-4x+12x^{2})\beta_{\mathrm{V}} \tag{9.10}$$

这里 $x=M_{\mathrm{V}}^{2}/M_{\mathrm{H}}^{2}$，$\delta_{\mathrm{V}}$ 和式（9.2）中的定义相同。当 M_{H} 大时，矢量玻色子会是纵向极化的。由于这些态的波函数和能量是线性关系，宽度将按 M_{H} 的三次方增长。在两个实的玻色子阈值之下，H 将衰变到 VV^{*} 对，其中一个矢量玻色子是虚的，这时分宽度可表示为 [17]

$$\Gamma(\mathrm{H}\to\mathrm{VV}^{*})=\delta_{\mathrm{V}}^{\prime}\frac{3G_{\mathrm{F}}^{2}M_{\mathrm{V}}^{4}}{16\pi^{3}}M_{\mathrm{H}}R(x) \tag{9.11}$$

这里，

$$\delta_{\mathrm{W}}^{\prime}=1,\qquad \delta_{\mathrm{Z}}^{\prime}=\frac{7}{12}-\frac{10}{9}\sin^{2}\theta_{\mathrm{W}}+\frac{40}{27}\sin^{4}\theta_{\mathrm{W}} \tag{9.12}$$

$$\begin{aligned}R(x)=&\frac{3(1-8x+20x^{2})}{(4x-1)^{1/2}}\arccos\left(\frac{3x-1}{2x^{3/2}}\right)-\frac{1-x}{2x}(2-13x+47x^{2})\\&-\frac{3}{2}(1-6x+4x^{2})\ln x\end{aligned} \tag{9.13}$$

一般地讲，由于 Z 的质量大，它的中性流耦合又小于 W 的带电流耦合，$\mathrm{H}\to\mathrm{ZZ}^{*}$ 的宽度要比 $\mathrm{H}\to\mathrm{WW}^{*}$ 小一个数量级。当 M_{H} 超过 140GeV 时 ZZ^{*} 道贡献的重要性显现，在 ZZ 对阈值之上 $\mathrm{H}\to\mathrm{ZZ}\to 4\mathrm{l}^{\pm}$ 会给出非常清晰的希格斯玻色子信号。WW 衰变道尽管在 W 的轻子衰变过程中有中微子的问题，当运动学对在壳的 ZZ 道不能企及时，WW 衰变道被证明仍然是非常重要的过程。

3. 希格斯粒子衰变到 gg 和 γγ 对

在 SM 中 H 到 gg 的衰变需要通过 t − b 圈图的中间态实现，而 H 到 γγ 的衰变则需要通过 W 的圈图中间态实现。这些衰变模式仅对远低于 t 和 W 对阈值区重要。它们的宽度表达式为 [18,19]

$$\Gamma(\mathrm{H}\to\mathrm{gg})=\frac{G_{\mathrm{F}}\alpha_{\mathrm{s}}^{2}(M_{\mathrm{H}}^{2})}{36\sqrt{2}\pi^{3}}M_{\mathrm{H}}^{3}\left[1+\left(\frac{95}{4}-\frac{7N_{\mathrm{F}}}{6}\right)\frac{\alpha_{\mathrm{s}}}{\pi}\right] \tag{9.14}$$

$$\Gamma(\mathrm{H}\to\gamma\gamma)=\frac{G_{\mathrm{F}}\alpha^{2}}{128\sqrt{2}\pi^{3}}M_{\mathrm{H}}^{3}\left(\frac{4}{3}N_{\mathrm{c}}e_{\mathrm{t}}^{2}-7\right)^{2} \tag{9.15}$$

公式适用于 $M_{\mathrm{H}}^{2}\ll 4M_{\mathrm{W}}^{2},4M_{\mathrm{t}}^{2}$ 。进一步考虑 $\Gamma(\mathrm{H}\to\mathrm{gg})$ 的次领头阶虚的和实的（NLO）QCD 修正，则有

$$\Gamma(\mathrm{H}\to\mathrm{gg(g)},\mathrm{gq\bar{q}})=\Gamma(\mathrm{H}\to\mathrm{gg})\left(1+\delta\frac{\alpha_{\mathrm{s}}}{\pi}\right) \tag{9.16}$$

因子

$$\delta=\frac{95}{4}-\frac{7N_{\mathrm{F}}}{6} \tag{9.17}$$

N_{F} 是味道数，

$$\delta(N_{\mathrm{F}}=5)\simeq 18 \quad \Rightarrow \quad \delta\Gamma/\Gamma \simeq 63\% \tag{9.18}$$

数值计算中取了强耦合常数 $\alpha_{\mathrm{s}}(M_{\mathrm{H}}^2)\simeq 0.11$。这一衰变道的 QCD 修正已经计算到了 N^3LO 阶。

总结所有可能的衰变道，并考虑理论上可能的误差，图 9.8给出了 $M_{\mathrm{H}}\leqslant$ 200GeV 的希格斯粒子各个可能的衰变道的分支比。若 $M_{\mathrm{H}}<140\mathrm{GeV}$，它的宽度应很窄，$\Gamma(\mathrm{H})\leqslant 10\mathrm{MeV}$；到了虚的或实的玻色子对道打开的能量，它的宽度会迅速变宽，到 ZZ 阈值处，$\Gamma(\mathrm{H})\sim 1\mathrm{GeV}$。在 LHC 或 $\mathrm{e^+e^-}$ 对撞机上该宽度不能直接测量，可以通过非直接的方法得到，例如测量凝聚过程中的 $\Gamma(\mathrm{H}\to\mathrm{WW})$ 的分波宽度，以及衰变过程 $\mathrm{H}\to\mathrm{WW}$ 的分支比 $BR(\mathrm{H}\to\mathrm{WW})$，总宽度由这两个观测量的比值给出。如果 M_{H} 在 250GeV 以上，它的宽度将会足够大，实验上要想给出比较精确的测量就会比较困难。

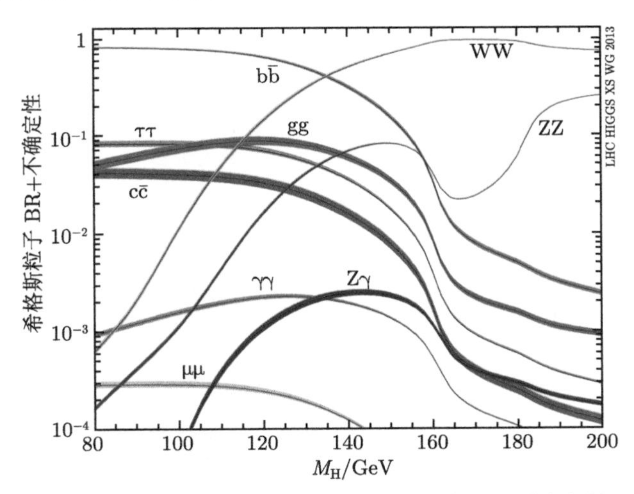

图 9.8 希格斯粒子各种可能的衰变分支比和不确定性

9.4 强子对撞机上希格斯粒子的产生

在强子对撞机上希格斯粒子的产生机制主要有胶子凝聚（ggF），弱规范玻色子凝聚（VBF），希格斯韧致（或称为规范玻色子的协同产生）（VH），以及 t 夸克对的协同产生（ttH）等几类，如图 9.9 所示。图 9.10 给出了 pp 对撞机 SM 希格斯产生截面的 $\sqrt{s}$ 函数关系（a）和 $M_{\mathrm{H}}=125\mathrm{GeV}$ 的希格斯粒子衰变分支比的期待值（b）。图 9.11 所示是在 $\sqrt{s}=8\mathrm{TeV}$ 能量点标准模型希格斯粒子的产生截面乘以分支比。下面对各类产生机制分别进行讨论 [14]。

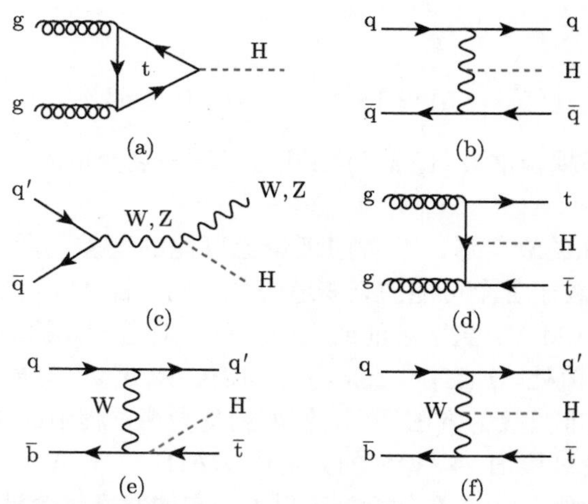

图 9.9　希格斯粒子产生的费曼图。(a) 胶子凝聚 (ggF)；(b) 弱规范玻色子凝聚 (VBF)；(c) 希格斯轫致 (或规范玻色子的协同产生) (VH)；(d) t 夸克对的协同产生 (ttH)；(e)、(f) 单个 t 夸克的协同产生 (tH)

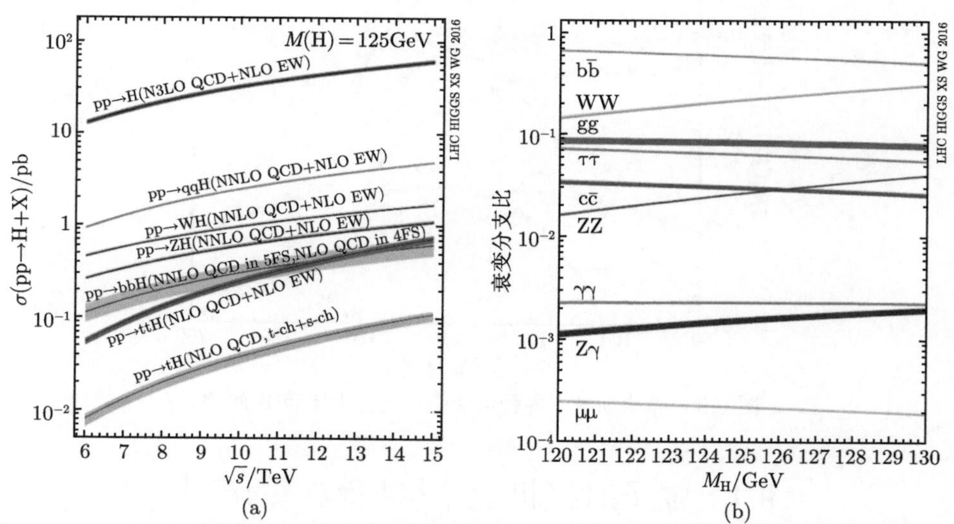

图 9.10　(a) pp 对撞机 SM 希格斯产生截面的 $\sqrt{s}$ 函数关系，图中 VBF 过程显示为 qqH，带宽表示理论的不确定性；(b) $M_{\rm H}=125{\rm GeV}$ 的希格斯粒子衰变分支比的期待值

1. 胶子-胶子凝聚过程希格斯粒子的产生

胶子-胶子凝聚产生希格斯粒子的过程需要通过重夸克的三角形圈图实现，如图 9.9(a) 所示。该过程是在 $100{\rm GeV}\leqslant M_{\rm H}\leqslant 1{\rm TeV}$ 的整个质量区间寻找和研究

希格斯粒子的最重要反应机制。由于 H 和重夸克的汤川（Yukawa）耦合随夸克的质量增长，平衡了三角形的振幅，对圈图中大的夸克质量形状因子达到非零值。

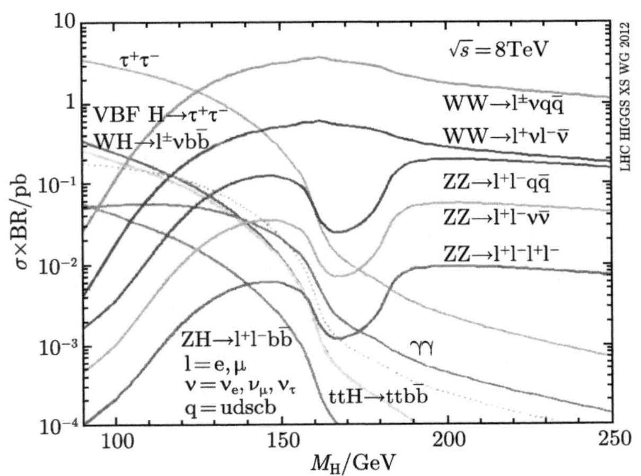

图 9.11 $\sqrt{s}=8$TeV 标准模型希格斯粒子的产生截面乘以分支比，对 $H\to\tau\tau$ 画出了单举总体（实线）和 VBF（虚线）两种模式

部分子最低阶截面可以通过 H 玻色子的胶子对宽度表示为

$$\begin{cases}\hat{\sigma}_{\rm LO}({\rm gg}\to{\rm H})=\sigma_0\times BW(\hat{s})\\ \sigma_0=\dfrac{\pi^2}{8M_{\rm H}^3}\Gamma_{\rm LO}({\rm H}\to{\rm gg})=\dfrac{G_{\rm F}\alpha_{\rm s}^2}{288\sqrt{2}\pi}\left|\displaystyle\sum_Q A_Q^H(\tau_Q)\right|^2\end{cases}\tag{9.19}$$

这里标度变量定义为 $\tau_{\rm Q}=4M_{\rm Q}^2/M_{\rm H}^2$，$\hat{s}$ 表示部分子的能量平方。形状因子的形式为

$$\begin{cases}A_{\rm Q}^{\rm H}(\tau_{\rm Q})=\dfrac{3}{2}\tau_{\rm Q}[1+(1-\tau_{\rm Q})f(\tau_{\rm Q})]\\ f(\tau_{\rm Q})=\begin{cases}\arcsin^2\dfrac{1}{\sqrt{\tau_{\rm Q}}}, & \tau_{\rm Q}\geqslant 1\\ -\dfrac{1}{4}\left[\ln\dfrac{1+\sqrt{1-\tau_{\rm Q}}}{1-\sqrt{1-\tau_{\rm Q}}}-{\rm i}\pi\right]^2, & \tau_{\rm Q}<1\end{cases}\end{cases}\tag{9.20}$$

若圈图中的夸克质量很小，形状因子将趋于零，$A_{\rm Q}^{\rm H}(\tau_{\rm Q})\sim-\dfrac{3}{8}\tau_{\rm Q}[\ln(\tau_{\rm Q}/4)+{\rm i}\pi]^2$，而当圈图中的夸克质量很大时，$A_{\rm Q}^{\rm H}(\tau_{\rm Q})\to 1$。最后的 BW 项是归一化的布瑞特-维格奈（Breit-Wigner）函数，

$${\rm BW}(\hat{s})=\frac{1}{\pi}\frac{\hat{s}\Gamma_{\rm H}/M_{\rm H}}{(\hat{s}-M_{\rm H}^2)^2+(\hat{s}\Gamma_{\rm H}/M_{\rm H})^2}\tag{9.21}$$

当 $\hat{s}=M_{\mathrm{H}}^2$ 时在窄宽度近视下 $BW(\hat{s})$ 趋于一个 δ 函数，$\delta(\hat{s}-M_{\mathrm{H}}^2)$。

在窄宽度近视下强子对撞的截面可以写成如下形式

$$\sigma_{\mathrm{LO}}(\mathrm{pp}\to\mathrm{H})=\sigma_0\tau_{\mathrm{H}}\frac{\mathrm{d}\mathcal{L}^{\mathrm{gg}}}{\mathrm{d}\tau_{\mathrm{H}}} \tag{9.22}$$

$\mathrm{d}\mathcal{L}^{\mathrm{gg}}/\mathrm{d}\tau_{\mathrm{H}}$ 是在 pp 对撞机上 gg 的亮度，

$$\frac{\mathrm{d}\mathcal{L}^{\mathrm{gg}}}{\mathrm{d}\tau_{\mathrm{H}}}=\int_{\tau_{\mathrm{H}}}^{1}\frac{\mathrm{d}\xi}{\xi}g(\xi;\tau_{\mathrm{H}}s)g(\tau_{\mathrm{H}}/\xi;\tau_{\mathrm{H}}s) \tag{9.23}$$

由胶子的密度函数 g 和 Drell-Yan 变量 $\tau_{\mathrm{H}}=M_{\mathrm{H}}^2/s$ 得到，s 是总的强子能量的平方。

需要指出的是 QCD 修正是非常重要的 [21]，修正后的理论给出的截面预期值对于重整化和因子化能标的变化是稳定的，而且 QCD 修正值是比较大的正值，提高了 H 粒子的产生截面。QCD 修正包括对最低阶过程 $\mathrm{gg}\to\mathrm{H}$ 虚的和实的修正，费曼图如图 9.12 所示。实的修正指的是 H 和零质量部分子的协同产生，包括 $\mathrm{gg}\to\mathrm{Hg}$、$\mathrm{gq}\to\mathrm{Hq}$、$\mathrm{q\bar{q}}\to\mathrm{Hg}$，这几个子过程中的胶子辐射产生两个部分子的末态，两个部分子的不变质量 $\hat{s}\geqslant M_{\mathrm{H}}^2$，它们对 H 产生的贡献是 $\mathcal{O}(\alpha_s^3)$ 阶的。虚过程修正对最低阶的凝聚截面乘以一个仅依赖于 M_{H} 和夸克质量之比的刻度系数。

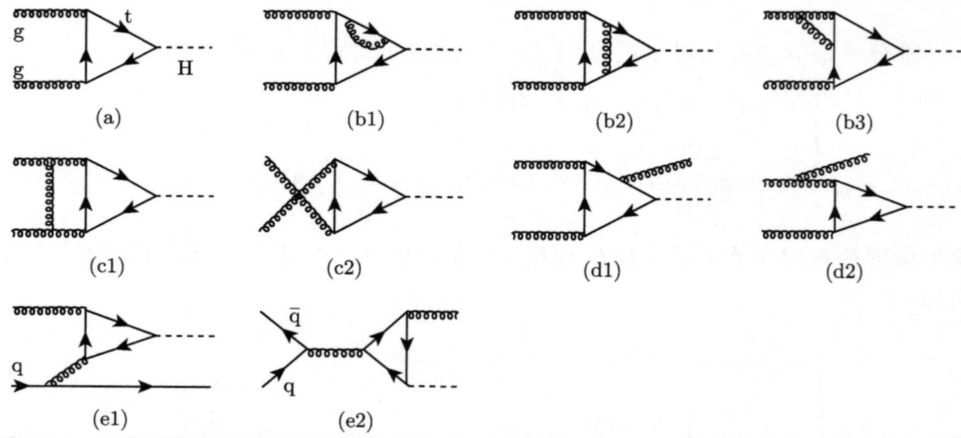

图 9.12　希格斯粒子产生胶子凝聚过程的 QCD 修正费曼图。(a) 最低阶图；(b) 虚过程的自能和顶点修正；(c) 虚过程的初态散射；(d) gg 对撞的实胶子辐射；(e) gq 和 $\mathrm{q\bar{q}}$ 对撞的 H 产生

为显示辐射修正的大小，可以定义一个 K 因子参数，

$$K=\frac{\sigma_{\mathrm{NLO}}}{\sigma_{\mathrm{LO}}} \tag{9.24}$$

NLO 和 LO 指的是次领头阶（next to leading order）和领头阶（leading order）的精度。这一计算结果见图 9.13。gg 对撞的虚修正 K_{virt} 和实修正 K_{gg} 具有差不

多相同的大小，二者都是比较大的正值；$q\bar{q}$ 对撞的修正因子 $K_{q\bar{q}}$ 比 gq 非弹康普顿过程的贡献 K_{gq} 要小很多。总的 K 因子 K_{tot} 对 M_H 的依赖性不强，它的值近似为 2。NNLO 阶的 QCD 修正对 K 因子的增加温和，$\delta_2 K_{tot} \leqslant 0.2$，如图 9.14 所示。$N^3LO$ 阶的修正甚至会使 K 因子减小。这证明 NLO 修正已包含了所有重要的过程。包含更高阶的修正后截面对重整化和因子化能标的依赖性会有明显的减弱，见图 9.15。

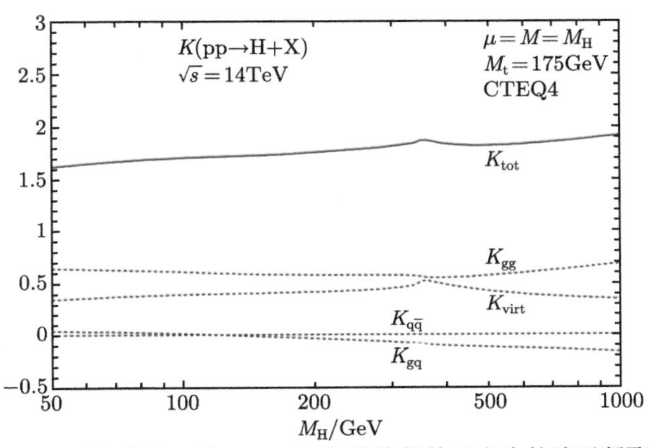

图 9.13 LHC 质心能量 $\sqrt{s} = 14\text{TeV}$ 下希格斯粒子产生的胶子凝聚过程截面 $\sigma(pp \to H + X)$ 的 QCD 修正 K 因子。重整化和因子化标度为 M_H，采用了 CTEQ4 部分子分布函数

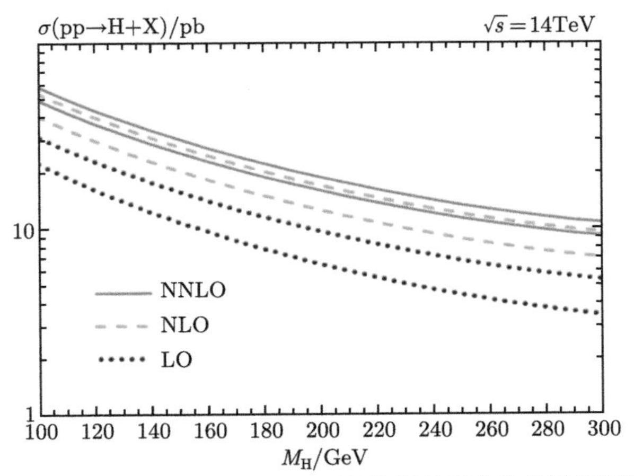

图 9.14 LHC 质心能量 $\sqrt{s} = 14\text{TeV}$ 下希格斯粒子产生的胶子凝聚过程截面 $\sigma(pp \to H + X)$ 的 LO、NLO 和 NNLO 阶计算结果。误差带通过重整化和因子化能标在 $M_H/2$ 和 $2M_H$ 之间的变化计算得到

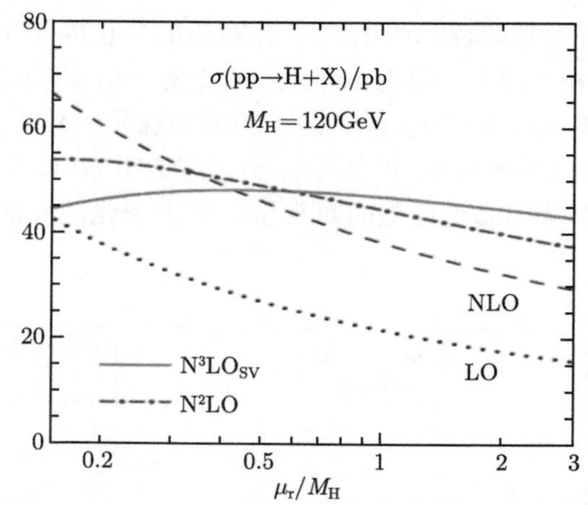

图 9.15　LHC 质心能量 $\sqrt{s}=14\text{TeV}$ 下胶子凝聚过程截面 $\sigma(\text{pp}\to\text{H}+\text{X})$ 的 LO、NLO、NNLO 阶及在 N^3LO 阶软/虚近似的重整化标度

图 9.16 给出了 LHC 上希格斯粒子的产生截面作为 M_H 的函数。截面随着 M_H 的增加而减小，在很大程度上是由于在大的不变质量区间 gg 亮度剧烈下降。截面的凸起部来自于 t 夸克三角形圈图中的 $\text{t}\bar{\text{t}}$ 阈。这一计算总的理论精度估计在 10% 到 20% 的水平。

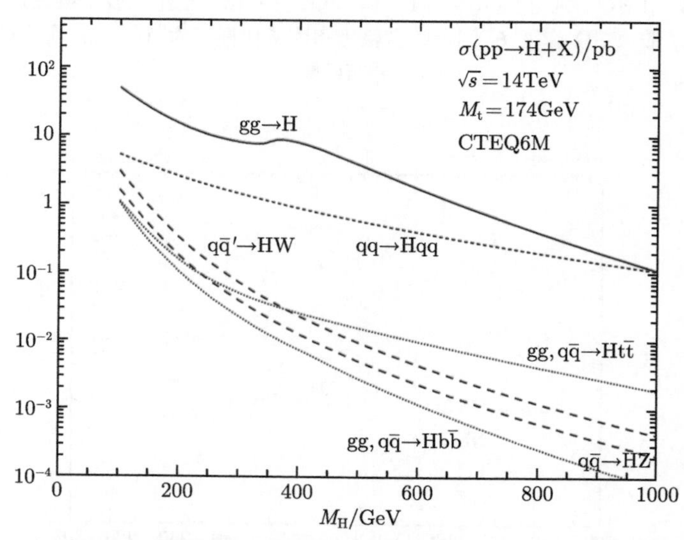

图 9.16　LHC 上各种产生机制给出的截面和 M_H 的函数关系。这是完整的 QCD 修正结果

2. 矢量玻色子凝聚过程希格斯粒子的产生

矢量玻色子的凝聚过程 $\text{W}^+\text{W}^-\to\text{H}$ 是 LHC 上 H 粒子产生的第二个重要

的反应道 [20]，费曼图如图 9.9(b) 所示。当 M_{H} 比较大时，该反应道的贡献甚至可以和 gg 凝聚过程竞争。对中等质量的希格斯粒子虽然截面较小，但由于这时的信噪比减小许多，它对于寻找较轻的希格斯粒子并研究其特性仍然是非常重要的。

对大的 M_{H}，从夸克线轫致出来的 W, Z 玻色子主要是纵向极化的，在高能下的粒子谱为

$$\begin{cases} f_{\mathrm{L}}^{\mathrm{W}}(x) = \dfrac{G_{\mathrm{F}} M_{\mathrm{W}}^2}{2\sqrt{2}\,\pi^2} \dfrac{1-x}{x} \\ f_{\mathrm{L}}^{\mathrm{Z}}(x) = \dfrac{G_{\mathrm{F}} M_{\mathrm{Z}}^2}{2\sqrt{2}\pi^2} [(g_{\mathrm{V}}^q)^2 + (g_{\mathrm{A}}^q)^2] \dfrac{1-x}{x} \end{cases} \tag{9.25}$$

这里，x 是 W, Z 从夸克劈裂出来的过程 $\mathrm{q} \to \mathrm{q} + \mathrm{W/Z}$ 中携带的夸克能量份额。由此可以计算出 WW 和 ZZ 的亮度，

$$\begin{cases} \dfrac{\mathrm{d}\mathcal{L}^{\mathrm{WW}}}{\mathrm{d}\tau_{\mathrm{W}}} = \dfrac{G_{\mathrm{F}}^2 M_{\mathrm{W}}^4}{8\pi^4} \left(2 - \dfrac{2}{\tau_{\mathrm{W}}} - \dfrac{1+\tau_{\mathrm{w}}}{\tau_{\mathrm{W}}} \ln \tau_{\mathrm{W}}\right) \\ \dfrac{\mathrm{d}\mathcal{L}^{\mathrm{ZZ}}}{\mathrm{d}\tau_{\mathrm{Z}}} = \dfrac{G_{\mathrm{F}}^2 M_{\mathrm{Z}}^4}{8\pi^4} \left[(g_{\mathrm{V}}^q)^2 + (g_{\mathrm{A}}^q)^2\right] \left[(g_{\mathrm{V}}^{q'})^2 + (g_{\mathrm{A}}^{q'})^2\right] \\ \qquad\qquad \times \left[2 - \dfrac{2}{\tau_{\mathrm{Z}}} - \dfrac{1+\tau_{\mathrm{Z}}}{\tau_{\mathrm{Z}}} \ln \tau_{\mathrm{Z}}\right] \end{cases} \tag{9.26}$$

这里 Drell-Yan 变量定义为 $\tau_{\mathrm{V}} = M_{\mathrm{VV}}^2/s$。夸克-夸克碰撞产生希格斯粒子的截面由部分子截面 $\mathrm{WW, ZZ} \to \mathrm{H}$ 卷积亮度得到

$$\hat{\sigma}(\mathrm{qq} \to \mathrm{qqH}) = \frac{\mathrm{d}\mathcal{L}^{\mathrm{VV}}}{\mathrm{d}\tau_{\mathrm{V}}} \sqrt{2}\,\pi G_{\mathrm{F}} \tag{9.27}$$

最后由所有可能的夸克-夸克，夸克-反夸克对通量对截面的贡献相加就给出了强子对撞的总截面。由于在最低阶近似下质子的残留物在 WW, ZZ 凝聚过程中是色的单态，在夸克辐射出矢量玻色子的过程中两个夸克之间没有色荷的交换，因此领头阶的 QCD 修正已经包含在对夸克分布密度函数的修正中。

LHC 上 WW, ZZ 凝聚产生希格斯粒子的截面也显示在图 9.16中。可以明显看出在高端质量区这一过程变得非常重要，接近于 gg 凝聚的值。在中等质量区间它和 gg 凝聚过程的差值在一个数量级以下。

3. 矢量玻色子轫致产生希格斯粒子的过程

希格斯轫致过程 $\mathrm{q\bar{q}} \to \mathrm{V}^* \to \mathrm{VH}(\mathrm{V} = \mathrm{W, Z})$ 的费曼图如图 9.9(c) 所示，它对在 Tevatron 和 LHC 强子对撞机上寻找轻希格斯粒子是非常重要的。虽然它的截面比 gg 凝聚过程要低，但矢量玻色子的轻子衰变道有利于从巨大的本底事例

中筛选出希格斯粒子信号事例。由于除了夸克-反夸克的密度函数之外，该道的动力学机制和 e^+e^- 对撞机是相同的，其中间步骤的计算就省略了。在 Tevatron 和 LHC 上截面的计算值也显示在图 9.16 中。

4. 希格斯粒子的 $t\bar{t}$ 协同产生过程

希格斯粒子的协同产生过程 $gg, q\bar{q} \to t\bar{t}H$ 的费曼图如图 9.9(d) 所示，它只对轻希格斯粒子的产生具有意义。部分子截面的解析表达式即使在最低阶也是相当复杂的，所以只在图 9.16 中给出了 LHC 上截面的最终结果。高阶修正的讨论可见文献 [26]。从实验的角度看，该道的信号和本底分辨也是非常困难的。尽管如此，希格斯粒子从 t 夸克上的轫致产生过程可用以在 LHC/LC 上对 Htt 汤川耦合进行相关的测量，因为它的截面 $\sigma(pp \to t\bar{t}H)$ 正比于这一基础的耦合参数。

小结：希格斯粒子在 LHC 上各类产生过程的截面显示在图 9.16 中。H 粒子产生的 gg 凝聚过程是普适的，主导着 SM 希格斯质量的整个区间。希格斯粒子从弱玻色子 W, Z 或 t 夸克上轫致产生的过程对轻希格斯粒子的产生有显著的贡献。WW/ZZ 凝聚道除了在中等质量区间有用外，在高质量端也会变得相当重要。

9.5　LHC 上标准模型希格斯粒子的寻找

LHC 质子-质子对撞机上的两个实验组 ATLAS [27] 和 CMS [28] 早在 2012 年 7 月就发现了和 SM 希格斯粒子相容的新粒子，接下来的一系列实验测量都确证了这一粒子和 SM 希格斯粒子性质的一致性。下面对观测结果做一个简单的介绍 [29]。大部分结果基于 LHC 在 2011 年和 2012 年积累的 pp 对撞质心能量 7TeV 和 8TeV 的数据，每个实验组的积分亮度大约为 25fb^{-1}；最后会给出 2016 年质心能量 13TeV 数据的高显著性结果。

表 9.1 列出了 $M_{\rm H} = 125\text{GeV}$ 的希格斯粒子的衰变分支比和相应的不确定性。表 9.2 是 LHC 上寻找低质量希格斯粒子的主要衰变道。

如前面的讨论，希格斯粒子产生的主导模式是胶子-胶子凝聚（ggF），矢量玻色子凝聚（VBF），与矢量玻色子 V 的协同产生（VH，V=W 或 Z），以及与顶夸克的协同产生（ttH）。LHC 上希格斯玻色子最灵敏的 5 种衰变模式如表 9.2所示，分别为：$\gamma\gamma$、4l、WW、$\tau\tau$ 和 $b\bar{b}$。对每一个希格斯的产生和衰变道，以下面的关系式为出发点进行分析：

$$\sigma_{\rm p}({\rm H}) \times BR({\rm H} \to {\rm xx'}) = \frac{\sigma_{\rm p}^{\rm SM}({\rm H})}{\Gamma_{\rm p}^{\rm SM}} \times \frac{\Gamma_{\rm p}\Gamma_{\rm x}}{\Gamma} \tag{9.28}$$

这里，$\Gamma_{\rm x}$ 表示 ${\rm H} \to {\rm xx'}$ 的衰变宽度；$\Gamma_{\rm p}$ 是对所讨论的产生模式下 H 的分宽度；Γ 是总的宽度。该公式的成立有两个条件：首先是窄宽度近似，它应该直到中等质量的 H 玻色子质量都是成立的；其次是一个单一的有明确定义的反应道被赋予 H 的产生过程。实验观测到的事例率提供了对 $\Gamma_{\rm p}\Gamma_{\rm x}/\Gamma$ 的测量，这部分包括了实验的误差，理论上的不确定性在归一化因子 $\sigma_{\rm p}^{\rm SM}(H)/\Gamma_{\rm p}^{\rm SM}$ 内，理论的输入和实验的测量被明确地区分开来。下面将按此分类进行讨论。

表 9.1 $M_{\rm H}=125{\rm GeV}$ 的希格斯粒子的衰变分支比和相应的不确定性

衰变道	衰变分支比	相对不确定性
$\rm H\to\gamma\gamma$	2.27×10^{-3}	+5.0%
		−4.9%
$\rm H\to ZZ$	2.62×10^{-2}	+4.3%
		−4.1%
$\rm H\to W^+W^-$	2.14×10^{-1}	+4.3%
		−4.2%
$\rm H\to\tau^+\tau^-$	6.27×10^{-2}	+5.7%
		−5.7%
$\rm H\to b\bar{b}$	5.84×10^{-1}	+3.2%
		−3.3%
$\rm H\to Z\gamma$	1.53×10^{-3}	+9.0%
		−8.9%
$\rm H\to\mu^+\mu^-$	2.18×10^{-4}	+6.0%
		−5.9%

表 9.2 LHC 上寻找低质量希格斯粒子的主要衰变道，假设 $M_{\rm H}=125{\rm GeV}$

衰变道	质量分辨
$\rm H\to\gamma\gamma$	$1\%\sim2\%$
$\rm H\to ZZ\to l^+l^-l'^+l'^-$	$1\%\sim2\%$
$\rm H\to W^+W^-\to l^+\nu_l l'^-\bar{\nu}_{l'}$	20%
$\rm H\to\tau^+\tau^-$	15%
$\rm H\to b\bar{b}$	10%

1. $\rm H\to\gamma\gamma$

该道的典型特征是具有相对高的事例率和低的信噪比。它具有高的 $M_{\gamma\gamma}$ 质量分辨，因此特别适于对希格斯粒子质量的测量。分析方法就是在各种希格斯粒子的产生模式中，以最优化的判选条件选取两个光子的事例。同时要求事例有两个具有高快度间隙的喷注（VBF 产生模式）；或者还有轻子，有时有丢失能量（VH 产生模式）；或者事例的特征和含有一个 t 夸克对一致（ttH 产生模式）。最后给出 $M_{\gamma\gamma}$ 质量谱。本底主要来自连续的 $\gamma\gamma$、$\gamma+$ 喷注和两个喷注事例，由 $M_{\gamma\gamma}$ 分布的边带事例拟合给出估计，如图 9.17 所示。在 $M_{\gamma\gamma}\approx125{\rm GeV}$ 处 H 信号明显可见。

ATLAS 和 CMS 观测到的 $\rm H\to\gamma\gamma$ 事例候选者都稍微高于期待值，不过都在 SM 期待值的一个高斯标准偏差之内。两个实验组都给出了信号强度 μ 的测量

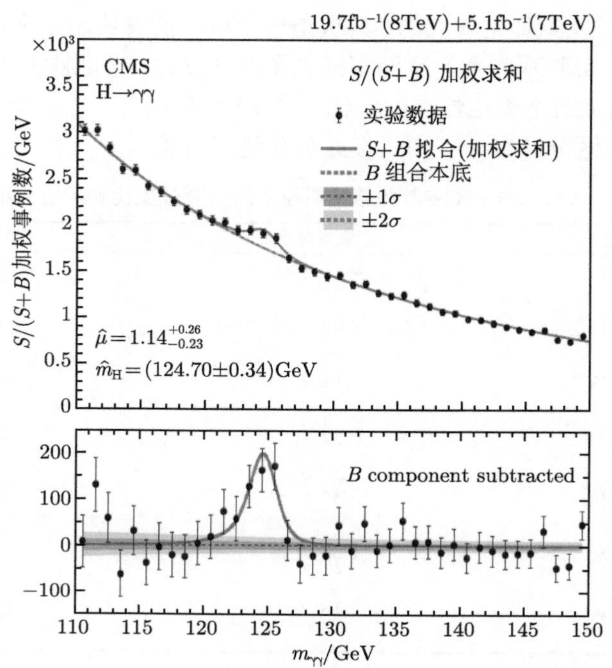

图 9.17　CMS 测得的 $M_{\gamma\gamma}$ 分布，对各类产生模式进行了加权求和。S 和 B 是对每类事例在一个小的 M_{H} 窗口中的信号和本底事例数

值，它的定义是：观测到的截面乘以分支比，除以 SM 期待值。若设 H 衰变到末态 Y，则

$$\mu_{\mathrm{Y}}=\frac{\sum\limits_i \sigma_i(\mathrm{pp}\to\mathrm{H}+\mathrm{X}_i)\times BR(\mathrm{H}\to\mathrm{Y})}{\sum\limits_i \sigma_i(\mathrm{pp}\to\mathrm{H}_{\mathrm{SM}}+\mathrm{X}_i)\times BR(\mathrm{H}_{\mathrm{SM}}\to\mathrm{Y})} \tag{9.29}$$

这里 i 表示不同的产生机制，如 gg 凝聚，矢量玻色子凝聚等。根据这一定义 SM 希格斯玻色子对所有的衰变道 Y 都给出 $\mu_{\mathrm{Y}}=1$。在 $\mathrm{H}\to\gamma\gamma$ 道的测量中，对各类产生机制的 μ 值也进行了分类测量，如图 9.18 所示，和 SM 期待值 $\mu=1$ 是一致的。CMS 的信号显著性是 5.7σ（期待值：5.2σ），ATLAS 的信号显著性是 5.2σ（期待值：4.6σ）。

2. $\mathrm{H}\to 4\mathrm{l}$

$\mathrm{H}\to 4\mathrm{l}$ 的事例率和别的道比起来相对较低，但是它具有最高的信噪比，同时 $M_{4\mathrm{l}}$ 质量分辨比较高，和 $\mathrm{H}\to\gamma\gamma$ 过程一块主导着 M_{H} 的测量。物理分析首先要求有 4 个轻子，依照不同的轻子类型进行其后的分析。和 $\mathrm{H}\to\gamma\gamma$ 分析一样，按

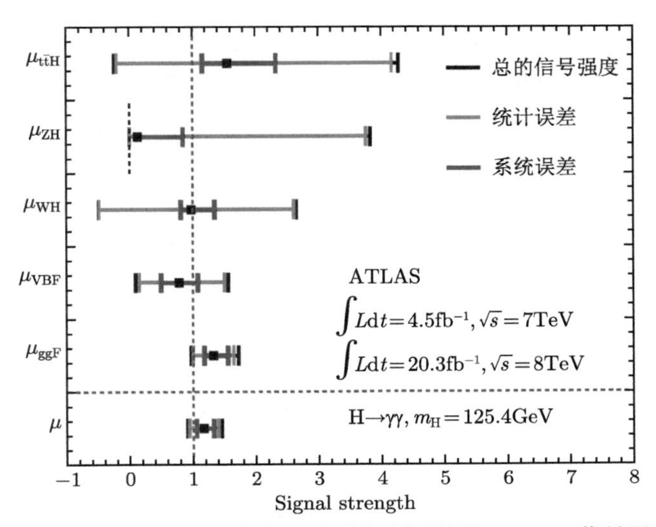

图 9.18 ATLAS 测得的各类 H 产生机制及总的 $\mathrm{H}\to\gamma\gamma$ 信号强度 μ

不同的产生机制分类进行研究。主要的灵敏度在于事例中是否有喷注，用来区分 ggF 产生模式和别的模式。主要本底是连续的 ZZ^* 产生，可以由模拟给出估计。ATLAS 给出的 M_{4l} 分布见图 9.19，质量峰在 125GeV 清晰可见。

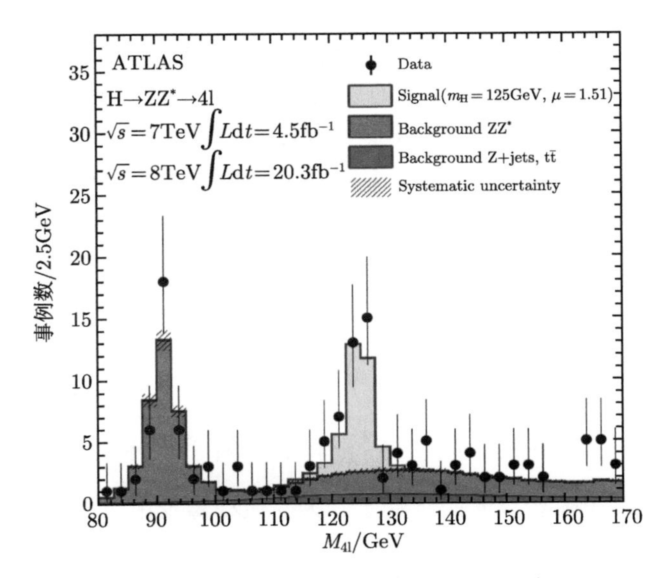

图 9.19 ATLAS 测得的总的 M_{4l} 分布

ATLAS 和 CMS 的测量结果和 SM 的期待值符合得非常好。图 9.20 是 CMS

测得的 ggF 和 ttH 相对于 VBF 和 VH 产生模式的信号强度。CMS 观测到的信号显著性为 6.8σ（期待值：6.7σ）；ATLAS 的信号显著性是 8.1σ（期待值：6.2σ）。

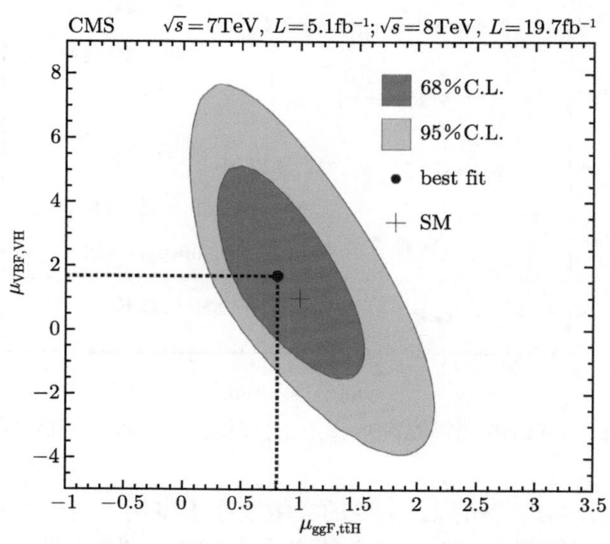

图 9.20 CMS 测得的 ggF 和 ttH 相对于 VBF 和 VH 产生模式的信号强度

3. $\mathrm{H} \to \mathrm{WW}$

希格斯粒子衰变到 W 玻色子对的事例率相对比较高，但是不可减除的 WW 连续本底也很高。由于在 W 最灵敏的衰变模式中有中微子的存在，M_{WW} 的分辨率比较差，压制这种连续的 WW 本底比较困难。W+ 喷注和顶夸克对的本底也不小。最灵敏的子过程是 eνμν 末态加上低喷注多重数。对除了 ggF 模式之外的其他模式还可以增加喷注或轻子数的要求，以提高灵敏度。图 9.21是“eνμν + $\geqslant 2$ 个喷注”类的 M_{T} 分布，其定义为

$$M_{\mathrm{T}} = \sqrt{(E_{\mathrm{T}}^{\mathrm{ll}} + E_{\mathrm{T}}^{\mathrm{miss}})^2 - |\boldsymbol{p}_{\mathrm{T}}^{\mathrm{ll}} + \boldsymbol{E}_{\mathrm{T}}^{\mathrm{miss}}|^2} \tag{9.30}$$

这里 $E_{\mathrm{T}}^{\mathrm{ll}} = \sqrt{|\boldsymbol{p}_{\mathrm{T}}^{\mathrm{ll}}|^2 + M_{\mathrm{ll}}^2}$，$\boldsymbol{p}_{\mathrm{T}}^{\mathrm{ll}} = \boldsymbol{p}_{\mathrm{T}}^{\mathrm{l1}} + \boldsymbol{p}_{\mathrm{T}}^{\mathrm{l2}}$，因此总的横动量为

$$\boldsymbol{p}_{\mathrm{T}}^{\mathrm{tot}} = \boldsymbol{p}_{\mathrm{T}}^{\mathrm{l1}} + \boldsymbol{p}_{\mathrm{T}}^{\mathrm{l2}} + \boldsymbol{p}_{\mathrm{T}}^{\mathrm{jet}} + \boldsymbol{E}_{\mathrm{T}}^{\mathrm{miss}} \tag{9.31}$$

事例的典型特征是电荷相反的两个轻子，大的横动量及由中微子流失带来的大的动量不平衡。这一过程具有最高的信号纯度期待。本底是非共振态的 WW、$\mathrm{t\bar{t}}$ 和 Wt 产生，它们的末态都含有两个实的 W 粒子。别的重要本底包括 Drell-Yan 事例（$\mathrm{pp} \to \mathrm{Z}/\gamma^* \to \mathrm{ll}$），它的 $E_{\mathrm{T}}^{\mathrm{miss}}$ 有可能来自于误测量；还有 W+ 喷注事例，这时来自于喷注的某一末态个体可能会被重建为第二个电子或 μ 子；以及 Wγ 事

例，其中的光子会对有产生过程。玻色子对产生过程 $W\gamma^*/WZ^*$ 和 ZZ^* 也可能产生两个符号相反的轻子加上另外没有被探测到的轻子。

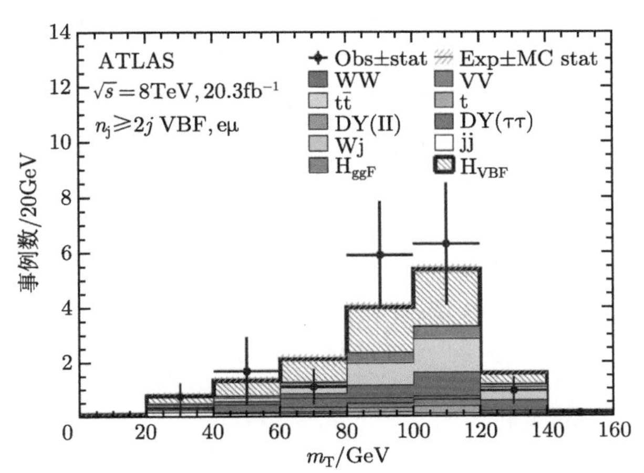

图 9.21　ATLAS 测得的“$e\nu\mu\nu+\geqslant 2$ 个喷注”类的 M_T 分布。对最后分析鉴别的各个 bin 内事例加了权重值 $\ln(1+S/B)$，S 和 B 分别为期待的信号和本底事例数

ATLAS 和 CMS 测量到的事例率在 SM 期待值的 1σ 之内。图 9.22给出的是希格斯排除随 M_H 的变化，可以看出在 125GeV 附近的超出和对别的重的类标准模型希格斯粒子的排除。

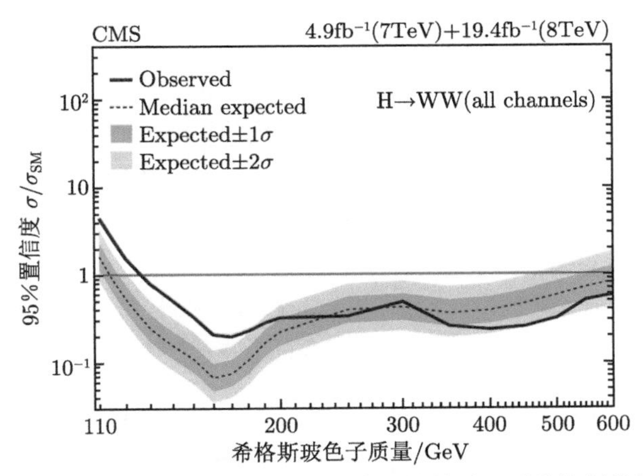

图 9.22　CMS 给出的 WW 道的排除随 M_H 变化的关系。对希格斯粒子没有任何假设

4. $H\to\tau\tau$

$H\to\tau\tau$ 可能是 LHC 数据分析中最为复杂者之一。按照 τ 的衰变可以分为 6 组：ee、eμ、μμ、$e\tau_h$、$\mu\tau_h$、$\tau_h\tau_h$（这里 τ_h 指 τ 的强子衰变）。过程的主要本底来

自 Drell-Yan 的 $Z\to\tau^+\tau^-, e^+e^-$，以及 W+ 喷注，$t\bar{t}$ 和多喷注事例。各个子过程可以根据事例中不同的喷注数目和运动学特征分成不同的类。一般地说，含有一个或多个额外的喷注数的过程具有较高的寻找灵敏度。VBF 类因含有 $\tau^+\tau^-$ 对和两个大快度间隔的喷注，具有最高的信噪比和寻找灵敏度，其次是 $\tau^+\tau^-$ 对 + 1 个喷注的 VH 类。这里希格斯玻色子具有大的 p_T，有洛伦兹增长效应。CMS 也研究了 $ttH, H\to\tau\tau$ 道。CMS 的分析基于正交（orthogonal）选择要求，分了差不多 100 个子类。ATLAS 只用了 6 个子类，基于 BDT（boosted decision tree）多变量的分析方法 [22]。两个实验组都利用各类事例 τ 衰变链的运动学信息来重建 $M_{\tau\tau}$，不在意测不到的中微子。总的 $M_{\tau\tau}$ 分布如图 9.23 所示。主要本底来自 $Z/\gamma^*\to\tau\tau$ 事例，根据轻子的普适性它应该和 $Z/\gamma^*\to\mu\mu$ 事例的分布类似，因此可以将 $Z/\gamma^*\to\mu\mu$ 对撞数据的 μ 换成模拟的 τ 轻子对其进行估计。

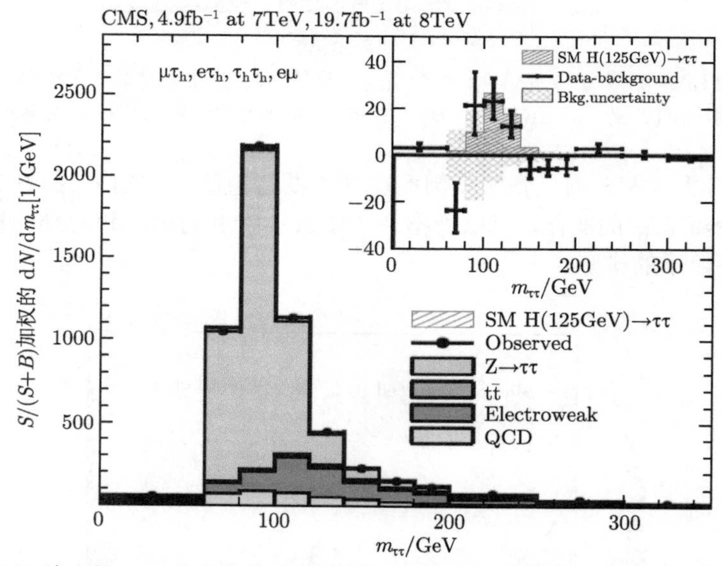

图 9.23 CMS 给出的 $M_{\tau\tau}$ 分布的估计。这是几个道的事例按纯度加权后合并在一起的结果。右上角的插入图是减除本底后的分布

两个实验组都报告了 $H\to\tau\tau$ 衰变的迹象。ATLAS 观测到 4.5σ（期待值：3.5σ），CMS 观测到 3.2σ（期待值：3.7σ）。这是首次观测到这一衰变的迹象。测量的灵敏度主要来自 VBF 模式，由图 9.24 所示的 ATLAS 测得的信号强度可以看出，ggF 模式信号强度的限制较弱，VBF/VH 模式在 2σ 水平。

5. $H\to b\bar{b}$

$H\to b\bar{b}$ 的分析在 LHC 是极富挑战性的，尽管它的分支比期待值在 $M_H=$

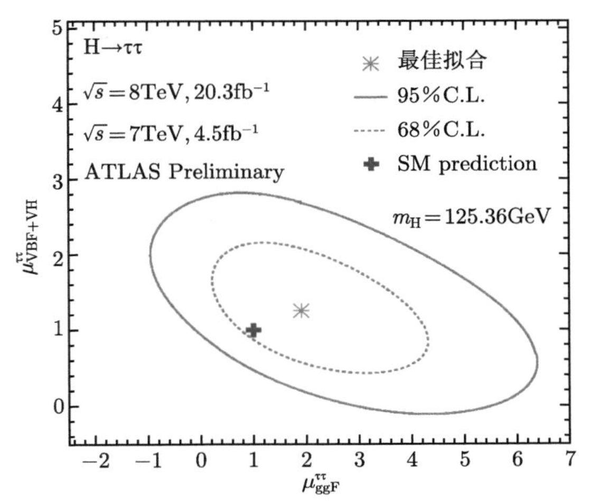

图 9.24 ATLAS 给出的 $H \to \tau\tau$ 道 ggF 模式相对于 VBF/VH 模式的信号强度

125GeV 处等于 0.58，是最高的。ggH 产生模式由于有很大的非共振态 $b\bar{b}$ 本底，实际上是不可用的。VBF 产生模式稍微好些，最佳的是 VH 事例，ttH 模式也已被研究。两个实验组都使用基于 BDT 的分析方法，从巨大的 Z、W、$t\bar{t}$、VV 和多喷注事例本底中找出信号事例。图 9.25 是本底减除后的 $M_{b\bar{b}}$ 分布。

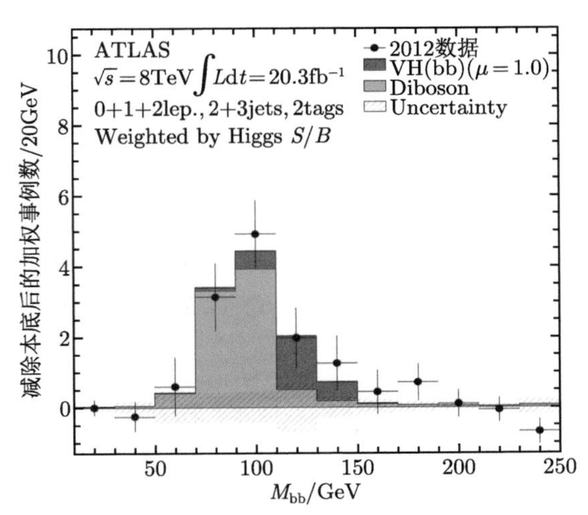

图 9.25 ATLAS 给出的 $H \to b\bar{b}$ 道的 $M_{b\bar{b}}$ 分布，减除了双玻色子以外的其余本底

两个组的测量结果为：CMS 的测量和期待显著性都为 2.1σ；ATLAS 的观测显著性是 1.4σ，期待显著性是 2.6σ。ATLAS 的低观测显著性主要归因于 $\sqrt{s}=7\,\text{TeV}$ 的数据。图 9.26 显示的是 CMS 信号强度的测量结果。

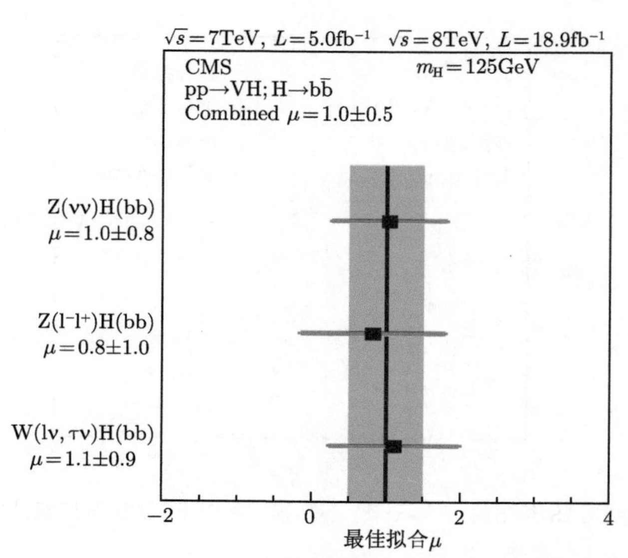

图 9.26　CMS 测得的 $H \to b\bar{b}$ 道的信号强度，区分了不同的产生模式

6. ttH

ttH 道的分析具有特殊的挑战性，因此 ATLAS 和 CMS 实验组在早期的衰变模式分析中并没有用它。这里介绍一个精细的 ttH 分析和合并。CMS 研究了 6 个不同的末态，如图 9.27 所示。测量的合并信号强度为 $\mu = 2.8 \pm 1.0$，比 SM 的期待值高 2σ。这个小的超出几乎全部来自于同号的双轻子道。该类的 BDT 输出示于图 9.28 中。ATLAS 的研究合并了 ttH 道的 2 个末态，即 $b\bar{b}$ 和 $\gamma\gamma$，结果给出的 ttH 限和 SM 一致。

小结：ATLAS 和 CMS 对 $\sqrt{s} = 7\,\text{TeV}$ 和 $8\,\text{TeV}$ 数据（称为 Run 1）给出的平均测量结果为：$M_H = 125.09\,\text{GeV}$，实验显著性为 5.6σ，显著性的期待值为 6.2σ；最大测量显著性 6.1σ 在 $M_H = 125.09\,\text{GeV}$ 处。相对于标准模型预言的最佳拟合信号强度为

$$\begin{cases} 0.95 \pm 0.17(\text{统计})^{+0.10}_{-0.07}(\text{系统})^{+0.08}_{-0.05}(\text{理论}) = 0.95 \pm 0.20, & \text{拟合-1} \\ 0.91 \pm 0.17(\text{统计})^{+0.09}_{-0.07}(\text{系统})^{+0.08}_{-0.05}(\text{理论}) = 0.91 \pm 0.20, & \text{拟合-2} \end{cases} \tag{9.32}$$

这里，拟合-1 指的是 H 的质量以参数分布形式给出，拟合-2 指的是 H 的质量固定为 125.09GeV。

基于下面的信号事例数公式，可以将不同反应道的测量结果合并在一起 [23]，

$$n_s^c = \left(\sum_{i,f} \mu_i \sigma_i^{SM} \times A_{if}^c \times \epsilon_{if}^c \times \mu_f BR_f^{SM} \right) \times \mathcal{L}^c \tag{9.33}$$

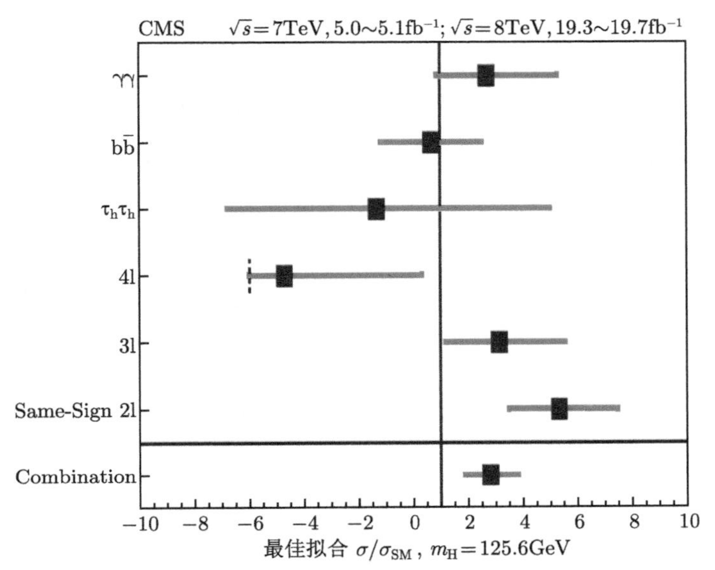

图 9.27 CMS 测得的 ttH 分析的信号强度

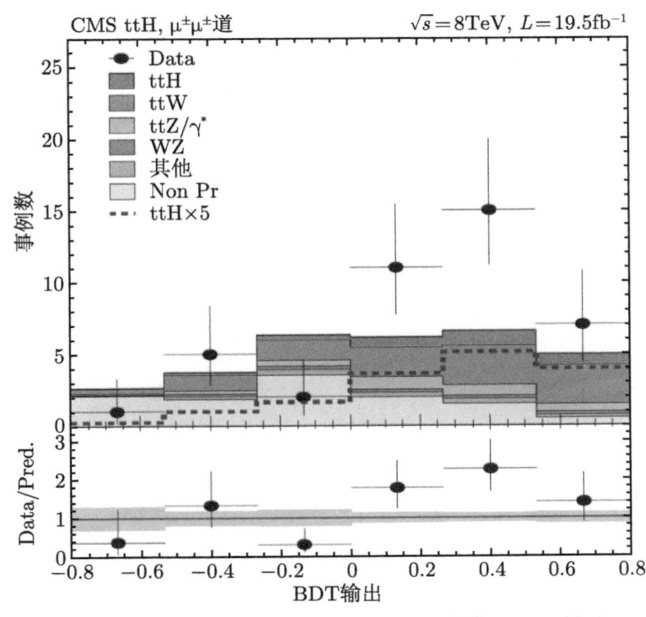

图 9.28 CMS 同号双轻子道 ttH 分析的 BDT 输出

其中，c 代表给定的反应道，实际上可以是包含一个衰变模式和所有可能的产生模式的类。公式所含参数有限。初态产生指标 $i \in \{\mathrm{ggH}, \mathrm{VBF}, \mathrm{VH}, \mathrm{ttH}\}$，而末态

衰变指标为 $f \in \{\gamma\gamma, \mathrm{WW}, \mathrm{ZZ}, \mathrm{bb}, \tau\tau\}$, σ_i^{SM} 和 BR_f^{SM} 是相应的估计产生截面和衰变分支比，A_{if}^c 和 ϵ_{if}^c 是对类 c 中给定的产生和衰变模式信号的接受度和重建效率，$\mathcal{L}^c$ 是类 c 的积分亮度。公式中有兴趣的是信号的强度参数 μ_i 和 μ_f。需要注意的是公式依赖于窄宽度近似下产生截面和衰变分支比的因子化。图 9.29 给出了 ATLAS 和 CMS 对 5 个主要产生和衰变道的 $\sigma \cdot BR$ 联合测量结果。

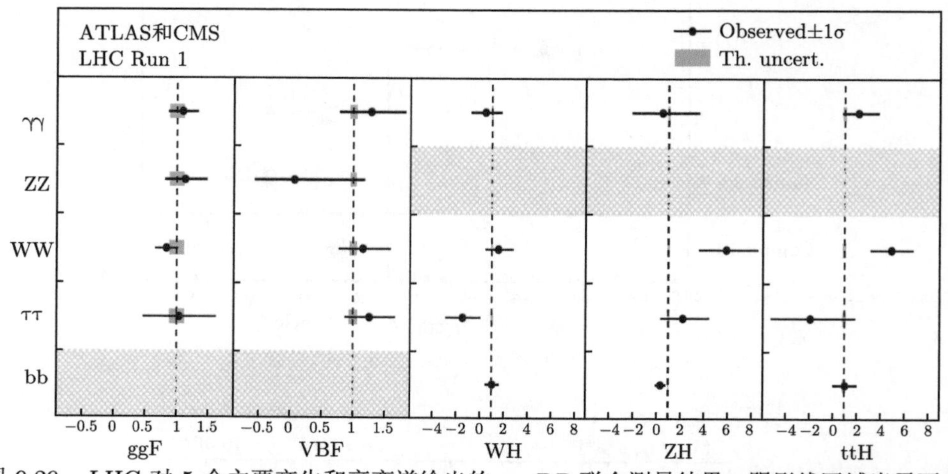

图 9.29　LHC 对 5 个主要产生和衰变道给出的 $\sigma \cdot BR$ 联合测量结果。阴影线区域尚需更多的数据才能得到有意义的置信区间

7. LHC $\sqrt{s} = 13\mathrm{TeV}$ 希格斯粒子的寻找

LHC 在 2016 年的第二期运行（Run 2）将能量提高到了 $\sqrt{s} = 13\,\mathrm{TeV}$，质量为 125GeV 的希格斯粒子产生截面为 [23]

$$\sigma_{\mathrm{ggF}}^{\mathrm{N3LO}} = 48.6\mathrm{pb}^{+2.2\mathrm{pb}(+4.6\%)}_{-3.3\mathrm{pb}(-6.7\%)}(\text{理论}) \pm 1.6\mathrm{pb}(3.2\%)(\mathrm{PDF} + \alpha_s) \tag{9.34}$$

在两光子（$\mathrm{H} \to \gamma\gamma$）和四轻子（$\mathrm{H} \to 4\mathrm{l}$）衰变道给出了非常清晰的信号。ATLAS 的结果示于图 9.30。图 9.31 是 CMS 的末态为两光子和四轻子衰变道的实验结果。

ATLAS 和 CMS 实验组还使用了另外一种统计置信方法来显示观测值的显著性，即 p 值。p 值的统计学定义是，如果虚假设为真，得到一个等于甚至大于实际观测值的结果的概率。譬如一个实验观测通常由信号和本底事例组成，本底是虚假设，p 值即为本底事例的起伏达到信号水平的概率。实际上 p 值是和通常表示显著性的标准差相关的，如图 9.32 所示。图 9.33 显示的是 CMS 用 p 值显示的 $\mathrm{H} \to \gamma\gamma$ 道（a）和 $\mathrm{H} \to 4\mathrm{l}$ 道（b）测量结果的统计显著性，图中的水平虚线显示的是标准偏差的值。

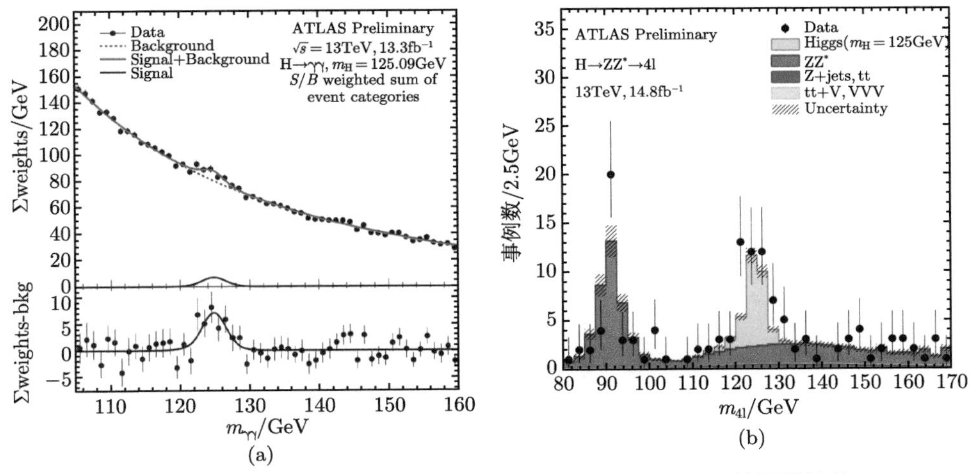

图 9.30 ATLAS 的 $H \to \gamma\gamma$ 道（a）和 $H \to 4l$ 道（b）的测量结果

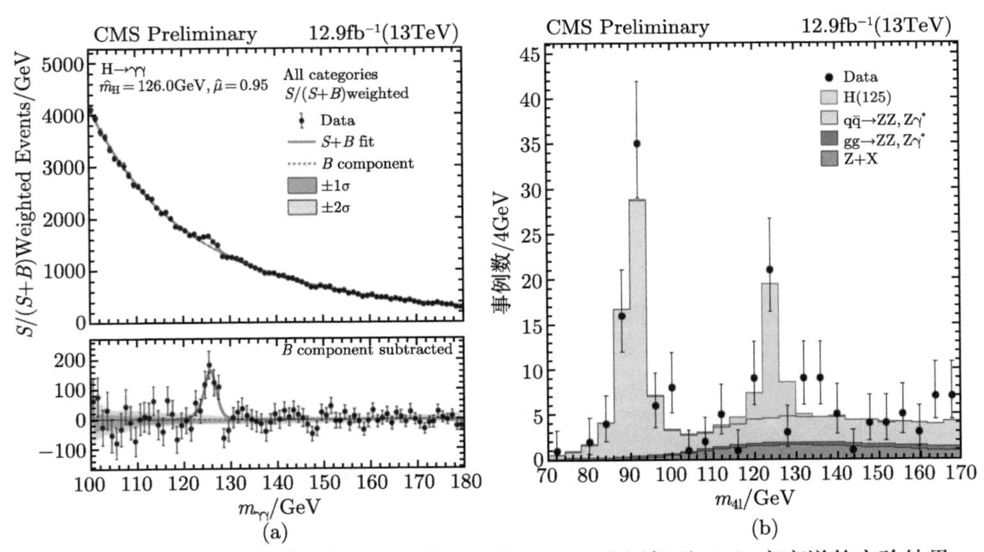

图 9.31 CMS 测得的希格斯粒子衰变到两光子（a）和四轻子（b）衰变道的实验结果。（a）纵坐标是对所有产生机制类进行了灵敏度加权求和结果

在一些合理的假设下，ATLAS 实验还研究了在四轻子衰变道中测量希格斯粒子的宽度，投影到 $3ab^{-1}$ 积分亮度，给出了希格斯粒子宽度测量精度的限定 [25]

$$\Gamma_H = 4.2^{+1.5}_{-2.1}\text{MeV} \tag{9.35}$$

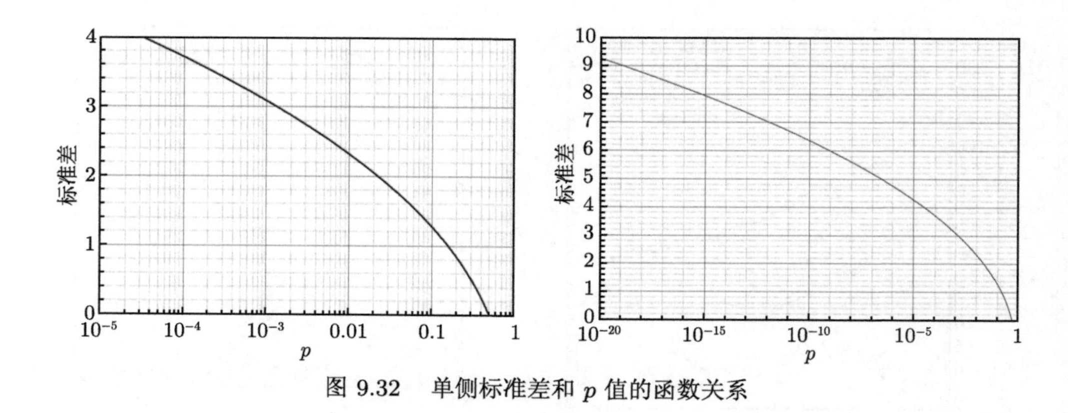

图 9.32　单侧标准差和 p 值的函数关系

图 9.33　（a）$\mathrm{H} \to \gamma\gamma$ 道观测到的 p 值和 SM 期待值的比较，设定 $M_{\mathrm{H}} = 125.09\,\mathrm{GeV}$，红线显示的是在 $120\,\mathrm{GeV} < M_{\mathrm{H}} < 130\,\mathrm{GeV}$ 区间对于每个质量点假设得到的最大显著性。（b）$\mathrm{H} \to 4\mathrm{l}$ 道的 p 值和 M_{H} 的函数关系，虚线是相应的期待值

9.6　LHC 上希格斯玻色子耦合的测量

通过测量希格斯玻色子的各种产生和衰变道，结合起来就可以提取出希格斯玻色子的耦合信息。例如通过 WW 凝聚产生的希格斯粒子接着衰变到 $\tau\tau$ 轻子对，如图 9.34所示。它正比于分宽度 Γ_{WW} 和分支比 $BR(\mathrm{H} \to \tau\tau)$，结合别的产生和衰变道，以及总宽度的信息，就可以提取出希格斯的耦合。但是问题是，在 LHC 上质量为 125GeV 的希格斯粒子的总宽度很小，没有模型的假设很难测到，而且也并不是所有末态都是实验可以测量的，因此，如果没有模型的假设，就只能测量到耦合的比值。

耦合常数的测量采用的是领头阶树图水平的研究框架 [24]，在此框架下假设：

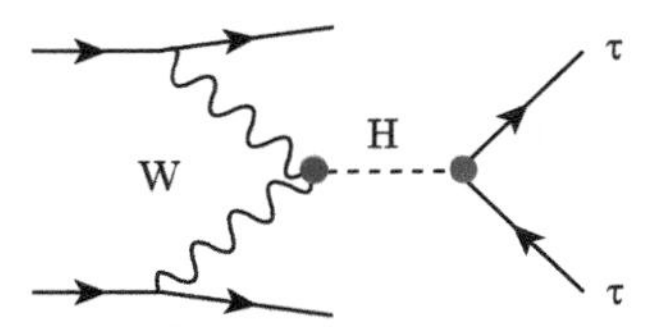

图 9.34 希格斯粒子通过 WW 凝聚产生，接着衰变到 ττ 轻子对。它正比于分宽度 Γ_{WW} 和分支比 $BR(\mathrm{H}\to\tau\tau)$

（1）不同反应道的观测结果来自同一个共振态，并假定了该共振态的质量为 125.5 GeV，忽略它的误差。

（2）希格斯粒子的宽度很窄，零宽度近似是合理的，因此对某一反应道的事例率估计可以分解为下面的形式：

$$\sigma\cdot B(\mathrm{i}\to\mathrm{H}\to\mathrm{f})=\frac{\sigma_{\mathrm{i}}\cdot\Gamma_{\mathrm{f}}}{\Gamma_{\mathrm{H}}} \tag{9.36}$$

这里 σ_{i} 是由初态 i 的产生截面，B 和 Γ_{f} 分别是 H 衰变到末态 f 的分支比和分宽度，Γ_{H} 是 H 的衰变总宽度。

（3）只考虑耦合强度的修正，拉氏量的张量结构和 SM 完全相同。这也意味着所观测的态一定是 $\mathcal{CP}$ 宇称为正的标量粒子。

在此框架下可以定义 SM 粒子 j 和希格斯粒子的耦合刻度因子（coupling scale factor）为 $\mathcal{K}_j$。$\mathcal{K}_j^2$ 为希格斯粒子产生截面 σ_j 和衰变宽度 Γ_j 与 SM 期待值的比。$\mathcal{K}_{\mathrm{H}}^2$ 为希格斯总宽度的刻度因子。举例，对 $\mathrm{gg}\to\mathrm{H}\to\gamma\gamma$ 过程的截面可表示为

$$\frac{\sigma\cdot B(\mathrm{gg}\to\mathrm{H}\to\gamma\gamma)}{\sigma_{\mathrm{SM}}(\mathrm{gg}\to\mathrm{H})\cdot B_{\mathrm{SM}}(\mathrm{H}\to\gamma\gamma)}=\frac{\mathcal{K}_{\mathrm{g}}^2\cdot\mathcal{K}_{\gamma}^2}{\mathcal{K}_{\mathrm{H}}^2} \tag{9.37}$$

在有些拟合中 $\mathcal{K}_{\mathrm{H}}$，以及 $\mathrm{gg}\to\mathrm{H}$ 和 $\mathrm{H}\to\gamma\gamma$ 过程的单圈图有效刻度因子 $\mathcal{K}_{\mathrm{g}}$ 和 $\mathcal{K}_{\gamma}$ 可表示为更基本的因子 $\mathcal{K}_{\mathrm{W}}$、$\mathcal{K}_{\mathrm{Z}}$、$\mathcal{K}_{\mathrm{t}}$、$\mathcal{K}_{\mathrm{b}}$ 和 $\mathcal{K}_{\tau}$ 的函数，这里为了简单，对费米子道只写下了贡献较大的几个。相关的关系式为

$$\mathcal{K}_{\mathrm{g}}^2(\mathcal{K}_{\mathrm{b}},\mathcal{K}_{\mathrm{t}})=\frac{\mathcal{K}_{\mathrm{t}}^2\sigma_{\mathrm{ggH}}^{\mathrm{tt}}+\mathcal{K}_{\mathrm{b}}^2\sigma_{\mathrm{ggH}}^{\mathrm{bb}}+\mathcal{K}_{\mathrm{t}}\mathcal{K}_{\mathrm{b}}\sigma_{\mathrm{ggH}}^{\mathrm{tb}}}{\sigma_{\mathrm{ggH}}^{\mathrm{tt}}+\sigma_{\mathrm{ggH}}^{\mathrm{bb}}+\sigma_{\mathrm{ggH}}^{\mathrm{tb}}} \tag{9.38}$$

$$\mathcal{K}_{\gamma}^2(\mathcal{K}_{\mathrm{t}},\mathcal{K}_{\mathrm{b}},\mathcal{K}_{\tau},\mathcal{K}_{\mathrm{W}})=\frac{\sum\limits_{i,j}\mathcal{K}_i\mathcal{K}_j\cdot\Gamma_{\gamma\gamma}^{ij}}{\sum\limits_{i,j}\Gamma_{\gamma\gamma}^{ij}} \tag{9.39}$$

$$\mathcal{K}_{\mathrm{H}}^2=\sum_{\substack{jj=\mathrm{WW}^*,\mathrm{ZZ}^*,\mathrm{b\bar{b}},\tau^+\tau^-,\\ \gamma\gamma,\mathrm{Z}\gamma,\mathrm{gg},\mathrm{t\bar{t}},\mathrm{c\bar{c}},\mathrm{s\bar{s}},\mu^+\mu^-}}\frac{\mathcal{K}_j^2\Gamma_{jj}^{\mathrm{SM}}}{\Gamma_{\mathrm{H}}^{\mathrm{SM}}} \tag{9.40}$$

这里的 $\sigma_{\mathrm{ggH}}^{ij}$、$\Gamma_{\gamma\gamma}^{ij}$ 和 $\Gamma_{jj}^{\mathrm{SM}}$ 是理论值。

结果由拟合数据测量的分布似然比（profile likelihood ratio）$\Lambda(\boldsymbol{\mathcal{K}})$ 得到。先来讨论一下分布似然比的一般定义，

$$\Lambda(\boldsymbol{\alpha})=\frac{L(\boldsymbol{\alpha},\hat{\hat{\boldsymbol{\theta}}}(\boldsymbol{\alpha}))}{L(\hat{\boldsymbol{\alpha}},\hat{\boldsymbol{\theta}})} \tag{9.41}$$

这里分子分母上的似然函数由信号和本底的鉴别变量概率密度函数（pdfs）构成，对 $\mathrm{H}\to\gamma\gamma$ 和 $\mathrm{H}\to\mathrm{ZZ}^*\to 4\mathrm{l}$ 道鉴别变量概率密度函数分别为 $\gamma\gamma$ 和 4l 的质量谱，$\mathrm{H}\to\mathrm{WW}^*\to \mathrm{l}\nu\mathrm{l}\nu$ 道为横质量 M_{T} 的分布。信号的 pdfs 由模拟得到，本底的 pdfs 则由数据和模拟得到。实验观测的似然拟合针对的是有兴趣的物理变量。式（9.41）中单音调符号 $(\hat{\ })$ 的量表示对参数的无条件最大似然估计，而双音调符号 $(\hat{\hat{\ }})$ 的量表示有条件最大似然估计，对 α 中有兴趣的参数赋以了固定值。系统误差及其相关性是通过引入一些冗余（nuisance）参数 θ 建模实现的，θ 由与相关效应的估计相联系的似然函数给出。有兴趣参数的选择依赖于所讨论的检验。其余的参数也都像冗余参数 θ 一样，在有兴趣参数的值被固定的条件下被赋予使似然函数取极大值时的值。

在希格斯玻色子耦合测量的拟合函数 $\Lambda(\boldsymbol{\mathcal{K}})$ 中，$\mathcal{K}_j$ 耦合根据测量的不同，可以被认为是有兴趣的参数，也可以被认为是冗余参数。

理论上可以用修正后的希格斯耦合定义一个有效的拉氏量。首先是在保持张量结构不变的条件下将耦合乘以刻度因子 $\mathcal{K}_i$。由这一拉氏量可以计算出信号事例率，以及相应的以刻度因子为函数的 μ 值，$\mu(\mathcal{K}_i)$。用 $\mu(\mathcal{K}_i)$ 拟合实验测得的 μ 值，就可以得到 $\mathcal{K}_i$ 的值。这样一个包含 SM 粒子和标量粒子 h 的拉氏量可以写成

$$\begin{aligned}\mathcal{L}=&\mathcal{L}_h-\left(M_{\mathrm{W}}^2W_{\mu}^{+}W^{\mu-}+\frac{1}{2}M_{\mathrm{Z}}^2Z_{\mu}Z^{\mu}\right)\left[1+2\mathcal{K}_{\mathrm{V}}\frac{h}{v}+\mathcal{O}(h^2)\right]\\&-m_{\psi_i}\bar{\psi}_i\psi_i\left[1+\mathcal{K}_{\mathrm{F}}\frac{h}{v}+\mathcal{O}(h^2)\right]+\cdots\end{aligned} \tag{9.42}$$

在新物理效应变得重要的能标 Λ 之下这一拉氏量是有效的。通过 $\mathcal{L}_{\mathrm{h}}$ 和 $\mathcal{K}_{\mathrm{W}}=\mathcal{K}_{\mathrm{Z}}=\mathcal{K}_{\mathrm{V}}$ 保管对称性（custodial symmetry）（见 8.7.2节式（8.174）下的解释及那里给出的文献）实现电弱对称性的破缺。进而考虑到在树图阶没有味道改变的中性流（FCNC），因此选取 $\mathcal{K}_{\mathrm{F}}$ 对所有的费米子代都是相同的，且不允许费米子代之间的跃迁，如此就可以实现没有味道改变的中性流（FCNC）。

ATLAS 和 CMS 都给出了 $\mathcal{K}_{\mathrm{F}}$ 相对于 $\mathcal{K}_{\mathrm{V}}$ 的两维分布测量结果，见图 9.35 和图 9.36。因为 $\mathcal{K}_{\mathrm{F}}$ 和 $\mathcal{K}_{\mathrm{V}}$ 的相对正负号才是有意义的，所以约定了 $\mathcal{K}_{\mathrm{V}}>0$。由图可以得到 $\mathcal{K}_{\mathrm{F}}$ 和 $\mathcal{K}_{\mathrm{V}}$ 的 68% 置信区间为

$$\mathcal{K}_{\mathrm{F}} \in [0.76, 1.18], \qquad \mathcal{K}_{\mathrm{V}} \in [1.05, 1.22] \tag{9.43}$$

来自于 H → γγ 衰变过程中 W 圈图和 t 夸克圈图之间的负干涉效应会对相对符号的灵敏度有贡献。实验结果倾向于正的相对符号。这和 SM 的期待是一致的。

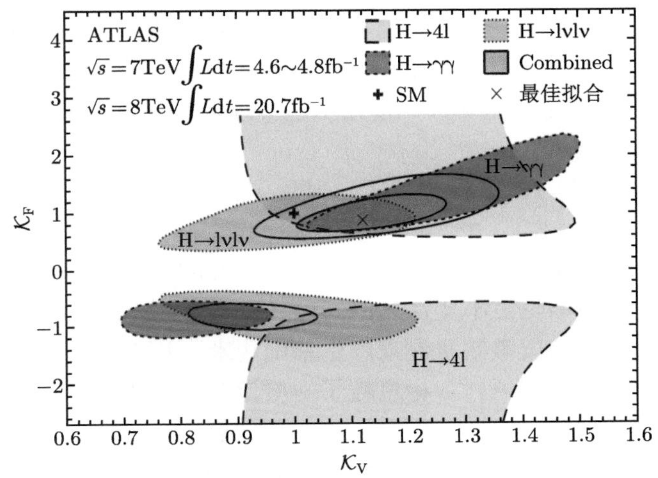

图 9.35　ATLAS 耦合刻度因子的似然测量，分别为对三个反应道的单独拟合，以及三个道的联合拟合，后者同时给出了 95%C.L. 的区间。最佳拟合点（x）和期待点（+）标在图中

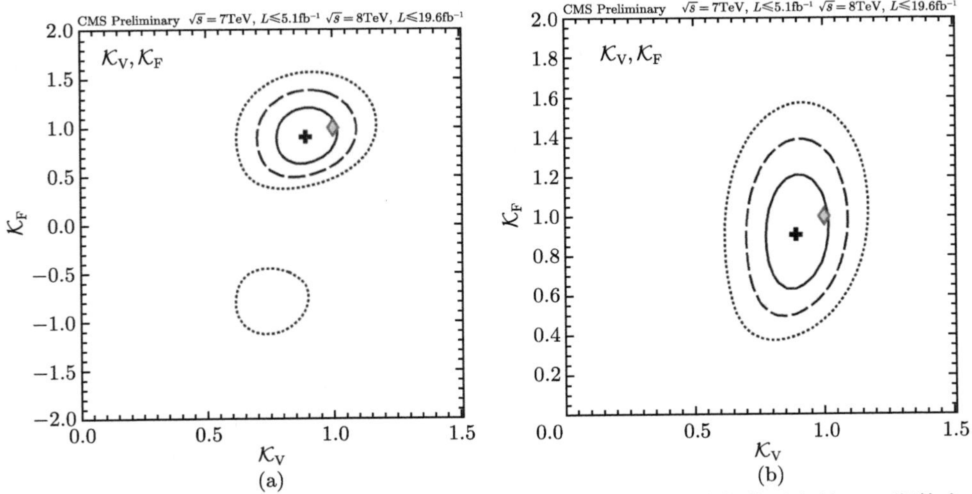

图 9.36　CMS 的耦合刻度因子似然测量，（+）是最佳拟合点，黄色菱形点是 SM 期待点 $(\mathcal{K}_{\mathrm{V}}, \mathcal{K}_{\mathrm{F}}) = (1, 1)$。实线、虚线和点线分别为 68%、95% 和 99.7% C.L. 区间。（a）显示了在 $(\mathcal{K}_{\mathrm{V}}, \mathcal{K}_{\mathrm{V}})$ 的 $(+,+)$ 和 $(+,-)$ 正负取值区间的似然扫描结果。（b）是仅在 $(+,+)$ 区间的最佳似然扫描结果

9.7 最小超对称理论模型 MSSM 中的希格斯物理简介

1. 超对称性 MSSM 的物理考虑

标准模型取得了巨大的成功，特别是近几年希格斯粒子的发现，成就了标准模型无可置疑的正确性。目前除了中微子质量的问题以外，似乎还没有任何别的实验结果和 SM 的理论严重相悖。但是从基本理论的观点讨论，SM 模型无疑还有许多不尽完美的地方。

（1）在 SM 中有 19 个自由参数，发现了 H 粒子之后仍有 7 个参数不能确定。

（2）H 作为自旋为零的标量玻色子具有许多好的特性，诸如：

（a）它是不破坏洛伦兹不变性，但同时具有真空期待值的唯一粒子。

（b）它通过引入自发破缺机制来产生基础费米子和规范玻色子的质量。

但是它也有一些负面的特征，如标量粒子的质量在微扰计算中会有二级发散。

（3）前面已经提到，SM 显得不自然。假若弱相互作用从 $M_{\rm W}\sim 100\,{\rm GeV}$ 到大统一能标 $M_{\rm GUT}\sim 10^{16}{\rm GeV}$，甚至到普朗克（Planck）能标 $M_{\rm Planck}\sim 10^{19}{\rm GeV}$ 都成立，就要求不可想象的微调（fine tune）精度：

$$\left(\frac{M_{\rm W}}{M_{\rm Planck}}\right)^2=\left(\frac{100{\rm GeV}}{10^{19}{\rm GeV}}\right)^2=10^{-34}\tag{9.44}$$

（4）由此而来的是 SM 不能解释不同的能标，即所谓能标的代问题（hierachy problem）。

（5）SM 不能解释电荷的量子化 $Q_{\rm q}/Q_{\rm e}=1/3$。

（6）SM 不能解释夸克味道的三代和夸克的三种颜色。

如果我们假定 SM 是在某一个能标 Λ 下的低能有效理论，就存在三种选择：

① 若只有 SM 和引力，则意味着 $\Lambda\sim M_{\rm planck}\sim 10^{19}\,{\rm GeV}$。

② 若 SM 包含在大统一（GUT）+ 引力理论中，大统一为 $SU(5)$，即将 $SU(3)\times SU(2)\times U(1)$ 扩充到 $SU(5)$，则意味着 $\Lambda\sim\Lambda_{\rm GUT}\sim 10^{16}\,{\rm GeV}$。

③ 在 $\Lambda\ll\Lambda_{\rm GUT},\Lambda_{\rm Planck}$ 的某个地方有新的物理出现。

显然前两种可能就是所谓的能标代的问题，是没有意义的。而且如果考察耦合常数的跑动，在 GUT 框架下，耦合外推的结果如图 9.37 中的虚线所示，它们会在很高的能量点会聚在很靠近的一个区间，但不能聚焦在一点，这就是所谓的统一问题。图 9.37 中的实线给出的是一组修正的重整化群方程的演化（SUSY），它们精确地聚焦在一个点。前两种假设对此是不能给出解释的，因此我们只能期待在 $\Lambda\sim 1-10\,{\rm TeV}$ 能标有新物理的出现。

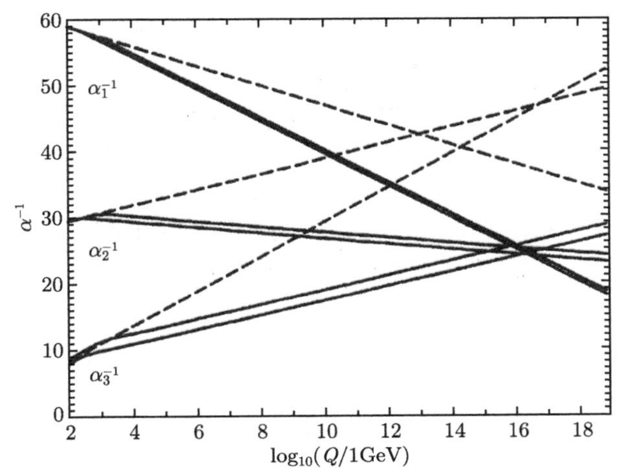

图 9.37 标准模型 (虚线) 和 MSSM(实线) 耦合常数的跑动

此外需要研究的内容还有许多。诸如，是否有第四代基本粒子？若有，第四代粒子会满足什么样的限制条件？在树图阶规范玻色子的混合角为 $\tan\theta_{\mathrm{w}} = (g'/g)^2$，在单圈图阶会怎么样？相应的可观测量如何区分？CKM 矩阵元的混合角在 B 介子工厂实验中得到了相当精度的测量，那么在轻子中有没有相似的混合？应该如何去测量？等等。

基于上面的这些讨论，物理学家提出了一个对 SM 自然扩展的超对称性理论，在这个理论中构建的拉氏量不仅要满足 SM 规范群的规范不变性，而且也应是超对称性不变的。最简单的形式是要求存在一个自共轭的自旋 1/2 的马约拉纳（Majorana）算子 Q_α，它将粒子场量的角动量改变 1/2，使得玻色子场变为费米子场，

$$Q_\alpha|\text{玻色子}\rangle = |\text{费米子}\rangle \tag{9.45}$$

反之亦然，其中旋量指标 $\alpha = 1, 2, 3, 4$。这种超对称性变换是和时空的结构相关联的。可以有 N 个满足这种变换关系的算子 $Q^i_\alpha(i = 1, \cdots, N)$，但只有 $N = 1$ 的 SUSY 容许费米子处于手征表示，正如我们所观测到的那样。具有不同自旋的超对称性多重态可表示为

手征态 (chiral)	规范态 (gauge)	引力子/超对称引力子 (graviton/gravitino)
$\begin{matrix} f \\ \tilde{f} \end{matrix} \begin{pmatrix} \frac{1}{2} \\ 0 \end{pmatrix}$	$\begin{matrix} g \\ \tilde{g} \end{matrix} \begin{pmatrix} 1 \\ \frac{1}{2} \end{pmatrix}$	$\begin{matrix} G \\ \tilde{G} \end{matrix} \begin{pmatrix} 1 \\ \frac{1}{2} \end{pmatrix}$

在此理论模型中，如果超对称性在低能有效电弱理论中的破缺质量大小在

$\mathcal{O}$(1TeV) 级或更小，就提供了一个对能标等级问题的自然合理解决。最小的超对称性模型通常称为 MSSM（minimal supersymmetric standard model），该理论模型选择了使其作为一个完整体系的最小粒子谱。在 MSSM 模型中每一个我们现在认识到的普通基本粒子都存在着超对称性伙伴。如同 SM 一样，MSSM 也是可重整化和没有规范耦合反常的。

在可重整化的 SM 中拉矢量具有整体的 B-L 对称性，B 和 L 指的是重子数和轻子数。但在一般的 SM 超对称性扩展模型中这一结论是不能保证的，理论模型本身可以构建出破坏 B 和 L 规范不变性的超对称算子，算子由 SM 粒子和它的超对称伙伴粒子组成，给出的质子衰变率远大于目前的实验测量限，因此在 MSSM 中可以要求超对称拉矢量必须满足 B-L 守恒，以消除所有维数 $d \leqslant 4$ 的 B 和 L 破坏的算符。由此可导得 MSSM 中自旋为 S 的粒子具有 R-宇称的不变性，

$$R = (-1)^{3(B-L)+2S} \tag{9.46}$$

或等价地

$$R = (-1)^{3B+L+2S} \tag{9.47}$$

这意味着对所有的 SM 粒子 $R = +1$，相应的超对称性粒子 $R = -1$。在散射和衰变过程中 R 宇称的守恒对超对称理论的唯象学具有重要的意义。例如在散射过程中初态都是 $R = +1$ 的粒子，因此末态中的超对称性粒子必须是成对产生的。这些超对称性粒子一般都是不稳定的，会衰变到较轻的粒子。R 宇称的不变性也意味着最轻的超对称性粒子（LSP）是绝对稳定的，它会出现在不稳定的重超对称性粒子衰变链的最底层。

为和宇宙学的限定条件相吻合，稳定的 LSP 粒子一定是电荷和颜色中性的，因此在 R 宇称守恒的理论中它和普通物质的相互作用很弱，就像一个重的中微子一样，很难被探测器捕捉到。因此在 R 宇称守恒的超对称理论中，典型的信号是由于 LSP 粒子逃逸而产生的能量丢失。LSP 粒子在超对称理论 R 宇称守恒要求下的稳定性使它成为可能的暗物质候选者。

2. 希格斯机制

为构建 MSSM，至少需要两个超荷分别为 $Y = -1$ 和 $Y = +1$ 的复数希格斯二重态，如此才能实现 SM 的无反常超对称性扩展。因此 MSSM 包含了由 SM 扩展的两个希格斯二重态的粒子谱及其相应的超对称性伙伴。

记 $Y = -1$ 的二重态为 Φ_d，$Y = +1$ 的二重态为 Φ_u，

$$\Phi_\mathrm{d} = \begin{pmatrix} \phi_\mathrm{d}^0 \\ \phi_\mathrm{d}^- \end{pmatrix}, \quad \Phi_\mathrm{u} = \begin{pmatrix} \phi_\mathrm{u}^+ \\ \phi_\mathrm{u}^0 \end{pmatrix} \tag{9.48}$$

这种记法反映了 MSSM 希格斯场和费米子耦合的形式，$\Phi_{\rm d}^0$（$\Phi_{\rm u}^0$）只和下型（上型）费米子对耦合。对希格斯势取极小值，中性希格斯场获得真空期待值：

$$<\Phi_{\rm d}>=\frac{1}{\sqrt{2}}\begin{pmatrix} v_{\rm d} \\ 0 \end{pmatrix},\quad <\Phi_{\rm u}>=\frac{1}{\sqrt{2}}\begin{pmatrix} 0 \\ v_{\rm u} \end{pmatrix} \tag{9.49}$$

归一化条件的选择使得

$$v^2\equiv v_{\rm d}^2+v_{\rm u}^2=\frac{4M_{\rm W}^2}{g^2}=(\sqrt{2}G_{\rm F})^{-1}=(246{\rm GeV})^2 \tag{9.50}$$

定义

$$\tan\beta\equiv\frac{v_{\rm u}}{v_{\rm d}} \tag{9.51}$$

同 SM 相似，可以将所有的 4 个复标量场都表示为对真空期待值的涨落，记为如下形式：

$$\phi=<\phi>+\varphi+{\rm i}G \tag{9.52}$$

例如 $\phi_{\rm d}^0=v_{\rm d}/\sqrt{2}+\varphi_{\rm d}^0+{\rm i}G_{\rm d}^0$。自发的电弱对称性破缺产生 3 个 Goldstone 玻色子，被吸收变成 $\rm W^\pm$ 和 Z 的纵向分量。剩余 5 个物理的希格斯粒子中包含一对带电的希格斯粒子 $H^\pm$，

$$H^\pm=\phi_{\rm d}^\pm\sin\beta+\phi_{\rm u}^\pm\cos\beta \tag{9.53}$$

一个 $CP=-1$ 的标量粒子 A，

$$A=\sqrt{2}(\Im\phi_{\rm d}^0\sin\beta+\Im\phi_{\rm u}^0\cos\beta)=\sqrt{2}(G_{\rm d}^0\sin\beta+G_{\rm u}^0\cos\beta) \tag{9.54}$$

和两个 $CP=+1$ 的标量粒子，

$$\begin{pmatrix} H \\ h \end{pmatrix}=\sqrt{2}\begin{pmatrix} \cos\alpha & \sin\alpha \\ -\sin\alpha & \cos\alpha \end{pmatrix}\begin{pmatrix} \varphi_{\rm d}^0 \\ \varphi_{\rm u}^0 \end{pmatrix} \tag{9.55}$$

$M_{\rm h}\leqslant M_{\rm H}$。$\alpha$ 是混合角。

理论的超对称性结构对模型的希格斯区给出了一些限定，例如希格斯的自相互作用不是独立的参数，它们在树图水平可以用电弱规范耦合常数来表示。因此所有的希格斯区的参数在树图阶由两个参数决定：两个希格斯场真空期待值的比 $\tan\beta$ 和一个希格斯质量，为方便可取为 $M_{\rm A}$。特别有

$$M_{\rm H^\pm}^2=M_{\rm A}^2+M_{\rm W}^2 \tag{9.56}$$

在树图阶 $CP=+1$ 的两个中性希格斯玻色子的质量平方矩阵是非对角的，

$$\mathcal{M}_0^{2,\text{tree}} = \begin{pmatrix} m^2_{\varphi_\text{d}} & m^2_{\varphi_\text{d}\varphi_\text{u}} \\ m^2_{\varphi_\text{d}\varphi_\text{u}} & m^2_{\varphi_\text{u}} \end{pmatrix}$$
$$= \begin{pmatrix} M_\text{A}^2 \sin^2\beta + M_\text{Z}^2\cos^2\beta & -(M_\text{A}^2+M_\text{Z}^2)\sin\beta\cos\beta \\ -(M_\text{A}^2+M_\text{Z}^2)\sin\beta\cos\beta & M_\text{A}^2\cos^2\beta + M_\text{Z}^2\sin^2\beta \end{pmatrix} \tag{9.57}$$

将其对角化得到 $\mathcal{M}_0^2$ 的两个 $CP=+1$ 的希格斯粒子（H, h）的质量平方值，

$$M^2_{\text{H,h}} = \frac{1}{2}\left(M_\text{A}^2 + M_\text{Z}^2 \pm \sqrt{(M_\text{A}^2+M_\text{Z}^2)^2 - 4M_\text{Z}^2 M_\text{A}^2\cos^2 2\beta}\right) \tag{9.58}$$

对角化 $CP=+1$ 的希格斯质量平方矩阵的操作要求角度 α 满足

$$\cos^2(\beta-\alpha) = \frac{M_\text{h}^2(M_\text{Z}^2 - M_\text{h}^2)}{M_\text{A}^2(M_\text{H}^2 - M_\text{h}^2)} \tag{9.59}$$

依据 $\tan\beta$ 为正值的惯例（即 $0\leqslant\beta\leqslant\pi/2$），$\alpha$ 角的区间为 $-\pi/2\leqslant\alpha\leqslant0$。

由式（9.58），可以导出最轻的希格斯粒子 h 的质量上限，如果 $M_\text{A}\ll M_\text{Z}$，

$$\begin{cases} M_\text{h}^2 \approx \dfrac{1}{2}\left[M_\text{Z}^2 - M_\text{Z}^2\left(1-\dfrac{4M_\text{A}^2\cos^2 2\beta}{2M_\text{Z}^2}\right)\right] = M_\text{A}^2\cos^2 2\beta \\ M_\text{h} \ll M_\text{Z}\cos 2\beta \end{cases} \tag{9.60}$$

如果 $M_\text{A}\gg M_\text{Z}$，则有

$$\begin{cases} M_\text{h}^2 \approx \dfrac{1}{2}\left[M_\text{A}^2 - M_\text{A}^2\left(1-\dfrac{4M_\text{Z}^2\cos^2 2\beta}{2M_\text{A}^2}+\cdots\right)\right] = M_\text{Z}^2\cos^2 2\beta + \cdots \\ M_\text{h} \leqslant M_\text{Z}\cos 2\beta \end{cases} \tag{9.61}$$

因此在树图阶最轻希格斯粒子的上限是 M_Z，这是和标准模型希格斯粒子相比较最显著的特征。标准模型在树图水平不能限定希格斯粒子的质量，因为在标准模型中 M_H^2 正比于希格斯粒子的自耦合参数 λ，这是个自由参数，不能在标准模型中给定。在 MSSM 中所有希格斯的自耦合参数都是和电弱规范耦合常数的平方相关的。但是这并不是关于最轻希格斯粒子的完整图像，因为我们知道质量小于 M_Z 的希格斯粒子已经被对撞机实验所排除。如果包括单圈图的辐射修正，M_h^2 可由下式给出：

$$M_\text{h}^2 = M_\text{Z}^2\cos^2 2\beta + \frac{3M_\text{t}^4}{2\pi^2 v^2}\left[\ln\left(\frac{M_\text{S}^2}{M_\text{t}^2}\right) + \frac{X_\text{t}^2}{M_\text{S}^2}\left(1-\frac{X_\text{t}^2}{12M_\text{S}^2}\right)\right] \tag{9.62}$$

这里 M_S 是超对称性的特征能标，通常取为 $M_\text{S}^2 = \frac{1}{2}(M^2_{\tilde{\text{t}}_1} + M^2_{\tilde{\text{t}}_2})$；$X_\text{t}$ 是 stop 的混合参数，如式（9.85）中所示。重整化、单圈和更高阶修正的讨论可以将最轻希格斯粒子的质量推高至 130 GeV。

由上面的讨论还可以看出，当 $M_{\rm A}$ 很大时，即在 $M_{\rm A}\gg M_{\rm Z}$ 的极限下，希格斯的质量和混合角的表达式都将变得很简单，

$$M_{\rm h}^2\simeq M_{\rm Z}^2\cos^2 2\beta \tag{9.63}$$

$$M_{\rm H}^2\simeq M_{\rm A}^2+M_{\rm Z}^2\sin^2 2\beta \tag{9.64}$$

$$M_{\rm H^\pm}^2=M_{\rm A}^2+M_{\rm W}^2 \tag{9.65}$$

$$\cos^2(\beta-\alpha)\simeq\frac{M_{\rm Z}^4\sin^2 4\beta}{4M_{\rm A}^4} \tag{9.66}$$

由前面的讨论知，两个希格斯二重态的不同分量之间有不可忽略的混合，这就使得希格斯粒子和 SM 粒子之间的耦合被修改，如表 9.3所示。

表 9.3 MSSM 希格斯粒子 $\mathbf{H_{MSSM}=(h,H,A)}$ 和 SM 粒子之间的耦合

	h	H	A
$\rm H_{MSSM}u\bar{u}$	$\dfrac{-igM_{\rm u}\cos\alpha}{2M_{\rm W}\sin\beta}$	$\dfrac{-igM_{\rm u}\sin\alpha}{2M_{\rm W}\sin\beta}$	$\dfrac{-igM_{\rm u}\cot\beta\gamma_5}{2M_{\rm W}}$
$\rm H_{MSSM}d\bar{d}$	$\dfrac{-igM_{\rm d}\sin\alpha}{2M_{\rm W}\cos\beta}$	$\dfrac{-igM_{\rm d}\cos\alpha}{2M_{\rm W}\cos\beta}$	$\dfrac{-igM_{\rm d}\tan\beta\gamma_5}{2M_{\rm W}}$
$\rm H_{MSSM}W^+W^-$	$igM_{\rm W}\sin(\beta-\alpha)g^{\mu\nu}$	$igM_{\rm W}\cos(\beta-\alpha)g^{\mu\nu}$	
$\rm H_{MSSM}ZZ$	$ig\dfrac{M_{\rm Z}}{\cos\theta_{\rm w}}\sin(\beta-\alpha)g^{\mu\nu}$	$ig\dfrac{M_{\rm Z}}{\cos\theta_{\rm w}}\cos(\beta-\alpha)g^{\mu\nu}$	

3. MSSM 的超对称性场量及混合

MSSM 的场和它们的量子数如表 9.4 所示。(U, D) 代表任何一代的夸克，三代轻子和夸克的对应规则是相同的。

表 9.4 MSSM 的场和它们的量子数，(U, D) 代表任何一代的夸克。对每一个夸克、轻子、规范场粒子和希格斯粒子多重态，都存在着相应的自旋相差 $\dfrac{1}{2}$ 的超对称性伙伴粒子

超多重态	玻色子场	自旋	费米子伙伴	自旋	$SU(3)$ 表示	$SU(2)$ 表示	$U(1)$ 表示 Y
gluon/gluino	g		$\tilde{\rm g}$		8	1	0
gauge/	$\rm W^\pm, W^0$	1	$\tilde{\rm W}^\pm,\tilde{\rm W}^0$	$\frac{1}{2}$	1	3	0
gaugino	B		$\tilde{\rm B}$		1	1	0
slepton/	$(\tilde{\nu},\tilde{\rm l}^-)_{\rm L}$	0	$(\nu,{\rm l}^-)_{\rm L}$	$\frac{1}{2}$	1	2	−1
lepton	$\tilde{\rm l}_{\rm R}^-$		${\rm l}_{\rm R}^-$		1	1	−2
squark/	$(\tilde{\rm U},\tilde{\rm D})_{\rm L}$		$({\rm U},{\rm D})_{\rm L}$		3	2	1/3
quark	$\tilde{\rm U}_{\rm R}$	0	${\rm U}_{\rm R}$	$\frac{1}{2}$	3	1	4/3
	$\tilde{\rm D}_{\rm R}$		${\rm D}_{\rm R}$		3	1	−2/3
higgs/	$(\phi_{\rm d}^0,\phi_{\rm d}^-)$	0	$(\tilde{\phi}_{\rm d}^0,\tilde{\phi}_{\rm d}^-)$	$\frac{1}{2}$	1	2	−1
higgsino	$(\phi_{\rm u}^+,\phi_{\rm u}^0)$		$(\tilde{\phi}_{\rm u}^+,\tilde{\phi}_{\rm u}^0)$		1	2	1

对中性的 gaugino（$\tilde{B},\tilde{W}^0$），也可以比照标准模型中的做法将其通过温伯格角混合为 photino（$\tilde{\gamma}$）和 zino（$\tilde{Z}$），

$$\tilde{\gamma}=\sin\theta_{\rm w}\tilde{W}^0+\cos\theta_{\rm w}\tilde{B},\qquad \tilde{Z}=\cos\theta_{\rm w}\tilde{W}^0-\sin\theta_{\rm w}\tilde{B} \tag{9.67}$$

更一般地，将 gaugino（$\tilde{B},\tilde{W}^0$）和 higgsino（$\tilde{\phi}_{\rm d}^0$, $\tilde{\phi}_{\rm u}^0$）态进行混合，称之为 neutralino，记为（$\chi_0^0,\chi_1^0,\chi_2^0,\chi_3^0$）或 $(\chi,\chi',\chi'',\chi''')$。在 neutralino 中若 $\tilde{B}$ 的成分占优，则称其为类 bino 的；若 $\tilde{W}^0$ 的成分占优，则称其为类 wino 的，同样可定义类 higgsino 态。在 MSSM 中以 $\psi^0=(\tilde{B},\tilde{W}^0,\tilde{\phi}_{\rm d}^0,\tilde{\phi}_{\rm u}^0)$ 为基矢的质量拉氏量可以表示为

$$\mathcal{L}=-\frac{1}{2}(\psi^0)^{\rm T}\boldsymbol{\mathcal{M}}\psi^0+cc \tag{9.68}$$

质量矩阵 $\boldsymbol{\mathcal{M}}$ 为

$$\boldsymbol{\mathcal{M}}=\begin{pmatrix} M_1 & 0 & -M_{\rm Z}c_\beta s_{\rm w} & M_{\rm Z}s_\beta s_{\rm w} \\ 0 & M_2 & M_{\rm Z}c_\beta c_{\rm w} & -M_{\rm Z}s_\beta c_{\rm w} \\ -M_{\rm Z}c_\beta s_{\rm w} & M_{\rm Z}c_\beta c_{\rm w} & 0 & -\mu \\ M_{\rm Z}s_\beta s_{\rm w} & -M_{\rm Z}s_\beta c_{\rm w} & -\mu & 0 \end{pmatrix} \tag{9.69}$$

这里 M_1,M_2 是 $U(1)$ 和 $SU(2)$ 的 gaugino 质量，μ 是 higgsino 的质量参数。$s_{\rm w}=\sin\theta_{\rm w},c_{\rm w}=\cos\theta_{\rm w}$；$s_\beta=\sin\beta$，$c_\beta=\cos\beta$。在非 $\mathcal{CP}$ 不变的理论中，这些质量参数都是复数的。超对称理论中的这些 $\mathcal{CP}$ 破坏因子一般会导致电偶极矩 (EDM) 的存在。现有 EDM 测量的限定可以给出对参数空间的间接限制，但是这依赖于超出 neutralino 和 chargino 之外的许多理论参数。借助于对场量的重新参数化，不失一般性可以取 M_2 为正的实数，另外的两个非平庸相因子不受重新参数化的影响，可将它们归于 M_1 和 μ，

$$M_1=|M_1|{\rm e}^{{\rm i}\phi_1},\quad \mu=|\mu|{\rm e}^{{\rm i}\phi_\mu},\quad 0\leqslant\phi_1,\phi_2\leqslant 2\pi \tag{9.70}$$

所以现在有 5 个参数 $(|M_1|,\phi_1,M_2,|\mu|,\phi_\mu;\tan\beta)$，可以通过实验的测量确定。

因为质量矩阵 $\boldsymbol{\mathcal{M}}$ 是对称的，可以通过一个幺正矩阵 $\boldsymbol{N}$ 将规范本征态（$\tilde{B}$, $\tilde{W}^0$, $\tilde{\phi}_{\rm d}^0$, $\tilde{\phi}_{\rm u}^0$）旋转到 neutralino 场 χ_i^0 的质量本征态，即将质量矩阵对角化，

$$\boldsymbol{\mathcal{M}}_{\rm diag}=\boldsymbol{N}^*\boldsymbol{\mathcal{M}}\boldsymbol{N}^\dagger \tag{9.71}$$

$$(\chi_0^0,\chi_1^0,\chi_2^0,\chi_3^0)=\boldsymbol{N}\begin{pmatrix}\tilde{B}\\ \tilde{W}^0\\ \tilde{\phi}_{\rm d}^0\\ \tilde{\phi}_{\rm u}^0\end{pmatrix} \tag{9.72}$$

质量矩阵的平方 $\boldsymbol{\mathcal{M}}_{\text{diag}}\boldsymbol{\mathcal{M}}_{\text{diag}}^{\dagger}=\boldsymbol{N}^{*}\boldsymbol{\mathcal{M}}\boldsymbol{\mathcal{M}}^{\dagger}\boldsymbol{N}^{\mathrm{T}}$ 是实的且正定的。

一般地，4×4 幺正矩阵 $\boldsymbol{N}$ 可以参数化为 6 个角度和 10 个相因子，比较方便的方法是将其因子化为 Majorana 型的 $\boldsymbol{V}$ 矩阵和狄拉克型的 $\boldsymbol{D}$ 矩阵两部分的乘积，即

$$\boldsymbol{N}=\boldsymbol{V}\boldsymbol{D} \tag{9.73}$$

$$\boldsymbol{V}=\operatorname{diag}\left\{\mathrm{e}^{\mathrm{i}\alpha_0},\mathrm{e}^{\mathrm{i}\alpha_1},\mathrm{e}^{\mathrm{i}\alpha_2},\mathrm{e}^{\mathrm{i}\alpha_3}\right\} \tag{9.74}$$

$$\boldsymbol{D}=R_{23}R_{13}R_{03}R_{12}R_{02}R_{01} \tag{9.75}$$

$\boldsymbol{V}$ 矩阵的总体相因子是没有物理意义的，因此可以取其中的一个相因子，譬如 α_0，为零，于是只剩下 15 个自由度。$\boldsymbol{D}$ 有 6 个角度和 6 个相因子，例如

$$R_{01}=\begin{pmatrix} c_{01} & s_{01}^{*} & 0 & 0\\ -s_{01} & c_{01}^{*} & 0 & 0\\ 0 & 0 & 1 & 0\\ 0 & 0 & 0 & 1\end{pmatrix} \tag{9.76}$$

其余矩阵 R_{jk} 的定义相同。这里矩阵元 c_{jk} 和 s_{jk} 的定义为

$$\begin{cases} c_{jk}\equiv\cos\theta_{jk}, & 0\leqslant\theta_{jk}\leqslant\pi/2\\ s_{jk}\equiv\sin\theta_{jk}\mathrm{e}^{\mathrm{i}\delta_{jk}}, & 0\leqslant\delta_{jk}\leqslant 2\pi\end{cases} \tag{9.77}$$

由于 neutralino 粒子的 Majorana 特性，混合矩阵 $\boldsymbol{N}$ 的 9 个相因子完全由基础的 SUSY 参数所固定，并不依赖于场量相位的再定义而消失。如果 9 个物理的相因子都为零，则有 $\mathcal{CP}$ 不变性。只要有 1 个相因子不为零，$\mathcal{CP}$ 就不是不变的。

同样的，电弱对称性破缺之后，带电 gaugino（$\tilde{\mathrm{W}}^{\pm}$）和带电 higgsino（$\tilde{\phi}_{\mathrm{u}}^{+}$，$\tilde{\phi}_{\mathrm{d}}^{-}$）的混合在树图阶由非对角的复数质量矩阵描写

$$\boldsymbol{\mathcal{M}}_{\mathrm{c}}=\begin{pmatrix} M_2 & \sqrt{2}M_{\mathrm{W}}s_{\beta}\\ \sqrt{2}M_{\mathrm{W}}c_{\beta} & \mu\end{pmatrix}=\begin{pmatrix} M_2 & \dfrac{1}{\sqrt{2}}gv_{\mathrm{u}}\\ \dfrac{1}{\sqrt{2}}gv_{\mathrm{d}} & \mu\end{pmatrix} \tag{9.78}$$

这里第二个等号由式（9.50）导出。$\mu=|\mu|\mathrm{e}^{\mathrm{i}\phi_{\mu}}$，$0\leqslant\phi_{\mu}\leqslant 2\pi$；$g$ 是 $SU(2)$ 的规范耦合常数。质量本征态称为 chargino，记为 $\chi_{1,2}^{\pm}$。由于质量矩阵 $\boldsymbol{\mathcal{M}}_{\mathrm{c}}$ 是非对称的，因此需要有两个幺正矩阵 $\boldsymbol{U}$ 和 $\boldsymbol{V}$ 对其进行对角化 [30]

$$\boldsymbol{U}^{*}\boldsymbol{\mathcal{M}}_{\mathrm{c}}\boldsymbol{V}^{-1}=\operatorname{diag}(M_{\tilde{\chi}_1^{+}},M_{\tilde{\chi}_2^{+}}) \tag{9.79}$$

由 $\boldsymbol{\mathcal{M}}_{\mathrm{c}}^{\dagger}\boldsymbol{\mathcal{M}}_{\mathrm{c}}$ 本征值的正值平方根可求得质量本征值 $m_{\chi_{1,2}}^{2}$ 为

$$m_{\chi_{1,2}^{+}}^{2}=\frac{1}{2}[M_2^2+|\mu|^2+2M_{\mathrm{W}}^{2}\mp\Delta C] \tag{9.80}$$

$$\Delta C = \sqrt{(|M_2|^2 + |\mu|^2 + 2m_{\rm W}^2)^2 - 4|\mu M_2 - m_{\rm W}^2 \sin 2\beta|^2} \tag{9.81}$$

粒子态的排序为 $m_{\chi_1^+} \leqslant m_{\chi_2^+}$。$\mu$ 和 M_2 的相对相因子是物理的潜在可观测量。

在 MSSM 中标准模型左手（L）和右手（R）费米子场的超对称性伙伴为 $\tilde{f}_{\rm L}$ 和 $\tilde{f}_{\rm R}$，它们之间可能会产生混合。从原则上讲，3 代上型夸克或下型夸克对应的超对称 L 和 R 玻色子的混合应该是一个 6×6 的矩阵，将其对角化得到质量的本征态。为了简单，通常假定在不同代之间没有混合，混合只发生在同一代的 L 和 R 玻色子之间，则有

$$\mathcal{L}_{m_{\tilde{f}}} = -\frac{1}{2}(\tilde{f}_{\rm L}^\dagger, \tilde{f}_{\rm R}^\dagger)\boldsymbol{\mathcal{M}}\begin{pmatrix} \tilde{f}_{\rm L} \\ \tilde{f}_{\rm R} \end{pmatrix} \tag{9.82}$$

$\boldsymbol{\mathcal{M}}$ 是 2×2 的质量矩阵。现就第三代的 squark 为例讨论之，以本征态 $\tilde{t}_{\rm L}, \tilde{t}_{\rm R}$ 和 $\tilde{b}_{\rm L}, \tilde{b}_{\rm R}$ 为基矢，可写下 stop 和 sbottom 的质量矩阵：

$$\mathcal{M}_{\tilde{t}}^2 = \begin{pmatrix} M_{\tilde{t}_{\rm L}}^2 + m_t^2 + \cos 2\beta\left(\frac{1}{2} - \frac{2}{3}s_{\rm w}^2\right)M_{\rm Z}^2 & m_t X_t^* \\ m_t X_t & M_{\tilde{t}_{\rm R}}^2 + m_t^2 + \frac{2}{3}\cos 2\beta s_{\rm w}^2 M_{\rm Z}^2 \end{pmatrix} \tag{9.83}$$

$$\mathcal{M}_{\tilde{b}}^2 = \begin{pmatrix} M_{\tilde{b}_{\rm L}}^2 + m_b^2 + \cos 2\beta\left(-\frac{1}{2} + \frac{1}{3}s_w^2\right)M_{\rm Z}^2 & m_b X_b^* \\ m_b X_b & M_{\tilde{b}_{\rm R}}^2 + m_b^2 - \frac{1}{3}\cos 2\beta s_{\rm w}^2 M_{\rm Z}^2 \end{pmatrix} \tag{9.84}$$

混合参数，

$$X_t = A_t - \mu^* \cot\beta, \quad X_b = A_b - \mu^* \tan\beta \tag{9.85}$$

这里以 A_t 表示软 SUSY 破缺的三线性 H-stop 耦合，A_b 表示三线性 H-sbottom 耦合，μ 是 higgsino 的质量参数。stop 玻色子在理论上具有特殊的重要性，因为它可能是最轻的 squark，同时也在辐射电磁对称性破缺机制中扮演着重要的角色。

同样，我们也可以写下 sleptons 中的 L 和 R 态混合。sneutrino 的质量为

$$M_{\tilde{\nu}}^2 = M_{\tilde{\rm L}}^2 + \frac{1}{2}M_{\rm Z}^2 \cos 2\beta \tag{9.86}$$

对于 $\tilde{\rm e}, \tilde{\mu}, \tilde{\tau}$，质量矩阵的形式为

$$M_{\tilde{\rm e}_{\rm L,R}} = \begin{pmatrix} M_{\tilde{\rm L}}^2 + m_{\rm e}^2 - \left(\frac{1}{2} - s_{\rm w}^2\right)M_{\rm Z}^2 \cos 2\beta & m_{\rm e}(A_{\rm e} - \mu \tan\beta) \\ m_{\rm e}(A_{\rm e} - \mu\tan\beta) & M_{\tilde{\rm e}}^2 + m_{\rm e}^2 - s_{\rm w}^2 M_{\rm Z}^2 \cos 2\beta \end{pmatrix} \tag{9.87}$$

4. MSSM 中希格斯玻色子的相互作用拉氏量

$SU(2)$ 规范不变性导致

$$\mathcal{M}_{\tilde{t}_{\rm L}} = \mathcal{M}_{\tilde{b}_{\rm L}} \tag{9.88}$$

在下面的讨论中将基于如下的条件假设：

$$\mathcal{M}_{\tilde{t}_{\rm L}} = \mathcal{M}_{\tilde{b}_{\rm L}} = \mathcal{M}_{\tilde{t}_{\rm R}} = \mathcal{M}_{\tilde{b}_{\rm R}} =: M_{\rm SUSY} \tag{9.89}$$

这个等式将导致第三代 squark 质量矩阵具有简单的唯象特性。$\mathcal{M}_{\tilde{t}_{\rm R}} \neq \mathcal{M}_{\tilde{t}_{\rm L}} \neq \mathcal{M}_{\tilde{b}_{\rm R}} \neq \mathcal{M}_{\tilde{b}_{\rm L}}$ 的情况也已被研究过。在式（9.89）的情况下对希格斯修正最重要的参数是 M_t、$M_{\rm SUSY}$、X_t 和 X_b。

VHH 相互作用的拉氏量可以写为

$$\begin{aligned}\mathcal{L}_{\rm VHH} =& -\frac{{\rm i}g}{2}W_\mu^+ H^- \overleftrightarrow{\partial^\mu}[H\sin(\alpha-\beta)+h\cos(\alpha-\beta)+{\rm i}H_{\rm A}]+h.c.\\ &-\frac{{\rm i}g}{2\cos\theta_{\rm w}}Z_\mu\left\{{\rm i}H_{\rm A}\overleftrightarrow{\partial^\mu}[H\sin(\alpha-\beta)+h\cos(\alpha-\beta)]\right.\\ &\left.-(2x_{\rm w}-1)H^-\overleftrightarrow{\partial^\mu}H^+\right\}\end{aligned} \tag{9.90}$$

这里 $A\overleftrightarrow{\partial^\mu}B = A(\partial_\mu B) - B(\partial_\mu A)$。玻色统计禁戒了 $\rm ZH^0H^0(H^0 = H, h, A)$ 耦合。VVH 相互作用项为

$$\mathcal{L}_{\rm VVH} = \left(gM_{\rm W}W_\mu^+W^{-\mu}+\frac{gM_{\rm Z}}{2\cos\theta_{\rm w}}Z_\mu Z^\mu\right)[H\cos(\beta-\alpha)+h\sin(\beta-\alpha)] \tag{9.91}$$

注意在两个旋量的模型中没有 $\rm W^+ZH^-$ 顶点。希格斯粒子与上夸克和下夸克的相互作用为

$$\begin{aligned}\mathcal{L} =& -\frac{gm_{\rm u}}{2M_{\rm W}\sin\beta}[u\bar{u}(H\sin\alpha+h\cos\alpha)-{\rm i}\cos\beta\bar{u}\gamma_5 uA]\\ &-\frac{gm_{\rm d}}{2M_{\rm W}\cos\beta}[d\bar{d}(H\cos\alpha-h\sin\alpha)-{\rm i}\sin\beta\bar{d}\gamma_5 dA]\\ &+\frac{g}{2\sqrt{2}M_{\rm W}}\{H^+\bar{u}[(m_{\rm d}\tan\beta+m_{\rm u}\cot\beta)\\ &+(m_{\rm d}\tan\beta-m_{\rm u}\cot\beta)\gamma_5]d+h.c.\}\end{aligned} \tag{9.92}$$

带电希格斯粒子在 pp 对撞机上可以通过胶子胶子凝聚 $\rm gg \to t\bar{b}H^+$ 或胶子夸克凝聚 $\rm gb \to tH^+$ 过程产生。如果 $\rm M_{H^\pm} \gg$ M_t，$\rm H^+ \to t\bar{b}$ 将会是主要的衰变模式，但由于非常大的 QCD 本底，一般认为是难以测量的。比较稀有的衰变 $\rm H^+ \to \tau^+\nu$ 或许是在强子对撞机上有希望观测到的过程。如果 $M_{\rm H^\pm} < M_{\rm t}$，那么

$\mathrm{t} \to \mathrm{H^+b}$ 将是可以和 $\mathrm{t} \to \mathrm{W^+b}$ 过程竞争的衰变模式，可以证明两者的衰变宽度之比为

$$\frac{\Gamma(\mathrm{t} \to \mathrm{H^+b})}{\Gamma(\mathrm{t} \to \mathrm{W^+b})} = \frac{p_{\mathrm{H}}}{p_{\mathrm{W}}} \frac{M_{\mathrm{t}}^2(M_{\mathrm{t}}^2 - M_{\mathrm{H}}^2)\cot^2\beta}{(M_{\mathrm{t}}^2 + 2M_{\mathrm{W}}^2)(M_{\mathrm{t}}^2 - M_{\mathrm{W}}^2)} \tag{9.93}$$

这里 p_{H} 和 p_{W} 是在 t 静止系中的动量。

9.8 LHC 上超标准模型希格斯玻色子的寻找

LHC 上进行了大量超标准模型（BSM）希格斯玻色子的寻找研究，这里只专注讨论在 SM 的最小超对称性扩展模型（MSSM）中预言的希格斯粒子。MSSM 希格斯粒子的质量可以由 MSSM 的参数计算，包括来自 MSSM 参数的高阶修正。可以得到最轻的希格斯粒子的质量上限为 $M_{\mathrm{h}} \leqslant 135\mathrm{GeV}$，由尚不清楚的高阶修正引入的误差，依据参数空间的不同，最大可达 3GeV。

目前实验上截面乘以分支比的测量误差仍然是比较大的，各种耦合常数和 SM 的值有较大差异也是可能的，甚至和 SM 的情况差别很大的希格斯粒子也有可能很好地拟合实验数据。在 MSSM 理论下一个可行的选择是将实验已观测到的 125.5 GeV 的态解释为质量最轻的 $CP = +1$ 的希格斯玻色子。当然，从原则上讲，许多别的解释在误差范围内也都是可能的。在强子对撞机上寻找 MSSM 希格斯玻色子主要通过如下的过程（记 $\phi = \mathrm{h, H, A}$）：

$$\mathrm{pp} \to \phi \to \tau^+\tau^- \quad (\text{单举过程}) \tag{9.94}$$

$$\mathrm{pp} \to \mathrm{b\bar{b}}\phi, \qquad \phi \to \tau^+\tau^-(\mathrm{b}\ \text{标记}) \quad \text{或} \quad \phi \to \mathrm{b\bar{b}}(\mathrm{b}\ \text{标记}) \tag{9.95}$$

$$\mathrm{pp} \to \mathrm{t\bar{t}} \to \mathrm{H^\pm W^\mp b\bar{b}}, \qquad \mathrm{H^\pm} \to \tau\nu_\tau \tag{9.96}$$

$$\mathrm{gb} \to \mathrm{H^- t}\ \text{或}\ \mathrm{g\bar{b}} \to \mathrm{H^+\bar{t}}, \qquad \mathrm{H^\pm} \to \tau\nu_\tau \tag{9.97}$$

实验上除了 125.5 GeV 的希格斯粒子以外没有观测到别的态，对 MSSM 的参数空间给出了严格的限制，特别是对 M_{A}（或 $M_{\mathrm{H^\pm}}$）和 $\tan\beta$。同样的，实验上没有观测到超对称性粒子也对第一代和第二代的超对称性标量夸克和 gluino 的质量给出了相应的限制，减小了 stop 和 sbottom 质量的自由度。

由于存在大量的自由参数，要想对 MSSM 的参数空间进行完整的扫描在实验上是不现实的，因此在 LEP 实验中 MSSM 希格斯粒子的寻找是基于几种基准方案（benchmark scenarios）来实现的。在这些方案中只有两个参数 M_{A} 和 $\tan\beta$ 是变化的，即结果通常表示在 M_{A}-$\tan\beta$ 平面上，因为只有这两个参数可以进入希格斯树图的预言，别的 SUSY 参数只能通过辐射修正进入，因此将它们固定为特定的基准值，以展现 MSSM 希格斯粒子寻找的唯象学特征。特别地，在最

大混合方案 m_h^{max} 中，这些基准值被选择为：对固定的 $\tan\beta$ 和大的 M_A，最轻的 $CP=+1$ 的希格斯粒子质量取极大值。在此方案中，stop 和 sbottom 代的软 SUSY 破缺质量的能标被固定在 1TeV，它可被用以设定相应的超对称性粒子的能标。m_h^{max} 方案对在 t 夸克质量固定不变的条件下得到对 $\tan\beta$ 保守的限定区间是非常有用的。表 9.5中列出了 m_h^{max} 中的参数选取，M_1 和 M_2 是 $U(1)$ 和 $SU(2)$ gaugino 的质量参数。除此以外还存在一些别的基准方案，它们的参数选取见表 9.6，这里就不再赘述了。

表 9.5 MSSM 基准方案 m_h^{max} 中的参数设置

参数	M_A	$\tan\beta$	M_{SUSY}	μ	M_1
	90～1000GeV	0.5～60	1000GeV	200GeV	$(5/3)M_2\tan^2\theta_w$
参数	M_2	X_t	A_b, A_t, A_τ	$m_{\tilde{g}}$	$m_{\tilde{l}_3}$
	200GeV	$2M_{SUSY}$	$A_b=A_t=A_\tau$	1500GeV	1000GeV

表 9.6 MSSM 别的基准方案中的参数设置

参数	light-stop	light-stau	τ-phobic	low-M_H
M_A	90～600GeV	90～1000GeV	90～1000GeV	110GeV
$\tan\beta$	0.7～60	0.5～60	0.9～50	1.5～9.5
M_{SUSY}	500GeV	1000GeV	1500GeV	1500GeV
μ	400GeV	500GeV	2000GeV	3000～3100GeV
M_1	340GeV	$(5/3)M_2\tan^2\theta_w$	$(5/3)M_2\tan^2\theta_w$	$(5/3)M_2\tan^2\theta_w$
M_2	400GeV	200GeV	200GeV	200GeV
X_t	$2M_{SUSY}$	$1.6M_{SUSY}$	$2.45M_{SUSY}$	$2.45M_{SUSY}$
A_b, A_t, A_τ	$A_b=A_t=A_\tau$	$A_b=A_t=A_\tau=0$	$A_b=A_t=A_\tau$	$A_b=A_t=A_\tau$
$m_{\tilde{g}}$	1500GeV	1500GeV	1500GeV	1500GeV
$m_{\tilde{l}_3}$	1000GeV	245GeV	500GeV	1000GeV

之前已有的基准方案虽然为在 LEP、Tevatron 和 LHC 上 MSSM 希格斯粒子的寻找给出限定提供了有用的框架，但这些基准方案对于将观测到的 125.5 GeV 态解释为一个中性的 MSSM 希格斯粒子都不是必须的。特别地，m_h^{max} 方案的设计保证了高阶修正使得 M_h 取极大值，使得在大部分参数空间中，该方案给出的 $CP=+1$ 的轻希格斯粒子质量大于观测到的约 125.5 GeV 的信号。在另一种无混合方案（no-mixing scenario）中，给出了 $M_H \lesssim 122$GeV，因而在此方案中不能将实验观测到的信号解释为 $CP=+1$ 的最轻 MSSM 希格斯粒子。

LHC 实验使用了在传统 m_h^{max} 方案的基础上稍作修改的 m_h^{mod+} 和 m_h^{mod-} 方案。差别主要是 stop 混合参数 X_t 的取值大小和正负号的不同，在 m_h^{mod+} 中取 $X_t=1.5M_{SUSY}$，而在 m_h^{mod-} 中取 $X_t=-1.9M_{SUSY}$，其余参数的选取都和 m_h^{max} 相同。不同 stop 混合参数的选取可以使得轻希格斯玻色子质量的期待值接近于目前测得的希格斯粒子质量，小于最大值 135GeV。

在 m_{A}-$\tan\beta$ 的大部分两维参数空间中，对中性 MSSM 希格斯玻色子寻找最灵敏的衰变道是它们的 $\tau^+\tau^-$ 衰变。图 9.38 是 CMS 得到的 m_{A}-$\tan\beta$ 平面 MSSM 希格斯粒子寻找的排除区间，采用的是 $m_{\mathrm{h}}^{\mathrm{mod+}}$ 方案 [31]。图 9.39 是 ATLAS 测量的带电希格斯粒子衰变分支比 $BR(\mathrm{t}\to\mathrm{bH}^+)$ 的上限，对 $m_{\mathrm{H}^+}<160\mathrm{GeV}$，排除了 $BR(\mathrm{t}\to\mathrm{bH}^+)$ 大于约 1%；而对于带电希格斯粒子重于 t 夸克的假设，一个相当大的中等和高 $\tan\beta$ 区域已经被排除 [32]。

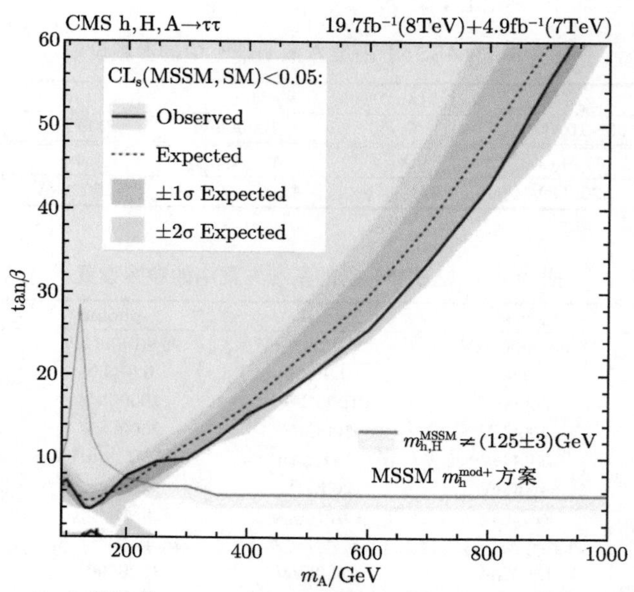

图 9.38　CMS 给出的 m_{A}-$\tan\beta$ 平面 MSSM 希格斯粒子寻找的排除区间，采用的是 $m_{\mathrm{h}}^{\mathrm{mod+}}$ 方案

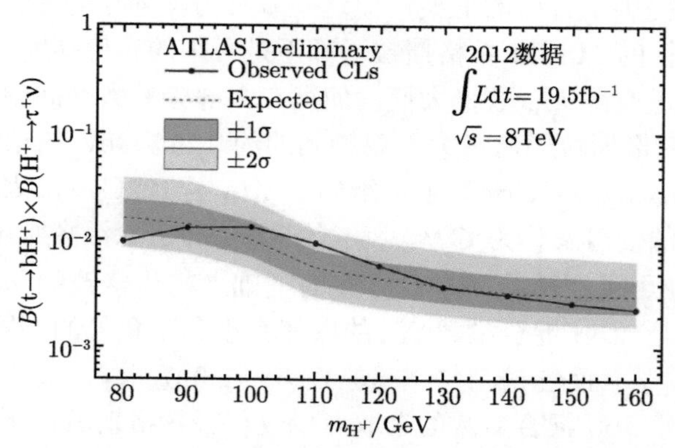

图 9.39　ATLAS 测量的分支比 $BR(\mathrm{t}\to\mathrm{bH}^+)$ 的上限

实际上除了这里介绍的通过 $H/A \to \tau\tau$ 和 $H^{\pm} \to \tau\nu$ 过程对 MSSM 希格斯粒子的寻找之外，在 LHC 上还进行了大量别的 BSM 希格斯粒子的寻找工作，这里只简单地按如下几类罗列一些主要的过程 [29]。

（1）一些基于 MSSM 或 NMSSM 理论模型（次 MSSM，Next-to-MSSM，可参见文献 [33]）的希格斯物理过程。这类希格斯粒子寻找的过程有：$H^+ \to c\bar{s}$，$H^+ \to t\bar{b}$，$H/A \to \mu\mu$，$H/A \to b\bar{b}$，$H/A \to WW$，$a_1 \to \gamma\gamma$，$a_1 \to \mu\mu$。

（2）一般希格斯粒子的寻找过程：重希格斯粒子 $H \to WW/ZZ$，不可见希格斯 ZH，双电荷的希格斯粒子 H^{++}，轻子数破坏的过程 $H \to \tau\mu$，味道改变的中性流过程 $t \to cH$，fermiophobic 希格斯粒子，即与费米子的耦合被压制的希格斯粒子 [34]，以及在四代模型中的希格斯粒子。

（3）通过对希格斯玻色子特征量测量的间接寻找。

（4）希格斯粒子到希格斯粒子的衰变，或者希格斯粒子的对产生：HH 或 $X \to HH$，$H \to aa$，$A \to ZH$，$H \to H^+W(H^+ \to Wh)$。

（5）奇特希格斯粒子的寻找：诸如衰变到长寿命粒子，电子喷注，或移位的 μ 子喷注的希格斯玻色子。

目前所有的这些寻找都还没有发现和 SM 期待值有显著性违反的迹象，对 BSM 希格斯的相空间给出了限制，但是在 $\sqrt{s} = 13 \sim 14\text{TeV}$ 能量下的研究将可以触及到比较高的运动学区间，而且相对于目前的实验数据量会提高 $1 \sim 2$ 个数量级，因此在未来的几年将可以进行更为精细的实验寻找。

参考文献

[1] Strassler M. The Known Particles -If The Higgs Field Were Zero. Article by Dr Matt Strassler of Rutgers University. 8 October 2011 [13 November 2012].

[2] CERN experiments observe particle consistent with long-sought Higgs boson. CERN. 4 July 2012.

[3] Cho A. Higgs boson positively identified. Science, 2013-03-14.

[4] New results indicate that new particle is a Higgs boson. CERN, 2013-03-14.

[5] Taylor F E, et al, Combined measurement of the Higgs boson mass in pp collisions at $\sqrt{s} = 7$ and 8 TeV with the ATLAS and CMS experiments. 26 March 2015, arXiv:1503.07589.

[6] The 2013 Nobel Prize in Physics. Nobel Foundation. [2013-10-09].

[7] Englert F, Brout R. Broken symmetry and the mass of gauge vector mesons. Phys. Rev. Lett., 1964, 13 (9): 321-323.

[8] Higgs P. Broken symmetries and the masses of gauge bosons. Phys. Rev. Lett., 1964, 13 (16): 508-509.

[9] Guralnik G, Hagen C R, Kibble T W B. Global conservation laws and massless particles. Phys. Rev. Lett., 1964, 13 (20): 585–587.

[10] Wouda G. Phenomenology of Higgs Bosons Beyond the Standard Model. Digital Comprehensive Summaries of Uppsala Dissertations from the Faculty of Science and Technology 1217. 59 pp. 2015. Uppsala: Uppsala universitet. ISBN 978-91-554-9138-3.

[11] Hambye T, Riesselmann K. Matching conditions and Higgs boson mass upper bounds reexamined. Phys. Rev. D, 1997, 55: 7255.

[12] Altarelli G, Isidori G. Lower limit on the Higgs mass in the standard model: An update. Phys. Lett. B, 1994, 337: 141. Casas J A, Espinosa J H, Quiros M. Improved Higgs mass stability bound in the standard model and implications for supersymmetry. Phys. Lett. B, 1995, 342: 171; Standard model stability bounds for new physics within LHC reach. Phys. Lett. B, 1996, 382: 374.

[13] Djouadi A. Higgs physics. arXiv:1505.01059 [hep-ph], 2015.

[14] Gomez-Bock M, Mondragón M, et al. Concepts of electroweak symmetry breaking and Higgs physics. arXiv:hep-ph/0712.2419, 2007.

[15] Braaten E, Leveille J P. Higgs-boson decay and the running mass. Phys. Rev. D, 1980, 22: 715; Sakai N. Perturbative quantum-chromodynamic corrections to the hadronic decay width of the Higgs boson. Phys. Rev. D, 1980, 22: 2220; Inami T, Kubota T. Renormalization group estimate of the hadronic decay width of the Higgs boson. Nucl. Phys. B, 1981, 179: 171; Gorishny S G, Kataev A L, Larin S A. The width of the Higgs boson decay into hadrons: Three-loop corrections of strong interactions. Sov. J. Nucl. Phys., 1984, 40: 329; Drees M, Hikasa K. Heavy-quark thresholds in higgs-boson physics. Phys. Rev. D, 1990, 41: 1547; Note on QCD corrections to hadronic Higgs decay. Phys. Lett. B, 1990, 240: 455; Chetyrkin K G. Correlator of the quark scalar currents and $\Gamma_{\rm tot}(\rm H\to$ hadrons) at $\mathcal{O}(\alpha_s^3)$ in pQCD. Phys. Lett. B, 1997, 390: 309.

[16] Kniehl B A. Radiative corrections for $\rm H \to ZZ$ in the standard model. Nucl. Phys. B, 1991, 352: 1; Radiative corrections for $\rm H \to W^+W^-(\gamma)$ in the standard model, 357: 357; Bardin D Y, Vilenski B M, Khristova P K. The anatomy of the electro-weak symmetry breaking. Report JINR-P2-91-140.

[17] Rizzo T G. Decays of heavy Higgs bosons. Phys. Rev. D, 1980, 22: 722; Keung W Y, Marciano W J. Higgs-scalar decays: $\rm H \to W^\pm + X$. Phys. Rev. D, 1984, 30: 248.

[18] Djouadi A, Spira M, Zerwas P M. Production of Higgs bosons in proton colliders. QCD corrections. Phys. Lett. B, 1991, 264: 440.

[19] Ellis J, Gaillard M K, Nanopoulos D V. A phenomenological profile of the Higgs boson. Nucl. Phys. B, 1976, 106: 292; Spira M, Djouadi A, Graudenz D, Zerwas P M. Higgs boson production at the LHC. Nucl. Phys. B, 1995, 453: 17.

[20] Cahn R N, Dawson S. Production of very massive Higgs bosons. Phys. Lett. B, 1984, 136: 196; Hikasa K. Heavy Higgs production in $\rm e^+e^-$ and $\rm e^-e^-$ collisions. Phys. Lett.

B, 1985, 164: 341; Altarelli G, Mele B, Pitolli F. Heavy Higgs production at future collider. Nucl. Phys. B, 1987, 287: 205; Han T, Valencia G, Willenbrock S. Structure-function approach to vector-boson scattering in pp collisions. Phys. Rev. Lett., 1992, 69: 3274.

[21] Anastasiou C, Melnikov K, Petriello F. Gluon-fusion uncertainty in Higgs coupling extractions. Phys. Rev. D, 2005, 72: 097302.

[22] Voss H, Hoecker A, Stelzer J, Tegenfeldt F. TMVA, the Toolkit for Multivariate Data Analysis with ROOT, in XI Int. Workshop on Advanced Computing and Analysis Techniques in Physics Research. 2007. arXiv:physics/0703039. PoS ACAT:040.

[23] de Florian D, et al (LHC Higgs cross section working group). CERN-2017-002-M, arXiv:1610.07922[hep-ph], 2016.

[24] Zeppenfeld D, Kinnunen R,Nikitenko A, Richter-Was E. Measuring Higgs boson couplings at the CERN LHC. Phys. Rev. D, 2000, 62: 013009; Djouadi A, et al. The Higgs working group: Summary report. arXiv:hep-ph/0002258, 2000.

[25] ATLAS collaboration. Off-shell Higgs boson couplings measurement using $\mathrm{H} \to \mathrm{ZZ} \to$ 4l events at high luminosity LHC. ATL-PHYS-PUB-2015-024, 2015.

[26] Beenakker W, Dittmaier S, et al. Higgs radiation off top quarks at the tevatron and the LHC. Phys. Rev. Lett., 2001, 87: 201805; NLO QCD corrections to $\mathrm{t\bar{t}}H$ production in hadron collisions. Nucl. Phys. B, 2003, 653: 151; Reina L, Dawson S. Next-to-leading order results for $\mathrm{t\bar{t}}h$ production at the tevatron. Phys. Rev. Lett., 2001, 87: 201804; Reina L, Dawson S, Wackeroth D. QCD corrections to associated $\mathrm{t\bar{t}}h$ production at the Fermilab Tevatron. Phys. Rev. D, 2002, 65: 053017; Dawson S, Orr L H, Reina L, Wackeroth D. Next-to-leading order QCD corrections to $\mathrm{pp} \to \mathrm{t\bar{t}}h$ at the CERN large hadron collider. Phys. Rev. D, 2003, 67: 071503; Dawson S, Jackson C, Orr L H, Reina L, Wackeroth D. Associated Higgs boson production with top quarks at the CERN large hadron collider: NLO QCD corrections. Phys. Rev. D, 2003, 68: 034022.

[27] ATLAS collaboration. The ATLAS Experiment at the CERN large hadron collider. JINST 3 S08003, 2008.

[28] CMS collaboration. The CMS experiment at the CERN LHC. JINST 3 S08004, 2008.

[29] Flechl M. Higgs physics: Review of recent results and prospects from ATLAS and CMS. arXiv:1503.00632v1 [hep-ex] 2 Mar 2015.

[30] Haber H E, Kane G L. The search for supersymmetry: Probing physics beyond the standard model. Phys. Reports, 1985, 117: 75; Gunion J F, Haber H E. Higgs bosons in supersymmetric models (I). Nucl. Phys. B, 1986, 272: 1 [Erratum, 1993, 402: 567]; Kneur J L, Moultaka G. Inverting the supersymmetric standard model spectrum: From physical to Lagrangian gaugino parameters. Phys. Rev. D, 1999, 59: 015005; Horn R A, Johnson C R. Matrix Analysis, 2nd Edition. Cambridge, UK: Cambridge University Press, 2003.

[31] Carena M, Heinemeyer S, et al. MSSM Higgs boson searches at the LHC: Benchmark scenarios after the discovery of a Higgs-like particle. Eur. Phys. J. C, 2013, 73: 2552; arXiv:1302.7033 [hep-ph].

[32] ATLAS collaboration. Search for charged Higgs bosons decaying via $H^{\pm} \to \tau^{\pm}\nu$ in hadronic final states using pp collision data at $\sqrt{s} = 8$ TeV with the ATLAS detector. ATLAS-CONF-2014-050, 2014.

[33] Ellwangera U, Hugonieb C, Teixeira A M. The next-to-minimal supersymmetric standard model. Phys. Reports, 2010, 496: 1-77;Teixeira A M. The Next-to-minimal supersymmetric standard model: An overview, arXiv:hep-ph/1106.2103v1, 10 Jun 2011; Gouvêa A de, Friedland A, Murayama H. Next-to-minimal supersymmetric standard model with the gauge mediation of supersymmetry breaking. Phys. Rev. D, 1998, 57: 5676.

[34] Díaz M A, Weiler T J. Decays of a fermiophobic Higgs. arXiv:hep-ph/9401259, Jan 1994.

第十章 展 望

高能物理学科旨在研究自然界中能量、物质、空间和时间的基本属性，并通过这些知识来理解宇宙的产生、演化和归宿。我们需要研究的范围是如此之广，内容如此丰富，需要借助各种可资利用的工具：加速器的、非加速器的，以及天文和宇宙线的观测。我们在向这个目标的挺进中已经取得了巨大的成功和进展，加速器对撞机领域的研究作为全球全学科努力的一部分做出了巨大的贡献。

10.1 大统一的理论模型

随着希格斯粒子的发现，可以说到目前为止标准模型（SM）理论取得了巨大的成功。除了中微子质量不为零之外，实验上尚未发现任何别的明显有悖于 SM 理论的现象，当然随着实验领域的扩展和精度的提高，对 SM 理论的精确检验，某一天可能会带给我们新的惊喜。前面已经讲过，物理学家普遍认为 SM 不是一个完美的理论，它的许多自身不可克服的硬伤使人们相信它只能是一个更完美理论的低能近似。多年来理论物理学家在寻找超出 SM 的理论方面进行了大量的探索性研究。

大统一理论试图将电弱相互作用和强相互作用在同一个理论框架下描述，弱、电磁和强耦合常数的演化在高能区的某一点交汇在一起，如图 9.37 所示，在此能标之上三种相互作用是恒等的。乔治（H. Georgi）和格拉肖在 1974 年就提出了一个基于 $SU(5)$ 的大统一理论模型[1]，强相互作用的 $SU(3)_{\rm C}$ 和电弱相互作用的 $SU(2)_{\rm L}\otimes U(1)_{\rm Y}$ 群都是 $SU(5)$ 群的子群。该理论预言了另外 12 个新的规范玻色子 X 和 Y，它们可以耦合到夸克和轻子的顶点，破坏重子数和轻子数的守恒，直接的实验预言是质子的衰变：

$$\rm p \longrightarrow e^+ + \pi^0 \tag{10.1}$$

如图 10.1 费曼图所示的。然而几十年来的实验并没有发现质子的衰变，现在给出的质子寿命为 $\tau_{\rm p} > 10^{33}$ 年。

此外还出现了一些别的大统一理论框架，例如 1975 年乔治、弗里奇（H. Fritzsch）和闵可夫斯基（H. Minkowski）把 SM 的 $SU(3)_{\rm C}\times SU(2)_{\rm L}\times U(1)$ 群扩大到更大的 $SO(10)$ 群，将其作为大统一的规范群[11]。还有组合（compositeness）模型，它将强子夸克结构的模型推广到弱相互作用，质疑夸克、轻子和希格斯粒子，甚至W和Z等是否是由新的更基本的费米子和玻色子（被称为 preons）组成的复合态，这些preons之间的相互作用必须类似于强相互作用，以形成夸克和轻子，甚至像希格斯那样的复合态。由于人们对这种设想的相互作用一无所知，类比于QCD中的色荷，在文献中将传递这种相互作用的荷赋予不同的名字：Technicolor、Metacolor、Hepercolor等。这些大统一的理论模型都毫无例外地要求在某种数量级上的质子衰变。它们虽然具有美学方面的吸引力，但由于自身的一些困难和有悖于实验事实，目前已经逐渐淡出了人们的视野。现在颇受物理学家青睐的是超对称性（supersymmetry，SUSY）理论，因为在各类超出SM的理论模型中，SUSY是唯一能回答大多数基础性重大问题的理论，如图10.2所示。

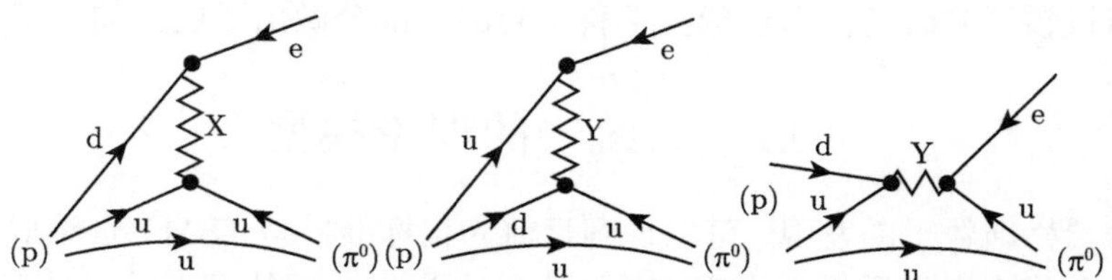

图 10.1 大统一 $SU(5)$ 模型预言的 X 和 Y 玻色子耦合到夸克和轻子的顶点，直接导致质子的衰变

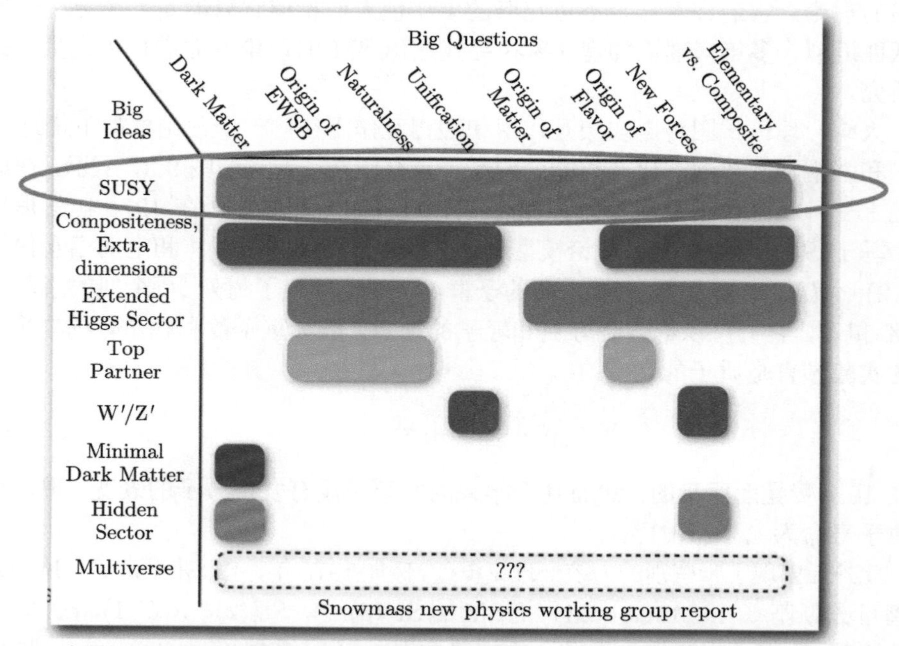

图 10.2 各种 BSM 模型对基础性重大问题回答的比较。引自 Xuai Zhuang (庄胥爱)2017 年 11 月 22 日在北京高能物理所研讨会上的报告

1974 年外斯（Julius Wess）和朱米诺（Bruno Zumino）将费米子 ψ 和玻色子 ϕ 放在一个更基本的对称性下[2]，实现费米子和玻色子的混合：

$$\delta\phi = 2\bar{\epsilon}\psi, \quad \delta\psi = -\mathrm{i}\gamma^{\mu}\epsilon(\partial\phi) \tag{10.2}$$

其中，ϵ 是描写变换的无穷小旋量，$\bar{\epsilon} \equiv \epsilon^{\dagger}\gamma^{0}$。在这种变换下不变的拉氏量可以写为

$$\mathcal{L} = \frac{1}{2}[\partial^{\mu}\phi^{*}\partial_{\mu}\phi - m^{2}\phi^{*}\phi] + \mathrm{i}\bar{\psi}\gamma^{\mu}\partial_{\mu}\psi - m^{2}\bar{\psi}\psi \tag{10.3}$$

这里假设了费米子和玻色子具有相同的质量。完全相同地，可以把自旋为 1/2 的粒子和自旋为 1 的粒子结合在一起，或者更一般地，将自旋相差 1/2 的粒子配成对。这种连接费米子和玻色子的不变性就称为“超对称性”。

实现引力作用与 QCD 和电弱相互作用的最终统一是几代人的梦想。理论学家提出了弦理论，以解决引力的量子化问题。在极高的能量下，即在普朗克能标 $\sim 10^{19}$GeV，量子化的引力场才有可能实现和强相互作用、电磁相互作用和弱相互作用的大统一。在弦理论中物质的基本单位不是零维的粒子，而是一维的“弦”或高维的“膜”，粒子是其各种振动模式。曾流行过五种弦论，其不同在于未破缺的超对称性荷的数目，以及所带有的规范群。在 10 维时空的超弦引力理论中，最小的旋量具有 16 个实分量，有三种弦论的守恒超荷恰巧对应于这种情况，它们是类型 I、杂优弦 HE 和 HO。其余两种弦论含有 2 个旋量超荷，称为类型 II 弦。其中，类型 IIA 的旋量具有相对的手征性，类型 IIB 的旋量具有相同的手征性。HE 和 HO 两种杂优弦分别带有 $E8 \times E8$ 规范群和 $SO(32)$ 规范群。类型 I 弦也具有 $SO(32)$ 规范群，它是开弦，而其余的 4 种弦是闭弦。重要的是，它们都是非反常的，即弦论提供了一种与量子力学相容的引力理论。在这些理论中，HE 弦至少在原则上能解释所有已知粒子和力的性质，当然也包括手征性。

1995 年爱德华·威滕（Edward Witten）提出了一种将各种相容形式的超弦理论统一起来的理论——M 理论（M-theory），被称为第二次超弦革命，试图为统合所有自然基本力的统一理论提供理论框架。前面给出的五种不同的超弦理论，尽管看上去非常不一样，但多位物理学家的研究指出这些理论有着微妙且有意义的关系。特别而言，物理学家们发现这些看起来相异的理论其实可以透过两种分别称为 S 对偶和 T 对偶的数学变换所统合。威滕的猜想有一部分是基于这些对偶的存在，另有一部分则是基于弦理论与 11 维超重力场论的关系。尽管尚未发现 M 理论的完整表述，这种理论应该能够描述叫膜的二维及五维物体，而且也应该能描述低能量下的 11 维超引力。现今表述 M 理论的尝试一般都是基于矩阵理论或 AdS/CFT 对偶。有关 M 理论数学架构的研究已经在物理和数学领域产生了多个重要的理论成果。弦理论学界推测，当尝试把 M 理论与实验联系起来时，

弦理论学者一般会专注于使用额外维度紧致化来建构人们所处的四维世界候选模型，人们需要证实这些模型能够产生出人们所能观测到（例如在大型强子对撞机中）的物理现象。

也有一种称为 LQG（loop quantum gravity）的量子引力理论，试图将量子力学和广义相对论结合在一起，与弦理论相竞争，使其成为能将各种力统一起来的理论。在该理论中时空是量子化的，如同量子力学中能动量的量子化一样。量子化使得时空是分离的颗粒状的，如同电磁场中的光子一样。空间的结构就像一个循环密织的网，这些循环网被称为自旋网。一个自旋网或自旋泡沫演化的标度大约在普朗克长度 $\sim 10^{-35}$m，不可能更小。因此，在此理论中物质和空间都具有如同原子那样的结构。

10.2 超对称性粒子的实验寻找

正如我们在 9.7 节中介绍的那样，最小超对称性理论模型 MSSM 由于其独特的性能受到理论和实验物理学家广泛的研究。

（1）通过引入 SM 中粒子的超对称性伙伴粒子，强、电磁和弱三种相互作用的耦合常数在大统一能标精确地汇聚到一点，如图 9.37 中实线所示。

（2）给出了能标级差问题的自然解释。希格斯粒子的质量由于各种圈图的重整化，有可能超出可接受的范围，除非存在奇异的抵消效应（精细微调）。圈图修正对费米子和玻色子具有相反的符号，因此超对称性理论通过普通粒子和超对称性粒子的配对，使得这种抵消是精确和自然的。

（3）最轻的超对称粒子，是无色、电中性和稳定的，因此成为最具有吸引力的暗物质候选者。

现在物理学家都期待着 LHC 对撞机在发现了希格斯粒子之后，在超对称性粒子的寻找上能有所斩获。到目前为止，LHC 利用其在 7TeV + 8TeV + 13TeV 获取的亮度 $L \sim 150\text{fb}^{-1}$ 的 pp 对撞数据已经对 SUSY 粒子进行了广泛的搜寻。基本策略就是根据各类事例的物理特征，建立对 SUSY 粒子灵敏的可观测物理量，在敏感的运动学区间测量事例数对 SM 本底的超出，这一策略显然依赖于对 SM 本底描写的模型化精度。常用的灵敏可观测物理量诸如：

（1）事例的横能量 H_T 或丢失横能量 E_T^miss，以及横质量 m_T：

$$H_\text{T} \equiv \sum_{i=1}^{N_\text{jets}} p_\text{T}^{\text{jet},i} + \sum_{j=1}^{N_\text{lept}} p_\text{T}^{\text{lept},j} \tag{10.4}$$

即为所有喷注和轻子横动量的和。E_T^miss 为所有重建的喷注和轻子横动量矢量和的负值。它们被用以测量来自于最轻 SUSY 粒子的信号，本底是误测量的喷注和

其他 SM 本底。事例横质量的定义为

$$m_{\mathrm{T}}=\sqrt{\left(\sum_i E_{\mathrm{T}}^{\mathrm{jet+lept},i}\right)^2-\left(\sum_i p_x^{\mathrm{jet+lept},i}\right)^2-\left(\sum_i p_y^{\mathrm{jet+lept},i}\right)^2} \tag{10.5}$$

（2）有效质量 m_{eff} 为

$$m_{\mathrm{eff}}\equiv H_{\mathrm{T}}+E_{\mathrm{T}}^{\mathrm{miss}} \tag{10.6}$$

它和 SUSY 粒子质量大小有关，更确切地说是和初始产生的 SUSY 粒子与最轻的超对称性粒子（LSP）的质量差有关。SM 本底主要在 m_{eff} 的低能端。为进一步压制多喷注本底，可要求末态轻子或光子的孤立性，将轻子或光子的横动量加到 H_{T} 或 m_{eff} 上，以提高信号和本底的分辨。

（3）在 LHC 上为提高重 SUSY 粒子对产生的测量灵敏度还定义了一些别的物理量，诸如 α_{T}[3]，超对称横质量（stransverse mass）m_{T2}，反向横质量（contransverse mass）m_{CT} [5]，razor [4] 等变量。对于两个喷注的事例，α_{T} 的定义为

$$\alpha_{\mathrm{T}}=\frac{E_{\mathrm{T}}^{\mathrm{jet},2}}{m_{\mathrm{T}}} \tag{10.7}$$

$E_{\mathrm{T}}^{\mathrm{jet},2}$ 是事例的两个喷注中能量较轻的一个，m_{T} 是两喷注事例的横质量。喷注的误测量主要来自测量单元的失效或非均匀性，α_{T} 可以控制这一本底并将其和超对称性粒子产生的丢失能量信号相区分，因而对抑制能量误测量有效。对完美的两喷注事例 $E_{\mathrm{T}}^{\mathrm{jet},1}=E_{\mathrm{T}}^{\mathrm{jet},2}$，在横平面上是背靠背的，因此 α_{T} 的值为 0.5。若对于背对背事例的能量测量不平衡或者是非背对背事例，α_{T} 的值就可能小于或大于 0.5。

为理解超对称横质量和反向横质量变量的定义，以超对称性粒子对产生的末态两喷注事例为例，它们的级联衰变链可记为[5]

$$\delta_i\to\alpha_i v_i,\qquad i=1,2 \tag{10.8}$$

诸如 $\tilde{q}\to q\tilde{\chi}_1^0$ 或 $\tilde{l}\to l\tilde{\chi}_1^0$。每个腿经 n 步级联衰变后，不可见的粒子，如最轻的超对称性粒子（LSP），记为 α_i；可见的粒子作为一个整体系统被记为 v_i，其质量和四维动量分别为 $m(v_i)$ 和 $\boldsymbol{p}(v_i)$。假定在衰变链中除了 α 之外没有别的不可见粒子，δ_i 和 α_i 分别具有相同的质量 $m(\delta)$ 和 $m(\alpha)$。

如果 α_1 的横动量 $\boldsymbol{p}_{\mathrm{T}}(\alpha_1)$ 已知，就可以计算出 δ_1 的横质量 $m_{\mathrm{T}}(\delta_1)$，其最大值为 $m(\delta)$。相应的 $\boldsymbol{p}_{\mathrm{T}}(\alpha_2)$ 也可从 $\boldsymbol{p}_{\mathrm{T}}^{\mathrm{miss}}$ 求出，因而 $m_{\mathrm{T}}(\delta_2)$ 也可求得，它也小

于 $m(\delta)$。因此 $\max[m_{\mathrm{T}}(\delta_1), m_{\mathrm{T}}(\delta_2)]$ 给出测量 $m(\delta)$ 的端点值。实际上我们是不可能直接测量到 $\boldsymbol{p}_{\mathrm{T}}(\alpha_1)$ 和 $\boldsymbol{p}_{\mathrm{T}}(\alpha_2)$ 的，文献 [10] 建议搜寻一个 $\boldsymbol{p}_{\mathrm{T}}(\alpha_1)$ 的实验值，使上述横质量极大值取极小值，以公式写出即为

$$m_{\mathrm{T2}} = \min_{\boldsymbol{p}_{\mathrm{T}}(\alpha_1)+\boldsymbol{p}_{\mathrm{T}}(\alpha_2)=\boldsymbol{p}_{\mathrm{T}}^{\mathrm{miss}}} [\max(m_{\mathrm{T}}(\delta_1), m_{\mathrm{T}}(\delta_2))] \tag{10.9}$$

显然这种最小-最大横质量的上限也是 $m(\delta)$，被称为超对称横质量，或记为 m_{T2}。$m_{\mathrm{T}}(\delta_i)$ 是匹配其中的一个实验矢量和一个赝喷注而得到的横质量。SM 多喷注本底事例的 m_{T2} 值比较小，而信号事例具有相对比较显著的 $\boldsymbol{p}_{\mathrm{T}}^{\mathrm{miss}}$，给出比较大的 m_{T2}。

反向横质量的定义为

$$\begin{aligned} m_{\mathrm{CT}}^2(v_1, v_2) &\equiv [E_{\mathrm{T}}(v_1) + E_{\mathrm{T}}(v_2)]^2 - [\boldsymbol{p}_{\mathrm{T}}(v_1) - \boldsymbol{p}_{\mathrm{T}}(v_2)]^2 \\ &= m^2(v_1) + m^2(v_2) + 2[E_{\mathrm{T}}(v_1)E_{\mathrm{T}}(v_2) + \boldsymbol{p}_{\mathrm{T}}(v_1)\boldsymbol{p}_{\mathrm{T}}(v_2)] \end{aligned} \tag{10.10}$$

如果 $m(v_i) = 0$，则有

$$m_{\mathrm{CT}}^2(v_1, v_2) = 2p_{\mathrm{T}}(v_1)p_{\mathrm{T}}(v_2)(1 + \cos\phi_{12}) \tag{10.11}$$

若 $p_{\mathrm{T}}(v_i)$ 在实验室系横平面上测量，则 ϕ_{12} 是 v_1 和 v_2 在此平面上的夹角。这一定义基于如下考虑：设事例在坐标系 $F_{(0)}$ 中产生，v_1 和 v_2 在不同的坐标系 $F_{(1)}$ 和 $F_{(2)}$ 中产生洛伦兹增长，在坐标系 $F_{(0)}$ 中看它们大小相等但方向相反，即 v_1 和 v_2 受到大小相等的反线性洛伦兹增长。可以证明在此变换下 v_1 和 v_2 的不变质量不再是不变的，而

$$m_C^2(v_1, v_2) \equiv [E(v_1) + E(v_2)]^2 - [\boldsymbol{p}(v_1) - \boldsymbol{p}(v_2)]^2 \tag{10.12}$$

则是不变的[5]。

由于对 SUSY 理论的破缺机制还不甚清楚，通常的做法是通过加入软 SUSY 破缺的拉氏量，从而增加许多新的自由参数。例如在 MSSM 模型中就包含了 105 个新参数[6]。在寻找 SUSY 粒子的唯象分析中让这些参数都处于自由状态显然是不现实的，必须设法减少自由参数的数目。容易想到的做法是设定一个 SUSY 破缺机制，通过另外的限制条件来约束自由参数的数目，在 LHC 运行之前，对实验结果的解释有多种约束模型，其中最通用的是“约束 MSSM 模型”(CMSSM)[7, 8]，又被称为“最小超引力”(MSUGRA)。在所有这些参数约束的 SUSY 模型中几乎所有的超对称性夸克（包括左右手）的质量都是简并的，特别是第一代和第二代的超对称性夸克。因此在 CMSSM 或其他基于 CMSSM 的模型中，参数空间的排除主要来自第一代和第二代 squark 及 gluino 产生的测量。如图 10.3所示，这

些过程在 pp 对撞中具有最大的产生截面，因而 LHC 实验可以给出这些携带色荷的超对称性粒子质量的严格限制，从而更严格地限定容许的参数空间。但是在解释别的对撞机和非对撞机实验时，人们发现上述模型和数据的兼容性却非常差，说明强约束模型，例如 CMSSM，不再是一个理想的基准方案，因此人们尝试采用更灵活的方式设置强假定来减小参数集的数目。

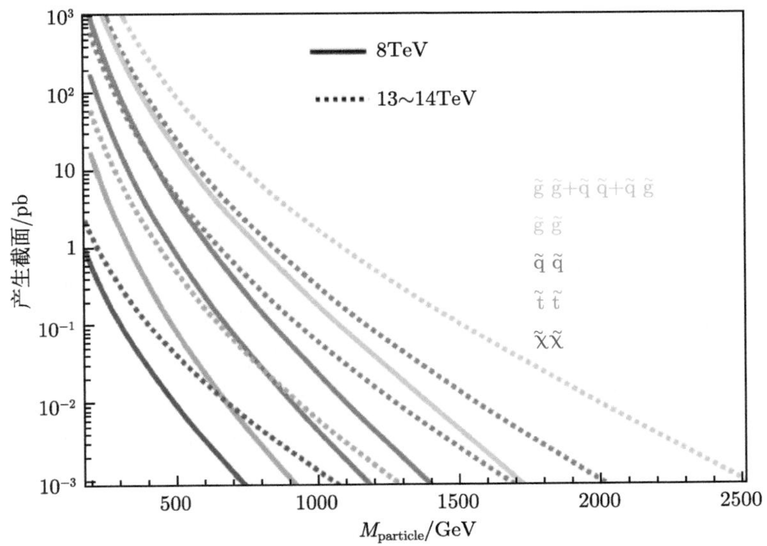

图 10.3 各类超对称性粒子对产生截面和它们质量的函数关系。实线是质心系能量 8TeV，虚线是质心系能量 13 ~ 14TeV[9, 6]。stop 的对产生截面单独给出，squark 产生截面的计算中假定了左右手 $\tilde{u}, \tilde{d}, \tilde{s}, \tilde{c}, \tilde{b}$ 的质量都是简并的。Neutralino $\tilde{\chi}$ 被假定为 Higgsino 型的，其产生截面比 squark 和 gluino 小若干个数量级

“唯象 MSSM”（phenomenological-MSSM），或简记为 pMSSM，是其中的一个模型。它基于 MSSM，依据实验数据消除掉那些从原理上讲是自由的，但被味混合和 $\mathcal{CP}$ 破坏实验测量严格约束的参数。这一有效的处理方法可以将 MSSM 的自由参数减小到 19 个或更少，是在完整 MSSM 和高约束模型（如 CMSSM）之间的妥协方案。pMSSM 满足 $\mathcal{CP}$ 守恒，最小的味道破坏及前两代费米子超对称性伙伴的质量简并。在过去若干年中，这些简化模型在 SUSY 粒子的寻找中都获得了广泛的应用，这些较少数目的新粒子之间的相互作用是通过定义一个有效的拉氏量来实现的。

用简化模型对实验结果的解释虽然不能反映一些最基本的物理假定，但这些模型假设了有限的 SUSY 粒子产生和衰变模式，使得自由地改变它们的质量和别的一些参数成为可能。因此简化模型可以对单一的 SUSY 拓扑结构进行全面综合

的研究，在广泛的参数空间优化实验的寻找，不受运动学特征（诸如质量、产生截面和衰变模式）的限制。ATLAS 和 CMS 都以简化模型为基本框架来解释他们的实验寻找。

10.2.1　squark 和 gluino 的寻找

LEP 实验已将 squark 的质量限定在 100GeV 量级以上。在强子对撞机上，如 LHC，产生的 squark 和 gluino 可以是带有颜色的，因此有可能对它们的质量设置更严格的限制。这些带有色荷的超对称性 squark 和 gluino 的对产生一般来自 s 道或 t 道的部分子间相互作用。在质子中 b 和 t 夸克含量的占比很小，因此 b 型和 t 型的 squark 主要是通过 s 道产生的。以前的实验大多假定第一代和第二代的 squarks 是近似质量简并的，然而为了对寻找结果给出与模型无关的解释，实验也开始分别对第一代或第二代的 squarks 给出简化模型的质量限。

在 R 守恒下，若 gluinos 比 squarks 重，squarks 将在运动学允许下主要衰变到夸克 +neutralino 或 chargino。衰变末态可以是最轻的 neutralino（即 LSP）或 chargino，但是依赖于 gauginos 的质量，也可以是较重的 neutralinos 或 charginos。因此对第一代和第二代 squarks 的对产生，最简单的衰变事例特征是两个喷注 + 丢失横动量，也可以有来自初态或末态辐射（ISR/FSR）的喷注，或来自长级联衰变的喷注。gluino 的对产生将导致事例的四喷注和丢失动量特征，以及同样的初末态辐射和级联衰变喷注。gluino 和 squark（anti-squark）的协同产生也是可能的，特别的，如果 squarks 和 gluinos 的质量相同，事例末态的典型特征是大于等于三个喷注。在级联衰变中超对称粒子的衰变可能产生孤立的光子或轻子。末态的特征为大的丢失横动量，大于等于两个高 p_{T} 的喷注，伴随着一个或多个孤立的光子或轻子（包含 τ 轻子）。表 10.1 给出了在不同质量标度等级的假设下，约定超对称性粒子最终衰变到 neutralino，gluino 和 squark 产生的末态事例典型特征。

表 10.1　强子对撞机上 gluino 和前两代 squark 的产生在不同质量标度级别下的典型事例特征

质量级别	主要产物	主要衰变模式	典型事例特征
$m_{\tilde{\mathrm{q}}} \ll m_{\tilde{\mathrm{g}}}$	$\tilde{\mathrm{q}}\tilde{\mathrm{q}}$, $\tilde{\mathrm{q}}\bar{\tilde{\mathrm{q}}}$	$\tilde{\mathrm{q}} \to \mathrm{q}\tilde{\chi}_1^0$	$\geqslant 2$ 喷注 + $E_{\mathrm{T}}^{\mathrm{miss}}$ + X
$m_{\tilde{\mathrm{q}}} \approx m_{\tilde{\mathrm{g}}}$	$\tilde{\mathrm{q}}\tilde{\mathrm{g}}$, $\tilde{\mathrm{g}}\bar{\tilde{\mathrm{q}}}$	$\tilde{\mathrm{q}} \to \mathrm{q}\tilde{\chi}_1^0$, $\tilde{\mathrm{g}} \to \mathrm{q}\bar{\mathrm{q}}\tilde{\chi}_1^0$	$\geqslant 3$ 喷注 + $E_{\mathrm{T}}^{\mathrm{miss}}$ + X
$m_{\tilde{\mathrm{q}}} \gg m_{\tilde{\mathrm{g}}}$	$\tilde{\mathrm{g}}\tilde{\mathrm{g}}$	$\tilde{\mathrm{g}} \to \mathrm{q}\bar{\mathrm{q}}\tilde{\chi}_1^0$	$\geqslant 4$ 喷注 + $E_{\mathrm{T}}^{\mathrm{miss}}$ + X

超对称性 gluinos 和 squarks 的主要产生和衰变模式可用图 10.4 表示。

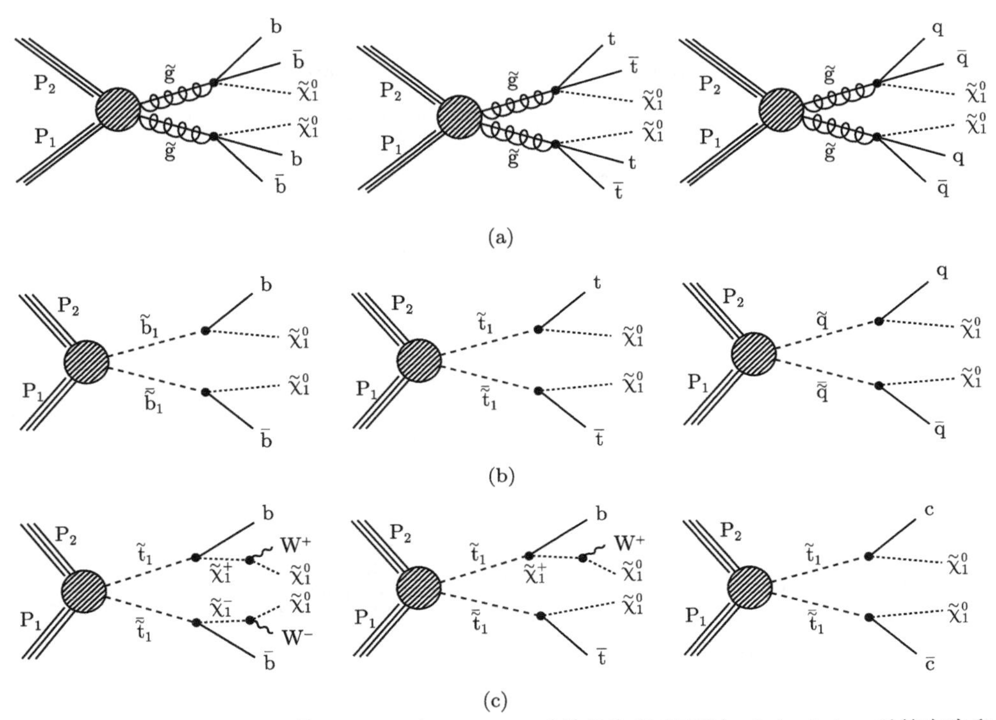

图 10.4 LHC 实验 pp 对撞 gluinos 和 squarks 对的产生和衰变图。(a) gluino 对的产生和通过 gluino 衰变的 b、t 和轻味夸克对产生; (b) $\tilde{\mathrm{b}}$、$\tilde{\mathrm{t}}$ 和轻味 squark 对的直接产生及到相应夸克的衰变; (c) 另类 $\tilde{\mathrm{t}}$ 对的直接产生, $\tilde{\mathrm{t}}$ 具有三种不同的衰变模式

1. gluino 的质量限

LHC 实验在简化模型框架下设置了 gluino 的质量限。假定 gluino 对的产生, 以及三个典型的 gluino 原初衰变链, 用来解释他们的寻找结果。第一个衰变链是 $\tilde{\mathrm{g}} \to \mathrm{q}\bar{\mathrm{q}}\tilde{\chi}_1^0$, 衰变产生前两代 squarks 的 gluino 可以是在壳或非在壳的, 因此末态有四个轻味夸克, 寻找多喷注加 $E_{\mathrm{T}}^{\mathrm{miss}}$ 事例, 通过对此类单举强子过程的分析就可以给出简化模型下的限定。该限定是 gluino 和 neutralino 质量的函数, 如图 10.5 (a) 所示, 截面考虑了次领头阶的 QCD 修正和次领头阶对数精度的软胶子发射求和[12], ATLAS 结果在简化模型和零质量 neutralino 的假设下, 排除了 gluino 质量小于 2000GeV 的可能性。如果 neutralino 质量不为零, 那么喷注的能量会减小, 事例的丢失横动量也会减小, 分析的效率会降低, $\Delta m = m_{\tilde{\mathrm{g}}} - m_{\tilde{\chi}_1^0}$ 质量差的减小会使得对 gluino 最低质量的限定减弱。例如, 假定 neutralino 的质量高于 1000GeV, 就很难再用此衰变链来限定 gluino 的质量。因此 gluino 的质量限强烈地受到 neutralino 质量假设的制约。

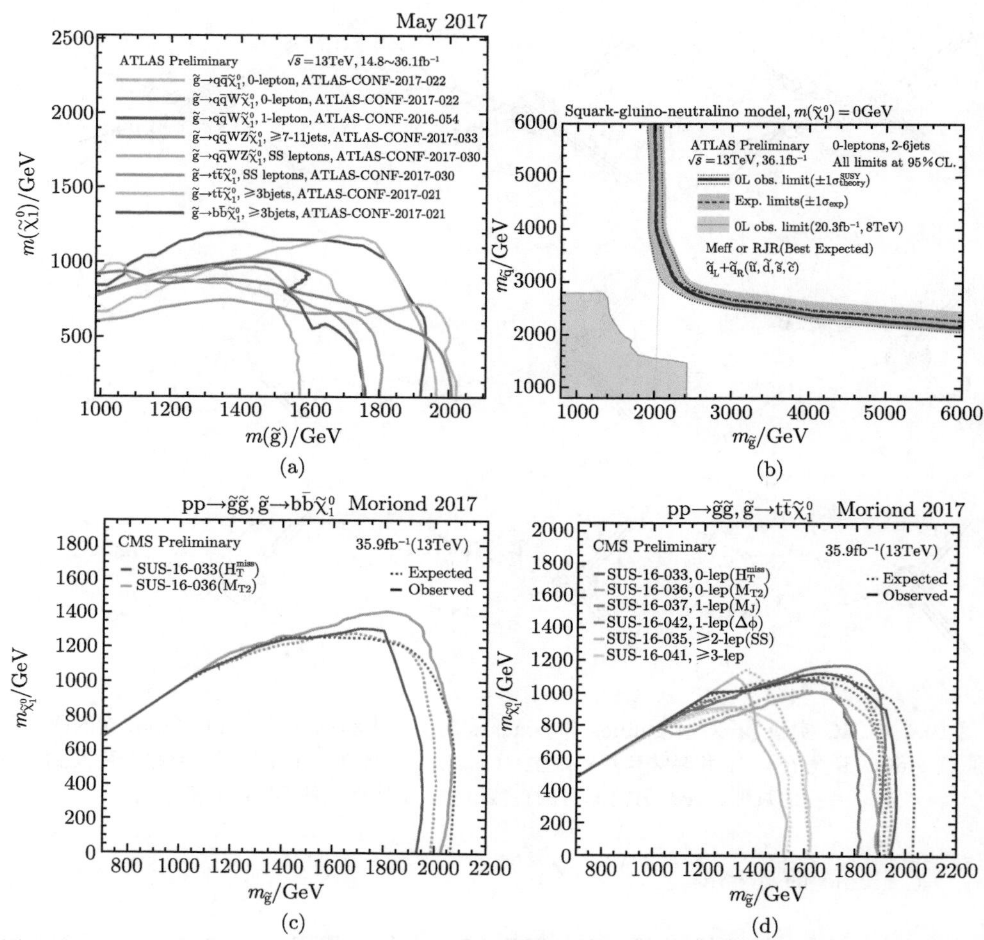

图 10.5 (a)、(c)、(d) 是 gluino 对产生 95% 置信度下的最低质量限。(a) 是 ATLAS 的测量结果,(c)、(d) 是 CMS 的 $\tilde{g} \to b\bar{b}\tilde{\chi}_1^0$ 和 $\tilde{g} \to t\bar{t}\tilde{\chi}_1^0$ 衰变链的结果。质量限在简化模型下定义,即假定 100% 分支比的单一衰变链。(b) 是在 gluino 和 squark 产生及零质量的 neutralino 假定下给出的 95% 置信度下 gluino 和 squark 的质量限

第二个重要的 gluino 衰变链为 $\tilde{g} \to b\bar{b}\tilde{\chi}_1^0$,衰变以 $\tilde{b}$ 为媒介子,事例的特征来自末态 b 夸克的四个喷注和 E_T^{miss},次级顶点的重建对鉴别喷注来自 b 夸克,压制 SM 的本底是重要的,即要求 b 喷注的标记。CMS 在此简化模型下的结果见图 10.5 (c),在零质量 neutralino 假设下同样排除了 gluino 质量 $\lesssim$ 2000GeV 的可能性,ATLAS 的结果与此相近。如果 neutralino 的质量大于 1400 GeV,将不能给出 gluino 质量的限定。

如果运动学允许，gluino 到第三代夸克的衰变链 $\tilde{\mathrm{g}} \to \tilde{\mathrm{t}}\mathrm{t}$ 也是可行的，导致事例的 4t 夸克末态 $\mathrm{tttt}\tilde{\chi}_1^0\tilde{\chi}_1^0$，即有 gluino 的第三个重要衰变链 $\tilde{\mathrm{g}} \to \mathrm{t}\bar{\mathrm{t}}\tilde{\chi}_1^0$。事例末态有不同拓扑信号，诸如四个孤立的轻子、四个 b 喷注、若干个轻味夸克喷注，以及来自 W 衰变产生的中微子或来自两个 neutralino 粒子的丢失能量。如图 10.5（d）所示，CMS 在此衰变模式中排除了零质量 neutralino 质量假定下 gluino 质量 $\gtrapprox$ 1900GeV 的可能性。若 neutralino 质量 $\gtrapprox$ 1100GeV，将不能给出 gluino 质量的限定。ATLAS 在多 b 喷注事例的寻找中得到了相同的结果。

ATLAS 也基于 pMSSM 模型框架分析了末态为 gluinos 和前两代 squarks，以及两个似 $\tilde{\chi}_1^0$ 的衰变道，结果如图 10.5（b）所示。假定 $m_{\tilde{\chi}_1^0}=0$，对任意 squark 质量排除了 gluino 质量 $\lessapprox$ 2000GeV 的可能性，反之亦然。若 $m_{\tilde{\mathrm{q}}} \approx m_{\tilde{\mathrm{g}}}$，质量排除限为 2700GeV。

LHC 实验也进行了 R 宇称破坏的 gluino 衰变寻找，研究了多种模式的衰变末态。在多轻子末态事例的寻找中将 gluino 的质量下限限定在 $1 \sim 1.4$TeV[13]。

2. squark 的质量限

在 Tevatron 实验中基于 CMSSM 模型框架，对任意的 gluino 质量设定给出的 squark 质量限为 380GeV，在 $m_{\tilde{\mathrm{q}}}=m_{\tilde{\mathrm{g}}}$ 条件下为 390GeV。

LHC 实验使用 $36\mathrm{fb}^{-1}$ 的 $\sqrt{s}=13$TeV 的 pp 对撞数据设置了 squark 的质量下限。在简化模型下 squark 成对产生，其衰变链仅为 $\tilde{\mathrm{q}} \to \mathrm{q}\tilde{\chi}_1^0$，假定左手和右手的前两代夸克是质量简并的，同时假定 gluino 的质量非常高，其相应的到 squarks 对产生的 t 道图的贡献是可以忽略的，因此在此简化模型下前两代 squarks 总的产生截面等于一个单一 squark 截面（例如 $\tilde{u}_{\mathrm{L}}$）的 8 倍。CMS 给出了在此简化模型下各强子道寻找的解释，见图 10.6（a）。其最佳排除质量限来自 m_{T2} 变量的分析[14]。在轻 neutralino 的假定下 squark 的质量限在 1550GeV 之下，重 neutralino 的效应和讨论 gluino 时相同，只有当 neutralino 的质量 $\lessapprox$ 800GeV 时，才有可能给出任意 squarks 质量的排除限。如果不假定第一代和第二代 squarks 的质量简并，只有一个单一的轻 squark 产生，其他的 squarks 和 gluino 退耦到非常高的质量，那么将极大地降低 squark 的最小质量限。在图 10.6（a）中可以看出，这时轻 squark 对产生给出的 95% 置信度质量排除曲线要小得多。在零质量 neutralino 的假设下 squark 的最低质量限为 $\approx$ 1050GeV，若 neutralino 的质量高于 450GeV，将不能给出 squark 的质量限。

LHC 实验也对第三代的 squark 设置了严格的质量限。TeV 能标的 SUSY 物理在于理论自然性的讨论，特别需要提及的是稳定希格斯质量辐射修正的二次发散。这里主要的 SUSY 唯象物理来自第三代 squarks 之间的相互作用和 t 夸克与希格斯玻色子的汤川耦合，从而导致对 stop 和左手 sbottom 质量的潜在限制。由于 t 夸克质量很重，预期 $\tilde{t}_L$ 和 $\tilde{t}_R$ 之间有较强的混合，产生一个轻质量态 $\tilde{t}_1$ 和重质量态 $\tilde{t}_2$。在 MSSM 理论中 $\tilde{t}_1$ 可以是最轻的 squark。理论预期 $\tilde{b}$ 主要衰变到 $b\tilde{\chi}^0$，产生典型的 b 喷注和 E_T^{miss} 信号。在 Tevatron 和 LHC 实验中已经研究了 $\tilde{b}$ 对的直接产生。Tevatron 的限制为：在零质量 neutralino 假设下 $m_{\tilde{b}} > 247\text{GeV}$[15]。LHC 实验利用在 $\sqrt{s} = 13\text{TeV}$ 获取的 36fb^{-1} 数据得到的结

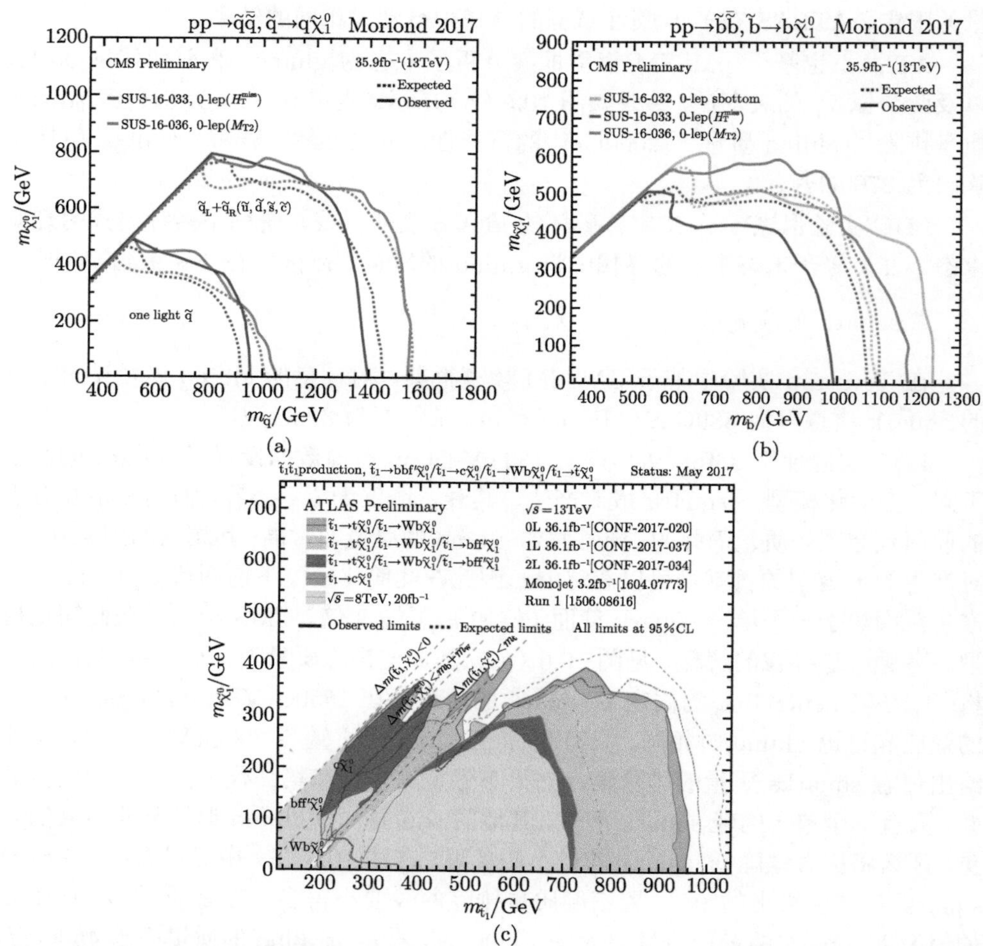

图 10.6　(a) CMS 基于简化模型给出的，在 $m_{\tilde{q}} - m_{\tilde{\chi}_1^0}$ 平面上前两代 squarks 对产生的 95% 置信度下最低质量排除曲线，假定了单一衰变链 $\tilde{q} \to q\tilde{\chi}_1^0$；给出了两种对产生截面假定的结果：(1) 前两代 squarks 的 8 重质量简并，(2) 只有一个轻味 squark。(b) CMS 在简化模型框架下给出的在 $m_{\tilde{b}} - m_{\tilde{\chi}_1^0}$ 平面上前两代 squarks 对产生的 95% 置信度下最低质量排除曲线；假定了单一衰变链 $\tilde{q} \to q\tilde{\chi}_1^0$。(c) ATLAS 基于 stop 各种衰变的简化模型给出的在 $m_{\tilde{t}} - m_{\tilde{\chi}_1^0}$ 平面上 95% 置信度下的排除曲线

果见图 10.6（b）[14, 16]，CMS 给出在零质量 neutralino 假设下 $m_{\tilde{b}} \geqslant 1200\text{GeV}$，若 $m_{\tilde{\chi}_1^0} \approx 550\text{GeV}$ 或更高，在简化模型下将不能对 $\tilde{b}$ 对产生设置 $\tilde{b}$ 的质量下限。ATLAS 的结果类似[17]。

超对称 stop 粒子的衰变模式依赖于 SUSY 的质量谱，以及 $\tilde{t}_L - \tilde{t}_R$ 混合的质量本征态。在运动学容许的条件下两体衰变 $\tilde{t} \to t\tilde{\chi}^0$（要求 $m_{\tilde{t}} - m_{\tilde{\chi}^0} > m_t$）和 $\tilde{t} \to b\tilde{\chi}^{\pm}$（要求 $m_{\tilde{t}} - m_{\tilde{\chi}^{\pm}} > m_b$）预期占主导。若非如此，$\tilde{t}$ 的衰变可以通过 $\tilde{t} \to c\tilde{\chi}^0$，或者通过 $\tilde{t} \to bf\bar{f}'\tilde{\chi}^0$ 模式进行。

LEP[18] 和 Tevatron[19] 实验都进行了最轻 $\tilde{t}$ 粒子的寻找。LHC 实验改进了他们设置的质量限，如图 10.6（c）所示。在简化模型下假设只有一个衰变链 $\tilde{t} \to t\tilde{\chi}_1^0$，$\tilde{t}$ 的最小质量限接近或超过 1TeV。此类 $\tilde{t}$ 粒子的衰变拓扑结构主要为：要求最多只有一个孤立的轻子，适当大小的 E_T^{miss}，大于 4 个的喷注中至少有一个可以标记为 b 喷注[20]。例如 CMS 排除了在零质量 neutralino 假设下，$m_{\tilde{t}}$ 小于 1100GeV 的可能性；若假设 $m_{\tilde{\chi}_1^0} > 500\text{GeV}$，则不能设置 $m_{\tilde{t}}$ 的质量下限。$\tilde{t}$ 的其他衰变链的分析更复杂些，这里就不再赘述了。

表 10.2 是总结了 LHC 实验基于不同的解释方法和 R 宇称守恒给出的 gluino 和 squark 的质量限，单位为 GeV。对 gluino 多种不同的模型假定都将其最小质量限定在 2TeV 附近，标志着 LHC 确实在 TeV 或更高能标探测了 gluino 的直接产生。然而在 neutralino 的质量大于 $1 \sim 1.4\text{TeV}$ 的最佳方案假设中，ATLAS 和 CMS 都不能给出 gluino 质量下限的设定。对于 squark 的直接产生，则是对模型选择强烈依赖的，特别是 stop 的直接产生仍不能排除 1TeV 以下相当大的参数空间区域。对前两代的 squark，当假定它们简并时结果也是如此，而且当 neutralino 的质量 $\gtrsim 500\text{GeV}$ 时，对任何直接的 squark 产生方案 LHC 都不能给出其质量下限的设定。

表 10.2　LHC 实验基于不同的解释方法和 R 宇称守恒给出的 gluino 和 squark 的质量限，单位为 GeV

模型	假设	$m_{\tilde{q}}$	$m_{\tilde{g}}$
简化模型	$m_{\tilde{\chi}_1^0} = 0$，$m_{\tilde{q}} = m_{\tilde{g}}$	≈ 2700	≈ 2700
$\tilde{g}\tilde{q}$，$\tilde{g}\bar{\tilde{q}}$	$m_{\tilde{\chi}_1^0} = 0$，所有 $m_{\tilde{q}}$	—	≈ 2000
	$m_{\tilde{\chi}_1^0} = 0$，所有 $m_{\tilde{g}}$	≈ 2000	—
简化模型 $\tilde{g}\tilde{g}$			
$\tilde{g} \to q\bar{q}\tilde{\chi}_1^0$	$m_{\tilde{\chi}_1^0} = 0$	—	≈ 2000
	$m_{\tilde{\chi}_1^0} \geqslant 1000$	—	无限定
$\tilde{g} \to b\bar{b}\tilde{\chi}_1^0$	$m_{\tilde{\chi}_1^0} = 0$	—	≈ 2000
	$m_{\tilde{\chi}_1^0} \geqslant 1400$	—	无限定
$\tilde{g} \to t\bar{t}\tilde{\chi}_1^0$	$m_{\tilde{\chi}_1^0} = 0$	—	≈ 1900
	$m_{\tilde{\chi}_1^0} \geqslant 1100$	—	无限定
简化模型 $\tilde{q}\bar{\tilde{q}}$			

续表

模型	假设	$m_{\tilde{q}}$	$m_{\tilde{g}}$
$\tilde{q} \to q\tilde{\chi}_1^0$	$m_{\tilde{\chi}_1^0} = 0$	≈ 1500	—
	$m_{\tilde{\chi}_1^0} \geqslant 800$	无限定	—
$\tilde{U}_L \to q\tilde{\chi}_1^0$	$m_{\tilde{\chi}_1^0} = 0$	≈ 1050	—
	$m_{\tilde{\chi}_1^0} \geqslant 450$	无限定	—
$\tilde{b} \to b\tilde{\chi}_1^0$	$m_{\tilde{\chi}_1^0} = 0$	≈ 1200	—
	$m_{\tilde{\chi}_1^0} \geqslant 550$	无限定	—
$\tilde{t} \to t\tilde{\chi}_1^0$	$m_{\tilde{\chi}_1^0} = 0$	≈ 1100	—
	$m_{\tilde{\chi}_1^0} \geqslant 500$	无限定	—
$\tilde{t} \to b\tilde{\chi}_1^{\pm}$	$m_{\tilde{\chi}_1^0} = 0$	≈ 1000	—
$[m_{\tilde{\chi}_1^{\pm}} = (m_{\tilde{t}} - m_{\tilde{\chi}_1^0})/2]$	$m_{\tilde{\chi}_1^0} \geqslant 500$	无限定	—
$\tilde{t} \to Wb\tilde{\chi}_1^0$	$m_{\tilde{\chi}_1^0} \leqslant 400$	≈ 550	—
$[m_W < m_{\tilde{t}} - m_{\tilde{\chi}_1^0} < m_t]$			
$\tilde{t} \to c\tilde{\chi}_1^0$	$m_{\tilde{\chi}_1^0} \leqslant 450$	≈ 550	—
	$m_{\tilde{t}} \approx m_{\tilde{\chi}_1^0}$	≈ 550	—
$\tilde{t} \to bff'\tilde{\chi}_1^0$	$m_{\tilde{\chi}_1^0} \leqslant 450$	≈ 550	—
	$m_{\tilde{t}} \approx m_{\tilde{\chi}_1^0}$	≈ 550	—
$[m_{\tilde{t}} - m_{\tilde{\chi}_1^0} < m_W]$			

10.2.2 $\tilde{\chi}^{\pm}$ 和 $\tilde{\chi}^0$ 的寻找

在第九章中已经讲过，chargino 是带电的 wino 和 higgsino 态的混合；neutralino 是中性的 bino、wino 和两个 CP=+1 的中性 higgsino 态的混合。相应的混合参数为: chargino 有三个混合参数: wino 质量参数 M_2、higgsino 质量参数 μ、以及 $\tan\beta$。对 neutralino 则是上述三个参数加上 bino 的质量参数 M_1。如果 M_1、M_2 和 μ 中的某一个比其他两个小得多，chargino 和 neutralino 的组成将会由某一特定的态主导，分别称为类 bino（$M_1 \ll M_2, \mu$）、类 wino（$M_2 \ll M_1, \mu$）或类 higgsino（$\mu \ll M_1, M_2$）态。如果假定 chargino 的质量在大统一（GUT）能标是统一的，则有 M_1 和 M_2 在电弱能标的关系式: $M_1 = 5/3\tan^2\theta_w M_2 \approx 0.5M_2$。chargino 和 neutralino 都不携带色荷，两者可以统称为 gaugino。

1. chargino 的质量排除限

在运动学允许的条件下，两体衰变模式 $\tilde{\chi}^{\pm} \to \tilde{f}f'$（包含 $l\tilde{\nu}$ 和 $\tilde{l}\nu$）主导，除此之外则有三体衰变 $\tilde{\chi}^{\pm} \to f\bar{f}'\tilde{\chi}^0$，通过虚 W 玻色子或超对称费米子实现。如果超对称费米子很重，那么以虚 W 为媒介的过程主导，末态 $f\bar{f}'$ 的分布具有和 W 衰变产物相同的分支比（忽略 $\tilde{\chi}^{\pm}$ 和 $\tilde{\chi}^0$ 之间小的质量差的相空间效应）。另一方面，如果超对称性轻子足够轻，在衰变媒介中有重要的贡献，衰变末态中轻子态的比重将增强。

在 LEP 上通过纯强子道、半轻子道和纯轻子道都进行了 chargino 的寻找，设置了质量下限[21]。在 Tevatron 上 chargino 是通过协同产生过程 $\tilde{\chi}_1^{\pm}\tilde{\chi}_2^0$ 进行寻找的[22]，结果依赖于（$\tilde{\chi}_1^{\pm}-\tilde{\chi}_1^0$）和 / 或（$\tilde{\chi}_2^0-\tilde{\chi}_1^0$）的质量差。

图 10.3给出了 gaugino 的产生截面和质量的关系，和携带色荷的超对称性粒子相比较，gaugino 的产生截面要小两个数量级以上，而且强子道的本底很大，因此 gaugino 的寻找集中在它们的轻子道衰变模式。在 LHC 上 gaugino 的寻找和在 Tevatron 上类似。gaugino 到轻子道的衰变是模型依赖的，特别是依赖于轻的 sleptons 可否在衰变中传递，若可以传递则轻子道的分支比会很大，反之其衰变将通过实的或虚的 W 或 Z 进行，轻子道的分支比较小，费曼图见图 10.7。在轻 slepton 传递方案中又分为轻 $\tilde{l}_L$ 和 $\tilde{l}_R$ 方案。轻 $\tilde{l}_L$ 方案假定所有味的轻子和中微子都具有相同的分支比，而在 $\tilde{l}_R$ 方案中则由到 τ 轻子的衰变主导。两个实验组的结果见图 10.8。ATLAS 对 Chargino 对产生道也进行了实验寻找，假设 Chargino 的衰变如图 10.7（a）进行，基于简化模型对实验结果的解释，ATLAS 在 LSP 粒子零质量假设下给出 Chargino 的最小质量限为 740 GeV；但当 $\tilde{\chi}_1^0$ 质量超过 350GeV 时，将不能设置 Chargino 的最小质量限。

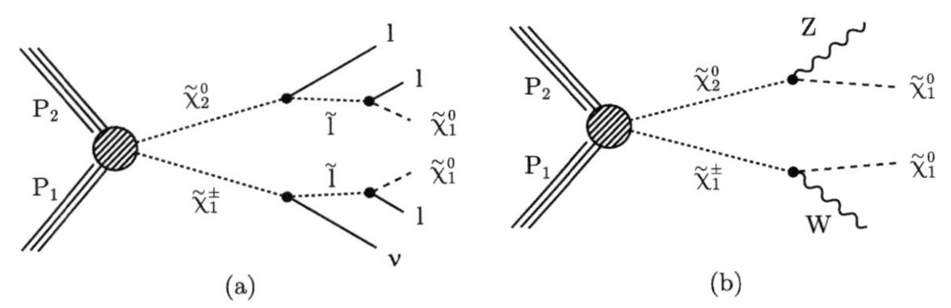

图 10.7 gaugino 的衰变。(a) 衰变到 sleptons，(b) 衰变到实的或虚的 W 或 Z

在 LHC 上协同产生过程 $\tilde{\chi}_1^{\pm}\tilde{\chi}_2^0$（图 10.7（a））的事例典型特征是三个轻子加丢失动量。假定类 wino 的 $\tilde{\chi}_1^{\pm}$ 和 $\tilde{\chi}_2^0$、类 bino 的 $\tilde{\chi}_1^0$ 及 $m_{\tilde{\chi}_1^{\pm}}=m_{\tilde{\chi}_2^0}$，只有 $m_{\tilde{\chi}_1^{\pm}}$ 和 $m_{\tilde{\chi}_1^0}$ 是自由参数。轻子末态的分支比由 slepton 的质量决定。如果假定右手的 $\tilde{l}_R$ 很重，只有轻 $\tilde{l}_L$ 主导 $\tilde{l}$ 的传播，三种轻子味将以相同的数量产生。同时假定 $m_{\tilde{l}_L}=m_{\tilde{\nu}}$，在费曼图中包含 $\tilde{\nu}$ 的贡献。根据此方案 ATLAS[23] 和 CMS[24] 在零质量 LSPs 下排除了 Chargino 质量小于 1140GeV 的可能性，若 LSPs 的质量大于 700 GeV，将不能设置其质量限。如果 Chargino 的衰变由 $\tilde{l}_R$ 主导，它将不可能是纯的 wino，会含有很大的 higgsino 组分，主要衰变到 τ 轻子。有多种方案设定在此条件下的 Chargino 质量限。如果像 $\tilde{l}_L$ 那样假定轻子味是平权的，CMS 在零质量 LSPs 下设置了 Chargino 的最小质量限为 1060GeV，但是如果假定 $\tilde{\chi}_1^{\pm}$ 和 $\tilde{\chi}_2^0$ 都衰变到 τ 轻子末态，那么在零质量 LSPs 下 Chargino 的最小质量限将减小为 620GeV。ATLAS 则假定了简化模型，要求 $\tilde{\tau}$ 远比其他 $\tilde{l}$ 的质量小，以获得

多 τ 的末态，在此模型下设置了 Chargino 的质量下限为 760GeV[25]。

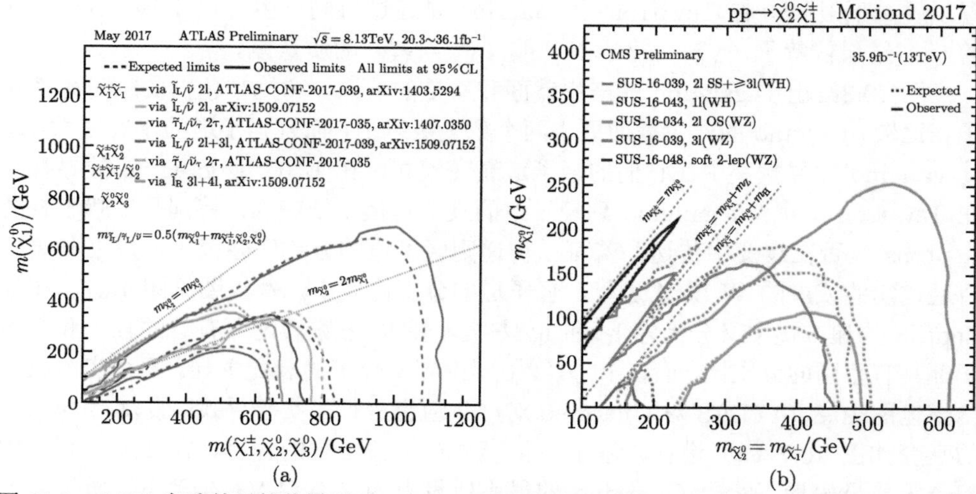

图 10.8　LHC 实验基于简化模型对 gaugino 质量的排除限。(a) ATLAS 实验：Chargino 对产生、重 Neutralino 对产生和 Chargino-Neutralino 对产生，假定衰变由轻 sleptons 传递；(b) CMS 实验：Chargino-Neutralino 对产生，衰变到 sleptons，或者衰变到实的或虚的 W 或 Z

如果 $\tilde{l}$ 很重，假定 Chargino 衰变到 W + LSP，$\tilde{\chi}_2^0 \to$ Z + LSP 或 H + LSP。ATLAS[23] 和 CMS[26] 对 WZ 道在零质量 LSPs 假设下设置 Chargino 的最小质量限为 610GeV，如果 LSPs 重于 250GeV，将不能设置其质量限。对 WH 道，取 $m_{\rm H} = 125$GeV，ATLAS 讨论了 H 到 b$\bar{\rm b}$、γγ 和 WW 的衰变[27]，CMS 讨论了 H 到 b$\bar{\rm b}$、γγ、WW、ZZ 和 $\tau^+\tau^-$ 的衰变[26]，末态的衰变分支比按 SM 值设定，他们在零质量 LSPs 假设下将 Chargino 的最小质量限设置提高到 480GeV，LSPs 的质量在 250GeV 以上时，该设置为零。

2. neutralino 的质量排除限

在相当大的 MSSM 参数空间中，特别是要求 LSP 不携带色荷时，LSP 粒子就是 neutralino。若 R 宇称是守恒的，那么 $\tilde{\chi}_1^0$ 是稳定的，和物质的相互作用很弱，实验探测不到它的存在。若将 Z 衰变的不可见宽度应用于 neutralino 的产生，将设定它的质量小于 45.5GeV，但是这依赖于 Z 和 neutralino 的耦合。这种耦合可以很弱，甚至没有，因此一般地讲不可能设置 neutralino 质量的下限。对于 gaugino 质量在大统一（GUT）能标统一，以及超对称性费米子质量在 GUT 统一的理论模型，neutralino 的最低质量限可以由 Chargino 和 sfermions 的直接寻找得到，在 LEP 上为 $>$ 47GeV[28]，在 CMSSM 约束模型中这一下限提高到 50GeV；在 LHC 上现在已将 CMSSM 强约束模型下 $m_{\tilde{\chi}_1^0}$ 的下限提高到 200GeV

以上[29]。

在规范传递的 SUSY 破缺模型（GMSB）中，LSP 通常是一个 gravitino，其唯象学特征由次轻的超对称性粒子（NLSP）决定。一个 NLSP neutralino 将会衰变到一个 gravitino 和一个 SM 粒子，该 SM 粒子的性质决定于 neutralino 的组成。实验对末态具有两个高 p_{T} 的光子和丢失动量的事例进行了寻找，并在规范传递和类 bino 的 neutralino 假设下进行了实验解释[30]。

如果事例中有两个 neutralino，具有比较大的类 bino 组分的 neutralino 粒子可以通过它们衰变末态中的丢失动量，以及含有玻色子 γ、Z、H 中的任意两个进行实验寻找。在 LHC 上此类寻找力图包含各种 Z 和 H 的衰变模式，以获得丰富的唯象学信息[24, 31]。

较重的 neutralino，如 $\tilde{\chi}_2^0$，可以衰变到最轻的 neutralino $\tilde{\chi}_1^0$ 加上一个 γ、一个 Z 或一个希格斯玻色子。前面已讨论过由 $\tilde{\chi}_1^{\pm}\tilde{\chi}_2^0$ 电弱产生道的三轻子末态分析设置 Chargino 的最低质量限。在 $m_{\tilde{\chi}_1^{\pm}} = m_{\tilde{\chi}_2^0}$ 假设下给出的 Chargino 最低质量限同样适用于 $\tilde{\chi}_2^0$。多轻子末态的分析也被用于设置 $\tilde{\chi}_2^0\tilde{\chi}_3^0$ 的质量限。在 $\tilde{\chi}_2^0 \to \mathrm{l}\bar{\mathrm{l}}\tilde{\chi}_1^0$ 道，轻子对的不变质量分布上可能有一个结构，可用以在信号区测量 $\tilde{\chi}_2^0$ 和 $\tilde{\chi}_1^0$ 的质量差[32]。

在 R 宇称破坏的模型中，最轻的超对称性粒子 neutralino 仍然是可以衰变的。衰变涉及非零的 λ 耦合，如图 10.9（a）或（b）所示，末态是多个轻子。耦合

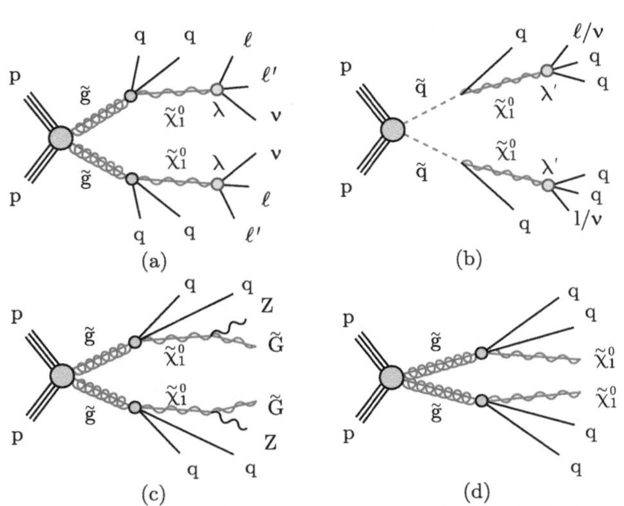

图 10.9 在 R 宇称破坏的方案中，长寿命 neutralino 可能的衰变模式：（a）λ_{ijk} 或者（b）λ'_{ijk} 衰变。（c）通过常规的规范传递超对称破缺方案（GGM）的衰变，（d）劈裂超对称（split-supersymmetry）方案中长寿命 R–强子的衰变。实心圆点表示有效相互作用。引自文献 [33]

值很小时 neutralino 的寿命很长。ATLAS 和 CMS 都对此进行了寻找[33]。(c) 是长寿命 neutralino 通过常规的规范传递超对称破缺方案（general gauge-mediated supersymmetry breaking，GGM）的衰变。

在弱 gaugino 的寻找中，简化模型下质量限的解释必须要非常谨慎。例如，在和宇宙中残存暗物质密度相兼容的模型中，电弱 gaugino 具有特殊的混合参数和质量谱，它们并不是总能被简化模型获得的。

10.2.3 超对称性轻子的寻找

在 slepton 和 gaugino 质量统一于 GUT 能标的理论模型中，预言 slepton 的右手态（$\tilde{\mathrm{l}}_{\mathrm{R}}$）要比左手态（$\tilde{\mathrm{l}}_{\mathrm{L}}$）轻。对于 $\tilde{\tau}$ 可能有相当大的左右手态的混合，导致比较大的 $\tilde{\tau}_1$ 和 $\tilde{\tau}_2$ 之间的质量差。

在 LEP 上进行了模型依赖的 sleptons 寻找。$\tilde{\mu}$ 对通过 γ^*/Z 交换产生，通常将寻找结果记为 $\tilde{\mu}_{\mathrm{R}}$，因为它被认为比 $\tilde{\mu}_{\mathrm{L}}$ 轻，和 Z 的耦合比较弱，给出的质量限是保守的。通过 $\tilde{\mu}_{\mathrm{R}} \to \mu\tilde{\chi}_1^0$ 道的衰变主导，导致两个背靠背的 μ 子对和丢失动量。在 gaugino 质量统一于 GUT 能标的假设下，在 MSSM 中对 slepton 的质量限进行了计算，计算依赖于 $\tilde{\mu}$ 和 $\tilde{\chi}_1^0$ 之间的质量差，在 $m_{\tilde{\mu}_{\mathrm{R}}} - m_{\tilde{\chi}_1^0} > 10\mathrm{GeV}$ 的设定下排除了 $m_{\tilde{\mu}_{\mathrm{R}}}$ 小于 94GeV 的可能性。$\tilde{\mathrm{e}}$ 的情况和 $\tilde{\mu}$ 类似，只是产生机制增加了 neutralino 交换的 t 道过程。在 $m_{\tilde{\chi}_1^0} < 85\mathrm{GeV}$ 的条件下，$\tilde{\mathrm{e}}_{\mathrm{R}}$ 的质量下限是 100GeV。由于 neutralino 交换的 t 道过程，$\tilde{\mathrm{e}}_{\mathrm{R}}\tilde{\mathrm{e}}_{\mathrm{L}}$ 对产生在 LEP 实验中也是可能的，扫描 MSSM 的参数空间给出 $\tilde{\mathrm{e}}$ 的质量下限为 73GeV，不依赖于 neutralino 的质量大小。在 $\tilde{\tau}_{\mathrm{L}}$ 和 $\tilde{\tau}_{\mathrm{R}}$ 之间比较大的混合，不仅使得 $\tilde{\tau}_1$ 变轻，也使得它和 Z 的耦合变小。$\tilde{\tau}$ 最低质量限的设置依赖于 $m_{\tilde{\chi}_1^0}$ 的大小，$m_{\tilde{\tau}} - m_{\tilde{\chi}_1^0} > 7\mathrm{GeV}$ 的设定下为 $87 \sim 93\mathrm{GeV}$。

在 LHC 上 sleptons 的对产生相对于携带色荷的 SUSY 粒子是严重压制的，它的截面比 Charginos 和 neutralinos 的对产生要小两个数量级左右。ATLAS 和 CMS 寻找了 $\tilde{\mathrm{e}}$ 和 $\tilde{\mu}$ 的直接对产生，假定它们的衰变模式为 $\tilde{\mathrm{l}} \to \mathrm{l}\tilde{\chi}_1^0$，$\tilde{\chi}_1^0$ 为 LSP。在简化模型中假定 $\tilde{\mathrm{l}}_{\mathrm{L}}$ 和 $\tilde{\mathrm{l}}_{\mathrm{R}}$ 的质量简并、零质量的 $\tilde{\chi}_1^0$ 及 $m_{\tilde{\mathrm{e}}} = m_{\tilde{\mu}}$，ATLAS 和 CMS 得到 $\tilde{\mathrm{l}}$ 的质量下限为 500GeV。随着 $\tilde{\chi}_1^0$ 质量的增加，丢失动量和轻子动量都将降低，$\tilde{\mathrm{l}}$ 的最低质量限将减小，当 $m_{\tilde{\chi}_1^0}$ 大于 270GeV 时将不能给出 $\tilde{\mathrm{l}}$ 的质量下限。

在规范传递的 SUSY 破缺模型中，超对称性轻子可以是次轻的 SUSY 粒子（NLSP）对，质量近似简并，可以衰变到一个轻子和一个 gravitino。这一衰变模式或者是瞬时的，或者 $\tilde{l}$ 具有非零的寿命。几个分析的结果合并起来，在 LEP 上对所有可能的 $\tilde{\mathrm{l}}$ 寿命设置了 $\tilde{\mu}_{\mathrm{R}}$ 最低质量限 96.3GeV，$\tilde{\mathrm{e}}_{\mathrm{R}}$ 最低质量限 66GeV。在该衰变模式一个相当大的参数空间中 $\tilde{\tau}$ 是 NLSP，依赖于 $\tilde{\tau}$ 的寿命，LEP 实验给

出 $\tilde{\tau}$ 的最低质量限为 $87 \sim 97\text{GeV}$。ATLAS 在末态含有 τ、喷注和丢失横动量的衰变模式中进行了实验寻找，基于 GMSB 模式设置了模型参数的限定[34]。CMS 基于规范传递模型和 $\tilde{l}$ 为 NLSP 的假设，对多轻子末态进行了分析[35]。CDF 通过在高 $\tan\beta$ 和 $\tilde{l}$ 为 NLSP 的假设下同号电荷低质量轻子对（含 τ）的分析，给出了规范传递模型参数的限定[36]。

在 R 宇称破坏的模型中，LEP 和 Tevatron 实验也都给出了对 $\tilde{l}$ 质量下限的限定。LEP 给出的 $\tilde{\mu}_R$ 和 $\tilde{e}_R$ 的质量下限限定为 97GeV，对 $\tilde{\tau}$ 为 96GeV[37]。

在 LEP、Tevatron 和 LHC 上也进行了 sneutrino 和长寿命超对称性粒子的寻找和最低质量限定，详见文献 [6]。

给出一个简短的总结。LHC 在 $\sqrt{s} = 7, 8, 13(\text{TeV})$ 质心系能量下对 SUSY 粒子进行了全面寻找，如图 10.10 所示。到目前为止尚未看到任何 SUSY 粒子存在的迹象，给出了 SUSY 参数空间的严格限制。gluinos 的单举寻找质量限为 2TeV；第一代和第二代 squarks 的质量限为 $1 \sim 1.6\text{TeV}$ 区间，第三代 squarks 则在 $0.6 \sim 1\text{TeV}$ 范围内；弱电 gauginos 的最低质量限在 $0.3 \sim 0.8\text{TeV}$ 区间；

ATLAS SUSY Searches* - 95% CL Lower Limits — October 2019 — *ATLAS* Preliminary $\sqrt{s}$ = 13 TeV

	Model	Signature			$\int\mathcal{L}\,dt$ [fb^{-1}]	Mass limit		Reference
Inclusive Searches	$\tilde{q}\tilde{q}$, $\tilde{q}\to q\tilde{\chi}_1^0$	0 e,μ mono-jet	2-6 jets 1-3 jets	E_T^{miss} E_T^{miss}	139 36.1	$\tilde{q}$ [10× Degen.] 1.9 $\tilde{q}$ [1×, 8× Degen.] 0.43 0.71	$m(\tilde{\chi}_1^0)$<400 GeV $m(\tilde{q})$-$m(\tilde{\chi}_1^0)$=5 GeV	ATLAS-CONF-2019-040 1711.03301
	$\tilde{g}\tilde{g}$, $\tilde{g}\to q\bar{q}\tilde{\chi}_1^0$	0 e,μ	2-6 jets	E_T^{miss}	139	$\tilde{g}$ 2.35 $\tilde{g}$ Forbidden 1.15-1.95	$m(\tilde{\chi}_1^0)$=0 GeV $m(\tilde{\chi}_1^0)$=1000 GeV	ATLAS-CONF-2019-040 ATLAS-CONF-2019-040
	$\tilde{g}\tilde{g}$, $\tilde{g}\to q\bar{q}(\ell\ell)\tilde{\chi}_1^0$	3 e,μ $ee,\mu\mu$	4 jets 2 jets	 E_T^{miss}	36.1 36.1	$\tilde{g}$ 1.85 $\tilde{g}$ 1.2	$m(\tilde{\chi}_1^0)$<800 GeV $m(\tilde{g})$-$m(\tilde{\chi}_1^0)$=50 GeV	1706.03731 1805.11381
	$\tilde{g}\tilde{g}$, $\tilde{g}\to qqWZ\tilde{\chi}_1^0$	0 e,μ SS e,μ	7-11 jets 6 jets	E_T^{miss}	36.1 139	$\tilde{g}$ 1.8 $\tilde{g}$ 1.15	$m(\tilde{\chi}_1^0)$ <400 GeV $m(\tilde{g})$-$m(\tilde{\chi}_1^0)$=200 GeV	1708.02794 1909.08457
	$\tilde{g}\tilde{g}$, $\tilde{g}\to t\bar{t}\tilde{\chi}_1^0$	0-1 e,μ SS e,μ	3 b 6 jets	E_T^{miss}	79.8 139	$\tilde{g}$ 2.25 $\tilde{g}$ 1.25	$m(\tilde{\chi}_1^0)$<200 GeV $m(\tilde{g})$-$m(\tilde{\chi}_1^0)$=300 GeV	ATLAS-CONF-2018-041 ATLAS-CONF-2019-015
3rd gen. squarks direct production	$\tilde{b}_1\tilde{b}_1$, $\tilde{b}_1\to b\tilde{\chi}_1^0/t\tilde{\chi}_1^\pm$		Multiple Multiple Multiple		36.1 36.1 139	$\tilde{b}_1$ Forbidden 0.9 $\tilde{b}_1$ Forbidden 0.58-0.82 $\tilde{b}_1$ Forbidden 0.74	$m(\tilde{\chi}_1^0)$=300 GeV, BR($b\tilde{\chi}_1^0$)=1 $m(\tilde{\chi}_1^0)$=300 GeV, BR($b\tilde{\chi}_1^0$)=BR($t\tilde{\chi}_1^\pm$)=0.5 $m(\tilde{\chi}_1^0)$=200 GeV, $m(\tilde{\chi}_1^\pm)$=300 GeV, BR($t\tilde{\chi}_1^\pm$)=1	1708.09266, 1711.03301 1708.09266 ATLAS-CONF-2019-015
	$\tilde{b}_1\tilde{b}_1$, $\tilde{b}_1\to b\tilde{\chi}_2^0\to bh\tilde{\chi}_1^0$	0 e,μ	6 b	E_T^{miss}	139	$\tilde{b}_1$ Forbidden 0.23-1.35 $\tilde{b}_1$ 0.23-0.48	$\Delta m(\tilde{\chi}_2^0,\tilde{\chi}_1^0)$=130 GeV, $m(\tilde{\chi}_1^0)$=100 GeV $\Delta m(\tilde{\chi}_2^0,\tilde{\chi}_1^0)$=130 GeV, $m(\tilde{\chi}_1^0)$=0 GeV	1908.03122 1908.03122
	$\tilde{t}_1\tilde{t}_1$, $\tilde{t}_1\to Wb\tilde{\chi}_1^0$ or $t\tilde{\chi}_1^0$	0-2 e,μ	0-2 jets/1-2 b	E_T^{miss}	36.1	$\tilde{t}_1$ 1.0	$m(\tilde{\chi}_1^0)$=1 GeV	1506.08616, 1709.04183, 1711.11520
	$\tilde{t}_1\tilde{t}_1$, $\tilde{t}_1\to Wb\tilde{\chi}_1^0$	1 e,μ	3 jets/1 b	E_T^{miss}	139	$\tilde{t}_1$ 0.44-0.59	$m(\tilde{\chi}_1^0)$=400 GeV	ATLAS-CONF-2019-017
	$\tilde{t}_1\tilde{t}_1$, $\tilde{t}_1\to\tilde{\tau}_1 b\nu$, $\tilde{\tau}_1\to\tau\tilde{G}$	1 τ + 1 e,μ,τ	2 jets/1 b	E_T^{miss}	36.1	$\tilde{t}_1$ 1.16	$m(\tilde{\tau}_1)$=800 GeV	1803.10178
	$\tilde{t}_1\tilde{t}_1$, $\tilde{t}_1\to c\tilde{\chi}_1^0$ / $\tilde{c}\tilde{c}$, $\tilde{c}\to c\tilde{\chi}_1^0$	0 e,μ 0 e,μ	2 c mono-jet	E_T^{miss} E_T^{miss}	36.1 36.1	$\tilde{c}$ 0.85 $\tilde{t}_1$ 0.46 $\tilde{t}_1$ 0.43	$m(\tilde{\chi}_1^0)$=0 GeV $m(\tilde{t}_1,\tilde{c})$-$m(\tilde{\chi}_1^0)$=50 GeV $m(\tilde{t}_1,\tilde{c})$-$m(\tilde{\chi}_1^0)$=5 GeV	1805.01649 1805.01649 1711.03301
	$\tilde{t}_2\tilde{t}_2$, $\tilde{t}_2\to\tilde{t}_1+h$	1-2 e,μ	4 b	E_T^{miss}	36.1	$\tilde{t}_2$ 0.32-0.88	$m(\tilde{\chi}_1^0)$=0 GeV, $m(\tilde{t}_1)$-$m(\tilde{\chi}_1^0)$= 180 GeV	1706.03986
	$\tilde{t}_2\tilde{t}_2$, $\tilde{t}_2\to\tilde{t}_1+Z$	3 e,μ	1 b	E_T^{miss}	139	$\tilde{t}_2$ Forbidden 0.86	$m(\tilde{\chi}_1^0)$=360 GeV, $m(\tilde{t}_1)$-$m(\tilde{\chi}_1^0)$= 40 GeV	ATLAS-CONF-2019-016
EW direct	$\tilde{\chi}_1^\pm\tilde{\chi}_2^0$ via WZ	2-3 e,μ $ee,\mu\mu$	 ≥ 1	E_T^{miss} E_T^{miss}	36.1 139	$\tilde{\chi}_1^\pm/\tilde{\chi}_2^0$ 0.6 $\tilde{\chi}_1^\pm/\tilde{\chi}_2^0$ 0.205	$m(\tilde{\chi}_1^0)$=0 $m(\tilde{\chi}_1^\pm)$-$m(\tilde{\chi}_1^0)$=5 GeV	1403.5294, 1806.02293 ATLAS-CONF-2019-014
	$\tilde{\chi}_1^\pm\tilde{\chi}_1^\mp$ via WW	2 e,μ		E_T^{miss}	139	$\tilde{\chi}_1^\pm$ 0.42	$m(\tilde{\chi}_1^0)$=0	1908.08215
	$\tilde{\chi}_1^\pm\tilde{\chi}_2^0$ via Wh	0-1 e,μ	2 b/2 γ	E_T^{miss}	139	$\tilde{\chi}_1^\pm/\tilde{\chi}_2^0$ Forbidden 0.74	$m(\tilde{\chi}_1^0)$=70 GeV	ATLAS-CONF-2019-019, 1909.09226
	$\tilde{\chi}_1^\pm\tilde{\chi}_1^\mp$ via $\tilde{\ell}_L/\tilde{\nu}$	2 e,μ		E_T^{miss}	139	$\tilde{\chi}_1^\pm$ 1.0	$m(\tilde{\ell},\tilde{\nu})$=0.5($m(\tilde{\chi}_1^\pm)$+$m(\tilde{\chi}_1^0)$)	ATLAS-CONF-2019-008
	$\tilde{\tau}\tilde{\tau}$, $\tilde{\tau}\to\tau\tilde{\chi}_1^0$	2 τ		E_T^{miss}	139	$\tilde{\tau}$ [$\tilde{\tau}_L$, $\tilde{\tau}_{R,L}$] 0.16-0.3 0.12-0.39	$m(\tilde{\chi}_1^0)$=0	ATLAS-CONF-2019-018
	$\tilde{\ell}_{L,R}\tilde{\ell}_{L,R}$, $\tilde{\ell}\to\ell\tilde{\chi}_1^0$	2 e,μ 2 e,μ	0 jets ≥ 1	E_T^{miss} E_T^{miss}	139 139	$\tilde{\ell}$ 0.7 $\tilde{\ell}$ 0.256	$m(\tilde{\chi}_1^0)$=0 $m(\tilde{\ell})$-$m(\tilde{\chi}_1^0)$=10 GeV	ATLAS-CONF-2019-008 ATLAS-CONF-2019-014
	$\tilde{H}\tilde{H}$, $\tilde{H}\to h\tilde{G}/Z\tilde{G}$	0 e,μ 4 e,μ	$\geq 3\,b$ 0 jets	E_T^{miss} E_T^{miss}	36.1 36.1	$\tilde{H}$ 0.13-0.23 0.29-0.88 $\tilde{H}$ 0.3	BR($\tilde{\chi}_1^0\to h\tilde{G}$)=1 BR($\tilde{\chi}_1^0\to Z\tilde{G}$)=1	1806.04030 1804.03602
Long-lived particles	Direct $\tilde{\chi}_1^+\tilde{\chi}_1^-$ prod., long-lived $\tilde{\chi}_1^\pm$	Disapp. trk	1 jet	E_T^{miss}	36.1	$\tilde{\chi}_1^\pm$ 0.46 $\tilde{\chi}_1^\pm$ 0.15	Pure Wino Pure Higgsino	1712.02118 ATL-PHYS-PUB-2017-019
	Stable $\tilde{g}$ R-hadron		Multiple		36.1	$\tilde{g}$ 2.0		1902.01636,1808.04095
	Metastable $\tilde{g}$ R-hadron, $\tilde{g}\to qq\tilde{\chi}_1^0$		Multiple		36.1	$\tilde{g}$ [$\tau(\tilde{g})$ =10 ns, 0.2 ns] 2.05 2.4	$m(\tilde{\chi}_1^0)$=100 GeV	1710.04901,1808.04095
RPV	LFV $pp\to\tilde{\nu}_\tau+X$, $\tilde{\nu}_\tau\to e\mu/e\tau/\mu\tau$	$e\mu,e\tau,\mu\tau$			3.2	$\tilde{\nu}_\tau$ 1.9	λ'_{311}=0.11, $\lambda_{132/133/233}$=0.07	1607.08079
	$\tilde{\chi}_1^\pm\tilde{\chi}_1^\mp/\tilde{\chi}_2^0\to WW/Z\ell\ell\ell\ell\nu\nu$	4 e,μ	0 jets	E_T^{miss}	36.1	$\tilde{\chi}_1^\pm/\tilde{\chi}_2^0$ [$\lambda_{133}\neq 0$, $\lambda_{124}\neq 0$] 0.82 1.33	$m(\tilde{\chi}_1^0)$=100 GeV	1804.03602
	$\tilde{g}\tilde{g}$, $\tilde{g}\to qq\tilde{\chi}_1^0$, $\tilde{\chi}_1^0\to qqq$		4-5 large-R jets Multiple		36.1 36.1	$\tilde{g}$ [$m(\tilde{\chi}_1^0)$=200 GeV, 1100 GeV] 1.3 1.9 $\tilde{g}$ [λ''_{112}=2e-4, 2e-5] 1.05 2.0	Large λ''_{112} $m(\tilde{\chi}_1^0)$=200 GeV, bino-like	1804.03568 ATLAS-CONF-2018-003
	$\tilde{t}\tilde{t}$, $\tilde{t}\to t\tilde{\chi}_1^0$, $\tilde{\chi}_1^0\to tbs$		Multiple		36.1	$\tilde{g}$ [λ''_{323}=2e-4, 1e-2] 0.55 1.05	$m(\tilde{\chi}_1^0)$=200 GeV, bino-like	ATLAS-CONF-2018-003
	$\tilde{t}_1\tilde{t}_1$, $\tilde{t}_1\to bs$		2 jets + 2 b		36.7	$\tilde{t}_1$ [qq, bs] 0.42 0.61		1710.07171
	$\tilde{t}_1\tilde{t}_1$, $\tilde{t}_1\to q\ell$	2 e,μ 1 μ	2 b DV		36.1 136	$\tilde{t}_1$ 0.4-1.45 $\tilde{t}_1$ [1e-10< λ'_{23k} <1e-8, 3e-10< λ'_{23k} <3e-9] 1.0 1.6	BR($\tilde{t}_1\to be/b\mu$)>20% BR($\tilde{t}_1\to q\mu$)=100%, $\cos\theta_t$=1	1710.05544 ATLAS-CONF-2019-006

Mass scale [TeV] (10^{-1} … 1)

*Only a selection of the available mass limits on new states or phenomena is shown. Many of the limits are based on simplified models, c.f. refs. for the assumptions made.

图 10.10 LHC 上超对称性粒子的寻找范围，显示了 ATLAS 实验在不同寻找过程和解释假设下得到的质量排除限[38]，CMS 的结果类似[39]

而 sleptons 在 0.5TeV 左右。依赖于对 SUSY 可观测量谱形解释的假设不同，这些质量限可能会有很大的不同。结果是在轻 $\tilde{\chi}_1^0$ 和 R 宇称守恒的假设下给出的。图 10.11给出 LHC 在 $\sqrt{s}=7/8\text{TeV}$（$\sim 21\text{fb}^{-1}$）和 $\sqrt{s}=13\text{TeV}$（$\sim 36\text{fb}^{-1}$）得到的结果的比较。显然 LHC 在 $\sqrt{s}=13$ TeV 获取的最新结果将实验的灵敏度扩大到了新的范围，特别是携带色荷的超对称性粒子，这主要来源于能量的提升，同时弱电过程产生的超对称性粒子也有很大的增强。

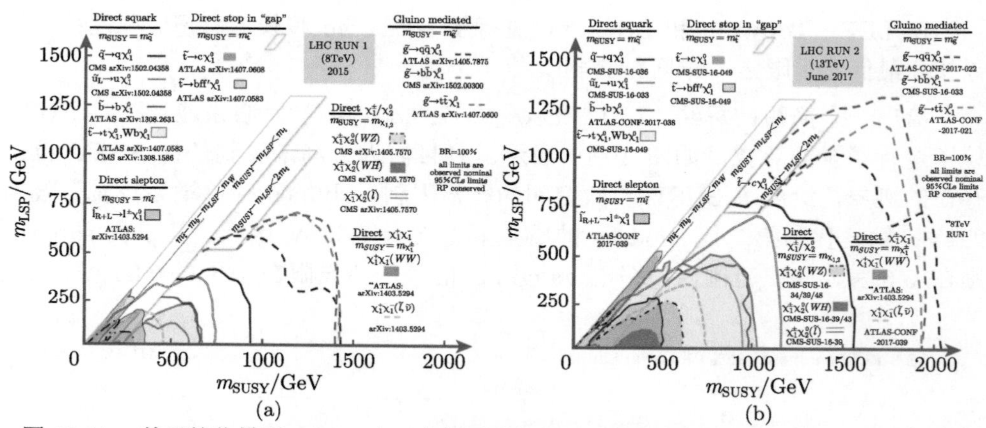

图 10.11 基于简化模型，LHC 上一些超对称性粒子过程的寻找结果在 $\sqrt{s}=7/8\text{TeV}$ 和 $\sqrt{s}=13\text{TeV}$ 能量下的比较

对 LHC 实验结果的解释也已经从先前的如 CMSSM 那样的约束模型转变为各种简化模型，或 pMSSM，这些简化模型有更大的自由度来改变参数，以对分析的灵敏度给出更好的表示。简化模型解释的代价在于：在一个有限集合的衰变链中包含着一些潜在的复杂性，它的分解可能是非常不完全的，因此在一个简化模型中给出的质量限定只对该模型成立。在 pMSSM 模型中更全面的解释可以弥补由简化模型得到的结果的不足，从而能对探测到的 SUSY 参数空间给出更精确的理解。

现在 LHC 已接近于它的设计最高能量 $\sqrt{s}=14\text{TeV}$，灵敏度的进一步提高主要依赖于数据量的提升和实验分析技巧的改进。因此，预期现有的 SUSY 寻找范围和相应的质量排除限可能不再像之前那样迅速改变。我们期待着 LHC 将提供更大的数据量用于对 SUSY 粒子的寻找。随着数据量的增大，携色荷超对称性粒子的灵敏度将提高，电弱 gauginos 的寻找也会极大地受益。一些稀有事例的寻找也许会成为可能。

10.3 未来的直线对撞机项目

对撞机的下一个重要目标是建造一个国际正负电子的直线对撞机（ILC），目前设想的设计能量为 500GeV 到 1TeV（将来有可能提高到 3TeV），长度为 30 ~ 50km，相当于目前 50GeV 的斯坦福直线加速器的 10 倍以上。美国的费米实验室、欧洲（CERN）和日本都有可能成为选址地。2004 年国际技术推荐专家委员会（International Technology Recommendation Panel，ITRP）推荐使用超导射频（SCRF）技术建造该机器。在此决定之后，当时存在的三个项目，即 NCL（next linear collider）、GLC（global linear collider）和 TESLA（tera electrovolt energy superconducting linear accelerator）联合成了一个项目 ILC。

目前设计的超导射频是由一节节 1m 长的能够冷却到 2K 的铌腔组成的，8 ~ 9 个铌腔首尾相连成一条直线，构成一个冷却模块，浸入装满超冷液氦的冷却罐之中。ILC 有两个直线加速器，若每个需要大约 900 个冷却模块，则共需要大约 16000 个真空腔。DESY 已经将这种技术应用于他的自由电子激光装置 FLASH 上，利用高能电子辐射激光，他们的超导直线加速器可以将电子能量加速到 17.5GeV。显然，如果每节真空腔能够产生更强的电场，ILC 的直线加速器就可以造得更短，造价也将更低。改进超导射频系统，让粒子每前进 1m 获得更高的能量，是研究和设计人员追求的目标。一般使用“加速梯度”来表示加速器中粒子在单位距离内的能量增长，加速梯度越高，直线对撞机就可以做得越短，造价就越低。

我们知道，圆形对撞机的优势在于，在对撞点没有经历对撞的粒子继续沿原来的轨道运行，有机会参加下一次的对撞，而对于直线对撞机，在对撞点没有经历对撞的粒子将会全部丢失。圆形对撞机的主要问题在于粒子做圆周运动时的同步辐射损失，它和粒子质量的 4 次方成反比，因此对于正负电子对撞机，要想通过圆形对撞机获得很高的能量是非常困难的。此类对撞机的造价将与对撞能量的平方成正比。也就是说，一台对撞能量比 LEP 大一倍的机器，造价会是 LEP 的 4 倍。直线对撞机的造价与对撞能量成正比，因此让它达到 1TeV 能标所需的费用比环形对撞机低得多，这一优势是显而易见的。

图 10.12 是一个总长为 31km 的 ILC 的设计示意图，主要由两个超导直线加速器组成，正负电子的对撞能量将达到 500GeV（250GeV 的电子与 250GeV 的正电子相撞）。ILC 每秒将产生 5 次脉冲，每个脉冲持续 1ms，能产生 3000 个正负电子束团，使它们加速并发生对撞。每个加速器的平均束流功率约为 10000kW。加速器将电功率转换为束流功率的总效率约为 20%，因此两个加速器的耗电功率将达 10 万 kW。

为了产生电子脉冲，ILC 将用激光照射砷化镓靶标，每个激光脉冲可以打出数十亿个电子。所有电子的自旋方向都保持一致，即为极化束 (spin-polarized)，对研究粒子物理学中的许多问题具有独特的优势。这些电子将在一段较短的超导射频直线加速器中迅速加速到 5GeV，然后注入 ILC 中央一个周长为 6.7km 的阻尼环。电子在环中绕行并产生同步辐射，与此同时，电子束团被压缩，体积减小，电子密度增加，因此实际上增加了束流强度。

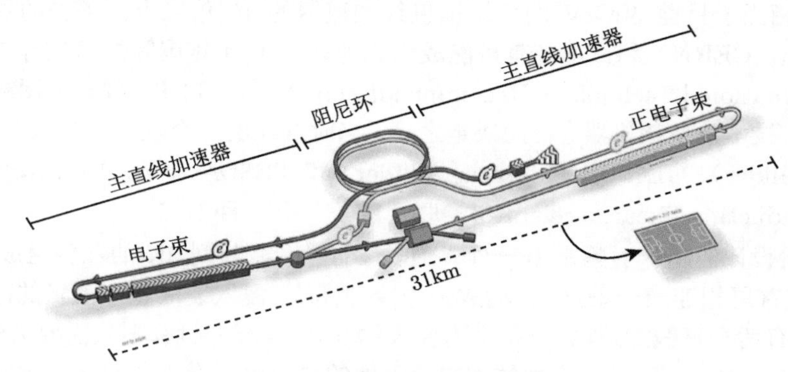

图 10.12　ILC 的设计示意图

200ms 后，电子束团离开阻尼环，每个束团的长度约为 9mm，直径比头发还小。为了提高加速性能，并在与正电子束团发生碰撞时取得最好的效果，电子束团将被进一步压缩到 0.3mm 长。在这一压缩过程中，电子将被加速到 15GeV。随后，束团被注入长达 11.3km 的超导射频主加速器，并被加速到 250GeV。当电子在这个直线加速器中被加速到 150GeV 时，这些粒子会拐个小弯，以便产生正电子束团。它们将被偏转到一个被称为“波荡器”(unduator) 的特殊磁铁中，将部分能量转换为伽马射线辐射出来。这些伽马光子将被聚焦在一个每秒旋转 1000 次的钛合金薄片上，产生大量正负电子对。正电子被收集起来，先加速到 5GeV，再注入另一个阻尼环，最终被送入 ILC 另外一侧的另一个超导射频主加速器中。

一旦正负电子被加速到 250 GeV，并迅速向对撞点会聚，一系列磁透镜会把高能束团聚焦成扁平的带：宽 640nm，高 6nm。对撞发生后，剩余的束团会被引导到束流收集器上，该装置可以安全地吸收正负电子，并耗散掉它们的能量。

ILC 上的每个子系统都将挑战技术极限，面临多重工程难题。这台对撞机的阻尼环产生的束流品质，必须比现有电子贮存环高出好几倍。在整个压缩、加速和聚焦的过程中，束流的品质必须不受影响。这台对撞机必须采用精良的诊断系统、先进的调束工序和极为精确的准直技术。如何建造正电子产生系统，如何让纳米级束流瞄准对撞点，这些难题的攻克都需要科学家付出艰辛的努力。

建造一个能够分析 ILC 对撞结果的探测器也是一项挑战。举例来说，要想测量希格斯玻色子和其他粒子的相互作用强度，探测器就必须测量带电粒子的动量和它们的起始点，而且测量精度必须比以往的探测器高出一个量级。科学家正在研制新型径迹系统和量能器，以便在 ILC 上取得丰硕的物理学成果。

今后几年内，LHC 将采集和分析海量的质子对撞数据。在 LHC 中发现的值得进一步探索的最佳研究目标，将是优化目前 ILC 设计方案的物理基础。在强子对撞机（如 LHC）实验中，正反夸克和胶子是以分布函数的形式存在于重子内部，反应末态不可避免地具有高本底，因此精确测量在 LHC 上发现的新粒子和新现象将是 ILC 的重要物理方向之一。人们也期待在 ILC 上发现超出标准模型的一些新物理现象，如在 SUSY 物理中寻找最轻的超对称性粒子，它们可能是暗物质的候选者。在 TeV 能级，是否存在额外维物理？或许还有我们现在尚未意识到的全新的物理。

目前的研究表明，ILC 在 $\sqrt{s}=350\sim375\text{GeV}$ 能量下，500fb^{-1} 的数据可以对 SM 希格斯物理和 t 物理进行精确的测量和研究；在 $\sqrt{s}\sim1.5\text{TeV}$ 能量下，$1.5\ ab^{-1}$ 的数据则可以进行希格斯物理、SUSY 物理及其他超出 SM（BSM）的物理的精细研究；而在 $\sqrt{s}\sim3\text{TeV}$ 能量下，$2\ ab^{-1}$ 的数据可以进行希格斯自耦合，以及 SUSY 和 BSM 物理的精细研究。

ILC 上希格斯物理的主要费曼图如图 10.13 所示，其产生截面由图 10.14 给出，贡献最大的是希格斯韧致和 W/Z 玻色子凝聚过程。

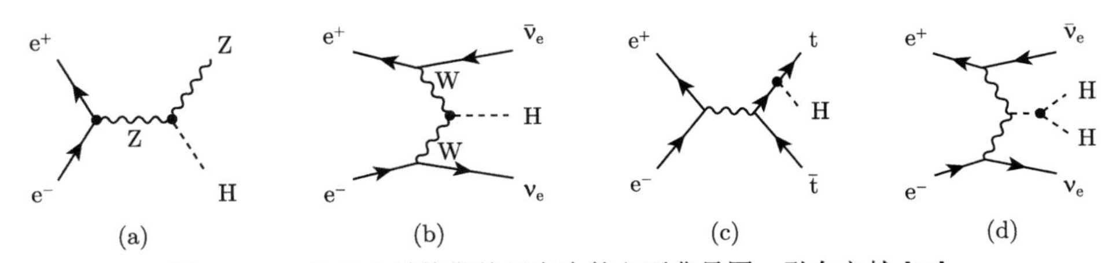

图 10.13 ILC 上希格斯粒子产生的主要费曼图。引自文献 [40]

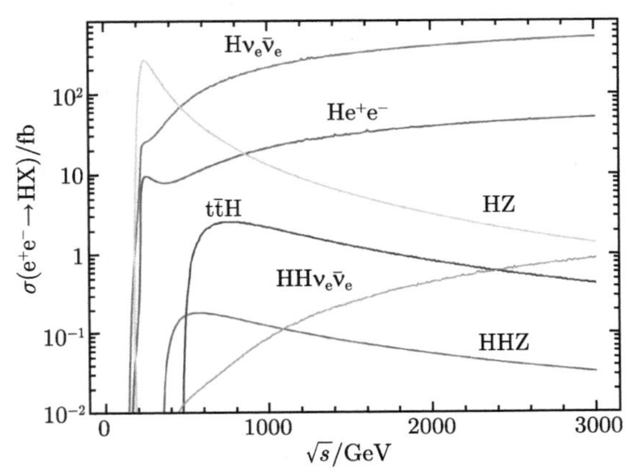

图 10.14 ILC 上各希格斯粒子产生过程的截面。引自文献 [40]

t 夸克物理的研究包含 t 夸克质量的测量，t 夸克和 H 的耦合，t 和 W 的耦合，通过不对称性的测量研究 t 和 γ, Z 的耦合，如图 10.15 所示，同时给出了 t 夸克韧致产生 Z 和 H 过程的截面，以及 $\mathcal{CP}$ 破坏的灵敏度研究和味改变的 t 夸克衰变等。

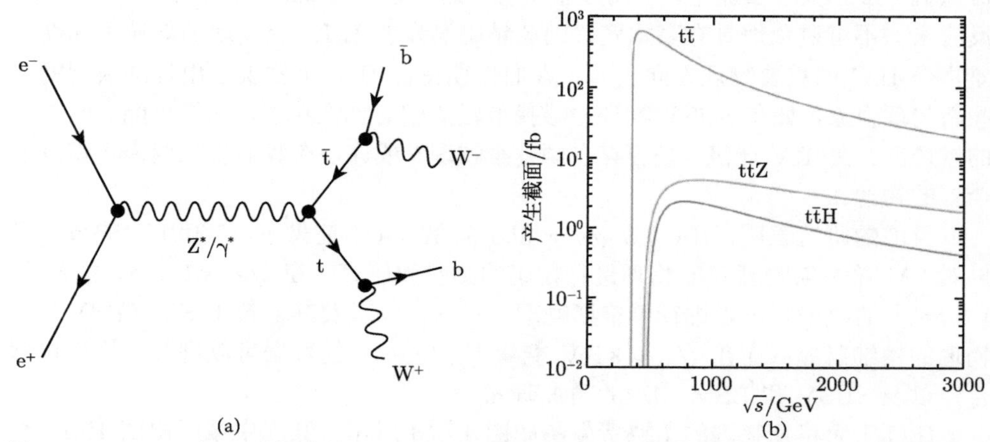

图 10.15　(a) e^+e^- 对撞过程中 t 夸克对产生和 γ, Z 耦合的费曼图；(b) e^+e^- 对撞过程中 t 夸克对产生及由 t 夸克韧致产生 Z 和 H 过程的截面。引自文献 [40]

总之人们希望在确保合理成本控制下，让这台正负电子对撞机获得最好的性能，接手 LHC 的后续研究工作。这个雄心勃勃的大科学工程项目已经在 ILC 的概念提出和设计研发阶段进行了全球性的合作，希望在对撞机未来的建造和运行过程中也能如此。

参考文献

[1] Georgi H, Glashow S L. Unity of all elementary-particle forces. Phys. Rev. Lett., 1974, 32: 438.

[2] Wess J, Zumino B. A lagrangian model invariant under supergauge transformations. Phys. Lett. B, 1974, 49: 52.

[3] CMS collaboration. Search for supersymmetry in hadronic final states with missing transverse energy using the variables α_T and b-quark multiplicity in pp collisions at $\sqrt{s}=8$TeV. Eur. Phys. J. C, 2013, 73: 2568.

[4] CMS collaboration. Inclusive search for squarks and gluinos in pp collisions at $\sqrt{s}=$ 7TeV. Phys. Rev. D, 2012, 85: 012004.

[5] Tovey D R. On measuring the masses of pair-produced semi-invisibly decaying particles at hadron colliders. JHEP, 2008, 4: 34.

[6] Tanabashi M, et al (particle data group). Review of particle physics. Phys. Rev. D, 2018, 98: 030001.

[7] Chamseddine A H, Arnowitt R, Nath P. Locally supersymmetric grand unification. Phys. Rev. Lett., 1982, 49: 970; Arnowitt R, Nath P. Supersymmetric mass spectrum in $SU(5)$ supergravity grand unification. Phys. Rev. Lett., 1992, 69: 725.

[8] Kane G L, et al. Study of constrained minimal supersymmetry. Phys. Rev. D, 1994, 49: 6173.

[9] Halkiadakis E, Redlinger G, Shih D. Status and implications of beyond-the-standard-model searches at the LHC. Ann. Rev. Nucl. and Part. Sci., 2014, 64: 319.

[10] Lester C G, Summers D J. Measuring masses of semi-invisibly decaying particle pairs produced at hadron colliders. Phys. Lett. B, 1999, 463: 99.

[11] Georgi H. Particles and Fields. A.I.P., 1975; Fritzsch H, Minkowski P. Unified interactions of leptons and hadrons. Ann. Phys., 1975, 93: 193.

[12] Beenakker W, et al. Squark and gluino hadroproduction. Int. J. Mod. Phys. A, 2011, 26: 2637.

[13] ATLAS collaboration. Constraints on promptly decaying supersymmetric particles with lepton-number- and R-parity-violating interactions using Run-1 ATLAS data. ATLAS-CONF-2015-018, 2015; CMS collaboration. Search for RPV SUSY in the four-lepton final state. CMS-PAS-SUS-13-010, 2013.

[14] CMS collaboration. Search for new phenomena with the MT2 variable in the all-hadronic final state produced in proton-proton collisions at $\sqrt{s}$ =13TeV. arXiv:1705.04650, 2017.

[15] Aaltonen T, et al (CDF collaboration). Search for the production of scalar bottom quarks in p$\bar{\text{p}}$ collisions at $\sqrt{s} = 1.96$TeV. Phys. Rev. Lett., 2010, 105: 081802; Abarov V M, et al (D0 collaboration). Search for scalar bottom quarks and third-generation leptoquarks in p$\bar{\text{p}}$ collisions at $\sqrt{s} = 1.96$TeV. Phys. Lett. B, 2010, 693: 95.

[16] CMS collaboration. Search for supersymmetry in multijet events with missing transverse momentum in proton-proton collisions at 13TeV. Phys. Rev. D, 2017, 96: 032003; CMS collaboration. Search for the pair production of third-generation squarks with two-body decays to a bottom or charm quark and a neutralino in proton-proton collisions at $\sqrt{s} = 13$TeV. Phys. Lett. B, 2018, 778: 263.

[17] ATLAS collaboration. Search for supersymmetry in events with b-tagged jets and missing transverse momentum in pp collisions at $\sqrt{s} = 13$TeV with the ATLAS detector. JHEP, 2017, 11:195; ATLAS collaboration. Searches for direct pair production of third-generation squarks at the large hadron collider. Eur. Phys. J. C, 2015, 75(10): 510; Erratum: Eur. Phys. J. C., 2016, 76(3): 153.

[18] LEP2 SUSY working group. ALEPH, DELPHI, L3 and OPAL experiments, note. LEPSUSYWG/04-02.1, http://lepsusy.web.cern.ch/lepsusy.

[19] Aaltonen T, et al (CDF collaboration). Search for the supersymmetric partner of the top quark in p$\bar{\text{p}}$ collisions at $\sqrt{s} = 1.96$TeV. Phys. Rev. D, 2010, 82: 092001; Abazov

V M, et al (D0 collaboration). Search for pair production of the scalar top quark in the electron + muon final state. Phys. Lett. B, 2011, 696: 321; Aaltonen T, et al (CDF collaboration). Search for scalar top quark production in $p\bar{p}$ collisions at $\sqrt{s} =$ 1.96TeV. JHEP, 2012, 1210: 158; Abazov V M, et al (D0 collaboration). Search for scalar top quarks in the acoplanar charm jets and missing transverse energy final state in $p\bar{p}$ collisions at $\sqrt{s}$ =1.96TeV. Phys. Lett. B, 2008, 665: 1; Aaltonen T, et al (CDF collaboration). Search for pair production of supersymmetric top quarks in dilepton events from $p\bar{p}$ collisions at $\sqrt{s}$ =1.96TeV. Phys. Rev. Lett., 2010, 104: 251801; Abazov V M, et al (D0 collaboration). Search for admixture of scalar top quarks in the $t\bar{t}$ lepton+jets final state at $\sqrt{s}$=1.96TeV. Phys. Lett. B, 2009, 674: 4.

[20] Sirunyan A M, Tumasyan A, et al (CMS collaboration). Search for direct production of supersymmetric partners of the top quark in the all-jets final state in proton-proton collisions at $\sqrt{s}$ =13TeV. JHEP, 2017, 1710: 005; Albert M S, et al (CMS collaboration). Search for top quark production in pp collisions at $\sqrt{s}$ = 1.96TeV using single lepton events. JHEP, 2017, 1710: 019; Aaboud M, et al (ATLAS collaboration). Search for a scalar partner of the top quark in the jets plus missing transverse momentum final state at $\sqrt{s}$ = 13TeV with the ATLAS detector. JHEP, 2017, 12: 085, arXiv:1709.04183(2017); Aaboud M, et al (ATLAS collaboration). Search for top squark pair production in final states with one isolated lepton, jets, and missing transverse momentum using 36 fb^{-1} of $\sqrt{s}$ =13TeV pp collision data with the ATLAS detector. ATLAS-CONF-2017-037, 2017.

[21] LEP2 SUSY working group. ALEPH, DELPHI, L3 and OPAL experiments, note LEPSUSYWG/01-03.1, http://lepsusy.web.cern.ch/lepsusy; LEP2 SUSY working group. ALEPH, DELPHI, L3 and OPAL experiments, note LEPSUSYWG/02-04.1, http://lepsusy.web.cern.ch/lepsusy.

[22] Abazov V M, et al (D0 collaboration). Search for associated production of charginos and neutralinos in the trilepton final state using 2.3 fb^{-1} of data. Phys. Lett. B, 2009, 680: 34; Albert M S, et al (CMS collaboration). Search for trilepton new physics and chargino-neutralino production at the collider detector at fermilab. CDF Note 10636, 2011.

[23] Aaboud M, et al (ATLAS collaboration). Search for electroweak production of supersymmetric particles in the two and three lepton final state at $\sqrt{s}$ = 13TeV with the ATLAS detector. ATLAS-CONF-2017-039, 2017.

[24] Albert M S, et al (CMS collaboration). Search for electroweak production of charginos and neutralinos in mul-tilepton final states in pp collision data at $\sqrt{s}$= 13TeV. arXiv:1709.05406, 2017.

[25] Aaboud M, et al (ATLAS collaboration). Search for the direct production of charginos and neutralinos in $\sqrt{s}$= 13TeV pp collisions with the ATLAS detector. arXiv:1708.07875, 2017.

[26] Albert M S, et al (CMS collaboration). Combined search for electroweak production of charginos and neutralinos in pp collisions at $\sqrt{s}$= 13TeV. CMS-PAS-SUS-17-004, 2017.

[27] Aaboud M, et al (ATLAS collaboration). Search for direct pair production of a chargino and a neutralino decaying to the 125GeV Higgs boson in $\sqrt{s}$ = 8 TeV pp collisions with the ATLAS detector. Eur. Phys. J. C, 2015, 75: 208.

[28] LEP2 SUSY working group. ALEPH, DELPHI, L3 and OPAL experiments, note LEPSUSYWG/04-07.1, http://lepsusy.web.cern.ch/lepsusy.

[29] For a sampling of recent post-LHC global analyses, see: Athron P, et al (GAMBIT collaboration). Global fits of GUT-scale SUSY models with GAMBIT. Eur. Phys. J. C, 2017, 77: 824. arXiv:1705.07935; Bagnaschi E A, et al. Likelihood analysis of the minimal AMSB model. Eur. Phys. J. C, 2017, 77: 268; Bagnaschi E A, et al. Likelihood analysis of supersymmetric $SU(5)$ GUTs. Eur. Phys. J. C, 2017, 77: 104; Bechtle P, et al. Killing the cMSSM softly. Eur. Phys. J. C, 2016, 76: 96; Bagnaschi E A,et al. Supersymmetric dark matter after LHC run 1. Eur. Phys. J. C, 2015, 75: 500; Buchmueller O, et al. The NUHM2 after LHC run 1. Eur. Phys. J. C, 2014, 74: 3212; Buchmueller O, et al. The CMSSM and NUHM1 after LHC run 1. Eur. Phys. J. C, 2014, 74: 2922; Citron M, et al. End of the CMSSM coannihilation strip is nigh. Phys. Rev. D, 2013, 87: 036012; Strege C, et al. Global Fits of the cMSSM and NUHM including the LHC Higgs discovery and new XENON100 constraints, JCAP, 2013, 1304: 013; Fowlie A, et al. Constrained MSSM favoring new territories: The impact of new LHC limits and a 125 GeV Higgs boson. Phys. Rev. D, 2012, 86: 075010.

[30] LEP2 SUSY working group. ALEPH, DELPHI, L3 and OPAL experiments, note LEPSUSYWG/04-09.1, http://lepsusy.web.cern.ch/lepsusy; Aaltonen T, et al (CDF collaboration). Search for supersymmetry with gauge-mediated breaking in diphoton events with missing transverse energy at CDF II. Phys. Rev. Lett., 2010, 104: 011801; Abazov V M, et al (D0 collaboration). Search for diphoton events with large missing transverse energy in 6.3fb^{-1} of p$\bar{\text{p}}$ Collisions at $\sqrt{s}$ = 1.96TeV. Phys. Rev. Lett., 2010, 105: 221802.

[31] Aaboud M, et al (ATLAS collaboration). Search for supersymmetry in a final state containing two photons and missing transverse momentum in $\sqrt{s}$ = 13TeV pp collisionsat the LHC using the ATLAS detector. Eur. Phys. J. C, 2016, 76: 517; Albert M S, et al (CMS collaboration). Search for supersymmetry in events with at least one photon, missing transverse momentum, and large transverse event activity in proton-proton collisions at $\sqrt{s}$ = 13TeV. arXiv:1707.06193, 2017.

[32] Aaboud M, et al (ATLAS collaboration). Search for new phenomena in events containing a same-flavour opposite-sign dilepton pair, jets, and large missing transverse momentum in $\sqrt{s}$ = 13TeV pp collisions with the ATLAS detector. Eur. Phys. J. C, 2017, 77: 144; Khachatryan V, et al (CMS collaboration). Searches for electroweak

neutralino and chargino production in channels with Higgs, Z, and W bosons in pp collisions at 8TeV. Phys. Rev. D, 2014, 90: 092007; CMS collaboration. Search for electroweak production of charginos in final states with two tau leptons in pp collisions at sqrt(s) = 8TeV. arXiv:1610.04870 [hep-ex], 2017.

[33] Aad G, et al (ATLAS collaboration). Search for massive, long-lived particles using multitrack displaced vertices or displaced lepton pairs in pp collisions at $\sqrt{s} =$ 8TeV with the ATLAS detector. Phys. Rev. D, 2015, 92: 072004; Khachatryan V, et al (CMS collaboration). Search for long-lived particles that decay into final states containing two electrons or two muons in proton-proton collisions at $\sqrt{s} =$ 8TeV. Phys. Rev. D, 2015, 91: 052012.

[34] Aad G, et al (ATLAS collaboration). Search for supersymmetry in events with large missing transverse momentum, jets, and at least one tau lepton in $\sqrt{s} =$ 8TeV proton-proton collision data with the ATLAS detector. JHEP, 2014, 09: 103.

[35] Chatrchyan S, et al (CMS collaboration). Search for anomalous production of events with three or more leptons in pp collisions at $\sqrt{s} =$ 8TeV, Phys. Rev. D, 2014, 90: 032006.

[36] Aaltonen T, et al (CDF collaboration). Search for supersymmetry with like-sign lepton-tau events at CDF. Phys. Rev. Lett., 2013, 110: 201802.

[37] LEP2 SUSY working group. ALEPH, DELPHI, L3 and OPAL experiments, note LEPSUSYWG/02-10.1, http://lepsusy.web.cern.ch/lepsusy.

[38] Aaboud M, et al (ATLAS collaboration). Supersymmetry physics results. http://twiki.cern.ch/twiki/bin/view/AtlasPublic/SupersymmetryPublicResults/.

[39] Albert M S, et al (CMS collaboration). Supersymmetry physics results. http://cms-results.web.cern.ch/cms-results/public-results/publications/SUS/index.html.

[40] Linssen L. Physics scope of CLIC, a future TeV scale e^+e^- linear collider. Symposium-talk, in honor of Halina Abramowicz' s birthday, January 5th 2014.

附录 A　度规、狄拉克场和电磁场规范约束

A.1　度　　规

四维时空矢量有闵可夫斯基空间（以下称“闵氏空间”）度规和欧氏空间度规两种描写方法. 我们这里采用前者, 以避免后者需要引入的虚数. 定义闵氏空间的四维时空逆变坐标表示

$$x = (x^\mu) = (x^0, x^1, x^2, x^3) = (t, \boldsymbol{x}) \tag{A.1}$$

度规张量 $g^{\mu\nu}$,

$$g^{\mu\nu} = g_{\mu\nu} = \begin{pmatrix} 1 & 0 & 0 & 0 \\ 0 & -1 & 0 & 0 \\ 0 & 0 & -1 & 0 \\ 0 & 0 & 0 & -1 \end{pmatrix} \tag{A.2}$$

并且引入协变的坐标表示

$$x_\mu = g_{\mu\nu} x^\nu \tag{A.3}$$

即有

$$(x_\mu) = (x_0, x_1, x_2, x_3) = (t, -\boldsymbol{x}) \tag{A.4}$$

对度规张量 $g^{\mu\nu}$ 可以证明

$$g^{\mu\nu} g_{\nu\lambda} = g^\mu_\lambda = \delta^\mu_\lambda \tag{A.5}$$

因此也可以写

$$x^\mu = g^{\mu\nu} x_\nu = g^\mu_\nu x^\nu \tag{A.6}$$

度规张量起到了升降指标的作用.

闵氏空间中四维矢量 x 和 y 的标量积定义为

$$x \cdot y = g_{\mu\nu} x^\mu y^\nu = x^\mu y_\mu = x^0 y^0 - \boldsymbol{x} \cdot \boldsymbol{y} \tag{A.7}$$

因而有四维时空间隔

$$x^2 = g_{\mu\nu}x^\mu x^\nu = x^\mu x_\mu = t^2 - \boldsymbol{x}^2 \tag{A.8}$$

对微分算符有定义

$$\partial_\mu \equiv \frac{\partial}{\partial x^\mu} = \left(\frac{\partial}{\partial t}, \nabla\right) \tag{A.9}$$

$$\partial^\mu = g^{\mu\nu}\partial_\nu = \frac{\partial}{\partial x_\mu} = \left(\frac{\partial}{\partial t}, -\nabla\right) \tag{A.10}$$

达朗贝尔算符则表示为

$$\Box = -\partial^\mu \partial_\mu = \nabla^2 - \frac{\partial^2}{\partial t^2} \tag{A.11}$$

A.2　狄拉克场

定义四维狄拉克场旋量

$$\varPhi = (\psi_0, \psi_1, \psi_2, \psi_3)^{\mathrm{T}} = \begin{pmatrix} \psi_0 \\ \psi_1 \\ \psi_2 \\ \psi_3 \end{pmatrix} \tag{A.12}$$

满足方程

$$(\mathrm{i}\gamma^\mu \partial_\mu - m)\varPsi = 0 \tag{A.13}$$

γ^μ 矩阵定义为

$$\gamma^0 = \begin{pmatrix} I & 0 \\ 0 & -I \end{pmatrix}, \quad \gamma^k = \begin{pmatrix} 0 & \tau^k \\ -\tau^k & 0 \end{pmatrix} \tag{A.14}$$

其中，I 是 2×2 的单位矩阵，τ^k 是 2×2 的泡利矩阵,

$$\tau^1 = \begin{pmatrix} 0 & 1 \\ 1 & 0 \end{pmatrix}, \qquad \tau^2 = \begin{pmatrix} 0 & -\mathrm{i} \\ \mathrm{i} & 0 \end{pmatrix}, \qquad \tau^3 = \begin{pmatrix} 1 & 0 \\ 0 & -1 \end{pmatrix} \tag{A.15}$$

此外还有 γ^5 矩阵的定义

$$\gamma^5 = \gamma_5 = \mathrm{i}\gamma^0\gamma^1\gamma^2\gamma^3 = \begin{pmatrix} 0 & I \\ I & 0 \end{pmatrix} \tag{A.16}$$

或表示为

$$\gamma^5 = -\frac{\mathrm{i}}{4!}\epsilon_{\mu\nu\rho\sigma}\gamma^\mu\gamma^\nu\gamma^\rho\gamma^\sigma \tag{A.17}$$

四阶 Levi-Civita 张量 $\epsilon_{\mu\nu\rho\sigma}$ 的定义为

$$\epsilon^{\mu\nu\rho\sigma} = -\epsilon_{\mu\nu\rho\sigma} = \begin{cases} +\ 1, & \text{对 } [0,1,2,3] \text{ 的偶置换} \\ -\ 1, & \text{对 } [0,1,2,3] \text{ 的奇置换} \\ \ \ \ 0, & \text{对别的情况} \end{cases} \tag{A.18}$$

对 γ^5 矩阵有如下一些关系式:

$$\gamma^5 = \gamma^{5\,\dagger}, \qquad \{\gamma^5, \gamma^\mu\} = 0, \qquad (\gamma^5)^2 = I \tag{A.19}$$

还可定义二阶反对称张量 $\sigma^{\mu\nu}$,

$$\sigma^{\mu\nu} = \frac{\mathrm{i}}{2}[\gamma^\mu, \gamma^\nu] \tag{A.20}$$

不难证明 γ^μ 矩阵满足反对易关系

$$\{\gamma^\mu, \gamma^\nu\} = 2g^{\mu\nu} \tag{A.21}$$

若记 $\not{a} = a_\mu\gamma^\mu$，上式等价于

$$\{\not{a}, \not{b}\} = \not{a}\not{b} + \not{b}\not{a} = 2a\cdot b \tag{A.22}$$

并有下面一些关系式:

$$(\gamma^0)^2 = 1, \qquad (\gamma^1)^2 = (\gamma^2)^2 = (\gamma^3)^2 = -1 \tag{A.23}$$

$$\gamma^\mu\gamma^{\mu\,\dagger} = \gamma^{\mu\,\dagger}\gamma^\mu = I \qquad (\text{不对 } \mu \text{ 求和}) \tag{A.24}$$

$$\gamma^{0\,\dagger} = \gamma^0, \qquad \gamma^{i\,\dagger} = -\gamma^i$$

也即

$$\gamma^{\mu\,\dagger} = \gamma_\mu \tag{A.25}$$

其他一些乘积规则如下：

$$\gamma_\mu\gamma^\nu\gamma^\mu = -2\gamma^\nu, \quad \gamma_\mu\not{a}\gamma^\mu = -2\not{a} \tag{A.26}$$

$$\gamma_\mu\gamma^\nu\gamma^\lambda\gamma^\mu = 4g^{\nu\lambda}, \quad \gamma_\mu\not{a}\not{b}\gamma^\mu = 4a\cdot b \tag{A.27}$$

$$\gamma_\mu\gamma^\nu\gamma^\lambda\gamma^\sigma\gamma^\mu=-2\gamma^\sigma\gamma^\lambda\gamma^\nu,\quad \gamma_\mu \not{a}\not{b}\not{c}\gamma^\mu=-2\not{c}\not{b}\not{a} \tag{A.28}$$

γ 矩阵的求迹规则为：奇数个 γ 矩阵乘积的迹为 0，其他的求迹公式如下：

$$\mathrm{Tr}(\gamma^\mu\gamma^\nu)=4g^{\mu\nu},\quad Tr(\not{a}\not{b})=4a\cdot b \tag{A.29}$$

$$\mathrm{Tr}(\gamma^\mu\gamma^\nu\gamma^\lambda\gamma^\sigma)=4(g^{\mu\nu}g^{\lambda\sigma}-g^{\mu\lambda}g^{\nu\sigma}+g^{\mu\sigma}g^{\nu\lambda})$$

$$\mathrm{Tr}(\not{a}\not{b}\not{c}\not{d})=4[(a\cdot b)(c\cdot d)-(a\cdot c)(b\cdot d)+(a\cdot d)(b\cdot c)] \tag{A.30}$$

注意到 γ^5 矩阵是偶数个 γ 矩阵的乘积，因此 γ^5 和奇数个 γ 矩阵乘积的迹为 0，而 γ^5 和偶数个 γ 矩阵乘积的求迹公式为

$$\mathrm{Tr}(\gamma^5)=0 \tag{A.31}$$

$$\mathrm{Tr}(\gamma^5\gamma^\mu\gamma^\nu)=0,\quad \mathrm{Tr}(\gamma^5\not{a}\not{b})=0 \tag{A.32}$$

$$\mathrm{Tr}(\gamma^5\gamma^\mu\gamma^\nu\gamma^\lambda\gamma^\sigma)=-4\mathrm{i}\epsilon^{\mu\nu\lambda\sigma},\quad \mathrm{Tr}(\gamma^5\not{a}\not{b}\not{c}\not{d})=-4\mathrm{i}\epsilon^{\mu\nu\lambda\sigma}a_\mu b_\nu c_\lambda d_\sigma \tag{A.33}$$

狄拉克场的共轭场量定义为 $\bar{\Psi}=\Psi^\dagger\gamma^0$, 满足方程

$$\bar{\Psi}(\mathrm{i}\gamma^\mu\overleftarrow{\partial}_\mu+m)=0 \tag{A.34}$$

A.3　电磁场的规范约束

量子电动力学中规范场的自由拉氏量为

$$\mathcal{L}_\gamma=-\frac{1}{4}F_{\mu\nu}F^{\mu\nu} \tag{A.35}$$

相应的运动方程为

$$\partial^\mu F_{\mu\nu}=\partial^\mu(\partial_\mu A_\nu-\partial_\nu A_\mu)=\Box A_\nu-\partial_\nu(\partial^\mu A_\mu)=0 \tag{A.36}$$

规范理论有一定的自由度来定义规范场 $A^\mu(x)$。为了解决这个问题，可以对场 $A^\mu(x)$ 设置限定条件来消除它的规范自由度。例如要求

$$\partial^\mu A_\mu(x)=0 \tag{A.37}$$

称为洛伦兹规范，或协变约束条件。

如果在拉氏量中添加一项 $\lambda(\partial^\mu A_\mu(x))^2$，记拉格朗日乘子 $\lambda=-\dfrac{1}{2\xi}$，

$$\mathcal{L}_\gamma=-\frac{1}{4}F_{\mu\nu}(x)F^{\mu\nu}(x)-\frac{1}{2\xi}(\partial^\mu A_\mu(x))^2 \tag{A.38}$$

运动方程变为

$$\Box A^{\mu}-\left(1-\frac{1}{\xi}\right)\partial^{\mu}(\partial_{\lambda}A^{\lambda})=0 \tag{A.39}$$

规范固定方案可选为

$$\begin{cases}\xi=1, & \text{费曼规范}\\ \xi=0, & \text{朗道规范}\end{cases} \tag{A.40}$$

别的一些选择为

$$\begin{aligned}\vec{\nabla}\cdot\vec{A}_a=0: &\quad \text{库仑规范}\\ A_a^3=0: &\quad \text{轴（axial）规范}\\ A_a^0=0: &\quad \text{时性（temporal）规范}\end{aligned} \tag{A.41}$$

附录 B 群 论 简 介

群论在粒子物理中有重要的应用，用以描写对称性，是标准模型理论的基础数学工具。这里我们扼要地介绍相关的群论基础知识。

1. 群的定义

群是指一个元素的集合：

$$G = \{g_0, g_1, g_2, \ldots, g_i, \ldots\} \tag{B.1}$$

其中规定了元素之间某种确定的组合法则，称为群的“乘法”，并且满足如下条件。

（1）封闭性。如果 g_i 和 g_j 是 G 的元素，那么其乘积 $g_i g_j$ 也是 G 的元素。

（2）结合律。如果 g_i、g_j 和 g_k 是 G 的元素，那么有 $g_i\cdot(g_j\cdot g_k)=(g_i\cdot g_j)\cdot g_k$，注意这里元素的次序没有改变。

（3）G 中存在一个单位元素 g_0，对 G 中任何元素 g_i 都有 $g_0\cdot g_i = g_i\cdot g_0 = g_i$。

（4）对于 G 中任一元素 g_i，总存在着它的逆元素 g_i^{-1}，g_i^{-1} 也是 G 的元素，即 $g_i^{-1}\in G$，读作 g_i^{-1} 属于 G。

例如，空间的各向同性要求物理规律在三维空间转动下具有不变性。若用记号

$$R(\boldsymbol{n},\theta),\quad 0\leqslant\theta\leqslant 2\pi \tag{B.2}$$

表示绕通过对称中心的任一轴 $\boldsymbol{n}$，转动角为 θ 的三维空间的转动，定义两个转动的乘积是相继进行这样两个转动的结果，那么所有这些转动式（B.2）的全体就构成三维空间的转动群 $SO(3)$。

一般地说，群元素之间乘法的次序是不满足交换律的，但是也有一些群的元素之间满足乘法交换律，这种群通常称为可对易群或阿贝尔群。例如，对于绕 z 轴方向转动的空间转动群，其群元素记为 $R(\hat{z},\theta_i)$，则

$$R(\hat{z},\theta_1)R(\hat{z},\theta_2)=R(\hat{z},\theta_2)R(\hat{z},\theta_1) \tag{B.3}$$

因此该群是一个阿贝尔群。

一个群所包含的群元素的个数叫做群的“阶”。阶数有限的群称为有限群，阶数无限的群称为无限群。

如果一个群的元素可以用分立的元素 $g_0, g_1, g_2, \ldots$ 来标记（不管是有限的还是无限的），那么就称为分立群。如果一个群的元素不能用分立的符号来标记，而必须用一组连续的参数

$$\boldsymbol{\alpha} \equiv (\alpha_1, \alpha_2, \ldots, \alpha_r) \tag{B.4}$$

标记其群元素，那么就称之为连续群。特别地，若式 (B.4) 中的 r 个参数 α_1，α_2，$\ldots$，α_r 都是实的，这样的连续群通常称为李 (Lee) 群。实参数 $\alpha_1, \alpha_2, \ldots, \alpha_r$ 变化范围有界的李群称为紧致李群。例如 $SO(3)$ 群需要用三个实参数描写，即 $\boldsymbol{n}$ 的方向 (θ, ϕ) 和转动角 ψ，或者用三个欧拉角 (α, β, γ) 来标记，都有其相应的变化范围，因此 $SO(3)$ 群是一个紧致李群。

设 g_i, g_j 是群 G 的某两个元素，元素 $g_i = g_k g_j g_k^{-1}$ 称为 g_j 的共轭元素，反之 g_j 也称为 g_i 的共轭元素。可以证明，如果 g_i 和 g_j 共轭，g_j 和 g_k 共轭，则 g_i 和 g_k 也共轭。所有相互共轭的元素组成群的共轭类。一个群 G 的元素可以分成一些共轭类。显然单位元素 g_0 自成一类。

如果群 G 的一个子集合按照 G 的乘法规则也构成群，那么这个子集合构成群 G 的一个子群。例如空间定轴转动，譬如说绕 z 轴的转动群，是整个三维空间转动群 $SO(3)$ 的一个子群。可以证明，H 为 G 的子群的充要条件是: 若

$$g_i \in H, \quad g_k \in H$$

则

$$g_i g_k^{-1} \in H$$

显然子群 H 一定包括原群 G 的单位元素 g_0，若记子群 H 的元素为 h_α，对 G 的某一固定元素 g_1 作乘积，

$$g_1 h_\alpha g_1^{-1}$$

当 h_α 跑遍 H 的所有元素，不难证明 $g_1 h_\alpha g_1^{-1}$ 也组成一个子群。一般情况下该子群和 H 不同。倘若对于 G 的任意元素 g_i，子群 $g_i h_\alpha g_i^{-1}$ 都和 H 重合（相同），那么就称 H 为原群 G 的正规子群或不变子群。如果群 G 没有不变子群，则称之为单纯群。如果群 G 没有不变阿贝尔子群，则称之为半单纯群。

下面再介绍两个很重要的概念：群的同态和同构。考虑两个群，

$$G \equiv \{g_0, g_1, g_2, \ldots, g_i, \ldots\}$$

$$F \equiv \{f_0, f_1, f_2, \ldots, f_i, \ldots\}$$

如果对于群 G 中任一个元素 g_i 都可以在群 F 中找到一个或 n 个元素 f_i 和它对应，则称为 f_i 到 g_i 的映象，即

$$f_i \to g_i$$

特别应有

$$f_0 \to g_0$$

并且具有性质

$$f_i f_j \to g_i g_j$$

那么就称群 G 是群 F 的同态映象。如果群 G 和 F 的映象关系是一一对应的，即对于 G 中任一元素 g_i，有且仅有 F 中唯一的一个元素 f_i 和它对应，那么就称这两个群是同构的。

2. *群的表示*

先介绍一下线性算子的概念。设 D 为一线性空间，x, y 是 D 中的矢量。对于 D 中任意一个矢量 x, 有一个相应的矢量 $y = T(x)$，则函数 T 称为 D 空间中的一个算子。

若对于 D 中的任意两个矢量 x, y 和任意复数 α，有 $T(x+y) = T(x) + T(y)$ 和 $T(\alpha x) = \alpha T(x)$，则 T 称为空间 D 中的线性算子。在此空间中，两算子 A 和 B 的加法被定义为：对于 D 中的一切矢量 x，有 $(A+B)x = Ax + Bx$。同样，在空间 D 中，数 α 与算子 A 的数乘定义为：$(\alpha A)x = \alpha(Ax)$，算子 A 与 B 的乘积定义为：$(AB)x = A(Bx)$。其次，若 A 及 B 是 D 空间中的两个线性算子，则 $A+B$、αA、AB 也是 D 空间中的线性算子。

在有限维空间 D 中引进一组基 $e_1, e_2, \cdots, e_n$，则此空间中的线性算子可以用矩阵来表示。若 A 为空间 D 中的一个线性算子，则 A_k 可以写成 $e_1, e_2, \cdots, e_n$ 的一个线性组合，即 $A_k = \sum_{i=1}^{n} A_{ik} e_i$，$k = 1, \cdots, n$，$A_{ik}$ 是算子 A 对于基 $e_1, e_2, \cdots, e_n$ 的矩阵的矩阵元。可以证明算子 A 完全由它的矩阵 A_{ij} 所决定，而且加法运算、数乘以及算子与算子相乘均对应于这些算子在一个固定基下的矩阵的相应运算。

现在介绍群的表示。如果群 G 和 n 维空间的一个变换群同态，那么该变换群就称为群 G 的一个表示。如果该变换群是 n 维空间的一个线性变换群，它就给出群 G 的一个线性表示，记为 $D(G)$，以数学式子写出来就是：若

$$g_i, g_j \in G$$

并且

$$g_i \cdot g_j = g_k \in G$$

那么相应地存在

$$D(g_i) \cdot D(g_j) \in D(G) \tag{B.5}$$

且

$$D(g_i)D(g_j) = D(g_k) \in D(G) \tag{B.6}$$

特别有

$$D(g_i^{-1}) = D^{-1}(g_i), \qquad D(g_0) = I \tag{B.7}$$

n 维空间的线性变换群元素可以写成 $n \times n$ 矩阵。

我们在此给出群表示理论的一些基本概念和定理，在有关群论参考书中可找到有关证明。

1）等价表示

如果群 G 在 n 维空间的两个线性表示仅仅相差一个相似变换，

$$D_1(G) = SD_2(G)S^{-1} \tag{B.8}$$

也就是说对任意的 $g_i \in G$ 存在同一个矩阵 S，使得

$$D_1(g_i) = SD_2(g_i)S^{-1} \tag{B.9}$$

那么 $D_1(G)$ 和 $D_2(G)$ 就称为群 G 的两个等价表示。实际上等价表示只是在同一表示空间中选取了不同的基底而已。

2）表示的直和

如果 $D_1(G)$ 是 G 的一个 n 维线性表示，$D_2(G)$ 是 G 的一个 m 维线性表示，则

$$D(G) = \overset{n}{\left(\begin{array}{c:c} D_1(G) & 0 \\ \hdashline 0 & D_2(G) \end{array}\right)} n \tag{B.10}$$

称为表示 $D_1(G)$ 和 $D_2(G)$ 的直和。它也是群 G 的一个线性表示。

3）可约表示和不可约表示

如果一个 $(n+m) \times (n+m)$ 维的线性变换 $D(G)$，对任意的 $g_i \in G$，$(n+m) \times (n+m)$ 矩阵可写成，或通过相似变换后可化成如下的形式：

$$D(g_i) = \overset{n}{\left(\begin{array}{c:c} T(g_i) & S(g_i) \\ \hdashline 0 & Q(g_i) \end{array}\right)} n \tag{B.11}$$

其中，$T(g_i)$ 是 $n \times n$ 矩阵，$Q(g_i)$ 是 $m \times m$ 矩阵，则称表示 $D(G)$ 是可约的。如果上式中 $S(g_i) = 0$，则表示 $D(G)$ 是完全可约的。如果找不到一个演化矩阵 R 使得 $RD(G)R^{-1}$ 可以写成上式的形式，则称表示 $D(G)$ 是不可约的。

4）舒尔引理

（a）设 $D(G)$ 是群 G 的一个不可约表示，若有某一矩阵 T，满足

$$TD(g_i) = D(g_i)T$$

则 T 必为单位矩阵 I 乘以某一个常数 λ, 即

$$T = \lambda I$$

（b）设 $D_1(G), D_2(G)$ 是群 G 的两个不等价不可约表示，若有某一个矩阵 T，满足

$$TD_1(g_i) = D_2(g_i)T$$

则

$$T = 0$$

5）定理：有限群不等价不可约表示的个数等于其共轭类的个数

下面我们重点讨论一下李群的表示。前面已经说过，李群

$$G = \{\cdots, g_{\boldsymbol{\alpha}}, \cdots\}$$

的元素 $g_{\boldsymbol{\alpha}}$ 依赖于 r 个实参数，

$$\boldsymbol{\alpha} = (\alpha_1, \alpha_2, \cdots, \alpha_r) \tag{B.12}$$

它在线性空间 L_n 中的表示是

$$D(G) = \{\cdots, D(\boldsymbol{\alpha})\cdots,\} \tag{B.13}$$

其中，$D(\boldsymbol{\alpha})$ 与群元素 $g_{\boldsymbol{\alpha}}$ 相应，是个 $n \times n$ 矩阵。它的每一个矩元 $D^{\sigma}_{\rho}(\boldsymbol{\alpha})$ 都是参数组 $\boldsymbol{\alpha}$ 的连续函数。

若用 $\varPsi$ 表示 L_n 空间的矢量，

$$\varPsi = \begin{pmatrix} \psi_1 \\ \psi_2 \\ \vdots \\ \psi_n \end{pmatrix} \tag{B.14}$$

对于群 G 的每一个元素 $g_{\boldsymbol{\alpha}}$，在 L_n 空间中对应着一个线性变换 $D(\boldsymbol{\alpha})$，

$$\varPsi \to \varPsi' = D(\boldsymbol{\alpha})\varPsi \tag{B.15}$$

或用分量写出

$$\psi_\rho \to \psi'_\rho = D_\rho^\sigma(\boldsymbol{\alpha})\psi_\sigma \tag{B.16}$$

因为矩阵元 $D_\rho^\sigma(\boldsymbol{\alpha})$ 是 $\boldsymbol{\alpha}$ 的连续函数，可将其对参数 $\boldsymbol{\alpha}$ 作泰勒展开

$$\psi_\rho \to \psi'_\rho = \left[\delta_\rho^\sigma + \left(\frac{\partial D_\rho^\sigma(\boldsymbol{\alpha})}{\partial \alpha_1}\right)_{\boldsymbol{\alpha}=0} \alpha_1 + \cdots + \left(\frac{\partial D_\rho^\sigma(\boldsymbol{\alpha})}{\partial \alpha_r}\right)_{\boldsymbol{\alpha}=0} \alpha_r + \mathcal{O}(\boldsymbol{\alpha}^2)\right]\psi_\sigma \tag{B.17}$$

这里 $\delta_\rho^\sigma = D_\rho^\sigma(0)$ 是 L_n 空间的一个 $n \times n$ 单位矩阵，因为我们已经规定参数 $\boldsymbol{\alpha} = 0$ 标志群的单位元素 g_0。r 个矩阵:

$$J_s \equiv \left(\frac{\partial D_\rho^\sigma(\boldsymbol{\alpha})}{\partial \alpha_s}\right)_{\boldsymbol{\alpha}=0}, \quad s = 1, 2, \cdots, r \tag{B.18}$$

称为李群 G 在表示空间 L_n 中的无穷小算符，或生成元。可对易的无穷小算符的个数叫做该群的秩。请注意，和表示矩阵 $D(\boldsymbol{\alpha})$ 不同，J_s 虽也是 $n \times n$ 矩阵，但与参数 $\boldsymbol{\alpha}$ 无关。

L_n 中矢量 Ψ 的无穷小变换为

$$\Psi \to \Psi' = (I + \alpha_s J_s)\Psi \tag{B.19}$$

或以分量形式写成

$$\psi_\rho \to \psi'_\rho = [I_\rho^\sigma + \alpha_s (J_s)_\rho^\sigma]\psi_\sigma \tag{B.20}$$

有限变换是无穷多个无穷小变换的乘积，因此对有限变换

$$\Psi \to \Psi' = \mathrm{e}^{\alpha_s J_s}\Psi \tag{B.21}$$

直接计算可以求出 r 个无穷小算符之间满足的对易关系:

$$[J_\rho, J_\sigma] = C_{\rho\sigma}^\lambda J_\lambda, \quad \rho, \sigma, \lambda = 1, 2, \cdots, r \tag{B.22}$$

可以证明，无穷小算符和它们之间的对易关系完全由群 G 的性质所确定。常数 $C_{\rho\sigma}^\lambda$ 称为群 G 的结构常数，也是由群 G 的性质所决定的，和群的表示本身无关。

3. $SU(n)$ 群表示的直乘约化——杨图

在粒子物理学中我们常遇到群的两个不可约表示的直乘问题，例如我们多次遇到两个自旋（或同位旋）为 1/2 的粒子组成的系统，可以处于三重态（总自旋 $S = 1$, 自旋 z 分量 $S_z = +1, 0, -1$ 的三个态）或单态（总自旋 $S = 0$, $S_z = 0$ 的

一个态)。用群论的语言说，这是由两个 $SU(2)$ 基础表示的直乘被约化成两个不可约表示 $\underline{3}$ 和 $\underline{1}$ 而得到的。用群论的符号可以写为

$$2 \otimes 2 = \underline{3} \oplus \underline{1} \tag{B.23}$$

此式右侧的两个不可约表示有不同的对称性。$\underline{3}$ 表示的自旋为 1，是对称态。$\underline{1}$ 表示的自旋为零，是反对称态。

对于一般 $SU(n)$ 群表示，其直乘约化就不这么简单。一般地说，群的两个不可约表示的直乘给出该群的一个更高维表示，该更高维表示大都不再是不可约的，因此需要通过约化程序给出它所包含的所有不可约表示。例如，三个 $SU(3)$ 群的三维基础表示组成的所有不可约表示有

$$3 \otimes 3 \otimes 3 = \underline{10} \oplus \underline{8} \oplus \underline{8} \oplus \underline{1} \tag{B.24}$$

这里十重态是对称的，单态是反对称的，两个八重态则有不同的混合对称性。

一般的 $SU(n)$ 群表示直乘约化的方法有几种，这里仅介绍一种用杨图对 $SU(n)$ 群进行直乘约化的基本方法。这种方法比较直观，使用起来也比较方便，至于它的原理我们就不作介绍了。

先考虑基础表示的直乘约化问题，在杨圈方法中，用一个方框代表 $SU(n)$ 群基础表示 $\underline{n}$，而用一列 $n-1$ 个方框代表其共轭表示 $\underline{n}^*$，

$\underline{n}=$ □ } 1个方框, $\underline{n}^*=$ □□□□⋮□ (竖列) } $N-1$个方框　　(B.25)

对 $SU(2)$ 群，它的基础表示 $\underline{2}$ 和共轭表示 $\underline{2}^*$ 的杨图都是一个 □ 形方框，证明了它的基础表示和共轭表示是等价的。而对于 $SU(3)$ 群，或更高维 $SU(n)(n>3)$ 群，其基础表示和共轭表示的代表图形则不相同，说明两者是不等价的。对 $SU(3)$ 群有

□ $=3$,　□□ (竖列) $=\underline{3}^*$　　(B.26)

对于群基础表示的直乘约化问题杨图的做法是：例如两个 $SU(2)$ 基础表示的直乘约化是将代表 $\underline{2}$ 和 $\underline{2}^*$ 的两个方框直乘，□ $\otimes$ □，其结果是将第二个方框拼接

到第一个方框旁边，形成两个方框的一行和两个方框的一列：

$$\square \otimes \square = \square\square \oplus \begin{array}{c}\square\\ \square\end{array} \tag{B.27}$$

有了这两个拼接结果，就可以利用下述方法算出每个拼接出来的杨图所代表的不可约表示的维数。其计算结果应该是 $\underline{3}$ 和 $\underline{1}$，和我们已知的 $\underline{2}\otimes\underline{2}=\underline{3}\oplus\underline{1}$ 是一致的。对于 $SU(3)$ 群两个基础表示的直乘约化，杨图和式（B.27）是相同的，但是杨图表示的维数却是不同的。那么应该怎样计算一个杨图作为群表示的维数呢？

我们先结合一个任意形式的杨图，介绍计算其所代表的不可约表示维数的方法。例如，假定下面的杨图代表 $SU(n)$ 群的一个不可约表示。

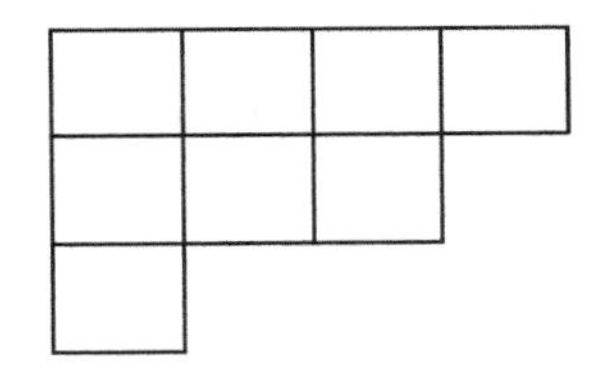

根据杨图理论，它所代表的不可约表示的维数 N_n 应等于一个分数数值，即

$$N_n = \frac{a_n}{b} \tag{B.28}$$

分子 a_n 的算法是：将这个杨图的左上角方格中填写上 n 字。在各行中每向右移一格，格内数字加 1；而每向下移一格，格内数字比其上面的方格中数字减 1。填出的结果示于图 B.1（a），分子 a_n 等于这个杨图中各方格内所有数字的乘积。

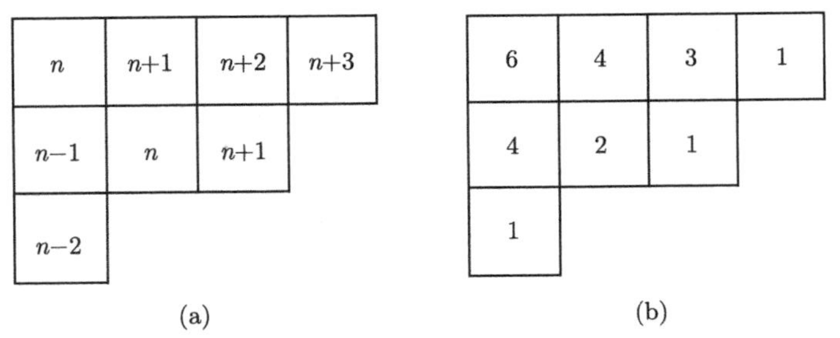

图 B.1　$SU(n)$ 群杨图维数计算公式的分子（a）和分母（b）的示意图

分母 b 的算法是：先写出这个杨图内各个方格的“曲距”(hook)，然后将各个曲距相乘即得 b 值。所谓每个方格的“曲距”，其数值等于该方格之右及该方格之下的方格数之和加 1。上述杨图中各个方格的曲距计算值标在图 B.1（b）中，

由此即可算出这个杨图代表的不可约表示的维数 N_n，根据式（B.28），

$$N_n = \frac{a_n}{b} = \frac{n(n+1)(n+2)(n+3)(n-1)n(n+1)(n-2)}{6\cdot 4\cdot 3\cdot 1\cdot 4\cdot 2\cdot 1\cdot 1} \tag{B.29}$$

代入具体 n 的数值，即可得到相应的维数。用这个方法即能算出前面各个简单的杨图表示的维数值。

再来看 $SU(3)$ 基础表示 $\underline{3}$ 与其共轭表示 $\underline{3}^*$ 的直乘约化，杨图表示如下：

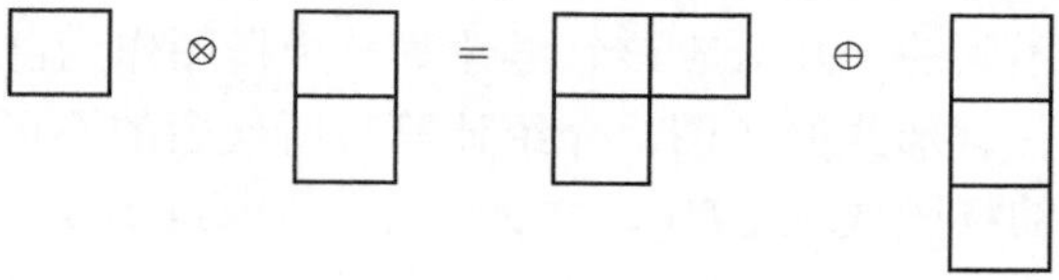

(B.30)

图的右侧所得杨图表示的维数为：第一个杨图依式（B.28）为 $N_n = \dfrac{n(n+1)(n-1)}{3\times1\times1}$，这时 $n=3$，所以有 $N_3=8$；第二个杨图 $N_n = \dfrac{n(n-1)(n-2)}{3\times 2}$，即有 $N_3=1$。这样就算出了

$$\underline{3}\otimes\underline{3}^* = \underline{8}\oplus\underline{1} \tag{B.31}$$

再举一个直乘约化的例子，式 (B.27) 中右侧第一项的杨图与 $\underline{n}$ 直乘，如下：

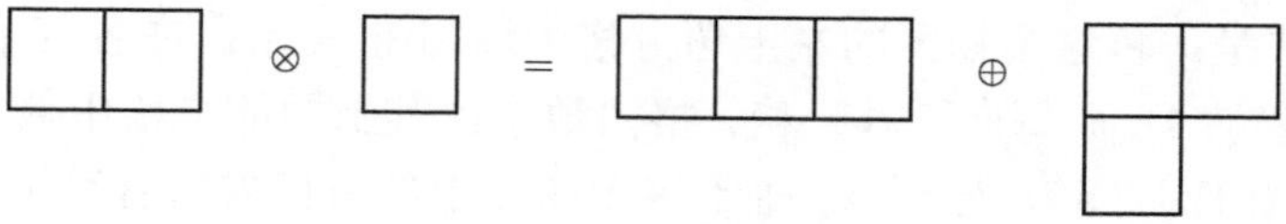

(B.32)

图右侧两个杨图的不可约表示维数为

$$N_n = \frac{n(n+1)(n+2)}{3\times 2\times 1} \oplus \frac{n(n+1)(n-1)}{3\times 1\times 1} \tag{B.33}$$

对于 $SU(3)$，代入 $n=3$ 得到

$$N_3 = \underline{10}\oplus\underline{8} \tag{B.34}$$

由此可以算出三个三维幺正群 $SU(3)$ 基础表示直乘约化的结果。因为它是由式（B.27）、式（B.30）和式（B.32）三次操作得到的，最后的结果应该是式（B.31）和式（B.34）的和，即对于 $SU(3)$ 三个基础表示的直乘约化有如下结果：

$$\underline{3}\otimes\underline{3}\otimes\underline{3} = (\underline{10}\oplus\underline{8})\oplus(\underline{8}\oplus\underline{1}) \tag{B.35}$$

类似的办法，可以计算出物理上感兴趣的 $SU(4)$ 或 $SU(6)$ 基础表示的直乘约化问题。三个基础表示的直乘约化结果可用杨图算出为

$$\underline{4} \otimes \underline{4} \otimes \underline{4} = (\underline{20} \oplus \underline{20}) \oplus (\underline{20} \oplus \underline{4}) \tag{B.36}$$

$$\underline{6} \otimes \underline{6} \otimes \underline{6} = (\underline{56} \oplus \underline{70}) \oplus (\underline{70} \oplus \underline{20}) \tag{B.37}$$

一般地，对于 $SU(n)$ 中 $\underline{n}$ 维表示及其共轭表示 $\underline{n}^*$ 的直乘约化方法，如下所示：

$$\square \otimes \left.\begin{array}{c}\square\\ \square\\ \square\\ \square\\ \square\end{array}\right\} n-1 = \left.\begin{array}{c}\square\\ \square\\ \square\\ \square\\ \square\\ \square\end{array}\right\} n \oplus \left.\begin{array}{l}\square\square\\ \square\\ \square\\ \square\\ \square\end{array}\right\} n-1 \tag{B.38}$$

用杨图方法计算的结果是

$$\underline{n} \otimes \underline{n}^* = \underline{1} \oplus \underline{(n^2-1)} \tag{B.39}$$

在 $n=3$ 时，即得到式 (B.31) 的结果。

细心考虑时一定会问，为什么式（B.30）和式（B.32）中，左侧的两个图形只能拼接出其右侧的两个杨图，而不能拼接出诸如图 B.2中那样各种可能的杨图呢？关于拼接杨图的具体方法在哈默米式 (M. Hammermesh) 1963 年所写的《群论》一书中有详细介绍。对于简单的基础表示拼接问题，可以规定只能拼接出一行、一列，或缺口向下、向右的杨图，而不能拼接出如图 B.2所示缺口向上或向左的杨图。对于较复杂的杨图的直乘约化方法，我们将介绍李特吾德 (Littlewood) 规则。

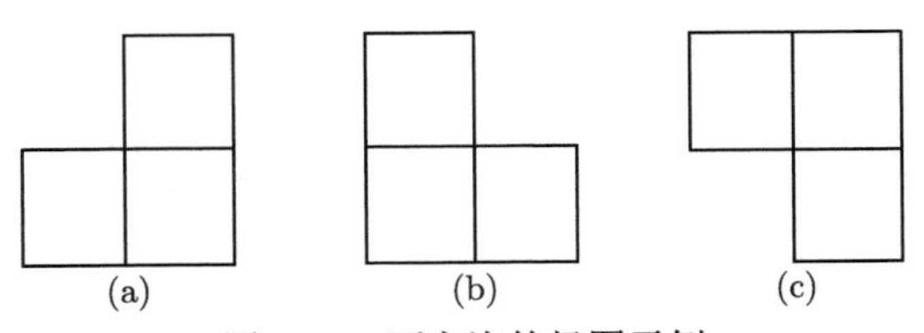

图 B.2　不容许的杨图示例

（1）画出作直乘的两个杨图，选其中一个作基础（原则上可任意选，实际上选较复杂的一个作为基础要方便些）。然后在第二个杨图中填入字母，例如从上到下第一行都填 α，第二行都填 β，……。

(2) 先将标以 α 的方格拼到基础杨图上去，在保证没有两个 α 出现在同一列（相同字母不能出现在同一列），而且每一列的方格数不大于 n 的前提下，作出一切可能的扩大了的杨图。

(3) 再将标以 β 的格子拼到已扩大了的杨图上去，...，一直到用尽第二个杨图为止。最后从右向左逐行读出拼好的杨图中的字母 α、β、γ 等，要求字母 β 不能出现在字母 α 之前，而且字母 α 出现 ν 次后再出现字母 β 时，β 的连续出现次数不得大于 ν，即在任何一步读出的字母序列中，α 出现的次数不得少于 β 出现的次数，β 出现的次数不得少于 γ 出现的次数，等等。

下面举两个例子来具体说明这种约化规则。

(1) $SU(2)$ 两个三维表示的直乘约化，

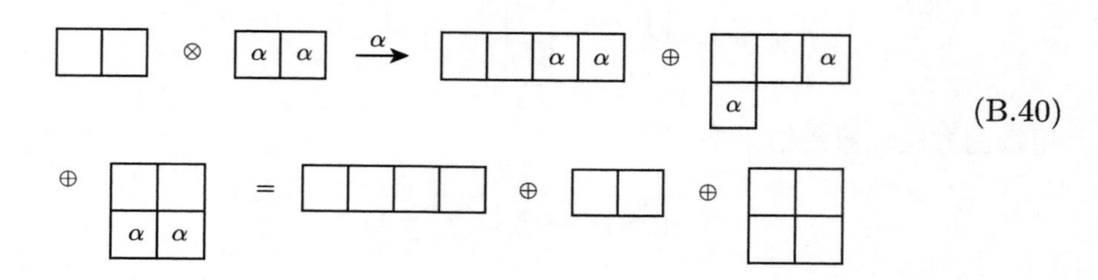

(B.40)

于是有

$$\underline{3} \otimes \underline{3} = \underline{5} \oplus \underline{3} \oplus \underline{1} \tag{B.41}$$

(2) $SU(3)$ 两个八维表示的直乘约化，

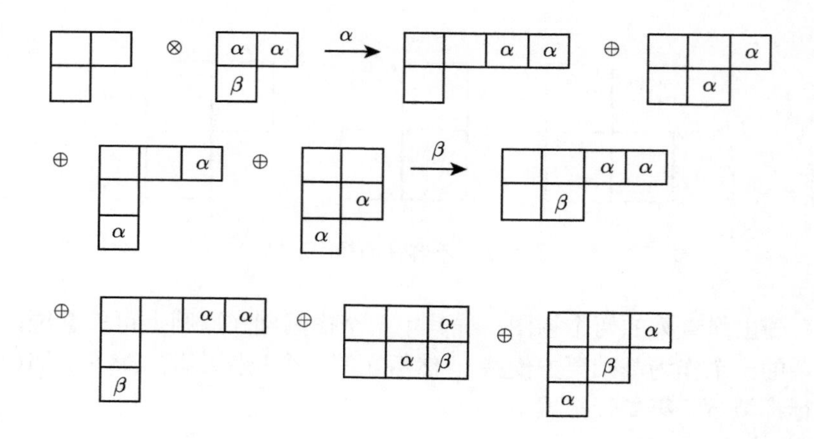

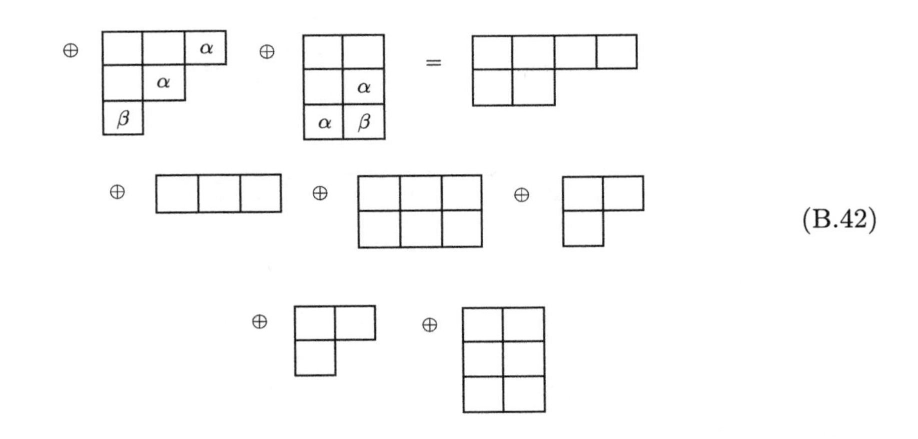

(B.42)

即有

$$\underline{8} \otimes \underline{8} = \underline{27} \oplus \underline{10} \oplus \underline{10}^{*} \oplus \underline{8} \oplus \underline{8} \oplus \underline{1} \tag{B.43}$$

附录 C　高速粒子运动学

经典力学中，时间与空间都是绝对的，两者互不相关；在不同惯性系统中，彼此时间相同，而且与空间坐标无关；两个惯性系统中的空间坐标由伽利略 (Galileo) 变换互相联系，这些概念只适用于低速运动范围。在高能时，粒子速度接近光速，实验表明，伽利略变换已不适用，需要用相对论概念来处理问题。狭义相对论有两条基本原理：所有惯性系统在物理上都是等价的，在所有惯性系统中，光在真空里的速度都是一样的。根据这些概念，两个惯性系统中的时间并不相同，而与两者间的相对速度有关。在狭义相对论中，时间、空间坐标并不互相独立；在惯性坐标系之间，时间、空间坐标由洛伦兹变换相互联系着。因此，处理高速粒子间的相互作用，需要运用相对论运动学的洛伦兹变换处理时间和空间、能量和动量等之间的相互关系。洛伦兹变换保证在不同惯性系中，物理规律的形式不变。

在具体讨论运动学问题之前，先来讲一下单位制。在粒子物理学中，除了使用 CGS 单位制以外，一种常用的单位制是自然单位制。因为经常要碰到光速 c 和普朗克常数 $\hbar \equiv h/2\pi$ 这两个常数，它们在 CGS 单位制中的数值分别为：$c = 2.998 \times 10^{10}\text{cm/s}$，$\hbar = 1.055 \times 10^{-27}\text{erg·s}$。为了简便，人们常选用自然单位制，在其中令

$$c = \hbar = 1 \tag{C.1}$$

这样，粒子物理中的公式便大为简化。在自然单位制下，长度 L 和时间 T 都有质量倒数 M^{-1} 的量纲，动量、能量均和质量的量纲相同，而电荷是无量纲量。这两个变换关系式非常有用：$\hbar c = 197.3\text{MeV} \cdot \text{fm}$，$(\hbar c)^2 = 0.3894(\text{GeV})^2\text{mb}$。

C.1　洛伦兹变换

在自然单位制中，设一个质量为 m 的粒子能量为 E，空间三维动量为 $\boldsymbol{p}$，组成一个四维矢量 $p = (E, \boldsymbol{p})$，它的平方 $p^2 = E^2 - \boldsymbol{p}^2 = m^2$。粒子的速度为 $\boldsymbol{\beta} = \boldsymbol{p}/E$。在以速度 $\boldsymbol{\beta}_f$ 运动的坐标系中看到的粒子能量和动量 $(E^*, \boldsymbol{p}^*)$ 为[1]

$$\begin{pmatrix} E^* \\ p_{\parallel}^* \end{pmatrix} = \begin{pmatrix} \gamma_\text{f} & -\gamma_\text{f}\beta_\text{f} \\ -\gamma_\text{f}\beta_\text{f} & \gamma_\text{f} \end{pmatrix} \begin{pmatrix} E \\ p_{\parallel} \end{pmatrix}, \quad p_\text{T}^* = p_\text{T} \tag{C.2}$$

这里，$\gamma_{\rm f}=(1-\beta_{\rm f}^2)^{-1/2}$，$p_{\rm T}$（$p_{\parallel}$）为动量 $\boldsymbol{p}$ 垂直于（平行于）$\boldsymbol{\beta}_{\rm f}$ 的分量。若速度 $\beta_{\rm f}$ 沿 z 方向，上述洛伦兹变换也可写为

$$\begin{pmatrix} E^* \\ p_x^* \\ p_y^* \\ p_z^* \end{pmatrix} = \begin{pmatrix} \gamma_{\rm f} & 0 & 0 & -\gamma_{\rm f}\beta_{\rm f} \\ 0 & 1 & 0 & 0 \\ 0 & 0 & 1 & 0 \\ -\gamma_{\rm f}\beta_{\rm f} & 0 & 0 & \gamma_{\rm f} \end{pmatrix} \begin{pmatrix} E \\ p_x \\ p_y \\ p_z \end{pmatrix} \tag{C.3}$$

别的四矢量，如时空四矢量，在两个平行运动惯性系之间的洛伦兹变换和式（C.3）相同。

由洛伦兹变换可以导出质心系和实验室系之间能动量变换的有用关系式。对两个粒子 m_1 和 m_2 的散射，总的质心系能量的洛伦兹不变形式为

$$\begin{aligned} E_{\rm cm} &= \left[(E_1+E_2)^2-(\boldsymbol{p}_1+\boldsymbol{p}_2)^2\right]^{1/2} \\ &= \left[m_1^2+m_2^2+2E_1E_2(1-\beta_1\beta_2\cos\theta)\right]^{1/2} \end{aligned} \tag{C.4}$$

其中，θ 是两个粒子 m_1 和 m_2 间的夹角。如果在实验室系一个粒子（假定为 m_2）是静止的，则有

$$E_{\rm cm} = \left(m_1^2+m_2^2+2E_{1\rm lab}m_2\right)^{1/2} \tag{C.5}$$

质心在实验室系中的运动速度为

$$\boldsymbol{\beta}_{\rm cm} = \boldsymbol{p}_{\rm lab}/(E_{1\,\rm lab}+m_2) \tag{C.6}$$

这里 $\boldsymbol{p}_{\rm lab}=\boldsymbol{p}_{1\,\rm lab}$，且有

$$\gamma_{\rm cm} = (E_{1\,\rm lab}+m_2)/E_{\rm cm} \tag{C.7}$$

粒子 m_1 和 m_2 的质心系动量大小为

$$p_{\rm cm} = p_{\rm lab}\frac{m_2}{E_{\rm cm}} \tag{C.8}$$

下面的公式也是很有用的，

$$E_{\rm cm}{\rm d}E_{\rm cm} = m_2{\rm d}E_{1\,\rm lab} = m_2\beta_{1\,\rm lab}{\rm d}p_{\rm lab} \tag{C.9}$$

作为洛伦兹变换式（C.3 ）的一个应用，下面我们讨论粒子运动方向在两平行惯性系之间的变换关系．设某粒子的运动方向在惯性系 O 中为 (θ,ϕ)，在以速度 β 沿 z 轴方向运动的另一惯性系 O' 中为 (θ',ϕ')，方位角相等是显然的，因为

$$\tan\phi = \frac{p_y}{p_x} = \frac{p'_y}{p'_x} = \tan\phi' \tag{C.10}$$

下面讨论极角 θ 和 θ' 之间的变换关系。根据洛伦兹变换关系式有

$$p'\cos\theta' = \gamma(p\cos\theta - \beta E) \tag{C.11}$$

$$p'\sin\theta' = p\sin\theta \tag{C.12}$$

两式相除得

$$\tan\theta' = \frac{p\sin\theta}{\gamma(p\cos\theta - \beta E)} = \frac{u\sin\theta}{\gamma(u\cos\theta - \beta)} \tag{C.13}$$

其中 $u = p/E$ 是粒子在惯性系 O 中的运动速度。也可将上式写为

$$\tan\theta' = \frac{\tan\theta}{\gamma\left(1 - \dfrac{\beta}{u\cos\theta}\right)} = \frac{\tan\theta}{\gamma\left(1 - \dfrac{\beta}{u_z}\right)} \tag{C.14}$$

同样由反洛伦兹变换可得

$$\tan\theta = \frac{p'\sin\theta'}{\gamma(p'\cos\theta' + \beta E')} = \frac{u'\sin\theta'}{\gamma(u'\cos\theta' + \beta)} \tag{C.15}$$

这里 $u' = p'/E'$ 是粒子在惯性系 O' 中的运动速度。或将上式写为

$$\tan\theta = \frac{\tan\theta'}{\gamma\left(1 + \dfrac{\beta}{u'\cos\theta'}\right)} = \frac{\tan\theta'}{\gamma\left(1 + \dfrac{\beta}{u'_z}\right)} \tag{C.16}$$

C.2　洛伦兹变换的快度描写

有时候用快度 Y 替换 β 来描写洛伦兹变换可能会更方便，

$$\begin{aligned} \sinh Y &= \frac{1}{2}(\mathrm{e}^Y - \mathrm{e}^{-Y}) = \gamma\beta \\ \cosh Y &= \frac{1}{2}(\mathrm{e}^Y + \mathrm{e}^{-Y}) = \gamma \end{aligned} \tag{C.17}$$

因此

$$\tanh Y = \beta \tag{C.18}$$

快度 Y 与 β 是一一对应的，

$$\beta:\quad -1 \to 0 \to 1$$

$$Y:\quad -\infty \to 0 \to +\infty$$

现在我们来讨论速度的合成问题。设 S' 坐标系相对 S 系以速度 β' 沿 z 方向运动，S'' 系相对 S' 以速度 β'' 沿 z' 方向运动，根据相对论速度相加公式，S'' 相对于 S 系的速度 β 为

$$\beta = \frac{\beta' + \beta''}{1 + \beta'\beta''} \tag{C.19}$$

若以快度描写就变得很简单了，

$$Y = Y' + Y'' \tag{C.20}$$

因为由式 (C.19) 有

$$\tanh Y = \frac{\tanh Y' + \tanh Y''}{1 + \tanh Y' \tanh Y''} = \tanh(Y' + Y'') \tag{C.21}$$

即得式 (C.20)。可见快度在洛伦兹变换下可以简单地相加，这样就给计算带来了很大方便，因而在研究高能多重产生反应时，常利用快度代替速度来进行理论分析和计算。

一般情况下粒子在某惯性系 S 中动量 $\boldsymbol{p}$ 的方向和 z 轴不平行时，可以证明该粒子的能量 E 和动量 $\boldsymbol{p}$ 的 z 分量表示为

$$E = m_{\mathrm{T}} \cosh Y, \qquad p_z = m_{\mathrm{T}} \sinh Y \tag{C.22}$$

这里，

$$m_{\mathrm{T}} = \sqrt{m^2 + p_x^2 + p_y^2} \tag{C.23}$$

称为垂直于 z 方向的横质量。容易证明快度 Y 的表达式如下:

$$Y = \frac{1}{2} \ln\left(\frac{E + p_z}{E - p_z}\right) = \ln\left(\frac{E + p_z}{m_{\mathrm{T}}}\right) = \operatorname{arctanh}\left(\frac{p_z}{E}\right) \tag{C.24}$$

如果主要观察粒子在 z 方向运动的变换性质，可以把粒子等效地看成没有 x 和 y 方向的运动，但其质量增加为 m_{T}。当在另一个相对于 S 系平行运动的 S' 系中观察和描写该粒子的运动情况时，只需将 S' 系相对于 S 系的快度 Y' 从粒子相对于 S 系的快度 Y 中减去就行了。这时粒子相对于 S' 系的能量和动量可以简单地写为

$$E' = m_{\mathrm{T}} \cosh(Y - Y'), \qquad p'_z = m_{\mathrm{T}} \sinh(Y - Y') \tag{C.25}$$

这就是利用快度的方便之处。若用速度来描写这种情况，问题就比较复杂了。

再来看两粒子的相对快度。如果两个粒子在 S 系中沿某一方向（例如 z 方向）运动，其快度分别为 Y_1 和 Y_2 , 在一个相对于 S 系以快度 Y_{01} 沿 z 方向运动的 S' 系看来，它们的快度分别变为

$$Y_1' = Y_1 - Y_{01}, \qquad Y_2' = Y_2 - Y_{01} \tag{C.26}$$

两个粒子的快度之差为

$$\Delta Y' = Y_1' - Y_2' = Y_1 - Y_2 = \Delta Y \tag{C.27}$$

即在 S 和 S' 系中两个粒子的快度之差相等，或者说相对快度是洛伦兹不变的。如果在另一个沿 z 方向运动的 S'' 系中看，第一个粒子的快度为 Y_1'', 第二个粒子的快度为 $Y_2''=0$, 则有

$$\Delta Y'' = Y_1'' = \Delta Y = \Delta Y' \tag{C.28}$$

两个粒子的相对速度就没有这样简单的关系了。

截面的不变表达式利用快度的定义有如下关系:

$$E\frac{\mathrm{d}^3\sigma}{\mathrm{d}^3p} = \frac{\mathrm{d}^3\sigma}{\mathrm{d}\phi\mathrm{d}Y p_\mathrm{T}\mathrm{d}p_\mathrm{T}} \xrightarrow{\text{对}\phi\text{积分}} \frac{\mathrm{d}^3\sigma}{\pi\mathrm{d}Y\mathrm{d}p_\mathrm{T}^2} \tag{C.29}$$

第一个等式来自于等式 $\mathrm{d}Y/\mathrm{d}p_z = 1/E$。

若 $p \gg m$，对式（C.24）作展开可得如下表达式：

$$Y = \frac{1}{2}\ln\frac{\cos^2(\theta/2) + m^2/4p^2 + \cdots}{\sin^2(\theta/2) + m^2/4p^2 + \cdots} \approx -\ln\tan(\theta/2) \equiv \eta \tag{C.30}$$

这里 $\cos\theta = p_z/p$，η 称为赝快度。赝快度 η 在 $p \gg m$ 和 $\theta \gg 1/\gamma$ 时近似等于快度 Y，它的优越性是只和粒子的极角有关，无需知道粒子的质量和动量，给实验测量带来了方便。由 η 的定义不难得到下面的等式:

$$\sinh\eta = \cot\theta, \qquad \cosh\eta = 1/\sin\theta, \qquad \tanh\eta = \cos\theta \tag{C.31}$$

C.3　洛伦兹不变的散射振幅与相空间

1. 洛伦兹不变振幅

粒子散射和衰变过程的矩阵元可以用不变振幅 $-\mathrm{i}\mathcal{M}$ 的形式写出。例如 $2\to2$ 散射的 S 矩阵用 $-\mathrm{i}\mathcal{M}$ 表示为

$$< p_1'p_2'|S|p_1p_2 > = I - \mathrm{i}(2\pi)^4\delta^4(p_1+p_2-p_1'-p_2')$$

$$\times \frac{\mathcal{M}(p_1, p_2; p_1', p_2')}{(2E_1)^{1/2}(2E_2)^{1/2}(2E_1')^{1/2}(2E_2')^{1/2}} \tag{C.32}$$

态的归一化条件为

$$< p'|p >= (2\pi)^3 \delta^3(\boldsymbol{p} - \boldsymbol{p}') \tag{C.33}$$

如果 $2 \to 2$ 散射末态的两个粒子 $1'$ 和 $2'$ 不稳定，衰变为 $1' \to 3'4'$，$2' \to 5'6'$，在窄宽度近似下整个过程的矩阵元可以写为

$$\mathcal{M}(12 \to 3'4'5'6') = \sum_{h_1', h_2'} \frac{\mathcal{M}(12 \to 1'2')\mathcal{M}(1 \to 3'4')\mathcal{M}(2 \to 5'6')}{(m_{3'4'}^2 - m_{1'}^2 + \mathrm{i} m_{1'} \Gamma_{1'})(m_{5'6'}^2 - m_{2'}^2 + \mathrm{i} m_{2'} \Gamma_{2'})} \tag{C.34}$$

这里，m_{ij} 是粒子 i 和 j 的不变质量，m_k 和 Γ_k 是 k 粒子的质量和总宽度，对中间粒子态 $1'$ 和 $2'$ 的螺旋度 h_1' 和 h_2' 求和。这种形式可以使得过程的截面写成 $2 \to 2$ 散射截面和中间态到末态衰变分支比的乘积。

2. 粒子的衰变

一个质量为 M 的粒子在其静止系中衰变到 n 个末态粒子的宽度用洛伦兹不变矩阵元 $\mathcal{M}$ 写出为

$$\mathrm{d}\Gamma = \frac{(2\pi)^4}{2M} |\mathcal{M}|^2 \mathrm{d}\Phi_n(P; p_1, p_2, \ldots, p_n) \tag{C.35}$$

这里，P 是初态粒子的四动量，p_i 是末态 i 粒子的四动量，n 个末态的相空间因子 $\mathrm{d}\Phi_n$ 可写为

$$\mathrm{d}\Phi_n(P; p_1, p_2, \ldots, p_n) = \delta^4(P - \sum_{i=1}^{n} p_i) \prod_{i=1}^{n} \frac{\mathrm{d}^3 p_i}{(2\pi)^3 2E_i} \tag{C.36}$$

这个相空间可以通过下面的递归形式给出:

$$\begin{aligned} \mathrm{d}\Phi_n(P; p_1, p_2, \ldots, p_n) = & \mathrm{d}\Phi_j(q; p_1, \ldots, p_j) \\ & \times \mathrm{d}\Phi_{n-j+1}(P; q, p_{j+1}, \ldots, p_n)(2\pi)^3 \mathrm{d}q^2 \end{aligned} \tag{C.37}$$

这里 $q^2 = (\sum_{i=1}^{j} E_i)^2 - |\sum_{i=1}^{j} \boldsymbol{p}_i|^2$。对于一个粒子衰变末态中的某个粒子接着衰变的情况，这种形式是特别有用的。

下面的两个**残存概率**的式子也是非常有用的。一个质量为 M，平均寿命 $\tau = (1/\Gamma)$，能动量 $(E, \boldsymbol{p})$ 的粒子，在衰变之前存活 $\geqslant t_0$ 的概率为

$$P(t_0) = \mathrm{e}^{-t_0 \Gamma / \gamma} = \mathrm{e}^{-M t_0 \Gamma / E} \tag{C.38}$$

该粒子穿越 $\geqslant x_0$ 距离的概率为

$$P(x_0) = \mathrm{e}^{-M x_0 \Gamma / |\boldsymbol{p}|} \tag{C.39}$$

3. 两体衰变

如图 C.1所示，质量为 M 的粒子衰变到两个粒子 1 和 2，在 M 的静止系中，

$$E_1 = \frac{M^2 - m_2^2 + m_1^2}{2M} \tag{C.40}$$

$$|\boldsymbol{p}_1| = |\boldsymbol{p}_2| = \frac{\{[M^2 - (m_1 + m_2)^2][M^2 - (m_1 - m_2)^2]\}^{1/2}}{2M} \tag{C.41}$$

衰变宽度为

$$\mathrm{d}\Gamma = \frac{1}{32\pi^2}|\mathcal{M}|^2\frac{|\boldsymbol{p}_1|}{M^2}\mathrm{d}\Omega \tag{C.42}$$

这里 $\mathrm{d}\Omega = \mathrm{d}\phi\mathrm{d}\cos\theta$ 是粒子 1 的立体角。

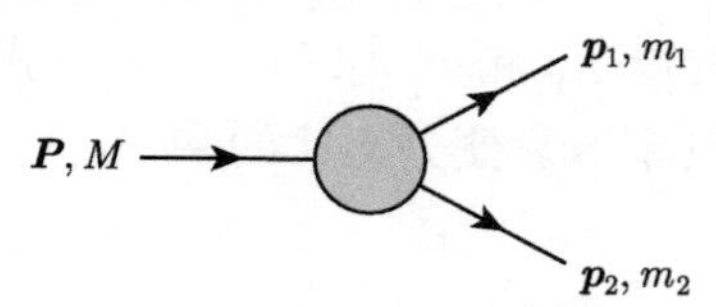

图 C.1　两体衰变过程变量的定义

4. 三体衰变

三体衰变的定义如图 C.2 所示。可以定义 $p_{ij} = p_i + p_j$，$m_{ij}^2 = p_{ij}^2$，则有

$$m_{12}^2 + m_{23}^2 + m_{13}^2 = M^2 + m_1^2 + m_2^2 + m_3^2$$

$$m_{12}^2 = (P - p_3)^2 = M^2 + m_3^2 - 2ME_3$$

E_3 是粒子 3 在 M 静止系中的能量。在 M 静止系中三个粒子的动量方向在一个平面上，如果它们的能量已知，那么它们的相对走向就是固定的，可以用三个欧拉角（α, β, γ）表示它们相对于初始粒子的空间取向。任何一个粒子相对于初始粒子坐标系的方向可以由两个角（α, β）表示，而第三个角 γ 可以设定为第二个粒子绕第一个粒子的方位角[2]。于是有

$$\mathrm{d}\Gamma = \frac{1}{(2\pi)^5}\frac{1}{16M}|\mathcal{M}|^2\mathrm{d}E_1\mathrm{d}E_3\mathrm{d}\alpha\,\mathrm{d}(\cos\beta)\,\mathrm{d}\gamma \tag{C.43}$$

或者等价地

$$\mathrm{d}\Gamma = \frac{1}{(2\pi)^5}\frac{1}{16M^2}|\mathcal{M}|^2|\boldsymbol{p}_1^*||\boldsymbol{p}_3|\mathrm{d}m_{12}\mathrm{d}\Omega_1^*\mathrm{d}\Omega_3 \tag{C.44}$$

这里，（$|\boldsymbol{p}_1^*|$, Ω_1^*）是在粒子 1 和 2 的静止系中的动量，Ω_3 是粒子 3 在衰变粒子静止系中的立体角。$|\boldsymbol{p}_1^*|$ 和 $|\boldsymbol{p}_3|$ 可表示为

$$|\boldsymbol{p}_1^*| = \frac{\{[m_{12}^2 - (m_1 + m_2)^2][m_{12}^2 - (m_1 - m_2)^2]\}^{1/2}}{2m_{12}} \tag{C.45}$$

$$|\boldsymbol{p}_3| = \frac{\{[M^2-(m_{12}+m_3)^2][M^2-(m_{12}-m_3)^2]\}^{1/2}}{2M} \tag{C.46}$$

如果衰变粒子是玻色子或者我们对它的自旋态做了平均，那么对式（C.43）积分得到

$$\mathrm{d}\Gamma = \frac{1}{(2\pi)^3}\frac{1}{8M}\overline{|\mathcal{M}|^2}\mathrm{d}E_1\mathrm{d}E_3 = \frac{1}{(2\pi)^3}\frac{1}{32M^3}\overline{|\mathcal{M}|^2}\mathrm{d}m_{12}^2\mathrm{d}m_{23}^2 \tag{C.47}$$

这是达里兹（Dalitz）图的标准形式。

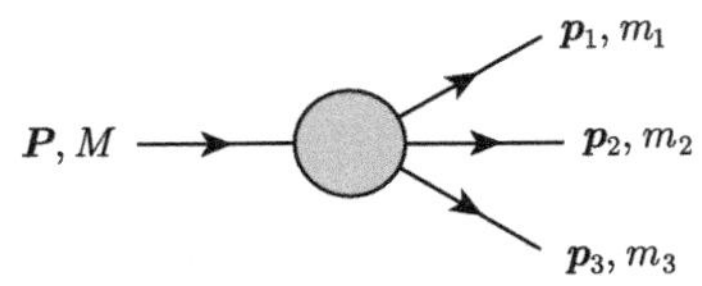

图 C.2 三体衰变过程变量的定义

5. 达里兹图

下面就简单讨论一下达里兹图。对于一个给定的 m_{12}^2 值，当 $\boldsymbol{p}_2$ 平行或反平行于 $\boldsymbol{p}_3$ 时，m_{23}^2 的取值范围为

$$(m_{23}^2)_{\max} = (E_2^*+E_3^*)^2 - \left(\sqrt{E_2^{*2}-m_2^2}-\sqrt{E_3^{*2}-m_3^2}\right)^2 \tag{C.48}$$

$$(m_{23}^2)_{\min} = (E_2^*+E_3^*)^2 - \left(\sqrt{E_2^{*2}-m_2^2}+\sqrt{E_3^{*2}-m_3^2}\right)^2 \tag{C.49}$$

这里，

$$E_2^* = (m_{12}^2-m_1^2+m_2^2)/2m_{12}, \qquad E_3^* = (M^2-m_{12}^2-m_3^2)/2m_{12}$$

是在 m_{12} 静止系中粒子 2 和 3 的能量。m_{12}^2 和 m_{23}^2 的散点分布图称为达里兹图，如图 C.3 所示。如果 $\overline{|\mathcal{M}|^2}$ 是常数，在达里兹图的容许区间事例点的分布是均匀的，见式（C.47）。不均匀的分布给出矩阵 $|\mathcal{M}|^2$ 的信息。例如对 $\mathrm{D}\to\mathrm{K}\pi\pi$，在 $m_{\mathrm{K}\pi}=m_{\mathrm{K}^*(892)}$ 处会出现事例的带状分布，反映了 $\mathrm{D}\to\mathrm{K}^*(892)\pi\to\mathrm{K}\pi\pi$ 的链式衰变。

1）三体衰变的运动学限定

在图 C.1 的三体衰变中，当 $m_{12}=m_1+m_2$，即粒子 1 和 2 在衰变粒子的静止坐标系中具有相同的矢量速度时，$|\boldsymbol{p}_3|$ 取得极大值；如果进一步有 $m_3>m_1,m_2$，那么 $|\boldsymbol{p}_3|_{\max}>|\boldsymbol{p}_1|_{\max},|\boldsymbol{p}_2|_{\max}$。$m_{12}$ 的分布在 $m_{12}=M-m_3$ 处具有一个端点值，或者说最大值，如图 C.3 所示。这一关系可以用来限定母粒子和一个不可见衰变产物的质量差。

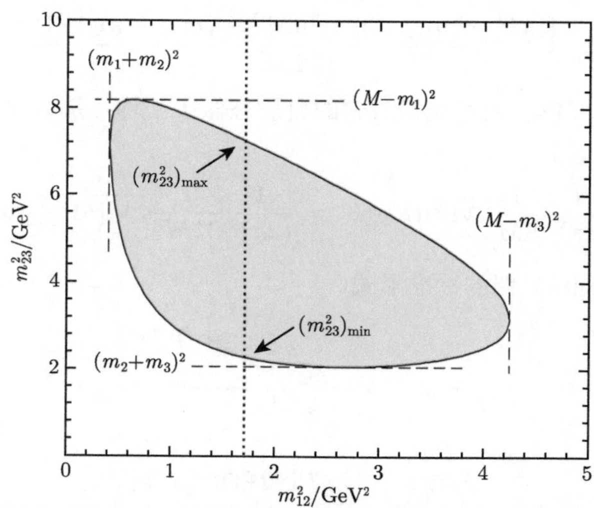

图 C.3　三体末态的达里兹图。这是 3GeV 的 $\pi^+\bar{K}^0p$ 态粒子。四动量守恒限定了事例分布在阴影区域

2）级联两体衰变

如果一个重粒子开启一个级联两体衰变链，以不可见的粒子为末端粒子，链式中粒子态的质量可以由衰变产物聚合点不变质量的端点值和阈值给出限定。在图 C.4 所示的两级衰变链中，两个可见粒子的不变质量具有一个端点。倘若 1 和 2 是质量为零的粒子，则有

$$(m_{12}^{\max})^2 = \frac{(m_c^2 - m_b^2)(m_b^2 - m_a^2)}{m_b^2} \tag{C.50}$$

如果可见粒子 1 具有非零的质量 m_1，则上式应改写为

$$\begin{aligned}(m_{12}^{\max})^2 =& m_1^2 + \frac{m_c^2 - m_b^2}{2m_b^2} \\ &\times \left[m_1^2 + m_b^2 - m_a^2 + \sqrt{(-m_1^2 + m_b^2 - m_a^2)^2 - 4m_1^2 m_a^2}\right]\end{aligned} \tag{C.51}$$

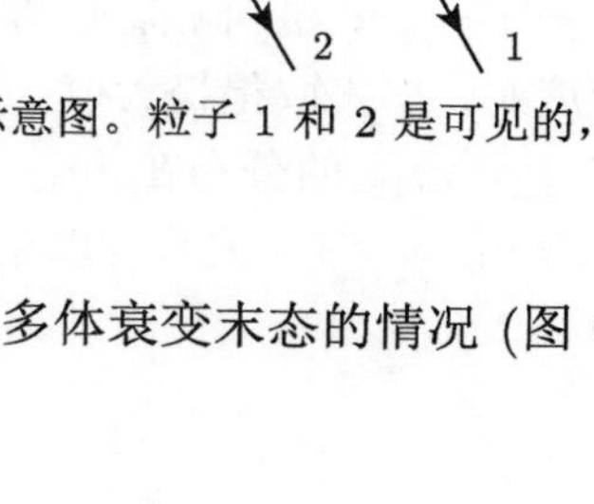

图 C.4　级联两体衰变示意图。粒子 1 和 2 是可见的，级联末端 a 粒子不可见

3）多体衰变

上面的结果可以推广到多体衰变末态的情况 (图 C.5)。这时可以将中间态的

若干个粒子结合成“有效粒子”，将末态简化成为 2 个或 3 个“有效粒子”态。例如，

$$p_{ijk\cdots} = p_i + p_j + p_k + \cdots, \quad m_{ijk\ldots} = \sqrt{p_{ijk\cdots}^2} \tag{C.52}$$

可以用 $m_{ijk\ldots}$ 代入，譬如说，前面三体和多体讨论中含 m_{12} 的关系式中。

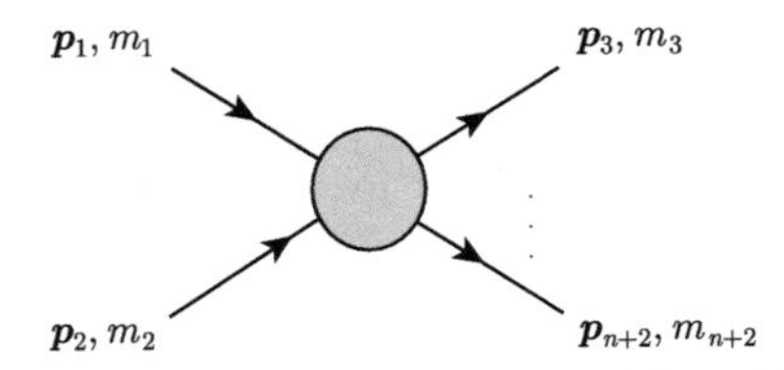

图 C.5　$p_1 + p_2 \to p_3 + \cdots + p_{n+2}$ 多体末态过程的示意图

C.4　反应截面

对于有 n 个末态粒子的反应过程 $p_1 + p_2 \to p_3 + \cdots + p_{n+2}$，其微分截面为

$$\mathrm{d}\sigma = \frac{(2\pi)^4|\mathcal{M}|^2}{4\sqrt{(p_1 \cdot p_2)^2 - m_1^2 m_2^2}} \times \mathrm{d}\Phi_n(p_1 + p_2; p_3, \ldots, p_{n+2}) \tag{C.53}$$

这里相空间 $\mathrm{d}\Phi_n$ 由式（C.36）定义。在 m_2 的静止系，也即实验室系中，

$$\sqrt{(p_1 \cdot p_2)^2 - m_1^2 m_2^2} = m_2 p_{1\,lab} \tag{C.54}$$

而在质心系中，

$$\sqrt{(p_1 \cdot p_2)^2 - m_1^2 m_2^2} = p_{1\,cm}\sqrt{s} \tag{C.55}$$

对图 C.6所示的两体反应过程，初末态都为两个粒子，可以定义如下洛伦兹不变的曼德尔斯塔姆（Mandelstam）变量：

$$s = (p_1 + p_2)^2 = (p_3 + p_4)^2 = m_1^2 + m_2^2 + 2(E_1 E_2 - \boldsymbol{p}_1 \cdot \boldsymbol{p}_2) \tag{C.56}$$

$$t = (p_1 - p_3)^2 = (-p_2 + p_4)^2 = m_1^2 + m_3^2 - 2(E_1 E_3 - \boldsymbol{p}_1 \cdot \boldsymbol{p}_3) \tag{C.57}$$

$$u = (p_1 - p_4)^2 = (-p_2 + p_3)^2 = m_1^2 + m_4^2 - 2(E_1 E_4 - \boldsymbol{p}_1 \cdot \boldsymbol{p}_4) \tag{C.58}$$

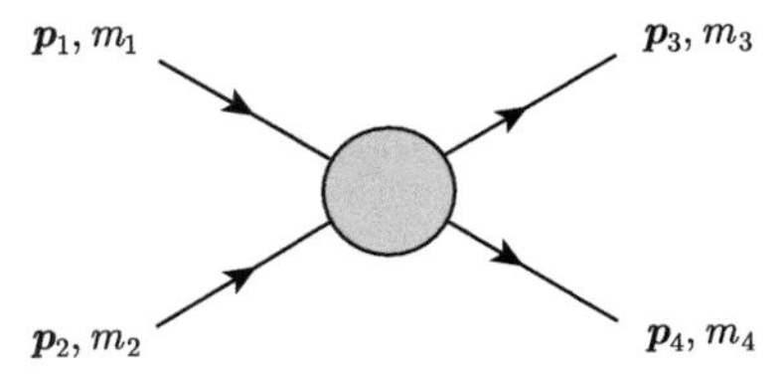

图 C.6　$p_1 + p_2 \to p_3 + p_4$ 两体反应过程的示意图

s 就是我们通常所讲的质心系能量的平方，描写 $1+2\rightarrow 3+4$ 过程和它的反过程；$t=-Q^2$ 就是散射过程 4 动量转移的平方，描写 $1+\bar{3}\rightarrow \bar{2}+4$ 和它的反过程; 相应的 u 变量描写 $1+\bar{4}\rightarrow \bar{2}+3$ 和它的反过程。它们分别被称为 s 道、t 道和 u 道过程。譬如，

$$
\begin{aligned}
&s\text{ 道}\quad \pi^+ + \mathrm{p} \rightleftharpoons \pi^+ + \mathrm{p},\quad \pi^- + \bar{\mathrm{p}} \rightleftharpoons \pi^- + \bar{\mathrm{p}}\\
&t\text{ 道}\quad \pi^+ + \pi^- \rightleftharpoons \bar{\mathrm{p}} + \mathrm{p},\quad \pi^- + \pi^+ \rightleftharpoons \mathrm{p} + \bar{\mathrm{p}}\\
&u\text{ 道}\quad \pi^+ + \bar{\mathrm{p}} \rightleftharpoons \pi^+ + \bar{\mathrm{p}},\quad \pi^- + \mathrm{p} \rightleftharpoons \pi^- + \mathrm{p}
\end{aligned}
$$

容易证明它们满足

$$
s+t+u=m_1^2+m_2^2+m_3^2+m_4^2 \tag{C.59}
$$

两体反应的截面可以写为

$$
\frac{\mathrm{d}\sigma}{\mathrm{d}t}=\frac{1}{64\pi}\frac{1}{s|\boldsymbol{p}_{1\,\mathrm{cm}}|^2}|\mathcal{M}|^2 \tag{C.60}
$$

在质心坐标系中，

$$
\begin{aligned}
t&=(E_{1\,\mathrm{cm}}-E_{3\,\mathrm{cm}})^2-(p_{1\,\mathrm{cm}}-p_{3\,\mathrm{cm}})^2-4p_{1\,\mathrm{cm}}p_{3\,\mathrm{cm}}\sin^2(\theta^*/2)\\
&=t_0-4p_{1\,\mathrm{cm}}p_{3\,\mathrm{cm}}\sin^2(\theta^*/2)
\end{aligned} \tag{C.61}
$$

其中，θ^* 是质心系中粒子 1 和 3 之间的夹角。$2\rightarrow 2$ 反应的极限值 t_0（$\theta^*=0$）和 t_1（$\theta^*=\pi$）为

$$
t_0(t_1)=\left(\frac{m_1^2-m_3^2-m_2^2+m_4^2}{2\sqrt{s}}\right)^2-(p_{1\,\mathrm{cm}}\mp p_{3\,\mathrm{cm}})^2 \tag{C.62}
$$

$t_0>t_1$。质心系中初态粒子的能量为

$$
E_{1\,\mathrm{cm}}=\frac{s+m_1^2-m_2^2}{2\sqrt{s}},\qquad E_{2\,\mathrm{cm}}=\frac{s+m_2^2-m_1^2}{2\sqrt{s}} \tag{C.63}
$$

对 $E_{3\,\mathrm{cm}}$ 和 $E_{4\,\mathrm{cm}}$，则只需将上式中的 m_1 换成 m_3，m_2 换成 m_4。由粒子的能量即可得到它的动量值

$$
p_{i\,\mathrm{cm}}=\sqrt{E_{i\,\mathrm{cm}}^2-m_i^2} \tag{C.64}
$$

而且有

$$
p_{1\,\mathrm{cm}}=\frac{p_{1\,\mathrm{lab}}m_2}{\sqrt{s}} \tag{C.65}
$$

这里角标 lab 指的是粒子 2 的静止坐标系。

如果在高能过程中粒子的质量可以忽略，则有

$$s \simeq -(t+u) \tag{C.66}$$

对于质心系中的弹性散射则有

$$t=-\frac{1}{2}s(1-\cos\theta^*), \qquad u=-\frac{1}{2}s(1+\cos\theta^*) \tag{C.67}$$

布约肯变量 y 和曼德尔斯塔姆变量之间有如下关系：

$$y=-\frac{t}{s}=1+\frac{u}{s} \tag{C.68}$$

C.5 一些物理量在实验室系和质心系之间的变换关系

1. 微分截面 $\dfrac{\mathrm{d}\sigma}{\mathrm{d}\Omega}$

微分截面 $\left(\dfrac{\mathrm{d}\sigma}{\mathrm{d}\Omega}\right)\mathrm{d}\Omega$ 表示在一种反应事件中某一末态粒子进入特定立体角 $\mathrm{d}\Omega$ 的概率。一个特定事件的概率应该是与坐标系无关的，也就是说应具有洛伦兹不变性，因此有

$$\left(\frac{\mathrm{d}\sigma}{\mathrm{d}\Omega}\right)\mathrm{d}\Omega=\left(\frac{\mathrm{d}\sigma}{\mathrm{d}\Omega}\right)^*\mathrm{d}\Omega^* \tag{C.69}$$

上式右端带 * 号的量表示质心系中的量，下面同。由此得到

$$\frac{\mathrm{d}\sigma}{\mathrm{d}\Omega}=\left(\frac{\mathrm{d}\sigma}{\mathrm{d}\Omega}\right)^*\frac{\mathrm{d}\Omega^*}{\mathrm{d}\Omega} \tag{C.70}$$

其中，$\mathrm{d}\Omega=\mathrm{d}\cos\theta\mathrm{d}\phi$，$\theta$ 和 ϕ 是球极坐标的角度。若我们取极角 θ 从 z 轴量起，ϕ 为垂直于 z 轴的方位角。两坐标系间 $\phi=\phi^*$，因而

$$\frac{\mathrm{d}\sigma}{\mathrm{d}\Omega}=\left(\frac{\mathrm{d}\sigma}{\mathrm{d}\Omega}\right)^*\frac{\mathrm{d}\cos\theta^*}{\mathrm{d}\cos\theta} \tag{C.71}$$

下面推算 $\dfrac{\mathrm{d}\cos\theta^*}{\mathrm{d}\cos\theta}$ 的表达式。由洛伦兹变换（C.3）可得

$$p^*\cos\theta^*=\gamma_c(p\cos\theta-\beta_c E) \tag{C.72}$$

$$p^*\sin\theta^*=p\sin\theta \tag{C.73}$$

$$E^*=\gamma_c(E-\beta_c p\cos\theta) \tag{C.74}$$

在质心系中次级粒子的能量 E^* 和动量 p^* 的值与该粒子在实验室系中的运动方向无关，因而有

$$\frac{\mathrm{d}E^*}{\mathrm{d}\cos\theta}=0,\quad \frac{\mathrm{d}p^*}{\mathrm{d}\cos\theta}=0 \tag{C.75}$$

利用关系式 $\mathrm{d}E/\mathrm{d}p=p/E$，并将式（C.72）和式（C.74）对 $\cos\theta$ 微分，经过简单的计算即可得到

$$\begin{aligned}\frac{\mathrm{d}\cos\theta^*}{\mathrm{d}\cos\theta}&=\frac{p^2}{\gamma_c p^*(p-\beta_c E\cos\theta)}\\&=\frac{p}{\gamma_c p^*\left(1-\dfrac{\beta_c}{\beta_u}\cos\theta\right)}\end{aligned} \tag{C.76}$$

其中，$\beta_u=p/E$ 是该次级粒子在实验室系中的运动速度。因此

$$\frac{\mathrm{d}\sigma}{\mathrm{d}\Omega}=\frac{p}{\gamma_c p^*\left(1-\dfrac{\beta_c}{\beta_u}\cos\theta\right)}\left(\frac{\mathrm{d}\sigma}{\mathrm{d}\Omega}\right)^* \tag{C.77}$$

为了得到以 θ^* 和 E^* 为变量的上述关系，根据反向洛伦兹变换，经过简单的推导可以得到

$$\begin{aligned}\frac{\mathrm{d}\cos\theta^*}{\mathrm{d}\cos\theta}&=\frac{p^3}{\gamma_c p^{*3}\left(1+\beta_c\dfrac{E^*}{p^*}\cos\theta^*\right)}\\&=\frac{p^3}{\gamma_c p^{*3}\left(1+\dfrac{\beta_c}{\beta_u^*}\cos\theta^*\right)}\end{aligned} \tag{C.78}$$

这里 β_u^* 是该粒子在质心系中的运动速度。于是得到下面的表达式:

$$\frac{\mathrm{d}\sigma}{\mathrm{d}\Omega}=\frac{p^3}{\gamma_c p^{*3}\left(1+\dfrac{\beta_c}{\beta_u^*}\cos\theta^*\right)}\left(\frac{\mathrm{d}\sigma}{\mathrm{d}\Omega}\right)^* \tag{C.79}$$

2. 角分布 $W(\theta,\phi)$ 或 $W(\cos\theta,\phi)$

角分布 $W(\theta,\phi)$ 的定义为：某反应事件中，一个特定的末态粒子沿 (θ,ϕ) 方向飞出的概率；而角分布 $W(\cos\theta,\phi)$ 则定义为：一个特定的末态粒子从立体角元 $\mathrm{d}\Omega$ 中飞出的概率。它们应该分别满足归一化条件：

$$\int W(\theta,\phi)\mathrm{d}\theta\mathrm{d}\phi=1 \tag{C.80}$$

$$\int W(\cos\theta, \phi)\mathrm{d}\Omega = 1 \tag{C.81}$$

由微分截面的定义有

$$\sigma = \int \frac{\mathrm{d}\sigma}{\mathrm{d}\Omega}\mathrm{d}\Omega = \int \frac{\mathrm{d}\sigma}{\mathrm{d}\Omega}\sin\theta\mathrm{d}\theta\mathrm{d}\phi \tag{C.82}$$

因而角分布可由反应截面表示为

$$W(\theta, \phi) = \frac{1}{\sigma}\frac{\mathrm{d}\sigma}{\mathrm{d}\Omega}\sin\theta \tag{C.83}$$

$$W(\cos\theta, \phi) = \frac{1}{\sigma}\frac{\mathrm{d}\sigma}{\mathrm{d}\Omega} \tag{C.84}$$

若反应事件对入射粒子方向具有轴对称性，对 ϕ 积分后有

$$W(\cos\theta) = \frac{1}{\sigma}\frac{\mathrm{d}\sigma}{\mathrm{d}\cos\theta} \tag{C.85}$$

$$W(\theta) = \frac{1}{\sigma}\frac{\mathrm{d}\sigma}{\mathrm{d}\theta} = \sin\theta W(\cos\theta) \tag{C.86}$$

可见角分布和微分截面具有相同的变换关系，即

$$W(\cos\theta) = W^*(\cos\theta^*)\frac{\mathrm{d}\cos\theta^*}{\mathrm{d}\cos\theta} \tag{C.87}$$

$$W(\theta) = W^*(\theta^*)\frac{\mathrm{d}\theta^*}{\mathrm{d}\theta} \tag{C.88}$$

容易导得

$$\frac{\mathrm{d}\theta^*}{\mathrm{d}\theta} = \frac{1}{\gamma_c\left(1 - \dfrac{\beta_c}{\beta_u}\cos\theta\right)} \tag{C.89}$$

或

$$\frac{\mathrm{d}\theta^*}{\mathrm{d}\theta} = \frac{p^2}{\gamma_c p^{*2}\left(1 + \dfrac{\beta_c}{\beta_u^*}\cos\theta^*\right)} \tag{C.90}$$

3. 动量分布函数 $W(p, \theta, \phi)$

一个反应事例中，某一末态粒子以动量 p 出射到某一方向 (θ, ϕ) 的概率，称为该粒子的动量分布函数。归一化要求

$$\int W(p, \theta, \phi)\mathrm{d}p\mathrm{d}\theta\mathrm{d}\phi = 1 \tag{C.91}$$

若选入射粒子方向为极轴方向，则可定义

$$\int W(p,\theta)\mathrm{d}p\mathrm{d}\theta = 1 \tag{C.92}$$

由于归一化条件与坐标系无关，所以在质心系中也应有

$$\int W^*(p^*,\theta^*)\mathrm{d}p^*\mathrm{d}\theta^* = 1 \tag{C.93}$$

现来推导 $\mathrm{d}p\mathrm{d}\theta$ 和 $\mathrm{d}p^*\mathrm{d}\theta^*$ 之间的关系，注意到 $\mathrm{d}\boldsymbol{p}/E$ 是一个洛伦兹不变量，即

$$\frac{\mathrm{d}\boldsymbol{p}}{E} = \frac{\mathrm{d}\boldsymbol{p}^*}{E^*} \tag{C.94}$$

将此不变式写成球坐标形式有

$$\frac{2\pi p^2\mathrm{d}p\,\mathrm{d}\cos\theta}{E} = \frac{2\pi p^{*2}\mathrm{d}p^*\mathrm{d}\cos\theta^*}{E^*} \tag{C.95}$$

注意到

$$p\sin\theta = p^*\sin\theta^* \tag{C.96}$$

得到

$$\mathrm{d}p\mathrm{d}\theta = \frac{p^*E}{pE^*}\mathrm{d}p^*\mathrm{d}\theta^* \tag{C.97}$$

把此关系代入式（C.92）并与式（C.93）比较，就得到了动量分布函数在质心系和实验室系之间的变换关系：

$$W(p,\theta) = \frac{pE^*}{p^*E}W^*(p^*,\theta^*) \tag{C.98}$$

4. 能量分布函数 $W(E,\theta,\phi)$

能量分布函数 $W(E,\theta,\phi)$ 的定义和动量分布函数类似，它是指能量为 E 的某一末态粒子由 (θ,ϕ) 的方向出射的概率，满足归一化要求

$$\int W(E,\theta,\phi)\mathrm{d}E\mathrm{d}\theta\mathrm{d}\phi = 1 \tag{C.99}$$

取入射粒子方向为极轴方向，则可定义

$$\int W(E,\theta)\mathrm{d}E\mathrm{d}\theta = 1 \tag{C.100}$$

将 $\mathrm{d}E/\mathrm{d}p = p/E$，即 $\mathrm{d}E = p\mathrm{d}p/E$ 代入上式得

$$\int W(E,\theta)\frac{p}{E}\mathrm{d}p\mathrm{d}\theta = 1 \tag{C.101}$$

比较式（C.92）可知

$$W(E,\theta) = \frac{E}{p}W(p,\theta) \tag{C.102}$$

注意到式 (C.97)，有

$$\mathrm{d}E\mathrm{d}\theta = \frac{p}{E}\mathrm{d}p\mathrm{d}\theta = \frac{p^*}{E^*}\mathrm{d}p^*\mathrm{d}\theta^* \tag{C.103}$$

所以

$$W(E^*,\theta^*) = W(E,\theta) \tag{C.104}$$

即能量分布函数 $W(E,\theta)$ 是洛伦兹不变的。

C.6 一些过程的截面公式

人们对质量较轻的入射粒子的碰撞截面在理论和实验方面都具有极大的兴趣，诸如 $\mathrm{e^+e^-}$、$\gamma\gamma$、$\mathrm{q\bar{q}}$、gq、gg 等。碰撞产生的末态粒子可以包含轻粒子以及重粒子 t, W, Z 和希格斯粒子 H 等。标准模型下可以给出如下一些过程的截面。

C.6.1 共振态公式

共振态截面公式一般可以写为 Rreit-Wigner 的形式：

$$\sigma(E) = \frac{2J+1}{(2S_1+1)(2S_2+1)}\frac{4\pi}{k^2}\left[\frac{\Gamma^2/4}{(E-E_0)^2+\Gamma^2/4}\right]B_{\mathrm{in}}B_{\mathrm{out}} \tag{C.105}$$

这里，E 是质心系能量；J 是共振态的自旋；两个入射粒子的极化态数目为 $2S_1+1$ 和 $2S_2+1$；k 是初态质心系动量；E_0 是在共振峰的质心系能量；Γ 是共振峰的半高宽；B_{in} 和 B_{out} 分别为共振态到初态反应道和末态反应道的分支比。对于窄共振态，方括号内的因子可以用 $\pi\Gamma\delta(E-E_0)/2$ 替换。

C.6.2 轻粒子的产生

通过 $\mathrm{e^+e^-}$ 湮灭过程 $\mathrm{e^+e^-}\to\gamma^*\to\mathrm{f\bar{f}}$ 产生的自旋为 1/2 的类点费米子对微分截面，可以写为

$$\frac{\mathrm{d}\sigma}{\mathrm{d}\Omega} = N_{\mathrm{c}}\frac{\alpha^2}{4s}[1+\cos^2\theta+(1-\beta^2)\sin^2\theta]Q_{\mathrm{f}}^2 \tag{C.106}$$

这里，s 是质心系能量的平方；β 是产生的末态费米子的速度 v/c；θ 是质心系的散射角；Q_f 是末态费米子的电荷；N_c 是色因子，对轻子为 1，对夸克为 3。在极端相对论 $\beta \to 1$ 时，

$$\sigma = N_\mathrm{c} Q_\mathrm{f}^2 \frac{4\pi\alpha^2}{3s} = N_\mathrm{c} Q_\mathrm{f}^2 \frac{86.8nb}{s(\mathrm{GeV}^2)} \tag{C.107}$$

夸克对通过胶子湮灭到另类夸克对的过程 $\mathrm{q\bar{q}} \to \mathrm{q'\bar{q}'}$，除了色荷考虑和 $\alpha \to \alpha_s$ 外，和上式完全类似。忽略夸克的质量，对初态色荷求平均，定义 $t = -s\sin^2(\theta/2)$，$u = -s\cos^2(\theta/2)$，得到

$$\frac{\mathrm{d}\sigma}{\mathrm{d}\Omega}(\mathrm{q\bar{q}} \to \mathrm{q'\bar{q}'}) = \frac{\alpha_\mathrm{s}^2}{9s}\frac{t^2+u^2}{s^2} \tag{C.108}$$

交叉对称性给出

$$\frac{\mathrm{d}\sigma}{\mathrm{d}\Omega}(\mathrm{qq'} \to \mathrm{qq'}) = \frac{\alpha_\mathrm{s}^2}{9s}\frac{s^2+u^2}{t^2} \tag{C.109}$$

若 q 和 q' 相同，则有

$$\frac{\mathrm{d}\sigma}{\mathrm{d}\Omega}(\mathrm{q\bar{q}} \to \mathrm{q\bar{q}}) = \frac{\alpha_\mathrm{s}^2}{9s}\left(\frac{t^2+u^2}{s^2} + \frac{s^2+u^2}{t^2} - \frac{2u^2}{3st}\right) \tag{C.110}$$

交叉后给出

$$\frac{\mathrm{d}\sigma}{\mathrm{d}\Omega}(\mathrm{qq} \to \mathrm{qq}) = \frac{\alpha_\mathrm{s}^2}{9s}\left(\frac{t^2+s^2}{u^2} + \frac{s^2+u^2}{t^2} - \frac{2s^2}{3ut}\right) \tag{C.111}$$

$\mathrm{e^+e^-}$ 到 $\gamma\gamma$ 的湮灭截面为

$$\frac{\mathrm{d}\sigma}{\mathrm{d}\Omega}(\mathrm{e^+e^-} \to \gamma\gamma) = \frac{\alpha^2}{2s}\frac{t^2+u^2}{tu} \tag{C.112}$$

其相应的 QCD 过程也涉及 3 胶子的耦合顶点，截面为

$$\frac{\mathrm{d}\sigma}{\mathrm{d}\Omega}(\mathrm{q\bar{q}} \to \mathrm{gg}) = \frac{8\alpha_\mathrm{s}^2}{27s}(t^2+u^2)\left(\frac{1}{tu} - \frac{9}{4s^2}\right) \tag{C.113}$$

交叉反应道为

$$\frac{\mathrm{d}\sigma}{\mathrm{d}\Omega}(\mathrm{qg} \to \mathrm{qg}) = \frac{\alpha_\mathrm{s}^2}{9s}(s^2+u^2)\left(-\frac{1}{su} + \frac{9}{4t^2}\right) \tag{C.114}$$

以及

$$\frac{\mathrm{d}\sigma}{\mathrm{d}\Omega}(\mathrm{gg} \to \mathrm{q\bar{q}}) = \frac{\alpha_\mathrm{s}^2}{24s}(t^2+u^2)\left(\frac{1}{tu} - \frac{9}{4s^2}\right) \tag{C.115}$$

最后有

$$\frac{\mathrm{d}\sigma}{\mathrm{d}\Omega}(\mathrm{gg} \to \mathrm{gg}) = \frac{9\alpha_\mathrm{s}^2}{8s}\left(3 - \frac{ut}{s^2} - \frac{su}{t^2} - \frac{st}{u^2}\right) \tag{C.116}$$

C.6.3 弱规范玻色子的产生

1. W 和 Z 的共振产生

弱规范玻色子的共振产生由它的分宽度描写，

$$\Gamma(\mathrm{W}\to \mathrm{l}_i\bar{\nu}_i)=\frac{\sqrt{2}G_{\mathrm{F}}M_{\mathrm{W}}^3}{12\pi} \tag{C.117}$$

$$\Gamma(\mathrm{W}\to \mathrm{q}_i\bar{\mathrm{q}}_j)=3\frac{\sqrt{2}G_{\mathrm{F}}|V_{ij}|^2M_{\mathrm{W}}^3}{12\pi} \tag{C.118}$$

$$\Gamma(\mathrm{Z}\to \mathrm{f}\bar{\mathrm{f}})=N_{\mathrm{c}}\frac{\sqrt{2}G_{\mathrm{F}}M_{\mathrm{Z}}^3}{6\pi}\left[(T_3-Q_{\mathrm{f}}\sin^2\theta_{\mathrm{W}})^2+(Q_{\mathrm{f}}\sin\theta_{\mathrm{W}})^2\right] \tag{C.119}$$

这里，θ_{W} 是弱电混合角；V_{ij} 是 CKM 矩阵元；N_{c} 是色因子，对 $\mathrm{q}\bar{\mathrm{q}}$ 为 3，对轻子为 1。

$\mathrm{f}_i\bar{\mathrm{f}}_j\to(\mathrm{W},\mathrm{Z})\to \mathrm{f}_{i'}\bar{\mathrm{f}}_{j'}$ 过程的总微分截面为

$$\begin{aligned}\frac{\mathrm{d}\sigma}{\mathrm{d}\Omega}=&\frac{N_{\mathrm{c}}^f}{N_{\mathrm{c}}^i}\cdot\frac{1}{256\pi^2 s}\frac{s^2}{(s-M^2)^2+s\Gamma^2}\times\Big[(L^2+R^2)(L'^2+R'^2)(1+\cos^2\theta)\\&+2(L^2-R^2)(L'^2-R'^2)\cos\theta\Big]\end{aligned} \tag{C.120}$$

这里，M 是 W 或 Z 的质量；V_{ij} 是相应的 CKM 矩阵元；W 的耦合为 $L=(8G_{\mathrm{F}}M_{\mathrm{W}}^2/\sqrt{2})^{1/2}\ V_{ij}/\sqrt{2}$, $R=0$；L' 和 R' 的表达式类似。对于 Z 玻色子，耦合为 $L=(8G_{\mathrm{F}}M_{\mathrm{Z}}^2/\sqrt{2})^{1/2}(T_3-Q\sin^2\theta_{\mathrm{W}})$，$R=-(8G_{\mathrm{F}}M_{\mathrm{Z}}^2/\sqrt{2})^{1/2}Q\sin^2\theta_{\mathrm{W}}$。$T_3$ 是初态左手费米子的弱同位旋，Q 是初态费米子的电荷。L' 和 R' 对 Z 的表达式也和 L,R 类似。N_{c}^i 和 N_{c}^f 是初末态的色因子，同样对夸克为 3，对轻子为 1。

2. 弱规范玻色子的对产生

$\mathrm{f}\bar{\mathrm{f}}\to \mathrm{W}^+\mathrm{W}^-$ 的截面由左手和右手费米子 f 的耦合给出，定义 $g_{\mathrm{L}}=2(T_3-Qx_{\mathrm{W}})$，$g_{\mathrm{R}}=-2Qx_{\mathrm{W}}$，这里 T_3 是左手 f 的同位旋第三分量，Q 是以质子电荷为单位的电荷，$x_{\mathrm{W}}=\sin^2\theta_{\mathrm{W}}$:

$$\begin{aligned}\frac{\mathrm{d}\sigma}{\mathrm{d}t}=&\frac{2\pi\alpha^2}{N_{\mathrm{c}}s^2}\Bigg\{\left[\left(Q+\frac{g_{\mathrm{L}}+g_{\mathrm{R}}}{4x_{\mathrm{W}}}\frac{s}{s-M_{\mathrm{Z}}^2}\right)^2+\left(\frac{g_{\mathrm{L}}+g_{\mathrm{R}}}{4x_{\mathrm{W}}}\frac{s}{s-M_{\mathrm{Z}}^2}\right)^2\right]A(s,t,u)\\&+\frac{1}{2x_{\mathrm{W}}}\left(Q+\frac{g_{\mathrm{L}}}{2x_{\mathrm{W}}}\frac{s}{s-M_{\mathrm{Z}}^2}\right)[\Theta(-Q)I(s,t,u)-\Theta(Q)I(s,t,u)]\\&+\frac{1}{8x_{\mathrm{W}}^2}[\Theta(-Q)E(s,t,u)+\Theta(Q)E(s,t,u)]\Bigg\}\end{aligned} \tag{C.121}$$

这里 $\Theta(x)$ 是阶跃函数，当 $x \geqslant 0$ 时等于 1，$x < 0$ 时等于 0。

$$A(s,t,u) = \left(\frac{tu}{M_{\rm W}^4} - 1\right)\left(\frac{1}{4} - \frac{M_{\rm W}^2}{s} + 3\frac{M_{\rm W}^4}{s^2}\right) + \frac{s}{M_{\rm W}^2} - 4 \tag{C.122}$$

$$I(s,t,u) = \left(\frac{tu}{M_{\rm W}^4} - 1\right)\left(\frac{1}{4} - \frac{M_{\rm W}^2}{2s} - \frac{M_{\rm W}^4}{st}\right) + \frac{s}{M_{\rm W}^2} - 2 + 2\frac{M_{\rm W}^2}{t} \tag{C.123}$$

$$E(s,t,u) = \left(\frac{tu}{M_{\rm W}^4} - 1\right)\left(\frac{1}{4} + \frac{M_{\rm W}^2}{t}\right) + \frac{s}{M_{\rm W}^2} \tag{C.124}$$

这里，u, s, t 是 Mandelstam 变量，$s = (p_{\rm f} + p_{\bar{\rm f}})^2$，$t = (p_{\rm f} - p_{\rm W^-})^2$，$u = (p_{\rm f} - p_{\rm W^+})^2$。色因子 $N_{\rm c}$ 对夸克等于 3，对轻子等于 1。

相似地，$\rm q_i\bar{q}_j \to W^{\pm}Z^0$ 的截面为

$$\begin{aligned}\frac{{\rm d}\sigma}{{\rm d}t} = \frac{\pi\alpha^2|V_{ij}|^2}{6s^2x_{\rm W}^2}\Bigg\{ & \left(\frac{1}{s - M_{\rm W}^2}\right)^2\left[\left(\frac{9 - 8x_{\rm W}}{4}\right)(ut - M_{\rm W}^2M_{\rm Z}^2)\right.\\ & \left. + (8x_{\rm W} - 6)s(M_{\rm W}^2 + M_{\rm Z}^2)\right]\\ & + \left[\frac{ut - M_{\rm W}^2M_{\rm Z}^2 - s(M_{\rm W}^2 + M_{\rm Z}^2)}{s - M_{\rm W}^2}\right]\left[\frac{g_{{\rm L},j}}{t} - \frac{g_{{\rm L},i}}{u}\right]\\ & + \frac{ut - M_{\rm W}^2M_{\rm Z}^2}{4(1 - x_{\rm W})}\left[\frac{g_{{\rm L},j}^2}{t^2} + \frac{g_{{\rm L},i}^2}{u^2}\right] + \frac{s(M_{\rm W}^2 + M_{\rm Z}^2)}{2(1 - x_{\rm W})}\frac{g_{{\rm L},i}g_{{\rm L},j}}{tu}\Bigg\}\end{aligned} \tag{C.125}$$

这里，$g_{{\rm L},i}$ 和 $g_{{\rm L},j}$ 是前面定义的左手 q_i 和 q_j 的耦合，V_{ij} 是 CKM 矩阵元。

$\rm q_i\bar{q}_i \to Z^0Z^0$ 的截面为

$$\frac{{\rm d}\sigma}{{\rm d}t} = \frac{\pi\alpha^2}{96}\frac{g_{{\rm L},i}^4 + g_{{\rm R},i}^4}{x_{\rm W}^2(1 - x_{\rm W}^2)s^2}\left[\frac{t}{u} + \frac{u}{t} + \frac{4M_{\rm Z}^2s}{tu} - M_{\rm Z}^4\left(\frac{1}{t^2} + \frac{1}{u^2}\right)\right] \tag{C.126}$$

C.6.4　单举强子反应

动量为 $\boldsymbol{p}$ 的单粒子单举反应截面 $E{\rm d}^3\sigma/{\rm d}^3p$ 在质心系中可以方便地用快度 y 和垂直于束流的横动量 $p_{\rm T}$ 表示出来：

$$E\frac{{\rm d}^3\sigma}{{\rm d}^3p} = \frac{{\rm d}^3\sigma}{{\rm d}\phi{\rm d}yp_{\rm T}{\rm d}p_{\rm T}^2} \tag{C.127}$$

在一定的条件下，截面可表示为部分子截面乘以部分子的分布函数，即

$$\sigma_{\rm had} = \sum_{ij}\int {\rm d}x_1{\rm d}x_2f_i(x_1)f_j(x_2){\rm d}\hat{\sigma}_{\rm part} \tag{C.128}$$

$f_i(x)\mathrm{d}x$ 表示 i 部分子携带母粒子四维动量的份额在 $x \sim x+\mathrm{d}x$ 的概率，部分子对撞的质心系能量平方为 $\hat{s}=x_1x_2s$，四维动量转移的平方记为 $\hat{t}$。末态强子可以用两个喷注的快度 y_1, y_2 和横动量 p_T 描写，有如下的微分等式：

$$\mathrm{d}x_1\mathrm{d}x_2\mathrm{d}\hat{t}=\mathrm{d}y_1\mathrm{d}y_2\frac{\hat{s}}{s}\mathrm{d}p_\mathrm{T}^2 \tag{C.129}$$

因而有

$$\frac{\mathrm{d}^3\sigma}{\mathrm{d}y_1\mathrm{d}y_2\mathrm{d}p_\mathrm{T}^2}=\frac{\hat{s}}{s}\left[f_i(x_1)f_j(x_2)\frac{\mathrm{d}\hat{\sigma}}{\mathrm{d}\hat{t}}(\hat{s},\hat{t},\hat{u})+f_i(x_2)f_j(x_1)\frac{\mathrm{d}\hat{\sigma}}{\mathrm{d}\hat{t}}(\hat{s},\hat{u},\hat{t})\right] \tag{C.130}$$

这里计及了入射的部分子来自不同粒子的可能性，如果入射的部分子是相同的，即 $i=j$，第二项可以丢掉。

C.6.5 双光子过程

在 Weizsäcker-Williams 图像中，高能电子束伴随着能量为 ω，不变质量平方 $q^2=-Q^2$ 的虚光子谱。光子数密度为

$$\mathrm{d}n=\frac{\alpha}{\pi}\left(1-\frac{\omega}{E}+\frac{\omega^2}{E^2}-\frac{m_\mathrm{e}^2}{Q^2}\frac{\omega^2}{E^2}\right)\frac{\mathrm{d}\omega}{\omega}\frac{\mathrm{d}Q^2}{Q^2} \tag{C.131}$$

其中，E 是电子束的能量。于是 $\mathrm{e^+e^-\to e^+e^-X}$ 的截面为[3]

$$\mathrm{d}\sigma_{\mathrm{e^+e^-\to e^+e^-X}}(s)=\mathrm{d}n_1\mathrm{d}n_2\mathrm{d}\sigma_{\gamma\gamma\to\mathrm{X}}(W^2) \tag{C.132}$$

这里 $W^2=M_X^2$。从下限值 $Q^2=m_\mathrm{e}^2\dfrac{\omega_i^2}{E_i(E_i-\omega_i)}$ 积分到最大的 Q^2 给出

$$\sigma_{\mathrm{e^+e^-\to e^+e^-X}}(s)=\left(\frac{\alpha}{\pi}\right)^2\int_{z_\mathrm{th}}^1\frac{\mathrm{d}z}{z}\left[\left(\ln\frac{Q_\mathrm{max}^2}{zm_\mathrm{e}^2}-1\right)^2f(z)+\frac{1}{3}(\ln z)^3\right]\sigma_{\gamma\gamma\to\mathrm{X}}(zs) \tag{C.133}$$

其中

$$f(z)=(1+\frac{1}{2}z)^2\ln(1/z)-\frac{1}{2}(1-z)(3+z) \tag{C.134}$$

Q_max^2 的值取决于所产生的 X 系统的特性。对于强子系统的产生 $Q_\mathrm{max}^2\approx m_\rho^2$，而对于轻子对的产生 $Q_\mathrm{max}^2\approx W^2$。对 $J\neq 1$ 的共振态产生有

$$\sigma_{\mathrm{e^+e^-\to e^+e^-R}}(s)=(2J+1)\frac{8\alpha^2\Gamma_{\mathrm{R}\to\gamma\gamma}}{M_\mathrm{R}^3}\times\left[f(M_\mathrm{R}^2/s)\left(\ln\frac{M_\mathrm{V}^2s}{m_\mathrm{e}^2M_R^2}-1\right)^2-\frac{1}{3}\left(\ln\frac{s}{M_R^2}\right)^3\right] \tag{C.135}$$

其中，M_V 是进入 $\gamma\gamma\to R$ 跃迁形状因子的质量，典型值为 m_ρ。

C.7 习　　题

1. 由四维时空矢量标量积的不变性证明 $\Lambda^{\mathrm{T}}g\Lambda = g \Rightarrow g\Lambda^{\mathrm{T}}g = \Lambda^{-1}$. Λ 是式（C.3）中给出的洛伦兹变换矩阵，g 是度规张量 $g_{\mu\nu} = g^{\mu\nu} = \mathrm{diag}(1, -1, -1, -1)$。

2. 证明 $\mathrm{d}^3\boldsymbol{k}/2E$ 是一个相空间的洛伦兹不变元素，其中 $\boldsymbol{k}$ 和 E 是空间动量和能量。

3. 试计算式（C.89）和式（C.90）。

4. 试证明质量为 M 的粒子在静止系中衰变为质量分别为 m_1 和 m_2 的粒子对时，末态粒子对的动量满足如下关系式：

$$|\boldsymbol{p}_1| = |\boldsymbol{p}_2| = \frac{[(M^2-(m_1+m_2)^2)(M^2-(m_1-m_2)^2)]^{1/2}}{2M}$$

5. 反应 $\pi^- + \mathrm{p} \to \mathrm{n} + \pi^0$，设初态 π^- 和 p 静止，计算：

（a）末态出射 π^0 的速度。

（b）π^0 衰变产生的 γ 射线的能量最大值和最小值。

（c）发射的 γ 射线能谱。

6. π^- 打氢靶反应 $\pi^- + \mathrm{p} \to \mathrm{X}^- + \mathrm{p}$ 中，设玻色子共振态的质量为 2.4GeV，入射 π^- 介子为 12GeV/c,

（a）计算散射 p 的动量和相对于束流方向的最大夹角（忽略 π 的质量，取质子质量 $m_{\mathrm{p}} \approx$ 1GeV）。

（b）计算最大四动量转移的平方 $q^2_{\max}$，以及这时散射质子 p 的动量和角度。

7. 考虑 π^0 介子的飞行衰变 $\pi^0 \to \gamma\gamma$,

（a）求以 π^0 的动能 T 表示的光子最大能量。

（b）如果两个光子具有相同的能量，它们之间的夹角多大？

8. 对于两体衰变 $\mathrm{A} \to \mathrm{B} + \mathrm{C}$，证明在 A 的静止系中 B 粒子的动能可表示为

$$T_{\mathrm{B}} = \frac{[(m_{\mathrm{A}}-m_{\mathrm{B}})^2 - m_{\mathrm{c}}^2]c^2}{2m_{\mathrm{A}}}$$

9. 对能量为 E 的带电 π 介子飞行衰变 $\pi \to \mu + \nu$，计算末态中微子在实验室中的角分布。

10. 利用习题 C.7中的结果，如 π 介子动能为 3GeV，画出中微子的角分布，同时计算在实验室中衰变的 μ 子和 π 介子飞行方向间的最大夹角。

11. π^+ 打氢靶的反应 $\pi^+ + \mathrm{p} \to \Delta^{++} + \pi^0$，入射 π^+ 的动量为 5GeV/c，计算在 $\Delta^{++}\pi^0$ 质心系中 Δ^{++} 和 π^0 的飞行速度。

12. 给出 π^+ 打氢靶的反应 $\pi^+ + \mathrm{p} \to \mathrm{p} + \pi^+ + \pi^0$ 中末态两 π 系统具有最小不变质量的条件。

参 考 文 献

[1] PDG Kinematics 2017.

[2] See, for example, Jackson J D in High Energy Physics, Les Houches 1965 Summer School. GORDON AND BREACH Science Publishers 1965: 348.

[3] Budnev V M, et al. The two-photon particle production mechanism. Physical problems. Applications. Equivalent photon approximation. Phys. Reports，1975, 15(4): 181.